KB182247

내가 뽑은 원픽! 최신 출제경향에 맞춘 최고의 수험서

2024 PASS

측량 및 지형공간정보
기사 실기

이혜진 · 김민승 · 송용희 · 온정국 · 박동규 저

예문사

머리말
INTRO

최근 측량학(공간정보학)은 사진측량, 원격탐측, GNSS측량 및 GSIS 등의 발달로 지구 및 우주공간상에 제점간의 위치를 결정할 뿐만 아니라 토지, 환경, 자원, 해양 등의 정성적 분야까지 그 활용도가 증가되고 있다.

이러한 최신 측량을 계획하고 실시하는 측량기술자의 역할은 나날이 증대되고 있으며, 측량기술자의 자격을 심사하는 시험 또한 시대 요구에 따라 다양한 변화를 겪고 있다.

측량 자격시험에 관계되는 서적은 많이 출간되었으나, 측량 및 지형공간정보기사 실기에 대한 서적은 많이 출간되지 않아 출제경향 분석 및 과년도 문제유형 파악에 수험생들의 고생은 이루 말할 수 없을 정도였다.

이러한 수험생들의 고충을 다소나마 해소하고자 본서의 저자들은 다년간의 측량 및 지형공간정보기사 및 기술고등고시 강의에서 얻어진 경험을 토대로 『PASS 측량 및 지형공간정보기사 실기』를 출간하게 되었다. 어떤 시험이든지 과년도 기출문제에 대한 확실한 이해 없이 무분별한 수험준비를 할 경우 시대에 따른 문제의 변화 및 중요 문제의 유형 파악을 할 수 없으므로 많은 시간과 경비를 소비하게 될 뿐만 아니라, 과년도의 기출문제와 유사한 문제가 출제된다 하더라도 응용력이 부족하게 되므로, 측량 및 지형공간정보기사 실기 자격시험 입문 시 출제경향 및 과년도 문제를 파악하는 것이 수험준비의 필수사항이라고 할 수 있다.

그러므로 본서는 수험자 입장에서 다음과 같은 사항에 역점을 두어 편찬하였다.

- 각 장마다 수험생이 필수적으로 이해하여야 할 내용을 거의 빠짐없이 상세하고 쉽게 정리
하여 이해를 돕도록 하였다.
- 각 장의 이론을 바탕으로 그에 따른 지금까지 기출제된 문제와 이와 유사한 문제를 다루어
실기시험에 완벽을 기할 수 있도록 노력하였다.
- 매년 새로운 경향의 문제가 추가로 출제되고 있어 측량학의 최신분야(GNSS측량, 사진측량,
지형공간정보체계)에 대처할 수 있는 문제를 삽입하여 실기시험 대비에 철저를 기하였다.
- 작업형(외업) 과제 개편에 따른 주요 내용의 자세한 해설을 통해 실기시험에 효과적으로
대비할 수 있도록 구성하였다.
- 최신 과년도 기출(복원)문제 및 해설을 수록하였다.

이상과 같은 사항에 역점을 두어 측량 및 지형공간정보기사 실기의 참고서로서의 역할을 다할
수 있도록 최선을 다하고자 하였으나 아직 미숙한 점이 많으리라 사료되며 앞으로 더 알찬 참
고서가 되도록 독자 여러분의 많은 충고와 격려를 바라는 바이다.

아무쪼록 본서가 독자 여러분의 측량학(공간정보학)에 대한 폭넓은 이해 및 수험에 대한 보탬
이 된다면 저자로서는 큰 보람이 될 것이며, 이 자리를 빌어 본서를 집필하는 데 참고가 된 저서
등의 저자께 심심한 감사를 드리며, 또한 어려움에도 불구하고 출판을 맡아 노고를 아끼지 않
은 도서출판 예문사 정용수 사장님 및 직원 여러분께도 깊은 감사를 드리는 바이다.

저자 일동

측량 및 지형공간정보기사 실기시험 출제기준 및 검정방법

1. 출제기준

시험과목	주요항목	세부항목
측량 및 지형공간정보 실무	1. 공간정보 위치결정	1. GNSS(위성측위) 측량하기 2. 수준 측량하기 3. 토털스테이션(Total Station) 측량하기
	2. 공간현황측량	1. 공간현황 측량하기 2. 측량결과 정리하기
	3. 수치사진측량	1. 기준점 측량하기 2. 세부도화 작성하기
	4. 공간표고자료 제작	1. 공간표고모형 구축하기
	5. 수치지도DB 구축	1. 수치지도DB 구축하기
	6. 노선측량	1. 작업 계획하기 2. 중심선 측량하기 3. 종횡단 측량하기 4. 성과 정리하기
	7. 하천측량	1. 작업 계획하기 2. 하천 측량하기 3. 성과 정리하기
	8. 연안조사측량	1. 작업 계획하기 2. 해안선 측량하기 3. 조석 관측하기 4. 수심 측량하기 5. 성과 정리하기

2. 검정방법

시험방법	시험시간	채점방법	배점
복합형(필답형+작업형) (100점 만점에 60점 이상)	필답형 : 2시간 30분 작업형 : 1시간 30분 정도	필답형 : 중앙 채점 작업형 : 현지 채점	필답형 : 60점 작업형 : 40점

2019년 측량 및 지형공간정보기사 실기시험(필답형) 출제빈도표

• NOTICE • 본 출제빈도표는 수험생의 기억을 토대로 작성되었으며, 실제 출제 빈도와 다를 수도 있음을 알려드립니다.

시행년 \ 빈도	구분	총론 및 관측값 해석	기준점측량			응용측량			GNSS 측량	사진측량 및 GSIS		총계
			삼각 측량	다각 측량	수준 측량	면·체적 측량	노선 측량	기타 측량		사진 측량	GSIS	
2019년 (4월 시행)	빈도(개)	2		1		1	1		1	2		8
	빈도(%)	25.0		12.5		12.5	12.5		12.5	25.0		100
2019년 (6월 시행)	빈도(개)	1		1		1	1		1	3	1	9
	빈도(%)	11.1		11.1		11.1	11.1		11.1	33.4	11.1	100
2019년 (11월 시행)	빈도(개)	1		1		1	1		1	2	2	9
	빈도(%)	11.1		11.1		11.1	11.1		11.1	22.2	22.2	100
총합계	빈도(개)	4		3		3	3		3	7	3	26
	빈도(%)	15.4		11.5		11.5	11.5		11.5	26.9	11.5	100

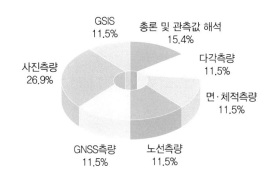

GSIS 11.5%
총론 및 관측값 해석 15.4%
다각측량 11.5%
면·체적측량 11.5%
노선측량 11.5%
GNSS측량 11.5%
사진측량 26.9%

시험정보
INFORMATION

2020년 측량 및 지형공간정보기사 실기시험(필답형) 출제빈도표

• NOTICE • 본 출제빈도표는 수험생의 기억을 토대로 작성되었으며, 실제 출제 빈도와 다를 수도 있음을 알려드립니다.

시행년 \ 빈도	구분	총론 및 관측값 해석	기준점측량			응용측량			GNSS 측량	사진측량 및 GSIS		총계
			삼각 측량	다각 측량	수준 측량	면·체적 측량	노선 측량	기타 측량		사진 측량	GSIS	
2020년 (5월 시행)	빈도(개)	1		1	1		1		1	3	1	9
	빈도(%)	11.1		11.1	11.1		11.1		11.1	33.4	11.1	100
2020년 (7월 시행)	빈도(개)	1		1	1		1		2	3		9
	빈도(%)	11.1		11.1	11.1		11.1		22.2	33.4		100
2020년 (10월 시행)	빈도(개)	2		1	1		1		1	1	2	9
	빈도(%)	22.2		11.1	11.1		11.1		11.1	11.1	22.2	100
총합계	빈도(개)	4		3	3		3		4	7	3	27
	빈도(%)	14.8		11.1	11.1		11.1		14.8	26.0	11.1	100

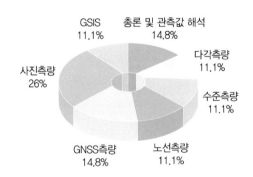

GSIS 11.1%
총론 및 관측값 해석 14.8%
다각측량 11.1%
사진측량 26%
수준측량 11.1%
GNSS측량 14.8%
노선측량 11.1%

2021년 측량 및 지형공간정보기사 실기시험(필답형) 출제빈도표

• NOTICE • 본 출제빈도표는 수험생의 기억을 토대로 작성되었으며, 실제 출제 빈도와 다를 수도 있음을 알려드립니다.

시행년\빈도	구분	총론 및 관측값 해석	기준점측량			응용측량			GNSS 측량	사진측량 및 GSIS		총계
			삼각측량	다각측량	수준측량	면·체적측량	노선측량	기타측량		사진측량	GSIS	
2021년 (4월 시행)	빈도(개)	1		1	2		1		1	1	2	9
	빈도(%)	11.1		11.1	22.2		11.1		11.1	11.1	22.2	100
2021년 (7월 시행)	빈도(개)			1	3		1		1	2	1	9
	빈도(%)			11.1	33.3		11.1		11.1	22.2	11.1	100
2021년 (11월 시행)	빈도(개)	1		1	1	1	1		1	2	1	9
	빈도(%)	11.1		11.1	11.1	11.1	11.1		11.1	22.2	11.1	100
총합계	빈도(개)	2		3	6	1	3		3	5	4	27
	빈도(%)	7.4		11.1	22.2	3.7	11.1		11.1	18.5	14.8	100

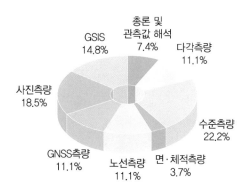

GSIS 14.8%
총론 및 관측값 해석 7.4%
다각측량 11.1%
사진측량 18.5%
수준측량 22.2%
GNSS측량 11.1%
노선측량 11.1%
면·체적측량 3.7%

시험정보
INFORMATION

• NOTICE • 본 출제빈도표는 수험생의 기억을 토대로 작성되었으며, 실제 출제 빈도와 다를 수도 있음을 알려드립니다.

시행년 \ 빈도	구분	총론 및 관측값 해석	기준점측량			응용측량			GNSS 측량	사진측량 및 GSIS		총계
			삼각측량	다각측량	수준측량	면·체적측량	노선측량	기타측량		사진측량	GSIS	
2022년 (5월 시행)	빈도(개)	1		1		1	1		1	2	2	9
	빈도(%)	11.1		11.1		11.1	11.1		11.1	22.2	22.2	100
2022년 (7월 시행)	빈도(개)	1		1	1	1	1		1	1	2	9
	빈도(%)	11.1		11.1	11.1	11.1	11.1		11.1	11.1	22.2	100
2022년 (11월 시행)	빈도(개)	1		1	1	1	1		1	1	2	9
	빈도(%)	11.1		11.1	11.1	11.1	11.1		11.1	11.1	22.2	100
총합계	빈도(개)	3		3	2	3	3		3	4	6	27
	빈도(%)	11.1		11.1	7.4	11.1	11.1		11.1	14.8	22.2	100

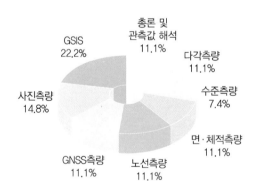

GSIS 22.2%
총론 및 관측값 해석 11.1%
다각측량 11.1%
수준측량 7.4%
사진측량 14.8%
면·체적측량 11.1%
GNSS측량 11.1%
노선측량 11.1%

2023년 측량 및 지형공간정보기사 실기시험(필답형) 출제빈도표

• NOTICE • 본 출제빈도표는 수험생의 기억을 토대로 작성되었으며, 실제 출제 빈도와 다를 수도 있음을 알려드립니다.

시행년 빈도	구분	총론 및 관측값 해석	기준점측량			응용측량			GNSS 측량	사진측량 및 GSIS		총계
			삼각측량	다각측량	수준측량	면·체적측량	노선측량	기타측량		사진측량	GSIS	
2023년 (4월 시행)	빈도(개)	1		1	1	1	1		1	1	2	9
	빈도(%)	11.1		11.1	11.1	11.1	11.1		11.1	11.1	22.2	100
2023년 (7월 시행)	빈도(개)	1		1		1	1		1	1	3	9
	빈도(%)	11.1		11.1		11.1	11.1		11.1	11.1	33.3	100
2023년 (11월 시행)	빈도(개)	1		1	1	1	1		1	2	1	9
	빈도(%)	11.1		11.1	11.1	11.1	11.1		11.1	22.2	11.1	100
총합계	빈도(개)	3		3	2	3	3		3	4	6	27
	빈도(%)	11.1		11.1	7.4	11.1	11.1		11.1	14.8	22.2	100

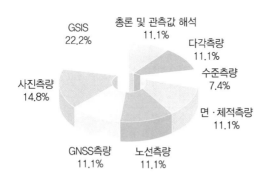

GSIS 22.2%
총론 및 관측값 해석 11.1%
다각측량 11.1%
수준측량 7.4%
면·체적측량 11.1%
노선측량 11.1%
GNSS측량 11.1%
사진측량 14.8%

시험정보
INFORMATION

측량 및 지형공간정보기사 필답형 기출문제 스케치(2019~2023년)

• NOTICE • 본 세부내용은 수험생의 기억을 토대로 작성된 것임을 알려드립니다.

시행 연·월·일		세부내용
2019년	4월 14일 시행 (총 60점)	1. 좌표변환(동경측지계 ↔ 세계측지계) ➡ 6점 2. 최확값 및 표준오차 산정(수준측량) ➡ 8점 3. 폐합트래버스의 일반적 조정 및 계산 ➡ 10점 4. 단곡선 설치(일반) ➡ 10점 5. 체적측량(양단면평균법) ➡ 6점 6. GNSS측량(관측) ➡ 4점 7. 사진측량(촬영계획) ➡ 10점 8. 사진측량(영상처리) ➡ 6점
	6월 29일 시행 (총 60점)	1. 최확값 및 평균제곱근오차 산정(수준측량) ➡ 10점 2. 다각측량 응용(터널측량) ➡ 10점 3. 복곡선 설치 ➡ 10점 4. 체적측량(양단면평균법) ➡ 5점 5. GNSS측량(RINEX파일) ➡ 4점 6. 사진측량(3차원 좌표변환, 시차차) ➡ 6점 7. 사진측량(기선고도비) ➡ 5점 8. 원격탐사(KAPPA 계수) ➡ 5점 9. GIS(중첩분석) ➡ 5점
	11월 9일 시행 (총 60점)	1. 최소제곱법(수준측량 : 관측방정식) ➡ 5점 2. 결합트래버스의 일반적 조정 및 계산 ➡ 10점 3. 단곡선 설치(장애물) ➡ 10점 4. 체적측량(점고법 : 사분법) ➡ 5점 5. GNSS측량(DOP) ➡ 5점 6. 사진측량(시차차) ➡ 4점 7. 사진측량(방사량 보정) ➡ 10점 8. GIS(가중평균보간법) ➡ 5점 9. GIS(공간분석) ➡ 6점
2020년	5월 24일 시행 (총 60점)	1. 최소제곱법(수준측량 : 관측방정식) ➡ 10점 2. 결합트래버스의 일반적 조정 및 계산 ➡ 10점 3. 수준측량(표척고 계산) ➡ 5점 4. 단곡선 설치(노선변경) ➡ 10점 5. GNSS측량(RINEX 파일) ➡ 5점 6. 사진측량(촬영계획) ➡ 5점 7. 사진측량(과고감) ➡ 5점 8. 원격탐사(오차행렬) ➡ 5점 9. GIS(표준화 : OGC) ➡ 5점

시행 연·월·일		세부내용
2020년	7월 25일 시행 (총 60점)	1. 최소제곱법(수준측량 : 관측방정식) ➡ 10점 2. 결합트래버스의 일반적 조정 및 계산 ➡ 10점 3. 간접수준측량(삼각수준측량) ➡ 5점 4. 단곡선 설치(장애물) ➡ 10점 5. GNSS Leveling ➡ 5점 6. GNSS 측량(작업규정) ➡ 5점 7. 사진측량(카메라 캘리브레이션 데이터 해석) ➡ 5점 8. 사진측량(히스토그램 변환) ➡ 5점 9. 사진측량(회전인자 : κ, ϕ, ω 산정) ➡ 5점
	10월 17일 시행 (총 60점)	1. 수치지도 도엽번호 해석 ➡ 5점 2. 최소제곱법(수준측량 : 관측방정식) ➡ 10점 3. 결합트래버스의 일반적 조정 및 계산 ➡ 10점 4. 수준측량(야장 계산) ➡ 4점 5. 단곡선 설치(노선변경) ➡ 10점 6. GNSS측량(일반) ➡ 5점 7. 사진측량(촬영계획) ➡ 6점 8. GIS(중첩분석) ➡ 5점 9. GIS(SQL문) ➡ 5점
2021년	4월 25일 시행 (총 60점)	1. 최확값 및 평균제곱근오차 산정(수준측량) ➡ 10점 2. 결합트래버스의 일반적 조정 및 계산 ➡ 10점 3. 직접수준측량(기고식 야장) ➡ 5점 4. 간접수준측량(표고 계산) ➡ 5점 5. 단곡선 설치(장애물) ➡ 10점 6. GNSS측량(관측) ➡ 5점 7. 사진측량(시차차/지상해상도) ➡ 5점 8. GIS(용어) ➡ 5점 9. GIS 위상관계(인접/연결/계급성) ➡ 5점
	7월 10일 시행 (총 60점)	1. 결합트래버스의 일반적 조정 및 계산 ➡ 10점 2. 직접수준측량(수준망 폐합차) ➡ 10점 3. 직접수준측량(표척고 계산) ➡ 5점 4. 간접수준측량(3차원 위치변화량) ➡ 5점 5. 단곡선 설치(장애물) ➡ 10점 6. GNSS측량(DOP) ➡ 5점 7. 사진측량(영상처리) ➡ 5점 8. 사진측량(기복변위) ➡ 5점 9. GIS(공간분석 : 디졸브기능) ➡ 5점
	11월 14일 시행 (총 60점)	1. 최확값 및 평균제곱근오차 산정(수준측량) ➡ 10점 2. 결합트래버스의 일반적 조정 및 계산 ➡ 10점 3. 직접수준측량(야장 계산) ➡ 5점 4. 단곡선 설치(일반) ➡ 10점 5. 면적측량 ➡ 5점 6. GNSS측량(용어) ➡ 5점 7. 사진측량(카메라 캘리브레이션) ➡ 5점 8. 원격탐사(KAPPA 계수) ➡ 5점 9. GIS(중첩분석) ➡ 5점

시행 연·월·일		세부내용
2022년	5월 7일 시행 (총 60점)	1. 최확값 및 평균제곱근오차 산정(수준측량) ➡ 10점 2. 개방트래버스의 일반적 조정 및 계산 ➡ 10점 3. 단곡선 설치(장애물) ➡ 10점 4. 체적측량(양단면평균법) ➡ 5점 5. GNSS측량(용어) ➡ 5점 6. 사진측량(촬영계획) ➡ 5점 7. 사진측량(수치영상처리 : 라플라시안 필터) ➡ 5점 8. GIS(보간법) ➡ 5점 9. GIS(자료구조) ➡ 5점
	7월 24일 시행 (총 60점)	1. 최확값 및 평균제곱근오차 산정(수준측량) ➡ 10점 2. 결합트래버스의 일반적 조정 및 계산 ➡ 10점 3. 수준측량(야장 계산) ➡ 5점 4. 단곡선 설치(일반) ➡ 10점 5. 면적측량(이변협각법) ➡ 5점 6. GNSS측량(작업규정) ➡ 5점 7. 사진측량(용어) ➡ 5점 8. GIS(디졸브) ➡ 5점 9. GIS(SQL문) ➡ 5점
	11월 19일 시행 (총 60점)	1. 최확값 및 평균제곱근오차 산정(수준측량) ➡ 10점 2. 개방트래버스의 일반적 조정 및 계산 ➡ 10점 3. 수준측량(승강식 야장) ➡ 5점 4. 단곡선 설치(장애물) ➡ 10점 5. 체적측량(점고법 : 사분법) ➡ 5점 6. GNSS측량(좌표변환) ➡ 5점 7. 사진측량(항공레이저측량 작업규정) ➡ 5점 8. GIS(중첩분석) ➡ 5점 9. GIS(SQL문) ➡ 5점
2023년	4월 23일 시행 (총 60점)	1. 수치지도 도엽번호 해석 ➡ 5점 2. 최확값 산정(수준측량) ➡ 5점 3. 폐합트래버스의 일반적 조정 및 계산 ➡ 10점 4. 간접수준측량(표고 계산) ➡ 5점 5. 단곡선 설치(일반) ➡ 10점 6. 체적측량(점고법 : 사분법) ➡ 5점 7. GNSS측량(작업규정) ➡ 5점 8. 사진측량(표정) ➡ 5점 9. GIS(중첩분석) ➡ 10점
	7월 22일 시행 (총 60점)	1. 최확값 산정(수준측량) ➡ 10점 2. 다각측량 응용(터널측량) ➡ 10점 3. 단곡선 설치(장애물) ➡ 10점 4. 면적측량 ➡ 5점 5. GNSS측량(GNSS수준측량) ➡ 5점 6. 사진측량(축척산정/기복변위) ➡ 5점 7. GIS(보간) ➡ 5점 8. GIS(중첩분석) ➡ 5점 9. GIS(수문분석) ➡ 5점

시행 연 · 월 · 일		세부내용
2023년	11월 5일 시행 (총 60점)	1. 우리나라 TM 지도 투영법 ➡ 5점 2. 폐합트래버스의 일반적 조정 및 계산 ➡ 10점 3. 직접수준측량(수준망 폐합차) ➡ 10점 4. 단곡선 설치(장애물) ➡ 10점 5. 면적측량(좌표법) ➡ 5점 6. GNSS측량(용어) ➡ 5점 7. 사진측량(촬영계획) ➡ 5점 8. 사진측량(해상력) ➡ 5점 9. GIS(수치지형모델) ➡ 5점

차 례
CONTENTS

PART 01 — 필답형

CHAPTER 01 관측값 해석(측량의 오차)

CHAPTER 02 삼각 및 삼변측량

CHAPTER 03 다각측량

CHAPTER 04 수준(고저)측량

차 례
CONTENTS

CHAPTER 04 | 실전문제

PART
03

필답형
과년도
기출(복원)
문제 및
해설

01 편

필답형

제 1 장

관측값 해석(측량의 오차)

SURVEYING GEO - SPATIAL INFORMATION SYSTEM

SECTION | 01 개요

측량 관측 시 아무리 주의해도 정확성에는 한계가 있으므로 참값을 얻을 수 없다. 오차란 참값과 관측값의 차를 말하며, 그 오차는 여러 구간 및 각으로 전파가 되므로 각각의 오차에 대한 전파값을 계산하고 관측오차가 허용오차 범위 내에 있음을 확인하여야 한다. 이와 같이 오차의 제반 과정을 다루는 학문을 오차론이라 한다.

SECTION | 02 Basic Frame

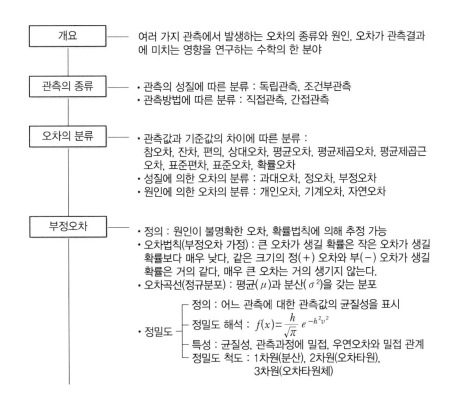

개요	여러 가지 관측에서 발생하는 오차의 종류와 원인, 오차가 관측결과에 미치는 영향을 연구하는 수학의 한 분야
관측의 종류	• 관측의 성질에 따른 분류 : 독립관측, 조건부관측 • 관측방법에 따른 분류 : 직접관측, 간접관측
오차의 분류	• 관측값과 기준값의 차이에 따른 분류 : 　참오차, 잔차, 편의, 상대오차, 평균오차, 평균제곱오차, 평균제곱근 　오차, 표준편차, 표준오차, 확률오차 • 성질에 의한 오차의 분류 : 과대오차, 정오차, 부정오차 • 원인에 의한 오차의 분류 : 개인오차, 기계오차, 자연오차
부정오차	• 정의 : 원인이 불명확한 오차, 확률법칙에 의해 추정 가능 • 오차법칙(부정오차 가정) : 큰 오차가 생길 확률은 작은 오차가 생길 확률보다 매우 낮다, 같은 크기의 정(+) 오차와 부(−) 오차가 생길 확률은 거의 같다, 매우 큰 오차는 거의 생기지 않는다. • 오차곡선(정규분포) : 평균(μ)과 분산(σ^2)을 갖는 분포

　　　　　　　　　　┌ 정의 : 어느 관측에 대한 관측값의 균질성을 표시
　　　　　　　　　　├ 정밀도 해석 : $f(x) = \dfrac{h}{\sqrt{\pi}} e^{-h^2 v^2}$
• 정밀도 ─────┤
　　　　　　　　　　├ 특성 : 균질성, 관측과정에 밀접, 우연오차와 밀접 관계
　　　　　　　　　　└ 정밀도 척도 : 1차원(분산), 2차원(오차타원),
　　　　　　　　　　　　　　　　　　 3차원(오차타원체)

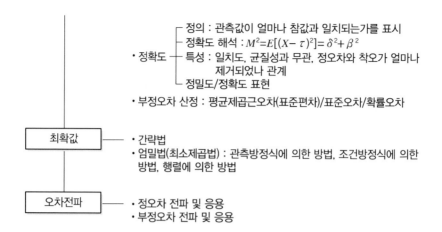

- **정확도**
  - 정의 : 관측값이 얼마나 참값과 일치되는가를 표시
  - 정확도 해석 : $M^2 = E[(X-\tau)^2] = \delta^2 + \beta^2$
  - 특성 : 일치도, 균질성과 무관, 정오차와 착오가 얼마나 제거되었나 관계
  - 정밀도/정확도 표현
- **부정오차 산정** : 평균제곱근오차(표준편차)/표준오차/확률오차

최확값
- 간략법
- 엄밀법(최소제곱법) : 관측방정식에 의한 방법, 조건방정식에 의한 방법, 행렬에 의한 방법

오차전파
- 정오차 전파 및 응용
- 부정오차 전파 및 응용

---

1. 측량의 오차

(1) 오차(Error)

어떤 양을 관측할 때 아무리 주의하여도 정확성에는 한계가 있으므로 참값(True Value)을 얻을 수 없다. 이때 참값(l_0)과 관측값(l)과의 차를 오차라 한다.

$$\varepsilon = l_0 - l$$

(2) 오차의 종류

① 과실(Mistake) : 잘못과 부주의로 측량작업에 과오를 초래하는 것
② 정오차(Systematic Error) : 일정한 크기와 일정한 방향으로 나타나는 오차로 누적오차라고도 하며, 원인만 분명하면 제거 가능
③ 부정오차(Random Error) : 예측할 수 없이 불의로 일어나는 오차이며, 오차 제거가 어렵다. 우연오차라고도 하고 통계학으로 추정되며, 최소제곱법으로 오차가 보정된다.

(3) 부정오차(우연오차)

오차 발생과 원인이 불명확하고 그 원인을 예측하기 어려우므로 일반적으로 ⊕오차와 ⊖오차가 발생할 확률이 같다는 조건에서 해석한다.

(4) 정규분포와 확률곡선

관측값은 정규분포(Normal Distribution)를 이루고 다음과 같은 오차법칙을 따른다고 가정한다.

① 큰 오차가 생기는 확률은 작은 오차가 발생할 확률보다 매우 작다.
② 같은 크기의 정(+)오차와 부(−)오차가 발생할 확률은 거의 같다.
③ 매우 큰 오차는 거의 발생하지 않는다.
④ 오차들은 확률법칙을 따른다.

연속적인 확률변수 X가 분포할 때 평균 μ와 분산 σ^2을 갖는 분포를 정규분포라 하며, 이 분포곡선이 확률곡선이다.

$$f(x) = \frac{1}{\sqrt{2\pi}\,\sigma}e^{-\frac{1}{2}\left(\frac{x-\mu}{\sigma}\right)^2} \rightarrow f(x) = \frac{h}{\sqrt{\pi}}e^{-h^2v^2}$$

이 정규 분포곡선은 종의 모양이며 평균(μ)에 대하여 대칭이다. 다음의 확률은 측량에서 사용되는 확률이다.

$$P\{-\sigma \leq (x-\mu) \leq \sigma\} = 0.6826$$

$$P\{-2\sigma \leq (x-\mu) \leq 2\sigma\} = 0.9545$$

$$P\{-3\sigma \leq (x-\mu) \leq 3\sigma\} = 0.9973$$

$$P\{-4\sigma \leq (x-\mu) \leq 4\sigma\} = 1.00$$

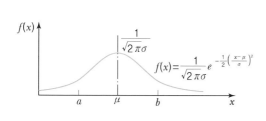

[그림 1-1] 오차곡선   [그림 1-2] 확률분포

(5) 최확값 / 평균제곱근오차 / 확률오차

1) 최확값

측량은 반복 관측하여도 참값을 얻을 수 없으며 참값에 가까운 값에 도달할 수 있다. 이 값을 참값에 대한 최확값(Most Probable Value)이라고 한다.

2) 평균제곱근오차(표준편차)

잔차의 제곱을 산술평균한 값의 제곱근을 말한다. → 밀도함수 68.26% 범위

3) 확률오차

확률오차는 밀도함수 전체의 50% 범위를 나타내는 오차 → 표준편차 승수 K가 0.6745인 오차

4) 경중률(Weight) : 무게, 중량치

① 경중률은 관측횟수(N)에 비례한다. → $W_1 : W_2 : W_3 = N_1 : N_2 : N_3$

② 경중률은 노선거리(S)에 반비례한다. → $W_1 : W_2 : W_3 = \dfrac{1}{S_1} : \dfrac{1}{S_2} : \dfrac{1}{S_3}$

③ 경중률은 평균제곱근오차(m)의 제곱에 반비례한다.

$$\rightarrow W_1 : W_2 : W_3 = \frac{1}{m_1^{\,2}} : \frac{1}{m_2^{\,2}} : \frac{1}{m_3^{\,2}}$$

(6) 독립 최확값 산정

① 경중률이 일정할 때

$$L_0 = \frac{L_1 + L_2 + \cdots + L_n}{n}$$

② 경중률을 고려할 때

$$L_0 = \frac{W_1 L_1 + W_2 L_2 + \cdots + W_n L_n}{W_1 + W_2 + \cdots + W_n}$$

여기서, L_0 : 최확값

$L_1,\ L_2,\ \cdots, L_n$: 관측값

$W_1,\ W_2,\ \cdots, W_n$: 경중률

(7) 독립 최확값의 평균제곱근오차 및 확률오차 산정

1) 평균제곱근오차 산정

① 경중률이 일정할 때

$$M_0 = \pm \sqrt{\frac{[vv]}{n(n-1)}}$$

② 경중률을 고려할 때

$$M_0 = \pm \sqrt{\frac{[Wvv]}{[W](n-1)}}$$

③ 1회 관측 시(개개 관측 시)

$$M_0 = \pm \sqrt{\frac{[vv]}{n-1}} \; , \; M_0 = \pm \sqrt{\frac{[Wvv]}{n-1}}$$

여기서, M_0 : 평균제곱근오차
n : 관측횟수
v : 잔차(관측값 − 최확값)
W : 경중률

2) 확률오차 산정(γ_0)

$$\gamma_0 = \pm 0.6745 M_0$$

3) 정확도 산정

$$정확도 = \frac{\gamma_0}{L_0} \;\; or \;\; \frac{M_0}{L_0}$$

➡ Example 1

A, B, C, D에서 P점까지 각각 왕복수준측량을 하여 다음과 같은 결과를 얻었다. P점 표고의 최확값과 평균제곱근오차를 구하시오.(단, 소수 셋째 자리까지 구하시오.)

노선	고저차(m)	거리(km)
$A \rightarrow P$	−7.124	1
$B \rightarrow P$	−1.931	3
$P \rightarrow C$	−8.012	1.5
$P \rightarrow D$	+8.374	4.5

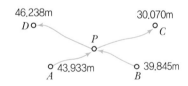

(1) P점 표고의 최확값(H_p) = _____ m

(2) 평균제곱근의 오차(m_o) = _____ m

해설 및 정답 ✛

(1) 표고 계산

① $H_{AP} = 43.933 - 7.124 = 36.809\text{m}$

② $H_{BP} = 39.845 - 1.931 = 37.914\text{m}$

③ $H_{CP} = 30.070 + 8.012 = 38.082\text{m}$

④ $H_{DP} = 46.238 - 8.374 = 37.864\text{m}$

(2) 경중률 계산

$$W_A : W_B : W_C : W_D = \frac{1}{1} : \frac{1}{3} : \frac{1}{1.5} : \frac{1}{4.5} = 9 : 3 : 6 : 2$$

(3) 최확값 계산

$$H_p = \frac{(9 \times 36.809) + (3 \times 37.914) + (6 \times 38.082) + (2 \times 37.864)}{9 + 3 + 6 + 2} = 37.462\text{m}$$

(4) 평균제곱근오차 계산

노선	측정치(m)	최확값(m)	v	vv	W	Wvv
$A \to P$	36.809		0.653	0.426409	9	3.837681
$B \to P$	37.914	37.462	−0.452	0.204304	3	0.612912
$C \to P$	38.082		−0.620	0.3844	6	2.3064
$D \to P$	37.864		−0.402	0.161604	2	0.323208
계					20	7.080201

$$\therefore \ m_o = \pm \sqrt{\frac{[Wvv]}{[W](n-1)}} = \pm \sqrt{\frac{7.080201}{20(4-1)}} = \pm 0.344\text{m}$$

(8) 조건부 최확값 산정

1) 관측횟수(n)를 같게 하였을 경우

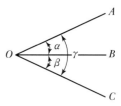

[그림 1−3] 조건부 최확값

　① 조건 : $\alpha + \beta = \gamma$

　② 오차(E) $= (\alpha + \beta) - \gamma$

　③ 조정량(d) $= \dfrac{E}{n} = \dfrac{E}{3}$

2) 관측횟수(n)를 다르게 하였을 경우 : 오차보정량은 관측횟수에 반비례하므로

$$W_1 : W_2 : W_3 = \frac{1}{n_1} : \frac{1}{n_2} : \frac{1}{n_3}$$

$$조정량(d) = \frac{오차}{경중률의\ 합} \times 조정할\ 각의\ 경중률$$

· 보충설명 ·

조건부 최확값에서 조정량을 구하면 $\alpha + \beta$와 γ를 비교하여 큰 각에는 조정량만큼 (−)해주고, 작은 각에는 조정량만큼 (+)해주면 된다.

그림과 같이 2회 관측한 $\angle AOB$의 크기는 $21°36'28''$, 3회 관측한 $\angle BOC$는 $63°18'45''$, 6회 관측한 $\angle AOC$는 $84°54'37''$일 때 $\angle AOC$의 최확값은 얼마인가?

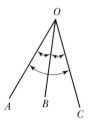

해설 및 정답 ⊕ --

$\angle AOB + \angle BOC - \angle AOC = 0$이어야 한다.

$21°36'28'' + 63°18'45'' - 84°54'37'' = 36''$이므로

$\angle AOB$, $\angle BOC$에는 조정량만큼 ⊖해주고 $\angle AOC$는 조정량만큼 ⊕해준다.

여기서, $W_1 : W_2 : W_3 = \dfrac{1}{N_1} : \dfrac{1}{N_2} : \dfrac{1}{N_3} = \dfrac{1}{2} : \dfrac{1}{3} : \dfrac{1}{6} = 15 : 10 : 5$

조정량 계산

① $\angle AOB = \dfrac{36''}{15+10+5} \times 15 = 18''$

② $\angle BOC = \dfrac{36''}{15+10+5} \times 10 = 12''$

③ $\angle AOC = \dfrac{36''}{15+10+5} \times 5 = 6''$

∴ $\angle AOC$의 최확값 $= 84°54'37'' + 6'' = 84°54'43''$

(9) 오차의 전파

측량에서는 한 번에 측정할 수 없는 경우 구간을 나누어 관측하므로, 각각의 관측값에는 오차가 포함되어 계산 관측값에 누적되므로 이를 고려해야 한다.

정오차는 관측횟수에 비례하여 점점 누적되는 데 비하여 우연오차는 확률법칙에 따라 전파된다.

1) 부정오차의 전파

어떤 양 X가 x_1, x_2, $\cdots$, x_n의 함수로 표시되고 관측된 평균제곱근오차를 m_1, m_2, $\cdots$, m_n이라 하면

$X = f(x_1,\ x_2,\ \cdots,\ x_n)$에서 부정오차의 총합은

$$\text{일반식} : M = \pm\sqrt{\left(\frac{\partial X}{\partial x_1}\right)^2 \cdot m_1^2 + \left(\frac{\partial X}{\partial x_2}\right)^2 \cdot m_2^2 + \cdots + \left(\frac{\partial X}{\partial x_n}\right)^2 \cdot m_n^2}$$

2) 오차 전파식의 응용

① $Y = X_1 + X_2 + \cdots + X_n$인 경우

$$M = \pm\sqrt{m_1^2 + m_2^2 + m_3^2 + \cdots + m_n^2}$$

여기서, M : 부정오차 총합

$m_1,\ m_2,\ \cdots,\ m_n$: 각 구간의 평균제곱근오차

② $Y = X_1 \cdot X_2$인 경우

$$M = \pm\sqrt{(X_2 \cdot m_1)^2 + (X_1 \cdot m_2)^2}$$

③ $Y = X_1/X_2$인 경우

$$M = \pm\frac{X_1}{X_2}\sqrt{\left(\frac{m_1}{X_1}\right)^2 + \left(\frac{m_2}{X_2}\right)^2}$$

④ $Y = \sqrt{X_1^2 + X_2^2}$인 경우

$$M = \pm\sqrt{\left(\frac{X_1}{\sqrt{X_1^2 + X_2^2}}\right)^2 \cdot m_1^2 + \left(\frac{X_2}{\sqrt{X_1^2 + X_2^2}}\right)^2 \cdot m_2^2}$$

3) 거리측량의 오차 전파

① 구간 거리가 다르고 평균제곱근오차가 다를 때

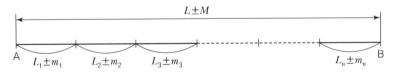

[그림 1-4] 부정오차 전파(Ⅰ)

$$L = L_1 + L_2 + \cdots + L_n$$

$$M = \pm \sqrt{m_1^2 + m_2^2 + \cdots + m_n^2}$$

여기서, L_1, L_2, $\cdots$, L_n : 구간 최확값

$\quad\quad\quad m_1$, m_2, $\cdots$, m_n : 구간 평균제곱근오차

$\quad\quad\quad L$: 전 구간 최확길이

$\quad\quad\quad M$: 최확값의 평균제곱근오차

② 평균제곱근오차를 같다고 가정할 때

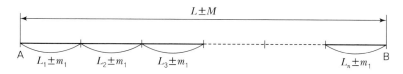

[그림 1−5] 부정오차 전파(Ⅱ)

$$L = L_1 + L_2 + \cdots + L_n$$

$$M = \pm \sqrt{m_1^2 + m_1^2 + \cdots + m_1^2} = \pm m_1 \sqrt{n}$$

여기서, m_1 : 1구간 평균제곱근오차

$\quad\quad\quad n$: 관측횟수

4) 면적의 부정오차 전파

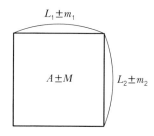

[그림 1−6] 부정오차 전파(Ⅲ)

$$A = L_1 \cdot L_2$$

$$M = \pm \sqrt{(L_2 \cdot m_1)^2 + (L_1 \cdot m_2)^2}$$

여기서, L_1, L_2 : 구간 최확값

$\quad\quad\quad m_1$, m_2 : 구간 평균제곱근오차

→ Example 3

직각 삼각형의 직각을 낀 두 변 a, b를 측정하여 다음 결과를 얻었다. 빗변 c의 거리 및 오차는?(단, $a = 92.56\text{m} \pm 0.08\text{m}$, $b = 43.25\text{m} \pm 0.06\text{m}$)

해설 및 정답 ⊕

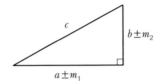

(1) 빗변길이$(c) = \sqrt{a^2 + b^2} = \sqrt{92.56^2 + 43.25^2} = 102.166\text{m}$

(2) 총오차(Δc) 산정

$$\Delta c = \pm \sqrt{\left(\frac{a}{\sqrt{a^2+b^2}}\right)^2 \cdot m_1{}^2 + \left(\frac{b}{\sqrt{a^2+b^2}}\right)^2 \cdot m_2{}^2}$$

$$= \pm \sqrt{\left(\frac{92.56}{\sqrt{92.56^2+43.25^2}}\right)^2 \times 0.08^2 + \left(\frac{43.25}{\sqrt{92.56^2+43.25^2}}\right)^2 \times 0.06^2}$$

$$= \pm 0.077\text{m}$$

$$\therefore c = 102.166 \pm 0.077\text{m}$$

2. 최소제곱법

측량에 있어 변수들은 여러 번 관측했을 때 서로 다른 관측값을 갖는 임의의 변수들이다. 이러한 변수들은 관측값을 조정하여 최확값으로 결정되는데, 이러한 관측값의 조정방법에는 간략법, 회귀방정식, 최소제곱법 등이 있다. 특히 최소제곱법(Least Square Method)은 측량의 부정오차 처리에 널리 이용되고 있다.

(1) 최소제곱법 기본 이론

일반적으로 측량에는 엄밀한 참값을 얻기가 어려우므로 관측값으로부터 최확값을 구하여 참값 대신 활용한다.

$$\overline{x} - x_1 = v_1$$

$$\overline{x} - x_2 = v_2$$

$$\vdots$$

$$\overline{x} - x_n = v_n$$

여기서, $\overline{x}$: 최확값
x : 관측값
v : 잔차

$v_1, \ v_2, \ \cdots, \ v_n$이 발생할 확률 P_i는

$$P_i = \frac{h}{\sqrt{\pi}} e^{-h^2 v^2} = Ce^{-h^2 v^2} \ (C = \frac{h}{\sqrt{\pi}})$$

그러므로 $P_1 = Ce^{-h_1^2 v_1^2}$

$$P_2 = Ce^{-h_2^2 v_2^2}$$

$$\vdots$$

$$P_n = Ce^{-h_n^2 v_n^2}$$

이들이 동시에 일어날 확률 P는

$$P = P_1 \times P_2 \times \cdots \times P_n$$

$$P = C^n e^{-(h_1^2 v_1^2 + h_2^2 v_2^2 + \cdots + h_n^2 v_n^2)}$$

$$P = \frac{C^n}{e^{(h_1^2 v_1^2 + h_2^2 v_2^2 + \cdots + h_n^2 v_n^2)}}$$

즉, 측정 정밀도가 같은 조건에서 P가 최대가 되기 위한 조건은

$v_1^2 + v_2^2 + \cdots + v_n^2 = $ 최소(min)이며,

측정 정밀도가 다른 조건에서 P가 최대가 되기 위한 조건은 각각의 경중률을 $W_1, \ W_2,$ $\cdots, \ W_n$이라고 하였을 때

$W_1 v_1^2 + W_2 v_2^2 + \cdots + W_n v_n^2 = $ 최소(min)이다.

(2) 최소제곱법 조정 순서

1) 관측방정식에 의한 조정 순서

2) 조건방정식에 의한 조정 순서

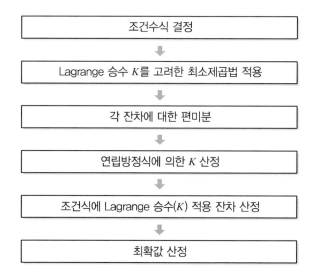

(3) 최소제곱법의 실례

다음 거리측량을 실시하여 관측값 x_1, x_2, x_3를 얻었다. 각각의 최확값을 최소제곱법에 의하여 산정하시오.

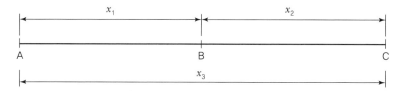

1) 관측방정식에 의한 방법

$$\overline{x_1} + \overline{x_2} = \overline{x_3} \;\longrightarrow$$

$$\overline{x_1} - x_1 = v_1, \quad \overline{x_2} - x_2 = v_2, \quad \overline{x_3} - x_3 = v_3$$

여기서, $\overline{x_1}$, $\overline{x_2}$, $\overline{x_3}$: 최확값

x_1, x_2, x_3 : 관측값

v_1, v_2, v_3 : 잔차

잔차의 제곱의 합이 최소가 된다는 최소제곱법에 의해 정리하면,

$$\phi = v_1{}^2 + v_2{}^2 + v_3{}^2 = (\overline{x_1} - x_1)^2 + (\overline{x_2} - x_2)^2 + (\overline{x_1} + \overline{x_2} - x_3)^2 = \min$$

미지변수 $\overline{x_1}$, $\overline{x_2}$에 대하여 편미분하면,

$$\frac{\partial \phi}{\partial x_1} = 2(\overline{x_1} - x_1) + 2(\overline{x_1} + \overline{x_2} - x_3) = 0 \quad \cdots\cdots\cdots\cdots\cdots\cdots\cdots\cdots\cdots\cdots\cdots \text{ⓐ}$$

$$\frac{\partial \phi}{\partial x_2} = 2(\overline{x_2} - x_2) + 2(\overline{x_1} + \overline{x_2} - x_3) = 0 \quad \cdots\cdots\cdots\cdots\cdots\cdots\cdots\cdots\cdots\cdots\cdots \text{ⓑ}$$

ⓐ와 ⓑ를 정리하여 연립방정식에 의해 $\overline{x_1}$, $\overline{x_2}$, $\overline{x_3}$를 산정할 수 있다.

2) 조건방정식에 의한 방법

조건방정식은 다음과 같다.

$$\overline{x_1} + \overline{x_2} = \overline{x_3} \quad \rightarrow$$

$$(x_1 + v_1) + (x_2 + v_2) = (x_3 + v_3)$$

$$v_1 + v_2 - v_3 + (x_1 + x_2 - x_3) = 0 \quad \cdots\cdots\cdots\cdots\cdots\cdots\cdots\cdots\cdots\cdots\cdots \text{ⓒ}$$

Lagrange 승수 K_i 값을 고려하여 정리하면,

$$\phi = v_1^2 + v_2^2 + v_3^2 - 2K_1(v_1 + v_2 - v_3 + (x_1 + x_2 - x_3)) = \min$$

위 식에서 잔차 v_1, v_2, v_3에 대하여 편미분하면,

$$\frac{\partial \phi}{\partial v_1} = 2v_1 - 2K_1 = 0 \qquad K_1 = v_1 \quad \left.\begin{array}{c} \\ \\ \\ \\ \end{array}\right.$$

$$\frac{\partial \phi}{\partial v_2} = 2v_2 - 2K_1 = 0 \qquad K_1 = v_2 \qquad \cdots\cdots\cdots\cdots\cdots\cdots\cdots \text{ⓓ}$$

$$\frac{\partial \phi}{\partial v_3} = 2v_3 + 2K_1 = 0 \qquad K_1 = -v_3$$

ⓒ에 대입하여 정리하면 $3K_1 = -(x_1 + x_2 - x_3)$이 되므로 다시 ⓓ에 적용하여 v_1, v_2, v_3를 구하여 최확값 $\overline{x_1}$, $\overline{x_2}$, $\overline{x_3}$을 구하면 된다.

다음과 같은 각을 관측했을 때 최확값은?(조건방정식)

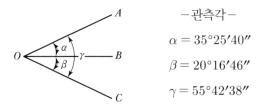

$$-관측각-$$

$$\alpha = 35°25'40''$$

$$\beta = 20°16'46''$$

$$\gamma = 55°42'38''$$

해설 및 정답 ✦ -

(1) 조건식

$$\alpha + \beta - \gamma = 0 \rightarrow 35°25'40'' + 20°16'46'' - 55°42'38'' = -12''$$

(2) 조정

$$v_1 + v_2 - v_3 - 12'' = 0 \quad \cdots\cdots\cdots\cdots\cdots\cdots\cdots\cdots\cdots\cdots\cdots ⓐ$$

(3) Lagrange 승수(K)를 고려한 최소제곱법 적용

$$\phi = v_1{}^2 + v_2{}^2 + v_3{}^2 - 2K_1(v_1 + v_2 - v_3 - 12'')$$

① $\dfrac{\partial \phi}{\partial v_1} = 2v_1 - 2K_1 = 0$ $\qquad\qquad \therefore\ v_1 = K_1$

② $\dfrac{\partial \phi}{\partial v_2} = 2v_2 - 2K_1 = 0$ $\qquad\qquad \therefore\ v_2 = K_1$

③ $\dfrac{\partial \phi}{\partial v_3} = 2v_3 + 2K_1 = 0$ $\qquad\qquad \therefore\ v_3 = -K_1$

①, ②, ③을 ⓐ에 대입하면,

$$K_1 + K_1 - (-K_1) - 12'' = 0$$

$$\therefore\ K_1 = 4''$$

(4) 최확값

각명	관측각	보정량	최확값
α	35°25'40''	4''	35°25'44''
β	20°16'46''	4''	20°16'50''
γ	55°42'38''	$-4''$	55°42'34''

001 어떤 기선을 측정하는데 이것을 4구간으로 나누어 측정하니 $L_1 = 29.5512\text{m} \pm 0.0014\text{m}$, $L_2 = 29.8837\text{m} \pm 0.0012\text{m}$, $L_3 = 29.3363\text{m} \pm 0.0015\text{m}$, $L_4 = 29.4488 \pm 0.0015\text{m}$였다. 여기서 0.0014m, 0.0012m, … 등을 표준오차라 하면 전거리에 대한 표준오차는?

해설 및 정답

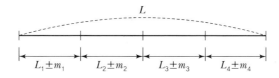

(1) 전거리(L) 산정

$$L = L_1 + L_2 + L_3 + L_4 = 118.22\text{m}$$

(2) 총 표준오차(ΔL) 산정

$$\Delta L = \pm \sqrt{(\frac{\partial L}{\partial L_1})^2 \cdot m_1{}^2 + (\frac{\partial L}{\partial L_2})^2 \cdot m_2{}^2 + (\frac{\partial L}{\partial L_3})^2 \cdot m_3{}^2 + (\frac{\partial L}{\partial L_4})^2 \cdot m_4{}^2}$$
$$= \pm \sqrt{0.0014^2 + 0.0012^2 + 0.0015^2 + 0.0015^2} = \pm 0.0028\text{m}$$

(3) 전거리 및 표준오차

$$L = 118.22 \pm 0.0028\text{m}$$

002 직각 삼각형의 직각을 낀 두 변 a, b를 측정하여 다음 결과를 얻었다. 빗변 c의 거리 및 총오차는?(단, $a = 92.56\text{m} \pm 0.08\text{m}$, $b = 43.25\text{m} \pm 0.06\text{m}$)

해설 및 정답

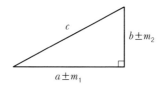

(1) 빗변의 거리(c) 산정

$$c = \sqrt{a^2 + b^2} = \sqrt{92.56^2 + 43.25^2} = 102.166\text{m}$$

(2) 총오차(Δc) 산정

$$\Delta c = \pm \sqrt{(\frac{a}{\sqrt{a^2+b^2}})^2 \cdot m_1{}^2 + (\frac{b}{\sqrt{a^2+b^2}})^2 \cdot m_2{}^2}$$

$$= \pm \sqrt{(\frac{92.56}{\sqrt{92.56^2+43.25^2}})^2 \times 0.08^2 + (\frac{43.25}{\sqrt{92.56^2+43.25^2}})^2 \times 0.06^2}$$

$$= \pm 0.077\text{m}$$

(3) 빗변 c의 거리 및 총오차

$$c = 102.166 \pm 0.077\text{m}$$

003 높이 H를 구하기 위하여 A점에서 B점에 대한 경사거리를 측정하여 10m를 얻었으며, B점에 대한 연직각(α)을 측정하여 60°를 얻었다. 거리측정에 대한 표준오차가 ± 0.01m이고, 각 관측에 대한 표준편차가 $\pm 10''$라 할 때 수직거리에 포함된 표준오차는 얼마인가?(단, 소수 넷째 자리까지 계산하시오.)

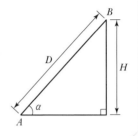

해설 및 정답

(1) 수직거리(H) 산정

$$H = D \cdot \sin\alpha = 10 \times \sin 60° = 8.6603\text{m}$$

(2) 표준오차(ΔH) 산정

$$\Delta H = \pm \sqrt{(\sin\alpha)^2 \cdot \Delta D^2 + (D\cos\alpha)^2 \cdot (\frac{\Delta \alpha''}{\rho''})^2}$$

$$= \pm \sqrt{(\sin 60°)^2 \times 0.01^2 + (10 \times \cos 60°)^2 \times (\frac{10''}{206,265''})^2}$$

$$= \pm 0.0087\text{m}$$

(3) 수직거리 및 표준오차

$$H = 8.6603 \pm 0.0087\text{m}$$

004 삼각형의 토지면적을 관측하여 그림과 같은 값을 얻었다. 면적과 면적오차를 구하시오.

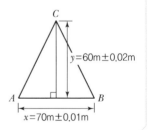

(1) 면적(A) 산정

$$A = \frac{1}{2}xy = \frac{1}{2} \times 70 \times 60 = 2,100\text{m}^2$$

(2) 면적오차(ΔA) 산정

$$\Delta A = \pm \sqrt{(\frac{1}{2}y)^2 \cdot m_1{}^2 + (\frac{1}{2}x)^2 \cdot m_2{}^2}$$

$$= \pm \frac{1}{2}\sqrt{(y \cdot m_1)^2 + (x \cdot m_2)^2}$$

$$= \pm \frac{1}{2}\sqrt{(60 \times 0.01)^2 + (70 \times 0.02)^2} = \pm 0.76\text{m}^2$$

(3) 면적과 면적오차

$$A = 2,100 \pm 0.76\text{m}^2$$

---

005 삼각형의 두 변 b, c와 그 교각 α를 측정하였을 때 기대되는 면적오차는?

$$b = 250.56\text{m} \pm 0.03\text{m}, \quad c = 300.13\text{m} \pm 0.04\text{m}, \quad \alpha = 45°12'00'' \pm 30''$$

해설 및 정답

$A = \frac{1}{2}bc\sin\alpha$ 공식에서 오차전파법칙을 적용하여 면적오차(ΔA)를 산정하면 다음과 같다.

$$\Delta A = \pm \sqrt{(\frac{1}{2}c\sin\alpha)^2 \cdot m_1{}^2 + (\frac{1}{2}b\sin\alpha)^2 \cdot m_2{}^2 + (\frac{1}{2}bc\cos\alpha)^2 \cdot (\frac{\Delta\alpha''}{\rho''})^2}$$

$$= \pm \sqrt{(\frac{1}{2} \times 300.13 \times \sin 45°12')^2 \times 0.03^2 + (\frac{1}{2} \times 250.56 \times \sin 45°12')^2 \times 0.04^2}$$

$$\overline{+ (\frac{1}{2} \times 250.56 \times 300.13 \times \cos 45°12')^2 \times (\frac{30''}{206,265''})^2}$$

$$= \pm 6.14\text{m}^2$$

$\therefore$ 면적오차(ΔA) $= \pm 6.14\text{m}^2$

---

006 직육면체의 저수탱크의 용적을 구하고자 한다. 밑변 a, b와 높이 h에 대한 측정 결과가 다음과 같을 때 용적오차는 얼마인가?

$$a = 40.00\text{m} \pm 0.05\text{m}, \quad b = 20.00\text{m} \pm 0.03\text{m}, \quad h = 15.00\text{m} \pm 0.02\text{m}$$

해설 및 정답

$V = abh$ 공식에서 오차전파법칙을 적용하여 용적오차(ΔV)를 산정하면 다음과 같다.

$$\Delta V = \pm \sqrt{(bh)^2 \cdot m_1{}^2 + (ah)^2 \cdot m_2{}^2 + (ab)^2 \cdot m_3{}^2}$$

$$= \pm \sqrt{(20 \times 15)^2 \times 0.05^2 + (40 \times 15)^2 \times 0.03^2 + (40 \times 20)^2 \times 0.02^2}$$

$$= \pm 28.37\text{m}^3$$

$\therefore$ 용적오차(ΔV) $= \pm 28.37\text{m}^3$

007

직사각형 토지의 가로, 세로 길이를 측정하여 60.50m와 48.50m를 얻었다. 길이의 측정값에 ±1cm의 오차가 있었다면 면적에서의 오차는 얼마인가?

해설 및 정답

$A = a \cdot b$ 공식에서 오차전파법칙을 적용하여 면적오차(ΔA)를 산정하면 다음과 같다.

$$\Delta A = \pm \sqrt{(b \cdot m_1)^2 + (a \cdot m_2)^2}$$

$$= \pm \sqrt{(60.50 \times 0.01)^2 + (48.50 \times 0.01)^2} = \pm 0.78 \text{m}^2$$

∴ 면적오차(ΔA) = ±0.78m²

008

거리와 고도각으로부터 고저차 H를 $H = S \tan \alpha$로 구할 때 고저각 α에 ±5″의 오차가 있다고 하면 H에는 어느 정도의 오차가 생기는가?(단, $S = 1$km, $\alpha = 30°$)

해설 및 정답

$H = S \tan \alpha$ 공식에서 오차전파법칙을 적용하여 고저차 오차(ΔH)를 산정하면 다음과 같다.

$$\Delta H = \pm \sqrt{(S \cdot \sec^2 \alpha)^2 \cdot (\frac{\Delta \alpha''}{\rho''})^2}$$

$$= \pm \sqrt{(1,000 \times \sec^2 30°)^2 \times (\frac{5''}{206,265''})^2}$$

$$= \pm 0.032 \text{m}$$

∴ 고저차 오차(ΔH) = ±0.032m

009

거리는 S, 고저각은 α, $H = S \cdot \tan \alpha$, $S = 62.5$m, $\Delta S = \pm 2$mm, $\alpha = 30°30'$, $\Delta \alpha = \pm 10''$일 때 H와 그의 평균제곱근오차는 얼마인가?

해설 및 정답

(1) 고저차(H) 산정

$H = S \cdot \tan \alpha = 62.5 \times \tan 30°30' = 36.82$m

(2) 고저차의 평균제곱근오차(ΔH) 산정

$$\Delta H = \pm \sqrt{(\tan \alpha)^2 \cdot m_1^2 + (S \cdot \sec^2 \alpha)^2 \cdot (\frac{\Delta \alpha''}{\rho''})^2}$$

$$= \pm \sqrt{(\tan 30°30')^2 \times 0.002^2 + (62.5 \times \sec^2 30°30')^2 \times (\frac{10''}{206,265''})^2}$$

$$= \pm 0.004 \text{m}$$

(3) 고저차(H)와 평균제곱근오차

$H = 36.82 \pm 0.004$m

010

$\alpha = 45° \pm 20''$, $l = 300\text{m} \pm 0.03\text{m}$인 A점의 좌표$(X_A,\ Y_A)$에 근거하여 B점의 좌표 $(X_B,\ Y_B)$를 구하는 경우에 X_B에 생기는 오차는 얼마인가?(단, $\rho'' = 2 \times 10^5$ 고려, A는 오차가 없음)

해설 및 정답

(1) $X_B = X_A + S\cos\alpha$, $Y_B = Y_A + S\sin\alpha$

(2) 오차전파법칙에 의해 X_B에 생기는 오차(ΔX_B)를 산정하면 다음과 같다.

$$\Delta X_B = \pm \sqrt{(\cos\alpha)^2 \cdot \Delta s^2 + (l \cdot \sin\alpha)^2 \cdot \left(\frac{\Delta\alpha''}{\rho''}\right)^2}$$

$$= \pm \sqrt{(\cos 45°)^2 \times 0.03^2 + (300 \times \sin 45°)^2 \times \left(\frac{20''}{200,000''}\right)^2}$$

$$= \pm 0.030\text{m}$$

$\therefore$ X_B에 생기는 오차$(\Delta X_B) = \pm 0.030\text{m}$

011

$c = 150.25\text{m} \pm 0.02\text{m}$, $\angle A = 50°20'10'' \pm 2''$, $\angle C = 45°20'40'' \pm 3''$일 때 a의 표준편차(Δa)는 얼마인가?

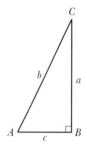

해설 및 정답

(1) $\dfrac{a}{\sin\angle A} = \dfrac{c}{\sin\angle C}$ $\rightarrow$ $a = \dfrac{c \cdot \sin\angle A}{\sin\angle C}$

(2) 오차전파법칙에 의해 a의 표준편차(Δa)를 산정하면 다음과 같다.

$$\Delta a = \pm \sqrt{\left(\frac{\sin\angle A}{\sin\angle C}\right)^2 \cdot \Delta c^2 + \left(\frac{c \cdot \cos\angle A}{\sin\angle C}\right)^2 \cdot \left(\frac{\Delta\angle A}{\rho''}\right)^2}$$
$$\overline{+ \left(\frac{-\cos\angle C \cdot \sin\angle A \times c}{\sin^2\angle C}\right)^2 \cdot \left(\frac{\Delta\angle C}{\rho''}\right)^2}$$

$$= \pm \sqrt{\left(\frac{\sin 50°20'10''}{\sin 45°20'40''}\right)^2 \times 0.02^2 + \left(\frac{150.25 \times \cos 50°20'10''}{\sin 45°20'40''}\right)^2 \times \left(\frac{2''}{206,265''}\right)^2}$$
$$\overline{+ \left(\frac{-\cos 45°20'40'' \times \sin 50°20'10'' \times 150.25}{\sin^2 45°20'40''}\right)^2 \times \left(\frac{3''}{206,265''}\right)^2}$$

$$= \pm 0.022\text{m}$$

$\therefore$ a의 표준편차$(\Delta a) = \pm 0.022\text{m}$

012 다음 표는 두 점 간의 거리를 관측한 결과이다. 아래 물음에 답하시오.(단, 계산은 소수 둘째 자리까지 구하시오.)

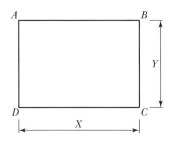

횟수	관측값	
	X(m)	Y(m)
1	20.38	15.38
2	20.35	15.36
3	20.37	15.31
4	20.29	15.30
5	20.31	15.34
6	20.32	15.23
7	20.33	
8	20.29	
9	20.28	
10	20.32	

(1) 관측값 X, Y의 최확값을 구하시오.

(2) X, Y에 대한 표준오차 σ_A, σ_B를 구하시오.

(3) 도형 $ABCD$의 면적 및 면적오차를 구하시오.

해설 및 정답

(1) 관측값 X, Y의 최확값을 구하시오.

① X의 최확값

$$X의 최확값 = \frac{\begin{array}{c}20.38+20.35+20.37+20.29+20.31+20.32\\+20.33+20.29+20.28+20.32\end{array}}{10} = 20.32\text{m}$$

② Y의 최확값

$$Y의 최확값 = \frac{15.38+15.36+15.31+15.30+15.34+15.23}{6} = 15.32\text{m}$$

∴ $X = 20.32\text{m}$, $Y = 15.32\text{m}$

(2) X, Y에 대한 표준오차 σ_A, σ_B를 구하시오.

① X에 대한 표준오차(σ_A)

횟수	관측값(m)	최확값(m)	v	vv
1	20.38		0.06	0.0036
2	20.35		0.03	0.0009
3	20.37		0.05	0.0025
4	20.29		−0.03	0.0009
5	20.31		−0.01	0.0001
6	20.32	20.32	−	−
7	20.33		0.01	0.0001
8	20.29		−0.03	0.0009
9	20.28		−0.04	0.0016
10	20.32		−	−
계				0.0106

$$\therefore \text{표준오차}(\sigma_A) = \pm \sqrt{\frac{[vv]}{n(n-1)}} = \pm \sqrt{\frac{0.0106}{10(10-1)}} = \pm 0.01\text{m}$$

② Y에 대한 표준오차(σ_B)

횟수	관측값(m)	최확값(m)	v	vv
1	15.38		0.06	0.0036
2	15.36		0.04	0.0016
3	15.31		-0.01	0.0001
4	15.30	15.32	-0.02	0.0004
5	15.34		0.02	0.0004
6	15.23		-0.09	0.0081
계				0.0142

$$\therefore \text{표준오차}(\sigma_B) = \pm \sqrt{\frac{[vv]}{n(n-1)}} = \pm \sqrt{\frac{0.0142}{6(6-1)}} = \pm 0.02\text{m}$$

(3) 도형 $ABCD$의 면적 및 면적오차를 구하시오.

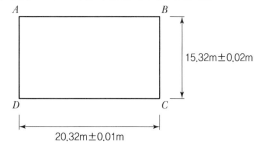

15.32m±0.02m

20.32m±0.01m

① 도형 $ABCD$의 면적

면적 = $20.32 \times 15.32 = 311.30\text{m}^2$

② 면적오차

$$\begin{aligned}
\text{면적오차} &= \pm \sqrt{(X \cdot \sigma_B)^2 + (Y \cdot \sigma_A)^2} \\
&= \pm \sqrt{(20.32 \times 0.02)^2 + (15.32 \times 0.01)^2} \\
&= \pm 0.43\text{m}^2
\end{aligned}$$

③ 면적 및 면적오차

$A = 311.30 \pm 0.43\text{m}^2$

△PQR에서 ∠P와 변 길이 q, r을 TS(Total Station)로 측정하였다. 다음을 계산하시오. 단, ∠$P = 60°00'00''$, $q = 200.00$m, $r = 250.00$m이며, 각측정의 표준오차 $\sigma_\alpha = \pm 40''$, 거리측정의 표준오차 $\sigma_l = \pm(0.01\text{m} + \dfrac{D}{10,000})$, D는 수평거리이다.(단, 거리는 소수 셋째 자리까지 구하시오.)

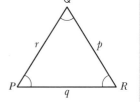

(1) △PQR의 면적(A)에 대한 표준오차(σ_A)

(2) △PQR의 면적(A)에 대한 95% 신뢰구간

해설 및 정답

(1) △PQR의 면적(A)에 대한 표준오차(σ_A)

$$A = \frac{1}{2} r \cdot q \cdot \sin \angle P$$

면적(A)에 대한 표준오차(σ_A)는 오차전파법칙에 의해 다음과 같이 표현된다.

$$\sigma_A = \pm \sqrt{\left(\frac{1}{2} \times \Delta r \times q \times \sin \angle P\right)^2 + \left(\frac{1}{2} \times r \times \Delta q \times \sin \angle P\right)^2 + \left(\frac{1}{2} \times r \times q \times \cos \angle P \times \frac{\Delta \alpha''}{\rho''}\right)^2}$$

여기서, Δr, Δq, $\Delta \alpha$를 구하면 다음과 같다.

$$\Delta r = \pm\left(0.01 + \frac{250}{10,000}\right) = 0.035\text{m}$$

$$\Delta q = \pm\left(0.01 + \frac{200}{10,000}\right) = 0.030\text{m}$$

$$\Delta \alpha = \pm 40''$$

$$\sigma_A = \pm \sqrt{\left(\frac{1}{2} \times 0.035 \times 200 \times \sin 60°\right)^2 + \left(\frac{1}{2} \times 250 \times 0.030 \times \sin 60°\right)^2 + \left(\frac{1}{2} \times 250 \times 200 \times \cos 60° \times \frac{40''}{206,265''}\right)^2}$$

$$= \pm 5.061\text{m}^2$$

∴ 표준오차(σ_A) $= \pm 5.061\text{m}^2$

(2) △PQR의 면적(A)에 대한 95% 신뢰구간

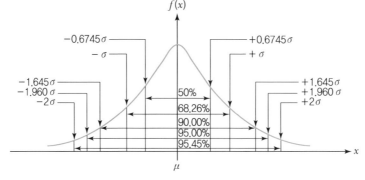

∴ 95% 신뢰구간 $= \pm(1.960 \times \sigma_A) = \pm(1.960 \times 5.061) = \pm 9.920\text{m}^2$

014 아래 그림은 기선 $\overline{AD}$를 5구간으로 나누어 각각의 값을 독립적으로 관측한 결과이다. 최소제곱법(관측방정식)의 원리에 따라 기선 $\overline{AD}$의 최확값을 구하시오.(단, 각 구간의 관측정확도는 같으며 상관관계가 없다고 가정하고 계산방법은 임의로 하되 소수 넷째 자리에서 반올림하여 셋째 자리까지 구하시오.)

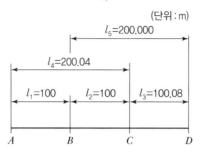

(단위 : m)

해설 및 정답

(1) 관측방정식 수립 및 잔차항으로 정리

① $l_1' = l_1 + v_1$ → $v_1 = l_1' - 100$

② $l_2' = l_2 + v_2$ → $v_2 = l_2' - 100$

③ $l_3' = l_3 + v_3$ → $v_3 = l_3' - 100.08$

④ $l_1' + l_2' = l_4 + v_4$ $v_4 = l_1' + l_2' - 200.04$

⑤ $l_2' + l_3' = l_5 + v_5$ → $v_5 = l_2' + l_3' - 200$

(2) 최소제곱법 적용

$$\phi = v_1^2 + v_2^2 + v_3^2 + v_4^2 + v_5^2$$
$$= (l_1' - 100)^2 + (l_2' - 100)^2 + (l_3' - 100.08)^2 + (l_1' + l_2' - 200.04)^2 + (l_2' + l_3' - 200)^2$$
$$= \min$$

(3) 미지변수에 대한 편미분 및 연립방정식에 의한 최확값 산정

① $\dfrac{\partial \phi}{\partial l_1'} = 2(l_1' - 100) + 2(l_1' + l_2' - 200.04) = 0$

     → $4l_1' + 2l_2' = 600.08$ ⋯⋯⋯⋯⋯⋯⋯⋯⋯⋯⋯⋯⋯⋯⋯⋯⋯⋯ ⓐ

② $\dfrac{\partial \phi}{\partial l_2'} = 2(l_2' - 100) + 2(l_1' + l_2' - 200.04) + 2(l_2' + l_3' - 200) = 0$

     → $2l_1' + 6l_2' + 2l_3' = 1,000.08$ ⋯⋯⋯⋯⋯⋯⋯⋯⋯⋯⋯⋯⋯ ⓑ

③ $\dfrac{\partial \phi}{\partial l_3'} = 2(l_3' - 100.08) + 2(l_2' + l_3' - 200) = 0$

     → $2l_2' + 4l_3' = 600.16$ ⋯⋯⋯⋯⋯⋯⋯⋯⋯⋯⋯⋯⋯⋯⋯⋯⋯ ⓒ

ⓐ, ⓑ, ⓒ를 연립방정식을 이용하여 계산하면,

∴ $l_1' = 100.025\text{m}$, $l_2' = 99.990\text{m}$, $l_3' = 100.045\text{m}$

(4) $\overline{AD}$ 최확값

$$\overline{AD} = l_1' + l_2' + l_3' = 100.025 + 99.990 + 100.045 = 300.06\text{m}$$

015 삼각형의 내각을 동일한 정확도로 측정한 결과 $\angle A = 45°25'40''$, $\angle B = 60°10'35''$, $\angle C = 74°23'30''$를 얻었다. 관측각을 최소제곱법(관측방정식) 원리를 이용하여 최확값을 구하시오.

해설 및 정답

(1) 관측방정식 수립 및 잔차항으로 정리

① $\angle A' = \angle A + v_1$ $\rightarrow$ $v_1 = \angle A' - 45°25'40''$

② $\angle B' = \angle B + v_2$ $\rightarrow$ $v_2 = \angle B' - 60°10'35''$

③ $\angle C' = \angle C + v_3 = 180° - (\angle A' + \angle B') - \angle C \rightarrow v_3 = 105°36'30'' - (\angle A' + \angle B')$

(2) 최소제곱법 적용

$$\phi = v_1^2 + v_2^2 + v_3^2$$
$$= (\angle A' - 45°25'40'')^2 + (\angle B' - 60°10'35'')^2 + (105°36'30'' - (\angle A' + \angle B'))^2$$
$$= \min$$

(3) 미지변수에 대한 편미분 및 연립방정식에 의한 최확각 산정

① $\dfrac{\partial \phi}{\partial \angle A'} = 2(\angle A' - 45°25'40'') - 2(105°36'30'' - \angle A' - \angle B') = 0$

     $\rightarrow 4\angle A' + 2\angle B' = 302°4'20''$ ⋯⋯⋯⋯⋯⋯⋯⋯⋯⋯⋯⋯⋯⋯ ⓐ

② $\dfrac{\partial \phi}{\partial \angle B'} = 2(\angle B' - 60°10'35'') - 2(105°36'30'' - \angle A' - \angle B') = 0$

     $\rightarrow 2\angle A' + 4\angle B' = 331°34'10''$ ⋯⋯⋯⋯⋯⋯⋯⋯⋯⋯⋯⋯⋯ ⓑ

ⓐ, ⓑ를 연립방정식을 이용하여 계산하면,

$\therefore \angle A' = 45°25'45''$, $\angle B' = 60°10'40''$, $\angle C' = 74°23'35''$

---

016 최소제곱법(관측방정식)에 의하여 다음 관측치를 보정하시오.

$\angle 1 = 39.74°$, $\angle 2 = 26.54°$, $\angle 3 = 75.31°$,

$\angle 4 = 38.85°$, $\angle 5 = 23.85°$, $\angle 6 = 42.43°$

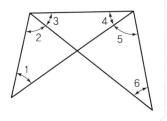

해설 및 정답

(1) 관측방정식 수립 및 잔차항으로 정리

① $x_1' = x_1 + v_1$ $\rightarrow$ $v_1 = x_1' - 39.74°$

② $x_1' + x_3' + x_4' = 180° - (x_2 + v_2)$ $\rightarrow$ $v_2 = 153.46° - (x_1' + x_3' + x_4')$

③ $x_3' = x_3 + v_3$ $\rightarrow$ $v_3 = x_3' - 75.31°$

④ $x_4' = x_4 + v_4$ $\rightarrow$ $v_4 = x_4' - 38.85°$

⑤ $x_3' + x_4' + x_6' = 180° - (x_5 + v_5)$ $\rightarrow$ $v_5 = 156.15° - (x_3' + x_4' + x_6')$

⑥ $x_6' = x_6 + v_6$ $\rightarrow$ $v_6 = x_6' - 42.43°$

(2) 최소제곱법 적용

$$\phi = v_1{}^2 + v_2{}^2 + v_3{}^2 + v_4{}^2 + v_5{}^2 + v_6{}^2$$

$$= (x_1{}' - 39.74°)^2 + [153.46° - (x_1{}' + x_3{}' + x_4{}')]^2 + (x_3{}' - 75.31°)^2$$

$$+ (x_4{}' - 38.85)^2 + [156.15° - (x_3{}' + x_4{}' + x_6{}')]^2 + (x_6{}' - 42.43°)^2$$

$$= \min$$

(3) 미지변수에 대한 편미분 및 연립방정식에 의한 최확각 산정

① $\dfrac{\partial \phi}{\partial x_1{}'} = 2(x_1{}' - 39.74°) - 2[153.46° - (x_1{}' + x_3{}' + x_4{}')] = 0$

$\rightarrow 4x_1{}' + 2x_3{}' + 2x_4{}' = 386.4°$ ··· ⓐ

② $\dfrac{\partial \phi}{\partial x_2{}'} = 0$

③ $\dfrac{\partial \phi}{\partial x_3{}'} = -2[153.46° - (x_1{}' + x_3{}' + x_4{}')] + 2(x_3{}' - 75.31°)$

$\quad\quad - 2[156.15° - (x_3{}' + x_4{}' + x_6{}')] = 0$

$\rightarrow 2x_1{}' + 6x_3{}' + 4x_4{}' + 2x_6{}' = 769.84°$ ····························· ⓑ

④ $\dfrac{\partial \phi}{\partial x_4{}'} = -2[153.46° - (x_1{}' + x_3{}' + x_4{}')] + 2(x_4{}' - 38.85)$

$\quad\quad - 2[156.15° - (x_3{}' + x_4{}' + x_6{}')] = 0$

$\rightarrow 2x_1{}' + 4x_3{}' + 6x_4{}' + 2x_6{}' = 696.92°$ ····························· ⓒ

⑤ $\dfrac{\partial \phi}{\partial x_5{}'} = 0$

⑥ $\dfrac{\partial \phi}{\partial x_6{}'} = -2[156.15° - (x_3{}' + x_4{}' + x_6{}')] + 2(x_6{}' - 42.43°) = 0$

$\rightarrow 2x_3{}' + 2x_4{}' + 4x_6{}' = 397.16°$ ··· ⓓ

ⓐ, ⓑ, ⓒ, ⓓ를 연립방정식을 이용하여 계산하면,

$$\therefore \begin{cases} x_1{}' = 39.667° \\ x_3{}' = 75.163° \\ x_4{}' = 38.703° \\ x_6{}' = 42.357° \\ x_2{}' = 180° - (x_1{}' + x_3{}' + x_4{}') = 26.467° \\ x_5{}' = 180° - (x_3{}' + x_4{}' + x_6{}') = 23.777° \end{cases}$$

017 다음과 같은 각을 관측했을 때 최소제곱법(관측방정식)에 의한 최확값은?

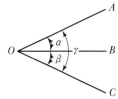

$$- \text{관측각} -$$

$$\alpha = 35°25'40''$$

$$\beta = 20°16'46''$$

$$\gamma = 55°42'38''$$

해설 및 정답

(1) 관측방정식 수립 및 잔차항으로 정리

① $\alpha' = \alpha + v_1$ $\longrightarrow$ $v_1 = \alpha' - 35°25'40''$

② $\beta' = \beta + v_2$ $\longrightarrow$ $v_2 = \beta' - 20°16'46''$

③ $\gamma' = \gamma + v_3 = \alpha' + \beta' - \gamma$ $\longrightarrow$ $v_3 = \alpha' + \beta' - 55°42'38''$

(2) 최소제곱법 적용

$$\phi = v_1^2 + v_2^2 + v_3^2$$
$$= (\alpha' - 35°25'40'')^2 + (\beta' - 20°16'46'')^2 + (\alpha' + \beta' - 55°42'38'')^2$$
$$= \min$$

(3) 미지변수에 대한 편미분 및 연립방정식에 의한 최확각 산정

① $\dfrac{\partial \phi}{\partial \alpha'} = 2(\alpha' - 35°25'40'') + 2(\alpha' + \beta' - 55°42'38'') = 0$

   $\longrightarrow 4\alpha' + 2\beta' = 182°16'36''$ ⋯⋯⋯⋯⋯⋯⋯⋯⋯⋯⋯⋯⋯⋯⋯⋯⋯⋯ ⓐ

② $\dfrac{\partial \phi}{\partial \beta'} = 2(\beta' - 20°16'46'') + 2(\alpha' + \beta' - 55°42'38'') = 0$

   $\longrightarrow 2\alpha' + 4\beta' = 151°58'48''$ ⋯⋯⋯⋯⋯⋯⋯⋯⋯⋯⋯⋯⋯⋯⋯⋯⋯⋯ ⓑ

ⓐ, ⓑ를 연립방정식을 이용하여 계산하면,

∴ $\alpha' = 35°25'44''$, $\beta' = 20°16'50''$, $\gamma' = 55°42'34''$

018 최소제곱법(관측방정식)에 의한 방법으로 최확각을 계산하시오. (단, 경중률은 동일함)

$x_1 = 49.34°$

$x_2 = 98.86°$

$x_3 = 160.02°$

$x_4 = 50.01°$

$x_5 = 110.68°$

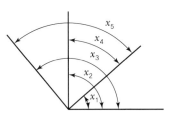

해설 및 정답

(1) 관측방정식 수립 및 잔차항으로 정리

① $x_1' = x_1 + v_1$ → $v_1 = x_1' - 49.34°$

② $x_1' + x_4' = x_2 + v_2$ $v_2 = x_1' + x_4' - 98.86°$

③ $x_5' + x_1' = x_3 + v_3$ $v_3 = x_5' + x_1' - 160.02°$

④ $x_4' = x_4 + v_4$ → $v_4 = x_4' - 50.01°$

⑤ $x_5' = x_5 + v_5$ → $v_5 = x_5' - 110.68°$

(2) 최소제곱법 적용

$$\phi = v_1^2 + v_2^2 + v_3^2 + v_4^2 + v_5^2$$
$$= (x_1' - 49.34°) + (x_1' + x_4' - 98.86°) + (x_5' + x_1' - 160.02°)$$
$$+ (x_4' - 50.01°) + (x_5' - 110.68°)$$
$$= \min$$

(3) 미지변수에 대한 편미분 및 연립방정식에 의한 최확각 산정

① $\dfrac{\partial \phi}{\partial x_1'} = 2(x_1' - 49.34°) + 2(x_1' + x_4' - 98.86°) + 2(x_5' + x_1' - 160.02°) = 0$

     → $6x_1' + 2x_4' + 2x_5' = 616.44°$ ⋯⋯⋯⋯⋯⋯⋯⋯⋯⋯⋯⋯⋯⋯ ⓐ

② $\dfrac{\partial \phi}{\partial x_2'} = 0$

③ $\dfrac{\partial \phi}{\partial x_3'} = 0$

④ $\dfrac{\partial \phi}{\partial x_4'} = 2(x_1' + x_4' - 98.86°) + 2(x_4' - 50.01°) = 0$

     → $2x_1' + 4x_4' = 297.74°$ ⋯⋯⋯⋯⋯⋯⋯⋯⋯⋯⋯⋯⋯⋯ ⓑ

⑤ $\dfrac{\partial \phi}{\partial x_5'} = 2(x_5' + x_1' - 160.02°) + 2(x_5' - 110.68°) = 0$

     → $2x_1' + 4x_5' = 541.40°$ ⋯⋯⋯⋯⋯⋯⋯⋯⋯⋯⋯⋯⋯⋯ ⓒ

ⓐ, ⓑ, ⓒ를 연립방정식을 이용하여 계산하면,

∴ $x_1' = 49.22°$, $x_2' = 99.05°$, $x_3' = 159.96°$, $x_4' = 49.83°$, $x_5' = 110.74°$

019 수준점 A, B, C로부터 신점 P의 표고를 결정하기 위하여 수준측량을 한 결과이다. P의 표고를 최소제곱법(관측방정식)의 원리로 구하시오.

노선	고저차(m)
$A \rightarrow P$	-1.342
$B \rightarrow P$	2.665
$C \rightarrow P$	3.674

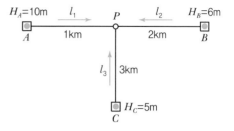

해설 및 정답

(1) 관측방정식 수립 및 잔차항으로 정리

① $H_A + l_1' - H_P = 0$ → $H_A + l_1 + v_1 - H_P = 0$

∴ $v_1 = H_P - H_A - l_1 = H_P - 10 + 1.342 = H_P - 8.658$

② $H_B + l_2' - H_P = 0$ → $H_B + l_2 + v_2 - H_P = 0$

∴ $v_2 = H_P - H_B - l_2 = H_P - 6 - 2.665 = H_P - 8.665$

③ $H_C + l_3' - H_P = 0$ → $H_C + l_3 + v_3 - H_P = 0$

∴ $v_3 = H_P - H_C - l_3 = H_P - 5 - 3.674 = H_P - 8.674$

(2) 경중률

$$W_1 : W_2 : W_3 = \frac{1}{1} : \frac{1}{2} : \frac{1}{3} = 6 : 3 : 2$$

(3) 경중률을 고려한 최소제곱법 적용

$$\phi = W_1 v_1^2 + W_2 v_2^2 + W_3 v_3^2$$
$$= 6(H_P - 8.658)^2 + 3(H_P - 8.665)^2 + 2(H_P - 8.674)^2$$
$$= \min$$

(4) 미지변수에 대한 편미분 및 연립방정식에 의한 최확값 산정

$$\frac{\partial \phi}{\partial H_P} = 12(H_P - 8.658) + 6(H_P - 8.665) + 4(H_P - 8.674)$$
$$= 12H_P - 103.896 + 6H_P - 51.99 + 4H_P - 34.696$$
$$= 22H_P - 190.582 = 0$$

∴ $H_P = 8.663 \text{m}$

020

P, Q점의 표고를 구하기 위하여 그림과 같이 A점에서 수준측량을 하여 다음의 값을 얻었다. A점의 표고를 17.532m로 하여 P, Q점의 표고를 최소제곱법(관측방정식)을 이용하여 구하시오.

노선	고저차(m)
l_1	$+4.250$
l_2	-8.536
l_3	-12.781
l_4	-8.556

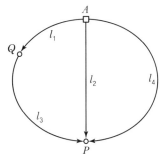

해설 및 정답

(1) 관측방정식 수립 및 잔차항으로 정리

① $H_A + l_1' - H_Q = 0 \quad \rightarrow \quad H_A + l_1 + v_1 - H_Q = 0$

$\therefore v_1 = H_Q - 17.532 - 4.250 = H_Q - 21.782$

② $H_A + l_2' - H_P = 0 \quad \rightarrow \quad H_A + l_2 + v_2 - H_P = 0$

$\therefore v_2 = H_P - 17.532 + 8.536 = H_P - 8.996$

③ $H_Q + l_3' - H_P = 0 \quad \rightarrow \quad H_Q + l_3 + v_3 - H_P = 0$

$\therefore v_3 = H_P - H_Q + 12.781$

④ $H_A + l_4' - H_P = 0 \quad \rightarrow \quad H_A + l_4 + v_4 - H_P = 0$

$\therefore v_4 = H_P - 17.532 + 8.556 = H_P - 8.976$

(2) 최소제곱법 적용

$\phi = v_1^2 + v_2^2 + v_3^2 + v_4^2$

$= (H_Q - 21.782)^2 + (H_P - 8.996)^2 + (H_P - H_Q + 12.781)^2 + (H_P - 8.976)^2$

$= \min$

(3) 미지변수에 대한 편미분 및 연립방정식에 의한 최확값 산정

① $\dfrac{\partial \phi}{\partial H_P} = 2(H_P - 8.996) + 2(H_P - H_Q + 12.781) + 2(H_P - 8.976) = 0$

$\rightarrow 6H_P - 2H_Q = 10.382$ $\cdots\cdots\cdots\cdots\cdots\cdots\cdots\cdots\cdots\cdots\cdots\cdots\cdots\cdots\cdots\cdots$ ⓐ

② $\dfrac{\partial \phi}{\partial H_Q} = 2(H_Q - 21.782) - 2(H_P - H_Q + 12.781) = 0$

$\rightarrow -2H_P + 4H_Q = 69.126$ $\cdots\cdots\cdots\cdots\cdots\cdots\cdots\cdots\cdots\cdots\cdots\cdots\cdots$ ⓑ

ⓐ, ⓑ를 연립방정식을 이용하여 계산하면,

$\therefore H_P = 8.989$m, $H_Q = 21.776$m

다음 수준망에서 최소제곱법(관측방정식)을 이용하여 P_1, P_2, P_3의 최확값을 구하시오.

노선	관측값(m)	거리(km)	조정량	조정값	측점	최확값(m)
$A \rightarrow P_1$	3.421	4			A	10.000
$P_1 \rightarrow P_2$	1.213	3			P_1	
$P_2 \rightarrow P_3$	-2.623	2			P_2	
$P_3 \rightarrow A$	-2.051	1			P_3	
$A - P_2$	4.675	2				

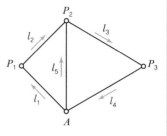

해설 및 정답

(1) 관측방정식 수립 및 잔차항으로 정리

　① $H_A + l_1' - P_1 = 0$　→　$H_A + l_1 + v_1 - P_1 = 0$

　　$\therefore v_1 = P_1 - 10 - 3.421 = P_1 - 13.421$

　② $P_1 + l_2' - P_2 = 0$　→　$P_1 + l_2 + v_2 - P_2 = 0$

　　$\therefore v_2 = P_2 - P_1 - 1.213$

　③ $P_2 + l_3' - P_3 = 0$　→　$P_2 + l_3 + v_3 - P_3 = 0$

　　$\therefore v_3 = P_3 - P_2 + 2.623$

　④ $P_3 + l_4' - H_A = 0$　→　$P_3 + l_4 + v_4 - H_A = 0$

　　$\therefore v_4 = 10 - P_3 + 2.051 = 12.051 - P_3$

　⑤ $H_A + l_5' - P_2 = 0$　→　$H_A + l_5 + v_5 - P_2 = 0$

　　$\therefore v_5 = P_2 - 10 - 4.675 = P_2 - 14.675$

(2) 경중률

$$W_1 : W_2 : W_3 : W_4 : W_5 = \frac{1}{4} : \frac{1}{3} : \frac{1}{2} : \frac{1}{1} : \frac{1}{2} = 3 : 4 : 6 : 12 : 6$$

(3) 경중률을 고려한 최소제곱법 적용

$$\phi = W_1 v_1{}^2 + W_2 v_2{}^2 + W_3 v_3{}^2 + W_4 v_4{}^2 + W_5 v_5{}^2$$

$$= 3(P_1 - 13.421)^2 + 4(P_2 - P_1 - 1.213)^2 + 6(P_3 - P_2 + 2.623)^2$$

$$+ 12(12.051 - P_3)^2 + 6(P_2 - 14.675)^2$$

$$= \min$$

(4) 미지변수에 대한 편미분 및 연립방정식에 의한 최확값 산정

　① $\dfrac{\partial \phi}{\partial P_1} = 6(P_1 - 13.421) - 8(P_2 - P_1 - 1.213) = 0$

　　→ $14P_1 - 8P_2 = 70.822$ ⋯⋯⋯⋯⋯⋯⋯⋯⋯⋯⋯⋯⋯⋯⋯ ⓐ

　② $\dfrac{\partial \phi}{\partial P_2} = 8(P_2 - P_1 - 1.213) - 12(P_3 - P_2 + 2.623) + 12(P_2 - 14.675) = 0$

　　→ $-8P_1 + 32P_2 - 12P_3 = 217.28$ ⋯⋯⋯⋯⋯⋯⋯⋯⋯⋯ ⓑ

　③ $\dfrac{\partial \phi}{\partial P_3} = 12(P_3 - P_2 + 2.623) - 24(12.051 - P_3) = 0$

　　→ $-12P_2 + 36P_3 = 257.748$ ⋯⋯⋯⋯⋯⋯⋯⋯⋯⋯⋯⋯ ⓒ

　ⓐ, ⓑ, ⓒ를 연립방정식을 이용하여 계산하면,

　$\therefore P_1 = 13.441\text{m}$, $P_2 = 14.669\text{m}$, $P_3 = 12.049\text{m}$

노선	관측값(m)	거리(km)	조정량(m)	조정값(m)	측점	최확값(m)
$A \rightarrow P_1$	3.421	4	0.020	3.441	A	10.000
$P_1 \rightarrow P_2$	1.213	3	0.015	1.228	P_1	13.441
$P_2 \rightarrow P_3$	−2.623	2	0.003	−2.620	P_2	14.669
$P_3 \rightarrow A$	−2.051	1	0.002	−2.049	P_3	12.049
$A \rightarrow P_2$	4.675	2	−0.006	4.669		

022 다음의 수준측량 결과를 최소제곱법(관측방정식)으로 조정하여 점 B, C의 표고를 구하시오.(단, A점의 표고는 50.000m이며, 소수 셋째 자리까지 계산하시오.)

수준노선	노선거리(km)	고저차(m)
$A \rightarrow B$	1	4.350
$B \rightarrow C$	2	−7.540
$C \rightarrow A$	1	3.215
$A \rightarrow C$	2	−3.195

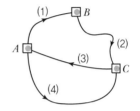

해설 및 정답

(1) 관측방정식 수립 및 잔차항으로 정리

① $H_A + l_1' - H_B = 0$ → $H_A + l_1 + v_1 - H_B = 0$

$\therefore v_1 = H_B - H_A - l_1 = H_B - 50 - 4.350 = H_B - 54.350$

② $H_B + l_2' - H_C = 0$ → $H_B + l_2 + v_2 - H_C = 0$

$\therefore v_2 = H_C - H_B - l_2 = H_C - H_B + 7.540$

③ $H_C + l_3' - H_A = 0$ → $H_C + l_3 + v_3 - H_A = 0$

$\therefore v_3 = H_A - H_C - l_3 = 50 - H_C - 3.215 = -H_C + 46.785$

④ $H_A + l_4' - H_C = 0$ → $H_A + l_4 + v_4 - H_C = 0$

$\therefore v_4 = H_C - H_A - l_4 = H_C - 50 + 3.195 = H_C - 46.805$

(2) 경중률

$$W_1 : W_2 : W_3 : W_4 = \frac{1}{1} : \frac{1}{2} : \frac{1}{1} : \frac{1}{2} = 2 : 1 : 2 : 1$$

(3) 경중률을 고려한 최소제곱법 적용

$$\phi = W_1 v_1^2 + W_2 v_2^2 + W_3 v_3^2 + W_4 v_4^2$$
$$= 2(H_B - 54.350)^2 + (H_C - H_B + 7.540)^2 + 2(-H_C + 46.785)^2 + (H_C - 46.805)^2 = \min$$

(4) 미지변수에 대한 편미분 및 연립방정식에 의한 최확값 산정

① $\dfrac{\partial \phi}{\partial H_B} = 4(H_B - 54.350) - 2(H_C - H_B + 7.540) = 0$

$\rightarrow 6H_B - 2H_C = 232.48$ ⋯⋯⋯⋯⋯⋯⋯⋯⋯⋯⋯⋯⋯⋯⋯⋯ ⓐ

② $\dfrac{\partial \phi}{\partial H_C} = 2(H_C - H_B + 7.540) - 4(-H_C + 46.785) + 2(H_C - 46.805) = 0$

$\rightarrow -2H_B + 8H_C = 265.67$ ⋯⋯⋯⋯⋯⋯⋯⋯⋯⋯⋯⋯⋯⋯ ⓑ

ⓐ, ⓑ를 연립방정식을 이용하여 계산하면,

$\therefore H_B = 54.345\text{m}, H_C = 46.795\text{m}$

023

수준점 A, B를 맺는 수준측량을 실시하여 다음과 같은 관측값을 얻었다. 수준점 A, B의 표고가 $A = 50.265\text{m}$, $B = 57.767\text{m}$일 때 관측방정식에 의한 최소제곱법을 적용하여 C, D, E점의 표고를 구하시오.(단, 각 노선의 거리는 같다고 할 때, 소수 넷째 자리에서 반올림하여 소수 셋째 자리까지 답을 구하시오.)

노선 No.	고저차 관측값(m)
1	5.110
2	2.304
3	−1.256
4	−6.175
5	−0.668
6	−3.039
7	1.720

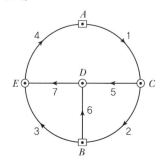

(1) 관측방정식을 세우시오.

(2) C, D, E점의 표고를 구하시오.

해설 및 정답

(1) 관측방정식 수립 및 잔차항으로 정리

① $H_A + l_1' - H_C = 50.265 + 5.110 + v_1 - H_C = 0$ → $v_1 = H_C - 55.375$

② $H_C + l_2' - H_B = H_C + 2.304 + v_2 - 57.767 = 0$ → $v_2 = -H_C + 55.463$

③ $H_B + l_3' - H_E = 57.767 + (-1.256) + v_3 - H_E$ → $v_3 = H_E - 56.511$

④ $H_E + l_4' - H_A = H_E + (-6.175) + v_4 - 50.265$ → $v_4 = -H_E + 56.44$

⑤ $H_C + l_5' - H_D = H_C + (-0.668) + v_5 - H_D = 0$ → $v_5 = -H_C + H_D + 0.668$

⑥ $H_B + l_6' - H_D = 57.767 + (-3.039) + v_6 - H_D$ → $v_6 = H_D - 54.728$

⑦ $H_D + l_7' - H_E = H_D + 1.720 + v_7 - H_E$ → $v_7 = -H_D + H_E - 1.720$

(2) 최소제곱법 적용

$$\phi = v_1^2 + v_2^2 + v_3^2 + v_4^2 + v_5^2 + v_6^2 + v_7^2$$
$$= (H_C - 55.375)^2 + (-H_C + 55.463)^2 + (H_E - 56.511)^2 + (-H_E + 56.44)^2$$
$$+ (-H_C + H_D + 0.668)^2 + (H_D - 54.728)^2 + (-H_D + H_E - 1.720)^2 = \min$$

(3) 미지변수에 대한 편미분 및 연립방정식에 의한 최확값 산정

① $\dfrac{\partial \phi}{\partial H_C} = 2(H_C - 55.375) - 2(-H_C + 55.463) - 2(-H_C + H_D + 0.668) = 0$

$\rightarrow 6H_C - 2H_D = 223.012$ ⟶ ⓐ

② $\dfrac{\partial \phi}{\partial H_D} = 2(-H_C + H_D + 0.668) + 2(H_D - 54.728) - 2(-H_D + H_E - 1.720) = 0$

$\rightarrow -2H_C + 6H_D - 2H_E = 104.68$ ⟶ ⓑ

③ $\dfrac{\partial \phi}{\partial H_E} = 2(H_E - 56.511) - 2(-H_E + 56.44) + 2(-H_D + H_E - 1.720) = 0$

$\rightarrow -2H_D + 6H_E = 229.342$ ⟶ ⓒ

ⓐ, ⓑ, ⓒ를 연립방정식을 이용하여 계산하면,

∴ $H_C = 55.416\text{m}$, $H_D = 54.742\text{m}$, $H_E = 56.471\text{m}$

024 다음 수준측량 결과를 최소제곱법(관측방정식)으로 조정하여 점 C, D, E의 표고를 구하시오. (단, A점의 표고는 18.396m, B점의 표고는 26.317m이며, 소수 셋째 자리까지 계산하시오.)

$l_1 = 5.666\text{m},$ $\qquad l_2 = -1.195\text{m},$

$l_3 = 3.481\text{m},$ $\qquad l_4 = -1.999\text{m},$

$l_5 = -5.972\text{m},$ $\qquad l_6 = -4.463\text{m},$

$l_7 = -1.981\text{m}$

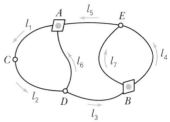

해설 및 정답

(1) 관측방정식 수립 및 잔차항으로 정리

① $l_1' = l_1 + v_1 = H_C - H_A = H_C - 18.396$ $\rightarrow$ $v_1 = H_C - 24.062$

② $l_2' = l_2 + v_2 = H_D - H_C$ $\qquad\qquad\rightarrow$ $v_2 = H_D - H_C + 1.195$

③ $l_3' = l_3 + v_3 = H_B - H_D = 26.317 - H_D$ $\rightarrow$ $v_3 = -H_D + 22.836$

④ $l_4' = l_4 + v_4 = H_E - H_B = H_E - 26.317$ $\rightarrow$ $v_4 = H_E - 24.318$

⑤ $l_5' = l_5 + v_5 = H_A - H_E = 18.396 - H_E$ $\rightarrow$ $v_5 = -H_E + 24.368$

⑥ $l_6' = l_6 + v_6 = H_A - H_D = 18.396 - H_D$ $\rightarrow$ $v_6 = -H_D + 22.859$

⑦ $l_7' = l_7 + v_7 = H_E - H_B = H_E - 26.317$ $\rightarrow$ $v_7 = H_E - 24.336$

(2) 최소제곱법 적용

$\phi = v_1{}^2 + v_2{}^2 + v_3{}^2 + v_4{}^2 + v_5{}^2 + v_6{}^2 + v_7{}^2$

$\quad = (H_C - 24.062)^2 + (H_D - H_C + 1.195)^2 + (-H_D + 22.836)^2 + (H_E - 24.318)^2$

$\qquad + (-H_E + 24.368)^2 + (-H_D + 22.859)^2 + (H_E - 24.336)^2$

$\quad = \min$

(3) 미지변수에 대한 편미분 및 연립방정식에 의한 최확값 산정

① $\dfrac{\partial \phi}{\partial H_C} = 2(H_C - 24.062) - 2(H_D - H_C + 1.195) = 0$

$\qquad \rightarrow 4H_C - 2H_D = 50.514$ ⋯⋯⋯⋯⋯⋯⋯⋯⋯⋯⋯⋯⋯⋯⋯⋯⋯⋯ ⓐ

② $\dfrac{\partial \phi}{\partial H_D} = 2(H_D - H_C + 1.195) - 2(-H_D + 22.836) - 2(-H_D + 22.859) = 0$

$\qquad \rightarrow -2H_C + 6H_D = 89.000$ ⋯⋯⋯⋯⋯⋯⋯⋯⋯⋯⋯⋯⋯⋯⋯ ⓑ

③ $\dfrac{\partial \phi}{\partial H_E} = 2(H_E - 24.318) - 2(-H_E + 24.368) + 2(H_E - 24.336) = 0$

$\qquad \rightarrow 6H_E = 146.044$ ⋯⋯⋯⋯⋯⋯⋯⋯⋯⋯⋯⋯⋯⋯⋯⋯⋯⋯ ⓒ

ⓐ, ⓑ, ⓒ를 연립방정식을 이용하여 계산하면,

∴ $H_C = 24.054\text{m}$, $H_D = 22.851\text{m}$, $H_E = 24.341\text{m}$

025 A, B, C, D점의 표고를 경중률을 고려하여 최소제곱법에 의하여 관측방정식을 세우고 구하시오.(단, 단위는 m이며 O의 표고는 30.000m이고, 계산은 반올림하여 소수 셋째 자리까지 구하시오.)

노 선	관측값(m)	경중률
l_1	3.168	4
l_2	2.159	2
l_3	-1.876	6
l_4	-3.269	9
l_5	4.621	12
l_6	3.768	7

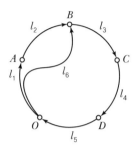

해설 및 정답

(1) 관측방정식 수립 및 잔차항으로 정리

① $H_O + l_1 + v_1 - H_A = 30 + 3.168 + v_1 - H_A = 0$ → $v_1 = H_A - 33.168$

② $H_A + l_2 + v_2 - H_B = H_A + 2.159 + v_2 - H_B = 0$ → $v_2 = H_B - H_A - 2.159$

③ $H_B + l_3 + v_3 - H_C = H_B - 1.876 + v_3 - H_C = 0$ → $v_3 = H_C - H_B + 1.876$

④ $H_C + l_4 + v_4 - H_D = H_C - 3.269 + v_4 - H_D = 0$ → $v_4 = H_D - H_C + 3.269$

⑤ $H_D + l_5 + v_5 - H_O = H_D + 4.621 + v_5 - 30 = 0$ → $v_5 = -H_D + 25.379$

⑥ $H_O + l_6 + v_6 - H_B = 30 + 3.768 + v_6 - H_B = 0$ → $v_6 = H_B - 33.768$

(2) 경중률을 고려한 최소제곱법 적용

$$\phi = 4v_1^2 + 2v_2^2 + 6v_3^2 + 9v_4^2 + 12v_5^2 + 7v_6^2$$
$$= 4(H_A - 33.168)^2 + 2(H_B - H_A - 2.159)^2 + 6(H_C - H_B + 1.876)^2$$
$$+ 9(H_D - H_C + 3.269)^2 + 12(-H_D + 25.379)^2 + 7(H_B - 33.768)^2$$
$$= \min$$

(3) 미지변수에 대한 편미분 및 연립방정식에 의한 최확값 산정

① $\dfrac{\partial \phi}{\partial H_A} = 8(H_A - 33.168) - 4(H_B - H_A - 2.159) = 0$

→ $12H_A - 4H_B = 256.708$ ·· ⓐ

② $\dfrac{\partial \phi}{\partial H_B} = 4(H_B - H_A - 2.159) - 12(H_C - H_B + 1.876) + 14(H_B - 33.768) = 0$

→ $-4H_A + 30H_B - 12H_C = 503.9$ ··· ⓑ

③ $\dfrac{\partial \phi}{\partial H_C} = 12(H_C - H_B + 1.876) - 18(H_D - H_C + 13.269) = 0$

→ $-12H_B + 30H_C - 18H_D = 36.33$ ··· ⓒ

④ $\dfrac{\partial \phi}{\partial H_D} = 18(H_D - H_C + 3.269) - 24(-H_D + 25.379) = 0$

→ $-18H_C + 42H_D = 550.254$ ·· ⓓ

ⓐ, ⓑ, ⓒ, ⓓ를 연립방정식을 이용하여 계산하면,

∴ $H_A = 32.441\text{m}$, $H_B = 33.146\text{m}$, $H_C = 30.060\text{m}$, $H_D = 25.984\text{m}$

026 다음 그림과 같은 수준망을 각 노선별로 동일한 경중률로 관측하였을 때 최소제곱법 중 관측방정식에 의하여 A, B, C점의 표고를 구하시오. (단, P점의 표고는 20.000m이고, 계산은 소수 넷째 자리에서 반올림하여 소수 셋째 자리까지 구하시오.)

노선	고저차(m)
X_1	5.456
X_2	3.062
X_3	−5.529
X_4	2.489
X_5	3.022

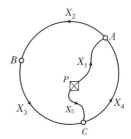

구분	A	B	C
표고(m)			

해설 및 정답

(1) 관측방정식 수립 및 잔차항으로 정리

① $H_P + l_1 + v_1 - H_A = 20 + 5.456 + v_1 - H_A = 0$ → $v_1 = H_A - 25.456$

② $H_A + l_2 + v_2 - H_B = H_A + 3.062 + v_2 - H_B = 0$ → $v_2 = H_B - H_A - 3.062$

③ $H_B + l_3 + v_3 - H_C = H_B - 5.529 + v_3 - H_C = 0$ → $v_3 = H_C - H_B + 5.529$

④ $H_C + l_4 + v_4 - H_A = H_C + 2.489 + v_4 - H_A = 0$ → $v_4 = H_A - H_C - 2.489$

⑤ $H_P + l_5 + v_5 - H_C = 20 + 3.022 + v_5 - H_C = 0$ → $v_5 = H_C - 23.022$

(2) 최소제곱법 적용

$$\phi = v_1^2 + v_2^2 + v_3^2 + v_4^2 + v_5^2$$
$$= (H_A - 25.456)^2 + (H_B - H_A - 3.062)^2 + (H_C - H_B + 5.529)^2$$
$$+ (H_A - H_C - 2.489)^2 + (H_C - 23.022)^2$$
$$= \min$$

(3) 미지변수에 대한 편미분 및 연립방정식에 의한 최확값 산정

① $\dfrac{\partial \phi}{\partial H_A} = 2(H_A - 25.456) - 2(H_B - H_A - 3.062) + 2(H_A - H_C - 2.489) = 0$

　　$\rightarrow 6H_A - 2H_B - 2H_C = 49.766$ ·· ⓐ

② $\dfrac{\partial \phi}{\partial H_B} = 2(H_B - H_A - 3.062) - 2(H_C - H_B + 5.529) = 0$

　　$\rightarrow -2H_A + 4H_B - 2H_C = 17.182$ ································· ⓑ

③ $\dfrac{\partial \phi}{\partial H_C} = 2(H_C - H_B + 5.529) - 2(H_A - H_C - 2.489) + 2(H_C - 23.022) = 0$

　　$\rightarrow -2H_A - 2H_B + 6H_C = 30.008$ ································· ⓒ

ⓐ, ⓑ, ⓒ를 연립방정식을 이용하여 계산하면,

$\therefore H_A = 25.474\text{m}$, $H_B = 28.535\text{m}$, $H_C = 23.004\text{m}$

아래 그림은 기선 $\overline{AD}$를 5구간으로 나누어 각각의 값을 독립적으로 관측한 결과이다. 최소제곱법(조건방정식)의 원리에 따라 기선 $\overline{AD}$의 최확값을 구하시오.(단, 각 구간의 관측정확도는 같으며 상관관계가 없다고 가정하고 계산 방법은 임의로 하되 소수 넷째 자리에서 반올림하여 셋째 자리까지 구하시오.)

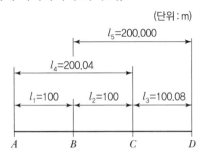

(단위 : m)

해설 및 정답

(1) 조건식 수

조건식 수=관측 수−점 수+1=$W-S+1=5-4+1=2$

(2) 조건식 수립

① $l_1{'}+l_2{'}-l_4{'}=0 \rightarrow (v_1+100)+(v_2+100)-(v_4+200.04)=0$

② $l_2{'}+l_3{'}-l_5{'}=0 \rightarrow (v_2+100)+(v_3+100.08)-(v_5+200.00)=0$

(3) 조정

① $v_1+v_2-v_4-0.04=0$ .... ⓐ

② $v_2+v_3-v_5+0.08=0$ .... ⓑ

(4) Lagrange 승수($\wedge$)를 고려한 최소제곱법 적용

$\phi = v_1{}^2+v_2{}^2+v_3{}^2+v_4{}^2+v_5{}^2-2K_1(v_1+v_2-v_4-0.04)-2K_2(v_2+v_3-v_5+0.08)$

$= \min$

(5) 잔차에 대한 편미분

① $\dfrac{\partial \phi}{\partial v_1}=2v_1-2K_1=0 \qquad\qquad \therefore v_1=K_1$

② $\dfrac{\partial \phi}{\partial v_2}=2v_2-2K_1-2K_2=0 \qquad\qquad \therefore v_2=K_1+K_2$

③ $\dfrac{\partial \phi}{\partial v_3}=2v_3-2K_2=0 \qquad\qquad \therefore v_3=K_2$

④ $\dfrac{\partial \phi}{\partial v_4}=2v_4+2K_1=0 \qquad\qquad \therefore v_4=-K_1$

⑤ $\dfrac{\partial \phi}{\partial v_5}=2v_5+2K_2=0 \qquad\qquad \therefore v_5=-K_2$

①, ②, ③, ④, ⑤를 ⓐ, ⓑ식에 대입하면,

$K_1+K_1+K_2+K_1=0.04 \qquad \rightarrow \qquad 3K_1+K_2=0.04$ .... ⓒ

$K_1+K_2+K_2+K_2=-0.08 \qquad \rightarrow \qquad K_1+3K_2=-0.08$ .... ⓓ

ⓒ, ⓓ를 연립방정식을 이용하여 계산하면,

$$\therefore \ K_1 = 0.025\text{m}, \ K_2 = -0.035\text{m}$$

(6) 관측값의 최확값

① $l_1{}' = l_1 + v_1 = 100 + 0.025 = 100.025\text{m}$

② $l_2{}' = l_2 + v_2 = 100 - 0.01 = 99.990\text{m}$

③ $l_3{}' = l_3 + v_3 = 100.08 - 0.035 = 100.045\text{m}$

④ $l_4{}' = l_4 + v_4 = 200.04 - 0.025 = 200.015\text{m}$

⑤ $l_5{}' = l_5 + v_5 = 200 + 0.035 = 200.035\text{m}$

(7) $\overline{AD}$ 최확값

$$\overline{AD} = l_1{}' + l_2{}' + l_3{}' = 300.06\text{m}$$

$$\overline{AD} = l_4{}' + l_5{}' - l_2{}' = 300.06\text{m}$$

$$\therefore \ \overline{AD} \ \text{최확값} = 300.06\text{m}$$

---

028 삼각형의 내각을 동일한 정확도로 측정한 결과 $\angle A = 45°25'40''$, $\angle B = 60°10'35''$, $\angle C = 74°23'30''$를 얻었다. 관측각을 최소제곱법(조건방정식) 원리를 이용하여 최확값을 구하시오.

해설 및 정답

(1) 조건식 수립

$$\angle A' + \angle B' + \angle C' - 180° = 0$$

$$\rightarrow (v_1 + 45°25'40'') + (v_2 + 60°10'35'') + (v_3 + 74°23'30'') - 180° = 0$$

(2) 조정

$$v_1 + v_2 + v_3 - 15'' = 0 \ \cdots\cdots\cdots\cdots\cdots\cdots\cdots\cdots\cdots\cdots\cdots\cdots\cdots\cdots\cdots\cdots\cdots\cdots\cdots\cdots\cdots \text{ⓐ}$$

(3) Lagrange 승수(Λ)를 고려한 최소제곱법 적용

$$\phi = v_1{}^2 + v_2{}^2 + v_3{}^2 - 2K_1(v_1 + v_2 + v_3 - 15'') = \min$$

(4) 잔차에 대한 편미분

① $\dfrac{\partial \phi}{\partial v_1} = 2v_1 - 2K_1 = 0 \qquad\qquad \therefore \ v_1 = K_1$

② $\dfrac{\partial \phi}{\partial v_2} = 2v_2 - 2K_1 = 0 \qquad\qquad \therefore \ v_2 = K_1$

③ $\dfrac{\partial \phi}{\partial v_3} = 2v_3 - 2K_1 = 0 \qquad\qquad \therefore \ v_3 = K_1$

①, ②, ③을 ⓐ에 대입하면,

$$K_1 + K_1 + K_1 = 15''$$

$$\therefore \ K_1 = 5''$$

각명	관측각	보정량	최확값
$\angle A$	$45°25'40''$	$5''$	$45°25'45''$
$\angle B$	$60°10'35''$	$5''$	$60°10'40''$
$\angle C$	$74°23'30''$	$5''$	$74°23'35''$

029

최소제곱법(조건방정식)에 의하여 다음 관측치를 보정하시오.

$\angle 1 = 39.74°$ $\angle 4 = 38.85°$

$\angle 2 = 26.54°$ $\angle 5 = 23.85°$

$\angle 3 = 75.31°$ $\angle 6 = 42.43°$

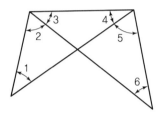

해설 및 정답

(1) 조건식 수(삼각측량)

조건식 수 = 변 수 − 삼각점 수 + 1 = $S - P + 1 = 5 - 4 + 1 = 2$

(2) 조건식 수립

① $x_1' + x_2' + x_3' + x_4' - 180° = 0$

→ $(v_1 + 39.74°) + (v_2 + 26.54°) + (v_3 + 75.31°) + (v_4 + 38.85°) - 180° = 0$

② $x_3' + x_4' + x_5' + x_6' - 180° = 0$

→ $(v_3 + 75.31°) + (v_4 + 38.85°) + (v_5 + 23.85°) + (v_6 + 42.43°) - 180° = 0$

(3) 조정

① $v_1 + v_2 + v_3 + v_4 + 0.44° = 0$ ·· ⓐ

② $v_3 + v_4 + v_5 + v_6 + 0.44° = 0$ ·· ⓑ

(4) Lagrange 승수(K)를 고려한 최소제곱법 적용

$\phi = v_1^2 + v_2^2 + v_3^2 + v_4^2 + v_5^2 + v_6^2 - 2K_1(v_1 + v_2 + v_3 + v_4 + 0.44°)$

$\quad - 2K_2(v_3 + v_4 + v_5 + v_6 + 0.44°)$

$\quad = \min$

(5) 잔차에 대한 편미분

① $\dfrac{\partial \phi}{\partial v_1} = 2v_1 - 2K_1 = 0$ $\qquad\qquad \therefore v_1 = K_1$

② $\dfrac{\partial \phi}{\partial v_2} = 2v_2 - 2K_1 = 0$ $\qquad\qquad \therefore v_2 = K_1$

③ $\dfrac{\partial \phi}{\partial v_3} = 2v_3 - 2K_1 - 2K_2 = 0$ $\qquad \therefore v_3 = K_1 + K_2$

④ $\dfrac{\partial \phi}{\partial v_4} = 2v_4 - 2K_1 - 2K_2 = 0$ $\qquad \therefore v_4 = K_1 + K_2$

⑤ $\dfrac{\partial \phi}{\partial v_5} = 2v_5 - 2K_2 = 0$ $\therefore v_5 = K_2$

⑥ $\dfrac{\partial \phi}{\partial v_6} = 2v_6 - 2K_2 = 0$ $\therefore v_6 = K_2$

①, ②, ③, ④, ⑤, ⑥을 ⓐ, ⓑ에 대입하면,

$K_1 + K_1 + (K_1 + K_2) + (K_1 + K_2) + 0.44° = 0°$ → $4K_1 + 2K_2 = -0.44°$ ············ ⓒ

$(K_1 + K_2) + (K_1 + K_2) + K_2 + K_2 + 0.44° = 0$ → $2K_1 + 4K_2 = -0.44°$ ············ ⓓ

ⓒ, ⓓ를 연립방정식을 이용하여 계산하면,

$\therefore K_1 = -0.0733°, \ K_2 = -0.0733°$

(6) 최확값

① $x_1' = x_1 + v_1 = 39.74° - 0.0733° = 39.6667° = 39.667°$

② $x_2' = x_2 + v_2 = 26.54° - 0.0733° = 26.4667° = 26.467°$

③ $x_3' = x_3 + v_3 = 75.31° - 0.0733° - 0.0733° = 75.1634° = 75.163°$

④ $x_4' = x_4 + v_4 = 38.85° - 0.0733° - 0.0733° = 38.7034° = 38.703°$

⑤ $x_5' = x_5 + v_5 = 23.85° - 0.0733° = 23.7767° = 23.777°$

⑥ $x_6' = x_6 + v_6 = 42.43° - 0.0733° = 42.3567° = 42.357°$

---

030 최소제곱법(조건방정식)에 의한 방법으로 계산하시오. (단, 경중률은 동일함)

$x_1 = 49.34°,$ $x_2 = 98.86°,$

$x_3 = 160.02°,$ $x_4 = 50.01°,$

$x_5 = 110.68°$

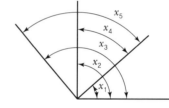

해설 및 정답

(1) 조건식 수(각측량)

조건식 수 = 측정각 − 변수 + 1 = 5 − 4 + 1 = 2

(2) 조건식 수립

① $x_2' - x_1' - x_4' = 0$ → $(v_2 + 98.86°) - (v_1 + 49.34°) - (v_4 + 50.01°) = 0$

② $x_3' - x_1' - x_5' = 0$ → $(v_3 + 160.02°) - (v_1 + 49.34°) - (v_5 + 110.68°) = 0$

(3) 조정

① $v_2 - v_1 - v_4 - 0.49° = 0$ ··· ⓐ

② $v_3 - v_1 - v_5 - 0° = 0$ ··· ⓑ

(4) Lagrange 승수(K)를 고려한 최소제곱법 적용

$\phi = v_1^2 + v_2^2 + v_3^2 + v_4^2 + v_5^2 - 2K_1(v_2 - v_1 - v_4 - 0.49°) - 2K_2(v_3 - v_1 - v_5 - 0°)$
$\quad = \min$

(5) 잔차에 대한 편미분

① $\dfrac{\partial \phi}{\partial v_1} = 2v_1 + 2K_1 + 2K_2 = 0$ $\qquad \therefore v_1 = -K_1 - K_2$

② $\dfrac{\partial \phi}{\partial v_2} = 2v_2 - 2K_1 = 0$ $\qquad \therefore v_2 = K_1$

③ $\dfrac{\partial \phi}{\partial v_3} = 2v_3 - 2K_2 = 0$ $\qquad \therefore v_3 = K_2$

④ $\dfrac{\partial \phi}{\partial v_4} = 2v_4 + 2K_1 = 0$ $\qquad \therefore v_4 = -K_1$

⑤ $\dfrac{\partial \phi}{\partial v_5} = 2v_5 + 2K_2 = 0$ $\qquad \therefore v_5 = -K_2$

①, ②, ③, ④, ⑤를 ⓐ, ⓑ에 대입하면,

$K_1 - (-K_1 - K_2) - (-K_1) - 0.49° = 0$ $\rightarrow$ $3K_1 + K_2 = 0.49°$ ⋯⋯⋯⋯⋯⋯⋯ ⓒ

$K_2 - (-K_1 - K_2) + K_2 - 0° = 0$ $\rightarrow$ $K_1 + 3K_2 = 0°$ ⋯⋯⋯⋯⋯⋯⋯ ⓓ

ⓒ, ⓓ를 연립방정식을 이용하여 계산하면,

$\therefore K_1 = 0.1838°,\ K_2 = -0.0613°$

(6) 최확값

① $x_1' = x_1 + v_1 = 49.34° - 0.1838° + 0.0613° = 49.2175° = 49.22°$

② $x_2' = x_2 + v_2 = 98.86° + 0.1838° = 99.0438° = 99.04°$

③ $x_3' = x_3 + v_3 = 160.02° - 0.0613° = 159.9587° = 159.96°$

④ $x_4' = x_4 + v_4 = 50.01° - 0.1838° = 49.8262° = 49.83°$

⑤ $x_5' = x_5 + v_5 = 110.68° + 0.0613° = 110.7413° = 110.74°$

---

031 수준점 A, B, C로부터 신점 P의 표고를 결정하기 위하여 수준측량을 한 결과이다. P의 표고를 최소제곱법(조건방정식)을 이용하여 최확값을 구하시오.

노선	고저차 (m)	지반고 (m)	조정량 (m)	조정 지반고 (m)
$A \to P$	-1.342			
$B \to P$	2.665			
$C \to P$	3.674			

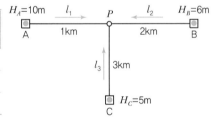

해설 및 정답

(1) 조건식 수

조건식 수 = 관측 수 − (측점 수 − 기지점 수) = 3 − (4 − 3) = 2

(2) 조건식 수립

① $H_A + l_1' - l_3' - H_C = 0$ $\rightarrow$ $10 - (v_1 + 1.342) - (v_3 + 3.674) - 5 = 0$

② $H_B + l_2' - l_3' - H_C = 0$ $\rightarrow$ $6 + (v_2 + 2.665) - (v_3 + 3.674) - 5 = 0$

(3) 조정

① $v_1 - v_3 - 0.016 = 0$ ·· ⓐ

② $v_2 - v_3 - 0.009 = 0$ ·· ⓑ

(4) 경중률

$$W_1 : W_2 : W_3 = \frac{1}{1} : \frac{1}{2} : \frac{1}{3} = 6 : 3 : 2$$

(5) Lagrange 승수(Λ) 및 경중률을 고려한 최소제곱법 적용

$$\phi = 6v_1^2 + 3v_2^2 + 2v_3^2 - 2K_1(v_1 - v_3 - 0.016) - 2K_2(v_2 - v_3 - 0.009)$$
$$= \min$$

(6) 잔차에 대한 편미분

① $\dfrac{\partial \phi}{\partial v_1} = 12v_1 - 2K_1 = 0$ $\therefore v_1 = \dfrac{1}{6}K_1$

② $\dfrac{\partial \phi}{\partial v_2} = 6v_2 - 2K_2 = 0$ $\therefore v_2 = \dfrac{1}{3}K_2$

③ $\dfrac{\partial \phi}{\partial v_3} = 4v_3 + 2K_1 + 2K_2 = 0$ $\therefore v_3 = -\dfrac{1}{2}K_1 - \dfrac{1}{2}K_2$

①, ②, ③을 ⓐ, ⓑ에 대입하면,

$\dfrac{1}{6}K_1 - \left(-\dfrac{1}{2}K_1 - \dfrac{1}{2}K_2\right) = 0.016$ → $0.6667K_1 + 0.5K_2 = 0.016$ ···················· ⓒ

$\dfrac{1}{3}K_2 - \left(-\dfrac{1}{2}K_1 - \dfrac{1}{2}K_2\right) = 0.009$ → $0.5K_1 + 0.8333K_2 = 0.009$ ·················· ⓓ

ⓒ, ⓓ를 연립방정식을 이용하여 계산하면,

$\therefore K_1 = 0.0289\text{m}, K_2 = -0.0065\text{m}$

(7) 최확값

노선	고저차(m)	지반고(m)	조정량(m)	조정 지반고(m)
$A \rightarrow P$	-1.342	8.658	$+0.0048$	8.663
$B \rightarrow P$	2.665	8.665	-0.0022	8.663
$C \rightarrow P$	3.674	8.674	-0.0112	8.663

032

P, Q점의 표고를 구하기 위하여 그림과 같이 A점에서 수준측량을 하여 다음의 값을 얻었다. A점의 표고를 17.532m로 하여 P, Q점의 표고를 최소제곱법(조건방정식)을 이용하여 구하시오.

노선	고저차(m)
l_1	$+4.250$
l_2	-8.536
l_3	-12.781
l_4	-8.556

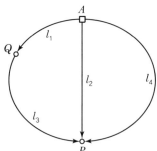

해설 및 정답

(1) 조건식 수(수준측량)

조건식 수＝관측 수－측점 수＋기지점 수＝$4-3+1=2$

(2) 조건식 수립

① $l_1' + l_3' - l_2' = 0$ → $(v_1 + 4.250) + (v_3 - 12.781) - (v_2 - 8.536) = 0$

② $l_2' - l_4' = 0$ → $(v_2 - 8.536) - (v_4 - 8.556) = 0$

(3) 조정

① $v_1 + v_3 - v_2 + 0.005 = 0$ ·· ⓐ

② $v_2 - v_4 + 0.02 = 0$ ·· ⓑ

(4) Lagrange 승수(K)를 고려한 최소제곱법 적용

$\phi = v_1^2 + v_2^2 + v_3^2 + v_4^2 - 2K_1(v_1 + v_3 - v_2 + 0.005) - 2K_2(v_2 - v_4 + 0.02)$

$= \min$

(5) 잔차에 대한 편미분

① $\dfrac{\partial \phi}{\partial v_1} = 2v_1 - 2K_1 = 0$ $\qquad \therefore v_1 = K_1$

② $\dfrac{\partial \phi}{\partial v_2} = 2v_2 + 2K_1 - 2K_2$ $\qquad \therefore v_2 = -K_1 + K_2$

③ $\dfrac{\partial \phi}{\partial v_3} = 2v_3 - 2K_1$ $\qquad \therefore v_3 = K_1$

④ $\dfrac{\partial \phi}{\partial v_4} = 2v_4 + 2K_2$ $\qquad \therefore v_4 = -K_2$

①, ②, ③, ④를 ⓐ, ⓑ에 대입하면,

$K_1 + K_1 - (-K_1 + K_2) + 0.005$ → $3K_1 - K_2 = -0.005$ ································ ⓒ

$-K_1 + K_2 + K_2 + 0.02$ → $-K_1 + 2K_2 = -0.02$ ·· ⓓ

ⓒ, ⓓ를 연립방정식을 이용하여 계산하면,

$\therefore K_1 = -0.006\text{m}, K_2 = -0.013\text{m}$

(6) H_P, H_Q 계산

 ① $H_P = H_A + l_2 + v_2$

   $= 17.532 - 8.536 + (0.006 - 0.013)$

   $= 8.989\text{m}$

 ② $H_Q = H_A + l_1 + v_1$

   $= 17.532 + 4.250 - 0.006$

   $= 21.776\text{m}$

---

033 다음 수준망에서 최소제곱법(조건방정식)을 이용하여 P_1, P_2, P_3의 최확값을 구하시오.

노선	관측값 (m)	거리 (km)	조정량	조정값	측점	최확값 (m)
$A \to P_1$	3.421	4			A	10.000
$P_1 \to P_2$	1.213	3			P_1	
$P_2 \to P_3$	-2.623	2			P_2	
$P_3 \to A$	-2.051	1			P_3	
$A - P_2$	4.675	2				

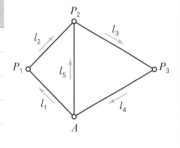

해설 및 정답

(1) 조건식 수

 조건식 수 = 관측 수 - 측점 수 + 기지점 수 $= 5 - 4 + 1 = 2$

(2) 조건식 수립

 ① $l_1' + l_2' - l_5' = 0$ → $(v_1 + 3.421) + (v_2 + 1.213) - (v_5 + 4.675) = 0$

 ② $l_5' + l_3' + l_4' = 0$ → $(v_5 + 4.675) + (v_3 - 2.623) + (v_4 - 2.051) = 0$

(3) 조정

 ① $v_1 + v_2 - v_5 - 0.041 = 0$ ⋯⋯⋯⋯⋯⋯⋯⋯⋯⋯⋯⋯⋯⋯⋯⋯⋯⋯⋯⋯⋯⋯⋯⋯ ⓐ

 ② $v_5 + v_3 + v_4 + 0.001 = 0$ ⋯⋯⋯⋯⋯⋯⋯⋯⋯⋯⋯⋯⋯⋯⋯⋯⋯⋯⋯⋯⋯⋯⋯⋯ ⓑ

(4) 경중률

$$W_1 : W_2 : W_3 : W_4 : W_5 = \frac{1}{4} : \frac{1}{3} : \frac{1}{2} : \frac{1}{1} : \frac{1}{2} = 3 : 4 : 6 : 12 : 6$$

(5) Lagrange 승수(K) 및 경중률을 고려한 최소제곱법 적용

 $\phi = 3v_1^2 + 4v_2^2 + 6v_3^2 + 12v_4^2 + 6v_5^2 - 2K_1(v_1 + v_2 - v_5 - 0.041)$

  $- 2K_2(v_5 + v_3 + v_4 + 0.001)$

  $= \min$

(6) 잔차에 대한 편미분

① $\dfrac{\partial \phi}{\partial v_1} = 6v_1 - 2K_1 = 0$ $\qquad \therefore v_1 = \dfrac{1}{3}K_1$

② $\dfrac{\partial \phi}{\partial v_2} = 8v_2 - 2K_1 = 0$ $\qquad \therefore v_2 = \dfrac{1}{4}K_1$

③ $\dfrac{\partial \phi}{\partial v_3} = 12v_3 - 2K_2 = 0$ $\qquad \therefore v_3 = \dfrac{1}{6}K_2$

④ $\dfrac{\partial \phi}{\partial v_4} = 24v_4 - 2K_2 = 0$ $\qquad \therefore v_4 = \dfrac{1}{12}K_2$

⑤ $\dfrac{\partial \phi}{\partial v_5} = 12v_5 + 2K_1 - 2K_2 = 0$ $\qquad \therefore v_5 = \dfrac{1}{6}(K_2 - K_1)$

①, ②, ③, ④, ⑤를 ⓐ, ⓑ에 대입하면,

$\dfrac{1}{3}K_1 + \dfrac{1}{4}K_1 - \dfrac{1}{6}(K_2 - K_1) = 0.041 \rightarrow 9K_1 - 2K_2 = 0.492$ ⋯⋯⋯⋯⋯⋯⋯⋯⋯ ⓒ

$\dfrac{1}{6}(K_2 - K_1) + \dfrac{1}{6}K_2 + \dfrac{1}{12}K_2 = -0.001 \rightarrow -2K_1 + 5K_2 = -0.012$ ⋯⋯⋯⋯⋯⋯⋯⋯⋯ ⓓ

ⓒ, ⓓ를 연립방정식을 이용하여 계산하면,

$\therefore K_1 = 0.059\mathrm{m}$, $K_2 = 0.021\mathrm{m}$

(7) 최확값

노선	관측값(m)	거리(km)	조정량(m)	조정값(m)	측점	최확값(m)
$A \rightarrow P_1$	3.421	4	0.020	3.441	A	10.000
$P_1 \rightarrow P_2$	1.213	3	0.015	1.228	P_1	13.441
$P_2 \rightarrow P_3$	−2.623	2	0.003	−2.620	P_2	14.669
$P_3 \rightarrow A$	−2.051	1	0.002	−2.049	P_3	12.049
$A \rightarrow P_2$	4.675	2	−0.006	4.669		

034

다음의 수준측량 결과를 최소제곱법(조건방정식)으로 조정하여 점 B, C의 표고를 구하시오.(단, A점의 표고는 $50.000\mathrm{m}$이며, 소수 셋째 자리까지 계산하시오.)

수준노선	노선거리(km)	고저차(m)
$A \rightarrow B$	1	4.350
$B \rightarrow C$	2	−7.540
$C \rightarrow A$	1	3.215
$A \rightarrow C$	2	−3.195

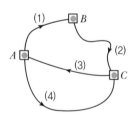

(1) 조건식 수

조건식 수＝관측 수－측점 수＋기지점 수＝$4-3+1=2$

(2) 조건식 수립

① $l_1'+l_2'+l_3'=0$ → $(v_1+4.350)+(v_2-7.540)+(v_3+3.215)=0$

② $l_4'+l_3'=0$ → $(v_4-3.195)+(v_3+3.215)=0$

(3) 조정

① $v_1+v_2+v_3+0.025=0$ ·· ⓐ

② $v_4+v_3+0.02=0$ ··· ⓑ

(4) 경중률

$$W_1 : W_2 : W_3 : W_4 = \frac{1}{1} : \frac{1}{2} : \frac{1}{1} : \frac{1}{2} = 2 : 1 : 2 : 1$$

(5) Lagrange 승수(K) 및 경중률을 고려한 최소제곱법 적용

$$\phi = 2v_1^2 + v_2^2 + 2v_3^2 + v_4^2 - 2K_1(v_1+v_2+v_3+0.025) - 2K_2(v_4+v_3+0.02)$$
$$= \min$$

(6) 잔차에 대한 편미분

① $\dfrac{\partial \phi}{\partial v_1} = 4v_1 - 2K_1 = 0$ $\qquad\qquad$ ∴ $v_1 = \dfrac{1}{2}K_1$

② $\dfrac{\partial \phi}{\partial v_2} = 2v_2 - 2K_1 = 0$ $\qquad\qquad$ ∴ $v_2 = K_1$

③ $\dfrac{\partial \phi}{\partial v_3} = 4v_3 - 2K_1 - 2K_2 = 0$ $\qquad$ ∴ $v_3 = \dfrac{K_1 + K_2}{2}$

④ $\dfrac{\partial \phi}{\partial v_4} = 2v_4 - 2K_2 = 0$ $\qquad\qquad$ ∴ $v_4 = K_2$

①, ②, ③, ④를 ⓐ, ⓑ에 대입하면,

$\dfrac{1}{2}K_1 + K_1 + \dfrac{1}{2}K_1 + \dfrac{1}{2}K_2 + 0.025 = 0$

$2K_1 + 0.5K_2 = -0.025$ ··· ⓒ

$\dfrac{1}{2}K_1 + \dfrac{1}{2}K_2 + K_2 + 0.02 = 0$

$0.5K_1 + 1.5K_2 = -0.02$ ·· ⓓ

ⓒ, ⓓ를 연립방정식을 이용하여 계산하면,

∴ $K_1 = -0.01\text{m}, K_2 = -0.01\text{m}$

(7) 최확값

① $l_1' = l_1 + v_1 = 4.350 - 0.005 = 4.345\text{m}$

② $l_2' = l_2 + v_2 = -7.540 - 0.01 = -7.550\text{m}$

③ $l_3' = l_3 + v_3 = 3.215 - 0.01 = 3.205\text{m}$

④ $l_4' = l_4 + v_4 = -3.195 - 0.01 = -3.205\text{m}$

(8) H_B, H_C 계산

① $H_B = 50.000 + 4.345 = 54.345\text{m}$

② $H_C = 50.000 + (-3.205) = 46.795\text{m}$

035 다음 수준망의 측정값을 최소제곱법(조건방정식)에 의하여 조정량을 구하고 최확값을 구하시오. (단, 조건식은 ① : $l_1 + l_2 - l_3 = 0$, ② : $l_2 + l_5 - l_4 = 0$을 적용하여 계산하시오.)

[측정값]

$l_1 = 4.293$m, $l_2 = 5.284$m,

$l_3 = 9.565$m, $l_4 = 11.551$m,

$l_5 = 6.279$m

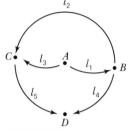

구분	l_1	l_2	l_3	l_4	l_5
조정량(v)					
최확값(l')					

해설 및 정답

(1) 조건식 수

① $l_1' + l_2' - l_3' = 0$, → $(v_1 + 4.293) + (v_2 + 5.284) - (v_3 + 9.565) = 0$

② $l_2' + l_5' - l_4' = 0$ → $(v_2 + 5.284) + (v_5 + 6.279) - (v_4 + 11.551) = 0$

(2) 조정

$v_1 + v_2 - v_3 + 0.012 = 0$ ⋯⋯⋯⋯⋯⋯⋯⋯⋯⋯⋯⋯⋯⋯⋯ ⓐ

$v_2 + v_5 - v_4 + 0.012 = 0$ ⋯⋯⋯⋯⋯⋯⋯⋯⋯⋯⋯⋯⋯⋯⋯ ⓑ

(3) Lagrange 승수(K)를 고려한 최소제곱법 적용

$\phi = v_1^2 + v_2^2 + v_3^2 + v_4^2 + v_5^2 - 2K_1(v_1 + v_2 - v_3 + 0.012) - 2K_2(v_2 + v_5 - v_4 + 0.012)$

$= \min$

(4) 잔차에 대한 편미분

① $\dfrac{\partial \phi}{\partial v_1} = 2v_1 - 2K_1 = 0$ $\therefore v_1 = K_1$

② $\dfrac{\partial \phi}{\partial v_2} = 2v_2 - 2K_1 - 2K_2 = 0$ $\therefore v_2 = K_1 + K_2$

③ $\dfrac{\partial \phi}{\partial v_3} = 2v_3 + 2K_1 = 0$ $\therefore v_3 = -K_1$

④ $\dfrac{\partial \phi}{\partial v_4} = 2v_4 + 2K_2 = 0$ $\therefore v_4 = -K_2$

⑤ $\dfrac{\partial \phi}{\partial v_5} = 2v_5 - 2K_2 = 0$ $\therefore v_5 = K_2$

①, ②, ③, ④, ⑤를 ⓐ, ⓑ에 대입하면,

$K_1 + (K_1 + K_2) - (-K_1) + 0.012 = 0$ → $3K_1 + K_2 = -0.012$ ⋯⋯⋯⋯⋯⋯⋯⋯ ⓒ

$(K_1 + K_2) + K_2 - (-K_2) + 0.012 = 0$ → $K_1 + 3K_2 = -0.012$ ⋯⋯⋯⋯⋯⋯⋯⋯ ⓓ

ⓒ, ⓓ를 연립방정식을 이용하여 계산하면,

$\therefore K_1 = -0.003$m, $K_2 = -0.003$m

(5) 최확값(l')

구분	l_1	l_2	l_3	l_4	l_5
조정량(v)	-0.003m	-0.006m	0.003m	0.003m	-0.003m
최확값(l')	4.290m	5.278m	9.568m	11.554m	6.276m

① $l_1' = l_1 + v_1 = 4.293 - 0.003 = 4.290$m

② $l_2' = l_2 + v_2 = 5.284 - 0.006 = 5.278$m

③ $l_3' = l_3 + v_3 = 9.565 + 0.003 = 9.568$m

④ $l_4' = l_4 + v_4 = 11.551 + 0.003 = 11.554$m

⑤ $l_5' = l_5 + v_5 = 6.279 - 0.003 = 6.276$m

036

다음 수준측량의 결과를 최소제곱법(조건방정식)으로 조정하여 점 C, D, E의 표고를 구하시오.(단, A점의 표고는 18.396m, B점의 표고는 26.317m이며, 소수 셋째 자리까지 계산하시오.)

$l_1 = 5.666$m, $l_2 = -1.195$m,

$l_3 = 3.481$m, $l_4 = -1.999$m,

$l_5 = -5.972$m, $l_6 = -4.463$m,

$l_7 = -1.981$m

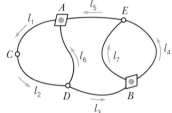

해설 및 정답

(1) 조건식 수

조건식 수 = 관측 수 − 측점 수 + 기지점 수 = 7 − 5 + 2 = 4

(2) 조건식 수립

① $l_1' + l_2' + l_6' = 0$ → $(l_1 + v_1) + (l_2 + v_2) + (l_6 + v_6) = 0$

② $l_3' + l_7' + l_5' - l_6' = 0$ → $(l_3 + v_3) + (l_7 + v_7) + (l_5 + v_5) - (l_6 + v_6) = 0$

③ $l_4' - l_7' = 0$ → $(l_4 + v_4) - (l_7 + v_7) = 0$

④ $H_A - l_6' + l_3' = H_B$ → $H_A - (l_6 + v_6) + (l_3 + v_3) = H_B$

(3) 조정

$v_1 + v_2 + v_6 = -(l_1 + l_2 + l_6) = -0.008$ ⋯⋯⋯⋯⋯⋯⋯⋯⋯⋯⋯⋯⋯⋯ ⓐ

$v_3 + v_5 - v_6 + v_7 = -(l_3 + l_5 - l_6 + l_7) = 0.009$ ⋯⋯⋯⋯⋯⋯⋯⋯⋯ ⓑ

$v_4 - v_7 = -l_4 + l_7 = 0.018$ ⋯⋯⋯⋯⋯⋯⋯⋯⋯⋯⋯⋯⋯⋯⋯⋯⋯⋯⋯⋯ ⓒ

$v_3 - v_6 = H_B - H_A - l_3 + l_6 = -0.023$ ⋯⋯⋯⋯⋯⋯⋯⋯⋯⋯⋯⋯⋯ ⓓ

(4) Lagrange 승수(K)를 고려한 최소제곱법 적용

$\phi = v_1^2 + v_2^2 + v_3^2 + v_4^2 + v_5^2 + v_6^2 + v_7^2 - 2K_1(v_1 + v_2 + v_6 + 0.008)$

     $- 2K_2(v_3 + v_5 - v_6 + v_7 - 0.009) - 2K_3(v_4 - v_7 - 0.018) - 2K_4(v_3 - v_6 + 0.023)$

     $= \min$

(5) 잔차에 대한 편미분

① $\dfrac{\partial \phi}{\partial v_1} = 2v_1 - 2K_1 = 0$ $\qquad \therefore v_1 = K_1$

② $\dfrac{\partial \phi}{\partial v_2} = 2v_2 - 2K_1 = 0$ $\qquad \therefore v_2 = K_1$

③ $\dfrac{\partial \phi}{\partial v_3} = 2v_3 - 2K_2 - 2K_4 = 0$ $\qquad \therefore v_3 = K_2 + K_4$

④ $\dfrac{\partial \phi}{\partial v_4} = 2v_4 - 2K_3 = 0$ $\qquad \therefore v_4 = K_3$

⑤ $\dfrac{\partial \phi}{\partial v_5} = 2v_5 - 2K_2 = 0$ $\qquad \therefore v_5 = K_2$

⑥ $\dfrac{\partial \phi}{\partial v_6} = 2v_6 - 2K_1 + 2K_2 + 2K_4 = 0$ $\qquad \therefore v_6 = K_1 - K_2 - K_4$

⑦ $\dfrac{\partial \phi}{\partial v_7} = 2v_7 - 2K_2 + 2K_3 = 0$ $\qquad \therefore v_7 = K_2 - K_3$

①, ②, ③, ④, ⑤, ⑥, ⑦을 ⓐ, ⓑ, ⓒ, ⓓ에 대입하면,

$K_1 + K_1 + (K_1 - K_2 - K_4) = -0.008$

$\rightarrow 3K_1 - K_2 - K_4 = -0.008$ ⋯⋯⋯⋯⋯⋯⋯⋯⋯⋯⋯⋯⋯⋯⋯⋯⋯ ⓔ

$(K_2 + K_4) + K_2 - (K_1 - K_2 - K_4) + (K_2 - K_3) = 0.009$

$\rightarrow -K_1 + 4K_2 - K_3 + 2K_4 = 0.009$ ⋯⋯⋯⋯⋯⋯⋯⋯⋯⋯⋯⋯⋯ ⓕ

$K_3 - (K_2 - K_3) = 0.018$

$\rightarrow -K_2 + 2K_3 = 0.018$ ⋯⋯⋯⋯⋯⋯⋯⋯⋯⋯⋯⋯⋯⋯⋯⋯⋯⋯⋯ ⓖ

$(K_2 + K_4) - (K_1 - K_2 - K_4) = -0.023$

$\rightarrow -K_1 + 2K_2 + 2K_4 = -0.023$ ⋯⋯⋯⋯⋯⋯⋯⋯⋯⋯⋯⋯⋯⋯ ⓗ

ⓔ, ⓕ, ⓖ, ⓗ를 연립방정식을 이용하여 계산하면,

$\therefore K_1 = -0.0078\text{m},\ K_2 = 0.0273\text{m},\ K_3 = 0.0227\text{m},\ K_4 = -0.0427\text{m}$

(6) 최확값

① $l_1' = l_1 + v_1 = 5.666 - 0.0078 = 5.658\text{m}$

② $l_2' = l_2 + v_2 = -1.195 - 0.0078 = -1.203\text{m}$

③ $l_3' = l_3 + v_3 = 3.481 + 0.0273 - 0.0427 = 3.466\text{m}$

④ $l_4' = l_4 + v_4 = -1.999 + 0.0227 = -1.976\text{m}$

⑤ $l_5' = l_5 + v_5 = -5.972 + 0.0273 = -5.945\text{m}$

⑥ $l_6' = l_6 + v_6 = -4.463 - 0.0078 - 0.0273 + 0.0427 = -4.455\text{m}$

⑦ $l_7' = l_7 + v_7 = -1.981 + 0.0273 - 0.0227 = -1.976\text{m}$

(7) H_C, H_D, H_E 계산

① $H_C = 18.396 + 5.658 = 24.054\text{m}$

② $H_D = 18.396 + 4.455 = 22.851\text{m}$

③ $H_E = 18.396 + 5.945 = 24.341\text{m}$

037

다음 수준측량의 측정값을 최소제곱법에 의하여 최확값을 구하시오.(단, 조건식은 ① $x_1 + x_2 - x_3 = 0$, ② $x_4 + x_5 - x_2 - x_6 = 0$, ③ $x_5 - x_7 = 0$이고, 계산은 반올림하여 소수 셋째 자리까지 구하시오.)

[측정값]

$x_1 = 3.142\text{m}$, $x_2 = 4.184\text{m}$,

$x_3 = 7.342\text{m}$, $x_4 = 6.184\text{m}$,

$x_5 = 1.123\text{m}$, $x_6 = 3.155\text{m}$,

$x_7 = 1.147\text{m}$

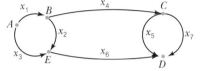

구분	x_1	x_2	x_3	x_4	x_5	x_6	x_7
최확값							

해설 및 정답

(1) 조건식 수

    ① $x_1 + x_2 - x_3 = 0$

      $(x_1 + v_1) + (x_2 + v_2) - (x_3 + v_3) = 0$

      $(3.142 + v_1) + (4.184 + v_2) - (7.342 + v_3) = 0$

      $\therefore\ v_1 + v_2 - v_3 - 0.016 = 0$ ⋯⋯⋯⋯⋯⋯⋯⋯⋯⋯⋯⋯⋯⋯⋯ ⓐ

    ② $x_4 + x_5 - x_2 - x_6 = 0$

      $(x_4 + v_4) + (x_5 + v_5) - (x_2 + v_2) - (x_6 + v_6) = 0$

      $(6.184 + v_4) + (1.123 + v_5) - (4.184 + v_2) - (3.155 + v_6) = 0$

      $\therefore\ v_4 + v_5 - v_2 - v_6 - 0.032 = 0$ ⋯⋯⋯⋯⋯⋯⋯⋯⋯⋯⋯ ⓑ

    ③ $x_5 - x_7 = 0$

      $(x_5 + v_5) - (x_7 + v_7) = 0$

      $(1.123 + v_5) - (1.147 + v_7) = 0$

      $\therefore\ v_5 - v_7 - 0.024 = 0$ ⋯⋯⋯⋯⋯⋯⋯⋯⋯⋯⋯⋯⋯⋯⋯⋯⋯ ⓒ

(2) Lagrange 승수(K)를 고려한 최소제곱법 적용

$$\phi = v_1^2 + v_2^2 + v_3^2 + v_4^2 + v_5^2 + v_6^2 + v_7^2 - 2K_1(v_1 + v_2 - v_3 - 0.016)$$
$$- 2K_2(v_4 + v_5 - v_2 - v_6 - 0.032) - 2K_3(v_5 - v_7 - 0.024)$$
$$= \min$$

(3) 잔차에 대한 편미분

    ① $\dfrac{\partial \phi}{\partial v_1} = 2v_1 - 2K_1 = 0$ $\therefore\ v_1 = K_1$

    ② $\dfrac{\partial \phi}{\partial v_2} = 2v_2 - 2K_1 + 2K_2 = 0$ $\therefore\ v_2 = K_1 - K_2$

    ③ $\dfrac{\partial \phi}{\partial v_3} = 2v_3 + 2K_1 = 0$ $\therefore\ v_3 = -K_1$

④ $\dfrac{\partial \phi}{\partial v_4} = 2v_4 - 2K_2 = 0$ $\qquad \therefore v_4 = K_2$

⑤ $\dfrac{\partial \phi}{\partial v_5} = 2v_5 - 2K_2 - 2K_3 = 0$ $\qquad \therefore v_5 = K_2 + K_3$

⑥ $\dfrac{\partial \phi}{\partial v_6} = 2v_6 + 2K_2 = 0$ $\qquad \therefore v_6 = -K_2$

⑦ $\dfrac{\partial \phi}{\partial v_7} = 2v_7 + 2K_3 = 0$ $\qquad \therefore v_7 = -K_3$

①, ②, ③, ④, ⑤, ⑥, ⑦을 ⓐ, ⓑ, ⓒ에 대입하면,

$v_1 + v_2 - v_3 - 0.016 = 0$

$(K_1) + (K_1 - K_2) - (-K_1) = 0.016$

$3K_1 - K_2 = 0.016$ ⋯⋯⋯⋯⋯⋯⋯⋯⋯⋯⋯⋯⋯⋯⋯⋯⋯⋯⋯⋯⋯⋯⋯⋯ ⓓ

$v_4 + v_5 - v_2 - v_6 - 0.032 = 0$

$(K_2) + (K_2 + K_3) - (K_1 - K_2) - (-K_2) = 0.032$

$-K_1 + 4K_2 + K_3 = 0.032$ ⋯⋯⋯⋯⋯⋯⋯⋯⋯⋯⋯⋯⋯⋯⋯⋯⋯⋯⋯ ⓔ

$v_5 - v_7 - 0.024 = 0$

$(K_2 + K_3) - (-K_3) = 0.024$

$K_2 + 2K_3 = 0.024$ ⋯⋯⋯⋯⋯⋯⋯⋯⋯⋯⋯⋯⋯⋯⋯⋯⋯⋯⋯⋯⋯⋯⋯⋯ ⓕ

ⓓ, ⓔ, ⓕ를 연립방정식을 이용하여 계산하면,

$\therefore K_1 = 0.008\mathrm{m},\ K_2 = 0.008\mathrm{m},\ K_3 = 0.008\mathrm{m}$

(4) 최확값

① $x_1' = x_1 + v_1 = 3.142 + 0.008 = 3.150\mathrm{m}$

② $x_2' = x_2 + v_2 = 4.184 + (0.008 - 0.008) = 4.184\mathrm{m}$

③ $x_3' = x_3 + v_3 = 7.342 - 0.008 = 7.334\mathrm{m}$

④ $x_4' = x_4 + v_4 = 6.184 + 0.008 = 6.192\mathrm{m}$

⑤ $x_5' = x_5 + v_5 = 1.123 + 0.008 + 0.008 = 1.139\mathrm{m}$

⑥ $x_6' = x_6 + v_6 = 3.1585 - 0.008 = 3.147\mathrm{m}$

⑦ $x_7' = x_7 + v_7 = 1.147 - 0.008 = 1.139\mathrm{m}$

제 2 장

삼각 및 삼변측량

SECTION | 01 개요

삼각측량은 넓은 지역의 측량이나 높은 정밀도를 필요로 하는 기준점 측량, 특히 다각측량, 지형측량, 지적측량 등 기타 각종 측량에 골격이 되는 기준점 결정 측량으로 종래에는 삼각측량이 널리 이용되었으나, 최근에는 삼변측량이 널리 이용되고 있다.

SECTION | 02 Basic Frame

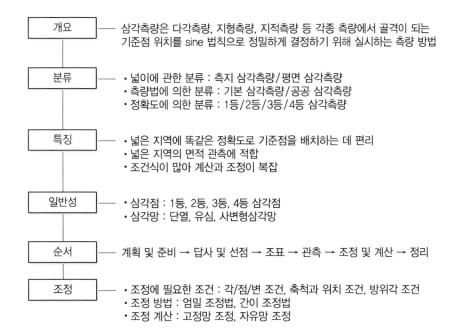

| 개요 | 삼각측량은 다각측량, 지형측량, 지적측량 등 각종 측량에서 골격이 되는 기준점 위치를 sine 법칙으로 정밀하게 결정하기 위해 실시하는 측량 방법 |

| 분류 | • 넓이에 관한 분류 : 측지 삼각측량/평면 삼각측량
• 측량법에 의한 분류 : 기본 삼각측량/공공 삼각측량
• 정확도에 의한 분류 : 1등/2등/3등/4등 삼각측량 |

| 특징 | • 넓은 지역에 똑같은 정확도로 기준점을 배치하는 데 편리
• 넓은 지역의 면적 관측에 적합
• 조건식이 많아 계산과 조정이 복잡 |

| 일반성 | • 삼각점 : 1등, 2등, 3등, 4등 삼각점
• 삼각망 : 단열, 유심, 사변형삼각망 |

| 순서 | 계획 및 준비 → 답사 및 선점 → 조표 → 관측 → 조정 및 계산 → 정리 |

| 조정 | • 조정에 필요한 조건 : 각/점/변 조건, 축척과 위치 조건, 방위각 조건
• 조정 방법 : 엄밀 조정법, 간이 조정법
• 조정 계산 : 고정망 조정, 자유망 조정 |

1. 수평각 관측과 정확도

수평각을 관측하는 데에는 단측법, 배각법, 방향각법, 각관측방법(조합각관측법) 4종류가 있다.

(1) 단측법

1개의 각을 1회 관측하는 방법으로 수평각 관측법 가운데서 가장 간단한 관측방법이나 관측결과는 좋지 않다. 결과는 "나중 읽음값 – 처음 읽음값"으로 구한다.

$$\angle AOB = \alpha_n - \alpha_0$$

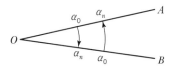

[그림 2–1] 단측법

(2) 배각법(반복법)

1) 방법

배각법은 1개의 각을 2회 이상 관측하여 관측횟수로 나누어서 구하는 방법이다.

$$\angle AOB = \frac{\alpha_n - \alpha_0}{n}$$

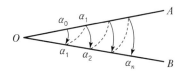

[그림 2–2] 배각법

여기서,　α_n : 나중 읽음값
　　　　α_0 : 처음 읽음값
　　　　n : 관측횟수

2) 각관측 정확도

① n배각의 관측에 있어서 1각에 포함되는 시준오차(m_1)

$$m_1 = \sqrt{\frac{2\alpha^2}{n}}$$

여기서,　α : 시준오차
　　　　β : 읽음오차

② n배각의 관측에 있어서 1각에 포함되는 읽음오차(m_2)

$$m_2 = \frac{\sqrt{2\beta^2}}{n}$$

③ 1각에 생기는 배각법의 오차(M)

$$M = \pm \sqrt{m_1{}^2 + m_2{}^2} = \pm \sqrt{\frac{2}{n}\left(\alpha^2 + \frac{\beta^2}{n}\right)}$$

(3) 방향각법

1) 방법

어떤 시준방향을 기준으로 하여 각 시준방향에 이르는 각을 관측하는 방법으로 1점에서 많은 각을 관측할 때 사용하는 방법으로, 반복법에 비하여 시간이 절약되고 3등 이하의 삼각측량에 이용된다.

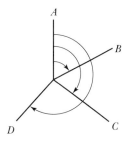

[그림 2-3] 방향각법

2) 각관측 정확도

① 1방향에 생기는 오차(m_1)

$$m_1 = \pm \sqrt{\alpha^2 + \beta^2}$$

여기서, α : 시준오차
β : 읽음오차

② 각관측의 오차(m_2)

$$m_2 = \pm \sqrt{2(\alpha^2 + \beta^2)}$$

③ n회 관측한 평균값의 오차(M)

$$M = \pm \sqrt{\frac{2}{n}(\alpha^2 + \beta^2)}$$

(4) 각관측법(조합각관측법)

수평각 각관측 방법 중 가장 정확한 값을 얻을 수 있는 것으로 1등 삼각측량에 이용된다. 여러 개의 방향선의 각을 방향각법으로 차례로 관측하여 얻어진 여러 개의 각을 최소제곱법에 의하여 최확값을 구한다.

$$측각 \ 총수 = \frac{1}{2}S(S-1)$$

$$조건식 \ 총수 = \frac{1}{2}(S-1)(S-2)$$

여기서, S : 측선 수

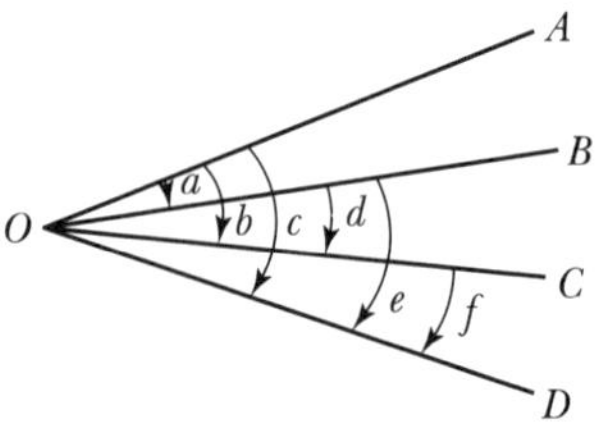

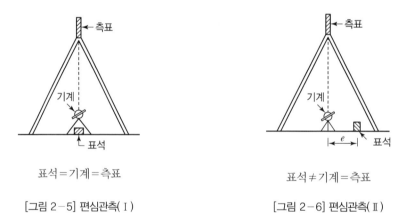

[그림 2-4] 조합각관측법

2. 편심(귀심)관측

삼각측량에서는 삼각점의 표석, 측표 및 기계의 중심이 연직선상에 일치되어 있는 것이 이상적이나 현지의 상황에 따라 이 조건이 만족되지 않는 조건하에서 측량하는 것을 편심관측이라 한다.

표석=기계=측표

[그림 2-5] 편심관측(I)

표석≠기계=측표

[그림 2-6] 편심관측(Ⅱ)

(1) sine 법칙에 의한 방법

$S \fallingdotseq S'$인 경우 이용되며 가장 널리 이용되는 방법이다.

$$\frac{e}{\sin x_1} = \frac{S_1'}{\sin(360° - \phi)}$$

$$\rightarrow \ x_1'' = \frac{e \sin(360° - \phi)}{S_1'}\rho''$$

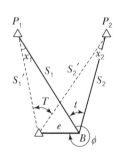

[그림 2-7] sine 법칙에 의한 편심조정

$$\frac{e}{\sin x_2} = \frac{S_2{}'}{\sin(360° - \phi + t)}$$

$$\rightarrow \quad x_2{}'' = \frac{e\sin(360° - \phi + t)}{S_2{}'}\rho''$$

$$\therefore \quad T = t + x_2{}'' - x_1{}''$$

(2) 2변 교각에 의한 방법

$S \coloneqq S'$로 되지 않은 경우 sine 법칙에 의하여 조정 계산을 하지 않고 2변 교각에 의한 방법을 사용한다.

$$\gamma + x = 180° - \alpha \quad \rightarrow$$

$$\frac{1}{2}(\gamma + x) = 90° - \frac{\alpha}{2} \cdots\cdots\cdots\cdots ①$$

또한 삼각법

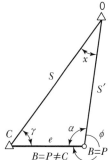

[그림 2-8] 2변 교각에 의한 편심조정

$$\frac{a - b}{a + b} = \frac{\tan\left(\dfrac{A - B}{2}\right)}{\tan\left(\dfrac{A + B}{2}\right)} \text{을 이용해서}$$

$$\tan\left(\frac{\gamma - x}{2}\right) = \frac{S' - e}{S' + e}\tan\left(90° - \frac{\alpha}{2}\right) = \frac{S'/e - 1}{S'/e + 1}\tan\left(90° - \frac{\alpha}{2}\right)$$

를 구성하고 $S'/e = \tan\lambda$로 놓으면,

$$\tan\left(\frac{\gamma - x}{2}\right) = \frac{\tan\lambda - 1}{\tan\lambda + 1}\tan\left(90° - \frac{\alpha}{2}\right)$$

$$\tan(\lambda - 45°)\tan\left(90° - \frac{\alpha}{2}\right) \cdots\cdots\cdots\cdots ②$$

①, ② 식에 의해 γ, x를 결정한다.

3. 조정 계산

삼각망의 조정방법은 엄밀법과 근사법으로 크게 구분되며, 본문에서는 근사법에 의한 조정방법을 중심으로 설명하며, 최소제곱법에 의한 엄밀법은 관측값 해석론에서 다루기로 한다.

(1) 사변형삼각망의 조정 계산

사변형삼각망	조정 계산 방법
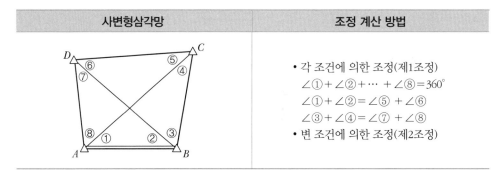	• 각 조건에 의한 조정(제1조정) $\angle① + \angle② + \cdots + \angle⑧ = 360°$ $\angle① + \angle② = \angle⑤ + \angle⑥$ $\angle③ + \angle④ = \angle⑦ + \angle⑧$ • 변 조건에 의한 조정(제2조정)

(2) 조정 순서

1) 조정 순서

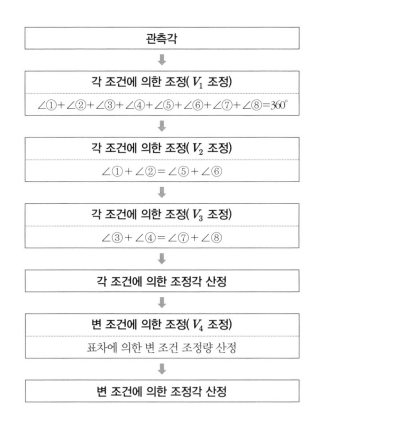

2) 세부 조정 방법

① 각 조건에 의한 조정(V_1 조정)

아래 그림에서 관측한 $\angle①, \cdots, \angle⑧$은 관측각이므로 각에는 오차가 포함되어 있다. 그러므로 V_1 조정은 $\angle① + \cdots + \angle⑧ = 360°$가 되어야 한다는 조건을 이용하여 조정한다.

$$\angle① + \cdots + \angle⑧ - 360° = {}^{\oplus}_{\ominus} \, w_1$$

$$조정량(d_1) = {}^{\oplus}_{\ominus} \, \frac{w_1}{8}$$

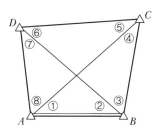

[그림 2-9] 사변형삼각망

② 각 조건에 의한 조정(V_2 조정)

사변망의 도형 조건은 $\angle① + \angle② + \cdots + \angle⑧ = 360°$ 조건 이외에도
$\angle① + \angle② = \angle⑤ + \angle⑥$, $\angle③ + \angle④ = \angle⑦ + \angle⑧$ 등이 있다.
V_2 조정은 $\angle① + \angle② = \angle⑤ + \angle⑥$에 대한 조정을 말한다.

$$(\angle① + \angle②) - (\angle⑤ + \angle⑥) = {}^{\oplus}_{\ominus} \, w_2$$

$$조정량(d_2) = {}^{\oplus}_{\ominus} \, \frac{w_2}{4}$$

· 보충설명 ·

만약 w_2가 $\oplus$이면 $\angle①$, $\angle②$가 크므로 조정량(d_2)을 $\angle⑤$, $\angle⑥$에 $\oplus$해주고, $\angle①$, $\angle②$에는 $\ominus$해 주면 된다.

---

③ 각 조건에 의한 조정(V_3 조정)

$$(\angle③ + \angle④) - (\angle⑦ + \angle⑧) = {}^{\oplus}_{\ominus} \, w_3$$

$$조정량(d_3) = {}^{\oplus}_{\ominus} \, \frac{w_3}{4}$$

만약 w_3가 $\oplus$면 $\angle$③, $\angle$④가 크므로 조정량(d_3)을 $\angle$⑦, $\angle$⑧에는 $\oplus$해주고, $\angle$③, $\angle$④에는 $\ominus$해 주면 된다.

④ 각 조건에 의한 조정각 산정

$\angle$(1), $\angle$(2), $\cdots$, $\angle$(8)을 조정각이라 하면 다음과 같이 사변형망의 조정각을 산정할 수 있다.

$$\angle(1) = \angle① \overset{\oplus}{\ominus} d_1 \overset{\oplus}{\ominus} d_2 \qquad \angle(2) = \angle② \overset{\oplus}{\ominus} d_1 \overset{\oplus}{\ominus} d_2$$

$$\angle(3) = \angle③ \overset{\oplus}{\ominus} d_1 \overset{\oplus}{\ominus} d_3 \qquad \angle(4) = \angle④ \overset{\oplus}{\ominus} d_1 \overset{\oplus}{\ominus} d_3$$

$$\angle(5) = \angle⑤ \overset{\oplus}{\ominus} d_1 \overset{\oplus}{\ominus} d_2 \qquad \angle(6) = \angle⑥ \overset{\oplus}{\ominus} d_1 \overset{\oplus}{\ominus} d_2$$

$$\angle(7) = \angle⑦ \overset{\oplus}{\ominus} d_1 \overset{\oplus}{\ominus} d_3 \qquad \angle(8) = \angle⑧ \overset{\oplus}{\ominus} d_1 \overset{\oplus}{\ominus} d_3$$

→ Example 1

그림과 같은 사변형삼각망의 변 조건에 의한 조정각을 구하시오. (단, 각은 0.01″까지, 대수는 소수 일곱째 자리까지, 표차는 소수 둘째 자리까지 계산하시오.)

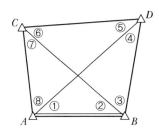

$-$ 각 조건 조정각 $-$

$\angle 1 = 44°03'00''$	$\angle 5 = 34°22'20''$
$\angle 2 = 37°12'18''$	$\angle 6 = 46°52'58''$
$\angle 3 = 37°30'17.5''$	$\angle 7 = 64°46'30.5''$
$\angle 4 = 61°14'24.5''$	$\angle 8 = 33°58'11.5''$

해설 및 정답 ⊕

각명	각 조건 조정각	logsin 홀수	logsin 짝수	표차	변 조건 조정량 (V_4)	변 조건 조정각	검산	
							logsin 홀수	logsin 짝수
$\angle 1$	$44°03'00''$	9.8421634		21.77	$+0.5''$	$44°03'00.5''$	9.8421645	
$\angle 2$	$37°12'18''$		9.7815174	27.73	$-0.5''$	$37°12'17.5''$		9.7815160
$\angle 3$	$37°30'17.5''$	9.7844951		27.43	$+0.5''$	$37°30'18''$	9.7844965	
$\angle 4$	$61°14'24.5''$		9.9428232	11.56	$-0.5''$	$61°14'24''$		9.9428227
$\angle 5$	$34°22'20''$	9.7517154		30.78	$+0.5''$	$34°22'20.5''$	9.7517170	
$\angle 6$	$46°52'58''$		9.8632972	19.71	$-0.5''$	$46°52'57.5''$		9.8632962
$\angle 7$	$64°46'30.5''$	9.9564769		9.92	$+0.5''$	$64°46'31''$	9.9564773	
$\angle 8$	$33°58'11.5''$		9.7472228	31.25	$-0.5''$	$33°58'11''$		9.7472212
계	$360°00'00''$	39.3348508	39.3348606	180.15		$360°00'00''$	39.3348553	39.3348561

① $\log\sin$홀수, 짝수 계산

$\log\sin$홀수, 짝수 값에 $+10$을 더한 $\text{co}\log\sin$홀수, 짝수를 이용하여 계산한다.

$\angle 1 = \log\sin 44°03'00'' + 10 = 9.8421634$

$\angle 2 = \log\sin 37°12'18'' + 10 = 9.7815174$

$\vdots$

$\angle 8 = \log\sin 33°58'11.5'' + 10 = 9.7472228$

표차계산에 다음과 같은 간략식을 이용하면 쉽게 표차를 구할 수 있다.

1. 대수 넷째 자리까지 구할 경우 : 표차 $= \dfrac{1}{\tan\theta} \times 0.021055$

2. 대수 다섯째 자리까지 구할 경우 : 표차 $= \dfrac{1}{\tan\theta} \times 0.21055$

3. 대수 여섯째 자리까지 구할 경우 : 표차 $= \dfrac{1}{\tan\theta} \times 2.1055$

4. 대수 일곱째 자리까지 구할 경우 : 표차 $= \dfrac{1}{\tan\theta} \times 21.055$

② 표차 계산

대수를 소수점 일곱째 자리까지 구하는 문제이므로 표차 $= \dfrac{1}{\tan\theta} \times 21.055$의 간략식을 이용하면 편리하게 표차를 산출할 수 있다.

$\angle 1$의 표차 $= \dfrac{1}{\tan 44°03'00''} \times 21.055 = 21.77$

$\angle 2$의 표차 $= \dfrac{1}{\tan 37°12'18''} \times 21.055 = 27.73$

$\vdots$

$\angle 8$의 표차 $= \dfrac{1}{\tan 33°58'11.5''} \times 21.055 = 31.25$

③ 변 조정량 계산

$(\sum \log\sin$홀수$) - (\sum \log\sin$짝수$) = 39.3348508 - 39.3348606 = -98$

변 조정량 $= \dfrac{\sum \log\sin(홀수) - \sum \log\sin(짝수)}{표차의 \ 합} = \dfrac{98}{180.15} = 0.5''$

그러므로 $\log\sin$홀수 값이 작으므로 $\angle 1$, $\angle 3$, $\angle 5$, $\angle 7$에는 $0.5''$씩 더해주고, $\angle 2$, $\angle 4$, $\angle 6$, $\angle 8$에는 $0.5''$씩 빼주면 된다.

④ 검산

변 조건 조정각을 산정한 후 $\sum \log\sin$짝수 값을 구하여 그 차가 $10''$ 이내면 정확히 계산된 것으로 간주한다.

(2) 유심삼각망의 조정 계산

유심삼각망	조정 계산 방법
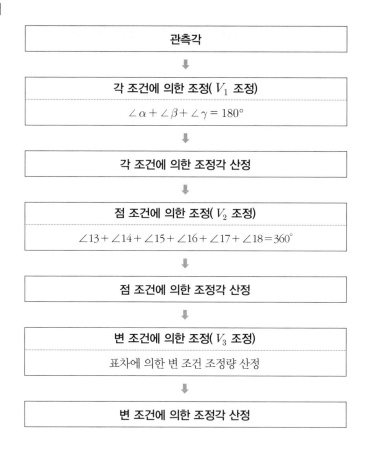	• 각 조건에 의한 조정(제1조정) $\angle\alpha + \angle\beta + \angle\gamma = 180°$ • 점 조건에 의한 조정(제2조정) • 변 조건에 의한 조정(제3조정)

1) 조정 순서

관측각

↓

각 조건에 의한 조정(V_1 조정)
$\angle\alpha + \angle\beta + \angle\gamma = 180°$

↓

각 조건에 의한 조정각 산정

↓

점 조건에 의한 조정(V_2 조정)
$\angle 13 + \angle 14 + \angle 15 + \angle 16 + \angle 17 + \angle 18 = 360°$

↓

점 조건에 의한 조정각 산정

↓

변 조건에 의한 조정(V_3 조정)
표차에 의한 변 조건 조정량 산정

↓

변 조건에 의한 조정각 산정

2) 세부 조정 방법

① 각 조건에 의한 조정(V_1 조정)

각각의 삼각형이 $180°$가 되도록 조정하며, 앞의 사변형망의 조정의 경우와 같다.

② 점 조건에 의한 조정(V_2 조정)

1점 주위의 각의 합이 $360°$가 되어야 한다는 조건을 이용하여 조정한다.

$$(\angle 13 + \angle 14 + \angle 15 + \angle 16 + \angle 17 + \angle 18) - 360° = {}^{\oplus}_{\ominus} w_2$$

$$조정량(d_2) = {}^{\oplus}_{\ominus} \frac{w_2}{n}$$

여기서, n : 각의 수

• 보충설명 •

만약 w_2가 $\oplus$면 $\angle 13 + \cdots + \angle 18$ 각에 조정량(d_2)를 $\ominus$해주고, w_2가 $\ominus$면 $\angle 13 + \cdots + \angle 18$ 각에 조정량(d_2)만큼 $\oplus$해주면 된다.

③ 변 조건에 의한 조정(V_3 조정)

$$(\sum \log \sin \alpha'') - (\sum \log \sin \beta'') = {}^{\oplus}_{\ominus} w_3$$

여기서, α'', β'' : 각 및 점 조건에 의한 조정각

w_3 : 변 조건에 의한 오차

$$조정량(d_3) = {}^{\oplus}_{\ominus} \frac{w_3}{표차의\ 합}$$

• 보충설명 •

만약 w_3가 $\oplus$면 각각의 α''각에 조정량만큼 $\ominus$해주고, β''각에 조정량만큼 $\oplus$해주면 된다. 그리고 w_3가 $\ominus$면 반대가 된다.

다음 유심삼각망을 조정하시오. (단, 각은 0.1초까지 구하고, 표차는 소수 셋째 자리에서 반올림하시오.)

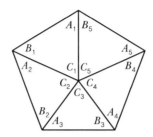

해설 및 정답 ✚

| 삼각형 | 각명 | 관측각 | 조정량 | | | | 각 조정각 | $\log\sin A$ $\log\sin B$ | 표차 | V_4 | 변 조정각 |
			V_1	V_2	V_3	계					
①	A_1	39°59′10″	−4″		+0.2″	−3.8″	39°59′06.2″	9.8079325	25.11	+4.3″	39°59′10.5″
	B_1	55°20′46″	−4″		+0.2″	−3.8″	55°20′42.2″	9.9151842	14.55	−4.3″	55°20′37.9″
	C_1	84°40′16″	−4″	−0.4″		−4.4″	84°40′11.6″				84°40′11.6″
	계	180°00′12″					180°00′00″				180°00′00″
②	A_2	60°29′02″	+3″		+0.2″	+3.2″	60°29′05.2″	9.9396315	11.92	+4.3″	60°29′09.5″
	B_2	44°38′06″	+3″		+0.2″	+3.2″	44°38′09.2″	9.8467075	21.32	−4.3″	44°38′04.9″
	C_2	74°52′43″	+3″	−0.4″		+2.6″	74°52′45.6″				74°52′45.6″
	계	179°59′51″					180°00′00″				180°00′00″
③	A_3	59°08′41″	+2″		+0.2″	+2.2″	59°08′43.2″	9.9337256	12.58	+4.3″	59°08′47.5″
	B_3	54°11′00″	+2″		+0.2″	+2.2″	54°11′02.2″	9.9089672	15.19	−4.3″	54°10′57.9″
	C_3	66°40′13″	+2″	−0.4″		+1.6″	66°40′14.6″				66°40′14.6″
	계	179°59′54″					180°00′00″				180°00′00″
④	A_4	47°29′21″	−3″		+0.2″	−2.8″	47°29′18.2″	9.8675502	19.30	+4.3″	47°29′22.5″
	B_4	56°43′28″	−3″		+0.2″	−2.8″	56°43′25.2″	9.9222240	13.82	−4.3″	56°43′20.9″
	C_4	75°47′20″	−3″	−0.4″		−3.4″	75°47′16.6″				75°47′16.6″
	계	180°00′09″					180°00′00″				180°00′00″
⑤	A_5	66°14′31″	+2″		+0.2″	+2.2″	66°14′33.2″	9.9615441	9.27	+4.3″	66°14′37.5″
	B_5	55°45′53″	+2″		+0.2″	+2.2″	55°45′55.2″	9.9173691	14.33	−4.3″	55°45′50.9″
	C_5	57°59′30″	+2″	−0.4″		+1.6″	57°59′31.6″				57°59′31.6″
	계	179°59′54″					180°00′00″		157.39		180°00′00″

(1) 제1조정(내각 조정) : V_1 조정

- 삼각형①은 $A_1 + B_1 + C_1 = 180°$이어야 한다.

  그러나 $180°00'12'' \neq 180°$이므로

  오차 $= 12''$, 오차보정은 $12''/3 = -4''$씩 보정하면 $180°$가 된다.

- 삼각형②는 $A_2 + B_2 + C_2 = 180°$이어야 한다.

  그러나 $179°59'51'' \neq 180°$이므로

  오차 $= -9''$, 오차보정은 $-9''/3 = +3''$씩 보정하면 $180°$가 된다.

- 삼각형③은 $A_3 + B_3 + C_3 = 180°$이어야 한다.

  그러나 $179°59'54'' \neq 180°$이므로

  오차 $= -6''$, 오차보정은 $-6''/3 = +2''$씩 보정하면 $180°$가 된다.

- 삼각형④는 $A_4 + B_4 + C_4 = 180°$이어야 한다.

  그러나 $180°00'09'' \neq 180°$이므로

  오차 $= 9''$, 오차보정은 $9''/3 = -3''$씩 보정하면 $180°$가 된다.

- 삼각형⑤는 $A_5 + B_5 + C_5 = 180°$이어야 한다.

  그러나 $179°59'54'' \neq 180°$이므로

  오차 $= -6''$, 오차보정은 $-6''/3 = +2''$씩 보정하면 $180°$가 된다.

(2) 제2조정 : V_2, V_3 조정(반드시 제1조정된 각을 가지고 계산한다.)

$C_1 + C_2 + C_3 + C_4 + C_5 = 360°$이어야 한다.

$\angle C_1 = 84°40'12''$, $\angle C_2 = 74°52'46''$, $\angle C_3 = 66°40'15''$,

$\angle C_4 = 75°47'17''$, $\angle C_5 = 57°59'32''$

$C_1 + C_2 + C_3 + C_4 + C_5 = 360°00'02''$

오차 $2''$, 오차보정은 $2''/5 = -0.4''$씩 보정한다.

또한 C_1, C_2, C_3, C_4, C_5를 보정하면 내각의 합이 $180°$와 달라지므로 나머지 두 각 A, B에는 C

각에 더하여 준 값의 $\dfrac{1}{2}$씩을 보정해 주되 부호는 반대이다.

(3) 제3조정(변 조정) : V_4 조정

$\log \sin A_1 + \log \sin A_2 + \log \sin A_3 + \log \sin A_4 + \log \sin A_5$와

$\log \sin B_1 + \log \sin B_2 + \log \sin B_3 + \log \sin B_4 + \log \sin B_5$와 같아야 한다.

1) $\log \sin A,\ B$ 계산

$\log \sin A$	$\log \sin B$
$A_1 = \log \sin 39°59'06.2'' + 10 = 9.8079325$	$B_1 = \log \sin 55°20'42.2'' + 10 = 9.9151842$
$A_2 = \log \sin 60°29'05.2'' + 10 = 9.9396315$	$B_2 = \log \sin 44°38'09.2'' + 10 = 9.8467075$
$A_3 = \log \sin 59°08'43.2'' + 10 = 9.9337256$	$B_3 = \log \sin 54°11'02.2'' + 10 = 9.9089672$
$A_4 = \log \sin 47°29'18.2'' + 10 = 9.8675502$	$B_4 = \log \sin 56°43'25.2'' + 10 = 9.9222240$
$A_5 = \log \sin 66°14'33.2'' + 10 = 9.9615441$	$B_5 = \log \sin 55°45'55.2'' + 10 = 9.9173691$
$\sum \log \sin A = 49.5103839$	$\sum \log \sin B = 49.5104520$

2) 표차 계산

각명	표차 A	각명	표차 B
A_1	$\dfrac{1}{\tan 39°59'06.2''} \times 21.055 = 25.11$	B_1	$\dfrac{1}{\tan 55°20'42.2''} \times 21.055 = 14.55$
A_2	$\dfrac{1}{\tan 60°29'05.2''} \times 21.055 = 11.92$	B_2	$\dfrac{1}{\tan 44°38'09.2''} \times 21.055 = 21.32$
A_3	$\dfrac{1}{\tan 59°08'43.2''} \times 21.055 = 12.58$	B_3	$\dfrac{1}{\tan 54°11'02.2''} \times 21.055 = 15.19$
A_4	$\dfrac{1}{\tan 47°29'18.2''} \times 21.055 = 19.30$	B_4	$\dfrac{1}{\tan 56°43'25.2''} \times 21.055 = 13.82$
A_5	$\dfrac{1}{\tan 66°14'33.2''} \times 21.055 = 9.27$	B_5	$\dfrac{1}{\tan 55°45'55.2''} \times 21.055 = 14.33$

3) 변 조정량 계산

$$\text{변 조정량} = \frac{\sum \log \sin A - \sum \log \sin B}{\text{표차의 합}} = \frac{-681}{157.39} = -4.3''$$

여기서, $\sum \log \sin A$가 $\sum \log \sin B$보다 작으므로 큰 각에는 $(-)$ 보정, 작은 각에는 $(+)$ 보정을 한다.

그러므로 각 (A)에는 $+4.3''$, 각 (B)에는 $-4.3''$ 보정한다.(단, C각은 조정하지 않는다.)

(3) 단열삼각망 조정 계산

단열삼각망	조정 계산 방법
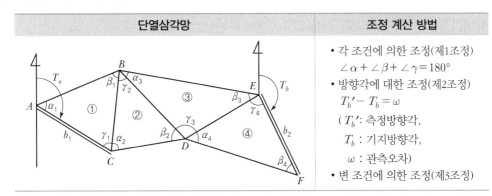	• 각 조건에 의한 조정(제1조정) $\angle \alpha + \angle \beta + \angle \gamma = 180°$ • 방향각에 대한 조정(제2조정) $T_b' - T_b = \omega$ (T_b' : 측정방향각, T_b : 기지방향각, ω : 관측오차) • 변 조건에 의한 조정(제3조정)

삼각형에 α, β, γ 를 부여하는 순서는 기지변에 대한 각을 β로 하고, 미지변에 대한 각을 α로 한다. 또한, 방향 각과 관계하는 사잇각(A－C－B－D－E－F)을 γ로 한다.

1) 조정 순서

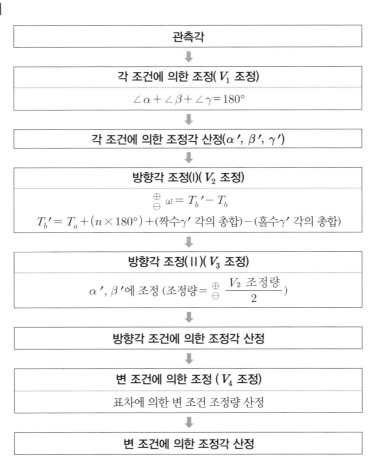

관측각

↓

각 조건에 의한 조정(V_1 조정)

$\angle \alpha + \angle \beta + \angle \gamma = 180°$

↓

각 조건에 의한 조정각 산정(α', β', γ')

↓

방향각 조정(I)(V_2 조정)

$\overset{\oplus}{\underset{\ominus}{}} \omega = T_b' - T_b$

$T_b' = T_a + (n \times 180°) + (짝수 \gamma'$ 각의 총합$) - (홀수 \gamma'$ 각의 총합$)$

↓

방향각 조정(II)(V_3 조정)

α', β'에 조정 (조정량$= \overset{\oplus}{\underset{\ominus}{}} \dfrac{V_2 \text{ 조정량}}{2}$)

↓

방향각 조건에 의한 조정각 산정

↓

변 조건에 의한 조정 (V_4 조정)

표차에 의한 변 조건 조정량 산정

↓

변 조건에 의한 조정각 산정

2) 세부 조정 방법

① 각 조건에 의한 조정(V_1 조정)

앞의 단열삼각망에서 ①, ②, ③, ④의 삼각형의 합은 180°가 되어야 한다는 조건을 이용하여 조정한다. 각 삼각형의 관측각을 $\angle\alpha$, $\angle\beta$, $\angle\gamma$라 하고 w_1를 관측오차라 한다. 다음과 같이 조정량과 각 조건에 의한 조정각을 산정할 수 있다.

$$\angle\alpha + \angle\beta + \angle\gamma - 180° = {}^{\oplus}_{\ominus}\, w_1$$

$$조정량(d_1) = {}^{\oplus}_{\ominus}\, \frac{w_1}{3}$$

$$조정각 = 관측각 \;{}^{\oplus}_{\ominus}\; 조정량$$

② 각 조건에 의한 조정(V_2 조정)

앞의 그림에서 기지 방향각 T_a에서 $C - B - D - E - F$ 순서로 관측된 $\overline{EF}$의 방향각 $T_b{}'$는 기지 방향각 T_b와 일치하지 않을 때 실시한다.

$\overline{CB}$의 방향각(T_1) $= T_a + 180° + \gamma_1{}'$

$\overline{BD}$의 방향각(T_2) $= T_1 + 180° - \gamma_2{}'$

$\overline{DE}$의 방향각(T_3) $= T_2 + 180° + \gamma_3{}'$

$\overline{EF}$의 방향각($T_b{}'$) $= T_3 + 180° - \gamma_4{}'$

여기서, T_a : 기지 방향각

$\gamma_1{}'$, $\gamma_2{}'$, $\gamma_3{}'$, $\gamma_4{}'$: 각 조정된 조정각

n : 방향각 수

∴ $T_b{}'$는 다음과 같이 정리할 수 있다.

$$T_b{}' = T_a + (180° \times n) \;{}^{\oplus}_{\ominus}\; (\gamma'\,짝수) \;{}^{\oplus}_{\ominus}\; (\gamma'\,홀수)$$

· 보충설명

γ'의 부호는 $\gamma_1{}'$, $\gamma_3{}'$가 진행 방향의 좌측각이므로 (+)로, $\gamma_2{}'$, $\gamma_4{}'$가 진행 방향의 우측각이므로 (−)로 방향각이 결정된 것이다. 그러므로 앞의 $T_b{}'$ 공식을 적용하기 위해서는 $\gamma_1{}'$이 진행방향의 좌측각인지 우측각인지 확인하는 것이 매우 중요하다.

그러므로, 관측선 방향각을 $T_b{}'$라 하고 $\overline{EF}$측선의 기지 방향각을 T_b라 하면 다음과 같은 w_2의 오차가 발생되고 V_2의 조정각을 산정할 수 있다.

$$T_b{'} - T_b = w_2$$

$$\text{조정량}(d_2) = \begin{matrix} \oplus \\ \ominus \end{matrix} \frac{w_2}{n}$$

여기서, n : γ'각 수

Point

조정량(d_2)의 부호 선택 요령

• $T_b{'} = T_a + (180° \times n) \begin{smallmatrix} \oplus \\ \ominus \end{smallmatrix} (\gamma'짝수) \begin{smallmatrix} \oplus \\ \ominus \end{smallmatrix} (\gamma'홀수)$일 때 $T_b{'} - T_b = +w_2$인 경우

γ'홀수합이 γ'짝수합보다 크기 때문에 조정량 $\frac{w_2}{n}$를 γ'홀수각에 ($-$), γ'짝수각에 ($+$)로 조정한다.

또한, $T_b{'} - T_b = -w_2$인 경우 γ'홀수합이 γ'짝수합보다 작기 때문에 조정량 $\frac{w_2}{n}$를 γ'홀수각에 ($+$), γ'짝수각에 ($-$)로 조정한다.

• $T_b{'} = T_a + (180° \times n) + (\gamma'짝수) - (\gamma'홀수)$일 때 $T_b{'} - T_b = +w_2$인 경우

γ'짝수합이 γ'홀수의 합보다 크기 때문에 조정량 $\frac{w_2}{n}$를 γ'짝수각에 ($-$), γ'홀수각에 ($+$)로 조정한다.

또한, $T_b{'} - T_b = -w_2$인 경우 γ'짝수합이 γ'홀수합보다 작기 때문에 γ'짝수각에 ($+$), γ'홀수각에 ($-$)로 조정한다.

③ 각 조건에 의한 조정(V_3)

γ'각에 대한 V_2 조정량을 다른 α', β'에 각각 조정하는 것을 V_3 조정이라 하며, V_2 조정량을 $\begin{matrix} \oplus \\ \ominus \end{matrix} \frac{w_2}{n}$라 하면 V_3 조정량은 다음과 같이 산정된다.

$$\alpha', \beta'\text{에 대한 조정량}(d_3) = \begin{matrix} \oplus \\ \ominus \end{matrix} \frac{w_2}{2}$$

④ 변 조건에 의한 조정(V_4 조정)

앞의 각 조건에 의한 조정과 방향각 조건에 의한 조정 후의 조정각을 α'', β'', γ''라 하고, $\overline{AC}$ 측선의 기선(b_1)에서 계산으로 구한 $\overline{EF}$ 측선의 기선(b_2)과 주어진 기선(b_2)의 차이가 발생한 경우 실시하는 조정을 변 조건에 의한 조정이라 한다.

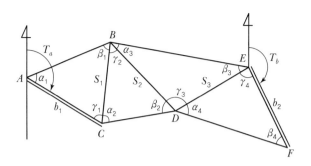

[그림 2-10] 단열삼각망

sine 법칙에 의해 S_1, S_2, S_3, b_2를 순차적으로 구하면

$$\frac{b_1}{\sin\beta_1''} = \frac{S_1}{\sin\alpha_1''} \;\rightarrow$$

$$S_1 = b_1\frac{\sin\alpha_1''}{\sin\beta_1''}, \quad S_2 = S_1\frac{\sin\alpha_2''}{\sin\beta_2''}, \quad S_3 = S_2\frac{\sin\alpha_3''}{\sin\beta_3''}, \quad b_2 = S_3\frac{\sin\alpha_4''}{\sin\beta_4''} \text{가 된다.}$$

그러므로,

$$b_2 = b_1\frac{\sin\alpha_1'' \cdot \sin\alpha_2'' \cdot \sin\alpha_3'' \cdot \sin\alpha_4''}{\sin\beta_1'' \cdot \sin\beta_2'' \cdot \sin\beta_3'' \cdot \sin\beta_4''}$$

위의 식을 대수로 취하면 다음과 같이 정리되고 변 조정에 의한 오차(w_3)와 조정량(V_4)은 다음과 같다.

$$\log b_2 = \log b_1 + \sum\log\sin\alpha'' - \sum\log\sin\beta''$$

$$w_3 = (\log b_1 + \sum\log\sin\alpha'') - (\log b_2 + \sum\log\sin\beta'')$$

$$\text{조정량}\,(V_4) = \frac{w_3}{\sum d}$$

여기서,　w_3 : 변 조정에 의한 오차

　　　　　$\sum d$: 표차의 총합

・ 보충설명 ・

$(\log b_1 + \sum\log\sin\alpha'')$가 크고 $(\log b_2 + \sum\log\sin\beta'')$가 작으면 $\angle\alpha''$각에 조정량을 ⊖해주고, $\angle\beta''$각에는 ⊕해주면 되며, 이와 반대인 경우는 부호를 반대로 취하면 된다.

다음 그림과 같은 단열삼각망을 조정하시오.(단, $b_1 = 236.243$m, $b_2 = 169.959$m이며, 조정각은 0.1초 단위까지 계산하고, 표차는 소수 셋째 자리에서 반올림하시오.)

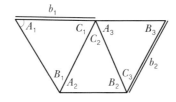

해설 및 정답 ✦

삼각형	각명	관측각	각 조건		변 조건	
			조정량	조정각	조정량	조정각
①	A_1	56°24′11″	−1″	56°24′10″	−0.7″	56°24′09.3″
	B_1	78°42′13″	−1″	78°42′12″	+0.7″	78°42′12.7″
	C_1	44°53′39″	−1″	44°53′38″		44°53′38″
	계	180°00′03″		180°00′00″		180°00′00″
②	A_2	65°33′22″	−2″	65°33′20″	−0.7″	65°33′19.3″
	B_2	38°21′33″	−2″	38°21′31″	+0.7″	38°21′31.7″
	C_2	76°05′11″	−2″	76°05′09″		76°05′09″
	계	180°00′06″		180°00′00″		180°00′00″
③	A_3	32°47′56″	+2″	32°47′58″	−0.7″	32°47′57.3″
	B_3	69°45′06″	+2″	69°45′08″	+0.7″	69°45′08.7″
	C_3	77°26′52″	+2″	77°26′54″		77°26′54″
	계	179°59′54″		180°00′00″		180°00′00″

각명	조정각	$\log \sin A$	표차	각명	조정각	$\log \sin B$	표차
A_1	56°24′10″	9.9206179	13.99	B_1	78°42′12″	9.9915034	4.21
A_2	65°33′20″	9.9592146	9.57	B_2	38°21′31″	9.7927988	26.60
A_3	32°47′58″	9.7337589	32.67	B_3	69°45′08″	9.9722976	7.77
계		29.6135914		계		29.7565998	

(1) 제1조정 : 각 조정

- 삼각형①은 $A_1 + B_1 + C_1 = 180°$이어야 한다.

  그러나 $180°00'03'' \neq 180°$이므로

  오차$= 3''$, 오차보정은 $3''/3 = -1''$씩 보정하면 $180°$가 된다.

- 삼각형②는 $A_2 + B_2 + C_2 = 180°$이어야 한다.

  그러나 $180°00'06'' \neq 180°$이므로

  오차$= 6''$, 오차보정은 $6''/3 = -2''$씩 보정하면 $180°$가 된다.

- 삼각형③은 $A_3 + B_3 + C_3 = 180°$이어야 한다.

  그러나 $179°59'54'' \neq 180°$이므로

  오차$= 6''$, 오차보정은 $-6''/3 = +2''$씩 보정하면 $180°$가 된다.

(2) 제2조정 : 변 조정(반드시 각 조정된 각을 가지고 계산한다.)

1) $\log \sin A, B$ 계산

$\log \sin A$	$\log \sin B$
$A_1 = \log \sin 56°24'10'' + 10 = 9.9206179$	$B_1 = \log \sin 78°42'12'' + 10 = 9.9915034$
$A_2 = \log \sin 65°33'20'' + 10 = 9.9592146$	$B_2 = \log \sin 38°21'31'' + 10 = 9.7927988$
$A_3 = \log \sin 32°47'58'' + 10 = 9.7337589$	$B_3 = \log \sin 69°45'08'' + 10 = 9.9722976$
$\log b_1 = \log 236.243 = 2.3733589$	$\log b_2 = \log 169.959 = 2.2303442$
$\sum \log \sin A + \log b_1 = 31.9869503$	$\sum \log \sin B + \log b_2 = 31.9869440$

2) 표차 계산

각명	표차 A	각명	표차 B
A_1	$\dfrac{1}{\tan 56°24'10''} \times 21.055 = 13.99$	B_1	$\dfrac{1}{\tan 78°42'12''} \times 21.055 = 4.21$
A_2	$\dfrac{1}{\tan 65°33'20''} \times 21.055 = 9.57$	B_2	$\dfrac{1}{\tan 38°21'31''} \times 21.055 = 26.60$
A_3	$\dfrac{1}{\tan 32°47'58''} \times 21.055 = 32.67$	B_3	$\dfrac{1}{\tan 69°45'08''} \times 21.055 = 7.77$

3) 변 조정량 계산

$$\text{변 조정량} = \frac{(\sum \log \sin A + \log b_1) - (\sum \log \sin B + \log b_2)}{\text{표차의 합}}$$

$$= \frac{31.9869503 - 31.9869440}{94.81} = \frac{63}{94.81} = 0.7''$$

여기서, $\sum \log \sin B$가 $\sum \log \sin A$ 보다 크므로 큰 각에는 $(-)$보정, 작은 각에는 $(+)$보정을 한다.

그러므로 각 (A)에는 $-0.7''$, 각 (B)에는 $+0.7''$ 보정한다.(단, C각은 조정하지 않는다.)

4. 삼변측량

수평각 대신 3변의 길이를 측정하여 삼각점의 위치를 결정하는 측량으로 최근 전자파 거리 측량기의 발달로 높은 정밀도의 삼변측량이 가능하게 되어 현재는 삼각측량보다는 삼변측량이 주류를 이루고 있다.

(1) 삼변측량에 의한 삼각망 조정방법의 종류의 특징

삼변측량은 cosine 제2법칙과 반각공식을 이용하여 변의 길이로부터 각을 구하여 거리와 각을 이용하여 수평위치를 결정하는 방법이다.

1) 종류

조건방정식법	도형에 내재된 기하학적 조건을 이용하여 조건방정식을 구성한 후 최소제곱법을 적용하여 최확값을 구하는 방법
관측방정식법	관측값을 이용 관측수와 동일한 수의 관측방정식을 구성한 후 최소제곱법을 적용하여 최확값을 구하는 방법

2) 특징

① 변장만을 이용하여 삼각망을 구성한다.(변의 길이를 정확히 측정해야 한다.)
② 삼각측량에 사용되는 기선의 확대 · 축소가 불필요하다.
③ 적당한 각을 관측하여 삼각망의 오차를 점검할 수도 있다.
④ 조건식 수가 적고, 조정이 오래 걸린다.
⑤ 정확도를 높이기 위해서는 많은 복수변장 관측이 필요하다.

(2) 조건방정식법

삼변망에는 단삼변망, 사변망, 유심다변망으로 구성되며, 여기에서는 단삼변망에 대해 설명하기로 한다.

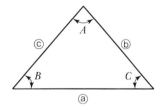

[그림 2 – 11] 단삼변망

1) cosine 제2법칙을 이용

$$\cos A' = \frac{b^2 + c^2 - a^2}{2bc}$$

$$\cos B' = \frac{c^2 + a^2 - b^2}{2ca}$$

$$\cos C' = \frac{a^2 + b^2 - c^2}{2ab}$$

여기서, a, b, c : 변의 관측값
A', B', C' : 관측값에 의한 각
A, B, C : 각의 최확값

2) cosine의 전미분을 취한 후 정현방정식을 적용 정리

$$dA' = \frac{1}{c\sin B'}da - \frac{\cot C'}{b}db - \frac{\cot B'}{c}dc$$

$$dB' = \frac{1}{a\sin C'}db - \frac{\cot A'}{c}dc - \frac{\cot C'}{a}da$$

$$dC' = \frac{1}{b\sin A'}dc - \frac{\cot B'}{a}da - \frac{\cot A'}{b}db$$

3) $dA + dB + dC + \varepsilon = 0$을 이용

$$Ga\,da + Gb\,db + Gc\,dc + \varepsilon = 0$$

$$\varepsilon = A' + B' + C' - 180°$$

여기서, $Ga = \dfrac{1}{c\sin B'} - \dfrac{\cot C'}{a} - \dfrac{\cot B'}{a}$

$Gb = \dfrac{1}{a\sin C'} - \dfrac{\cot A'}{b} - \dfrac{\cot C'}{b}$

$Gc = \dfrac{1}{b\sin A'} - \dfrac{\cot B'}{c} - \dfrac{\cot A'}{c}$

4) 조건방정식으로 표현

$$A \cdot V - f = 0$$

여기서, A : 계수 매트릭스 $= [Ga\ \ Gb\ \ Gc]$

V : 잔차 매트릭스 $= \begin{bmatrix} da \\ db \\ dc \end{bmatrix}$

f : 상수행렬 $= -\varepsilon$

5) 조건방정식 계산

① $K = (A \cdot A^T)^{-1} \cdot f = \dfrac{-\varepsilon}{(Ga^2 + Gb^2 + Gc^2)}$

② $V = A^T K$

③ $X = $ 관측변 길이 $+ V$

→ Example 4

그림과 같은 단삼변망을 조건방정식을 이용하여 조정하여 조정변 길이를 구하시오.

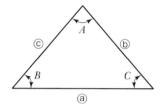

− 관측변 길이 −

ⓐ 6.2km

ⓑ 3.5km

ⓒ 4.0km

해설 및 정답

정답

계산 결과 관측값을 조정할 필요가 없다.(잔차가 모두 0이다.)

해설

1) 내각 결정

- $\cos A' = \dfrac{b^2 + c^2 - a^2}{2bc} = \cos^{-1} \dfrac{3.5^2 + 4.0^2 - 6.2^2}{2 \times 3.5 \times 4.0}$ ∴ $A' = 111°20'30''$

- $\cos B' = \dfrac{c^2 + a^2 - b^2}{2ca} = \cos^{-1} \dfrac{4.0^2 + 6.2^2 - 3.5^2}{2 \times 4.0 \times 6.2}$ ∴ $B' = 31°43'21''$

- $\cos C' = \dfrac{a^2 + b^2 - c^2}{2ab} = \cos^{-1} \dfrac{6.2^2 + 3.5^2 - 4.0^2}{2 \times 6.2 \times 3.5}$ ∴ $C' = 36°56'09''$

2) 매트릭스 결정

① 계수매트릭스 A 결정

• $Ga = \dfrac{1}{c\sin B'} - \dfrac{\cot C'}{a} - \dfrac{\cot B'}{a} = -2.287 \times 10^{-7}$ • $Gb = \dfrac{1}{a\sin C'} - \dfrac{\cot A'}{b} - \dfrac{\cot C'}{b} = -1.336 \times 10^{-7}$ • $Gc = \dfrac{1}{b\sin A'} - \dfrac{\cot B'}{c} - \dfrac{\cot A'}{c} = 3.003 \times 10^{-7}$	$A = [-2.287 - 1.336 + 3.003] \times 10^{-7}$

② 상수매트릭스 f 결정

$f = -\varepsilon = -(A' + B' + C' - 180°) = 0°$

3) 조건방정식 계산

$V = (A^T)(A \cdot A^T)^{-1} = \begin{bmatrix} V_A \\ V_B \\ V_C \end{bmatrix} = \begin{bmatrix} 0 \\ 0 \\ 0 \end{bmatrix}$

(3) 관측방정식법

관측방정식은 조건방정식보다 훨씬 많은 방정식을 처리해야 한다. 그러나 최근에는 전자 계산기의 발전으로 널리 이용되고 있다.

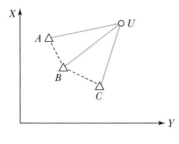

[그림 2-12] 거리관측

1) 기본방정식

$$L_{ij} + V_{ij} = \sqrt{(X_j - X_i)^2 + (Y_j - Y_i)^2} \quad \cdots\cdots\cdots\cdots\cdots\cdots\cdots\cdots\cdots\cdots\cdots\cdots \text{①}$$

2) 선형방정식

위의 ①식은 비선형이므로 taylor 급수를 이용하여 선형화한다.

- $L_{Lij} + V_{Lij} = [\dfrac{X_{i0} - X_{j0}}{(IJ)_0}]dx_i + [\dfrac{Y_{i0} - Y_{j0}}{(IJ)_0}]dY_i + [\dfrac{X_{j0} - X_{i0}}{(IJ)_0}]dx_j$

  $\qquad + [\dfrac{Y_{j0} - Y_{i0}}{(IJ)_0}]dY_j$

- $K + V = A \cdot X$

  여기서,　A : 계수매트릭스

  　　　　X : 미지보정매트릭스

  　　　　K : 상수매트릭스

  　　　　V : 잔차매트릭스

3) 관측방정식

U의 좌표(x, y)는 X^N, Y^E 좌표를 알고 있는 기준점 A, B, C로부터의 거리(AU, BU, CU)를 관측함으로써 구할 수 있으며 이 중 2개만 있으면 (x, y)를 구할 수 있으므로 나머지 하나는 잉여 관측값이 된다.

- $K + V = A \cdot X$

- $(AU - AU') + V_{LAU} = [\dfrac{X_{U0} - X_{A0}}{AU'}](dX_U) + [\dfrac{Y_{U0} - Y_{A0}}{AU'}](dY_U)$

- $(BU - BU') + V_{LBU} = [\dfrac{X_{U0} - X_{B0}}{BU'}](dX_U) + [\dfrac{Y_{U0} - Y_{B0}}{BU'}](dY_U)$

$$\bullet\ (CU - CU') + V_{LCU} = [\frac{X_{U0} - X_{C0}}{CU'}](dX_U) + [\frac{Y_{U0} - Y_{C0}}{CU'}](dY_U)$$

여기서, AU : AU 간의 관측거리, AU' : 좌표값으로 구한 AU 거리

$$AU' = \sqrt{(X_{U0} - X_{A0})^2 + (Y_{U0} - Y_{A0})^2}$$
$$BU' = \sqrt{(X_{U0} - X_{B0})^2 + (Y_{U0} - Y_{B0})^2}$$
$$CU' = \sqrt{(X_{U0} - X_{C0})^2 + (Y_{U0} - Y_{C0})^2}$$

4) 매트릭스 계산

미지수보다 방정식 수가 더 많으므로 최소제곱법을 이용한 관측방정식을 사용하면 미지보정매트릭스 X는 다음과 같다.

$$X = (A^T \cdot A)^{-1} \cdot (A^T \cdot K)$$

→ Example 5

삼변측량에 의해 얻어진 다음의 사변형망을 조정하라.

- $L_{12} = L_{23} = L_{34} = L_{41} = 1\text{km}$

- $L_{13} = L_{24} = \sqrt{2}\,\text{km}$

- 좌표점의 근사좌표(km)

구분	X	Y
P_1	0.000	0.000
P_2	1.000	0.000
P_3	1.000	1.000
P_4	0.000	1.000

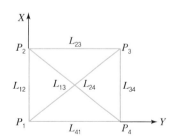

- 측선의 관측오차(K)

$K_{L12} = 2\text{cm}, \ K_{L23} = -1\text{cm}, \ K_{L34} = 1\text{cm},$

$K_{L41} = -2\text{cm}, \ K_{L13} = 3\text{cm}, \ K_{L24} = -2\text{cm}$

해설 및 정답 ◈

(1) 좌표기준 설정

사변형망을 조정하기 위해 P_1점을 고정하고 P_2점을 Y 방향에 고정하면 $(\Delta x_1 = 0, \ \Delta y_1 = 0)$, $(\Delta y_2 = 0)$이다.

(2) 관측방정식 구성

여기서, A : 계수매트릭스, X : 미지보정매트릭스, K : 상수매트릭스, V : 잔차매트릭스

- $K_{6 \times 1} + V_{6 \times 1} = A_{6 \times 5} \cdot X_{5 \times 1}$

- $(AU - AU') + V_{LAU} = [\dfrac{X_{U0} - X_{A0}}{AU'}](dX_U) + [\dfrac{Y_{U0} - Y_{A0}}{AU'}](dY_U)$

$L_{12} \to 2 + V_{L12} = -[\dfrac{1-0}{1}]\Delta X_1 - [\dfrac{0-0}{1}]\Delta Y_1 + [\dfrac{1-0}{1}]\Delta X_2 + [\dfrac{0-0}{1}]\Delta Y_2$

$L_{23} \to -1 + V_{L23} = -[\dfrac{0-0}{1}]\Delta X_2 - [\dfrac{1-0}{1}]\Delta Y_2 + [\dfrac{0-0}{1}]\Delta X_3 + [\dfrac{1-0}{1}]\Delta Y_3$

$L_{34} \to 1 + V_{L34} = -[\dfrac{0-1}{1}]\Delta X_3 - [\dfrac{0-0}{1}]\Delta Y_3 + [\dfrac{0-1}{1}]\Delta X_4 + [\dfrac{0-0}{1}]\Delta Y_4$

$L_{41} \to -2 + V_{L41} = -[\dfrac{0-0}{1}]\Delta X_4 - [\dfrac{0-1}{1}]\Delta Y_4 + [\dfrac{0-0}{1}]\Delta X_1 + [\dfrac{0-1}{1}]\Delta Y_1$

$L_{13} \to 3 + V_{L13} = -[\dfrac{1-0}{\sqrt{2}}]\Delta X_1 - [\dfrac{1-0}{\sqrt{2}}]\Delta Y_1 + [\dfrac{1-0}{\sqrt{2}}]\Delta X_3 + [\dfrac{1-0}{\sqrt{2}}]\Delta Y_3$

$L_{24} \to -2 + V_{L24} = -[\dfrac{0-1}{\sqrt{2}}]\Delta X_2 - [\dfrac{1-0}{\sqrt{2}}]\Delta Y_2 + [\dfrac{0-1}{\sqrt{2}}]\Delta X_4 + [\dfrac{1-0}{\sqrt{2}}]\Delta Y_4$

$$
\begin{bmatrix} 2 \\ -1 \\ 1 \\ -2 \\ 3 \\ -2 \end{bmatrix} + \begin{bmatrix} V_{L12} \\ V_{L23} \\ V_{L34} \\ V_{L41} \\ V_{L13} \\ V_{L24} \end{bmatrix} = \begin{bmatrix} 1.0 & 0.0 & 0.0 & 0.0 & 0.0 \\ 0.0 & 0.0 & 1.0 & 0.0 & 0.0 \\ 0.0 & 1.0 & 0.0 & -1.0 & 0.0 \\ 0.0 & 0.0 & 0.0 & 0.0 & 1.0 \\ 0.0 & \dfrac{1}{\sqrt{2}} & \dfrac{1}{\sqrt{2}} & 0.0 & 0.0 \\ \dfrac{1}{\sqrt{2}} & 0.0 & 0.0 & -\dfrac{1}{\sqrt{2}} & \dfrac{1}{\sqrt{2}} \end{bmatrix} \cdot \begin{bmatrix} \Delta X_2 \\ \Delta X_3 \\ \Delta Y_3 \\ \Delta X_4 \\ \Delta X_4 \end{bmatrix}
$$

(3) 관측방정식 계산

- $X = (A^T \cdot A)^{-1} \cdot (A^T \cdot K)$

- $X = \begin{bmatrix} 2.717 \\ 4.712 \\ -0.823 \\ 3.536 \\ -1.823 \end{bmatrix}$ cm

001　삼각점 A에 기계를 설치하여 삼각점 B가 시준되지 않으므로 점 P를 관측하여 $T' = 64°20'14''$를 얻었다. 보정각 T를 구하시오.(단, $S = 1.5\text{km}$, $e = 10\text{m}$, $\phi = 310°25'$, 각은 초 단위까지 구하시오.)

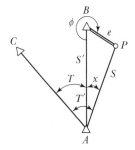

해설 및 정답

(1) x 계산

$$\frac{e}{\sin x} = \frac{S}{\sin(360° - \phi)} \rightarrow$$

$$\frac{10}{\sin x} = \frac{1,500}{\sin(360° - 310°25')}$$

$$\therefore x = \sin^{-1}\left(\frac{10 \times \sin(360° - 310°25')}{1,500}\right) = 0°17'27''$$

(2) T 계산

$$T = T' - x$$

$$\therefore T = 64°20'14'' - 0°17'27'' = 64°02'47''$$

002　그림과 같이 O점에서 구점 C가 보이지 않으므로 P점에 편심측정 하였다. O점의 바른 각(T')을 구하시오.(단, 각은 초 단위까지 구하시오.)

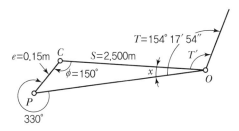

해설 및 정답

(1) x 계산

$$\frac{e}{\sin x} = \frac{S}{\sin \phi} \quad \rightarrow$$

$$\frac{0.15}{\sin x} = \frac{2,500}{\sin 150°}$$

$$\therefore \ x = \sin^{-1}\left(\frac{0.15 \times \sin 150°}{2,500}\right) = 0°0'6''$$

(2) T' 계산

$$T' = T - x$$

$$\therefore \ T' = 154°17'54'' - 0°0'6'' = 154°17'48''$$

003

삼각점 C와 관측점 B가 일치하지 않는 다음과 같은 상태에서 $T' = 42°15'40''$를 얻었다. 각 T를 구하시오.(단, $\phi = 295°20'00''$, $S_1 = 1.5\text{km}$, $S_2 = 2.0\text{km}$, 각은 $0.01''$까지 계산하시오.)

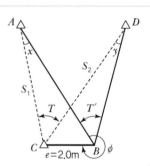

해설 및 정답

(1) x 계산

$$\frac{e}{\sin x} = \frac{S_1}{\sin(360° - \phi)} \quad \rightarrow$$

$$\frac{2.0}{\sin x} = \frac{1,500}{\sin(360° - 295°20')}$$

$$\therefore \ x = 0°4'08.57''$$

(2) y 계산

$$\frac{e}{\sin y} = \frac{S_2}{\sin(360° - \phi + T')} \quad \rightarrow$$

$$\frac{2.0}{\sin y} = \frac{2,000}{\sin(360° - 295°20' + 42°15'40'')}$$

$$\therefore \ y = 0°3'17.33''$$

(3) T 계산

$$T = T' + y - x$$
$$= 42°15'40'' + 0°3'17.33'' - 0°4'8.57''$$
$$= 42°14'48.76''$$

004 다음 편심측량 결과를 계산하시오. (단, 각은 초 단위까지, 좌표는 소수 넷째 자리에서 반올림하시오.)

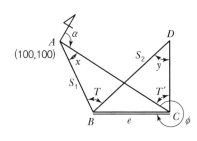

$S_1 = 1,500\text{m}$

$S_2 = 2,000\text{m}$

$e = 2.0\text{m}$

$\phi = 295°20'$

$\alpha = 74°20'$

$T' = 42°15'40''$

(1) x, y

(2) T

(3) D 점 좌표(X_D, Y_D)

해설 및 정답

(1) x 계산

$$\frac{e}{\sin x} = \frac{S_1}{\sin(360° - \phi)} \rightarrow \frac{2.0}{\sin x} = \frac{1,500}{\sin(360° - 295°20')}$$

$$\therefore x = 0°4'9''$$

(2) y 계산

$$\frac{e}{\sin y} = \frac{S_2}{\sin(360° - \phi + T')} \rightarrow \frac{2.0}{\sin y} = \frac{2,000}{\sin(360° - 295°20' + 42°15'40'')}$$

$$\therefore y = 0°3'17''$$

(3) T 계산

$$T = T' + y - x$$
$$= 42°15'40'' + 0°3'17'' - 0°4'9''$$
$$= 42°14'48''$$

(4) D점 좌표$(A \rightarrow B \rightarrow D$점의 좌표) 계산

　　1) B점(X_B, Y_B)

　　　① $X_B = X_A + (S_1 \cdot \cos\theta) = 100 + (1,500 \times \cos 74°24'9'') = 503.317\text{m}$

　　　② $Y_B = Y_A + (S_1 \cdot \sin\theta) = 100 + (1,500 \times \sin 74°24'9'') = 1,544.761\text{m}$

　　2) D점(X_D, Y_D)

　　　① $\overline{BD}$ 방위각 $= 74°24'9'' - 180° + 42°14'48'' + 360° = 296°38'57''$

　　　② $X_D = X_B + (S_2 \cdot \cos\theta) = 503.317 + (2,000 \times \cos 296°38'57'') = 1,400.369\text{m}$

　　　③ $Y_D = Y_B + (S_2 \cdot \sin\theta) = 1,544.761 + (2,000 \times \sin 296°38'57'') = -242.778\text{m}$

그림에서와 같이 측점 1을 기준방향으로 측점 3에서 관측하고자 하였으나 1 – 3 측선 중간에 장애물이 있어 다음과 같이 편심관측을 행하였다. 편심보정량과 θ의 값을 구하시오.(단, 각은 0.01″까지 계산하시오.)

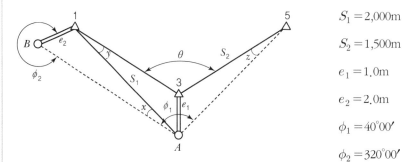

$S_1 = 2,000\text{m}$

$S_2 = 1,500\text{m}$

$e_1 = 1.0\text{m}$

$e_2 = 2.0\text{m}$

$\phi_1 = 40°00'$

$\phi_2 = 320°00'$

해설 및 정답

(1) x 계산

$$\frac{e_2}{\sin x} = \frac{S_1}{\sin(360° - \phi_2)} \quad \rightarrow$$

$$x = \sin^{-1}\left(\frac{e_2 \cdot \sin(360° - \phi_2)}{S_1}\right) = \sin^{-1}\left(\frac{2.0 \times \sin(360° - 320°)}{2,000}\right)$$

$$\therefore \ x = 0°2'12.58''$$

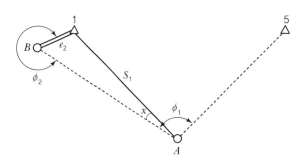

(2) y 계산

$$\frac{e_1}{S_1} = \frac{y}{\rho''} \quad \rightarrow$$

$$\frac{1.0}{2,000} = \frac{y}{206,265''}$$

$$\therefore \ y = 103.1325'' = 0°1'43.13''$$

(3) z 계산

$$\frac{e_1}{S_2} = \frac{z}{\rho''} \quad \rightarrow$$

$$\frac{1.0}{1,500} = \frac{z}{206,265''}$$

$$\therefore \ z = 137.5'' = 0°2'17.51''$$

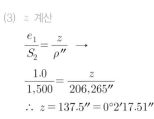

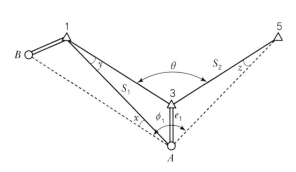

(4) θ 계산

$$\theta = \phi_1 + (y + z - x)$$
$$= 40°00' + (0°1'43.13'' + 0°2'17.51'' - 0°2'12.58'') = 40°1'48.06''$$

(5) 귀심 보정량(ε) 계산

$$\varepsilon = y + z - x = 0°1'43.13'' + 0°2'17.51'' - 0°2'12.58'' = 0°1'48.06''$$

006 그림에서 A, B, C를 삼각점으로 하고 A점에서 측표의 편심이 있을 때 다음을 구하시오.

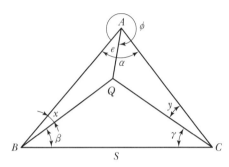

$\alpha = 84°20'10''$

$\beta = 24°12'27''$

$\gamma = 57°20'14''$

$\phi = 320°10'20''$

$e = 2.0\text{m}$

$S = 3,000\text{m}$

(1) $\overline{BQ}$ 및 $\overline{CQ}$의 변장 계산(거리는 소수 넷째 자리에서 반올림할 것)

① $\overline{BQ}$　　　　　　② $\overline{CQ}$

(2) x 및 y의 계산(각은 0.01″까지 계산할 것)

① x　　　　　　② y

(3) $\angle B$ 및 $\angle C$의 보정각은?

① $\angle B$　　　　　　② $\angle C$

해설 및 정답

(1) $\overline{BQ}$ 및 $\overline{CQ}$의 변장 계산

① $\overline{BQ}$

$$\frac{S}{\sin(180° - (\gamma + \beta))} = \frac{\overline{BQ}}{\sin\gamma} \quad \rightarrow$$

$$\frac{3,000}{\sin(180° - (57°20'14'' + 24°12'27''))} = \frac{\overline{BQ}}{\sin 57°20'14''}$$

$$\therefore \overline{BQ} = 2,553.337\text{m}$$

② $\overline{CQ}$

$$\frac{S}{\sin(180° - (\gamma + \beta))} = \frac{\overline{CQ}}{\sin\beta} \quad \rightarrow$$

$$\frac{3,000}{\sin 98°27'19''} = \frac{\overline{CQ}}{\sin 24°12'27''}$$

$$\therefore \overline{CQ} = 1,243.645\text{m}$$

(2) x 및 y의 계산

① x

$$\frac{e}{\sin x} = \frac{\overline{BQ}}{\sin(360° - \phi)} \rightarrow$$

$$\frac{2.0}{\sin x} = \frac{2,553.337}{\sin(360° - 320°10'20'')}$$

$$\therefore x = 0°01'43.48''$$

② y

$$\frac{e}{\sin y} = \frac{\overline{CQ}}{\sin(\alpha - (360° - \phi))} \rightarrow$$

$$\frac{2.0}{\sin y} = \frac{1,243.645}{\sin(84°20'10'' - (360° - 320°10'20''))}$$

$$\therefore y = 0°03'52.53''$$

(3) $\angle B$ 및 $\angle C$의 보정각 계산

① $\angle B$

$$\angle B = \beta + x = 24°12'27'' + 0°01'43.48'' = 24°14'10.48''$$

② $\angle C$

$$\angle C = \gamma + y = 57°20'14'' + 0°03'52.53'' = 57°24'06.53''$$

007 그림과 같은 A점을 원점으로 하여 P_1, P_2, …점의 좌표를 구하고자 한다. 시준이 곤란한 $\overline{AB}$ 측선 때문에 P에서 편심관측한 결과가 다음과 같다. P_1 좌표를 구하시오. (단, $\overline{AB}$ 측선의 방향각이 $30°$, 거리가 $2,000$m이며, 각은 $0.01''$까지, 좌표는 소수 셋째 자리까지 계산하시오.)

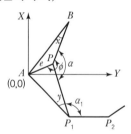

$e = 2.00$m

$\phi = 242°30'$

$\alpha = 126°25'10''$

$\alpha_1 = 145°20'15''$

$\overline{AP_1} = 620.14$m

해설 및 정답

(1) $\angle BAP_1$ 계산

$$\angle BAP_1 = \angle BPP_1 - x - y$$

① x

$$\frac{e}{\sin x} = \frac{\overline{AB}}{\sin(360° - \phi)} \rightarrow \frac{2.0}{\sin x} = \frac{2,000}{\sin(360° - 242°30')}$$

$$\therefore x = 0°3'2.96''$$

② y

$$\frac{e}{\sin y} = \frac{\overline{AP_1}}{\sin(\phi - \alpha)} \rightarrow \frac{2.0}{\sin y} = \frac{620.14}{\sin(242°30' - 126°25'10'')}$$

$$\therefore \ y = 0°9'57.49''$$

③ $\angle BAP_1 = 126°25'10'' - 0°3'2.96'' - 0°9'57.49'' = 126°12'9.55''$

(2) $\overline{AP_1}$의 방위각 계산

$\overline{AP_1}$의 방위각 $= \overline{AB}$ 방위각 $+ \angle BAP_1 = 30° + 126°12'9.55'' = 156°12'9.55''$

(3) P_1의 좌표 계산

① $X_{P_1} = X_A + (거리 \cdot \cos\theta) = 0 + (620.14 \times \cos 156°12'9.55'') = -567.415\text{m}$

② $Y_{P_1} = Y_A + (거리 \cdot \sin\theta) = 0 + (620.14 \times \sin 156°12'9.55'') = 250.228\text{m}$

008

다음 그림과 같이 $e = 50\text{m}$, $S' = 2{,}000\text{m}$, $\phi = 300°$인 편심관측을 실시하였다. 편심거리가 커서 $S = S'$라고 할 수 없을 때 각 x와 γ를 구하시오. (단, 각은 $0.1''$ 단위에서 반올림하여 초 단위까지 구하시오.)

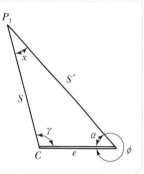

해설 및 정답 (1)

여기에서는 편심거리 e가 커서 $S \neq S'$이므로 2변 교각법을 사용한다.

(1) 삼각형의 기하학적 조건

$$\gamma + x = 180° - \alpha$$

$$\gamma + x = 180° - (360° - 300°) = 120° \quad\cdots\cdots\text{ⓐ}$$

(2) 삼각법 이용

$$\frac{\tan\frac{1}{2}(\gamma - x)}{\tan\frac{1}{2}(\gamma + x)} = \frac{S' - e}{S' + e}$$

$$\tan\frac{1}{2}(\gamma - x) = \frac{S' - e}{S' + e}\tan\frac{1}{2}(\gamma + x) = \frac{S' + e}{S' - e}\tan\frac{1}{2}(180° - \alpha)$$

$$\gamma - x = 2\tan^{-1}\left(\frac{S' - e}{S' + e}\tan\frac{1}{2}(120°)\right) = 2\tan^{-1}\left(\frac{2{,}000 - 50}{2{,}000 + 50}\tan 60°\right)$$

$$\gamma - x = 117°29'17'' \quad\cdots\cdots\text{ⓑ}$$

(3) ⓐ식과 ⓑ식의 연립방정식을 계산하면,

ⓐ $+$ ⓑ $= 2\gamma = 237°29'17''$

$\therefore \ \gamma = 118°44'39''$

ⓐ $-$ ⓑ $= 2x = 2°30'43''$

$\therefore \ x = 1°15'21''$

(4) 검산

$$\gamma + x + \alpha = 180°$$

$$118°44'39'' + 1°15'21'' + 60° = 180°00'00''$$

측점	거리(m)	방향각	합위거(m)	합경거(m)
B			0	0
P	2,000	0°	2,000	0
C	50	300°	25	-43.3

(1) x각 계산

① $\overline{CP}$ 방향각

$$\tan\theta = \frac{Y_P - Y_C}{X_P - X_C} \rightarrow$$

$$\theta = \tan^{-1}\left(\frac{43.3}{1,975}\right) = 1°15'21''$$

② x각

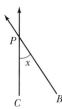

• $\overline{BP}$ 방향각 $= 0°$

• $\overline{CP}$ 방향각 $= 1°15'21''$

∴ $x = \overline{CP}$방향각 $- \overline{BP}$방향각

　　$= 1°15'21''$

(2) γ각 계산

$$180° = \alpha + x + \gamma \rightarrow$$

$$\gamma = 180° - (\alpha + x)$$

$$= 180° - (60° + 1°15'21'') = 118°44'39''$$

009 그림과 같은 유심삼각망을 조정하시오. (단, 표차 계산은 소수 셋째 자리에서 반올림하고 각은 0.1초까지 계산하시오.)

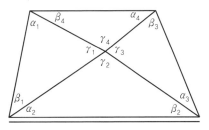

삼각형	각명	관측각	각 조정량				각 조건 조정각	변 조정량	변 조건 조정각
			V_1	V_2	V_3	계			
①	α_1	48°46′38″							
	β_1	29°12′57″							
	γ_1	102°00′22″							
	계								
②	α_2	40°13′15″							
	β_2	40°43′50″							
	γ_2	99°02′58″							
	계								
③	α_3	50°50′38″							
	β_3	48°34′34″							
	γ_3	80°34′57″							
	계								
④	α_4	35°27′25″							
	β_4	66°10′47″							
	γ_4	78°21′51″							
	계								

각명	각 조건 조정각	$\log\sin\alpha$	표차	각명	각 조건 조정각	$\log\sin\beta$	표차
α_1				β_1			
α_2				β_2			
α_3				β_3			
α_4				β_4			
계				계			

삼각형	각명	관측각	각 조정량				각 조건 조정각	변 조정량	변 조건 조정각
			V_1	V_2	V_3	계			
①	α_1	48°46′38″	+1″		+0.5″	1.5″	48°46′39.5″	−0.2″	48°46′39.3″
	β_1	29°12′57″	+1″		+0.5″	1.5″	29°12′58.5″	+0.2″	29°12′58.7″
	γ_1	102°00′22″	+1″	−1″		0″	102°00′22″		102°00′22″
	계	179°59′57″					180°00′00″		180°00′00″
②	α_2	40°13′15″	−1″		+0.5″	−0.5″	40°13′14.5″	−0.2″	40°13′14.3″
	β_2	40°43′50″	−1″		+0.5″	−0.5″	40°43′49.5″	+0.2″	40°43′49.7″
	γ_2	99°02′58″	−1″	−1″		−2″	99°02′56″		99°02′56″
	계	180°00′03″					180°00′00″		180°00′00″
③	α_3	50°50′38″	−3″		+0.5″	−2.5″	50°50′35.5″	−0.2″	50°50′35.3″
	β_3	48°34′34″	−3″		+0.5″	−2.5″	48°34′31.5″	+0.2″	48°34′31.7″
	γ_3	80°34′57″	−3″	−1″		−4″	80°34′53″		80°34′53″
	계	180°00′09″					180°00′00″		180°00′00″
④	α_4	35°27′25″	−1″		+0.5″	−0.5″	35°27′24.5″	−0.2″	35°27′24.3″
	β_4	66°10′47″	−1″		+0.5″	−0.5″	66°10′46.5″	+0.2″	66°10′46.7″
	γ_4	78°21′51″	−1″	−1″		−2″	78°21′49″		78°21′49″
	계	180°00′03″					180°00′00″		180°00′00″

각명	각 조건 조정각	$\log\sin\alpha$	표차	각명	각 조건 조정각	$\log\sin\beta$	표차
α_1	48°46′39.5″	9.8763090	18.45	β_1	29°12′58.5″	9.6885152	37.65
α_2	40°13′14.5″	9.8100533	24.90	β_2	40°43′49.5″	9.8145810	24.45
α_3	50°50′35.5″	9.8895374	17.15	β_3	48°34′31.5″	9.8749612	18.58
α_4	35°27′24.5″	9.7634947	29.57	β_4	66°10′46.5″	9.9613337	9.30
계				계			

(1) 제1조정(각 조정) : V_1 조정
- 삼각형①은 $\alpha_1 + \beta_1 + \gamma_1 = 180°$이어야 한다.

  그러나 $179°59′57″ \neq 180°$이므로

  오차 = 3″, 오차보정은 3″/3 = +1″씩 보정하면 180°가 된다.
- 삼각형②는 $\alpha_2 + \beta_2 + \gamma_2 = 180°$이어야 한다.

  그러나 $180°00′03″ \neq 180°$이므로

  오차 = 3″, 오차보정은 3″/3 = −1″씩 보정하면 180°가 된다.
- 삼각형③은 $\alpha_3 + \beta_3 + \gamma_3 = 180°$이어야 한다.

  그러나 $180°00′09″ \neq 180°$이므로

  오차 = 9″, 오차보정은 9″/3 = −3″씩 보정하면 180°가 된다.
- 삼각형④는 $\alpha_4 + \beta_4 + \gamma_4 = 180°$이어야 한다.

  그러나 $180°00′03″ \neq 180°$이므로

  오차 = 3″, 오차보정은 3″/3 = −1″씩 보정하면 180°가 된다.

(2) 제2조정(점 조정) : V_2, V_3 조정

V_2, V_3 조정(반드시 제1조정(V_1)된 각을 가지고 계산한다.)

$\gamma_1 + \gamma_2 + \gamma_3 + \gamma_4 = 360°$이어야 한다.

$360°00'04'' \neq 360°$이므로

오차$=4''$, 오차보정은 $4''/4 = -1''$씩 보정한다.

또한 γ_1, γ_2, γ_3, γ_4를 보정하면 내각의 합이 $180°$와 달라지므로 나머지 두 각 A, B에는 γ각에 더하여 준 값의 $\dfrac{1}{2}$씩 보정해 주되 부호는 반대이다.

$\therefore \alpha$, β에는 $+0.5''$씩 더해 준다.

(3) 제3조정(변 조정)

변 조정(반드시 각 조정각을 가지고 계산한다.)

$\log \sin \alpha_1 + \log \sin \alpha_2 + \log \sin \alpha_3 + \log \sin \alpha_4$와

$\log \sin \beta_1 + \log \sin \beta_2 + \log \sin \beta_3 + \log \sin \beta_4$가 같아야 한다.

1) $\log \sin \alpha$, β 계산

$\log \sin \alpha$	$\log \sin \beta$
$\alpha_1 = \log \sin 48°46'39.5'' + 10 = 9.8763090$	$\beta_1 = \log \sin 29°12'58.5'' + 10 = 9.6885152$
$\alpha_2 = \log \sin 40°13'14.5'' + 10 = 9.8100533$	$\beta_2 = \log \sin 40°43'49.5'' + 10 = 9.8145810$
$\alpha_3 = \log \sin 50°50'35.5'' + 10 = 9.8895374$	$\beta_3 = \log \sin 48°34'31.5'' + 10 = 9.8749612$
$\alpha_4 = \log \sin 35°27'24.5'' + 10 = 9.7634947$	$\beta_4 = \log \sin 66°10'46.5'' + 10 = 9.9613337$
$\sum \log \sin \alpha = 39.3393944$	$\sum \log \sin \beta = 39.3393911$

2) 표차 계산

표차 α	표차 β
$\alpha_1 = \dfrac{1}{\tan 48°46'39.5''} \times 21.055 = 18.45$	$\beta_1 = \dfrac{1}{\tan 29°12'58.5''} \times 21.055 = 37.65$
$\alpha_2 = \dfrac{1}{\tan 40°13'14.5''} \times 21.055 = 24.90$	$\beta_2 = \dfrac{1}{\tan 40°43'49.5''} \times 21.055 = 24.45$
$\alpha_3 = \dfrac{1}{\tan 50°50'35.5''} \times 21.055 = 17.15$	$\beta_3 = \dfrac{1}{\tan 48°34'31.5''} \times 21.055 = 18.58$
$\alpha_4 = \dfrac{1}{\tan 35°27'24.5''} \times 21.055 = 29.57$	$\beta_4 = \dfrac{1}{\tan 66°10'46.5''} \times 21.055 = 9.30$

3) 변 조정량 계산

$$\text{변 조정량} = \frac{\sum \log \sin \alpha - \sum \log \sin \beta}{\text{표차의 합}} = \frac{33}{180.05} = 0.2''$$

여기서, $\sum \log \sin \alpha$가 $\sum \log \sin \beta$보다 크므로 큰 각(α)에는 $(-)$ 보정, 작은 각(β)에는 $(+)$ 보정을 한다.

그러므로 각(α)에는 $-0.2''$, 각(β)에는 $+0.2''$ 보정한다.(단, γ각은 조정하지 않는다.)

010

다음 유심삼각망을 조정하시오.(단, $\overline{PQ}$의 방향각(점 P에서) = 228°03′03″, $\overline{PR}$의 방향각(점 P에서) = 136°27′45″, 각은 0.1초 단위까지 계산하고, 표차는 소수 셋째 자리에서 반올림하시오.)

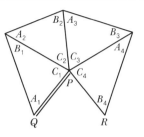

각명	관측각	계	각 조건		점 조건			$\log\sin A, B$	표차	변 조건	
			V_1	조정각	V_2	V_3	조정각			V_4	조정각
A_1	64°37′33″										
B_1	64°36′34″										
C_1	50°46′05″										
A_2	60°10′17″										
B_2	59°36′34″										
C_2	60°13′00″										
A_3	56°44′39″										
B_3	55°45′40″										
C_3	67°29′50″										
A_4	44°32′28″										
B_4	45°31′27″										
C_4	89°56′02″										

해설 및 정답

각명	관측각	계	각 조건		점 조건			$\log\sin$ A, B	표차	변 조건	
			V_1	조정각	V_2	V_3	조정각			V_4	조정각
A_1	64°37′33″		−4″	64°37′29″		1.5″	64°37′30.5″	9.9559394	9.99	−5.6″	64°37′24.9″
B_1	64°36′34″	180°00′12″	−4″	64°36′30″		1.5″	64°36′31.5″	9.9558805	9.99	5.6″	64°36′37.1″
C_1	50°46′05″		−4″	50°46′01″	−3″		50°45′58″				50°45′58″
A_2	60°10′17″		3″	60°10′20″		1.5″	60°10′21.5″	9.9382835	12.07	−5.6″	60°10′15.9″
B_2	59°36′34″	179°59′51″	3″	59°36′37″		1.5″	59°36′38.5″	9.9358135	12.35	5.6″	59°36′44.1″
C_2	60°13′00″		3″	60°13′03″	−3″		60°13′00″				60°13′00″
A_3	56°44′39″		−3″	56°44′36″		1.5″	56°44′37.5″	9.9223238	13.81	−5.6″	56°44′31.9″
B_3	55°45′40″	180°00′09″	−3″	55°45′37″		1.5″	55°45′38.5″	9.9173452	14.33	5.6″	55°45′44.1″
C_3	67°29′50″		−3″	67°29′47″	−3″		67°29′44″				67°29′44″
A_4	44°32′28″		1″	44°32′29″		1.5″	44°32′30.5″	9.8459840	21.39	−5.6″	44°32′24.9″
B_4	45°31′27″	179°59′57″	1″	45°31′28″		1.5″	45°31′29.5″	9.8534272	20.67	5.6″	45°31′35.1″
C_4	89°56′02″		1″	89°56′03″	−3″		89°56′00″				89°56′00″

(1) 제1조정(각 조정) : V_1 조정

- 삼각형①은 $A_1 + B_1 + C_1 = 180°$이어야 한다.

  그러나 $180°00'12'' \neq 180°$이므로

  오차 $= 12''$, 오차보정은 $12''/3 = -4''$씩 보정하면 $180°$가 된다.

- 삼각형②는 $A_2 + B_2 + C_2 = 180°$이어야 한다.

  그러나 $179°59'51'' \neq 180°$이므로

  오차 $= 9''$, 오차보정은 $9''/3 = +3''$씩 보정하면 $180°$가 된다.

- 삼각형③은 $A_3 + B_3 + C_3 = 180°$이어야 한다.

  그러나 $180°00'09'' \neq 180°$이므로

  오차 $= 9''$, 오차보정은 $9''/3 = -3''$씩 보정하면 $180°$가 된다.

- 삼각형④는 $A_4 + B_4 + C_4 = 180°$이어야 한다.

  그러나 $179°59'57'' \neq 180°$이므로

  오차 $= 3''$, 오차보정은 $3''/3 = +1''$씩 보정하면 $180°$가 된다.

(2) 제2조정(점 조정) : V_2, V_3 조정

(반드시 각 조정각을 가지고 한다.)

$C_1 + C_2 + C_3 + C_4 + \angle QPR = 360°$

$\angle QPR = \overline{PQ}$방향각 $- \overline{PR}$방위각 $= 228°03'03'' - 136°27'45'' = 91°35'18''$

$268°24'54'' + 91°35'18'' = 360°00'12''$

V_2 오차, $12''/4 = -3''$씩 보정한다.

V_3 오차, $3''/2 = +1.5''$씩 A, B에 보정하되 부호는 반대이다.

(3) 제3조정(변 조정) : V_1 조정

(반드시 점 조건 조정각으로 한다.)

$\log \sin A_1 + \log \sin A_2 + \log \sin A_3 + \log \sin A_4$와

$\log \sin B_1 + \log \sin B_2 + \log \sin B_3 + \log \sin B_4$가 같아야 한다.

1) $\log \sin A$, B 계산

$\log \sin A$	$\log \sin B$
$A_1 = \log \sin 64°37'30.5'' + 10 = 9.9559394$	$B_1 = \log \sin 64°36'31.5'' + 10 = 9.9558805$
$A_2 = \log \sin 60°10'21.5'' + 10 = 9.9382835$	$B_2 = \log \sin 59°36'38.5'' + 10 = 9.9358135$
$A_3 = \log \sin 56°44'37.5'' + 10 = 9.9223238$	$B_3 = \log \sin 55°45'38.5'' + 10 = 9.9173452$
$A_4 = \log \sin 44°32'30.5'' + 10 = 9.8459840$	$B_4 = \log \sin 45°31'29.5'' + 10 = 9.8534272$
$\sum \log \sin A = 39.6625307$	$\sum \log \sin B = 39.6624664$

2) 표차 계산

표차 A	표차 B
$A_1 = \dfrac{1}{\tan 64°37'30.5''} \times 21.055 = 9.99$	$B_1 = \dfrac{1}{\tan 64°36'31.5''} \times 21.055 = 9.99$
$A_2 = \dfrac{1}{\tan 60°10'21.5''} \times 21.055 = 12.07$	$B_2 = \dfrac{1}{\tan 59°36'38.5''} \times 21.055 = 12.35$
$A_3 = \dfrac{1}{\tan 56°44'37.5''} \times 21.055 = 13.81$	$B_3 = \dfrac{1}{\tan 55°45'38.5''} \times 21.055 = 14.33$
$A_4 = \dfrac{1}{\tan 44°32'30.5''} \times 21.055 = 21.39$	$B_4 = \dfrac{1}{\tan 45°31'29.5''} \times 21.055 = 20.67$

3) 변 조정량 계산

변 조정량$= \dfrac{\sum\log\sin A - \sum\log\sin B}{\text{표차의 합}} = \dfrac{643}{114.6} = 5.6''$

여기서, $\sum\log\sin A$가 $\sum\log\sin B$보다 크므로 큰 각에는 $(-)$ 보정, 작은 각에는 $(+)$ 보정을 한다.

그러므로 각 (A)에는 $-5.6''$, 각 (B)에는 $+5.6''$ 보정한다.(단, C각은 조정하지 않는다.)

011 다음 그림과 같은 사변형삼각망을 관측한 결과 아래와 같은 결과를 얻었다. 이 관측각을 조정하시오.(단, 각은 초 단위의 소수 첫째 자리, 대수는 소수 일곱째 자리, 표차는 소수 둘째 자리까지 구하시오.)

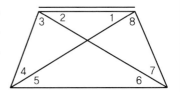

각	관측각	V_1	조정각	V_2	조정각	변 조건	
						V_3	조정각
1	76°21′26″						
2	19°21′21″						
3	18°44′47″						
4	65°32′21″						
5	77°57′33″						
6	17°45′18″						
7	16°13′54″						
8	68°03′12″						
계							

각	각 조건 조정각	log sin (홀)	표차	각	각 조건 조정각	log sin (짝)	표차
$\angle 1$				$\angle 2$			
$\angle 3$				$\angle 4$			
$\angle 5$				$\angle 6$			
$\angle 7$				$\angle 8$			

각	관측각	V_1	조정각	V_2	조정각	변 조건	
						V_3	조정각
1	76°21′26″	+1″	76°21′27″	+1″	76°21′28″	−8.2″	76°21′19.8″
2	19°21′21″	+1″	19°21′22″	+1″	19°21′23″	+8.2″	19°21′31.2″
3	18°44′47″	+1″	18°44′48″	−0.5″	18°44′47.5″	−8.2″	18°44′39.3″
4	65°32′21″	+1″	65°32′22″	−0.5″	65°32′21.5″	+8.2″	65°32′29.7″
5	77°57′33″	+1″	77°57′34″	−1″	77°57′33″	−8.2″	77°57′24.8″
6	17°45′18″	+1″	17°45′19″	−1″	17°45′18″	+8.2″	17°45′26.2″
7	16°13′54″	+1″	16°13′55″	+0.5″	16°13′55.5″	−8.2″	16°13′47.3″
8	68°03′12″	+1″	68°03′13″	+0.5″	68°03′13.5″	+8.2″	68°03′21.7″
계	359°59′52″	+8″	360°00′00″		360°00′00″		360°00′00″

각	각 조건 조정각	logsin(홀)	표차	각	각 조건 조정각	logsin(짝)	표차
∠1	76°21′28″	9.9875713	5.11	∠2	19°21′23″	9.5204090	59.93
∠3	18°44′47.5″	9.5070217	62.04	∠4	65°32′21.5″	9.9591586	9.58
∠5	77°57′33″	9.9903385	4.49	∠6	17°45′18″	9.4842249	65.76
∠7	16°13′55.5″	9.4464265	72.32	∠8	68°03′13.5″	9.9673302	8.48
		38.9313580	143.96			38.9311227	143.75

(1) 제1조정(각 조정) : V_1, V_2 조정

1) V_1 조정 : 내각 조정(내각의 합 360° 조정)

관측각으로부터 오차를 구하고 부호가 (+)일 때는 각 각에서 $\dfrac{오차}{8}$를 빼고,

(−)일 때는 더해 준다.

내각의 합 = 359°59′52″ − 360° = −8″

오차 = −8″, 오차보정은 8″/8(각 수) = +1″씩 보정한다.

2) V_2 조정 : V_1 조정각을 사용하여

$(∠1 + ∠2) − (∠5 + ∠6) = $ 오차

$(∠3 + ∠4) − (∠7 + ∠8) = $ 오차

를 계산하여 큰 각에는 (−)보정, 작은 각에는 (+)보정을 한다.

① V_2 조정 : $(∠1 + ∠2) − (∠5 + ∠6) = −4″$

오차보정 4″/4(각 수) = 1″

∠1, ∠2에는 각각 +1″씩 보정하고, ∠5, ∠6에는 각각 −1″씩 보정한다.

② V_2 조정 : $(∠3 + ∠4) − (∠7 + ∠8) = +2″$

오차보정 2″/4(각 수) = 0.5″

∠3, ∠4에는 각각 −0.5″씩 보정하고, ∠7, ∠8에는 각각 +0.5″씩 보정한다.

(2) 제2조정(변 조정) : V_3 조정

1) $\log \sin$ 홀수, 짝수 계산

$\log \sin$홀수	$\log \sin$짝수
$\angle 1 = \log \sin 76°21'28'' + 10 = 9.9875713$	$\angle 2 = \log \sin 19°21'23'' + 10 = 9.5204090$
$\angle 3 = \log \sin 18°44'47.5'' + 10 = 9.5070217$	$\angle 4 = \log \sin 65°32'21.5'' + 10 = 9.9591586$
$\angle 5 = \log \sin 77°57'33'' + 10 = 9.9903385$	$\angle 6 = \log \sin 17°45'18'' + 10 = 9.4842249$
$\angle 7 = \log \sin 16°13'55.5'' + 10 = 9.4464265$	$\angle 8 = \log \sin 68°03'13.5'' + 10 = 9.9673302$
$\sum \log \sin$홀수$= 38.9313580$	$\sum \log \sin$짝수$= 38.9311227$

2) 표차 계산

표차 홀수	표차 짝수
$\angle 1 = \dfrac{1}{\tan 76°21'28''} \times 21.055 = 5.11$	$\angle 2 = \dfrac{1}{\tan 19°21'23''} \times 21.055 = 59.93$
$\angle 3 = \dfrac{1}{\tan 18°44'47.5''} \times 21.055 = 62.04$	$\angle 4 = \dfrac{1}{\tan 65°32'21.5''} \times 21.055 = 9.58$
$\angle 5 = \dfrac{1}{\tan 77°57'33''} \times 21.055 = 4.49$	$\angle 6 = \dfrac{1}{\tan 17°45'18''} \times 21.055 = 65.76$
$\angle 7 = \dfrac{1}{\tan 16°13'55.5''} \times 21.055 = 72.32$	$\angle 8 = \dfrac{1}{\tan 68°03'13.5''} \times 21.055 = 8.48$

3) 변 조정량 계산

$$\text{변 조정량} = \frac{\sum \log \sin 홀수 - \sum \log \sin 짝수}{\text{표차의 합}} = \frac{2,353}{287.71} = 8.2''$$

여기서, $\sum \log \sin$ 홀수 값이 $\sum \log \sin$짝수 값보다 크므로 큰 각에는 $(-)$ 보정, 작은 각에는 $(+)$ 보정을 한다.

그러므로 각 1, 3, 5, 7에는 $-8.2''$, 각 2, 4, 6, 8에는 $+8.2''$를 보정한다.

012 그림과 같은 사변형삼각망을 조정하여 표를 완성하시오. (단, 각 계산은 반올림하여 대수는 소수점 이하 7자리, 각도는 0.1″ 단위까지 구하시오.

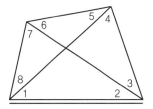

각명	각 조건						변 조건				
	관측각	V_1	V_2	V_3	계	조정각	log sin 홀수	log sin 짝수	표차	V_4	조정각
1	44°03′00″										
2	37°12′18″										
3	37°30′15″										
4	61°14′22″										
5	34°22′18″										
6	46°52′56″										
7	64°46′31″										
8	33°58′12″										
계											

해설 및 정답

각명	각 조건						변 조건				
	관측각	V_1	V_2	V_3	계	조정각	log sin 홀수	log sin 짝수	표차	V_4	조정각
1	44°03′00″	+1″	−1″		0″	44°03′00″	9.8421634		21.77	+0.5″	44°03′00.5″
2	37°12′18″	+1″	−1″		0″	37°12′18″		9.7815174	27.73	−0.5″	37°12′17.5″
3	37°30′15″	+1″		+1.5″	+2.5″	37°30′17.5″	9.7844951		27.43	+0.5″	37°30′18″
4	61°14′22″	+1″		+1.5″	+2.5″	61°14′24.5″		9.9428232	11.56	−0.5″	61°14′24″
5	34°22′18″	+1″	+1″		+2″	34°22′20″	9.7517154		30.78	+0.5″	34°22′20.5″
6	46°52′56″	+1″	+1″		+2″	46°52′58″		9.8632972	19.71	−0.5″	46°52′57.5″
7	64°46′31″	+1″		−1.5″	−0.5″	64°46′30.5″	9.9564769		9.92	+0.5″	64°46′31″
8	33°58′12″	+1″		−1.5″	−0.5″	33°58′11.5″		9.7472228	31.25	−0.5″	33°58′11″
계	359°59′52″	+8″				360°00′00″	39.3348508	39.3348606	180.15		360°00′00″

(1) 제1조정(각 조정) : V_1 조정

   내각의 총합 : 359°59′52″

   그러나 359°59′52″ ≠ 360°이므로

   오차＝8″, 오차보정은 8″/8 = +1″씩 보정하면 360°가 된다.

(2) 제2조정 : V_2 조정, V_3 조정(반드시 제1조정(V_1 조정)한 값을 가지고 계산한다.)

   V_2 조정은 ∠1 + ∠2 = ∠5 + ∠6

   ∠1 + ∠2 = 81°15′20″이고

   ∠5 + ∠6 = 81°15′16″이므로

오차$=4''$, 오차보정은 $4''/4=1''$씩 보정한다.

보정방법은 큰 각($\angle 1$, $\angle 2$)에 ($-$)보정, 작은 각($\angle 5$, $\angle 6$)에는 ($+$)보정한다.

V_3 조정은 $\angle 3 + \angle 4 = \angle 7 + \angle 8$

$\angle 3 + \angle 4 = 98°44'39''$이고

$\angle 7 + \angle 8 = 98°44'45''$이므로

오차$=6''$, 오차보정은 $6''/4=1.5''$씩 보정한다.

보정방법은 큰 각($\angle 3$, $\angle 4$)에는 ($+$)보정, 작은 각($\angle 7$, $\angle 8$)에는 ($-$)보정한다.

(3) 제3조정(변 조정) : V_1 조정

1) $\log \sin$홀수, 짝수 계산

$\log \sin$홀수	$\log \sin$짝수
$\angle 1 = \log \sin 44°03'00'' + 10 = 9.8421634$	$\angle 2 = \log \sin 37°12'18'' + 10 = 9.7815174$
$\angle 3 = \log \sin 37°30'17.5'' + 10 = 9.7844951$	$\angle 4 = \log \sin 61°14'24.5'' + 10 = 9.9428232$
$\angle 5 = \log \sin 34°22'20'' + 10 = 9.7517154$	$\angle 6 = \log \sin 46°52'58'' + 10 = 9.8632972$
$\angle 7 = \log \sin 64°46'30.5'' + 10 = 9.9564769$	$\angle 8 = \log \sin 33°58'11.5'' + 10 = 9.7472228$
$\sum \log \sin$홀수$=39.3348508$	$\sum \log \sin$짝수$=39.3348606$

2) 표차 계산

표차 홀수	표차 짝수
$\angle 1 = \dfrac{1}{\tan 44°03'00''} \times 21.055 = 21.77$	$\angle 2 = \dfrac{1}{\tan 37°12'18''} \times 21.055 = 27.73$
$\angle 3 = \dfrac{1}{\tan 37°30'17.5''} \times 21.055 = 27.43$	$\angle 4 = \dfrac{1}{\tan 61°14'24.5''} \times 21.055 = 11.56$
$\angle 5 = \dfrac{1}{\tan 34°22'20''} \times 21.055 = 30.78$	$\angle 6 = \dfrac{1}{\tan 46°52'58''} \times 21.055 = 19.71$
$\angle 7 = \dfrac{1}{\tan 64°46'30.5''} \times 21.055 = 9.92$	$\angle 8 = \dfrac{1}{\tan 33°58'11.5''} \times 21.055 = 31.25$

3) 변 조정량 계산

$$\text{변 조정량} = \frac{\sum \log \sin \text{홀수} - \sum \log \sin \text{짝수}}{\text{표차의 합}} = \frac{508 - 606}{180.15} = -0.5''$$

여기서, $\sum \log \sin$홀수 값보다 $\sum \log \sin$짝수 값이 크므로

$\angle 1, 3, 5, 7$에는 $+0.5''$씩 보정하고, $\angle 2, 4, 6, 8$에는 $-0.5''$씩 보정한다.

013

삼각측량 후 각 조건 조정각이 아래와 같다. 변 조건을 구한 후 D점의 좌표를 계산하시오. (단, 대수는 소수 일곱째 자리, 표차는 소수 첫째 자리, 각은 $1''$ 단위까지 조정하고, 좌표는 소수 셋째 자리까지 계산하시오.)

A점의 좌표(210.450, 110.300)

$\alpha = 126°16'30''$

$S_1 = 135.240\text{m}$

$S_2 = 151.410\text{m}$

삼각형	각명	각 조건 조정각	변 조건				
			$\log\sin A$	$\log\sin B$	표차	조정량	조정각
①	A_1	62°52'14''					
	B_1	54°13'42''					
	C_1	62°54'04''					
	계	180°00'00''					
②	A_2	65°11'50''					
	B_2	62°47'24''					
	C_2	52°00'46''					
	계	180°00'00''					

해설 및 정답

삼각형	각명	각 조건 조정각	변 조건				
			$\log\sin A$	$\log\sin B$	표차	조정량	조정각
①	A_1	62°52'14''	9.9493796		10.8	$-5''$	62°52'09''
	B_1	54°13'42''		9.9092098	15.2	$+5''$	54°13'47''
	C_1	62°54'04''					62°52'04''
	계	180°00'00''					180°00'00''
②	A_2	65°11'50''	9.9579697		9.7	$-5''$	65°11'45''
	B_2	62°47'24''		9.9490662	10.8	$+5''$	62°47'29''
	C_2	52°00'46''					52°00'46''
	계	180°00'00''					180°00'00''

(1) 변 조정량 계산

$$변\ 조정량 = \frac{(\sum \log \sin A + \log S_1) - (\sum \log \sin B + \log S_2)}{표차의\ 합}$$

$$= \frac{239}{46.5} = 5''$$

여기서, $\sum \log \sin A + \log S_1$가 $\sum \log \sin B + \log S_2$보다 크므로 큰 각에는 ($-$) 보정, 작은 각에는 ($+$) 보정을 한다.

그러므로 각 A_1, A_2에는 $-5''$, 각 B_1, B_2에는 $+5''$를 보정한다.

(2) D점의 좌표 계산

① $\overline{AD}$ 방위각

$\overline{AD}$ 방위각 $= 126°16'30'' - 62°52'09''$
$\qquad\qquad\quad = 63°24'21''$

② $\overline{AD}$ 거리

$$\frac{135.240}{\sin 54°13'47''} = \frac{\overline{AD}}{\sin 62°52'04''}$$

$\therefore \overline{AD}$ 거리 $= 148.339$m

③ D점의 좌표

$X_D = X_A + (l \cos \theta)$
$\quad = 210.450 + (148.339 \times \cos 63°24'21'')$
$\quad = 276.857$m

$Y_D = Y_A + (l \sin \theta)$
$\quad = 110.300 + (148.339 \times \sin 63°24'21'')$
$\quad = 242.945$m

$\therefore X_D = 276.857$m, $Y_D = 242.945$m

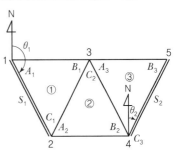

014 다음 단열삼각망의 측정 결과에 대하여 관측각을 조정하시오.(단, 대수는 소수 일곱째 자리, 표차는 소수 첫째 자리, 각은 $1''$ 단위까지 계산하시오.)

$S_1 = 107.78\text{m}$, $S_2 = 107.522\text{m}$,

$\theta_1 = 138°27'32''$, $\theta_2 = 37°03'15''$

삼각형	각명	관측각	각 조건		방향각 조건			변 조건			
			V_1	조정각	V_2	V_3	조정각	$\log\sin A$ $\log\sin B$	표차	V_4	조정각
①	A_1	$55°40'09''$									
	B_1	$55°06'54''$									
	C_1	$69°12'54''$									
	계										
②	A_2	$62°36'21''$									
	B_2	$60°03'19''$									
	C_2	$57°20'26''$									
	계										
③	A_3	$55°11'24''$									
	B_3	$58°05'26''$									
	C_3	$66°43'04''$									
	계										

해설 및 정답

삼각형	각명	관측각	각 조건		방향각 조건			변 조건			
			V_1	조정각	V_2	V_3	조정각	$\log\sin A$ $\log\sin B$	표차	V_4	조정각
①	A_1	$55°40'09''$	$+1''$	$55°40'10''$		$-1''$	$55°40'09''$	9.9168722	14.4	$-4''$	$55°40'05''$
	B_1	$55°06'54''$	$+1''$	$55°06'55''$		$-1''$	$55°06'54''$	9.9139736	14.7	$+4''$	$55°06'58''$
	C_1	$69°12'54''$	$+1''$	$69°12'55''$	$+2''$		$69°12'57''$				$69°12'57''$
	계	$179°59'57''$	$+3''$	$180°00'00''$			$180°00'00''$				$180°00'00''$
②	A_2	$62°36'21''$	$-2''$	$62°36'19''$		$+1''$	$62°36'20''$	9.9483445	10.9	$-4''$	$62°36'16''$
	B_2	$60°03'19''$	$-2''$	$60°03'17''$		$+1''$	$60°03'18''$	9.9377711	12.1	$+4''$	$60°03'22''$
	C_2	$57°20'26''$	$-2''$	$57°20'24''$	$-2''$		$57°20'22''$				$57°20'22''$
	계	$180°00'06''$	$-6''$	$180°00'00''$			$180°00'00''$				$180°00'00''$
③	A_3	$55°11'24''$	$+2''$	$55°11'26''$		$-1''$	$55°11'25''$	9.9143709	14.6	$-4''$	$55°11'21''$
	B_3	$58°05'26''$	$+2''$	$58°05'28''$		$-1''$	$58°05'27''$	9.9288500	13.1	$+4''$	$58°05'31''$
	C_3	$66°43'04''$	$+2''$	$66°43'06''$	$+2''$		$66°43'08''$				$66°43'08''$
	계	$179°59'54''$	$+6''$	$180°00'00''$			$180°00'00''$				$180°00'00''$

(1) 제1조정(각 조정) : V_1 조정
- 삼각형①은 $A_1 + B_1 + C_1 = 180°$이어야 한다.
  그러나 $179°59'57'' \neq 180°$이므로
  오차$= 3''$, 오차보정은 $3''/3 = +1''$씩 보정하면 $180°$가 된다.
- 삼각형②는 $A_2 + B_2 + C_2 = 180°$이어야 한다.
  그러나 $180°00'06'' \neq 180°$이므로
  오차$= 6''$, 오차보정은 $6''/3 = -2''$씩 보정하면 $180°$가 된다.
- 삼각형③은 $A_3 + B_3 + C_3 = 180°$이어야 한다.
  그러나 $179°59'54'' \neq 180°$이므로
  오차$= 6''$, 오차보정은 $6''/3 = +2''$씩 보정하면 $180°$가 된다.

(2) 제2조정(방향각 조정) : V_2, V_3 조정(반드시 제1조정각을 가지고 계산한다.)
- $\overline{12}$방위각 $= 138°27'32''$
- $\overline{23}$방위각 $= 138°27'32'' - 180° + 69°12'55'' = 27°40'27''$
- $\overline{34}$방위각 $= 27°40'27'' + 180° - 57°20'24'' = 150°20'03''$
- $\overline{45}$방위각 $= 150°20'03'' - 180° + 66°43'06'' = 37°03'09''$

θ_2는 $\overline{45}$방위각이어야 한다.
그러나 $37°03'15'' \neq 37°03'09''$이므로
방위각 계산 결과가 크면 우측각 $+$ 보정, 좌측각 $-$ 보정,
방위각 계산 결과가 작으면 우측각 $-$ 보정, 좌측각 $+$ 보정,
오차$= 6''$, 오차보정은 $6''/3 = 2''$씩 보정하되,
C_1, C_3 $= +2''$씩 보정하고, $C_2 = -2''$를 보정한다.
또한 C_1, C_2, C_3를 보정하면 내각의 합이 $180°$와 달라지므로 나머지 두 각 A, B에는 C각에 더하여 준 값의 $\frac{1}{2}$씩을 보정해 주되 부호는 반대이다.

(3) 제3조정(변 조정) : V_1 조정(반드시 제2조정된 각을 가지고 계산한다.)
1) $\log \sin A$, B 계산

$\log \sin A$	$\log \sin B$
$A_1 = \log \sin 55°40'09'' + 10 = 9.9168722$	$B_1 = \log \sin 55°06'54'' + 10 = 9.9139736$
$A_2 = \log \sin 62°36'20'' + 10 = 9.9483445$	$B_2 = \log \sin 60°03'18'' + 10 = 9.9377711$
$A_3 = \log \sin 55°11'25'' + 10 = 9.9143709$	$B_3 = \log \sin 58°05'27'' + 10 = 9.9288500$
$\sum \log \sin A + \log S_1 = 31.8121258$	$\sum \log \sin B + \log S_2 = 31.8120920$

2) 표차 계산

표차 A	표차 B
$A_1 = \dfrac{1}{\tan 55°40'09''} \times 21.055 = 14.4$	$B_1 = \dfrac{1}{\tan 55°06'54''} \times 21.055 = 14.7$
$A_2 = \dfrac{1}{\tan 62°36'20''} \times 21.055 = 10.9$	$B_2 = \dfrac{1}{\tan 60°03'18''} \times 21.055 = 12.1$
$A_3 = \dfrac{1}{\tan 55°11'25''} \times 21.055 = 14.6$	$B_3 = \dfrac{1}{\tan 58°05'27''} \times 21.055 = 13.1$

3) 변 조정량 계산

$$\text{변 조정량} = \frac{(\sum \log \sin A + \log S_1) - (\sum \log \sin B + \log S_2)}{\text{표차의 합}} = \frac{1,258 - 920}{79.8} = 4''$$

여기서, $\sum \log \sin A + \log S_1$가 $\sum \log \sin B + \log S_2$보다 크므로 큰 각에는 $(-)$ 보정, 작은 각에는 $(+)$ 보정을 한다.

그러므로 각 (A)에는 $-4''$, 각 (B)에는 $+4''$ 보정한다.(단, C각은 조정하지 않는다.)

015

다음 그림과 같은 유심삼각망을 관측한 결과 다음과 같은 성과표를 얻었다. 이 성과표를 이용하여 방위각 및 각 측점의 좌표를 계산하시오.(단, $\overline{OA}$의 방위각은 $0°$이고, O점의 $X = 1,000$ $Y = 1,000$이며 방위각은 0.01초까지, 좌표는 소수 넷째 자리에서 반올림하시오.)

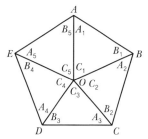

각명	A	B	C
1	$44°10'57.7''$	$54°29'05.6''$	$81°19'56.7''$
2	$56°40'23.1''$	$58°33'35.3''$	$64°46'01.6''$
3	$64°58'52.7''$	$38°42'47.3''$	$76°18'20''$
4	$61°07'39.9''$	$64°26'59.1''$	$54°25'21''$
5	$43°07'04.7''$	$53°42'35.6''$	$83°10'20.7''$

측선	변길이(m)	측선	변길이(m)
$\overline{AB}$	55.317	$\overline{AO}$	45.546
$\overline{BC}$	41.347	$\overline{BO}$	38.998
$\overline{CD}$	59.330	$\overline{CO}$	38.192
$\overline{DE}$	49.885	$\overline{DO}$	55.336
$\overline{EA}$	66.163	$\overline{EO}$	53.710

해설 및 정답

(1) 방위각 계산

측선	방위각 계산
$\overline{OB}$	$81°19'56.7''$
$\overline{OC}$	$\angle C_1 + \angle C_2 = 146°05'58.3''$
$\overline{OD}$	$\angle C_1 + \angle C_2 + \angle C_3 = 222°24'18.3''$
$\overline{OE}$	$\angle C_1 + \angle C_2 + \angle C_3 + \angle C_4 = 276°49'39.3''$

(2) 좌표 계산

측점	계산	X(m)	Y(m)
A	$X_A = 1,000 + 45.546 \times \cos 0° = 1,045.546$ $Y_A = 1,000 + 45.546 \times \sin 0° = 1,000.000$	1,045.546	1,000.000
B	$X_B = 1,000 + 38.998 \times \cos 81°19'56.7'' = 1,005.877$ $Y_B = 1,000 + 38.998 \times \sin 81°19'56.7'' = 1,038.553$	1,005.877	1,038.553
C	$X_C = 1,000 + 38.192 \times \cos 146°5'58.3'' = 968.300$ $Y_C = 1,000 + 38.192 \times \sin 146°5'58.3'' = 1,021.302$	968.300	1,021.302
D	$X_D = 1,000 + 55.336 \times \cos 222°24'18.3'' = 959.140$ $Y_D = 1,000 + 55.336 \times \sin 222°24'18.3'' = 962.683$	959.140	962.683
E	$X_E = 1,000 + 53.710 \times \cos 276°49'39.3'' = 1,006.385$ $Y_E = 1,000 + 53.710 \times \sin 276°49'39.3'' = 946.671$	1,006.385	946.671

016 그림과 같은 단열삼각망을 조정하시오.(단, 대수는 소수 일곱째 자리, 각은 0.1초(″)까지 계산하시오.)

$T_o = 23°47'35''$

$T_b = 24°22'18.1''$

$b_1 = 231.426\text{m}$

$b_2 = 136.141\text{m}$

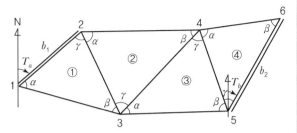

삼각형	각명	관측각	각 조건		방향각 조건			변 조건				
			V_1	조정각	V_2	V_3	조정각	$\log\sin\alpha$	$\log\sin\beta$	표차	V_4	조정각
①	α	54°56′21″										
	β	71°28′34″										
	γ	53°35′18″										
	계											
②	α	42°38′22″										
	β	69°17′37″										
	γ	68°03′41″										
	계											
③	α	62°43′40″										
	β	39°08′57″										
	γ	78°07′09″										
	계											
④	α	40°19′13″										
	β	75°27′45″										
	γ	64°13′18″										
	계											

삼각형	각명	관측각	각 조건		방향각 조건			변 조건				
			V_1	조정각	V_2	V_3	조정각	$\log\sin\alpha$	$\log\sin\beta$	표차	V_4	조정각
①	α	$54°56'21''$	$-4.3''$	$54°56'16.7''$		$+1.2''$	$54°56'17.9''$	9.9130367		14.78	$-1.9''$	$54°56'16''$
	β	$71°28'34''$	$-4.4''$	$71°28'29.6''$		$+1.3''$	$71°28'30.9''$		9.9768938	7.06	$+1.9''$	$71°28'32.8''$
	γ	$53°35'18''$	$-4.3''$	$53°35'13.7''$	$-2.5''$		$53°35'11.2''$					$53°35'11.2''$
	계	$180°00'13''$		$180°00'00''$			$180°00'00''$					$180°00'00''$
②	α	$42°38'22''$	$+6.7''$	$42°38'28.7''$		$-1.2''$	$42°38'27.5''$	9.8308466		22.86	$-1.9''$	$42°38'25.6''$
	β	$69°17'37''$	$+6.6''$	$69°17'43.6''$		$-1.3''$	$69°17'42.3''$		9.9710037	7.96	$+1.9''$	$69°17'44.2''$
	γ	$68°03'41''$	$+6.7''$	$68°03'47.7''$	$+2.5''$		$68°03'50.2''$					$68°03'50.2''$
	계	$179°59'40''$		$180°00'00''$			$180°00'00''$					$180°00'00''$
③	α	$62°43'40''$	$+4.7''$	$62°43'44.7''$		$+1.3''$	$62°43'46.0''$	9.9488299		10.85	$-1.9''$	$62°43'44.1''$
	β	$39°08'57''$	$+4.7''$	$39°09'01.7''$		$+1.2''$	$39°09'02.9''$		9.8002796	25.86	$+1.9''$	$39°09'04.8''$
	γ	$78°07'09''$	$+4.6''$	$78°07'13.6''$	$-2.5''$		$78°07'11.1''$					$78°07'11.1''$
	계	$179°59'46''$		$180°00'00''$			$180°00'00''$					$180°00'00''$
④	α	$40°19'13''$	$-5.3''$	$40°19'07.7''$		$-1.2''$	$40°19'06.5''$	9.8109282		24.81	$-1.9''$	$40°19'04.6''$
	β	$75°27'45''$	$-5.4''$	$75°27'39.6''$		$-1.3''$	$75°27'38.3''$		9.9858643	5.46	$+1.9''$	$75°27'40.2''$
	γ	$64°13'18''$	$-5.3''$	$64°13'12.7''$	$+2.5''$		$64°13'15.2''$					$64°13'15.2''$
	계	$180°00'16''$		$180°00'00''$			$180°00'00''$					$180°00'00''$

(1) 제1조정(각 조정) : V_1 조정

- 삼각형①은 $\alpha_1 + \beta_1 + \gamma_1 = 180°$이어야 한다.

  그러나 $180°00'13'' \neq 180°$이므로

  오차 $= 13''$, 오차 보정은 $13''/3 = -4.3''$씩 보정하되, β_1에는 $4.4''$를 보정하여 $180°$가 되게 한다.

- 삼각형②는 $\alpha_2 + \beta_2 + \gamma_2 = 180°$이어야 한다.

  그러나 $179°59'40'' \neq 180°$이므로

  오차 $= 20''$, 오차 보정은 $20''/3 = +6.7''$씩 보정하되, β_2에는 $6.6''$를 보정하여 $180°$가 되게 한다.

- 삼각형③은 $\alpha_3 + \beta_3 + \gamma_3 = 180°$이어야 한다.

  그러나 $179°59'46'' \neq 180°$이므로

  오차 $= 14''$, 오차 보정은 $14''/3 = +4.7''$씩 보정하되, γ_3에는 $4.6''$를 보정하여 $180°$가 되게 한다.

- 삼각형④는 $\alpha_4 + \beta_4 + \gamma_4 = 180°$이어야 한다.

  그러나 $180°00'16'' \neq 180°$이므로

  오차 $= 16''$, 오차 보정은 $16''/3 = +5.3''$씩 보정하되, β_4에는 $-5.4''$를 보정하여 $180°$가 되게 한다.

(2) 제2조정(방향각 조정) : V_1, V_2 조정(반드시 제1조정각을 가지고 계산할 것)

$\overline{12}$ 방위각 $= T_o = 23°47'35''$

$\overline{23}$ 방위각 $= 23°47'35'' + 180° - 53°35'13.7'' = 150°12'21.3''$

$\overline{34}$ 방위각 $= 150°12'21.3'' - 180° + 68°03'47.7'' = 38°16'09''$

$\overline{45}$ 방위각 $= 38°16'09'' + 180° - 78°07'13.6'' = 140°08'55.4''$

$\overline{56}$ 방위각 $= 140°08'55.4'' - 180° + 64°13'12.7'' = 24°22'08.1''$

T_b는 $\overline{56}$ 방위각이어야 한다.

그러나 $24°22'08.1'' \neq 24°22'18.1''$이므로

오차 $= 10''$, 오차 보정 $= 10''/4 = 2.5''$씩 보정하되, γ_1, $\gamma_3 = -2.5''$씩 보정하고, γ_2, $\gamma_4 = +2.5''$씩 보정한다.

여기서 알아야 할 사항은

- 방위각 계산 결과가 크면 ─┬─ 우측각은 ⊕보정하고
　　　　　　　　　　　　　└─ 좌측각은 ⊖보정한다.
- 방위각 계산 결과가 작으면 ─┬─ 우측각은 ⊖보정하고
　　　　　　　　　　　　　　└─ 좌측각은 ⊕보정한다.

또한 γ_1, γ_2, γ_3를 보정하면 내각의 합이 180°와 달라지므로 나머지 두 각 α, β에는 γ각에 더하여 준 값의 $\dfrac{1}{2}$씩 보정해주되 부호는 반대이다.

(3) 제3조정(변 조정) : V_1(반드시 제2조정된 각을 가지고 계산한다.)

1) $\log \sin \alpha$, β 계산

$\log \sin \alpha$	$\log \sin \beta$
$\alpha_1 = \log \sin 54°56'17.9'' + 10 = 9.9130367$	$\beta_1 = \log \sin 71°28'30.9'' + 10 = 9.9768938$
$\alpha_2 = \log \sin 42°38'27.4'' + 10 = 9.8308466$	$\beta_2 = \log \sin 69°17'42.4'' + 10 = 9.9710037$
$\alpha_3 = \log \sin 62°43'46.0'' + 10 = 9.9488299$	$\beta_3 = \log \sin 39°09'02.9'' + 10 = 9.8002796$
$\alpha_4 = \log \sin 40°19'06.5'' + 10 = 9.8109282$	$\beta_4 = \log \sin 75°27'38.3'' + 10 = 9.9858643$
$\sum \log \sin \alpha + \log b_1 = 41.8680535$	$\sum \log \sin \beta + \log b_2 = 41.8680303$

2) 표차 계산

표차 α	표차 β
$\alpha_1 = \dfrac{1}{\tan 54°56'17.9''} \times 21.055 = 14.78$	$\beta_1 = \dfrac{1}{\tan 71°28'30.9''} \times 21.055 = 7.06$
$\alpha_2 = \dfrac{1}{\tan 42°38'27.4''} \times 21.055 = 22.86$	$\beta_2 = \dfrac{1}{\tan 69°17'42.4''} \times 21.055 = 7.96$
$\alpha_3 = \dfrac{1}{\tan 62°43'45.9''} \times 21.055 = 10.85$	$\beta_3 = \dfrac{1}{\tan 39°09'02.9''} \times 21.055 = 25.86$
$\alpha_4 = \dfrac{1}{\tan 40°19'06.5''} \times 21.055 = 24.81$	$\beta_4 = \dfrac{1}{\tan 75°27'38.3''} \times 21.055 = 5.46$

3) 변 조정량 계산

$$\text{변 조정량} = \frac{(\sum \log \sin \alpha + \log b_1) - (\sum \log \sin \beta + \log b_2)}{\text{표차의 합}} = \frac{535 - 303}{119.64} = 1.9''$$

여기서, $\sum \log \sin \alpha + \log b_1$이 $\sum \log \sin \beta + \log b_2$보다 크므로

각 (α)에는 $-1.9''$, 각 (β)에는 $+1.9''$ 보정한다.(단, γ각은 조정하지 않는다.)

SECTION | 01 개요

다각측량(Traverse Surveying)은 기준이 되는 측점을 연결하는 측선의 길이와 그 방향을 관측하여 측점의 위치를 결정하는 방법으로 지적측량 및 각종 조사측량에 널리 이용되는 측량이다.

SECTION | 02 Basic Frame

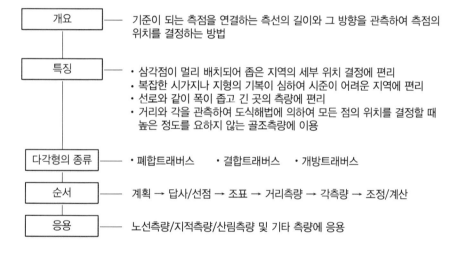

개요	기준이 되는 측점을 연결하는 측선의 길이와 그 방향을 관측하여 측점의 위치를 결정하는 방법
특징	• 삼각점이 멀리 배치되어 좁은 지역의 세부 위치 결정에 편리 • 복잡한 시가지나 지형의 기복이 심하여 시준이 어려운 지역에 편리 • 선로와 같이 폭이 좁고 긴 곳의 측량에 편리 • 거리와 각을 관측하여 도식해법에 의하여 모든 점의 위치를 결정할 때 높은 정도를 요하지 않는 골조측량에 이용
다각형의 종류	•폐합트래버스　　•결합트래버스　　•개방트래버스
순서	계획 → 답사/선점 → 조표 → 거리측량 → 각측량 → 조정/계산
응용	노선측량/지적측량/산림측량 및 기타 측량에 응용

1. 다각측량의 조정 순서

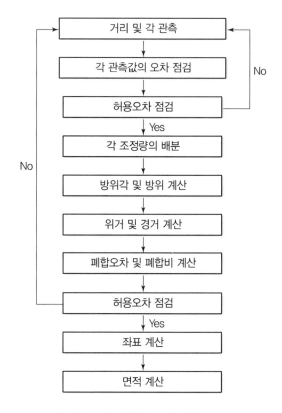

```
거리 및 각 관측
    ↓
각 관측값의 오차 점검
    ↓
허용오차 점검 ──── No ──→ (거리 및 각 관측)
    ↓ Yes
각 조정량의 배분
    ↓
방위각 및 방위 계산
    ↓
위거 및 경거 계산
    ↓
폐합오차 및 폐합비 계산
    ↓
허용오차 점검 ──── No ──→ (거리 및 각 관측)
    ↓ Yes
좌표 계산
    ↓
면적 계산
```

[그림 3−1] 다각측량 조정 계산 흐름도

2. 각관측 오차 계산

(1) 폐합트래버스

① 내각 관측 시 : $E_\alpha = [\alpha] - 180°(n-2)$

② 외각 관측 시 : $E_\alpha = [\alpha] - 180°(n+2)$

③ 편각 관측 시 : $E_\alpha = [\alpha] - 360°$

여기서, E_α : 각오차

n : 관측각의 수

$[\alpha]$: $\alpha_1 + \alpha_2 + \alpha_3 + \cdots + \alpha_n$

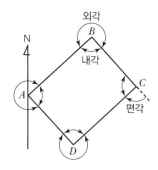

[그림 3−2] 폐합트래버스 오차

(2) 결합트래버스

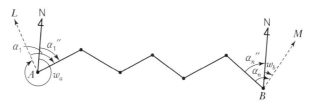

$$E_\alpha = w_a - w_b + [\alpha] - 180°(n+1)$$

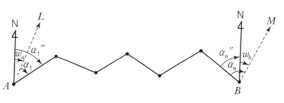

$$E_\alpha = w_a - w_b + [\alpha] - 180°(n-1)$$

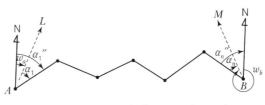

$$E_\alpha = w_a - w_b + [\alpha] - 180°(n-3)$$

[그림 3-3] 결합트래버스 오차

3. 각관측값의 허용오차 한도 및 오차 배분

(1) 허용오차의 한도

$$E_\alpha = \pm\varepsilon_\alpha\sqrt{n}$$

여기서, E_α : n개 각의 각오차

ε_α : 1개 각의 각오차

n : 측각수

(2) 허용오차

① 시가지 : $0.3\sqrt{n} \sim 0.5\sqrt{n}$ (분) $= 20\sqrt{n} \sim 30\sqrt{n}$ (초)

② 평지 : $0.5\sqrt{n} \sim 1\sqrt{n}$ (분) $= 30\sqrt{n} \sim 60\sqrt{n}$ (초)

③ 산지 : $1.5\sqrt{n}$ (분) $= 90\sqrt{n}$ (초)

(3) 오차 배분

① 각관측의 정확도가 같을 때는 오차를 각의 크기와 관계없이 등배분
② 각관측의 경중률이 다른 경우에는 그 오차를 경중률에 비례해서 배분
③ 변의 길이의 역수에 비례하여 배분

4. 방위각 및 방위 계산

(1) 방위각 계산

① 교각 관측 시 방위각 계산 방법

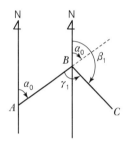

[그림 3-4] 방위각 산정(Ⅰ)

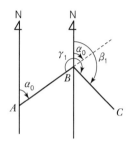

[그림 3-5] 방위각 산정(Ⅱ)

㉠ 진행방향 : 시계방향
　측각방향 : 우측
　$\overline{BC}$의 방위각 $\beta_1 = \alpha_0 + 180° - \gamma_1$

㉡ 진행방향 : 시계방향
　측각방향 : 좌측
　$\overline{BC}$의 방위각 $\beta_1 = \alpha_0 - 180° + \gamma_1$

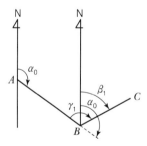

[그림 3-6] 방위각 산정(Ⅲ)

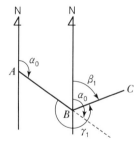

[그림 3-7] 방위각 산정(Ⅳ)

㉢ 진행방향 : 반시계방향
　측각방향 : 좌측
　$\overline{BC}$의 방위각 $\beta_1 = \alpha_0 - 180° + \gamma_1$

㉣ 진행방향 : 반시계방향
　측각방향 : 우측
　$\overline{BC}$의 방위각 $\beta_1 = \alpha_0 + 180° - \gamma_1$

② 편각 관측 시 방위각 계산 방법

연장선에서 시계방향 관측각을 (+)편각, 반시계
방향 관측각을 (−)편각이라 정한다.

$$\beta = \alpha_0 + \alpha_1, \qquad \gamma = \beta - \alpha_2$$

즉, 어느 측선의 방위각 = 하나 앞의 측선의 방위
각 ± 그 측점의 편각

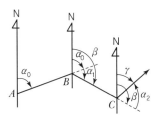

[그림 3-8] 방위각 산정(V)

(2) 방위 계산

4개의 상한으로 나누어 남북선을 기준으로 하여 $90°$ 이하 각도로 나타낸다.

※ 방위각과 방위의 관계

방위각	상한	방위
$0° \sim 90°$	제1상한	$N0° \sim 90°E$
$90° \sim 180°$	제2상한	$S0° \sim 90°E$
$180° \sim 270°$	제3상한	$S0° \sim 90°W$
$270° \sim 360°$	제4상한	$N0° \sim 90°W$

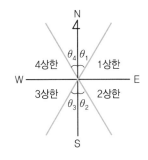

[그림 3-9] 방위 표현

5. 위거(Latitude) 및 경거(Departure) 계산

(1) 위거

일정한 자오선에 대한 어떤 측선의 정사투영거리를 그
의 위거라 하며, 측선이 북쪽으로 향할 때 위거는 (+)로
하고, 측선이 남쪽으로 향할 때 위거는 (−)로 한다.

(2) 경거

일정한 동서선에 대한 어떤 측선의 정사투영거리를
그의 경거라 하며, 측선이 동쪽으로 향할 때 경거는
(+)로 하고, 측선이 서쪽으로 향할 때 경거는 (−)로
한다.

$$L_1 = + l_1 \cos \theta_1, \qquad D_1 = + l_1 \sin \theta_1$$

$$L_2 = - l_2 \cos \theta_2, \qquad D_2 = + l_2 \sin \theta_2$$

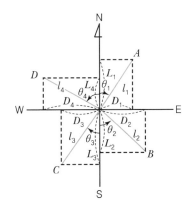

[그림 3-10] 위거 · 경거 표현

(3) 경·위거 산정 목적

① 위거, 경거 계산 결과로부터 폐합오차와 폐합비를 구하여 트래버스의 정밀도 확인 및 오차를 조정할 수 있다.

② 위거, 경거로부터 합위거, 합경거를 구하면 이것이 원점으로부터 좌푯값이 되므로 트래버스의 제도를 합리적으로 할 수 있다.

③ 횡거와 배횡거를 계산하여 트래버스 면적을 계산할 수 있다.

6. 폐합오차와 폐합비

(1) 폐합오차

① 폐합트래버스

$$E = \sqrt{(\Delta l)^2 + (\Delta d)^2}$$

여기서, Δl : 위거오차
Δd : 경거오차
E : 폐합오차

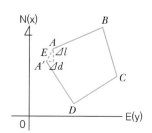

[그림 3-11] 폐합오차(Ⅰ)

② 결합트래버스

$$E = \sqrt{(\Delta l)^2 + (\Delta d)^2}$$

$$\Delta l = X_n - (\sum L + X_1)$$

$$\Delta d = Y_n - (\sum D + Y_1)$$

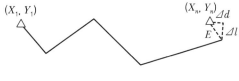

[그림 3-12] 폐합오차(Ⅱ)

(2) 폐합비

① 폐합비 $= \dfrac{폐합오차}{총\ 길이} = \dfrac{\sqrt{(\Delta l)^2 + (\Delta d)^2}}{\sum l}$

② 허용오차

폐합비의 허용범위

- 시가지 : $1/5,000 \sim 1/10,000$
- 평지 : $1/1,000 \sim 1/3,000$
- 완경사지 : $1/500 \sim 1/1,000$
- 복잡지형 : $1/300 \sim 1/500$

7. 폐합오차의 조정

(1) 컴퍼스법칙

각관측의 정도와 거리관측의 정도가 동일할 때 실시하는 방법으로 각 측선의 길이에 비례하여 오차를 배분한다.

① 위거오차 조정량

$$\varepsilon_l = \Delta l \times \frac{l}{\sum l}$$

② 경거오차 조정량

$$\varepsilon_d = \Delta d \times \frac{l}{\sum l}$$

여기서, $\sum l$: 총 길이
l : 조정할 측선의 길이
Δl : 위거오차
Δd : 경거오차
ε_l : 위거 조정량
ε_d : 경거 조정량

(2) 트랜싯법칙

각측량의 정밀도가 거리의 정밀도보다 높을 때 이용되며 위거, 경거의 오차를 각 측선의 위거 및 경거에 비례하여 배분한다.

① 위거오차 조정량

$$\varepsilon_l = \Delta l \times \frac{L}{|L|}$$

② 경거오차 조정량

$$\varepsilon_d = \Delta d \times \frac{D}{|D|}$$

여기서, $|L|$: 위거 절댓값의 합
$|D|$: 경거 절댓값의 합
L : 조정할 측선의 위거
D : 조정할 측선의 경거
ε_l : 위거 조정량
ε_d : 경거 조정량

8. 좌표 계산

$$x_2 = x_1 + L_1$$

$$y_2 = y_1 + D_1$$

$$x_3 = x_2 + L_2 = x_1 + L_1 + L_2$$

$$y_3 = y_2 + D_2 = y_1 + D_1 + D_2$$

여기서,　L : 위거

　　　　　D : 경거

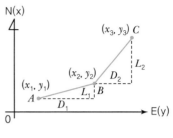

[그림 3-13] 좌표 계산

9. 거리 및 방위 계산

$$\overline{AB} = \sqrt{(x_2 - x_1)^2 + (y_2 - y_1)^2}$$

$$\tan\theta = \frac{y_2 - y_1}{x_2 - x_1} \quad \rightarrow$$

$$\theta = \tan^{-1}\left(\frac{y_2 - y_1}{x_2 - x_1}\right)$$

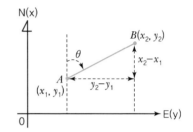

[그림 3-14] 거리 및 방위 계산

10. 면적 계산

횡거란 어떤 측선의 중점으로부터 기준선(남북자오선)에 내린 수선의 길이를 말한다. 다각측량에서 면적을 계산할 때는 위거에 의하는데, 이때 횡거를 그대로 이용하면 계산이 불편하므로 횡거의 2배인 배횡거를 사용한다.

(1) 배횡거

　① 제1측선의 배횡거＝그 측선의 경거

　② 임의 측선의 배횡거＝전 측선의 배횡거＋전 측선의 경거＋그 측선의 경거

　③ 마지막 측선의 배횡거＝그 측선의 경거(단, 부호는 반대)

(2) 면적

$$A = \frac{1}{2} \times |\sum (배횡거 \times 위거)|$$

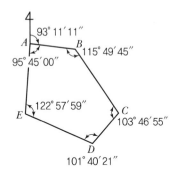

Example 1

아래 표는 그림과 같은 다각측량을 관측한 성과이다. 이들의 값을 이용하여 대지의 면적을 구하시오.(단, 위거·경거는 소수 셋째 자리까지 구하고, 위거·경거 조정은 컴퍼스법칙으로 계산하시오.)

측선	거리(m)	관측각
$\overline{AB}$	45.990	95°45′00″
$\overline{BC}$	40.790	115°49′45″
$\overline{CD}$	41.640	103°46′55″
$\overline{DE}$	45.140	101°40′21″
$\overline{EA}$	35.210	122°57′59″

해설 및 정답 ✛ --

[성과표]

측선	관측각	조정량	조정각	방위각	방위	거리(m)
$\overline{AB}$	95°45′00″	0″	95°45′00″	93°11′11″	S 86°48′49″E	45.990
$\overline{BC}$	115°49′45″	0″	115°49′45″	157°21′26″	S 22°38′34″E	40.790
$\overline{CD}$	103°46′55″	0″	103°46′55″	233°34′31″	S 53°34′31″W	41.640
$\overline{DE}$	101°40′21″	0″	101°40′21″	311°54′10″	N 48°05′50″W	45.140
$\overline{EA}$	122°57′59″	0″	122°57′59″	8°56′11″	N 8°56′11″E	35.210
계	540°00′00″		540°00′00″			208.770

측선	위거(m) N(+)	위거(m) S(−)	경거(m) E(+)	경거(m) W(−)	위거 조정량(m)	경거 조정량(m)	조정위거(m) N(+)	조정위거(m) S(−)	조정경거(m) E(+)	조정경거(m) W(−)	측점	합위거(m)	합경거(m)	배횡거(m)	배면적(m²)
$\overline{AB}$		2.556	45.919		−0.001	+0.002		2.557	45.921		A	100.000	100.000	45.921	−117.420
$\overline{BC}$		37.646	15.704		−0.001	+0.002		37.647	15.706		B	97.443	145.921	107.548	−4,048.860
$\overline{CD}$		24.724		33.505	−0.001	+0.002		24.725		33.503	C	59.796	161.627	89.751	−2,219.093
$\overline{DE}$	30.148			33.597	−0.001	+0.002	30.147			33.595	D	35.071	128.124	22.653	682.920
$\overline{EA}$	34.783		5.469		−0.001	+0.002	34.782		5.471		E	65.218	94.529	−5.471	−190.292
계	64.931	64.926	67.092	67.102	−0.005	+0.010	64.929	64.929	67.098	67.098					5,892.745
	0.005		−0.010				0		0						

1) 방위각

$\overline{AB}$ 방위각이 주어졌으므로 시계방향으로 다음과 같이 방위각을 산정하면 된다.

$$방위각 = 전\ 측선의\ 방위각 + 180° - 교각$$

① $\overline{AB}$ 방위각 $= 93°11'11''$

② $\overline{BC}$ 방위각 $= 93°11'11'' + 180° - 115°49'45'' = 157°21'26''$

③ $\overline{CD}$ 방위각 $= 157°21'26'' + 180° - 103°46'55'' = 233°34'31''$

④ $\overline{DE}$ 방위각 $= 233°34'31'' + 180° - 101°40'21'' = 311°54'10''$

⑤ $\overline{EA}$ 방위각 $= 311°54'10'' + 180° - 122°57'59'' = 8°56'11''$

⑥ $\overline{AB}$ 방위각 $= 8°56'11'' + 180° - 95°45'00'' = 93°11'11''$

2) 방위

① $\overline{AB}$ 방위 : S 86°48'49'' E

② $\overline{BC}$ 방위 : S 22°38'34'' E

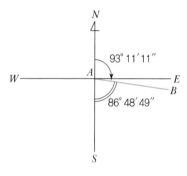

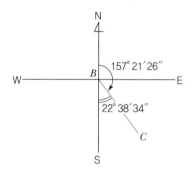

③ $\overline{CD}$ 방위 : S 53°34'31'' W

④ $\overline{DE}$ 방위 : N 48°05'50'' W

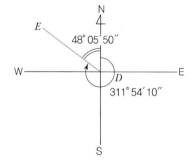

⑤ $\overline{EA}$ 방위 : N 8°56′11″ E

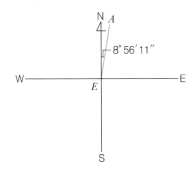

(2) 위거 · 경거 계산

1) 위거

$$L = l \cdot \cos\theta$$

여기서, L : 위거, l : 거리, θ : 방위

① $\overline{AB}$ 위거 $= 45.990 \times \cos 86°48′49″ = -2.556\text{m}$

② $\overline{BC}$ 위거 $= 40.790 \times \cos 22°38′34″ = -37.646\text{m}$

③ $\overline{CD}$ 위거 $= 41.640 \times \cos 53°34′31″ = -24.724\text{m}$

④ $\overline{DE}$ 위거 $= 45.140 \times \cos 48°05′50″ = +30.148\text{m}$

⑤ $\overline{EA}$ 위거 $= 35.210 \times \cos 8°56′11″ = +34.783\text{m}$

2) 경거

$$D = l \cdot \sin\theta$$

여기서, D : 경거, l : 거리, θ : 방위

① $\overline{AB}$ 경거 $= 45.990 \times \sin 86°48′49″ = +45.919\text{m}$

② $\overline{BC}$ 경거 $= 40.790 \times \sin 22°38′34″ = +15.704\text{m}$

③ $\overline{CD}$ 경거 $= 41.640 \times \sin 53°34′31″ = -33.505\text{m}$

④ $\overline{DE}$ 경거 $= 45.140 \times \sin 48°05′50″ = -33.597\text{m}$

⑤ $\overline{EA}$ 경거 $= 35.210 \times \sin 8°56′11″ = +5.469\text{m}$

(3) 폐합오차 및 폐합비 계산

1) 폐합오차

$$E = \sqrt{\Delta l^2 + \Delta d^2} = \sqrt{(0.005)^2 + (0.010)^2} = 0.011\text{m}$$

2) 폐합비

$$\text{폐합비} = \frac{\text{폐합오차}}{\text{총 길이}} = \frac{0.011}{208.770} = \frac{1}{18,979}$$

(4) 위거조정량 및 경거조정량 계산

1) 위거조정량(컴퍼스법칙)

$$위거조정량 = \frac{위거오차}{총 \ 길이} \times 조정할 \ 측선의 \ 길이(l)$$

① $\overline{AB}$ 위거조정량 $= \dfrac{0.005}{208.770} \times 45.990 = 0.001\mathrm{m}$

② $\overline{BC}$ 위거조정량 $= \dfrac{0.005}{208.770} \times 40.790 = 0.001\mathrm{m}$

③ $\overline{CD}$ 위거조정량 $= \dfrac{0.005}{208.770} \times 41.640 = 0.001\mathrm{m}$

④ $\overline{DE}$ 위거조정량 $= \dfrac{0.005}{208.770} \times 45.140 = 0.001\mathrm{m}$

⑤ $\overline{EA}$ 위거조정량 $= \dfrac{0.005}{208.770} \times 35.210 = 0.001\mathrm{m}$

· 보충설명 ·

위거의 N과 S의 각각의 총합의 결과 N 쪽이 S 쪽보다 크므로 조정량을 (−)하여 조정하면 된다. 만약 N 쪽이 S 쪽보다 작은 경우는 반대로 조정량을 (+)하여 주면 된다.

2) 경거조정량(컴퍼스법칙)

$$경거조정량 = \frac{경거오차}{총 \ 길이} \times 조정할 \ 측선의 \ 길이(l)$$

① $\overline{AB}$ 경거조정량 $= \dfrac{0.010}{208.770} \times 45.990 = 0.002\mathrm{m}$

② $\overline{BC}$ 경거조정량 $= \dfrac{0.010}{208.770} \times 40.790 = 0.002\mathrm{m}$

③ $\overline{CD}$ 경거조정량 $= \dfrac{0.010}{208.770} \times 41.640 = 0.002\mathrm{m}$

④ $\overline{DE}$ 경거조정량 $= \dfrac{0.010}{208.770} \times 45.140 = 0.002\mathrm{m}$

⑤ $\overline{EA}$ 경거조정량 $= \dfrac{0.010}{208.770} \times 35.210 = 0.002\mathrm{m}$

· 보충설명 ·

경거의 E와 W의 각각의 총합 결과 E 쪽이 W보다 작으므로 조정량을 (+)하여 조정하면 된다. 만약 E 쪽이 W 쪽보다 큰 경우는 반대로 조정량을 (−)하여 주면 된다.

(5) 합위거·합경거 계산

    1) 합위거

        ① 측점 $A = 100.000\text{m}$

        ② 측점 $B = 100.000 - 2.557 = 97.443\text{m}$

        ③ 측점 $C = 97.443 - 37.647 = 59.796\text{m}$

        ④ 측점 $D = 59.796 - 24.725 = 35.071\text{m}$

        ⑤ 측점 $E = 35.071 + 30.147 = 65.218\text{m}$

        ⑥ 측점 $A = 65.218 + 34.782 = 100.000\text{m}$

    2) 합경거

        ① 측점 $A = 100.000\text{m}$

        ② 측점 $B = 100.000 + 45.921 = 145.921\text{m}$

        ③ 측점 $C = 145.921 + 15.706 = 161.627\text{m}$

        ④ 측점 $D = 161.627 - 33.503 = 128.124\text{m}$

        ⑤ 측점 $E = 128.124 - 33.595 = 94.529\text{m}$

        ⑥ 측점 $A = 94.529 + 5.471 = 100.000\text{m}$

(6) 배횡거 계산

배횡거＝전 측선의 배횡거＋전 측선의 경거＋그 측선의 경거

    (단, 제1측선의 배횡거는 그 측선의 경거)

    ① $\overline{AB}$ 배횡거 $= 45.921\text{m}$

    ② $\overline{BC}$ 배횡거 $= 45.921 + 45.921 + 15.706 = 107.548\text{m}$

    ③ $\overline{CD}$ 배횡거 $= 107.548 + 15.706 - 33.503 = 89.751\text{m}$

    ④ $\overline{DE}$ 배횡거 $= 89.751 - 33.503 - 33.595 = 22.653\text{m}$

    ⑤ $\overline{EA}$ 배횡거 $= 22.653 - 33.595 + 5.471 = -5.471\text{m}$

(7) 배면적 계산

배면적＝배횡거×위거

    ① $\overline{AB}$ 측선의 배면적 $= 45.921 \times (-2.557) = -117.420\text{m}^2$

    ② $\overline{BC}$ 측선의 배면적 $= 107.548 \times (-37.647) = -4,048.860\text{m}^2$

    ③ $\overline{CD}$ 측선의 배면적 $= 89.751 \times (-24.725) = -2,219.093\text{m}^2$

    ④ $\overline{DE}$ 측선의 배면적 $= 22.653 \times 30.147 = 682.920\text{m}^2$

    ⑤ $\overline{EA}$ 측선의 배면적 $= (-5.471) \times 34.782 = -190.292\text{m}^2$

    ∴ 배면적의 총합 $= |-5,892.745\text{m}^2|$

(8) 면적 계산

$$면적(A) = \frac{1}{2} \times 배면적 = \frac{1}{2} \times 5,892.745 = 2,946.373\text{m}^2$$

그림과 같은 결합트래버스를 측정한 결과 아래와 같은 관측각을 얻었다. 이 관측각을 이용하여 다음 성과표를 완성하시오.(계산은 소수 넷째 자리에서 반올림하고, 경·위거 조정은 컴퍼스 법칙으로 한다.)

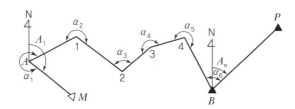

측점	좌표(m)	
	X	Y
A	200.000	50.000
B	190.000	530.000

각명	방위각
A_1	153°05′44″
A_n	41°45′34″

해설 및 정답 ⊕

(1) 방위각 및 방위 계산

측점	측정내각	보정량	보정내각	측선	방위각	방위
A	252°31′32″	+1″	252°31′33″	$\overline{A-1}$	45°37′17″	N 45°37′17″E
1	269°49′23″	+1″	269°49′24″	$\overline{1-2}$	135°26′41″	S 44°33′19″E
2	87°55′52″	+1″	87°55′53″	$\overline{2-3}$	43°22′34″	N 43°22′34″E
3	222°16′33″	+1″	222°16′34″	$\overline{3-4}$	85°39′08″	N 85°39′08″E
4	237°22′22″	+1″	237°22′23″	$\overline{4-B}$	143°01′31″	S 36°58′29″E
B	78°44′02″	+1″	78°44′03″	$\overline{B-P}$	41°45′34″	N 41°45′34″E
계		+6″				

1) 측각오차(E_α)

$$E_\alpha = \{A_1 + [\alpha] - 180°(n-1) - A_n\} - 360°$$

$$= \{153°05′44″ + 1,148°39′44″ - 180°(6-1) - 41°45′34″\} - 360° = -6″$$

$$\therefore \ 보정량 = \frac{6″}{6} = 1″(\oplus 보정)$$

2) 방위각

① $\overline{A-1}$ 방위각 $= (A_1 + \angle \alpha_1) - 360°$

$$= (153°05′44″ + 252°31′33″) - 360° = 45°37′17″$$

② $\overline{1-2}$ 방위각 $= \overline{A-1}$ 방위각 $-180° + \angle\alpha_2$

$\qquad\qquad = 45°37'17'' - 180° + 269°49'24'' = 135°26'41''$

또는 $\qquad = (\overline{A-1}$ 방위각 $+180° + \angle\alpha_2) - 360°$

$\qquad\qquad = (45°37'17'' + 180° + 269°49'24'') - 360° = 135°26'41''$

③ $\overline{2-3}$ 방위각 $= \overline{1-2}$ 방위각 $-180° + \angle\alpha_3$

$\qquad\qquad = 135°26'41'' - 180° + 87°55'53'' = 43°22'34''$

또는 $\qquad = (\overline{1-2}$ 방위각 $+180° + \angle\alpha_3) - 360°$

$\qquad\qquad = (135°26'41'' + 180° + 87°55'53'') - 360° = 43°22'34''$

④ $\overline{3-4}$ 방위각 $= \overline{2-3}$ 방위각 $-180° + \angle\alpha_4$

$\qquad\qquad = 43°22'34'' - 180° + 222°16'34'' = 85°39'08''$

또는 $\qquad = (\overline{2-3}$ 방위각 $+180° + \angle\alpha_4) - 360°$

$\qquad\qquad = (43°22'34'' + 180° + 222°16'34'') - 360° = 85°39'08''$

⑤ $\overline{4-B}$ 방위각 $= \overline{3-4}$ 방위각 $-180° + \angle\alpha_5$

$\qquad\qquad = 85°39'08'' - 180° + 237°22'23'' = 143°01'31''$

또는 $\qquad = (\overline{3-4}$ 방위각 $+180° + \angle\alpha_5) - 360°$

$\qquad\qquad = (85°39'08'' + 180° + 237°22'23'') - 360° = 143°01'31''$

⑥ $\overline{B-P}$ 방위각$(A_n) = \overline{4-B}$ 방위각 $-180° + \angle\alpha_6$

$\qquad\qquad = 143°01'31'' - 180° + 78°44'03'' = 41°45'34''$

또는 $\qquad = (\overline{4-B}$ 방위각 $+180° + \angle\alpha_6) - 360°$

$\qquad\qquad = (143°01'31'' + 180° + 78°44'03'') - 360° = 41°45'34''$

여기서, $\overline{B-P}$ 방위각 $= A_n$ 임을 알 수 있다.

$\overline{B-P}$ 방위각 $\neq A_n$ 이었을 경우, 오차보정이 잘못되었거나 방위각 계산에 오류가 발생한 것이다.

3) 방위

① $\overline{A-1}$ 방위 : N 45°37'17'' E　　　　② $\overline{1-2}$ 방위 : S 44°33'19'' E

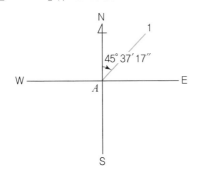
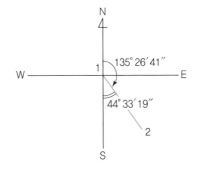

③ $\overline{2-3}$ 방위 : N 43°22′34″ E

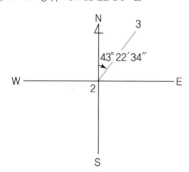

④ $\overline{3-4}$ 방위 : N 85°39′08″ E

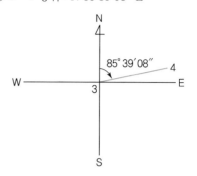

⑤ $\overline{4-B}$ 방위 : S 36°58′29″ E

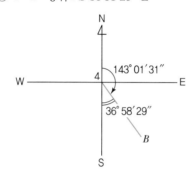

⑥ $\overline{B-P}$ 방위 : N 41°45′34″ E

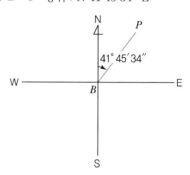

(2) 위거 및 경거 계산

측선	거리(m)	방위각	위거(m)	경거(m)	조정위거 (m)	조정경거 (m)	측점	합위거(m)	합경거(m)
$\overline{A-1}$	124.300	45°37′17″	86.935	88.841	86.930	88.839	A	200.000	50.000
$\overline{1-2}$	150.700	135°26′41″	−107.385	105.731	−107.391	105.729	1	286.930	138.839
$\overline{2-3}$	118.700	43°22′34″	86.278	81.521	86.273	81.519	2	179.539	244.568
$\overline{3-4}$	139.300	85°39′08″	10.560	138.899	10.554	138.897	3	265.812	326.087
$\overline{4-B}$	108.100	143°01′31″	−86.361	65.018	−86.366	65.016	4	276.366	464.984
계	641.100		−9.973	480.010			B	190.000	530.000

1) 위거($l \cdot \cos\theta$)

① $\overline{A-1}$ 위거 $= 124.300 \times \cos 45°37′17″ = 86.935\text{m}$

② $\overline{1-2}$ 위거 $= 150.700 \times \cos 135°26′41″ = -107.385\text{m}$

③ $\overline{2-3}$ 위거 $= 118.700 \times \cos 43°22′34″ = 86.278\text{m}$

④ $\overline{3-4}$ 위거 $= 139.300 \times \cos 85°39′08″ = 10.560\text{m}$

⑤ $\overline{4-B}$ 위거 $= 108.100 \times \cos 143°01′31″ = -86.361\text{m}$

2) 경거($l \cdot \sin\theta$)

① $\overline{A-1}$ 경거 $= 124.300 \times \sin45°37'17'' = 88.841\text{m}$

② $\overline{1-2}$ 경거 $= 150.700 \times \sin135°26'41'' = 105.731\text{m}$

③ $\overline{2-3}$ 경거 $= 118.700 \times \sin43°22'34'' = 81.521\text{m}$

④ $\overline{3-4}$ 경거 $= 139.300 \times \sin85°39'08'' = 138.899\text{m}$

⑤ $\overline{4-B}$ 경거 $= 108.100 \times \sin143°01'31'' = 65.018\text{m}$

(3) 폐합오차 및 폐합비 계산

1) 폐합오차(E)

$$E = \sqrt{(\text{위거오차})^2 + (\text{경거오차})^2} = \sqrt{(-0.027)^2 + (-0.010)^2} = 0.029\text{m}$$

2) 폐합비

$$\text{폐합비} = \frac{\text{폐합오차}}{\text{총 길이}} = \frac{0.029}{641.100} = \frac{1}{22,106.9}$$

(4) 위거조정량 및 경거조정량 계산

1) 위거조정량(컴퍼스법칙)

$$\text{위거조정량} = \frac{\text{위거오차}}{\text{총 길이}} \times \text{조정할 측선의 길이}(l)$$

① $\overline{A-1}$ 위거조정량 $= \dfrac{-0.027}{641.100} \times 124.300 = -0.005\text{m}$

② $\overline{1-2}$ 위거조정량 $= \dfrac{-0.027}{641.100} \times 150.700 = -0.006\text{m}$

③ $\overline{2-3}$ 위거조정량 $= \dfrac{-0.027}{641.100} \times 118.700 = -0.005\text{m}$

④ $\overline{3-4}$ 위거조정량 $= \dfrac{-0.027}{641.100} \times 139.300 = -0.006\text{m}$

⑤ $\overline{4-B}$ 위거조정량 $= \dfrac{-0.027}{641.100} \times 108.100 = -0.005\text{m}$

· 보충설명 ·

위거오차 계산
위거오차 $= X_B - (X_A + \Sigma L) = 190.000 - (200 + (-9.973)) = -0.027\text{m}$
이 경우, 오차의 부호가 ⊕면 ⊕보정, ⊖면 ⊖보정을 한다.

2) 경거조정량(컴퍼스법칙)

$$경거조정량 = \frac{경거오차}{총 \ 길이} \times 조정할 \ 측선의 \ 길이(l)$$

① $\overline{A-1}$ 경거조정량 $= \dfrac{-0.010}{641.100} \times 124.300 = -0.002\text{m}$

② $\overline{1-2}$ 경거조정량 $= \dfrac{-0.010}{641.100} \times 150.700 = -0.002\text{m}$

③ $\overline{2-3}$ 경거조정량 $= \dfrac{-0.010}{641.100} \times 118.700 = -0.002\text{m}$

④ $\overline{3-4}$ 경거조정량 $= \dfrac{-0.010}{641.100} \times 139.300 = -0.002\text{m}$

⑤ $\overline{4-B}$ 경거조정량 $= \dfrac{-0.010}{641.100} \times 108.100 = -0.002\text{m}$

· 보충설명 ·

경거오차 계산
경거오차 $= Y_B - (Y_A + \sum D) = 530.000 - (50.000 + 480.010) = -0.010\text{m}$
이 경우 위거조정량과 같이 오차 부호가 ⊕면 ⊕보정, ⊖면 ⊖보정한다.

(5) 합위거 및 합경거 계산

1) 합위거
① 측점 $A = 200.000\text{m}$
② 측점 $1 = 200.000 + 86.930 = 286.930\text{m}$
③ 측점 $2 = 286.930 - 107.391 = 179.539\text{m}$
④ 측점 $3 = 179.539 + 86.273 = 265.812\text{m}$
⑤ 측점 $4 = 265.812 + 10.554 = 276.366\text{m}$
⑥ 측점 $B = 276.366 - 86.366 = 190.000\text{m}$

2) 합경거
① 측점 $A = 50.000\text{m}$
② 측점 $1 = 50.000 + 88.839 = 138.839\text{m}$
③ 측점 $2 = 138.839 + 105.729 = 244.568\text{m}$
④ 측점 $3 = 244.568 + 81.519 = 326.087\text{m}$
⑤ 측점 $4 = 326.087 + 138.897 = 464.984\text{m}$
⑥ 측점 $B = 464.984 + 65.016 = 530.000\text{m}$

001 삼각형의 내각을 측정한 결과 다음과 같다. 주어진 값에 의해 각을 조정하시오.

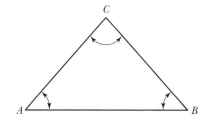

각명	관측각	관측횟수
A	52°30′30″	4
B	48°21′30″	1
C	79°07′50″	2

해설 및 정답

(1) 측각오차 계산

$$E_\alpha = (\angle A + \angle B + \angle C) - 180°$$
$$= (52°30′30″ + 48°21′30″ + 79°07′50″) - 180°$$
$$= -10″$$

(2) 경중률 계산

조건부 최확각 산정 시 관측횟수에 반비례하므로,

$$W_1 : W_2 : W_3 = \frac{1}{N_1} : \frac{1}{N_2} : \frac{1}{N_3}$$
$$= \frac{1}{4} : \frac{1}{1} : \frac{1}{2}$$
$$= 1 : 4 : 2$$

(3) 조정량 계산

$$조정량 = \frac{오차}{경중률의 \ 합} \times 조정할 \ 각의 \ 경중률$$

• $\angle A$ 조정량 $= \dfrac{-10″}{7} \times 1 = -1″$

• $\angle B$ 조정량 $= \dfrac{-10″}{7} \times 4 = -6″$

• $\angle C$ 조정량 $= \dfrac{-10″}{7} \times 2 = -3″$

(4) 조정각 계산

삼각형 내각의 합이 180°가 되어야 하므로 10″에 대한 ⊕조정이 필요하다.

• $\angle A = 52°30′30″ + 1″ = 52°30′31″$
• $\angle B = 48°21′30″ + 6″ = 48°21′36″$
• $\angle C = 79°07′50″ + 3″ = 79°07′53″$
∴ $\angle A + \angle B + \angle C = 52°30′31″ + 48°21′36″ + 79°07′53″ = 180°00′00″$

002

A, B, C의 3개의 삼각점에서 다각측량을 하여 P점의 위치를 결정하였고, P점에서 Q점까지의 방위각을 관측한 결과 다음의 관측값을 얻었다. P점 좌표 및 $\overline{PQ}$ 방위각의 최확값을 산정하고, Q점의 좌표를 구하시오. (단, $\overline{PQ}$ 거리는 0.5km, 좌표의 계산은 소수 둘째 자리까지, 각은 초 단위까지 구하시오.)

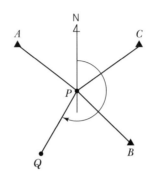

측선	관측값			노선거리 (km)	관측 횟수
	X(m)	Y(m)	PQ 방위각		
$A \to P$	12,000.28	24,500.56	225°00′30″	2.0	3
$B \to P$	12,000.35	24,500.40	225°00′15″	2.0	5
$C \to P$	12,000.16	24,500.35	224°59′30″	1.5	3

(1) P점 좌표의 최확값

(2) $\overline{PQ}$ 방위각

(3) Q점 좌표

해설 및 정답

본 문제에서는 노선거리(S)와 관측횟수(N)가 동시에 주어졌으므로 P점 좌표의 최확값은 노선거리(S), $\overline{PQ}$ 방위각의 최확값은 관측횟수(N)를 적용

(1) P점 좌표의 최확값 계산

  1) 경중률

$$W_1 : W_2 : W_3 = \frac{1}{S_1} : \frac{1}{S_2} : \frac{1}{S_3} = \frac{1}{2} : \frac{1}{2} : \frac{1}{1.5} = 3 : 3 : 4$$

  2) P점 좌표

$$\bullet\ X_P = \frac{W_1 X_1 + W_2 X_2 + W_3 X_3}{W_1 + W_2 + W_3}$$

$$= 12,000.00 + \frac{(3 \times 0.28) + (3 \times 0.35) + (4 \times 0.16)}{3 + 3 + 4}$$

$$= 12,000.25\text{m}$$

$$\bullet \ Y_P = \frac{W_1 Y_1 + W_2 Y_2 + W_3 Y_3}{W_1 + W_2 + W_3}$$

$$= 24{,}500.00 + \frac{(3 \times 0.56) + (3 \times 0.40) + (4 \times 0.35)}{3+3+4}$$

$$= 24{,}500.43\text{m}$$

$$\therefore \ X_P = 12{,}000.25\text{m} \ , \ Y_P = 24{,}500.43\text{m}$$

(2) $\overline{PQ}$ 방위각 계산

1) 경중률

$$W_1 : W_2 : W_3 = N_1 : N_2 : N_3 = 3 : 5 : 3$$

2) $\overline{PQ}$ 방위각

$$\overline{PQ} \ \text{방위각}(\alpha) = \frac{W_1 \alpha_1 + W_2 \alpha_2 + W_3 \alpha_3}{W_1 + W_2 + W_3}$$

$$= \frac{(3 \times 225°00'30'') + (5 \times 225°00'15'') + (3 \times 224°59'30'')}{3+5+3}$$

$$= 225°00'07''$$

(3) Q점 좌표 계산

$$\bullet \ X_Q = X_P + (\overline{PQ} \ \text{거리} \times \cos \overline{PQ} \ \text{방위각})$$

$$= 12{,}000.25 + (500.00 \times \cos 225°00'07'')$$

$$= 11{,}646.71\text{m}$$

$$\bullet \ Y_Q = Y_P + (\overline{PQ} \ \text{거리} \times \sin \overline{PQ} \ \text{방위각})$$

$$= 24{,}500.43 + (500.00 \times \sin 225°00'07'')$$

$$= 24{,}146.86\text{m}$$

$$\therefore \ X_Q = 11{,}646.71\text{m} \ , \ Y_Q = 24{,}146.86\text{m}$$

003

다각측량을 한 성과가 다음과 같을 때 아래 성과표를 완성하고 다각형의 면적을 구하시오.(단, 경 · 위거 조정은 트랜싯법칙을 이용하고, 계산은 소수 넷째 자리에서 반올림하시오.)

A점의 합위거, 합경거는 (100.000m, 50.000m)

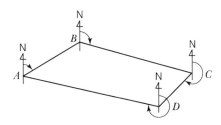

측선	거리 (m)	방위각	방위	위거 (m)	경거 (m)	위거조정량 (m)	경거조정량 (m)	조정위거 (m)	조정경거 (m)
$\overline{AB}$	63.102	35°15′10″							
$\overline{BC}$	55.605	129°14′43″							
$\overline{CD}$	36.820	195°10′28″							
$\overline{DA}$	72.498	285°29′15″							
계									

측점	합위거(m)	합경거(m)	배횡거(m)	배면적(m²)
A	100.000	50.000		
B				
C				
D				
계				

해설 및 정답

측선	거리(m)	방위각	방위	위거(m)	경거(m)
$\overline{AB}$	63.102	35°15′10″	N 35°15′10″ E	51.530	36.422
$\overline{BC}$	55.605	129°14′43″	S 50°45′17″ E	−35.178	43.063
$\overline{CD}$	36.820	195°10′28″	S 15°10′28″ W	−35.536	−9.638
$\overline{DA}$	72.498	285°29′15″	N 74°30′45″ W	19.359	−69.866
계	228.025			+0.175	−0.019

(1) 방위 계산

1) $\overline{AB}$ 방위 : N 35°15′10″ E

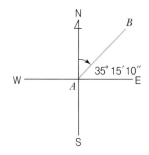

2) $\overline{BC}$ 방위 : S 50°45′17″ E

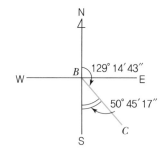

3) $\overline{CD}$ 방위 : S 15°10′28″ W

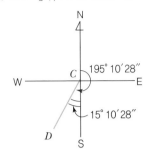

4) $\overline{DA}$ 방위 : N 74°30′45″ W

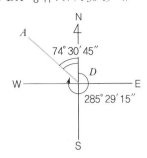

(2) 위거 및 경거 계산

1) 위거($l \cdot \cos\theta$)

① $\overline{AB}$ 위거 $= 63.102 \times \cos 35°15′10″ = 51.530\text{m}$

② $\overline{BC}$ 위거 $= 55.605 \times \cos 129°14′43″ = -35.178\text{m}$

③ $\overline{CD}$ 위거 $= 36.820 \times \cos 195°10′28″ = -35.536\text{m}$

④ $\overline{DA}$ 위거 $= 72.498 \times \cos 285°29′15″ = 19.359\text{m}$

2) 경거($l \cdot \sin\theta$)

① $\overline{AB}$ 경거 $= 63.102 \times \sin 35°15′10″ = 36.422\text{m}$

② $\overline{BC}$ 경거 $= 55.605 \times \sin 129°14′43″ = 43.063\text{m}$

③ $\overline{CD}$ 경거 $= 36.820 \times \sin 195°10′28″ = -9.638\text{m}$

④ $\overline{DA}$ 경거 $= 72.498 \times \sin 285°29′15″ = -69.866\text{m}$

측선	위거조정량 (m)	경거조정량 (m)	조정위거 (m)	조정경거 (m)	배횡거 (m)	배면적 (m²)	측점	합위거 (m)	합경거 (m)
$\overline{AB}$	−0.064	+0.004	51.466	36.426	36.426	1,874.701	A	100.000	50.000
$\overline{BC}$	−0.043	+0.005	−35.221	43.068	115.920	−4,082.818	B	151.466	86.426
$\overline{CD}$	−0.044	+0.001	−35.580	−9.637	149.351	−5,313.909	C	116.245	129.494
$\overline{DA}$	−0.024	+0.009	19.335	−69.857	69.857	1,350.685	D	80.665	119.857
계			0.000	0.000		6,171.341	A	100.000	50.000

(3) 위거조정량 및 경거조정량 계산

트랜싯법칙

• 위거조정량 $= \dfrac{\text{그 측선의 위거}}{|\text{위거의 절댓값의 합}|} \times \text{위거 오차}$

• 경거조정량 $= \dfrac{\text{그 측선의 경거}}{|\text{경거의 절댓값의 합}|} \times \text{경거 오차}$

1) 위거조정량(위거오차가 +0.175m이므로 ⊖보정)

① $\overline{AB}$ 위거조정량 $= \dfrac{51.530}{141.603} \times 0.175 = \ominus 0.064\text{m}$

② $\overline{BC}$ 위거조정량 $= \dfrac{35.178}{141.603} \times 0.175 = \ominus 0.043\text{m}$

③ $\overline{CD}$ 위거조정량 $= \dfrac{35.536}{141.603} \times 0.175 = \ominus\, 0.044\mathrm{m}$

④ $\overline{DA}$ 위거조정량 $= \dfrac{19.359}{141.603} \times 0.175 = \ominus\, 0.024\mathrm{m}$

2) 경거조정량(경거오차가 $-0.019\mathrm{m}$이므로 $\oplus$보정)

① $\overline{AB}$ 경거조정량 $= \dfrac{36.422}{158.989} \times 0.019 = \oplus\, 0.004\mathrm{m}$

② $\overline{BC}$ 경거조정량 $= \dfrac{43.063}{158.989} \times 0.019 = \oplus\, 0.005\mathrm{m}$

③ $\overline{CD}$ 경거조정량 $= \dfrac{9.638}{158.989} \times 0.019 = \oplus\, 0.001\mathrm{m}$

④ $\overline{DA}$ 경거조정량 $= \dfrac{69.866}{158.989} \times 0.019 = \oplus\, 0.008\mathrm{m} \Rightarrow 0.009\mathrm{m}\,(보정)$

(4) 배횡거 및 배면적 계산

> **· 보충설명 ·**
>
> 배횡거 / 배면적
> - 제1측선의 배횡거＝그 측선의 경거
> - 임의 측선의 배횡거＝전 측선의 배횡거＋전 측선의 경거＋그 측선의 경거
> - 마지막 측선의 배횡거＝그 측선의 경거 (단, 부호는 반대)
> - 배면적＝배횡거×위거

1) 배횡거

① $\overline{AB}$ 배횡거 $= 36.426\mathrm{m}$

② $\overline{BC}$ 배횡거 $= 36.426 + 36.426 + 43.068 = 115.920\mathrm{m}$

③ $\overline{CD}$ 배횡거 $= 115.920 + 43.068 - 9.637 = 149.351\mathrm{m}$

④ $\overline{DA}$ 배횡거 $= 149.351 - 9.637 - 69.857 = 69.857\mathrm{m}$

2) 배면적

① $\overline{AB}$ 배면적 $= 36.426 \times 51.466 = 1,874.701\mathrm{m}^2$

② $\overline{BC}$ 배면적 $= 115.920 \times (-35.221) = -4,082.818\mathrm{m}^2$

③ $\overline{CD}$ 배면적 $= 149.351 \times (-35.580) = -5,313.909\mathrm{m}^2$

④ $\overline{DA}$ 배면적 $= 69.857 \times 19.335 = 1,350.685\mathrm{m}^2$

합계 : $6,171.341\mathrm{m}^2$

$\therefore$ 면적 $= \dfrac{1}{2} \times 배면적 = \dfrac{1}{2} \times 6,171.341 = 3,085.671\mathrm{m}^2$

(5) 합위거 및 합경거 계산

1) 합위거

① 측점 $A = 100.000\mathrm{m}$

② 측점 $B = 100.000 + 51.466 = 151.466\mathrm{m}$

③ 측점 $C = 151.466 + (-35.221) = 116.245\mathrm{m}$

④ 측점 $D = 116.245 + (-35.580) = 80.665\mathrm{m}$

⑤ 측점 $A = 80.665 + 19.335 = 100.000\mathrm{m}$

2) 합경거

    ① 측점 $A = 50.000$m

    ② 측점 $B = 50.000 + 36.426 = 86.426$m

    ③ 측점 $C = 86.426 + 43.068 = 129.494$m

    ④ 측점 $D = 129.494 + (-9.637) = 119.857$m

    ⑤ 측점 $A = 119.857 - 69.857 = 50.000$m

004

폐합트래버스측량 후 내각 조정 결과가 다음과 같다. 컴퍼스법칙으로 조정하여 아래 성과표를 작성하고 폐합오차, 정확도, 트래버스 면적을 계산하시오. (단, 소수 셋째 자리까지 계산하시오.)

$\alpha = 45°00'00''$

$\angle A = 112°55'26''$

$\angle B = 72°19'08''$

$\angle C = 89°24'39''$

$\angle D = 85°20'47''$

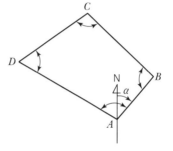

(1) 성과표

측선	거리(m)	방위각	위거(m)	경거(m)	조정위거(m)	조정경거(m)	배횡거(m)	배면적(m²)
$\overline{AB}$	85.345							
$\overline{BC}$	123.250							
$\overline{CD}$	90.160							
$\overline{DA}$	96.770							
계								

(2) 폐합오차 : _____m

(3) 정확도 : _____

(4) 면적 : _____m²

정답

(1) 성과표

측선	거리(m)	방위각	위거(m)	경거(m)	조정위거(m)	조정경거(m)	배횡거(m)	배면적(m²)
$\overline{AB}$	85.345	45°00'00''	60.348	60.348	60.344	60.355	60.355	3,642.062
$\overline{BC}$	123.250	297°19'08''	56.565	−109.503	56.559	−109.493	11.217	634.422
$\overline{CD}$	90.160	206°43'47''	−80.525	−40.552	−80.529	−40.545	−138.821	11,179.116
$\overline{DA}$	96.770	112°04'34''	−36.370	89.675	−36.374	89.683	−89.683	3,262.129
계	395.525		0.018	−0.032	0.000	0.000		

(2) 폐합오차 : 0.037m

(3) 정확도 : $\dfrac{1}{10,689.865}$

(4) 면적 : $9,358.865\text{m}^2$

해설

(1) 방위각 계산

측선	방위각
$\overline{AB}$	$45°00'00''$
$\overline{BC}$	$45°00'00'' + 180° + 72°19'08'' = 297°19'08''$
$\overline{CD}$	$297°19'08'' - 180° + 89°24'39'' = 206°43'47''$
$\overline{DA}$	$206°43'47'' - 180° + 85°20'47'' = 112°04'34''$

(2) 위거 및 경거 계산

  1) 위거$(l \cdot \cos\theta)$

    ① $\overline{AB}$ 위거 $= 85.345 \times \cos 45°00'00'' = 60.348\text{m}$

    ② $\overline{BC}$ 위거 $= 123.250 \times \cos 297°19'08'' = 56.565\text{m}$

    ③ $\overline{CD}$ 위거 $= 90.160 \times \cos 206°43'47'' = -80.525\text{m}$

    ④ $\overline{DA}$ 위거 $= 96.770 \times \cos 112°04'34'' = -36.370\text{m}$

  2) 경거$(l \cdot \sin\theta)$

    ① $\overline{AB}$ 경거 $= 85.345 \times \sin 45°00'00'' = 60.348\text{m}$

    ② $\overline{BC}$ 경거 $= 123.250 \times \sin 297°19'08'' = -109.503\text{m}$

    ③ $\overline{CD}$ 경거 $= 90.160 \times \sin 206°43'47'' = -40.552\text{m}$

    ④ $\overline{DA}$ 경거 $= 96.770 \times \sin 112°04'34'' = 89.675\text{m}$

(3) 폐합오차 및 폐합비 계산

  1) 폐합오차(E)

$$E = \sqrt{(위거오차)^2 + (경거오차)^2} = \sqrt{(0.018)^2 + (-0.032)^2} = 0.037\text{m}$$

  2) 폐합비(정확도)

$$폐합비 = \frac{폐합오차}{총\ 길이} = \frac{0.037}{395.525} = \frac{1}{10,689.865}$$

(4) 위거조정량 및 경거조정량 계산

측선	거리 (m)	위거 (m)	경거 (m)	위거조정량 (m)	경거조정량 (m)	조정위거 (m)	조정경거 (m)
$\overline{AB}$	85.345	60.348	60.348	-0.004	0.007	60.344	60.355
$\overline{BC}$	123.250	56.565	-109.503	-0.006	0.010	56.559	-109.493
$\overline{CD}$	90.160	-80.525	-40.552	-0.004	0.007	-80.529	-40.545
$\overline{DA}$	96.770	-36.370	89.675	-0.004	0.008	-36.374	89.683
계	395.525	0.018	-0.032	-0.018	0.032	0.000	0.000

1) 위거조정량(컴퍼스법칙 : 위거오차가 +0.018m이므로 ⊖조정)

① $\overline{AB}$ 위거조정량 $= \dfrac{85.345}{395.525} \times 0.018 = -0.004$m

② $\overline{BC}$ 위거조정량 $= \dfrac{123.250}{395.525} \times 0.018 = -0.006$m

③ $\overline{CD}$ 위거조정량 $= \dfrac{90.160}{395.525} \times 0.018 = -0.004$m

④ $\overline{DA}$ 위거조정량 $= \dfrac{96.770}{395.525} \times 0.018 = -0.004$m

2) 경거조정량(컴퍼스법칙 : 경거오차가 −0.032m이므로 ⊕조정)

① $\overline{AB}$ 경거조정량 $= \dfrac{85.345}{395.525} \times 0.032 = +0.007$m

② $\overline{BC}$ 경거조정량 $= \dfrac{123.250}{395.525} \times 0.032 = +0.010$m

③ $\overline{CD}$ 경거조정량 $= \dfrac{90.160}{395.525} \times 0.032 = +0.007$m

④ $\overline{DA}$ 경거조정량 $= \dfrac{96.770}{395.525} \times 0.032 = +0.008$m

(5) 배횡거 및 배면적 계산

측선	조정위거(m)	조정경거(m)	배횡거(m)	배면적(m²)
$\overline{AB}$	60.344	60.355	60.355	3,642.062
$\overline{BC}$	56.559	−109.493	11.217	634.422
$\overline{CD}$	−80.529	−40.545	−138.821	11,179.116
$\overline{DA}$	−36.374	89.683	−89.683	3,262.129
계				18,717.729

1) 배횡거

① $\overline{AB}$ 배횡거 $= 60.355$m

② $\overline{BC}$ 배횡거 $= 60.355 + 60.355 - 109.493 = 11.217$m

③ $\overline{CD}$ 배횡거 $= 11.217 - 109.493 - 40.545 = -138.821$m

④ $\overline{DA}$ 배횡거 $= -138.821 - 40.545 + 89.683 = -89.683$m

2) 배면적(배횡거×위거)

① $\overline{AB}$ 배면적 $= 60.355 \times 60.344 = 3,642.062$m^2

② $\overline{BC}$ 배면적 $= 11.217 \times 56.559 = 634.422$m^2

③ $\overline{CD}$ 배면적 $= -138.821 \times -80.529 = 11,179.116$m^2

④ $\overline{DA}$ 배면적 $= -89.683 \times -36.374 = 3,262.129$m^2

3) 면적(A)

$$A = \frac{1}{2} \times 배면적 = \frac{1}{2} \times 18,717.729 = 9,358.865 \text{m}^2$$

폐합트래버스측량 결과를 컴퍼스법칙을 이용하여 조정하고 합위거, 합경거 및 폐합비를 계산하시오. (단, 단위는 m이고, 소수 셋째 자리에서 반올림하시오.)

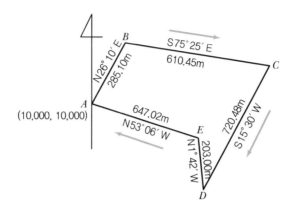

측선	방위	위거(m)		경거(m)		위거 조정량 (m)	경거 조정량 (m)
		+	−	+	−		
$\overline{AB}$							
$\overline{BC}$							
$\overline{CD}$							
$\overline{DE}$							
$\overline{EA}$							
계							

조정위거(m)		조정경거(m)		측점	합위거 (m)	합경거 (m)
+	−	+	−			
				A	10,000.00	10,000.00
				B		
				C		
				D		
				E		

※ 폐합비는 분자를 1로 하는 분수형태로 표현하시오. $\left(\dfrac{1}{A}\right)$

측선	방위	위거(m) +	위거(m) −	경거(m) +	경거(m) −	위거 조정량 (m)	경거 조정량 (m)
$\overline{AB}$	N 26°10′ E	255.88		125.72		0.08	−0.06
$\overline{BC}$	S 75°25′ E		153.70	590.78		0.18	−0.13
$\overline{CD}$	S 15°30′ W		694.28		192.54	0.21	−0.16
$\overline{DE}$	N 1°42′ W	202.91			6.02	0.05	−0.04
$\overline{EA}$	N 53°06′ W	388.48			517.41	0.19	−0.14
계		847.27	847.98	716.50	715.97	0.71	−0.53

조정위거(m) +	조정위거(m) −	조정경거(m) +	조정경거(m) −	측점	합위거 (m)	합경거 (m)
255.96		125.66		A	10,000.00	10,000.00
	153.52	590.65		B	10,255.96	10,125.66
	694.07		192.70	C	10,102.44	10,716.31
202.96			6.06	D	9,408.37	10,523.61
388.67			517.55	E	9,611.33	10,517.55

※ 폐합비는 분자를 1로 하는 분수형태로 표현하시오. $\left(\dfrac{1}{A}\right)$

- 폐합오차$(E) = \sqrt{(-0.71)^2 + (0.53)^2} = 0.89\text{m}$
- 폐합비 $= \dfrac{\text{폐합오차}}{\text{총 길이}} = \dfrac{0.89}{2,466.05} = \dfrac{1}{2,770.84}$

$\therefore$ 폐합비 $= \dfrac{1}{2,770.84}$

006 그림과 같은 폐합트래버스의 계산표를 완성하시오.(단, 위거와 경거는 소수 넷째 자리에서 반올림하고 조정은 트랜싯법칙으로 계산하시오.)

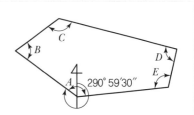

측점	측정각	조정량	조정각	측선	방위각	거리(m)	위거(m)	경거(m)
A	144°20′12″			$\overline{AB}$	290°59′30″	161.276		
B	78°11′31″			$\overline{BC}$		182.617		
C	122°18′47″			$\overline{CD}$		205.064		
D	99°35′24″			$\overline{DE}$		152.932		
E	95°35′36″			$\overline{EA}$		179.548		
계								

측선	위거조정량 (m)	경거조정량 (m)	조정위거 (m)	조정경거 (m)	합위거 (m)	합경거 (m)
$\overline{AB}$					100.000	200.000
$\overline{BC}$						
$\overline{CD}$						
$\overline{DE}$						
$\overline{EA}$						
계						

※ 계산을 위한 문제이므로 오차의 크기에 상관없이(오차는 허용범위 이내로 가정) 계산하시오.

해설 및 정답

측점	측정각	조정량	조정각	측선	방위각	거리(m)	위거(m)	경거(m)
A	144°20′12″	−18″	144°19′54″	$\overline{AB}$	290°59′30″	161.276	57.774	−150.573
B	78°11′31″	−18″	78°11′13″	$\overline{BC}$	32°48′17″	182.617	153.494	98.938
C	122°18′47″	−18″	122°18′29″	$\overline{CD}$	90°29′48″	205.064	−1.778	205.056
D	99°35′24″	−18″	99°35′06″	$\overline{DE}$	170°54′42″	152.932	−151.012	24.157
E	95°35′36″	−18″	95°35′18″	$\overline{EA}$	255°19′24″	179.548	−45.491	−173.690
계	540°01′30″	−1′30″	540°00′00″			881.437	12.987	3.888

측선	위거조정량(m)	경거조정량(m)	조정위거(m)	조정경거(m)	합위거(m)	합경거(m)
$\overline{AB}$	−1.832	−0.897	55.942	−151.470	100.000	200.000
$\overline{BC}$	−4.867	−0.590	148.627	98.348	155.942	48.530
$\overline{CD}$	−0.056	−1.222	−1.834	203.834	304.569	146.878
$\overline{DE}$	−4.789	−0.144	−155.801	24.013	302.735	350.712
$\overline{EA}$	−1.443	−1.035	−46.934	−174.725	146.934	374.725
계						

007 다음 그림에서 $\overline{AB}$ 측선을 NS 축으로 하고, B점을 원점$(0, 0)$으로 하여 다음 요소를 구하시오.(단, 계산은 소수 넷째 자리에서 반올림, 각은 초 단위까지 계산하시오.)

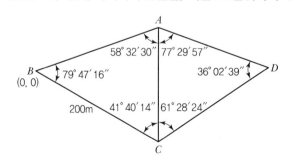

(1) $\overline{AB}$ 의 거리   (2) $\overline{AC}$ 의 거리

(3) $\overline{AD}$ 의 거리   (4) $\overline{AD}$ 방위각

(5) $\overline{AD}$ 의 위거, $\overline{AD}$의 경거   (6) D의 합위거, D의 합경거

(7) $\overline{BD}$의 거리

해설 및 정답

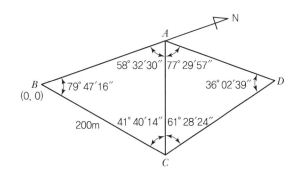

(1) $\overline{AB}$ 의 거리 계산

$$\frac{\overline{AB}}{\sin 41°40'14''} = \frac{200}{\sin 58°32'30''}$$

$$\therefore \ \overline{AB} = 155.881\text{m}$$

(2) $\overline{AC}$ 의 거리 계산

$$\frac{\overline{AC}}{\sin 79°47'16''} = \frac{200}{\sin 58°32'30''}$$

$$\therefore \ \overline{AC} = 230.747\text{m}$$

(3) $\overline{AD}$ 의 거리 계산

$$\frac{230.747}{\sin 36°02'39''} = \frac{\overline{AD}}{\sin 61°28'24''}$$

$$\therefore \ \overline{AD} = 344.545\text{m}$$

(4) $\overline{AD}$ 방위각 계산

$$\overline{AD} \text{ 방위각} = 180° - 58°32'30'' - 77°29'57''$$

$$= 43°57'33''$$

(5) $\overline{AD}$ 의 위거 및 경거 계산

- $\overline{AD}$ 위거 $= \overline{AD}$ 거리 $\times \cos\theta = 344.545 \times \cos 43°57'33'' = 248.015\text{m}$
- $\overline{AD}$ 경거 $= \overline{AD}$ 거리 $\times \sin\theta = 344.545 \times \sin 43°57'33'' = 239.164\text{m}$

(6) D의 합위거 및 합경거 계산

- $X_D = X_A + \overline{AD}$ 위거

  $= 155.881 + 248.015 = 403.896\text{m}$

- $Y_D = Y_A + \overline{AD}$ 경거

  $= 0 + 239.164 = 239.164\text{m}$

(7) $\overline{BD}$ 의 거리 계산

$$\overline{BD} \text{ 거리} = \sqrt{(X_D - X_B)^2 + (Y_D - Y_B)^2} = \sqrt{(403.896 - 0.000)^2 + (239.164 - 0.000)^2}$$
$$= 469.395\text{m}$$

---

008 다음 트래버스 계산결과를 이용하여 성과표를 완성하고 $\overline{BD}$ 의 거리를 구하시오. (단, $\overline{AB}$ 측선을 NS 축으로 하고 B점을 직각좌표 원점으로 하며 계산은 소수 넷째 자리에서 반올림하며 경·위거 조정은 컴퍼스법칙으로 계산하시오.)

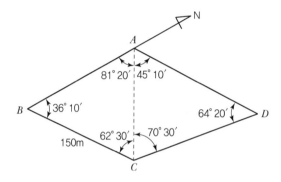

측선	거리(m)	방위	위거(m)		경거(m)		조정위거(m)		조정경거(m)	
			+	−	+	−	+	−	+	−
$\overline{BC}$	150.000									
$\overline{CD}$										
$\overline{DA}$										
$\overline{AB}$										
계										

측점	합위거(m)	합경거(m)
B	0.000	0.000
C		
D		
A		
B	0.000	0.000

측선	거리(m)	방위	위거(m)		경거(m)		조정위거(m)		조정경거(m)	
			+	−	+	−	+	−	+	−
$\overline{BC}$	150.000	N 36°10′ E	121.096		88.520		121.095		88.521	
$\overline{CD}$	70.452	N 10°50′ W	69.196			13.242	69.196			13.242
$\overline{DA}$	93.647	S 53°30′ W		55.703		75.279		55.703		75.279
$\overline{AB}$	134.588	S 0°00′ E		134.588	0.000			134.588	0.000	
계	448.687		190.292	190.291	88.520	88.521	190.291	190.291	88.521	88.521

측점	합위거(m)	합경거(m)
B	0.000	0.000
C	121.095	88.521
D	190.291	75.279
A	134.588	0.000
B	0.000	0.000

(1) 측선별 거리 계산

1) $\overline{CD}$ 거리

$$\frac{\overline{AC}}{\sin 36°10′} = \frac{150}{\sin 81°20}$$

$$\therefore \overline{AC} = 89.543\text{m}$$

$$\frac{\overline{CD}}{\sin 45°10′} - \frac{\overline{AC}}{\sin 64°20′} = \frac{89.543}{\sin 64°20′}$$

$$\therefore \overline{CD} = 70.452\text{m}$$

2) $\overline{DA}$ 거리

$$\frac{\overline{DA}}{\sin 70°30′} = \frac{89.543}{\sin 64°20′}$$

$$\therefore \overline{DA} = 93.647\text{m}$$

3) $\overline{AB}$ 거리

$$\frac{\overline{AB}}{\sin 62°30′} = \frac{150}{\sin 81°20′}$$

$$\therefore \overline{AB} = 134.588\text{m}$$

(2) 방위각 및 방위 계산

1) 방위각

① $\overline{BC}$ 방위각 $= 0°00′ + 36°10′ = 36°10′$

② $\overline{CD}$ 방위각 $= 36°10′ + 180° + 62°30′ + 70°30′ = 349°10′$

③ $\overline{DA}$ 방위각 $= 349°10′ - 180° + 64°20′ = 233°30′$

④ $\overline{AB}$ 방위각 $= 233°30′ - 180° + 45°10′ + 81°20′ = 180°00′$

2) 방위

① $\overline{BC}$ 방위 : N 36°10′ E

② $\overline{CD}$ 방위 : N 10°50′ W

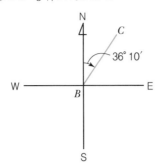

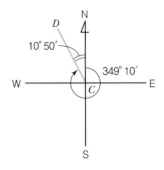

③ $\overline{DA}$ 방위 : S 53°30′ W

④ $\overline{AB}$ 방위 : S 0°00′ E 또는 S 0°00′ W

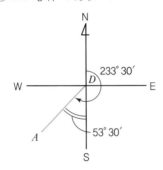

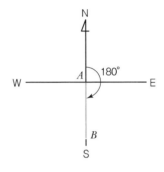

(3) 위거 및 경거 계산

1) 위거($l \cdot \cos\theta$)

① $\overline{BC}$ 위거 $= 150.000 \times \cos 36°10′ = 121.095$m

② $\overline{CD}$ 위거 $= 70.452 \times \cos 10°50′ = 69.196$m

③ $\overline{DA}$ 위거 $= 93.647 \times \cos 53°30′ = -55.703$m

④ $\overline{AB}$ 위거 $= 134.588 \times \cos 0°00′ = -134.588$m

2) 경거($l \cdot \sin\theta$)

① $\overline{BC}$ 경거 $= 150.000 \times \sin 36°10′ = 88.521$m

② $\overline{CD}$ 경거 $= 70.452 \times \sin 10°50′ = -13.242$m

③ $\overline{DA}$ 경거 $= 93.647 \times \sin 53°30′ = -75.279$m

④ $\overline{AB}$ 경거 $= 134.588 \times \sin 0°00′ = 0.000$m

(4) 위거조정량 및 경거조정량 계산

$$위거(경거)조정량(컴퍼스법칙) = \frac{위거(경거)오차}{총 \ 길이} \times 조정할 \ 측선의 \ 길이$$

※ 위거오차 $+0.001$m, 경거오차 -0.001m 발생하여 컴퍼스법칙에 의한 조정 시 거리가 가장 긴 $\overline{BC}$ 측선의 위거는 $\ominus$조정, 경거는 $\oplus$조정을 실시한다.

(5) 합위거 및 합경거 계산

　1) 합위거

　　① 측점 $B = 0.000\text{m}$

　　② 측점 $C = 0.000 + 121.095 = 121.095\text{m}$

　　③ 측점 $D = 121.095 + 69.196 = 190.291\text{m}$

　　④ 측점 $A = 190.291 - 55.703 = 134.588\text{m}$

　　⑤ 측점 $B = 134.588 - 134.588 = 0.000\text{m}$

　2) 합경거

　　① 측점 $B = 0.000\text{m}$

　　② 측점 $C = 0.000 + 88.521 = 88.521\text{m}$

　　③ 측점 $D = 88.521 - 13.242 = 75.279\text{m}$

　　④ 측점 $A = 75.279 - 75.279 = 0.000\text{m}$

　　⑤ 측점 $B = 0.000 - 0.000 = 0.000\text{m}$

(6) $\overline{BD}$ 의 거리 계산

$$\overline{BD} \text{ 거리} = \sqrt{(X_D - X_B)^2 + (Y_D - Y_B)^2}$$
$$= \sqrt{(190.291 - 0.000)^2 + (75.279 - 0.000)^2} = 204.640\text{m}$$

---

009 그림과 같은 결합트래버스를 관측한 결과 다음과 같은 성과를 얻었다. 이 성과를 이용하여 아래 요소를 계산하시오.

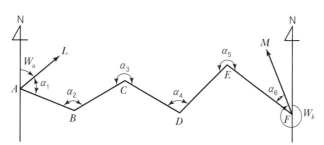

측점	좌표(m)		각명	방위각
	X	Y		
A	500.000	500.000	W_a	$40°25'16''$
F	508.008	776.212	W_b	$337°33'08''$

(1) 방위각 계산

측점	측선	측정 내각	보정량	보정 내각	방위각
	$\overline{A-L}$				40°25′16″
A	$\overline{A-B}$	72°16′31″			
B	$\overline{B-C}$	128°36′16″			
C	$\overline{C-D}$	241°17′38″			
D	$\overline{D-E}$	72°43′25″			
E	$\overline{E-F}$	289°42′10″			
F	$\overline{F-M}$	32°31′40″			

(2) 경 · 위거 조정

(단, 경 · 위거는 소수 넷째 자리에서 반올림하고 조정은 컴퍼스법칙으로 할 것)

측선	거리 (m)	방위각	위거 (m)	경거 (m)	조정위거 (m)	조정경거 (m)	측점	합위거 (m)	합경거 (m)
$\overline{A-L}$							A		
$\overline{A-B}$	57.469						B		
$\overline{B-C}$	79.534						C		
$\overline{C-D}$	60.123						D		
$\overline{D-E}$	84.329						E		
$\overline{E-F}$	98.434						F		
$\overline{F-M}$									

폐합오차 : _____m

폐합비 : _____

해설 및 정답

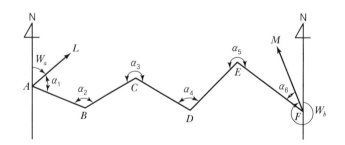

측점	좌표(m)		각명	방위각
	X	Y		
A	500.000	500.000	W_a	40°25′16″
F	508.008	776.212	W_b	337°33′08″

(1) 방위각 계산

측점	측선	측정 내각	보정량	보정 내각	방위각
	$\overline{A-L}$				40°25′16″
A	$\overline{A-B}$	72°16′31″	+2″	72°16′33″	112°41′49″
B	$\overline{B-C}$	128°36′16″	+2″	128°36′18″	61°18′07″
C	$\overline{C-D}$	241°17′38″	+2″	241°17′40″	122°35′47″
D	$\overline{D-E}$	72°43′25″	+2″	72°43′27″	15°19′14″
E	$\overline{E-F}$	289°42′10″	+2″	289°42′12″	125°01′26″
F	$\overline{F-M}$	32°31′40″	+2″	32°31′42″	337°33′08″

1) 측각오차(E_α)

$$E_\alpha = W_a + [\alpha] - 180°(n-3) - W_b$$
$$= 40°25′16″ + 837°07′40″ - 180°(6-3) - 337°33′08″$$
$$= -12″$$

$$\therefore \text{보정량} = \frac{12″}{6} = 2″ \ (\oplus 보정)$$

2) 방위각

① $\overline{A-L}$ 방위각(W_a) = 40°25′16″

② $\overline{A-B}$ 방위각 = $W_a + \angle\alpha_1 = 40°25′16″ + 72°16′33″ = 112°41′49″$

③ $\overline{B-C}$ 방위각 = $\overline{A-B}$ 측선의 방위각 $- 180° + \angle\alpha_2$
   $= 112°41′49″ - 180° + 128°36′18″ = 61°18′07″$

④ $\overline{C-D}$ 방위각 = $\overline{B-C}$ 측선의 방위각 $- 180° + \angle\alpha_3$
   $= 61°18′07″ - 180° + 241°17′40″ = 122°35′47″$

⑤ $\overline{D-E}$ 방위각 = $\overline{C-D}$ 측선의 방위각 $- 180° + \angle\alpha_4$
   $= 122°35′47″ - 180° + 72°43′27″ = 15°19′14″$

⑥ $\overline{E-F}$ 방위각 = $\overline{D-E}$ 측선의 방위각 $- 180° + \angle\alpha_5$
   $= 15°19′14″ - 180° + 289°42′12″ = 125°01′26″$

⑦ $\overline{F-M}$ 방위각(W_b) = ($\overline{E-F}$ 측선의 방위각 $- 180° + \angle\alpha_6$) $+ 360°$
   $= (125°01′26″ - 180° + 32°31′42″) + 360° = 337°33′08″$

(2) 위거 및 경거 계산

(단, 경·위거는 소수 넷째 자리에서 반올림하고 조정은 컴퍼스법칙으로 할 것)

측선	거리 (m)	방위각	위거 (m)	경거 (m)	조정위거 (m)	조정경거 (m)	측점	합위거 (m)	합경거 (m)
$\overline{A-L}$		40°25′16″					A	500.000	500.000
$\overline{A-B}$	57.469	112°41′49″	−22.175	53.019	−22.244	53.002	B	477.756	553.002

측선	거리 (m)	방위각	위거 (m)	경거 (m)	조정위거 (m)	조정경거 (m)	측점	합위거 (m)	합경거 (m)
$\overline{B-C}$	79.534	61°18′07″	38.192	69.764	38.096	69.740	C	515.852	622.742
$\overline{C-D}$	60.123	122°35′47″	−32.389	50.653	−32.462	50.635	D	483.390	673.377
$\overline{D-E}$	84.329	15°19′14″	81.332	22.281	81.230	22.256	E	564.620	695.633
$\overline{E-F}$	98.434	125°01′26″	−56.493	80.609	−56.612	80.579	F	508.008	776.212
계	379.889		8.467	276.326					

1) 위거($l \cdot \cos\theta$)

　① $\overline{A-B}$ 위거 $= 57.469 \times \cos 112°41′49″ = -22.175\mathrm{m}$

　② $\overline{B-C}$ 위거 $= 79.534 \times \cos 61°18′07″ = 38.192\mathrm{m}$

　③ $\overline{C-D}$ 위거 $= 60.123 \times \cos 122°35′47″ = -32.389\mathrm{m}$

　④ $\overline{D-E}$ 위거 $= 84.329 \times \cos 15°19′14″ = 81.332\mathrm{m}$

　⑤ $\overline{E-F}$ 위거 $= 98.434 \times \cos 125°01′26″ = -56.493\mathrm{m}$

2) 경거($l \cdot \sin\theta$)

　① $\overline{A-B}$ 경거 $= 57.469 \times \sin 112°41′49″ = 53.019\mathrm{m}$

　② $\overline{B-C}$ 경거 $= 79.534 \times \sin 61°18′07″ = 69.764\mathrm{m}$

　③ $\overline{C-D}$ 경거 $= 60.123 \times \sin 122°35′47″ = 50.653\mathrm{m}$

　④ $\overline{D-E}$ 경거 $= 84.329 \times \sin 15°19′14″ = 22.281\mathrm{m}$

　⑤ $\overline{E-F}$ 경거 $= 98.434 \times \sin 125°01′26″ = 80.609\mathrm{m}$

(3) 폐합오차 및 폐합비 계산

1) 폐합오차(E)

$$E = \sqrt{(위거오차)^2 + (경거오차)^2} = \sqrt{(0.459)^2 + (0.114)^2} = 0.473\mathrm{m}$$

2) 폐합비

$$폐합비 = \frac{폐합오차}{총\ 길이} = \frac{0.473}{379.889} = \frac{1}{803.148}$$

(4) 위거조정량 및 경거조정량 계산

1) 위거조정량(컴퍼스법칙)

위거오차 $= (X_A + \sum L) - X_F = (500.000 + 8.467) - 508.008 = +0.459\mathrm{m}\,(\ominus보정)$

　① $\overline{A-B}$ 위거조정량 $= \dfrac{57.469}{379.889} \times 0.459 = -0.069\mathrm{m}$

　② $\overline{B-C}$ 위거조정량 $= \dfrac{79.534}{379.889} \times 0.459 = -0.096\mathrm{m}$

　③ $\overline{C-D}$ 위거조정량 $= \dfrac{60.123}{379.889} \times 0.459 = -0.073\mathrm{m}$

　④ $\overline{D-E}$ 위거조정량 $= \dfrac{84.329}{379.889} \times 0.459 = -0.102\mathrm{m}$

　⑤ $\overline{E-F}$ 위거조정량 $= \dfrac{98.434}{379.889} \times 0.459 = -0.119\mathrm{m}$

2) 경거조정량(컴퍼스법칙)

경거오차 $= (Y_A + \sum D) - Y_F = (500.000 + 276.326) - 776.212 = +0.114\mathrm{m}\,(\ominus보정)$

① $\overline{A-B}$ 경거조정량 $= \dfrac{57.469}{379.889} \times 0.114 = -0.017\text{m}$

② $\overline{B-C}$ 경거조정량 $= \dfrac{79.534}{379.889} \times 0.114 = -0.024\text{m}$

③ $\overline{C-D}$ 경거조정량 $= \dfrac{60.123}{379.889} \times 0.114 = -0.018\text{m}$

④ $\overline{D-E}$ 경거조정량 $= \dfrac{84.329}{379.889} \times 0.114 = -0.025\text{m}$

⑤ $\overline{E-F}$ 경거조정량 $= \dfrac{98.434}{379.889} \times 0.114 = -0.030\text{m}$

(5) 합위거 및 합경거 계산

측점	합위거(m)	합경거(m)
A	500.000	500.000
B	500.000 − 22.244 = 477.756	500.000 + 53.002 = 553.002
C	477.756 + 38.096 = 515.852	553.002 + 69.740 = 622.742
D	515.852 − 32.462 = 483.390	622.742 + 50.635 = 673.377
E	483.390 + 81.230 = 564.620	673.377 + 22.256 = 695.633
F	564.620 − 56.612 = 508.008	695.633 + 80.579 = 776.212

010

그림과 같은 결합트래버스를 측정한 결과 다음과 같은 관측각을 얻었다. 이 관측각을 이용하여 성과표를 완성하시오. (계산은 소수 넷째 자리에서 반올림하고 경·위거 조정은 컴퍼스법칙으로 계산하시오.)

측점	좌표(m)	
	X	Y
A	278.274	136.211
B	263.270	201.218

각명	방위각
A_1	326°18′36″
A_n	338°11′55″

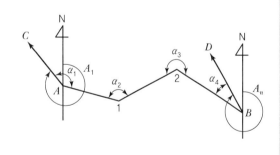

(1) 각 조정표

측점	관측각	보정량	보정각
A	145°29′17″		
1	108°48′00″		
2	271°23′09″		
B	26°12′41″		
계			

(2) 방위각 계산

측선	방위각	방위
$\overline{A-1}$		
$\overline{1-2}$		
$\overline{2-B}$		
$\overline{B-D}$		

(3) 위 · 경거 폐합오차 및 폐합비 계산

측선	거리(m)	방위	위거(m) N(+)	위거(m) S(−)	경거(m) E(+)	경거(m) W(−)
$\overline{A-1}$	26.926					
$\overline{1-2}$	23.049					
$\overline{2-B}$	33.634					
$\overline{B-D}$						
계						

측선	조정위거(m) N(+)	조정위거(m) S(−)	조정경거(m) E(+)	조정경거(m) W(−)	측점	합위거 (m)	합경거 (m)
$\overline{A-1}$					A		
$\overline{1-2}$					1		
$\overline{2-B}$					2		
$\overline{B-D}$					B		
계							

폐합오차(E) : _____m

폐합비 : _____

해설 및 정답

측점	좌표(m) X	좌표(m) Y
A	278.274	136.211
B	263.270	201.218

각명	방위각
A_1	326°18′36″
A_n	338°11′55″

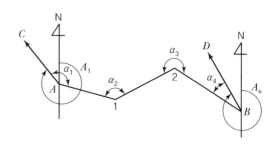

(1) 각 조정표

측점	관측각	보정량	보정각
A	145°29′17″	+3″	145°29′20″
1	108°48′00″	+3″	108°48′03″
2	271°23′09″	+3″	271°23′12″
B	26°12′41″	+3″	26°12′44″
계	551°53′07″	+12″	

1) 측각오차(E_α)

$$E_\alpha = A_1 + [\alpha] - 180°(n-1) - A_n$$
$$= 326°18′36″ + 551°53′07″ - 180°(4-1) - 338°11′55″$$
$$= -12″$$

2) 보정량 $= \dfrac{12″}{4} = 3″$ ($\oplus$보정)

(2) 방위각 및 방위 계산

측선	방위각	방위
$\overline{A-1}$	$(326°18′36″ + 145°29′20″) - 360° = 111°47′56″$	S 68°12′04″ E
$\overline{1-2}$	$111°47′56″ - 180° + 108°48′03″ = 40°35′59″$	N 40°35′59″ E
$\overline{2-B}$	$40°35′59″ - 180° + 271°23′12″ = 131°59′11″$	S 48°00′49″ E
$\overline{B-D}$	$131°59′11″ + 180° + 26°12′44″ = 338°11′55″$	N 21°48′05″ W

① $\overline{A-1}$ 방위 : S 68°12′04″ E

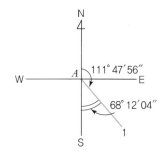

② $\overline{1-2}$ 방위 : N 40°35′59″ E

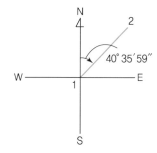

③ $\overline{2-B}$ 방위 : S 48°00′49″ E

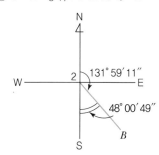

④ $\overline{B-D}$ 방위 : N 21°48′05″ W

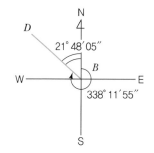

(3) 위거 및 경거 계산

측선	거리(m)	방위각	위거(m)		경거(m)	
			N(+)	S(−)	E(+)	W(−)
$\overline{A-1}$	26.926	111°47′56″		9.999	25.001	
$\overline{1-2}$	23.049	40°35′59″	17.501		15.000	
$\overline{2-B}$	33.634	131°59′11″		22.500	25.000	
$\overline{B-D}$						

1) 위거($l \cdot \cos\theta$)

① $\overline{A-1}$ 위거 $= 26.926 \times \cos 111°47′56″ = -9.999\text{m}$

② $\overline{1-2}$ 위거 $= 23.049 \times \cos 40°35′59″ = 17.501\text{m}$

③ $\overline{2-B}$ 위거 $= 33.634 \times \cos 131°59′11″ = -22.500\text{m}$

2) 경거($l \cdot \sin\theta$)

① $\overline{A-1}$ 경거 $= 26.926 \times \sin 111°47′56″ = 25.001\text{m}$

② $\overline{1-2}$ 경거 $= 23.049 \times \sin 40°35′59″ = 15.000\text{m}$

③ $\overline{2-B}$ 경거 $= 33.634 \times \sin 131°59′11″ = 25.000\text{m}$

(4) 폐합오차 및 폐합비 계산

1) 폐합오차(E)

$$E = \sqrt{(위거오차)^2 + (경거오차)^2} = \sqrt{(0.006)^2 + (-0.006)^2} = 0.008\text{m}$$

2) 폐합비

$$폐합비 = \frac{폐합오차}{총 \ 길이} = \frac{0.008}{83.609} = \frac{1}{10,451.125}$$

(5) 위거조정량 및 경거조정량 계산

측선	위거조정량 (m)	조정위거(m)		경거조정량 (m)	조정경거(m)		측 점	합위거 (m)	합경거 (m)
		N(+)	S(−)		E(+)	W(−)			
$\overline{A-1}$	−0.002		10.001	+0.002	25.003		A	278.274	136.211
$\overline{1-2}$	−0.002	17.499		+0.002	15.002		1	268.273	161.214
$\overline{2-B}$	−0.002		22.502	+0.002	25.002		2	285.772	176.216
$\overline{B-D}$							B	263.270	201.218

1) 위거조정량(컴퍼스법칙)

위거오차 $= (X_A + \Sigma L) - X_B = 278.274 + (-14.998) - 263.270 = +0.006\text{m}(\ominus 보정)$

① $\overline{A-1}$ 위거조정량 $= \dfrac{26.926}{83.609} \times 0.006 = -0.002\text{m}$

② $\overline{1-2}$ 위거조정량 $= \dfrac{23.049}{83.609} \times 0.006 = -0.002\text{m}$

③ $\overline{2-B}$ 위거조정량 $= \dfrac{33.634}{83.609} \times 0.006 = -0.002\text{m}$

2) 경거조정량(컴퍼스법칙)

경거오차 $= (Y_A + \Sigma D) - Y_B = (136.211 + 65.001) - 201.218 = -0.006\text{m}(\oplus 보정)$

① $\overline{A-1}$ 경거조정량 $= \dfrac{26.926}{83.609} \times 0.006 = +0.002\text{m}$

② $\overline{1-2}$ 경거조정량 $= \dfrac{23.049}{83.609} \times 0.006 = +0.002\text{m}$

③ $\overline{2-B}$ 경거조정량 $= \dfrac{33.634}{83.609} \times 0.006 = +0.002\text{m}$

(6) 합위거 및 합경거 계산

1) 합위거

① 측점 $A = 278.274\text{m}$

② 측점 $1 = 278.274 - 10.001 = 268.273\text{m}$

③ 측점 $2 = 268.273 + 17.499 = 285.772\text{m}$

④ 측점 $B = 285.772 - 22.502 = 263.270\text{m}$

2) 합경거

① 측점 $A = 136.211\text{m}$

② 측점 $1 = 136.211 + 25.003 = 161.214\text{m}$

③ 측점 $2 = 161.214 + 15.002 = 176.216\text{m}$

④ 측점 $B = 176.216 + 25.002 = 201.218\text{m}$

011

다음 결합트래버스측량 결과에 의해 성과표를 완성하고 점 1과 점 4의 좌표가 $X_1 = 100.000\text{m}$, $Y_1 = 50.000\text{m}$, $X_4 = 113.689\text{m}$, $Y_4 = 122.831\text{m}$일 때 폐합오차와 폐합비를 구하시오. (단, 위거, 경거 조정은 컴퍼스법칙을 이용하고, 소수 넷째 자리에서 반올림하여 소수 셋째 자리까지 계산하시오.)

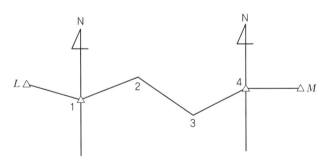

(1) 성과표

측선	방위각	거리(m)	위거 (m)	경거 (m)	조정위거 (m)	조정경거 (m)	측점	합위거 (m)	합경거 (m)
$\overline{1-2}$	56°18′36″	26.784					1		
$\overline{2-3}$	126°52′12″	39.628					2		
$\overline{3-4}$	39°48′20″	29.427					3		
계		95.839					4		

(2) 폐합오차 : _____m   (3) 폐합비 : _____

측선	방위각	거리(m)	위거(m)	경거(m)	조정위거(m)	조정경거(m)	측점	합위거(m)	합경거(m)
$\overline{1-2}$	56°18′36″	26.784	14.857	22.286	14.858	22.287	1	100.000	50.000
$\overline{2-3}$	126°52′12″	39.628	−23.777	31.702	−23.776	31.704	2	114.858	72.287
$\overline{3-4}$	39°48′20″	29.427	22.606	18.839	22.607	18.840	3	91.082	103.991
계		95.839	13.686	72.827			4	113.689	122.831

(1) 위거 및 경거 계산

    1) 위거$(l \cdot \cos\theta)$

        ① $\overline{1-2}$ 위거 $= 26.784 \times \cos 56°18′36″ = 14.857\text{m}$

        ② $\overline{2-3}$ 위거 $= 39.628 \times \cos 126°52′12″ = -23.777\text{m}$

        ③ $\overline{3-4}$ 위거 $= 29.427 \times \cos 39°48′20″ = 22.606\text{m}$

    2) 경거$(l \cdot \sin\theta)$

        ① $\overline{1-2}$ 경거 $= 26.784 \times \sin 56°18′36″ = 22.286\text{m}$

        ② $\overline{2-3}$ 경거 $= 39.628 \times \sin 126°52′12″ = 31.702\text{m}$

        ③ $\overline{3-4}$ 경거 $= 29.427 \times \sin 39°48′20″ = 18.839\text{m}$

(2) 위거오차 및 경거오차 계산

    1) 위거오차 $= (X_1 + \sum 위거) - X_4$

$$= (100.000 + 13.686) - 113.689 = -0.003\text{m}\,(\oplus 보정)$$

    2) 경거오차 $= (Y_1 + \sum 경거) - Y_4$

$$= (50.000 + 72.827) - 122.831 = -0.004\text{m}\,(\oplus 보정)$$

(3) 폐합오차 및 폐합비 계산

    1) 폐합오차$(E) = \sqrt{(위거오차)^2 + (경거오차)^2}$

$$= \sqrt{(-0.003)^2 + (-0.004)^2} = 0.005\text{m}$$

    2) 폐합비 $= \dfrac{폐합오차}{총\ 길이} = \dfrac{0.005}{95.839} = \dfrac{1}{19,167.8}$

(4) 위거조정량 및 경거조정량 계산

측선	위거조정량	경거조정량
$\overline{1-2}$	$\dfrac{26.784}{95.839} \times 0.003 = 0.001\text{m}$	$\dfrac{26.784}{95.839} \times 0.004 = 0.001\text{m}$
$\overline{2-3}$	$\dfrac{39.628}{95.839} \times 0.003 = 0.001\text{m}$	$\dfrac{39.628}{95.839} \times 0.004 = 0.002\text{m}$
$\overline{3-4}$	$\dfrac{29.427}{95.839} \times 0.003 = 0.001\text{m}$	$\dfrac{29.427}{95.839} \times 0.004 = 0.001\text{m}$

(5) 합위거 및 합경거 계산

    1) 합위거

        ① 측점 1 $= 100.000\text{m}$

        ② 측점 2 $= 100.000 + 14.858 = 114.858\text{m}$

③ 측점 $3 = 114.858 - 23.776 = 91.082$m

④ 측점 $4 = 91.082 + 22.607 = 113.689$m

2) 합경거

① 측점 $1 = 50.000$m

② 측점 $2 = 50.000$m $+ 22.287 = 72.287$m

③ 측점 $3 = 72.287 + 31.704 = 103.991$m

④ 측점 $4 = 103.991 + 18.840 = 122.831$m

012 다음 결합트래버스의 각 관측오차와 결합오차 조정을 실시하여 표를 완성하시오.(단, 위거와 경거는 소수 셋째 자리에서 반올림하여 소수 둘째 자리까지, 각은 반올림하여 초($''$)단위까지 구하고, 조정은 컴퍼스법칙을 적용하시오.)

$X_{BM_1} = 323.48$m

$Y_{BM_1} = 721.12$m

$X_{BM_2} = 317.68$m

$Y_{BM_2} = 896.16$m

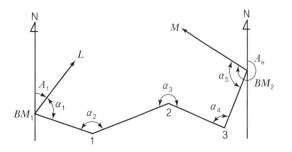

측점	측선	측정내각	보정량	보정내각	측선거리(m)	방위각	위거(m)	경거(m)
	$\overline{BM_1 - L}$					$35°18'24''$		
BM_1	$\overline{BM_1 - 1}$	$78°23'48''$			45.95			
1	$\overline{1-2}$	$147°08'12''$			68.13			
2	$\overline{2-3}$	$220°45'07''$			52.48			
3	$\overline{3-BM_2}$	$94°15'58''$			36.07			
BM_2	$\overline{BM_2 - M}$	$110°16'35''$				$326°07'49''$		
계		$650°49'40''$			202.63			

측선	위거조정량(m)	경거조정량(m)	조정위거(m)	조정경거(m)
$\overline{BM_1 - L}$				
$\overline{BM_1 - 1}$				
$\overline{1-2}$				
$\overline{2-3}$				
$\overline{3-BM_2}$				
계				

정답

측점	측선	측정내각	보정량	보정내각	측선거리(m)	방위각	위거(m)	경거(m)
	$\overline{BM_1 - L}$					35°18′24″		
BM_1	$\overline{BM_1 - 1}$	78°23′48″	−3″	78°23′45″	45.95	113°42′09″	−18.47	42.07
1	$\overline{1-2}$	147°08′12″	−3″	147°08′09″	68.13	80°50′18″	10.85	67.26
2	$\overline{2-3}$	220°45′07″	−3″	220°45′04″	52.48	121°35′22″	−27.49	44.70
3	$\overline{3 - BM_2}$	94°15′58″	−3″	94°15′55″	36.07	35°51′17″	29.23	21.13
BM_2	$\overline{BM_2 - M}$	110°16′35″	−3″	110°16′32″		326°07′49″		
계		650°49′40″			202.63		−5.88	175.16

측선	위거조정량(m)	경거조정량(m)	조정위거(m)	조정경거(m)
$\overline{BM_1 - L}$				
$\overline{BM_1 - 1}$	0.02	−0.03	−18.45	42.04
$\overline{1-2}$	0.03	−0.04	10.88	67.22
$\overline{2-3}$	0.02	−0.03	−27.47	44.67
$\overline{3 - BM_2}$	0.01	−0.02	29.24	21.11
계	0.08	−0.12	5.80	175.04

해설

(1) 측각오차(E_n) 계산

$$측각오차(E_\alpha) = A_1 + [\alpha] - 180°(n-3) - A_n$$
$$= 35°18′24″ + 650°49′40″ - 180°(5-3) - 326°07′49″ = 15″$$

$$\therefore 조정량 = \frac{15″}{5} = 3″ \ (\ominus 보정)$$

(2) 방위각 계산

1) $\overline{BM_1 - L}$ 방위각(A_1) $= 35°18′24″$

2) $\overline{BM_1 - 1}$ 방위각 $= 35°18′24″ + 78°23′45″ = 113°42′09″$

3) $\overline{1-2}$ 방위각 $= 113°42′09″ - 180° + 147°08′09″ = 80°50′18″$

4) $\overline{2-3}$ 방위각 $= 80°50′18″ - 180° + 220°45′04″ = 121°35′22″$

5) $\overline{3 - BM_2}$ 방위각 $= 121°35′22″ - 180° + 94°15′55″ = 35°51′17″$

6) $\overline{BM_2 - M}$ 방위각(A_n) $= 35°51′17″ + 180° + 110°16′32″ = 326°07′49″$

(3) 위거 및 경거 계산

측선	위거($l \cdot \cos\theta$)	경거($l \cdot \sin\theta$)
$\overline{BM_1 - 1}$	$45.95 \times \cos 113°42′09″ = -18.47\text{m}$	$45.95 \times \sin 113°42′09″ = 42.07\text{m}$
$\overline{1-2}$	$68.13 \times \cos 80°50′18″ = 10.85\text{m}$	$68.13 \times \sin 80°50′18″ = 67.26\text{m}$
$\overline{2-3}$	$52.48 \times \cos 121°35′22″ = -27.49\text{m}$	$52.48 \times \sin 121°35′22″ = 44.70\text{m}$
$\overline{3 - BM_2}$	$36.07 \times \cos 35°51′17″ = 29.23\text{m}$	$36.07 \times \sin 35°51′17″ = 21.13\text{m}$

(4) 위거오차 및 경거오차 계산

1) 위거오차 $= (X_{BM_1} + \sum 위거) - X_{BM_2}$

$$= \{323.48 + (-5.88)\} - 317.68 = -0.08\text{m} \,(\oplus 보정)$$

2) 경거오차 $= (Y_{BM_1} + \sum 경거) - Y_{BM_2}$

$$= (721.12 + 175.16) - 896.16 = 0.12\text{m} \,(\ominus 보정)$$

(5) 위거조정량 및 경거조정량 계산

측선	위거조정량(m)	경거조정량(m)
$\overline{BM_1 - 1}$	$\dfrac{45.95}{202.63} \times 0.08 = 0.02$	$\dfrac{45.95}{202.63} \times 0.12 = -0.03$
$\overline{1 - 2}$	$\dfrac{68.13}{202.63} \times 0.08 = 0.03$	$\dfrac{68.13}{202.63} \times 0.12 = -0.04$
$\overline{2 - 3}$	$\dfrac{52.48}{202.63} \times 0.08 = 0.02$	$\dfrac{52.48}{202.63} \times 0.12 = -0.03$
$\overline{3 - BM_2}$	$\dfrac{36.07}{202.63} \times 0.08 = 0.01$	$\dfrac{36.07}{202.63} \times 0.12 = -0.02$

(6) 조정위거 및 조정경거 계산

1) 조정위거

① $\overline{BM_1 - 1}$ 조정위거 $= (-18.47) + 0.02 = -18.45\text{m}$

② $\overline{1 - 2}$ 조정위거 $= 10.85 + 0.03 = 10.88\text{m}$

③ $\overline{2 - 3}$ 조정위거 $= (-27.49) + 0.02 = -27.47\text{m}$

④ $\overline{3 - BM_2}$ 조정위거 $= 29.23 + 0.01 = 29.24\text{m}$

2) 조정경거

① $\overline{BM_1 - 1}$ 조정경거 $= 42.07 - 0.03 = 42.04\text{m}$

② $\overline{1 - 2}$ 조정경거 $= 67.26 - 0.04 = 67.22\text{m}$

③ $\overline{2 - 3}$ 조정경거 $= 44.70 - 0.03 = 44.67\text{m}$

④ $\overline{3 - BM_2}$ 조정경거 $= 21.13 - 0.02 = 21.11\text{m}$

013

다음의 결합트래버스측량 결과에 대하여 성과표를 완성하고 직선 $\overline{BE}$ 의 거리 및 방위각을 구하시오.(단, 경·위거는 소수 넷째 자리에서, 방위각은 $0.1''$에서 반올림하고 경·위거 조정은 컴퍼스법칙으로 계산하시오.)

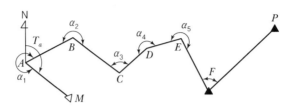

[좌표]

A점 $X_A = 200.000\text{m}$, $Y_A = 50.000\text{m}$

F점 $X_F = 190.000\text{m}$, $Y_F = 530.000\text{m}$

P점 $X_P = 590.000\text{m}$, $Y_P = 887.132\text{m}$

[방위각]

$T_a = 153°05'44''$

측점	측선	측정각	거리(m)	조정량	조정각	방위각	방위
M	$\overline{A-M}$					$153°05'44''$	S $26°54'16''$ E
A	$\overline{A-B}$	$252°31'32''$	124.300				
B	$\overline{B-C}$	$269°49'23''$	150.700				
C	$\overline{C-D}$	$87°55'52''$	118.700				
D	$\overline{D-E}$	$222°16'33''$	139.300				
E	$\overline{E-F}$	$237°22'22''$	108.100				
F	$\overline{F-P}$	$78°44'02''$					

측선	위거(m) N(+)	위거(m) S(−)	경거(m) E(+)	경거(m) W(−)	위거 조정량 (m)	경거 조정량 (m)	조정위거(m) N(+)	조정위거(m) S(−)	조정경거(m) E(+)	조정경거(m) W(−)	합위거 (m)	합경거 (m)
$\overline{A-B}$												
$\overline{B-C}$												
$\overline{C-D}$												
$\overline{D-E}$												
$\overline{E-F}$												
$\overline{F-P}$												

측점	측선	측정각	거리(m)	조정량	조정각	방위각	방위
M	$\overline{A-M}$					153°05′44″	S 26°54′16″ E
A	$\overline{A-B}$	252°31′32″	124.300	+1″	252°31′33″	45°37′17″	N 45°37′17″ E
B	$\overline{B-C}$	269°49′23″	150.700	+1″	269°49′24″	135°26′41″	S 44°33′19″ E
C	$\overline{C-D}$	87°55′52″	118.700	+1″	87°55′53″	43°22′34″	N 43°22′34″ E
D	$\overline{D-E}$	222°16′33″	139.300	+1″	222°16′34″	85°39′08″	N 85°39′08″ E
E	$\overline{E-F}$	237°22′22″	108.100	+1″	237°22′23″	143°01′31″	S 36°58′29″ E
F	$\overline{F-P}$	78°44′02″		+1″	78°44′03″	41°45′34″	N 41°45′34″ E

측선	위거(m) N(+)	S(−)	경거(m) E(+)	W(−)	위거 조정량(m)	경거 조정량(m)	조정위거(m) N(+)	S(−)	조정경거(m) E(+)	W(−)	합위거(m)	합경거(m)
$\overline{A-B}$	86.935		88.841		−0.005	−0.002	86.930		88.839		200.000	50.000
$\overline{B-C}$		107.385	105.731		−0.006	−0.002		107.391	105.729		286.930	138.839
$\overline{C-D}$	86.278		81.521		−0.005	−0.002	86.273		81.519		179.539	244.568
$\overline{D-E}$	10.560		138.899		−0.006	−0.002	10.554		138.897		265.812	326.087
$\overline{E-F}$		86.361	65.018		−0.005	−0.002		86.366	65.016		276.366	464.984
$\overline{F-P}$											190.000	530.000

(1) 각 조정표 계산

측점	측정각	조정량	조정각
A	252°31′32″	+1″	252°31′33″
B	269°49′23″	+1″	269°49′24″
C	87°55′52″	+1″	87°55′53″
D	222°16′33″	+1″	222°16′34″
E	237°22′22″	+1″	237°22′23″
F	78°44′02″	+1″	78°44′03″
계	1,148°39′44″	+6″	

1) 방위각 $\overline{FP}$

$$\tan\theta = \frac{Y_P - Y_F}{X_P - X_F} \quad \rightarrow \quad \theta = \tan^{-1}\frac{357.132}{400.000} = 41°45′34″(1상한)$$

$\therefore \overline{FP}$ 방위각 $= 41°45′34″$

2) 측각오차(E_α)

$$E_\alpha = \{T_a + [\alpha] - 180°(n-1) - T_b\} - 360°$$
$$= \{153°05′44″ + 1,148°39′44″ - 180°(6-1) - 41°45′34″\} - 360°$$
$$= -6″$$

3) 조정량 $= \dfrac{6″}{6} = 1″$ (⊕보정)

측선	방위각	방위
$\overline{A-M}$	$153°05'44''$	S 26°54′16″E
$\overline{A-B}$	$(153°05'44''+252°31'33'')-360°=45°37'17''$	N 45°37′17″E
$\overline{B-C}$	$45°37'17''-180°+269°49'24''=135°26'41''$	S 44°33′19″E
$\overline{C-D}$	$135°26'41''-180°+87°55'53''=43°22'34''$	N 43°22′34″E
$\overline{D-E}$	$43°22'34''-180°+222°16'34''=85°39'08''$	N 85°39′08″E
$\overline{E-F}$	$85°39'08''-180°+237°22'23''=143°01'31''$	S 36°58′29″E
$\overline{F-P}$	$143°01'31''-180°+78°44'03''=41°45'34''$	N 41°45′34″E

1) 방위

① $\overline{A-M}$ 방위 : S 26°54′16″ E

② $\overline{A-B}$ 방위 : N 45°37′17″ E

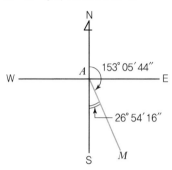
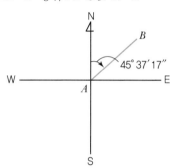

③ $\overline{B-C}$ 방위 : S 44°33′19″ E

④ $\overline{C-D}$ 방위 : N 43°22′34″ E

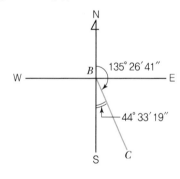
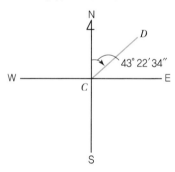

⑤ $\overline{D-E}$ 방위 : N 85°39′08″ E

⑥ $\overline{E-F}$ 방위 : S 36°58′29″ E

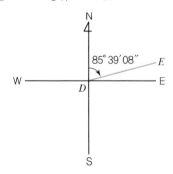
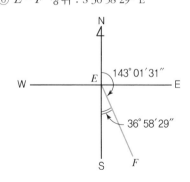

⑦ $\overline{F-P}$ 방위 : N 41°45′34″ E

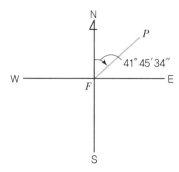

(3) 위거 및 경거 계산

측선	거리(m)	방위각	위거(m)		경거(m)	
			N(+)	S(−)	E(+)	W(−)
$\overline{A-B}$	124.300	45°37′17″	86.935		88.841	
$\overline{B-C}$	150.700	135°26′41″		107.385	105.731	
$\overline{C-D}$	118.700	43°22′34″	86.278		81.521	
$\overline{D-E}$	139.300	85°39′08″	10.560		138.899	
$\overline{E-F}$	108.100	143°01′31″		86.361	65.018	
$\overline{F-P}$						
계	641.100		183.773	193.746	480.010	

1) 위거($l \cdot \cos\theta$)

① $\overline{A-B}$ 위거 $= 124.300 \times \cos 45°37′17″ = 86.935\text{m}$

② $\overline{B-C}$ 위거 $= 150.700 \times \cos 135°26′41″ = -107.385\text{m}$

③ $\overline{C-D}$ 위거 $= 118.700 \times \cos 43°22′34″ = 86.278\text{m}$

④ $\overline{D-E}$ 위거 $= 139.300 \times \cos 85°39′08″ = 10.560\text{m}$

⑤ $\overline{E-F}$ 위거 $= 108.100 \times \cos 143°01′31″ = -86.361\text{m}$

2) 경거($l \cdot \sin\theta$)

① $\overline{A-B}$ 경거 $= 124.300 \times \sin 45°37′17″ = 88.841\text{m}$

② $\overline{B-C}$ 경거 $= 150.700 \times \sin 135°26′41″ = 105.731\text{m}$

③ $\overline{C-D}$ 경거 $= 118.700 \times \sin 43°22′34″ = 81.521\text{m}$

④ $\overline{D-E}$ 경거 $= 139.300 \times \sin 85°39′08″ = 138.899\text{m}$

⑤ $\overline{E-F}$ 경거 $= 108.100 \times \sin 143°01′31″ = 65.018\text{m}$

(4) 위거조정량 및 경거조정량 계산

1) 위거조정량(컴퍼스법칙)

위거오차 $= (X_A + \sum 위거) - X_F = \{200.000 + (-9.973)\} - 190.000 = 0.027\text{m}\,(\ominus 보정)$

① $\overline{A-B}$ 위거조정량 $= \dfrac{124.300}{641.100} \times 0.027 = -0.005\text{m}$

② $\overline{B-C}$ 위거조정량 $= \dfrac{150.700}{641.100} \times 0.027 = -0.006\text{m}$

③ $\overline{C-D}$ 위거조정량 $= \dfrac{118.700}{641.100} \times 0.027 = -0.005\text{m}$

④ $\overline{D-E}$ 위거조정량 $= \dfrac{139.300}{641.100} \times 0.027 = -0.006\text{m}$

⑤ $\overline{E-F}$ 위거조정량 $= \dfrac{108.100}{641.100} \times 0.027 = -0.005\text{m}$

2) 경거조정량(컴퍼스법칙)

경거오차 $= (Y_A + \sum 경거) - Y_F = (50.000 + 480.010) - 530.000 = 0.010\text{m}\,(\ominus\ \text{보정})$

① $\overline{A-B}$ 경거조정량 $= \dfrac{124.300}{641.100} \times 0.010 = -0.002\text{m}$

② $\overline{B-C}$ 경거조정량 $= \dfrac{150.700}{641.100} \times 0.010 = -0.002\text{m}$

③ $\overline{C-D}$ 경거조정량 $= \dfrac{118.700}{641.100} \times 0.010 = -0.002\text{m}$

④ $\overline{D-E}$ 경거조정량 $= \dfrac{139.300}{641.100} \times 0.010 = -0.002\text{m}$

⑤ $\overline{E-F}$ 경거조정량 $= \dfrac{108.100}{641.100} \times 0.010 = -0.002\text{m}$

(5) 합위거 및 합경거 계산

측점	합위거(m)	합경거(m)
A	200.000	50.000
B	$200.000 + 86.930 = 286.930$	$50.000 + 88.839 = 138.839$
C	$286.930 - 107.391 = 179.539$	$138.839 + 105.729 = 244.568$
D	$179.539 + 86.273 = 265.812$	$244.568 + 81.519 = 326.087$
E	$265.812 + 10.554 = 276.366$	$326.087 + 138.897 = 464.984$
F	$276.366 - 86.366 = 190.000$	$464.984 + 65.016 = 530.000$

(6) $\overline{BE}$ 의 거리 및 방위각 계산

1) $\overline{BE}$ 의 거리

$\overline{BE}$ 거리 $= \sqrt{(X_E - X_B)^2 + (Y_E - Y_B)^2}$

$\qquad = \sqrt{(276.366 - 286.930)^2 + (464.984 - 138.839)^2}$

$\qquad = 326.316\text{m}$

2) $\overline{BE}$ 의 방위각

$\tan\theta = \dfrac{Y_E - Y_B}{X_E - X_B} \ \longrightarrow$

$\theta = \tan^{-1}\dfrac{326.145}{-10.564} = 88°08'41''(2상한)$

$\therefore\ \overline{BE}$ 방위각 $= 180° - 88°08'41'' = 91°51'19''$

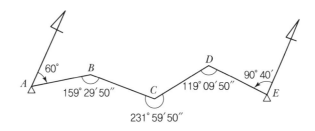

014 다음 그림과 같은 결합트래버스에서 각 오차를 보정하여 좌표에 대한 폐합오차를 구하고 B와 D점의 좌푯값을 구하시오. (단, 각 관측의 정확도는 같고, 좌표 조정은 컴퍼스법칙으로 소수 셋째 자리까지 구하시오.)

$\overline{AB} = 12\text{m}$, $\overline{BC} = 10.53\text{m}$, $\overline{CD} = 9.55\text{m}$, $\overline{DE} = 8.92\text{m}$

A에 대한 좌푯값 $X = 100.000\text{m}$, $Y = 100.000\text{m}$

E에 대한 좌푯값 $X = 116.255\text{m}$, $Y = 134.276\text{m}$

(1) 각의 보정

구분	$\angle B$	$\angle C$	$\angle D$
보정각			

(2) 폐합오차

위거 폐합오차 = _____, 경거 폐합오차 = _____

(3) 조정위거, 조정경거

측선	위거 조정량(m)	경거 조정량(m)	조정위거 (m)	조정경거 (m)	측점	X 좌표 (m)	Y 좌표 (m)
$\overline{AB}$					A	100.000	100.000
$\overline{BC}$					B		
$\overline{CD}$					C		
$\overline{DE}$					D		
계					E	116.255	134.276

해설 및 정답

(1) 각의 보정 계산

• $\overline{DE}$ 방위각′ = $\overline{AB}$ 방위각 $+ 180° \times 3 - (\angle B + \angle C + \angle D)$

　　　　　　 $= 60° + 180° \times 3 - (159°29'50'' + 231°59'50'' + 119°09'50'')$

　　　　　　 $= 89°20'30''$

• 오차 = $\overline{DE}$ 방위각 $- \overline{DE}$ 방위각′

　　　 $= 89°20' - 89°20'30'' = -30''$

• 조정량 $= \dfrac{\text{오차}}{\text{측각수}} = \dfrac{30''}{3} = -10''$

구분	$\angle B$	$\angle C$	$\angle D$
보정각	159°30′00″	232°00′00″	119°10′00″

(2) 폐합오차 계산

- 위거오차 $= X_E - (X_A + \sum L) = 116.255 - (100 + 16.235) = 0.020$m
- 경거오차 $= Y_E - (Y_A + \sum D) = 134.276 - (100 + 34.254) = 0.022$m

∴ 위거 폐합오차 $= 0.020$m, 경거 폐합오차 $= 0.022$m

(3) 조정위거 및 조정경거 계산

측선	위거 조정량(m)	경거 조정량(m)	조정위거 (m)	조정경거 (m)	측점	X좌표 (m)	Y좌표 (m)
$\overline{AB}$	0.006	0.006	6.006	10.398	A	100.000	100.000
$\overline{BC}$	0.005	0.006	1.743	10.392	B	106.006	110.398
$\overline{CD}$	0.005	0.005	8.398	4.562	C	107.749	120.790
$\overline{DE}$	0.004	0.005	0.108	8.924	D	116.147	125.352
계	0.020	0.022	16.255	34.276	E	116.255	134.276

015 다음 그림과 같은 개방트래버스에 대한 각 문항에 답하시오. (단, 측선 $\overline{AB}$ 의 방위각은 110°24′20″이며 거리의 계산은 반올림하여 소수 셋째 자리까지, 각은 초 단위까지 구하시오.)

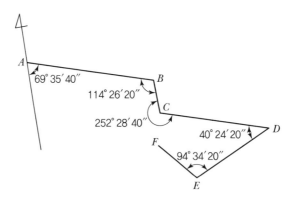

(1) 성과표를 계산하시오.

측점	측선	거리(m)	방위각	위거(m)	경거(m)	합위거(m)	합경거(m)
A						50.000	50.000
B	$\overline{AB}$	18.364					
C	$\overline{BC}$	22.759					
D	$\overline{CD}$	9.674					
E	$\overline{DE}$	25.364					
F	$\overline{EF}$	25.765					

(2) 측선 $\overline{AF}$ 의 거리와 방위각을 구하시오.

해설 및 정답

(1) 성과표 계산

측점	측선	거리(m)	방위각	위거(m)	경거(m)	합위거(m)	합경거(m)
A						50.000	50.000
B	$\overline{AB}$	18.364	110°24′20″	-6.403	17.212	43.597	67.212
C	$\overline{BC}$	22.759	175°58′00″	-22.703	1.601	20.894	68.813
D	$\overline{CD}$	9.674	103°29′20″	-2.257	9.407	18.637	78.220
E	$\overline{DE}$	25.364	243°05′00″	-11.482	-22.616	7.155	55.604
F	$\overline{EF}$	25.765	328°30′40″	21.971	-13.458	29.126	42.146

(2) $\overline{AF}$ 거리 및 방위각 계산

- $\overline{AF}$ 거리 $= \sqrt{(X_F - X_A)^2 + (Y_F - Y_A)^2}$

$$= \sqrt{(29.126 - 50.000)^2 + (42.146 - 50.000)^2}$$

$$= 22.303\text{m}$$

- $\theta = \tan^{-1}\dfrac{Y_F - Y_A}{X_F - X_A} = \tan^{-1}\dfrac{42.146 - 50.000}{29.126 - 50.000} = 20°37′09″$ (3상한)

$\therefore \overline{AF}$ 방위각 $= 180° + 20°37′09″ = 200°37′09″$

016 그림과 같이 트래버스 A, B, C, D를 측량한 결과가 표와 같다. 컴퍼스법칙에 의하여 조정하고 성과표를 완성한 후 D점의 좌표를 구하시오. (단, 좌표 및 거리의 단위는 m이고, 계산은 반올림하여 소수 셋째 자리까지 구하시오.)

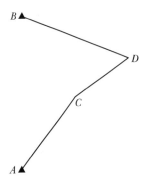

- A점의 좌표

  $E = 0.000\text{m}$, $N = 0.000\text{m}$

- B점의 좌표

  $E = 0.000\text{m}$, $N = 89.710\text{m}$

가. 성과표를 완성하시오.

측선	거리 (m)	방위각	위거 (m)	경거 (m)	위거 조정량 (m)	경거 조정량 (m)	조정 위거 (m)	조정 경거 (m)
$\overline{AC}$	48.060	25°19′						
$\overline{CD}$	29.200	37°53′						
$\overline{DB}$	44.810	301°00′						
계	122.070							

나. D점의 좌표를 구하시오.

$N(X)$, $E(Y) = ($ _____ , _____ $)$

해설 및 정답

가. 성과표

측선	거리 (m)	방위각	위거 (m)	경거 (m)	위거 조정량 (m)	경거 조정량 (m)	조정위거 (m)	조정경거 (m)
$\overline{AC}$	48.060	25°19′	43.444	20.551	0.055	−0.028	43.499	20.523
$\overline{CD}$	29.200	37°53′	23.046	17.930	0.034	−0.017	23.080	17.913
$\overline{DB}$	44.810	301°00′	23.079	−38.410	0.052	−0.026	23.131	−38.436
계	122.070		89.569	0.071			89.710	0.000

(1) 위거 및 경거 계산

1) 위거($l \cdot \cos\theta$)

① $\overline{AC}$ 위거 $= 48.060 \times \cos 25°19′ = 43.444\text{m}$

② $\overline{CD}$ 위거 $= 29.200 \times \cos 37°53′ = 23.046\text{m}$

③ $\overline{DB}$ 위거 $= 44.810 \times \cos 301°00' = 23.079$m

2) 경거($l \cdot \sin\theta$)

① $\overline{AC}$ 경거 $= 48.060 \times \sin 25°19' = 20.551$m

② $\overline{CD}$ 경거 $= 29.200 \times \sin 37°53' = 17.930$m

③ $\overline{DB}$ 경거 $= 44.810 \times \sin 301°00' = -38.410$m

(2) 위거조정량 및 경거조정량 계산

1) 위거조정량(컴퍼스법칙)

① 위거오차 $= (X_A + \sum 위거) - X_B$

$\qquad = (0.000 + 89.569) - 89.710$

$\qquad = \ominus 0.141$m($\oplus$보정)

② 위거조정량 $= \dfrac{위거오차}{총\ 길이} \times 조정할\ 측선의\ 길이$

• $\overline{AC}$ 위거조정량 $= \dfrac{0.141}{122.070} \times 48.060 = 0.055$m

• $\overline{CD}$ 위거조정량 $= \dfrac{0.141}{122.070} \times 29.200 = 0.034$m

• $\overline{DB}$ 위거조정량 $= \dfrac{0.141}{122.070} \times 44.810 = 0.052$m

2) 경거조정량(컴퍼스법칙)

① 경거오차 $= (Y_A + \sum 경거) - Y_B$

$\qquad = (0.000 + 0.071) - 0.000$

$\qquad = 0.071$m($\ominus$보정)

② 경거조정량 $= \dfrac{경거오차}{총\ 길이} \times 조정할\ 측선의\ 길이$

• $\overline{AC}$ 경거조정량 $= \dfrac{0.071}{122.070} \times 48.060 = -0.028$m

• $\overline{CD}$ 경거조정량 $= \dfrac{0.071}{122.070} \times 29.200 = -0.017$m

• $\overline{DB}$ 경거조정량 $= \dfrac{0.071}{122.070} \times 44.810 = -0.026$m

나. D점의 좌표

(1) 합위거 및 합경거 계산

측점	합위거(m)	합경거(m)
A	0.000	0.000
C	0.000＋43.499＝43.499	0.000＋20.523＝20.523
D	43.499＋23.080＝66.579	20.523＋17.913＝38.436
B	66.579＋23.131＝89.710	38.436－38.436＝0.000

(2) D점의 좌표

$N(X) = 66.579$m, $E(Y) = 38.436$m

017

아래 그림과 같은 터널측량을 하였다. $\overline{A-G}$ 거리와 $\overline{G-A}$ 의 방위각 및 방위를 구하라. (단, 각도는 조정 내각이고, 점 A의 좌표는 0.000m, 100.000m)

$\angle 1 = 205°41'02''$ $\overline{A-1} = 88.128\text{m}$

$\angle 2 = 136°05'35''$ $\overline{1-2} = 117.504\text{m}$

$\angle 3 = 145°00'28''$ $\overline{2-3} = 108.173\text{m}$

$\angle 4 = 122°16'47''$ $\overline{3-4} = 127.181\text{m}$

$\angle 5 = 108°03'14''$ $\overline{4-5} = 126.144\text{m}$

$\overline{5-G} = 162.778\text{m}$

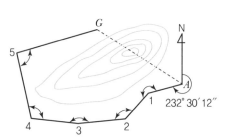

측선	거리(m)	관측각	방위각	방위	위거 (m)	경거 (m)	측점	합위거 (m)	합경거 (m)
$\overline{A-1}$							A		
$\overline{1-2}$							1		
$\overline{2-3}$							2		
$\overline{3-4}$							3		
$\overline{4-5}$							4		
$\overline{5-G}$							5		
계							G		

(1) $\overline{A-G}$ 의 거리(소수 넷째 자리에서 반올림할 것)

(2) $\overline{G-A}$ 의 방위각(0.01초까지 계산할 것)

(3) $\overline{G-A}$ 방위

(4) $\overline{1-4}$의 거리 및 방위각

해설 및 정답

측선	거리(m)	관측각	방위각	방위
$\overline{A-1}$	88.128		232°30'12''	S 52°30'12''W
$\overline{1-2}$	117.504	205°41'02''	206°49'10''	S 26°49'10''W
$\overline{2-3}$	108.173	136°05'35''	250°43'35''	S 70°43'35''W
$\overline{3-4}$	127.181	145°00'28''	285°43'07''	N 74°16'53''W
$\overline{4-5}$	126.144	122°16'47''	343°26'20''	N 16°33'40''W
$\overline{5-G}$	162.778	108°03'14''	55°23'06''	N 55°23'06''E

(1) 방위각 및 방위 계산

1) 방위각

① $\overline{A-1}$ 방위각 $= 232°30'12''$

② $\overline{1-2}$ 방위각 $= 232°30'12'' + 180° - 205°41'02'' = 206°49'10''$

③ $\overline{2-3}$ 방위각 $= 206°49'10'' + 180° - 136°05'35'' = 250°43'35''$

④ $\overline{3-4}$ 방위각 $= 250°43'35'' + 180° - 145°00'28'' = 285°43'07''$

⑤ $\overline{4-5}$ 방위각 $= 285°43'07'' + 180° - 122°16'47'' = 343°26'20''$

⑥ $\overline{5-G}$ 방위각 $= (343°26'20'' + 180° - 108°03'14'') - 360° = 55°23'06''$

2) 방위

① $\overline{A-1}$ 방위 : S $52°30'12''$ W

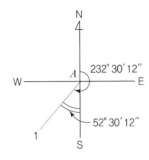

② $\overline{1-2}$ 방위 : S $26°49'10''$ W

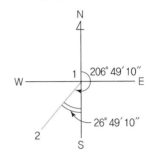

③ $\overline{2-3}$ 방위 : S $70°43'35''$ W

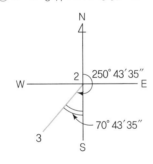

④ $\overline{3-4}$ 방위 : N $74°16'53''$ W

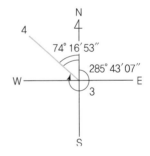

⑤ $\overline{4-5}$ 방위 : N $16°33'40''$ W

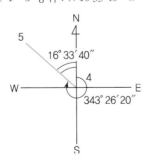

⑥ $\overline{5-G}$ 방위 : N $55°23'06''$ E

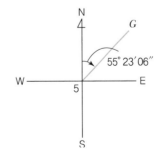

(2) 위거 및 경거 계산

측선	거리(m)	위거(m)	경거(m)	측점	합위거(m)	합경거(m)
$\overline{A-1}$	88.128	−53.645	−69.920	A	0.000	100.000
$\overline{1-2}$	117.504	−104.864	−53.016	1	−53.645	30.080
$\overline{2-3}$	108.173	−35.706	−102.110	2	−158.509	−22.936
$\overline{3-4}$	127.181	34.455	−122.425	3	−194.215	−125.046
$\overline{4-5}$	126.144	120.911	−35.956	4	−159.760	−247.471
$\overline{5-G}$	162.778	92.468	133.964	5	−38.849	−283.427
계	729.908			G	53.619	−149.463

1) 위거($l \cdot \cos\theta$)

① $\overline{A-1}$ 위거 $= 88.128 \times \cos 232°30'12'' = -53.645\text{m}$

② $\overline{1-2}$ 위거 $= 117.504 \times \cos 206°49'10'' = -104.864\text{m}$

③ $\overline{2-3}$ 위거 $= 108.173 \times \cos 250°43'35'' = -35.706\text{m}$

④ $\overline{3-4}$ 위거 $= 127.181 \times \cos 285°43'07'' = 34.455\text{m}$

⑤ $\overline{4-5}$ 위거 $= 126.144 \times \cos 343°26'20'' = 120.911\text{m}$

⑥ $\overline{5-G}$ 위거 $= 162.778 \times \cos 55°23'06'' = 92.468\text{m}$

2) 경거($l \cdot \sin\theta$)

① $\overline{A-1}$ 경거 $= 88.128 \times \sin 232°30'12'' = -69.920\text{m}$

② $\overline{1-2}$ 경거 $= 117.504 \times \sin 206°49'10'' = -53.016\text{m}$

③ $\overline{2-3}$ 경거 $= 108.173 \times \sin 250°43'35'' = -102.110\text{m}$

④ $\overline{3-4}$ 경거 $= 127.181 \times \sin 285°43'07'' = -122.425\text{m}$

⑤ $\overline{4-5}$ 경거 $= 126.144 \times \sin 343°26'20'' = -35.956\text{m}$

⑥ $\overline{5-G}$ 경거 $= 162.778 \times \sin 55°23'06'' = 133.964\text{m}$

(3) 합위거 및 합경거 계산

1) 합위거

① 측점 $A = 0.000\text{m}$

② 측점 $1 = 0.000 - 53.645 = -53.645\text{m}$

③ 측점 $2 = -53.645 - 104.864 = -158.509\text{m}$

④ 측점 $3 = -158.509 - 35.706 = -194.215\text{m}$

⑤ 측점 $4 = -194.215 + 34.455 = -159.760\text{m}$

⑥ 측점 $5 = -159.760 + 120.911 = -38.849\text{m}$

⑦ 측점 $G = -38.849 + 92.468 = 53.619\text{m}$

2) 합경거

① 측점 $A = 100.000\text{m}$

② 측점 $1 = 100.000 - 69.920 = 30.080\text{m}$

③ 측점 $2 = 30.080 - 53.016 = -22.936\text{m}$

④ 측점 $3 = -22.936 - 102.110 = -125.046\text{m}$

⑤ 측점 $4 = -125.046 - 122.425 = -247.471\text{m}$

⑥ 측점 $5 = -247.471 - 35.956 = -283.427\text{m}$

⑦ 측점 $G = -283.427 + 133.964 = -149.463\text{m}$

(4) $\overline{A-G}$ 의 거리 계산

$$\overline{A-G}\ \text{거리} = \sqrt{(X_G - X_A)^2 + (Y_G - Y_A)^2}$$
$$= \sqrt{(53.619 - 0.000)^2 + (-149.463 - 100.000)^2}$$
$$= 255.160\text{m}$$

(5) $\overline{G-A}$ 의 방위각 계산

$$\tan\theta = \frac{Y_A - Y_G}{X_A - X_G} \ \rightarrow$$

$$\theta = \tan^{-1}\frac{249.463}{-53.619} = 77°52'10.32''\,(2상한)$$

$$\therefore\ \overline{G-A}\ \text{의 방위각} = 180° - 77°52'10.32''$$
$$= 102°07'49.68''$$

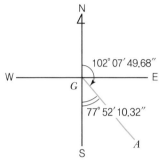

(6) $\overline{G-A}$ 의 방위 계산

S 77°52'10.32'' E

(7) $\overline{1-4}$ 의 거리 및 방위각 계산

1) $\overline{1-4}$ 의 거리

$$\overline{1-4}\ \text{거리} = \sqrt{(X_4 - X_1)^2 + (Y_4 - Y_1)^2}$$
$$= \sqrt{\{-159.760 - (-53.645)\}^2 + (-247.471 - 30.080)^2}$$
$$= 297.145\text{m}$$

$$\therefore\ \overline{1-4}\ \text{의 거리} = 297.145\text{m}$$

2) $\overline{1-4}$ 의 방위각

$$\tan\theta = \tan^{-1}\frac{Y_4 - Y_1}{X_4 - X_1} \ \rightarrow$$

$$\theta = \tan^{-1}\frac{-277.551}{-106.115} = 69°04'36.62''\,(3상한)$$

$$\therefore\ \overline{1-4}\ \text{의 방위각} = 180° + 69°04'36.62'' = 249°04'36.62''$$

018 다음 터널측량의 결과에 의하여 성과표를 작성하고 $\overline{FA}$의 거리와 $\overline{FA}$의 방위 및 방위각을 구하시오. (단, A점의 좌표는 (500.000m, 100.000m), 거리는 소수 셋째 자리까지, 각은 초 단위까지 구하시오.)

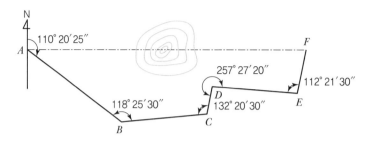

(1) 성과표

측선	거리 (m)	방위각	위거(m) N(+)	위거(m) S(−)	경거(m) E(+)	경거(m) W(−)	측점	합위거 (m)	합경거 (m)
$\overline{AB}$	71.445	110°20′25″					A		
$\overline{BC}$	44.652						B		
$\overline{CD}$	13.353						C		
$\overline{DE}$	35.404						D		
$\overline{EF}$	17.102						E		
							F		

(2) $\overline{FA}$의 거리

(3) $\overline{FA}$의 방위각 및 방위

해설 및 정답

측선	거리 (m)	방위각	위거(m) N(+)	위거(m) S(−)	경거(m) E(+)	경거(m) W(−)	측점	합위거 (m)	합경거 (m)
$\overline{AB}$	71.445	110°20′25″		24.834	66.990		A	500.000	100.000
$\overline{BC}$	44.652	48°45′55″	29.432		33.579		B	475.166	166.990
$\overline{CD}$	13.353	1°06′25″	13.351		0.258		C	504.598	200.569
$\overline{DE}$	35.404	78°33′45″	7.021		34.701		D	517.949	200.827
$\overline{EF}$	17.102	10°55′15″	16.792		3.240		E	524.970	235.528
							F	541.762	238.768

(1) 방위각 계산

1) $\overline{AB}$ 방위각 = 110°20′25″

2) $\overline{BC}$ 방위각 = 110°20′25″ − 180° + 118°25′30″ = 48°45′55″

3) $\overline{CD}$ 방위각 = 48°45′55″ − 180° + 132°20′30″ = 1°06′25″

4) $\overline{DE}$ 방위각 $= 1°06'25'' - 180° + 257°27'20'' = 78°33'45''$

5) $\overline{EF}$ 방위각 $= 78°33'45'' - 180° + 112°21'30'' = 10°55'15''$

(2) 위거 및 경거 계산

1) 위거$(l \cdot \cos\theta)$

① $\overline{AB}$ 위거 $= 71.445 \times \cos 110°20'25'' = -24.834\text{m}$

② $\overline{BC}$ 위거 $= 44.652 \times \cos 48°45'55'' = 29.432\text{m}$

③ $\overline{CD}$ 위거 $= 13.353 \times \cos 1°06'25'' = 13.351\text{m}$

④ $\overline{DE}$ 위거 $= 35.404 \times \cos 78°33'45'' = 7.021\text{m}$

⑤ $\overline{EF}$ 위거 $= 17.102 \times \cos 10°55'15'' = 16.792\text{m}$

2) 경거$(l \cdot \sin\theta)$

① $\overline{AB}$ 경거 $= 71.445 \times \sin 110°20'25'' = 66.990\text{m}$

② $\overline{BC}$ 경거 $= 44.652 \times \sin 48°45'55'' = 33.579\text{m}$

③ $\overline{CD}$ 경거 $= 13.353 \times \sin 1°06'25'' = 0.258\text{m}$

④ $\overline{DE}$ 경거 $= 35.404 \times \sin 78°33'45'' = 34.701\text{m}$

⑤ $\overline{EF}$ 경거 $= 17.102 \times \sin 10°55'15'' = 3.240\text{m}$

(3) 합위거 및 합경거 계산

1) 합위거

① 측점 $A = 500.000\text{m}$

② 측점 $B = 500.000 - 24.834 = 475.166\text{m}$

③ 측점 $C = 475.166 + 29.432 = 504.598\text{m}$

④ 측점 $D = 504.598 + 13.351 = 517.949\text{m}$

⑤ 측점 $E = 517.949 + 7.021 = 524.970\text{m}$

⑥ 측점 $F = 524.970 + 16.792 = 541.762\text{m}$

2) 합경거

① 측점 $A = 100.000\text{m}$

② 측점 $B = 100.000 + 66.990 = 166.990\text{m}$

③ 측점 $C = 166.990 + 33.579 = 200.569\text{m}$

④ 측점 $D = 200.569 + 0.258 = 200.827\text{m}$

⑤ 측점 $E = 200.827 + 34.701 = 235.528\text{m}$

⑥ 측점 $F = 235.528 + 3.240 = 238.768\text{m}$

(4) $\overline{FA}$의 거리 계산

$$\overline{FA}\text{의 거리} = \sqrt{(X_A - X_F)^2 + (Y_A - Y_F)^2}$$
$$= \sqrt{(500.000 - 541.762)^2 + (100.000 - 238.768)^2} = 144.916\text{m}$$

(5) $\overline{FA}$의 방위 및 방위각 계산

1) $\overline{FA}$ 방위

$$\tan\theta = \frac{Y_A - Y_F}{X_A - X_F} \rightarrow$$

$$\theta = \tan^{-1}\frac{Y_A - Y_F}{X_A - X_F} = \tan^{-1}\frac{-138.768}{-41.762} = 73°15'03''(3상한)$$

$$\therefore \ \overline{FA} \ \text{방위} = S \ 73°15'03'' \ W$$

2) $\overline{FA}$ 방위각 $= 180° + 73°15'03'' = 253°15'03''$

019 점 B와 E를 연결하는 터널 설치를 위하여 기지점 A로부터 개방트래버스측량을 실시하였다. 다음 성과표를 완성하고, 터널 $\overline{BE}$ 의 거리 및 방위각 β 를 구하시오. (단, 거리는 소수 셋째 자리까지, 각은 초 단위까지 계산하고, A점의 좌표는 (200.000m, 100.000m)이다.)

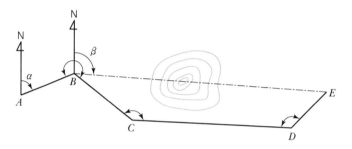

$\alpha = 60°00'00''$, $\angle B = 285°58'10''$, $\angle C = 139°21'40''$, $\angle D = 132°10'20''$

(1) 방위각 및 방위

측점	관측각	측선	방위각	방위
A	$60°00'00''$	$\overline{AB}$		
B	$285°58'10''$	$\overline{BC}$		
C	$139°21'40''$	$\overline{CD}$		
D	$132°10'20''$	$\overline{DE}$		

(2) 성과표 작성

측선	거리(m)	방위	위거(m)	경거(m)	측점	합위거(m)	합경거(m)
$\overline{AB}$	40.248				A		
$\overline{BC}$	47.403				B		
$\overline{CD}$	61.043				C		
$\overline{DE}$	45.838				D		
					E		

(3) $\overline{BE}$ 거리

(4) $\overline{BE}$ 방위각

정답

(1) 방위각 및 방위

측점	관측각	측선	방위각	방위
A	60°00′00″	$\overline{AB}$	60° 00′00″	N 60° 00′00″ E
B	285°58′10″	$\overline{BC}$	165° 58′10″	S 14° 01′50″ E
C	139°21′40″	$\overline{CD}$	125° 19′50″	S 54° 40′10″ E
D	132°10′20″	$\overline{DE}$	77° 30′10″	N 77° 30′10″ E

(2) 성과표 작성

측선	거리(m)	방위	위거(m)	경거(m)	측점	합위거(m)	합경거(m)
$\overline{AB}$	40.248	N 60° 00′00″ E	20.124	34.856	A	200.000	100.000
$\overline{BC}$	47.403	S 14° 01′50″ E	−45.989	11.492	B	220.124	134.856
$\overline{CD}$	61.043	S 54° 40′10″ E	−35.301	49.801	C	174.135	146.348
$\overline{DE}$	45.838	N 77° 30′10″ E	9.919	44.752	D	138.834	196.149
					E	148.753	240.901

(3) $\overline{BE}$ 거리＝127.826m

(4) $\overline{BE}$ 방위각＝123°56′30″

해설

(1) 방위각 및 방위 계산

측선	방위각	방위
$\overline{AB}$	60°00′00″	N 60°00′00″ E
$\overline{BC}$	60°00′00″−180°+285°58′10″＝165°58′10″	S 14°01′50″ E
$\overline{CD}$	165°58′10″−180°+139°21′40″＝125°19′50″	S 54°40′10″ E
$\overline{DE}$	125°19′50″−180°+132°10′20″＝ 77°30′10″	N 77°30′10″ E

(2) 위거 및 경거 계산

1) 위거($l \cdot \cos\theta$)

① $\overline{AB}$ 위거 ＝ 40.248 × cos 60°00′00″ ＝ 20.124m

② $\overline{BC}$ 위거 ＝ 47.403 × cos 165°58′10″ ＝ −45.989m

③ $\overline{CD}$ 위거 ＝ 61.043 × cos 125°19′50″ ＝ −35.301m

④ $\overline{DE}$ 위거 ＝ 45.838 × cos 77°30′10″ ＝ 9.919m

2) 경거($l \cdot \sin\theta$)

① $\overline{AB}$ 경거 ＝ 40.248 × sin 60°00′00″ ＝ 34.856m

② $\overline{BC}$ 경거 ＝ 47.403 × sin 165°58′10″ ＝ 11.492m

③ $\overline{CD}$ 경거 ＝ 61.043 × sin 125°19′50″ ＝ 49.801m

④ $\overline{DE}$ 경거 ＝ 45.838 × sin 77°30′10″ ＝ 44.752m

(3) 합위거 및 합경거 계산

    1) 합위거

        ① 측점 $A = 200.000$m

        ② 측점 $B = 200.000 + 20.124 = 220.124$m

        ③ 측점 $C = 220.124 - 45.989 = 174.135$m

        ④ 측점 $D = 174.135 - 35.301 = 138.834$m

        ⑤ 측점 $E = 138.834 + 9.919 = 148.753$m

    2) 합경거

        ① 측점 $A = 100.000$m

        ② 측점 $B = 100.000 + 34.856 = 134.856$m

        ③ 측점 $C = 134.856 + 11.492 = 146.348$m

        ④ 측점 $D = 146.348 + 49.801 = 196.149$m

        ⑤ 측점 $E = 196.149 + 44.752 = 240.901$m

(4) $\overline{BE}$ 의 거리 및 방위각 계산

    1) $\overline{BE}$ 의 거리

$$\overline{BE} \text{ 거리} = \sqrt{(X_E - X_B)^2 + (Y_E - Y_B)^2}$$
$$= \sqrt{(148.753 - 220.124)^2 + (240.901 - 134.856)^2}$$
$$= 127.826\text{m}$$

    2) $\overline{BE}$ 의 방위각

$$\tan\theta = \frac{Y_E - Y_B}{X_E - X_B} \longrightarrow$$

$$\theta = \tan^{-1}\frac{240.901 - 134.856}{148.753 - 220.124} = 56°03'30'' (2상한)$$

$$\therefore \ \overline{BE} \text{ 방위각} = 180° - 56°03'30'' = 123°56'30''$$

020

그림과 같은 터널을 연결하기 위한 다각측량의 결과가 다음과 같다. 아래의 표를 완성하고, $\overline{AE}$ 의 거리와 $\overline{EA}$ 측선의 방위각(W_e)을 구하시오. (단, 각도는 초($''$) 단위, 거리는 소수 넷째 자리에서 반올림하여 소수 셋째 자리까지 구하시오.)

$W_a = 40°16'43''$

$\angle B = 100°13'17''$

$\angle C = 120°43'12''$

$\angle D = 125°12'33''$

$\overline{AB} = 34.20$m, $\overline{BC} = 24.40$m

$\overline{CD} = 29.20$m, $\overline{DE} = 21.30$m

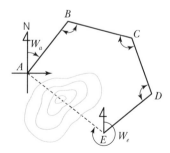

측선	방위각	방위
$\overline{AB}$		
$\overline{BC}$		
$\overline{CD}$		
$\overline{DE}$		

측선	거리(m)	방위	위거(m) N(+)	위거(m) S(−)	경거(m) E(+)	경거(m) W(−)	측점	합위거 (m)	합경거 (m)
$\overline{AB}$							A		
$\overline{BC}$							B		
$\overline{CD}$							C		
$\overline{DE}$							D		
							E		

(1) 측선 $\overline{AE}$ 의 거리 : _____ m

(2) $\overline{EA}$ 방위각 : _____

해설 및 정답

측선	방위각	방위
$\overline{AB}$	$40°16'43''$	N $40°16'43''$ E
$\overline{BC}$	$40°16'43'' + 180° - 100°13'17'' = 120°03'26''$	S $59°56'34''$ E
$\overline{CD}$	$120°03'26'' + 180° - 120°43'12'' = 179°20'14''$	S $0°39'46''$ E
$\overline{DE}$	$179°20'14'' + 180° - 125°12'33'' = 234°07'41''$	S $54°07'41''$ W

측선	거리(m)	방위	위거(m) N(+)	위거(m) S(−)	경거(m) E(+)	경거(m) W(−)	측점	합위거(m)	합경거(m)
$\overline{AB}$	34.20	N $40°16'43''$ E	26.092		22.110		A	100.000	100.000
$\overline{BC}$	24.40	S $59°56'34''$ E		12.221	21.119		B	126.092	122.110
$\overline{CD}$	29.20	S $0°39'46''$ E		29.198	0.338		C	113.871	143.229
$\overline{DE}$	21.30	S $54°07'41''$ W		12.481		17.260	D	84.673	143.567
							E	72.192	126.307

(1) 방위각 및 방위 계산

   1) 방위각

     ① $\overline{AB}$ 방위각(W_a) $= 40°16'43''$

     ② $\overline{BC}$ 방위각 $= 40°16'43'' + 180° - 100°13'17'' = 120°03'26''$

     ③ $\overline{CD}$ 방위각 $= 120°03'26'' + 180° - 120°43'12'' = 179°20'14''$

     ④ $\overline{DE}$ 방위각 $= 179°20'14'' + 180° - 125°12'33'' = 234°07'41''$

   2) 방위

     ① $\overline{AB}$ 방위 : N $40°16'43''$ E　　　　② $\overline{BC}$ 방위 : S $59°56'34''$ E

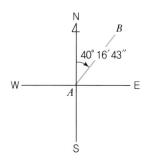 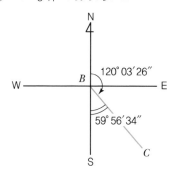

     ③ $\overline{CD}$ 방위 : S $0°39'46''$ E　　　　④ $\overline{DE}$ 방위 : S $54°07'41''$ W

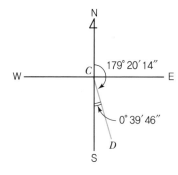 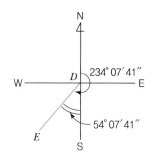

(2) 위거 및 경거 계산

   1) 위거($l \cdot \cos\theta$)

     ① $\overline{AB}$ 위거 $= 34.20 \times \cos 40°16'43'' = 26.092$m

     ② $\overline{BC}$ 위거 $= 24.40 \times \cos 120°03'26'' = -12.221$m

     ③ $\overline{CD}$ 위거 $= 29.20 \times \cos 179°20'14'' = -29.198$m

     ④ $\overline{DE}$ 위거 $= 21.30 \times \cos 234°07'41'' = -12.481$m

   2) 경거($l \cdot \sin\theta$)

     ① $\overline{AB}$ 경거 $= 34.20 \times \sin 40°16'43'' = 22.110$m

     ② $\overline{BC}$ 경거 $= 24.40 \times \sin 120°03'26'' = 21.119$m

     ③ $\overline{CD}$ 경거 $= 29.20 \times \sin 179°20'14'' = 0.338$m

     ④ $\overline{DE}$ 경거 $= 21.30 \times \sin 234°07'41'' = -17.260$m

(3) 합위거 및 합경거 계산

※ 문제에서 측점 A의 합위거, 합경거 값이 주어져 있지 않아, 수검자가 임의의 값을 가정하여 문제 풀이를 해야 한다. 여기서는 ($-$)값을 방지하기 위하여 합위거 = 100, 합경거 = 100으로 가정하였다.

1) 합위거
   ① 측점 $A = 100.000$m
   ② 측점 $B = 100.000 + 26.092 = 126.092$m
   ③ 측점 $C = 126.092 - 12.221 = 113.871$m
   ④ 측점 $D = 113.871 - 29.198 = 84.673$m
   ⑤ 측점 $E = 84.673 - 12.481 = 72.192$m

2) 합경거
   ① 측점 $A = 100.000$m
   ② 측점 $B = 100.00 + 22.110 = 122.110$m
   ③ 측점 $C = 122.110 + 21.119 = 143.229$m
   ④ 측점 $D = 143.229 + 0.338 = 143.567$m
   ⑤ 측점 $E = 143.567 - 17.260 = 126.307$m

(4) 측선 $\overline{AE}$의 거리 계산

$$\overline{AE} \text{의 거리} = \sqrt{(X_E - X_A)^2 + (Y_E - Y_A)^2}$$
$$= \sqrt{(72.192 - 100.000)^2 + (126.307 - 100.000)^2}$$
$$= 38.280\text{m}$$

(5) $\overline{EA}$ 방위각(W_e) 계산

$$\tan\theta = \frac{Y_A - Y_E}{X_A - X_E} \rightarrow$$

$$\theta = \tan^{-1} \frac{100.000 - 126.307}{100.000 - 72.192} = 43°24'40''(4상한)$$

$$\therefore \overline{EA} \text{ 방위각}(W_e) = 360° - 43°24'40'' = 316°35'20''$$

다음 트래버스측량 성과표를 완성하시오.(단, A점의 좌표는 (100.000m, 100.000m)이고 $\overline{AB}$의 방위각은 33°30′00″이고, 위거, 경거는 반올림하여 소수 셋째 자리까지, 각은 초 단위까지 구하시오.)

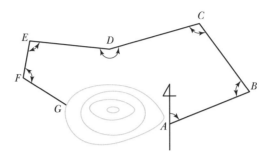

[성과표]

측선	거리 (m)	관측각	방위각	위거(m) +	위거(m) −	경거(m) +	경거(m) −	측점	합위거 (m)	합경거 (m)
								A	100.000	100.000
$\overline{AB}$	32.500		33°30′00″					B		
$\overline{BC}$	58.150	102°21′30″						C		
$\overline{CD}$	39.400	103°32′00″						D		
$\overline{DE}$	37.600	192°32′00″						E		
$\overline{EF}$	29.900	112°30′00″						F		
$\overline{FG}$	48.500	122°22′40″						G		

정답

측선	거리 (m)	관측각	방위각	위거(m) +	위거(m) −	경거(m) +	경거(m) −	측점	합위거 (m)	합경거 (m)
								A	100.000	100.000
$\overline{AB}$	32.500		33°30′00″	27.101		17.938		B	127.101	117.938
$\overline{BC}$	58.150	102°21′30″	315°51′30″	41.730			40.498	C	168.831	77.440
$\overline{CD}$	39.400	103°32′00″	239°23′30″		20.061		33.910	D	148.770	43.530
$\overline{DE}$	37.600	192°32′00″	251°55′30″		11.666		35.744	E	137.104	7.786
$\overline{EF}$	29.900	112°30′00″	184°25′30″		29.811		2.307	F	107.293	5.479
$\overline{FG}$	48.500	122°22′40″	126°48′10″		29.055	38.834		G	78.238	44.313

A에서 D 방향으로 직선 도로를 계획하고 $\overline{BC}$ 구간에 직선 터널을 설치하기 위하여 $ABEFG$로 트래버스 측량을 하였다. 다음 요구사항을 구하시오.(단, 계산은 반올림하여 거리는 소수 둘째 자리까지, 각은 초 단위까지 구하시오.)

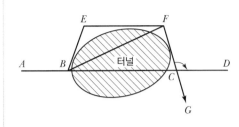

측선	방위각	수평거리 (m)	비고
$\overline{AB}$	88°00′00″		노선중심선
$\overline{BE}$	46°30′00″	495.80	
$\overline{EF}$	90°00′00″	360.00	
$\overline{FG}$	174°12′00″		

(1) C점에서 $\overline{CF}$를 기준으로 하는 터널 중심선의 방향각($\angle FCD$)을 구하시오.

(2) F에서 G 방향에 C점을 설치하기 위한 수평거리($\overline{FC}$)를 구하시오.

(3) 터널 길이 $\overline{BC}$를 구하시오.

해설 및 정답

(1) C점에서 $\overline{CF}$를 기준으로 하는 터널 중심선의 방향각($\angle FCD$) 계산

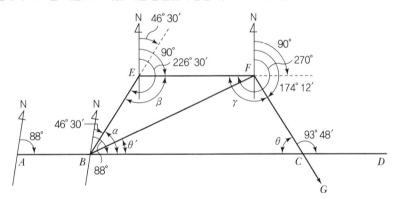

- $\angle\alpha = \overline{AB}$ 방위각 $- \overline{BE}$ 방위각 $= 88° - 46°30' = 41°30'$
- $\angle\beta = \overline{EB}$ 방위각 $- \overline{EF}$ 방위각 $= (\overline{BE}$ 방위각 $+ 180°) - \overline{EF}$ 방위각
  $= (46°30' + 180°) - 90°$
  $= 136°30'$
- $\angle\gamma = \overline{FE}$ 방위각 $- \overline{FG}$ 방위각 $= (\overline{EF}$ 방위각 $+ 180°) - \overline{FG}$ 방위각
  $= (90° + 180°) - 174°12'$
  $= 95°48'$
- $\angle\theta = 360° - (\angle\alpha + \angle\beta + \angle\gamma) = 360° - (41°30' + 136°30' + 95°48') = 86°12'$
- $\therefore \angle FCD = 180° - \theta = 180° - 86°12' = 93°48'$

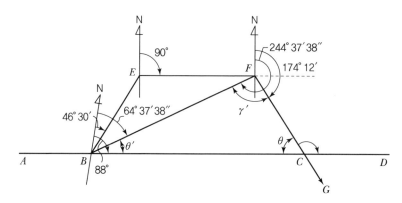

$$\frac{\overline{FC}}{\sin\theta'} = \frac{\overline{BF}}{\sin\theta} \ \rightarrow \ \overline{FC} = \frac{\sin\theta'}{\sin\theta} \times \overline{BF}$$

$\overline{BF}$ 거리를 구하기 위하여 E점과 F점의 좌표를 구하면,

(단, $\overline{AB}$ 의 거리가 주어지지 않았으므로 B점의 좌표를 0으로 가정함)

① E점 좌표

- $X_E = X_B + (\overline{BE} \ \text{거리} \times \cos\theta) = 0.00 + (495.80 \times \cos 46°30') = 341.29\text{m}$
- $Y_E = Y_B + (\overline{BE} \ \text{거리} \times \sin\theta) = 0.00 + (495.80 \times \sin 46°30') = 359.64\text{m}$

② F점 좌표

- $X_F = X_E + (\overline{EF} \ \text{거리} \times \cos\theta) = 341.29 + (360.00 \times \cos 90°) = 341.29\text{m}$
- $Y_F = Y_E + (\overline{EF} \ \text{거리} \times \sin\theta) = 359.64 + (360.00 \times \sin 90°) = 719.64\text{m}$

③ $\overline{BF}$ 거리 및 $\overline{BF}$ 방위각

- $\overline{BF}$ 거리 $= \sqrt{(X_F - X_B)^2 + (Y_F - Y_B)^2}$
  $$= \sqrt{(341.29 - 0.00)^2 + (719.64 - 0.00)^2}$$
  $$= 796.47\text{m}$$

- $\overline{BF}$ 방위각
  $$\tan\theta = \frac{Y_F - Y_B}{X_F - X_B} \ \rightarrow \ \theta = \tan^{-1}\frac{Y_F - Y_B}{X_F - X_B} = \tan^{-1}\frac{719.64 - 0.00}{341.29 - 0.00} = 64°37'38''(1\text{상한})$$

  $\therefore \ \overline{BF}$ 방위각 $= 64°37'38''$

④ $\angle FBC(\theta')$ 및 $\angle CFB(\gamma')$

- $\angle FBC(\theta') = \overline{AB}$ 방위각 $- \overline{BF}$ 방위각
  $$= 88° - 64°37'38''$$
  $$= 23°22'22''$$

- $\angle CFB(\gamma') = \overline{FB}$ 방위각 $- \overline{FG}$ 방위각
  $$= (\overline{BF} \ \text{방위각} + 180°) - \overline{FG} \ \text{방위각}$$
  $$= (64°37'38'' + 180°) - 174°12'$$
  $$= 70°25'38''$$

⑤ 수평거리($\overline{FC}$)

$$\overline{FC} = \frac{\sin\theta'}{\sin\theta} \times \overline{BF} = \frac{\sin23°22'22''}{\sin86°12'} \times 796.47 = 316.67\text{m}$$

(3) 터널 길이 $\overline{BC}$ 계산

$$\frac{\overline{BC}}{\sin\angle CFB(\gamma')} = \frac{\overline{BF}}{\sin\angle BCF(\theta)} \rightarrow$$

$$\overline{BC} = \frac{\sin\angle CFB(\gamma')}{\sin\angle BCF(\theta)} \times \overline{BF}$$

$$= \frac{\sin70°25'38''}{\sin86°12'} \times 796.47$$

$$= 752.10\text{m}$$

∴ 터널 길이 $\overline{BC} = 752.10\text{m}$

023

다음 그림과 같은 터널측량을 실시한 결과 다음과 같은 결과를 얻었다. 다음 물음에 답하시오.(단, 각도는 조정된 내각이고, 점 A의 좌표는 $(0.00, 0.00)$이다. 계산은 반올림하여 거리는 cm 단위까지, 방위각은 $0.1''$ 단위까지 구하시오.)

측점	측정각
B	$170°12'50''$
C	$113°57'20''$
D	$111°30'40''$
E	$143°22'10''$

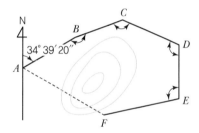

(1) 표를 완성하시오.

측선	거리(m)	방위각	위거(m)	경거(m)
$\overline{AB}$	50.25	$34°39'20''$		
$\overline{BC}$	57.40			
$\overline{CD}$	71.04			
$\overline{DE}$	55.84			
$\overline{EF}$	65.68			
계				

(2) 터널의 길이($\overline{FA}$)와 터널의 방위각($\overline{FA}$)을 구하시오.

해설 및 정답

(1) 표 완성

측선	거리(m)	방위각	위거(m)	경거(m)
$\overline{AB}$	50.25	34°39′20″	41.33	28.57
$\overline{BC}$	57.40	44°26′30″	40.98	40.19
$\overline{CD}$	71.04	110°29′10″	−24.86	66.55
$\overline{DE}$	55.84	178°58′30″	−55.83	1.00
$\overline{EF}$	65.68	215°36′20″	−53.40	−38.24
계	300.21		−51.78	98.07

(2) 터널의 길이($\overline{FA}$)와 터널의 방위각($\overline{FA}$) 계산

　1) 터널의 길이($\overline{FA}$)

$$\overline{FA}\ 거리 = \sqrt{(X_A - X_F)^2 + (Y_A - Y_F)^2}$$
$$= \sqrt{(0.00 - (-51.78))^2 + (0.00 - 98.07)^2}$$
$$= 110.90\text{m}$$

　2) 터널의 방위각($\overline{FA}$)

$$\tan\theta = \frac{Y_A - Y_F}{X_A - X_F} \ \rightarrow$$

$$\theta = \tan^{-1}\frac{0.00 - 98.07}{0.00 - (-51.78)} = 62°09′59″ \ (4상한)$$

$$\therefore 터널의 방위각(\overline{FA}) = 360° - 62°09′59″ = 297°50′01″$$

024

다음 그림은 어느 농장 주변의 개방트래버스의 예이다. A점을 직각좌표의 원점으로 하고 $\overline{AB}$선을 북으로 할 때 다음 사항을 계산하시오. (단, 각은 10초 단위에서 반올림하여 분 단위까지만 계산하고, 거리와 좌표는 소수 셋째 자리에서 반올림하시오.)

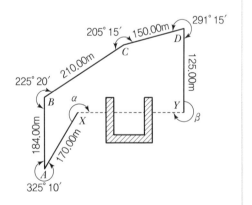

(1) 각 점의 좌표를 구하시오.

(2) X, Y를 연결하고자 한다. $\overline{XY}$의 길이와 방위각을 구하시오.

(3) 측각 α, β를 각각 X점, Y점에서 측설하고자 한다.

1) α를 구하시오.

2) β를 구하시오.

해설 및 정답

(1) 각 점의 좌표 계산

측선	거리(m)	방위각	위거(m)	경거(m)	측점	X(m)	Y(m)
$\overline{AB}$	184.00	$0°00'$	184.00	0.00	A	0.00	0.00
$\overline{BC}$	210.00	$0°00'-180°+225°20'=45°20'$	147.63	149.35	B	184.00	0.00
$\overline{CD}$	150.00	$45°20'-180°+205°15'=70°35'$	49.87	141.47	C	331.63	149.35
$\overline{DY}$	125.00	$70°35'-180°+291°15'=181°50'$	-124.94	-4.00	D	381.50	290.82
$\overline{AX}$	170.00	$360°-325°10'=34°50'$	139.54	97.10	Y	256.56	286.82
					X	139.54	97.10

(2) $\overline{XY}$의 거리 및 방위각 계산

1) $\overline{XY}$ 거리

$$\overline{XY}\ \text{거리} = \sqrt{(X_Y - X_X)^2 + (Y_Y - Y_X)^2}$$
$$= \sqrt{(256.56 - 139.54)^2 + (286.82 - 97.10)^2}$$
$$= 222.91\text{m}$$

2) $\overline{XY}$ 방위각

$$\tan\theta = \frac{Y_Y - Y_X}{X_Y - X_X}\ \rightarrow$$

$$\theta = \tan^{-1}\frac{286.82 - 97.10}{256.56 - 139.54} = 58°20'(1\text{상한})$$

$$\therefore\ \overline{XY}\ \text{방위각} = 58°20'$$

(3) α, β 계산

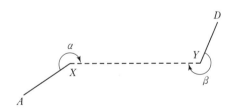

1) α

$$\alpha = \overline{XY}\ \text{의 방위각} - \overline{AX}\ \text{의 방위각} + 180°$$
$$= 58°20' - 34°50' + 180° = 203°30'$$

2) β

$$\beta = \overline{XY}\ \text{의 방위각} - \overline{YD}\ \text{의 방위각} + 180°$$
$$= 58°20' - (181°50' + 180° - 360°) + 180° = 236°30'$$

025 다음 삼각형의 각 점의 좌표에 의하여 넓이를 구하고, $\overline{AC}$의 중점 D를 지나 $\overline{AB}$와 만나는 점을 E라 할 때, $\triangle AED$의 넓이 : $\square EBCD$의 넓이 $= 1 : 3$이 되는 E점의 좌표를 구하시오.

측점	X(m)	Y(m)
A	15	15
B	34	25
C	22	35

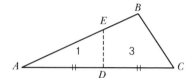

(1) $\triangle ABC$의 넓이

(2) E점의 좌표

해설 및 정답

(1) $\triangle ABC$의 넓이 계산

측점	X	Y	Y_{n+1}	Y_{n-1}	배면적(m²)
A	15	15	25	35	$(25-35)\times15=-150$
B	34	25	35	15	$(35-15)\times34=680$
C	22	35	15	25	$(15-25)\times22=-220$

$2A = 310\text{m}^2$

$\therefore \triangle ABC$ 넓이 $= 155\text{m}^2$

(2) E점의 좌표 계산

1) $\overline{AC}$ 거리

$$\overline{AC} \text{ 거리} = \sqrt{(X_C-X_A)^2 + (Y_C-Y_A)^2}$$
$$= \sqrt{(22-15)^2 + (35-15)^2}$$
$$= 21.19\text{m}$$

2) $\overline{AC}$ 방위각

$$\theta = \tan^{-1}\frac{Y_C - Y_A}{X_C - X_A}$$
$$= \tan^{-1}\frac{35-15}{22-15} = 70°42'36''(1상한)$$
$$\therefore \overline{AC} \text{ 방위각} = 70°42'36''$$

3) $\overline{AB}$ 방위각

$$\theta = \tan^{-1}\frac{Y_B - Y_A}{X_B - X_A}$$
$$= \tan^{-1}\frac{25-15}{34-15} = 27°45'31''(1상한)$$
$$\therefore \overline{AB} \text{ 방위각} = 27°45'31''$$

4) $\angle BAC$

    $\angle BAC = \overline{AC}$ 방위각 $- \overline{AB}$ 방위각

           $= 70°42'36'' - 27°45'31''$

           $= 42°57'05''$

5) $\overline{AE}$ 거리

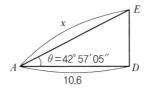

$$A = \frac{1}{2}ab\sin\theta \;\rightarrow$$

$$\left(155 \times \frac{1}{4}\right) = \frac{1}{2} \times x \times 10.6 \times \sin 42°57'05''$$

$$\therefore x = 10.73\text{m}$$

6) E_X, E_Y

- $E_X = A_X + (l \cdot \cos\theta) = 15 + (10.73 \times \cos 27°45'31'') = 24.50\text{m}$
- $E_Y = A_X + (l \cdot \sin\theta) = 15 + (10.73 \times \sin 27°45'31'') = 20.00\text{m}$

026

다음 그림과 같은 삼각형의 성과가 주어졌을 때 다음 아래 요소를 계산하시오. (단, 거리는 소수 넷째 자리에서 반올림하고, 각은 0.01초 단위로 계산하시오.)

측점	좌표(m)	
	X	Y
A	12,350.50	11,080.30
B	14,370.50	13,580.20

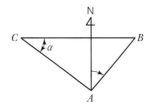

$\overline{AC}$ 의 방위각 : $330°10'20''$

$\overline{BC}$ 의 방위각 : $265°32'40''$

(1) $\overline{AB}$ 의 거리

(2) C점의 각(α)

(3) $\overline{AC}$ 및 $\overline{BC}$ 의 거리

(4) C점의 좌표

(1) $\overline{AB}$ 의 거리 계산

$$\begin{aligned}
\overline{AB} \text{ 거리} &= \sqrt{(X_B - X_A)^2 + (Y_B - Y_A)^2} \\
&= \sqrt{(14,370.50 - 12,350.50)^2 + (13,580.20 - 11,080.30)^2} \\
&= 3,214.016\text{m}
\end{aligned}$$

(2) C점의 각(α) 계산

$$\begin{aligned}
\alpha &= \overline{AC} \text{ 방위각} - \overline{BC} \text{ 방위각} \\
&= 330°10'20'' - 265°32'40'' \\
&= 64°37'40''
\end{aligned}$$

(3) $\overline{AC}$ 및 $\overline{BC}$ 의 거리 계산

① $\overline{AB}$ 의 방위각

$$\tan\theta = \frac{Y_B - Y_A}{X_B - X_A} \;\rightarrow$$

$$\theta = \tan^{-1}\frac{13,580.20 - 11,080.30}{14,370.50 - 12,350.50} = 51°03'38.41''(1\text{상한})$$

$$\therefore \ \overline{AB} \text{ 방위각} = 51°03'38.41''$$

② $\angle A$

$$\begin{aligned}
&= (360° - \overline{AC} \text{ 방위각}) + \overline{AB} \text{ 방위각} \\
&= (360° - 330°10'20'') + 51°03'38.41'' = 80°53'18.41''
\end{aligned}$$

③ $\angle B$

$$\begin{aligned}
&= \overline{BC} \text{ 방위각} - \overline{AB} \text{ 방위각} - 180° \\
&= 265°32'40'' - 51°03'38.41'' - 180° = 34°29'01.59''
\end{aligned}$$

또는
$$180° - (\angle A + \angle C) = 180° - (80°53'18.41'' + 64°37'40'') = 34°29'01.59''$$

④ $\overline{AC}$ 거리

$$\overline{AC} \text{ 거리} = \frac{\overline{AB}}{\sin\angle C} \times \sin\angle B = \frac{3,214.016}{\sin 64°37'40''} \times \sin 34°29'1.59'' = 2,013.948\text{m}$$

⑤ $\overline{BC}$ 거리

$$\overline{BC} \text{ 거리} = \frac{\overline{AB}}{\sin\angle C} \times \sin\angle A = \frac{3,214.016}{\sin 64°37'40''} \times \sin 80°53'18.41'' = 3,512.241\text{m}$$

(4) C점의 좌표 계산

- $X_C = X_A + (\overline{AC} \text{ 거리} \cdot \cos\theta) = 12,350.50 + (2,013.948 \times \cos 330°10'20'') = 14,097.65\text{m}$
- $Y_C = Y_A + (\overline{AC} \text{ 거리} \cdot \sin\theta) = 11,080.30 + (2,013.948 \times \sin 330°10'20'') = 10,078.57\text{m}$

또는

- $X_C = X_B + (\overline{BC} \text{ 거리} \cdot \cos\theta) = 14,370.50 + (3,512.241 \times \cos 265°32'40'') = 14,097.65\text{m}$
- $Y_C = Y_B + (\overline{BC} \text{ 거리} \cdot \sin\theta) = 13,580.20 + (3,512.241 \times \sin 265°32'40'') = 10,078.57\text{m}$

$\therefore C$점 평균좌표 : $X_C = 14,097.65\text{m}$, $Y_C = 10,078.57\text{m}$

027

빗금 친 구역의 평면도 작성을 위해 5점의 선점을 취해 $ABCDEA$의 다각측량을 실시하였다. 그 결과 0.6mm의 도상오차가 발생하였다면 폐합비를 구하여 기준점 사용의 타당성을 검토하고 각 측선의 오차보정량을 구하시오.(단, 허용 폐합비는 1/1,000 이하, 축척 : 1/500이며 계산은 소수 넷째 자리에서 반올림하여 소수 셋째 자리까지 구하시오.)

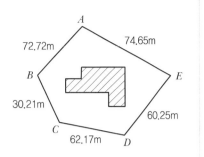

(1) 폐합비 : _____

(2) 기준점 사용 가능 여부 : _____

(3) 오차보정량

구분	B점 ($A-B$ 측선)	C점 ($B-C$ 측선)	D점 ($C-D$ 측선)	E점 ($D-E$ 측선)	A점 ($E-A$ 측선)
오차 보정량					

해설 및 정답

(1) 폐합비 계산

$$폐합비 = \frac{폐합오차}{총\ 길이} = \frac{0.30}{300} = \frac{1}{1,000}$$

※ 폐합오차 = 도상오차 × 축척 = 0.0006 × 500 = 0.30m
   총 길이 = 72.72 + 30.21 + 62.17 + 60.25 + 74.65 = 300.00m

(2) 기준점 사용 가능 여부

계산에 의한 폐합비가 $\frac{1}{1,000}$ 이고, 허용 폐합비가 $\frac{1}{1,000}$ 이므로 관측오차를 변의 길이에 비례하여 보정한다. 즉, 기준점 사용이 가능하다.

(3) 오차보정량 계산

$$오차보정량 = \frac{오차}{총\ 길이} \times 조정할\ 점까지의\ 추가거리$$

① B점 보정량 $= \frac{0.30}{300.00} \times 72.72 = 0.073\text{m}$

② C점 보정량 $= \frac{0.30}{300.00} \times (72.72 + 30.21) = 0.103\text{m}$

③ D점 보정량 $= \frac{0.30}{300.00} \times (72.72 + 30.21 + 62.17) = 0.165\text{m}$

④ E점 보정량 $= \frac{0.30}{300.00} \times (72.72 + 30.21 + 62.17 + 60.25) = 0.225\text{m}$

⑤ A점 보정량 $= \frac{0.30}{300.00} \times (72.72 + 30.21 + 62.17 + 60.25 + 74.65) = 0.300\text{m}$

028

그림과 같이 트래버스 $ABCD$가 있다. $\overline{BC}$ 변의 길이와 방위각을 구하시오. (단, 길이는 반올림하여 cm 단위까지, 각도는 초 단위까지 구하시오.)

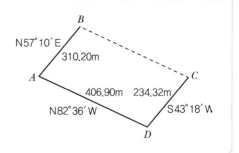

(1) $\overline{BC}$의 길이

(2) $\overline{BC}$의 방위각

해설 및 정답

측선	거리(m)	방위	위거(m)	경거(m)	측점	X(m)	Y(m)
$\overline{CD}$	234.32	S 43°18′ W	−170.53	−160.70	C	0.00	0.00
$\overline{DA}$	406.90	N 82°36′ W	52.41	−403.51	D	−170.53	−160.70
$\overline{AB}$	310.20	N 57°10′ E	168.19	260.65	A	−118.12	−564.21
					B	50.07	−303.56

(1) $\overline{BC}$의 거리 계산

$$\overline{BC}\ \text{거리} = \sqrt{(X_C - X_B)^2 + (Y_C - Y_B)^2}$$
$$= \sqrt{(0.00 - 50.07)^2 + (0.00 - (-303.56))^2}$$
$$= 307.66\text{m}$$

(2) $\overline{BC}$ 방위각 계산

$$\tan\theta = \frac{Y_C - Y_B}{X_C - X_B} \rightarrow$$

$$\theta = \tan^{-1}\frac{0.00 - (-303.56)}{0.00 - 50.07} = 80°38′02″\,(\text{2상한})$$

$$\therefore \overline{BC}\ \text{방위각} = 180° - 80°38′02″ = 99°21′58″$$

029

아래 그림에서 측선 $\overline{1-2}$와 측선 $\overline{3-4}$가 만나는 P점 좌표를 구하시오. (단, 계산은 소수 셋째 자리에서 반올림하여 소수 둘째 자리까지 구하시오.)

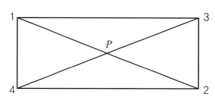

※ 그림은 개략도임

$\overline{4-2}$ 의 방위각 $=91°16'31''$

$\overline{2-1}$ 의 방위각 $=287°07'33''$

$\overline{4-3}$ 의 방위각 $=69°45'31''$

측점	좌표(m)	
	X	Y
1	362.57	512.67
2	308.12	689.39
3	366.91	675.44
4	311.76	525.88

해설 및 정답

(1) $\overline{1-4}$ 방위각 계산

$$\tan\theta = \frac{Y_4 - Y_1}{X_4 - X_1} \rightarrow$$

$$\theta = \tan^{-1}\frac{525.88 - 512.67}{311.76 - 362.57} = 14°34'25''(2상한)$$

$$\therefore \overline{1-4} \text{ 방위각} = 180° - 14°34'25'' = 165°25'35''$$

(2) $\angle 1$, $\angle 4$, $\angle P$ 계산

1) $\angle 1 = \overline{1-4}$ 방위각 $- \overline{1-2}$ 방위각

$\qquad = 165°25'35'' - 107°07'33''$

$\qquad = 58°18'02''$

2) $\angle 4 = \overline{4-3}$ 방위각 $- \overline{1-4}$ 방위각

$\qquad = 69°45'31'' + 180° - 165°25'35''$

$\qquad = 84°19'56''$

3) $\angle P = 180° - (\angle 1 + \angle 4) = 37°22'02''$

(3) $\overline{1-P}$ 거리, $\overline{4-P}$ 거리 계산

1) $\overline{1-P}$ 거리

$$\frac{52.50}{\sin 37°22'02''} = \frac{\overline{1-P}}{\sin 84°19'56''} \quad \therefore \overline{1-P} = 86.08\text{m}$$

2) $\overline{4-P}$ 거리

$$\frac{52.50}{\sin 37°22'02''} = \frac{\overline{4-P}}{\sin 58°18'02''} \quad \therefore \overline{4-P} = 73.60\text{m}$$

3) $\overline{1-4}$ 거리 $= \sqrt{(X_4 - X_1)^2 + (Y_4 - Y_1)^2}$

$\qquad = \sqrt{(311.76 - 362.57)^2 + (525.88 - 512.67)^2} = 52.50\text{m}$

(4) X_P, Y_P 좌표 계산

1) 측점 1 사용

- $X_P = X_1 + (l \cdot \cos\theta) = 362.57 + (86.08 \times \cos 107°07'33'') = 337.22\text{m}$
- $Y_P = Y_1 + (l \cdot \sin\theta) = 512.67 + (86.08 \times \sin 107°07'33'') = 594.93\text{m}$

2) 측점 4 사용

- $X_P = X_4 + (l \cdot \cos \theta) = 311.76 + (73.60 \times \cos 69°45'31'') = 337.22\text{m}$
- $Y_P = Y_4 + (l \cdot \sin \theta) = 525.88 + (73.60 \times \sin 69°45'31'') = 594.93\text{m}$

∴ P점 평균좌표 : $X_P = 337.22\text{m}$, $Y_P = 594.93\text{m}$

030

아래 그림과 같이 측점 A에서 방위각 $80°$가 되는 방향으로 350m 되는 지점에 E를 측설하고자 한다. $\overline{AE}$ 선에 장애물이 있어 부득이 트래버스 $ABCD$를 만들었다. D와 E는 직접 시준이 가능하다. 물음에 답하시오. (단, 거리는 소수 셋째 자리까지, 각은 초 단위의 소수 둘째 자리까지 계산하시오.)

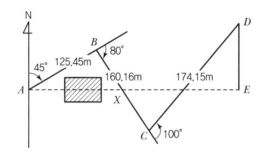

(1) $\overline{DE}$ 의 거리와 $\angle CDE$를 구하시오.

(2) 만일 측선 $\overline{AE}$ 와 $\overline{CB}$ 가 X에서 교차한다면 $\overline{AX}$ 의 거리는 얼마인가?

해설 및 정답

측선	거리(m)	방위각	위거(m)	경거(m)	측점	X(m)	Y(m)
$\overline{AB}$	125.45	45°	88.707	88.707	A	0.000	0.000
$\overline{BC}$	160.16	125°	−91.864	131.195	B	88.707	88.707
$\overline{CD}$	174.15	25°	157.834	73.599	C	−3.157	219.902
$\overline{DE}$					D	154.677	293.501
$\overline{AE}$	350.00	80°	60.777	344.683	E	60.777	344.683

(1) $\overline{DE}$ 의 거리와 $\angle CDE$ 계산

1) $\overline{DE}$ 의 거리

$$\overline{DE} \text{ 거리} = \sqrt{(X_E - X_D)^2 + (Y_E - Y_D)^2}$$
$$= \sqrt{(60.777 - 154.677)^2 + (344.683 - 293.501)^2}$$
$$= 106.943\text{m}$$

2) $\angle CDE$

$\angle CDE = \overline{DC}$ 방위각 $- \overline{DE}$ 방위각

$\qquad = 205° - 151°24'23.6'' = 53°35'36.4''$

※ $\overline{DE}$ 방위각

$\tan\theta = \dfrac{Y_E - Y_D}{X_E - X_D} = \dfrac{344.683 - 293.501}{60.777 - 154.677}$, $\theta = 28°35'36.39''$(2상한)

$\therefore \overline{DE}$ 방위각 $= 180° - 28°35'36.39'' = 151°24'23.61''$

(2) $\overline{AX}$ 의 거리 계산

1) $\angle A$

$\angle A = \overline{AE}$ 방위각 $- \overline{AB}$ 방위각

$\qquad = 80° - 45° = 35°$

2) $\angle B$

$\angle B = \overline{AB}$ 방위각 $+ 180° - \overline{BC}$ 방위각

$\qquad = 45° + 180° - 125° = 100°$

3) $\angle X$

$\angle X = 180° - (35° + 100°) = 45°$

4) $\overline{AX}$ 의 거리

$\dfrac{\overline{AB}}{\sin X} = \dfrac{\overline{AX}}{\sin B} \quad\longrightarrow$

$\dfrac{125.45}{\sin 45°} = \dfrac{\overline{AX}}{\sin 100°} \quad \therefore \overline{AX} = 174.718\text{m}$

---

031 그림과 같이 트래버스 $ABCD$로 둘러싸인 면적을 측선 $\overline{AB}$ 에 나란한 선분 $\overline{EF}$ 로 분할하고자 한다. $\overline{AE}$ 의 길이가 150m라고 하면 $\overline{BF}$ 및 $\overline{EF}$ 길이를 구하시오.(단, 계산은 거리 mm 단위까지, 각은 $0.1''$까지 구하시오.)

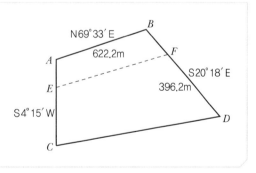

해설 및 정답

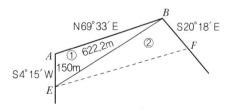

(1) $\triangle ABE$

측선	거리(m)	방위각	위거(m)	경거(m)	측점	X(m)	Y(m)
$\overline{AB}$	622.200	69°33′	217.390	582.987	A	0.000	0.000
$\overline{AE}$	150.000	184°15′	−149.588	−11.116	B	217.390	582.987
					E	−149.588	−11.116

1) $\overline{BE}$ 의 거리

$$\overline{BE} \text{ 거리} = \sqrt{(X_E - X_B)^2 + (Y_E - Y_B)^2}$$
$$= \sqrt{(-149.588 - 217.390)^2 + (-11.116 - 582.987)^2}$$
$$= 698.306\text{m}$$

2) $\overline{BE}$ 방위각

$$\tan\theta = \frac{Y_E - Y_B}{X_E - X_B} \ \rightarrow$$

$$\theta = \tan^{-1}\frac{0.000 - 594.103}{0.000 - 366.978} = 58°17'46.8''(3상한)$$

$$\therefore \ \overline{BE} \text{ 방위각} = 180° + 58°17'46.8'' = 238°17'46.8''$$

3) $\overline{EB}$ 방위각

$$\overline{EB} \text{ 방위각} = \overline{BE} \text{ 방위각} + 180° - 360° = 58°17'46.8''$$

(2) $\triangle BEF$

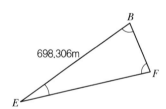

1) $\angle E$

$$\angle E = \overline{EF} \text{ 방위각} - \overline{EB} \text{ 방위각} = 69°33' - 58°17'46.8'' = 11°15'13.2''$$

2) $\angle B$

$$\angle B = \overline{BE} \text{ 방위각} - \overline{BF} \text{ 방위각} = 238°17'46.8'' - 159°42' = 78°35'46.8''$$

3) $\angle F$

$$\angle F = 180° - (\angle E + \angle B) = 90°09'00''$$

4) $\overline{BF}$ 의 거리(sine 법칙)

$$\frac{\overline{BF}}{\sin\angle E} = \frac{\overline{BE}}{\sin\angle F} \ \rightarrow$$

$$\frac{\overline{BF}}{\sin 11°15'13.2''} = \frac{698.306}{\sin 90°09'00''}$$

$$\therefore \ \overline{BF} \text{ 거리} = 136.277\text{m}$$

5) $\overline{EF}$의 거리(sine 법칙)

$$\frac{\overline{EF}}{\sin\angle B} = \frac{\overline{BE}}{\sin\angle F} \longrightarrow$$

$$\frac{\overline{EF}}{\sin 78°35'46.8''} = \frac{698.306}{\sin 90°09'00''}$$

$$\therefore \ \overline{EF} \ \text{거리} = 684.523\text{m}$$

032 다각측량에 의해 다음 그림의 면적을 도형$ABCDE = 12,348.50\text{m}^2$라 할 때, $\overline{AB}$의 중점 M에 분할선을 그어 $\square AMXE = 6,000.00\text{m}^2$가 되도록 X점을 잡았다. $\square AMDE = 6,528.94\text{m}^2$일 때 $M-D$의 위거와 경거를 구하여 표를 완성하고 $\overline{DX}$의 방위가 N 67°36'50'' W라고 할 때 $\overline{MD}$와 $\overline{DX}$의 길이를 구하시오. (단, 거리의 단위는 m이고 소수 둘째 자리까지, 각도는 반올림하여 초 단위까지 구하시오.)

측선	위거(L)		경거(D)	
	+	−	+	−
$\overline{A-M}$		20.16	54.32	
$\overline{M-D}$	( )		( )	
$\overline{D-E}$	27.79			67.47
$\overline{E-A}$		96.47		30.41
	( )	116.63	( )	97.88

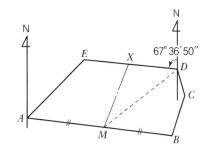

(1) 표를 완성하시오.

(2) $\overline{MD}$의 길이를 구하시오.

(3) $\overline{DX}$의 길이를 구하시오.

[해설 및 정답]

(1) 표 완성

(단위 : m)

측선	위거(L)		경거(D)	
	+	−	+	−
$\overline{A-M}$		20.16	54.32	
$\overline{M-D}$	(88.84)		(43.56)	
$\overline{D-E}$	27.79			67.47
$\overline{E-A}$		96.47		30.41
계	(116.63)	116.63	(97.88)	97.88

$\sum$위거 $= 0$, $\sum$경거 $= 0$을 이용하여 위거 및 경거를 계산한다.

(2) $\overline{MD}$ 의 길이 계산

$$\overline{MD} = \sqrt{88.84^2 + 43.56^2} = 98.94\text{m}$$

(3) $\overline{DX}$ 의 길이 계산

(단위 : m)

측점	X	Y
A	0.00	0.00
M	-20.16	54.32
D	68.68	97.88
E	96.47	30.41

1) $\angle D$

$$\angle D = \overline{DX}\ \text{방위각} - \overline{DM}\ \text{방위각}$$
$$= (360° - 67°36'50'') - 206°07'11''$$
$$= 86°15'59''$$

2) $\overline{DM}$ 방위각

$$\tan\theta = \frac{Y_M - Y_D}{X_M - X_D} \rightarrow$$

$$\theta = \tan^{-1}\frac{54.32 - 97.88}{-20.16 - 68.68} = 26°07'11''(\text{3상한})$$

$$\therefore \overline{DM}\ \text{방위각} = 180° + 26°07'11'' = 206°07'11''$$

3) $\triangle DMX$ 면적

$$\triangle DMX = 6{,}528.94 - 6{,}000.00 = 528.94\text{m}^2$$

4) $\overline{DX}$ 거리

$$\triangle DMX = \frac{1}{2}\overline{DX} \times \overline{DM} \times \sin\angle D \rightarrow$$

$$528.94 = \frac{1}{2} \times \overline{DX} \times 98.94 \times \sin 86°15'59''$$

$$\therefore \overline{DX}\ \text{거리} = 10.71\text{m}$$

033

그림에서 D 점의 좌표를 구하시오.
(단, 계산은 소수 셋째 자리까지,
각은 초($''$) 단위까지 구하시오.)

$\overline{AB} = 2{,}121.21\text{m}$

$\alpha = 65°54'43''$

$\beta = 54°43'32''$

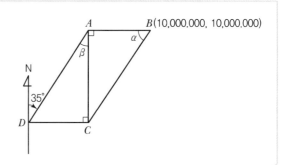

해설 및 정답

(1) 내각 계산

- $\angle ACB = 180° - (65°54'43'' + 90°)$
  $= 24°05'17''$

- $\angle ADC = 180° - (54°43'32'' + 90°)$
  $= 35°16'28''$

(2) 방위각 계산

- $\overline{AB}$ 방위각 $= 35° + 180° - (90° + 54°43'32'')$
  $= 70°16'28''$

- $\overline{BC}$ 방위각 $= 70°16'28'' + 180° - 65°54'43''$
  $= 184°21'45''$

- $\overline{CD}$ 방위각 $= 35° + 35°16'28'' + 180°$
  $= 250°16'28''$

(3) 변장 계산(sine 법칙)

1) $\overline{BC}$ 의 거리

$$\frac{\overline{BC}}{\sin\angle BAC} = \frac{\overline{AB}}{\sin\angle ACB} \rightarrow$$

$$\frac{\overline{BC}}{\sin 90°} = \frac{2,121.21}{\sin 24°05'17''}$$

$$\therefore \overline{BC} = 5,197.259\text{m}$$

2) $\overline{AC}$ 의 거리

$$\frac{\overline{AC}}{\sin\alpha} = \frac{\overline{AB}}{\sin\angle ACB} \rightarrow$$

$$\frac{\overline{BC}}{\sin 65°54'43''} = \frac{2,121.21}{\sin 24°05'17''}$$

$$\therefore \overline{AC} = 4,744.678\text{m}$$

3) $\overline{AD}$ 의 거리

$$\frac{\overline{AD}}{\sin\angle ACD} = \frac{\overline{AC}}{\sin\angle ADC} \rightarrow$$

$$\frac{\overline{AD}}{\sin 90°} = \frac{4,744.678}{\sin 35°16'28''}$$

$$\therefore \overline{AD} = 8,215.984\text{m}$$

4) $\overline{CD}$ 의 거리

$$\frac{\overline{CD}}{\sin\beta} = \frac{\overline{AC}}{\sin\angle ADC} \rightarrow$$

$$\frac{\overline{CD}}{\sin 54°43'32''} = \frac{4,744.678}{\sin 35°16'28''}$$

$$\therefore \overline{CD} = 6,707.491\text{m}$$

(4) D점 좌표 계산

    1) B점 → A점 → D점

       • $X_D = X_B + (\overline{AB} \times \cos\theta) + (\overline{AD} \times \cos\theta)$

           $= 10,000 + (2,121.21 \times \cos 250°16'28'') + (8,215.984 \times \cos 215°)$

           $= 2,553.919\text{m}$

       • $Y_D = Y_B + (\overline{AB} \times \sin\theta) + (\overline{AD} \times \sin\theta)$

           $= 10,000 + (2,121.21 \times \sin 250°16'28'') + (8,215.984 \times \sin 215°)$

           $= 3,290.768\text{m}$

    2) B점 → C점 → D점

       • $X_D = X_B + (\overline{BC} \times \cos\theta) + (\overline{CD} \times \cos\theta)$

           $= 10,000 + (5,197.259 \times \cos 184°21'45'') + (6,707.491 \times \cos 250°16'28'')$

           $= 2,553.919\text{m}$

       • $Y_D = Y_B + (\overline{CD} \times \sin\theta) + (\overline{CD} \times \sin\theta)$

           $= 10,000 + (5,197.259 \times \sin 184°21'45'') + (6,707.91 \times \sin 250°16'28'')$

           $= 3,290.767\text{m}$

    ∴ D점 평균좌표

      $X_D = 2,553.919\text{m}$

      $Y_D = \dfrac{3,290.768 + 3,290.767}{2} = 3,290.768\text{m}$

034

그림과 같은 지형에서 일시적인 장애물로 인하여 부득이 그림과 같이 관측을 하였다. P점의 좌표를 결정하시오. (단, 거리 및 좌표는 소수 셋째 자리에서 반올림하여 소수 둘째 자리까지, 각은 반올림하여 초 단위까지 구하시오.)

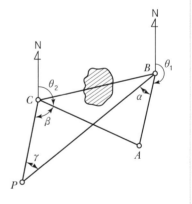

점명	X(m)	Y(m)
B	4,765.12	1,564.72
C	4,658.67	1,077.88

$\theta_1 = 191°32'28''$, $\theta_2 = 117°39'58''$

$\alpha = 31°47'22''$, $\beta = 72°36'22''$, $\gamma = 33°03'30''$

해설 및 정답

(1) $\overline{BC}$의 거리, 방위각 계산

    1) $\overline{BC}$의 거리

       $\overline{BC}\ \text{거리} = \sqrt{(X_C - X_B)^2 + (Y_C - Y_B)^2}$

           $= \sqrt{(4,658.67 - 4,765.12)^2 + (1,077.88 - 1,564.72)^2}$

           $= 498.34\text{m}$

2) $\overline{BC}$ 의 방위각

$$\theta = \tan^{-1}\frac{Y_C - Y_B}{X_C - X_B}$$

$$= \tan^{-1}\frac{1{,}077.88 - 1{,}564.72}{4{,}658.67 - 4{,}765.12}$$

$$= 77°39'58''(3상한)$$

$$\therefore\ \overline{BC}\ \text{방위각} = 180° + 77°39'58'' = 257°39'58''$$

(2) $\angle CBP$ 계산

$$\angle CBP = \overline{BC}\ \text{방위각} - \overline{BP}\ \text{방위각}$$

$$= 257°39'58'' - (191°32'28'' + 31°47'22'')$$

$$= 34°20'08''$$

(3) $\angle BCA$ 계산

$$\angle BCA = \overline{CA}\ \text{방위각} - \overline{CB}\ \text{방위각}$$

$$= 117°39'58'' - (257°39'58'' - 180°)$$

$$= 40°00'00''$$

(4) $\overline{BP}$, $\overline{CP}$ 의 거리 계산(sine 법칙)

1) $\overline{BP}$ 의 거리

$$\frac{\overline{BC}}{\sin\gamma} = \frac{\overline{BP}}{\sin(\beta + \angle BCA)} \quad \rightarrow$$

$$\frac{498.34}{\sin 33°03'30''} = \frac{\overline{BP}}{\sin(72°36'22'' + 40°00'00'')}$$

$$\therefore\ \overline{BP}\ \text{거리} = 843.37\text{m}$$

2) $\overline{CP}$ 의 거리

$$\frac{\overline{BC}}{\sin\gamma} = \frac{\overline{CP}}{\sin\angle CBP} \quad \rightarrow$$

$$\frac{498.34}{\sin 33°03'30''} = \frac{\overline{CP}}{\sin 34°20'08''}$$

$$\therefore\ \overline{CP}\ \text{거리} = 515.28\text{m}$$

(5) P점 좌표 계산

1) B점 이용

- $X_P = X_B + (\overline{BP}\ \text{거리} \times \cos\theta)$

$$= 4{,}765.12 + (843.37 \times \cos 223°19'50'')$$

$$= 4{,}151.65\text{m}$$

- $Y_P = Y_B + (\overline{BP}\ \text{거리} \times \sin\theta)$

$$= 1{,}564.72 + (843.37 \times \sin 223°19'50'')$$

$$= 985.99\text{m}$$

2) C점 이용

- $X_P = X_C + (\overline{CP}\ \text{거리} \times \cos\theta)$

$$= 4{,}658.67 + (515.28 \times \cos 190°16'20'') = 4{,}151.65\text{m}$$

- $Y_P = Y_C + (\overline{CP}\ \text{거리} \times \sin\theta)$
    $= 1,077.88 + (515.28 \times \sin 190°16'20'')$
    $= 985.99\text{m}$
$\therefore P$점 좌표 : $X_P = 4,151.65\text{m}$, $Y_P = 985.99\text{m}$

---

035 기지점 A, B, C를 이용하여 장애물을 사이에 두고 $\overline{AC}$ 선상에 존재하는 $\overline{PQ}$ 를 구하고자 다음과 같이 관측하였다. 다음 물음에 답하시오. (단, 계산은 반올림하여 거리와 좌표는 소수 둘째 자리까지, 각은 초($''$) 단위까지 구하시오.)

기지점	X(m)	Y(m)
A	4,275.69	2,362.72
B	4,242.55	2,722.16
C	4,391.64	2,705.62

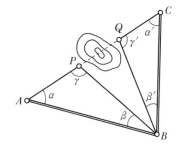

$\overline{BP}$ 의 방위각 $= 297°52'$

$\overline{BQ}$ 의 방위각 $= 327°52'$

(1) $\triangle ABP$의 내각 α, β, γ를 구하시오.

(2) $\overline{AP}$ 의 거리를 구하시오.

(3) P의 X, Y 좌표를 구하시오.

(4) $\triangle BCQ$의 내각 α', β', γ'를 구하시오.

(5) $\overline{CQ}$ 의 거리를 구하시오.

(6) Q의 X, Y 좌표를 구하시오.

해설 및 정답

(1) $\triangle ABP$ 내각 계산
  1) $\overline{AB}$ 의 거리, 방위각
    - $\overline{AB}$ 거리 $= \sqrt{(X_B - X_A)^2 + (Y_B - Y_A)^2}$
        $= \sqrt{(4,242.55 - 4,275.69)^2 + (2,722.16 - 2,362.72)^2}$
        $= 360.96\text{m}$
    - $\theta = \tan^{-1}\dfrac{Y_B - Y_A}{X_B - X_A}$

      $= \tan^{-1}\dfrac{2,722.16 - 2,362.72}{4,242.55 - 4,275.69}$

      $= 84°43'56''$(2상한)
    $\therefore \overline{AB}$ 방위각 $= 180° - 84°43'56'' = 95°16'04''$

2) $\overline{AC}$ 의 방위각

$$\theta = \tan^{-1}\frac{Y_C - Y_A}{X_C - X_A}$$

$$= \tan^{-1}\frac{2,705.62 - 2,362.72}{4,391.64 - 4,275.69}$$

$$= 71°19'02'' (1상한)$$

$$\therefore \overline{AC}\ 방위각 = 71°19'02''$$

3) $\overline{BC}$ 의 거리, 방위각

- $\overline{BC}$ 거리 $= \sqrt{(X_C - X_B)^2 + (Y_C - Y_B)^2}$

$$= \sqrt{(4,391.64 - 4,242.55)^2 + (2,705.62 - 2,722.16)^2}$$

$$= 361.97\text{m}$$

- $\theta = \tan^{-1}\frac{Y_C - Y_B}{X_C - X_B}$

$$= \tan^{-1}\frac{2,705.62 - 2,722.16}{4,391.64 - 4,242.55}$$

$$= 6°19'50'' (4상한)$$

$$\therefore \overline{BC}\ 방위각 = 360° - 6°19'50'' = 353°40'10''$$

4) α, β, γ

- $\alpha = \overline{AB}\ 방위각 - \overline{AC}\ 방위각$

$$= 95°16'04'' - 71°19'02''$$

$$= 23°57'02''$$

- $\beta = \overline{BP}\ 방위각 - \overline{BA}\ 방위각$

$$= 297°52' - (95°16'04'' + 180°)$$

$$= 22°35'56''$$

- $\gamma = \overline{CA}\ 방위각 - \overline{PB}\ 방위각 = 180° - (\alpha + \beta)$

$$= 180° - (23°57'02'' + 22°35'56'')$$

$$= 133°27'02''$$

(2) $\overline{AP}$ 거리 계산(sine 법칙)

$$\frac{\overline{AB}}{\sin\gamma} = \frac{\overline{AP}}{\sin\beta} \rightarrow$$

$$\frac{360.96}{\sin 133°27'02''} = \frac{\overline{AP}}{\sin 22°35'56''}$$

$$\therefore \overline{AP}\ 거리 = 191.07\text{m}$$

(3) P점 좌표 계산

- $X_P = X_A + (\overline{AP}\ 거리 \times \cos\theta)$

$$= 4,275.69 + (191.07 \times \cos 71°19'02'')$$

$$= 4,336.90\text{m}$$

- $Y_P = Y_A + (\overline{AP}\ 거리 \times \sin\theta)$

$$= 2,362.72 + (191.07 \times \sin 71°19'02'')$$

$$= 2,543.72\text{m}$$

(4) $\triangle BCQ$ 내각 α', β', γ' 계산

- $\alpha' = \overline{CA}$ 방위각 $- \overline{CB}$ 방위각

  $= (71°19'02'' + 180°) - (353°40'10'' + 180°)$

  $= 77°38'52''$

- $\beta' = \overline{CB}$ 방위각 $- \overline{QB}$ 방위각

  $= (353°40'10'' + 180°) - (327°52' + 180°)$

  $= 25°48'10''$

- $\gamma' = \overline{CA}$ 방위각 $- \overline{QB}$ 방위각 $= 180° - (\alpha' + \beta')$

  $= 180° - (77°38'52'' + 25°48'10'')$

  $= 76°32'58''$

(5) $\overline{CQ}$ 거리 계산(sine 법칙)

$$\frac{\overline{BC}}{\sin\gamma'} = \frac{\overline{CQ}}{\sin\beta'} \rightarrow$$

$$\frac{150.00}{\sin 76°32'58''} = \frac{\overline{CQ}}{\sin 25°48'10''}$$

$\therefore \overline{CQ}$ 거리 $= 67.13\text{m}$

(6) Q점 좌표 계산

- $X_Q = X_C + (\overline{CQ}$ 거리 $\times \cos\theta)$

  $= 4,391.64 + (67.13 \times \cos 251°19'02'')$

  $= 4,370.14\text{m}$

- $Y_Q = Y_C + (\overline{CQ}$ 거리 $\times \sin\theta)$

  $= 2,705.62 + (67.13 \times \sin 251°19'02'')$

  $= 2,642.03\text{m}$

036 $R = 750$m인 단곡선 노선에 $\overline{QR}$ 측선의 방위각이 $30°50'00''$인 수도관이 관통할 때 다음 물음에 답하시오.(단, 거리는 cm까지, 각도는 $0.1''$ 자리에서 반올림하여 $1''$ 자리까지 계산하여 구하고, Q, O의 좌표는 아래와 같다.)

	X(m)	Y(m)
Q	2,310.64	2,560.92
O	2,561.05	2,110.45

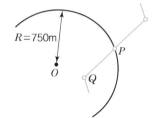

(1) $\angle OQP$를 구하시오.

(2) P의 좌표를 구하시오.

해설 및 정답

(1) $\angle OQP$ 계산

   1) $\overline{OQ}$ 방위각

$$\tan\theta = \frac{Y_Q - Y_O}{X_Q - X_O} \rightarrow$$

$$\theta = \tan^{-1}\frac{2,560.92 - 2,110.45}{2,310.64 - 2,561.05} = 60°55'51''(2상한)$$

$$\therefore \overline{OQ} \text{ 방위각} = 180° - 60°55'51'' = 119°04'09''$$

   2) $\angle OQP$

$$\angle OQP = \overline{QR} \text{ 방위각} + 180° - \overline{OQ} \text{ 방위각}$$
$$= 30°50'00'' + 180° - 119°04'09''$$
$$= 91°45'51''$$

(2) P의 좌표 계산

   1) $\overline{OQ}$ 거리

$$\overline{OQ} \text{ 거리} = \sqrt{(X_Q - X_O)^2 + (Y_Q - Y_O)^2}$$
$$= \sqrt{250.41^2 + 450.47^2}$$
$$= 515.391\text{m}$$

   2) $\angle OPQ$

$$\frac{750}{\sin 91°45'51''} = \frac{515.39}{\sin\angle OPQ}$$
$$\therefore \angle OPQ = 43°22'56''$$

   3) $\angle POQ$

$$\angle POQ = 180° - (91°45'51'' + 43°22'56'')$$
$$= 44°51'13''$$

4) $\overline{QP}$ 거리

$$\frac{750}{\sin 91°45'41''} = \frac{\overline{QP}}{\sin 44°51'13''}$$

$$\therefore \overline{QP} = 529.22\text{m}$$

5) $\overline{QP}$ 방위각

$\overline{QP}$ 방위각 $= 119°04'09'' - 180° + 91°45'51''$

$\qquad\qquad = 30°50'$

6) P점 좌표

- $X_P = X_Q + (l \cdot \cos\theta)$

$\quad = 2,310.64 + (529.22 \times \cos 30°50') = 2,765.06\text{m}$

- $Y_P = Y_Q + (l \cdot \sin\theta)$

$\quad = 2,560.92 + (529.22 \times \sin 30°50') = 2,832.17\text{m}$

---

037 다음 곡선설치에서 주어진 조건으로 요구사항에 답하시오.(단, 각은 반올림하여 초 단위까지, 거리는 반올림하여 소수 셋째 자리까지 구하시오.)

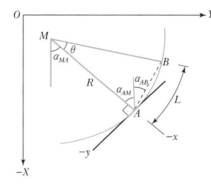

[M 좌표]

$X_M = -5,730.441\text{m}$

$Y_M = 7,389.256\text{m}$

[A 좌표]

$X_A = -5,808.967\text{m}$

$Y_A = 7,451.173\text{m}$

$R = 100.00\text{m}$

$L = 40.00\text{m}$

(1) $\alpha_{AM} = \alpha_{MA}$

(2) θ''

(3) α_{AB}

(4) $S_{AB}(\overline{AB})$

(5) B의 좌표$(X_B,\ Y_B)$

해설 및 정답

(1) $\alpha_{AM} = \alpha_{MA}$ 계산

- $\alpha_{MA} = \tan^{-1}\dfrac{Y_A - Y_M}{X_A - X_M} = \tan^{-1}\dfrac{7,451.173 - 7,389.256}{-5,808.967 - (-5,730.441)}$

$\quad = 38°15'20''$(2상한)

- $\overline{MA}$ 방위각 $= 180° - 38°15'20'' = 141°44'40''$ (B점의 좌표 계산 시 필요)

(2) θ'' 계산

$$\theta'' = \frac{L}{R}\rho'' = \frac{40}{100} \times 206,265'' = 22°55'06''$$

(3) α_{AB} 계산

- $\angle MAB = \angle MBA$이므로
- $\angle MAB = (180° - \theta) \div 2 = (180° - 22°55'06'') \div 2 = 78°32'27''$
- $\therefore \alpha_{AB} = \angle MAB - \alpha_{AM} = 78°32'27'' - 38°15'20'' = 40°17'07''$

(4) $S_{AB}(\overline{AB})$ 계산

$$\overline{AB} = 2R\sin\frac{\theta}{2} = 2 \times 100 \times \sin\frac{22°55'06''}{2} = 39.734\text{m}$$

(5) B의 좌표(X_B, Y_B) 계산

- $X_B = X_M + \{l \cdot \cos(\overline{MA}\text{ 방위각} - \theta)\}$
  $= -5,730.441 + \{100 \times \cos(141°44'40'' - 22°55'06'')\} = -5,778.656\text{m}$
- $Y_B = Y_M + \{l \cdot \sin(\overline{MA}\text{ 방위각} - \theta)\}$
  $= 7,389.256 + \{100 \times \sin(141°44'40'' - 22°55'06'')\} = 7,476.865\text{m}$

038

다음 그림과 같은 정방형 격자 교점에 50개($P_1 \sim P_{50}$)의 파일을 설치하여 기초콘크리트를 타설하려고 한다. 조건의 기준점 A, B점과 P_1, P_{50}의 좌표를 이용하여 아래 물음에 답하시오. (단, 좌표의 단위는 m, 계산은 반올림하여 각은 초 단위까지, 거리는 소수 셋째 자리까지 구하시오.)

[조건]
격자 간 거리 : 5m×5m
A점 $= (1,325.690, 1,248.780)$, B점 $= (1,115.280, 1,534.550)$
P_1 파일 위치 $= (1,421.271, 1,479.787)$, P_{50} 파일 위치 $= (1,375.625, 1,498.267)$

(1) P_{10}, P_{41} 점의 좌표를 구하시오.

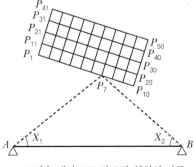

※ 그림은 개략도로 좌표의 위치와 다름

(2) P_7 파일을 설치하기 위한 좌표를 계산하고 A, B 기지점에 기계를 세워 파일 위치를 관측하고자 할 때, A점에서의 관측각 X_1($\angle P_7$, A, B)과 B점에서의 관측각 X_2 ($\angle P_7$, B, A)의 각을 구하시오.

해설 및 정답

(1) P_{10}, P_{11} 좌표 계산

1) $\overline{P_1 P_{50}}$ 거리 및 방위각

① $\overline{P_1 P_{50}}$ 거리

$$\overline{P_1 P_{50}} = \sqrt{(X_{P_{50}} - X_{P_1})^2 + (Y_{P_{50}} - Y_{P_1})^2}$$
$$= \sqrt{(1,375.625 - 1,421.271)^2 + (1,498.267 - 1,479.787)^2}$$
$$= 49.245\text{m}$$

② $\overline{P_1 P_{50}}$ 방위각

$$\theta = \tan^{-1}\frac{Y_{P_{50}} - Y_{P_1}}{X_{P_{50}} - X_{P_1}} = \tan^{-1}\frac{1,498.267 - 1,479.787}{1,375.625 - 1,421.271}$$
$$= 22°02'27''(2상한)$$
$$\therefore \overline{P_1 P_{50}}\ 방위각 = 180° - 22°02'27'' = 157°57'33''$$

2) $\angle \overline{P_{50}\, P_1\, P_{41}}$, $\angle \overline{P_{50}\, P_1\, P_{10}}$

① $\angle \overline{P_{50}\, P_1\, P_{41}} = \tan^{-1}\dfrac{\overline{P_{41} P_{50}}}{\overline{P_1 P_{41}}} = \tan^{-1}\dfrac{45}{20} = 66°02'15''$

② $\angle \overline{P_{50}\, P_1\, P_{10}} = \tan^{-1}\dfrac{\overline{P_{10} P_{50}}}{\overline{P_1 P_{10}}} = \tan^{-1}\dfrac{20}{45} = 23°57'45''$

3) $\overline{P_1 P_{41}}$, $\overline{P_1 P_{10}}$ 방위각

① $\overline{P_1 P_{41}}$ 방위각 $= \overline{P_1 P_{50}}$ 방위각 $- \angle \overline{P_{50}\, P_1\, P_{41}}$
$$= 157°57'33'' - 66°02'15'' = 91°55'18''$$

② $\overline{P_1 P_{10}}$ 방위각 $= \overline{P_1 P_{50}}$ 방위각 $+ \angle \overline{P_{50}\, P_1\, P_{40}}$
$$= 157°57'33'' + 23°57'45'' = 181°55'18''$$

4) P_{41}, P_{10} 좌표

① $P_1 \rightarrow P_{41}$, P_{10}

㉠ P_{41} 좌표

• $XP_{41} = XP_1 + (l \cdot \cos \overline{P_1 P_{41}}\ 방위각)$
$$= 1,421.271 + (20 \times \cos 91°55'18'') = 1,420.600\text{m}$$
• $YP_{41} = YP_1 + (l \cdot \sin \overline{P_1 P_{41}}\ 방위각)$
$$= 1,479.787 + (20 \times \sin 91°55'18'') = 1,499.776\text{m}$$

㉡ P_{10} 좌표

• $XP_{10} = XP_1 + (l \cdot \cos \overline{P_1 P_{10}}\ 방위각)$
$$= 1,421.271 + (45 \times \cos 181°55'18'') = 1,376.296\text{m}$$

- $YP_{10} = YP_1 + (l \cdot \sin \overline{P_1 P_{10}}$ 방위각$)$

   $= 1{,}479.787 + (45 \times \sin 181°55'18'') = 1{,}478.278\text{m}$

② $P_{50} \rightarrow P_{41}, P_{10}$

　㉠ P_{41} 좌표

- $XP_{41} = XP_{50} + (l \cdot \cos \overline{P_{50} P_{41}}$ 방위각$)$

   $= 1{,}375.625 + (45 \times \cos 1°55'18'') = 1{,}420.600\text{m}$

- $YP_{41} = YP_{50} + (l \cdot \sin \overline{P_{50} P_{41}}$ 방위각$)$

   $= 1{,}498.267 + (45 \times \sin 1°55'18'') = 1{,}499.776\text{m}$

　㉡ P_{10} 좌표

- $XP_{10} = XP_{50} + (l \cdot \cos \overline{P_{50} P_{10}}$ 방위각$)$

   $= 1{,}375.625 + (20 \times \cos 271°55'18'') = 1{,}376.296\text{m}$

- $YP_{10} = YP_{50} + (l \cdot \sin \overline{P_{50} P_{10}}$ 방위각$)$

   $= 1{,}498.267 + (20 \times \sin 271°55'18'') = 1{,}478.278\text{m}$

③ P_{41} 평균좌표

   $\therefore XP_{41} = 1{,}420.600\text{m}, \ YP_{41} = 1.499.776\text{m}$

④ P_{10} 평균좌표

   $\therefore XP_{10} = 1{,}376.296\text{m}, \ YP_{10} = 1.478.278\text{m}$

(2) P_7 좌표 계산

- $XP_7 = XP_1 + (l \cdot \cos \overline{P_1 P_{10}}$ 방위각$)$

   $= 1{,}421.271 + (30 \times \cos 181°55'18'') = 1{,}391.288\text{m}$

- $YP_7 = YP_1 + (l \cdot \sin \overline{P_1 P_{10}}$ 방위각$)$

   $= 1{,}479.787 + (30 \times \sin 181°55'18'') = 1{,}478.781\text{m}$

(3) $\angle X_1, \angle X_2$ 계산

1) $\overline{P_7 A}$ 거리 및 방위각

　① $\overline{P_7 A}$ 거리 $= \sqrt{(X_A - X_{P_7})^2 + (Y_A - Y_{P_7})^2}$

   $= \sqrt{(1{,}325.690 - 1{,}391.288)^2 + (1{,}248.780 - 1{,}478.781)^2}$

   $= 239.173\text{m}$

　② $\theta = \tan^{-1}\dfrac{Y_A - Y_{P_7}}{X_A - X_{P_7}} = \tan^{-1}\dfrac{1{,}248.780 - 1{,}478.781}{1{,}325.690 - 1{,}391.288} = 74°04'53''(3상한)$

　$\therefore \overline{P_7 A}$ 방위각 $= 180° + 74°04'53'' = 254°04'53''$

2) $\overline{P_7 B}$ 거리 및 방위각

　① $\overline{P_7 B}$ 거리 $= \sqrt{(X_B - X_{P_7})^2 + (Y_B - Y_{P_7})^2}$

   $= \sqrt{(1{,}115.280 - 1{,}391.288)^2 + (1{,}534.550 - 1{,}478.781)^2}$

   $= 281.586\text{m}$

　② $\theta = \tan^{-1}\dfrac{Y_B - Y_{P_7}}{X_B - X_{P_7}} = \tan^{-1}\dfrac{1{,}534.550 - 1{,}478.781}{1{,}115.280 - 1{,}391.288} = 11°25'23''(2상한)$

　$\therefore \overline{P_7 B}$ 방위각 $= 180° - 11°25'23'' = 168°34'37''$

3) $\overline{AB}$ 거리 및 방위각

　① $\overline{AB}$ 거리 $=\sqrt{(X_B-X_A)^2+(Y_B-Y_A)^2}$

　　　　　　　$=\sqrt{(1,115.280-1,325.690)^2+(1,534.550-1,248.780)^2}$

　　　　　　　$=354.876\text{m}$

　② $\theta=\tan^{-1}\dfrac{Y_B-Y_A}{X_B-X_A}=\tan^{-1}\dfrac{1,534.550-1,248.780}{1,115.280-1,325.690}=53°38'10''\,(2상한)$

　　∴ $\overline{AB}$ 방위각 $=180°-53°38'10''=126°21'50''$

4) $\angle X_1$

　　$\angle X_1=\overline{AB}$ 방위각 $-\overline{AP_7}$ 방위각

　　　　　$=126°21'50''-(254°04'53''-180°)=52°16'57''$

5) $\angle X_2$

　　$\angle X_2=\overline{BP_7}$ 방위각 $-\overline{BA}$ 방위각

　　　　　$=(168°34'37''+180°)-(126°21'50''+180°)=42°12'47''$

검산 (1) $\angle X_1$

　　　　$\angle X_1=\cos^{-1}\dfrac{\overline{AP_7}^2+\overline{AB}^2-\overline{BP_7}^2}{2\times\overline{AP_7}\times\overline{AB}}=\cos^{-1}\dfrac{239.173^2+354.876^2-281.586^2}{2\times239.173\times354.876}$

　　　　　　　$=52°16'57''$

　　　(2) $\angle X_2$

　　　　$\angle X_2=\cos^{-1}\dfrac{\overline{BP_7}^2+\overline{BA}^2-\overline{AP_7}^2}{2\times\overline{BP_7}\times\overline{BA}}=\cos^{-1}\dfrac{281.586^2+354.876^2-239.173^2}{2\times281.586\times354.876}$

　　　　　　　$=42°12'47''$

039 다음 그림과 같은 복폐합 트래버스의 폐합오차 조정을 B, C, D, E, F, G점의 보정량 $\Delta\alpha$, B', I, J, K, G'점의 보정량 $\Delta\alpha'$, 공통점 A, H의 보정량 $\Delta\alpha''$는 각각 얼마인가?(단, Ⅰ 트래버스의 측각 폐합오차는 $30''$, Ⅱ 트래버스의 측각 폐합오차는 $-20''$이다. 각은 $0.1''$까지)

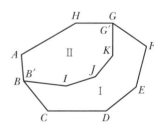

해설 및 정답

트래버스(Ⅰ), 즉 A, B, C, D, E, F, G, H의 측각수는 8개이고, 트래버스(Ⅱ), 즉 A, B, I, J, K, G, H의 측각수는 총 7개이며, 공통측점은 A, H로 2개이다.

(1) B, C, D, E, F, G점의 보정량($\Delta\alpha$) 계산

　　$\Delta\alpha=\dfrac{1}{mn-p^2}(mw_1-pw_2)$

(여기서, m : Ⅱ 트래버스 측각수, n : Ⅰ 트래버스 측각수, p : 공동점수,

w_1 : Ⅰ 트래버스 폐합차, w_2 : Ⅱ 트래버스 폐합차)

$$\Delta\alpha - \frac{1}{(7\times 8) - 2^2}\{(7\times 30) - (2\times -20)\} = 4.8''$$

(2) B', I, J, K, G'점의 보정량($\Delta\alpha'$) 계산

$$\Delta\alpha' = \frac{1}{mn - p^2}(-pw_1 + nw_2)$$

$$= \frac{1}{(7\times 8) - 2^2}\{(-2\times 30) + (8\times -20)\} = -4.2''$$

(3) A, H점의 보정량($\Delta\alpha''$) 계산

$$\Delta\alpha'' = \frac{1}{nm - p^2}\{(m-p)w_1 + (n-p)w_2\}$$

$$= \frac{1}{(7\times 8) - 2^2}\{(5\times 30) + (6\times -20)\} = 0.6''$$

※ B, C, D, E, F, G점은 관측각에 4.8″ ⊖해주고, B', I, J, K, G'점은 관측각에 4.2″씩 ⊕해주며, A, H점에는 0.6″ ⊖하면 된다.

---

040 아래 그림과 같은 삼변측량망이 있다. 기선 및 현장측량의 결과가 다음 표와 같을 때 C 점의 평균좌표를 구하시오.(단, 각은 초 단위의 소수 둘째 자리까지, 거리는 소수 둘째 자리까지 구하시오.)

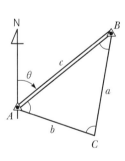

측선	관측거리(m)
$\overline{BC} = a$	1,814.05
$\overline{AC} = b$	1,463.87

측점	좌표(m)	
	X	Y
A	2,500.00	1,500.00
B	3,379.14	3,312.16
C		

해설 및 정답

(1) $\overline{AB}$ 거리(c) 계산

$$\overline{AB}\ \text{거리}(c) = \sqrt{(X_B - X_A)^2 + (Y_B - Y_A)^2}$$

$$= \sqrt{(3,379.14 - 2,500.00)^2 + (3,312.16 - 1,500.00)^2}$$

$$= 2,014.15\text{m}$$

(2) $\angle B$ 계산

$$\angle B = \cos^{-1} \frac{a^2 + c^2 - b^2}{2ac} = \cos^{-1} \frac{1,814.05^2 + 2,014.15^2 - 1,463.87^2}{2 \times 1,814.05 \times 2,014.15}$$
$$= 44°34'59.49''$$

(3) $\angle A$ 계산

$$\angle A = \cos^{-1} \frac{b^2 + c^2 - a^2}{2bc} = \cos^{-1} \frac{1,463.87^2 + 2,014.15^2 - 1,814.05^2}{2 \times 1,463.87 \times 2,014.15}$$
$$= 60°26'32.49''$$

(4) $\theta\,(\overline{AB}$ 방위각) 계산

$$\tan\theta = \frac{Y_B - Y_A}{X_B - X_A} \;\rightarrow$$

$$\theta = \tan^{-1} \frac{3,312.16 - 1,500.00}{3,379.14 - 2,500.00} = 64°07'13.48'' (1상한)$$

$$\therefore \theta\,(\overline{AB}\ \text{방위각}) = 64°07'13.48''$$

(5) $\overline{AC}$ 방위각 계산

$$\overline{AC}\ \text{방위각} = \overline{AB}\ \text{방위각} + \angle A$$
$$= 64°07'13.48'' + 60°26'32.49'' = 124°33'45.97''$$

(6) $\overline{BC}$ 방위각 계산

$$\overline{BC}\ \text{방위각} = \overline{AB}\ \text{방위각} + 180° - \angle B$$
$$= 64°07'13.48'' + 180° - 44°34'59.49'' = 199°32'13.99''$$

(7) C점 좌표 계산

1) A점 이용

- $X_C = X_A + (\overline{AC}\ \text{거리} \times \cos\theta)$
  $$= 2,500.00 + (1,463.87 \times \cos 124°33'45.97'') = 1,669.53\text{m}$$
- $Y_C = Y_A + (\overline{AC}\ \text{거리} \times \sin\theta)$
  $$= 1,500.00 + (1,463.87 \times \sin 124°33'45.97'') = 2,705.50\text{m}$$

2) B점 이용

- $X_C = X_B + (\overline{BC}\ \text{거리} \times \cos\theta)$
  $$= 3,379.14 + (1,814.05 \times \cos 199°32'13.99'') = 1,669.53\text{m}$$
- $Y_C = Y_B + (\overline{BC}\ \text{거리} \times \sin\theta)$
  $$= 3,312.16 + (1,814.05 \times \sin 199°32'13.99'') = 2,705.51\text{m}$$

$\therefore C$점 평균좌표

$$X_C = 1,669.53\text{m}$$
$$Y_C = \frac{2,705.50 + 2,705.51}{2} = 2,705.51\text{m}$$

041 $\overline{AC}(b)$, $\overline{BC}(a)$의 길이를 측정한 결과, 354.56m, 468.13m였다. A점과 B점의 좌표가 아래 표와 같을 때 C점의 좌표를 구하시오.(단, 거리는 소수 셋째 자리까지, 각은 초 단위의 소수 둘째 자리까지 계산하시오.)

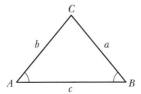

측점	X(m)	Y(m)
A	800.000	650.000
B	1,125.000	1,250.000

해설 및 정답

(1) $\overline{AB}$ 거리(c) 계산

$$\overline{AB} \text{ 거리}(c) = \sqrt{(X_B - X_A)^2 + (Y_B - Y_A)^2}$$
$$= \sqrt{(1,125.000 - 800.000)^2 + (1,250.000 - 650.000)^2}$$
$$= 682.367\text{m}$$

(2) $\angle A$ 계산

$$\angle A = \cos^{-1}\frac{b^2 + c^2 - a^2}{2bc} = \cos^{-1}\frac{354.56^2 + 682.367^2 - 468.13^2}{2 \times 354.56 \times 682.367}$$
$$= 39°43'10.26''$$

(3) $\angle B$ 계산

$$\angle B = \cos^{-1}\frac{a^2 + c^2 - b^2}{2ac} = \cos^{-1}\frac{468.13^2 + 682.367^2 - 354.56^2}{2 \times 468.13 \times 682.367}$$
$$= 28°56'48.86''$$

(4) $\overline{AB}$ 방위각 계산

$$\tan\theta = \frac{Y_B - Y_A}{X_B - X_A} \rightarrow$$
$$\theta = \tan^{-1}\frac{1,250.000 - 650.000}{1,125.000 - 800.000} = 61°33'25.46''(1\text{상한})$$
$$\therefore \overline{AB} \text{ 방위각} = 61°33'25.46''$$

(5) $\overline{AC}$ 방위각 계산

$$\overline{AC} \text{ 방위각} = \overline{AB} \text{ 방위각} - \angle A$$
$$= 61°33'25.46'' - 39°43'10.26'' = 21°50'15.2''$$

(6) $\overline{BC}$ 방위각 계산

$$\overline{BC} \text{ 방위각} = \overline{AB} \text{ 방위각} + 180° + \angle B$$
$$= 61°33'25.46'' + 180° + 28°56'48.86'' = 270°30'14.32''$$

(7) C점 좌표 계산

1) A점 이용
- $X_C = X_A + (\overline{AC} \text{ 거리} \times \cos\theta)$
$$= 800.000 + (354.56 \times \cos 21°50'15.2'') = 1,129.118\text{m}$$

- $Y_C = Y_A + (\overline{AC} \text{ 거리} \times \sin\theta)$

  $= 650.000 + (354.56 \times \sin 21°50'15.2'') = 781.888\text{m}$

2) B점 이용
- $X_C = X_B + (\overline{BC} \text{ 거리} \times \cos\theta)$

  $= 1,125.000 + (468.13 \times \cos 270°30'14.32'') = 1,129.118\text{m}$
- $Y_C = Y_B + (\overline{BC} \text{ 거리} \times \sin\theta)$

  $= 1,250.000 + (468.13 \times \sin 270°30'14.32'') = 781.888\text{m}$

$\therefore C$점 평균좌표 : $X_C = 1,129.118\text{m}$, $Y_C = 781.888\text{m}$

042

삼각점 A로부터 출발하는 다각측량에서 A점 부근에서 삼각점 D를 시준하기 어려워 편심거리 $e = 5\text{m}$ 떨어진 P점에서 편심 관측하였다. 관측결과가 다음과 같을 때 성과표를 완성하고 $\overline{CD}$ 측선의 길이를 구하시오. (단, A점의 좌표는 $(0\text{m}, 0\text{m})$이고, 계산은 반올림하여 초 단위까지, 거리는 cm 단위까지 구하시오.)

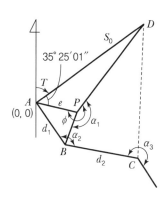

$T = 45°30'30''$

$\phi = 215°30'00''$

$\alpha_1 = 125°25'00''$

$\alpha_2 = 165°30'30''$

$\alpha_3 = 235°15'45''$

$e = 5.0\text{m}$

$S_0 = 2,000\text{m}$

$d_1 = 500\text{m}$

$d_2 = 400\text{m}$

(1) 성과표

측선	방위각	거리(m)	위거(m)	경거(m)	측점	합위거(m)	합경거(m)
$\overline{AD}$	$45°30'30''$	2,000.00			A	0.00	0.00
$\overline{AB}$		500.00			B		
$\overline{BC}$		400.00			C		
$-$	$-$	$-$	$-$	$-$	D		

(2) $\overline{CD}$ 의 길이

해설 및 정답

(1) 성과표

측선	방위각	거리(m)	위거(m)	경거(m)	측점	합위거(m)	합경거(m)
$\overline{AD}$	45°30′30″	2,000.00	1,401.61	1,426.70	A	0.00	0.00
$\overline{AB}$	170°16′08″	500.00	−492.81	84.51	B	−492.81	84.51
$\overline{BC}$	155°46′38″	400.00	−364.78	164.11	C	−857.59	248.62
−	−	−	−	−	D	1,401.61	1,426.70

(2) $\overline{CD}$ 의 길이 계산

$$\overline{CD} \text{ 길이} = \sqrt{(X_D - X_C)^2 + (Y_D - Y_C)^2}$$
$$= \sqrt{(1,401.61 - (-857.59))^2 + (1,426.70 - 248.62)^2}$$
$$= 2,547.91\text{m}$$

043

그림과 같은 A, B 두 기지점으로부터 C점의 좌표를 구하시오.(단, A점 좌표(1,164.366, 856.478), B점 좌표(1,426.456, 988.766)이며, 좌표 및 거리의 단위는 m, 각도는 소수점 없는 초 단위까지, 거리는 소수 셋째 자리까지 구하시오.)

(1) p, q, r의 거리

(2) C점의 좌표

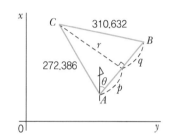

해설 및 정답

(1) p, q, r의 거리 계산

　　1) $\overline{AB}$ 의 거리 및 방위각

　　　　① $\overline{AB}$ 거리 $= \sqrt{(X_B - X_A)^2 + (Y_B - Y_A)^2}$

　　　　　　　$= \sqrt{(1,426.456 - 1,164.366)^2 + (988.766 - 856.478)^2}$

　　　　　　　$= 293.584\text{m}$

　　　　② $\theta = \tan^{-1}\dfrac{Y_B - Y_A}{X_B - X_A}$

　　　　　　$= \tan^{-1}\dfrac{988.766 - 856.478}{1,426.456 - 1,164.366}$

　　　　　　$= 26°46′55″(1상한)$

　　　　　∴ $\overline{AB}$ 방위각 $= 26°46′55″$

　　2) 면적

　　　$A = \sqrt{S(S-a)(S-b)(S-c)}$

　　　　$= \sqrt{438.301 \times (438.301 - 272.386) \times (438.301 - 310.632) \times (438.301 - 293.584)}$

　　　　$= 36,654.860\text{m}^2$

　　　여기서, $S = \dfrac{1}{2}(a+b+c) = \dfrac{1}{2}(272.386 + 310.632 + 293.584) = 438.301\text{m}$

3) r의 거리

$$A = \frac{1}{2}bh \rightarrow$$

$$36{,}654.860 = \frac{1}{2} \times 293.584 \times r$$

$$\therefore r = 249.706\text{m}$$

4) p의 거리

$$p = \sqrt{272.386^2 - 249.706^2} = 108.817\text{m}$$

5) q의 거리

$$q = \sqrt{310.632^2 - 249.706^2} = 184.768\text{m}$$

(2) C점의 좌표 계산

1) 내각

$$① \ \angle A = \cos^{-1}\frac{\overline{AC}^2 + \overline{AB}^2 - \overline{BC}^2}{2 \times \overline{AC} \times \overline{AB}} = \cos^{-1}\frac{272.386^2 + 293.584^2 - 310.632^2}{2 \times 272.386 \times 310.632}$$

$$= 66°27'13''$$

$$② \ \angle B = \cos^{-1}\frac{\overline{AB}^2 + \overline{BC}^2 - \overline{AC}^2}{2 \times \overline{AB} \times \overline{BC}} = \cos^{-1}\frac{293.584^2 + 310.632^2 - 272.386^2}{2 \times 293.584 \times 310.632}$$

$$= 53°30'03''$$

2) 방위각

$$① \ \overline{AC} \ \text{방위각} = \overline{AB} \ \text{방위각} - \angle A + 360° = 26°46'55'' - 66°27'13'' + 360°$$

$$= 320°19'42''$$

$$② \ \overline{BC} \ \text{방위각} = \overline{AB} \ \text{방위각} + 180° + \angle B = 26°46'55'' + 180° + 53°30'03''$$

$$= 260°16'58''$$

3) A점 이용

$$① \ X_C = X_A + (l \cdot \cos\theta) = 1{,}164.366 + (272.386 \times \cos 320°19'42'')$$

$$= 1{,}374.026\text{m}$$

$$② \ Y_C = Y_A + (l \cdot \sin\theta) = 856.478 + (272.386 \times \sin 320°19'42'')$$

$$= 682.590\text{m}$$

4) B점 이용

$$① \ X_C = X_B + (l \cdot \cos\theta) = 1{,}426.456 + (310.632 \times \cos 260°16'58'')$$

$$= 1{,}374.026\text{m}$$

$$② \ Y_C = Y_B + (l \cdot \sin\theta) = 988.766 + (310.632 \times \sin 260°16'58'')$$

$$= 682.591\text{m}$$

$$\therefore C\text{점의 평균좌표} : X_C = 1{,}374.026\text{m},\ Y_C = 682.591\text{m}$$

044

삼각점 A에서 C점의 위치를 구하기 위해 그림과 같은 보조점 B와 D를 설치하고 거리와 각을 측정하여 다음과 같은 성과를 얻었다. $\overline{AC}$의 거리와 $\overline{AC}$의 방위각을 구하고 C점의 좌표$(X,\ Y)$를 구하시오. (단, 계산은 반올림하여 소수 셋째 자리까지 구하시오.)

$(x_A,\ y_A) = (5,000.000\text{m},\ 3,000.000\text{m})$

$S_1 = 65.260\text{m},\ S_2 = 84.940\text{m}$

① $= 63°25'20''$

② $= 82°03'45''$

③ $= 54°06'05''$

④ $= 73°36'30''$

⑤ $= 153°00'10''$

$T = 65°20'28''$

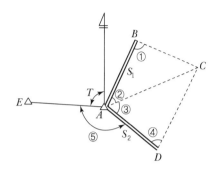

(1) $\overline{AC}$의 거리

(2) $\overline{AC}$의 방위각

(3) C점의 좌표

해설 및 정답

(1) $\overline{AC}$의 거리 계산

$\angle ACD = 180° - (\angle ③ + \angle ④)$

$\qquad = 180° - (54°06'05'' + 73°36'30'')$

$\qquad = 52°17'25''$

$\dfrac{\overline{AC}}{\sin 73°36'30''} = \dfrac{84.940}{\sin 52°17'25''}$

$\therefore\ \overline{AC} = 103.003\text{m}$

(2) $\overline{AC}$의 방위각 계산

$\overline{AC}$ 방위각 $= (360° - \angle T) - \angle ⑤ - \angle ③$

$\qquad = (360° - 65°20'28'') - 153°00'10'' - 54°06'05''$

$\qquad = 87°33'17''$

(3) C점의 좌표 계산

• $X_C = X_A + (\overline{AC}$ 거리 $\times \cos \overline{AC}$ 방위각$)$

$\qquad = 5,000 + (103.003 \times \cos 87°33'17'')$

$\qquad = 5,004.395\text{m}$

• $Y_C = Y_A + (\overline{AC}$ 거리 $\times \sin \overline{AC}$ 방위각$)$

$\qquad = 3,000 + (103.003 \times \sin 87°33'17'')$

$\qquad = 3,102.908\text{m}$

SECTION | 01 개요

수준측량은 지구 및 우주공간상에 있는 점들의 고저차를 관측하는 것을 말하며, 레벨측량 및 다양한 방법에 의하여 고저차를 관측할 수 있다. 표고는 등포텐셜면을 기준으로 하고 있어 장거리 수준측량에는 중력, 지구곡률, 대기굴절 등을 보정한다.

SECTION | 02 Basic Frame

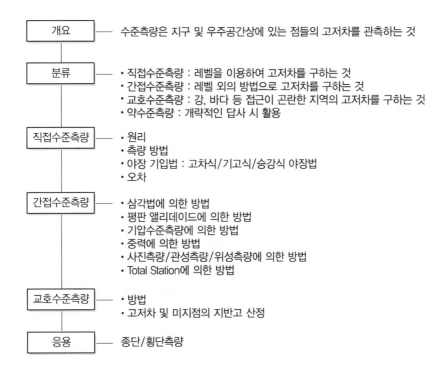

개요	수준측량은 지구 및 우주공간상에 있는 점들의 고저차를 관측하는 것
분류	• 직접수준측량 : 레벨을 이용하여 고저차를 구하는 것 • 간접수준측량 : 레벨 외의 방법으로 고저차를 구하는 것 • 교호수준측량 : 강, 바다 등 접근이 곤란한 지역의 고저차를 구하는 것 • 약수준측량 : 개략적인 답사 시 활용
직접수준측량	• 원리 • 측량 방법 • 야장 기입법 : 고차식/기고식/승강식 야장법 • 오차
간접수준측량	• 삼각법에 의한 방법 • 평판 앨리데이드에 의한 방법 • 기압수준측량에 의한 방법 • 중력에 의한 방법 • 사진측량/관성측량/위성측량에 의한 방법 • Total Station에 의한 방법
교호수준측량	• 방법 • 고저차 및 미지점의 지반고 산정
응용	종단/횡단측량

1. 직접수준측량

레벨을 사용하여 2점에 세운 표척의 눈금차로부터 직접 고저차를 구하는 방법이다.

(1) 원리

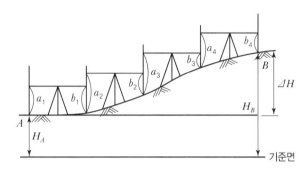

[그림 4 – 1] 직접수준측량

① 기계고＝기지점 지반고($G.H$)＋후시($B.S$)
② 미지점 지반고＝기계고($I.H$)－전시($F.S$)
③ 고저차＝후시(a)－전시(b)

$$\Delta H = (a_1 - b_1) + (a_2 - b_2) + (a_3 - b_3) + (a_4 - b_4)$$
$$= (a_1 + a_2 + a_3 + a_4) - (b_1 + b_2 + b_3 + b_4)$$
$$= \sum B.S - \sum F.S(T.P)$$

즉, 차가 ⊕이면 전시 방향이 높다는 의미, ⊖이면 반대 의미이다.

(2) 야장 기입법

① 고차식 야장법

전시의 합과 후시의 합의 차로서 고저차를 구하는 방법이다.

② 기고식 야장법

현재 가장 많이 사용하는 방법으로 중간시가 많을 때 이용되며, 종·횡단 측량에 널리
이용되지만 중간시에 대한 완전검산이 어렵다.

③ 승강식 야장법

후시값과 전시값의 차가 ⊕이면 승란에 기입하고 ⊖이면 강란에 기입하는 방법으로, 완
전검산이 가능하지만 계산이 복잡하고 중간시가 많을 때에는 불편하며 시간 및 비용이
많이 소요되는 단점이 있다.

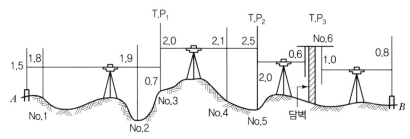

→ Example 1

다음 그림을 참조하여 기고식, 승강식 야장을 작성하시오.

(단위 : m)

해설 및 정답 ◈

[기고식 야장]

[단위 : m]

측점	후시	기계고	전시		지반고	비고
			이기점	중간점		
A	1.5	101.5			100.0	$GH_A = 100$m
1		101.5		1.8	99.7	
2		101.5		1.9	99.6	
3	2.0	102.8	0.7		100.8	
4		102.8		2.1	100.7	
5	2.0	102.3	2.5		100.3	
6	−1.0	101.9	−0.6		102.9	
B		101.9	0.8		101.1	$GH_B = 101.1$m
계	4.5		3.4		$\Delta H = 1.1$	
검산	$\Delta H = \sum B.S - \sum F.S = 1.1$m, $\Delta H = H_B - H_A = 1.1$m ∴ O.K					

[승강식 야장]

[단위 : m]

측점	후시	전시		승(+)	강(−)	지반고	비고
		이기점	중간점				
A	1.5					100.0	$GH_A = 100$m
1			1.8		0.3	99.7	
2			1.9		0.4	99.6	
3	2.0	0.7		0.8		100.8	
4			2.1		0.1	100.7	
5	2.0	2.5			0.5	100.3	
6	−1.0	−0.6		2.6		102.9	
B		0.8			1.8	101.1	$GH_B = 101.1$m
계	4.5	3.4				$\Delta H = 1.1$	
검산	$\Delta H = \sum B.S - \sum F.S = 1.1$m, $\Delta H = H_B - H_A = 1.1$m ∴ O.K						

2. 삼각수준측량

트랜싯을 사용하여 고저각과 거리를 관측하고 삼각법을 응용한 계산으로 2점의 고저차를 구하는 측량으로 직접 수준측량에 비해 비용 및 시간이 절약되지만 정확도는 낮다.

(1) 두 점 A, B의 수평거리 D와 고저각 α를 알고 있는 경우

$$H_P = H_A + D\tan\alpha + I + \frac{1-K}{2R}D^2$$

여기서, $\dfrac{1-K}{2R}D^2$: 양차

D : 시준거리

I : 기계고

H_A : 지반고

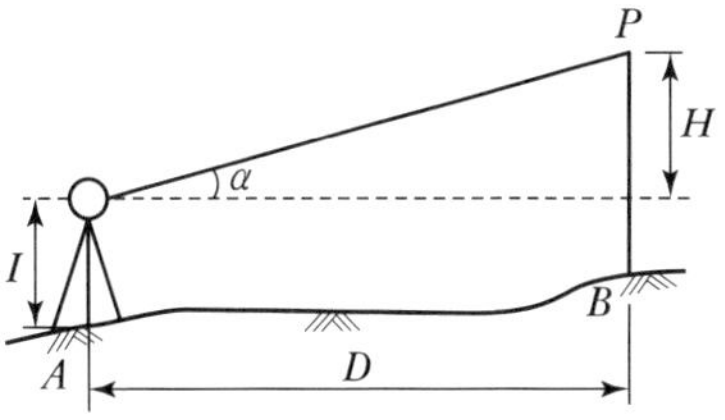

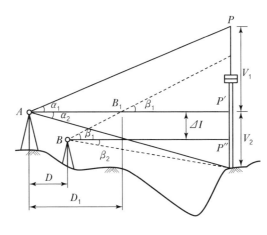

[그림 4-2] 삼각수준측량(I)

(2) 세 점 A, B, P가 동일 수직면 내에 있는 경우

$$V_1 = \frac{D + \Delta I \cot\beta_1}{\cot\alpha_1 - \cot\beta_1}, \qquad V_2 = \frac{D - \Delta I \cot\beta_2}{\cot\alpha_2 - \cot\beta_2}$$

$\therefore$ 탑의 비교$= V_1 + V_2$

여기서, α_1, α_2 : A점에서 관측한 수직각

β_1, β_2 : B점에서 관측한 수직각

ΔI : A, B의 표고차

b : A, B의 수평거리

[그림 4-3] 삼각수준측량(II)

(3) 세 점 A, B, P가 경사면을 이룰 경우

$$V = D_1 \tan \alpha_A = D_2 \tan \alpha_B$$

$$\frac{D_1}{\sin B} = \frac{D_2}{\sin A} = \frac{D}{\sin(A+B)}$$

$$H = D_1 \tan \alpha_A + I_A = D_2 \tan \alpha_B + I_B$$

$$H = \frac{\sin B}{\sin(A+B)} D \tan \alpha_A + I_A = \frac{\sin A}{\sin(A+B)} D \tan \alpha_B + I_B$$

여기서, $I_A = I_B$면 $\alpha_A = \alpha_B$이므로 둘을 비교하여 평균값을 취한다.

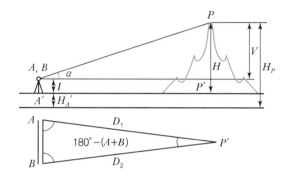

[그림 4-4] 삼각수준측량(Ⅲ)

(4) 표고차를 구하는 두 지점에서 고저차를 잰 경우

$$A \rightarrow B : \Delta H = D \tan \alpha_A + I_A - h_B + K$$

$$B \rightarrow A : \Delta H = D \tan \alpha_B - I_B + h_A - K$$

이를 평균하면 정확한 표고차 ΔH를 구할 수 있다.

$$\Delta H = \frac{D}{2}(\tan \alpha_A + \tan \alpha_B) + \frac{1}{2}(I_A - I_B) + \frac{1}{2}(h_A - h_B)$$

여기서, H_A, H_B : 표고
I_A, I_B : 기계고
h_A, h_B : 시준고
K : 양차

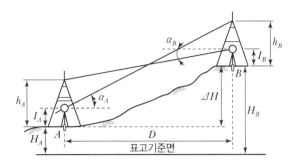

[그림 4-5] 삼각수준측량(Ⅳ)

→ Example 2

그림에서 삼각점 A의 표고가 650.00m이고, A, B 간의 수평거리는 2,000m이다. B점의 표고를 구하시오.(단, 거리는 소수 셋째 자리까지 구하고, 양차 $K = 0.27$m이다.)

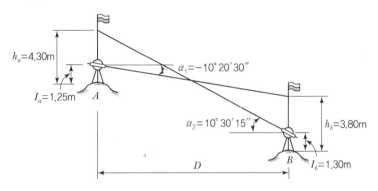

해설 및 정답 ◆

1. A점에서 관측 시 계산

$$H_B = H_A + I_a - D \tan \alpha_1 - h_b - K$$

$$= 650.00 + 1.25 - 2,000 \times \tan 10°20'30'' - 3.8 - 0.27 = 282.216 \text{m}$$

2. B점에서 관측 시 계산

$$H_B = H_A + h_a - D \tan \alpha_2 - I_b + K$$

$$= 650.00 + 4.30 - 2,000 \times \tan 10°30'15'' - 1.3 + 0.27 = 282.441 \text{m}$$

3. B점의 평균표고 계산

$$H_B = \frac{282.216 + 282.441}{2} = 282.329 \text{m}$$

3. 교호수준측량

2점 A, B의 고저차를 구할 때, 전시와 후시를 같게 취하여 높이를 구하나 중간에 하천 등이 있으면 중앙에 레벨을 세울 수 없다. 이 경우 높은 정밀도를 요하지 않는다면 한쪽에서만 관측하여도 좋으나, 높은 정밀도를 필요로 한다면 교호수준측량을 행하여 양단의 높이를 관측한다.

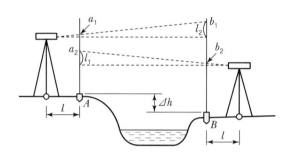

[그림 4−6] 교호수준측량

$$\Delta h = \frac{1}{2}\left\{(a_1 - b_1) + (a_2 - b_2)\right\}$$

$$H_B = H_A + \Delta h$$

여기서, a_1, a_2 : A점의 표척 읽음값
b_1, b_2 : B점의 표척 읽음값

→ Example 3

교호수준측량을 하여 다음과 같은 결과를 얻었다. A점의 표고가 120.564m이면 B점의 표고는 얼마인가?

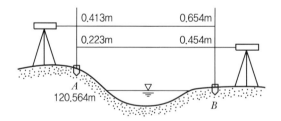

해설 및 정답 ⊕ -

$$H = \frac{(a_1 - b_1) + (a_2 - b_2)}{2} = \frac{(0.223 - 0.454) + (0.413 - 0.654)}{2} = -0.236\text{m}$$

$$\therefore H_B = H_A + H = 120.564 + (-0.236) = 120.328\text{m}$$

· 보충설명 ·

A점 또는 B점의 표척 읽음값을 확인하면 A점과 B점의 높고, 낮음을 알 수 있다.

4. 종 · 횡단측량

(1) 종단측량

철도, 도로, 수로 등의 노선측량에는 20m(1chain)마다 중심 말뚝을 박아 중심선을 확정하고, 그 중심선을 따라 높이의 변화를 측량하는 것을 종단측량이라 한다. 이 높이의 변화를 도로의 구배 결정, 절토고 · 성토고 산정 등에 이용한다.

➡ Example 4

도로의 중심선에 따라 종단측량을 행하여 다음과 같은 지반고를 얻었다. 거리 60m의 점을 기준으로 경사 1/100인 도로를 부설하고자 한다. 중심선상 각 점의 절토고 및 성토고를 계산하시오.

거리(m)	0	20	40	60	80	100	120
지반고(m)	71.05m	71.01m	70.07m	72.05m	73.89m	74.61m	73.16m

해설 및 정답 ⊕

60m를 기준으로 각 측점의 절토고($+$)와 성토고($-$)를 구하면 다음과 같다.

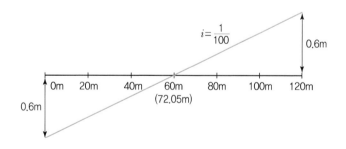

계획고$-$측점 지반고$=(+)$성토고 or $(-)$절토고

- 0m : $71.05-(72.05-0.6)=-0.4\text{m}$
- 20m : $71.01-(72.05-0.4)=-0.64\text{m}$
- 40m : $70.07-(72.05-0.2)=-1.78\text{m}$
- 80m : $73.89-(72.05+0.2)=+1.64\text{m}$
- 100m : $74.61-(72.05+0.4)=+2.16\text{m}$
- 120m : $73.16-(72.05+0.6)=+0.51\text{m}$

거리(m)	0	20	40	60	80	100	120
지반고(m)	71.05	71.01	70.07	72.05	73.89	74.61	73.16
계획고(m)	71.45	71.65	71.85	72.05	72.25	72.45	72.65
절토고(m)					1.64	2.16	0.51
성토고(m)	0.40	0.64	1.78				

(2) 횡단측량

종단측량에 이용된 중심선상의 각 측점의 직각방향으로 관측하여 높이의 변화를 측량하는 것을 횡단측량이라 하며, 중심 말뚝에서의 거리와 높이를 관측하는 것이다.

일반적으로 Hand Level을 이용하고, 높은 정확도의 측량에서는 레벨을 사용하며, 토공량 산정에 주로 이용된다.

➡ Example 5

다음 표는 횡단측량의 야장이다. 각 점의 지반고는?(단, 기계고는 같고, 측점 5의 지반고는 15m이다.)

(단위 : m)

측점	좌			중점	우	
	a	b	c		d	e
No.5	2.70 19.6	2.10 12.50	2.65 5.00	1.30 0	2.45 4.50	3.05 18.0

해설 및 정답 ✚

No.5점의 횡단측량 야장을 단면도로 표시하면 다음과 같다.

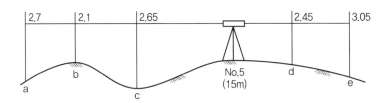

- a점의 지반고 $= 15 + 1.3 - 2.7 = 13.6\text{m}$
- b점의 지반고 $= 15 + 1.3 - 2.1 = 14.20\text{m}$
- c점의 지반고 $= 15 + 1.3 - 2.65 = 13.65\text{m}$
- d점의 지반고 $= 15 + 1.3 - 2.45 = 13.85\text{m}$
- e점의 지반고 $= 15 + 1.3 - 3.05 = 13.25\text{m}$

001 다음은 직접수준측량 결과를 야장에 기입한 것이다. $A \sim M$을 계산하시오.

[단위 : m]

후시	중간시	이기점	승(+)	강(−)	지반고	비고
0.719					36.990	*B.M*
	A			0.591		
1.234		2.222		*B*		
	C			1.359		
	1.314			*D*		
	2.112			*E*		
	F			0.069	35.418	
G		2.374		1.140		
	0.981		0.481			
	H			0.687	33.660	
	1.990			*I*		
	J		0.784		35.131	
L		1.786		*K*		
		M	0.945			
(합계) 4.560		6.582				

정답

[단위 : m]

후시	중간시	이기점	승(+)	강(−)	지반고	비고
0.719					36.990	*B.M*
	1.310			0.591		
1.234		2.222		1.503		
	2.593			1.359		
	1.314			0.080		
	2.112			0.878		
	1.303			0.069	35.418	
1.462		2.374		1.140		
	0.981		0.481			
	2.149			0.687	33.660	
	1.990			0.528		
	0.678		0.784		35.131	
1.145		1.786		0.324		
		0.200	0.945			
(합계) 4.560		6.582				

해설

- $A : 0.719 - A = -0.591\text{m}$ $\therefore A = 1.310\text{m}$
- $B : 0.719 - 2.222 = B$ $\therefore B = -1.503\text{m}$
- $C : 1.234 - C = -1.359\text{m}$ $\therefore C = 2.593\text{m}$
- $D : 1.234 - 1.314 = D$ $\therefore D = -0.08\text{m}$
- $E : 1.234 - 2.112 = E$ $\therefore E = -0.878\text{m}$
- $F : 1.234 - F = -0.069\text{m}$ $\therefore F = 1.303\text{m}$
- $G : G - 0.981 = 0.481\text{m}$ $\therefore G = 1.462\text{m}$
- $H : G - H = -0.687\text{m}$ $\therefore H = 2.149\text{m}$
- $I : G - 1.990 = I$ $\therefore I = -0.528\text{m}$
- $J : G - J = 0.784\text{m}$ $\therefore J = 0.678\text{m}$
- $K : G - 1.786 = K$ $\therefore K = -0.324\text{m}$
- $L : 4.560 - 0.719 - 1.234 - G = 1.145\text{m}$ $\therefore L = 1.145\text{m}$
- $M : L - M = 0.945\text{m}$ $\therefore M = 0.20\text{m}$

002 다음은 터널측량의 실시 결과이다. 각 지반고를 계산하시오.(단, No.1의 지반고는 100.000m이고, No.1, No.4, No.5의 측점은 천장에 있다.)

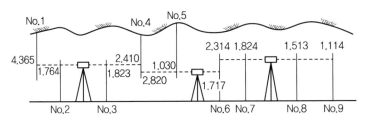

[단위 : m]

측점	후시	전시		기계고	지반고	비고
		이기점	중간점			
No.1						
No.2						
No.3						
No.4						
No.5						
No.6						
No.7						
No.8						
No.9						

정답

측점	후시	전시		기계고	지반고	비고
		이기점	중간점			
No.1	−4.365			95.635	100.000	
No.2			1.764		93.871	
No.3			1.823		93.812	
No.4	−2.820	−2.410		95.225	98.045	
No.5			−1.030		96.255	
No.6	2.314	1.717		95.822	93.508	
No.7			1.824		93.998	
No.8			1.513		94.309	
No.9		1.114			94.708	

해설

(1) 기계고(I.H) 계산[I.H = 지반고(G.H) + 후시(B.S)]
 ① No.1 = 100.000 − 4.365 = 95.635m
 ② No.4 = 98.045 − 2.820 = 95.225m
 ③ No.6 = 93.508 + 2.314 = 95.822m

(2) 지반고(G.H) 계산[G.H = 기계고(I.H) − 전시(F.S)]
 ① No.2 = 95.635 − 1.764 = 93.871m
 ② No.3 = 95.635 − 1.823 = 93.812m
 ③ No.4 = 95.635 + 2.410 = 98.045m
 ④ No.5 = 95.225 + 1.030 = 96.255m
 ⑤ No.6 = 95.225 − 1.717 = 93.508m
 ⑥ No.7 = 95.822 − 1.824 = 93.998m
 ⑦ No.8 = 95.822 − 1.513 = 94.309m
 ⑧ No.9 = 95.822 − 1.114 = 94.708m

003 터널 내 수준측량을 실시하여 그림과 같은 성과를 얻었다. 야장을 완성하시오.(단, BM.0의 지반고는 100m이며, 표고의 단위는 m이고 소수 셋째 자리까지 구하시오.)

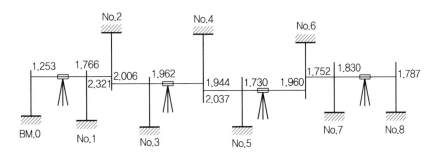

측점	후시	전시		기계고	지반고	비고
		이기점	중간점			
BM.0						BM.0의 지반고
No.1						$H_{BM0} = 100\text{m}$
No.2						
No.3						
No.4						
No.5						
No.6						
No.7						
No.8						
계						

해설 및 정답

[단위 : m]

측점	후시	전시		기계고	지반고	비고
		이기점	중간점			
BM.0	1.253			101.253	100.000	BM.0의 지반고
No.1			1.766		99.487	$H_{BM0} = 100\text{m}$
No.2	−2.321	−2.006		100.938	103.259	
No.3			1.962		98.976	
No.4	−2.037	−1.944		100.845	102.882	
No.5			1.730		99.115	
No.6	−1.752	−1.960		101.053	102.805	
No.7			1.830		99.223	
No.8		1.787			99.266	
계	−4.857	−4.123			−0.734	

검산 $\sum$ 후시 $-\sum$ 전시 = No.8 지반고 − BM.0 지반고

$(-4.857) - (-4.123) = 99.266 - 100.000$

$-0.734\text{m} = -0.734\text{m} \rightarrow \text{OK}$

왕복수준측량한 스케치를 보고, 야장을 정리하고 지반고를 조정하시오. (단, 관측값은 허용오차 이내로 본다.)

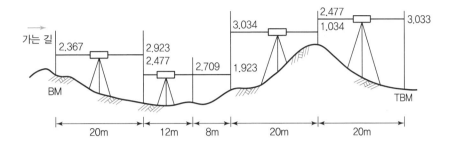

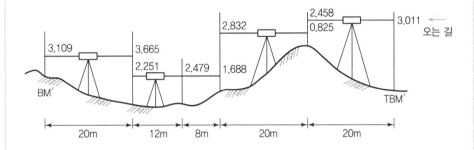

[단위 : m]

측점	추가거리	후시	전시 이기점	전시 중간점	기계고	지반고	조정량	조정지반고	비고
BM						100.000			

[단위 : m]

측점	추가거리	후시	전시		기계고	지반고	조정량	조정지반고	비고
			중간점	이기점					
BM	0	2.367			102.367	100.000	+0.000	100.000	
①	20	2.477		2.923	101.921	99.444	+0.002	99.446	
①+12	32		2.709			99.212	+0.004	99.216	
②	40	3.034		1.923	103.032	99.998	+0.005	100.003	
③	60	2.477		1.034	104.475	101.998	+0.007	102.005	
TBM	80			3.033		101.442	+0.010	101.452	
TBM′	80	3.011			104.453	101.442	+0.010	101.452	
③′	100	0.825		2.458	102.820	101.995	+0.012	102.007	
②′	120	1.688		2.832	101.676	99.988	+0.014	100.002	
①′+8	128		2.479			99.197	+0.015	99.212	
①′	140	3.665		2.251	103.090	99.425	+0.017	99.442	
BM′	160			3.109		99.981	+0.019	100.000	

(1) 기계고(I.H) 계산[I.H = 지반고(G.H) + 후시(B.S)]

측점	기계고 계산
BM	$100.000 + 2.367 = 102.367$m
①	$99.444 + 2.477 = 101.921$m
②	$99.998 + 3.034 = 103.032$m
③	$101.998 + 2.477 = 104.475$m
TBM′	$101.442 + 3.011 = 104.453$m
③′	$101.995 + 0.825 = 102.820$m
②′	$99.988 + 1.688 = 101.676$m
①′	$99.425 + 3.665 = 103.090$m

(2) 지반고(G.H) 계산[G.H = 기계고(I.H) − 전시(F.S)]

측점	지반고 계산
①	$102.367 - 2.923 = 99.444$m
①+12	$101.921 - 2.709 = 99.212$m
②	$101.921 - 1.923 = 99.998$m
③	$103.032 - 1.034 = 101.998$m
TBM	$104.475 - 3.033 = 101.442$m
③′	$104.453 - 2.458 = 101.995$m
②′	$102.820 - 2.832 = 99.988$m
②′+8	$101.676 - 2.479 = 99.197$m
①′	$101.676 - 2.251 = 99.425$m
BM′	$103.090 - 3.109 = 99.981$m

(3) 지반고 오차

왕복측량 결과 ⊖0.019m 오차가 발생하였으므로 ⊕0.019m만큼 보정한다.

1) 조정량 조정 지반고 계산

측점	조정량	조정 지반고
BM	0.000m	100.000m
①	$\frac{20}{160}\times0.019=0.002m$	$99.444+0.002=99.446m$
①+12	$\frac{32}{160}\times0.019=0.004m$	$99.212+0.004=99.216m$
②	$\frac{40}{160}\times0.019=0.005m$	$99.998+0.005=100.003m$
③	$\frac{60}{160}\times0.019=0.007m$	$101.998+0.007=102.005m$
TBM	$\frac{80}{160}\times0.019=0.010m$	$101.442+0.010=101.452m$
③′	$\frac{100}{160}\times0.019=0.012m$	$101.995+0.012=102.007m$
②′	$\frac{120}{160}\times0.019=0.014m$	$99.988+0.014=100.002m$
②′+8	$\frac{128}{160}\times0.019=0.015m$	$99.197+0.015=99.212m$
①′	$\frac{140}{160}\times0.019=0.017m$	$99.425+0.017=99.442m$
BM′	$\frac{160}{160}\times0.019=0.019m$	$99.981+0.019=100.000m$

005

수준점 A, B 사이에 수준점 1, 2, 3, 4를 1km 간격으로 신설하여, 왕복수준측량을 행하여, 아래 표의 결과를 얻었다. 왕복 관측값의 오차가 허용범위를 초과한 구간은 어느 것인가?(단, 오차의 허용범위는 $10mm\sqrt{S(km)}$ 이다.)

측점	관측값	측점	관측값
A	0.000m	B	0.000m
1	+13.156m	4	+6.591m
2	+9.263m	3	+4.309m
3	+15.635m	2	−2.071m
4	+17.928m	1	+1.831m
B	+11.328m	A	−11.334m

해설 및 정답

오차 계산

허용오차 : $10mm \sqrt{1} = 10mm$(1km당)

그러므로 허용오차를 초과한 구간은 ③~④ 구간이다.

006 아래 측량 야장을 보고 승·강, 지반고, 계획고, 절토고, 성토고를 구하시오. (단, 계획선은 No.1과 No.4 계획고를 직선 연결한 것임)

[단위 : m]

측점	추가거리	후시	전시		승	강	지반고	계획고	성토고	절토고
			이기점	중간점						
No.1	0	4.237					100.000	98.450		
No.2	20			2.083						
No.2+15	35			3.143						
No.3	40	0.814	3.281							
No.3+5	45			1.237						
No.4	60		2.183					101.150		

정답

[단위 : m]

측점	추가거리	후시	전시		승	강	지반고	계획고	성토고	절토고
			이기점	중간점						
No.1	0	4.237					100.000	98.450		1.550
No.2	20			2.083	2.154		102.154	99.350		2.804
No.2+15	35			3.143	1.094		101.094	100.025		1.069
No.3	40	0.814	3.281		0.956		100.956	100.250		0.706
No.3+5	45			1.237		0.423	100.533	100.475		0.058
No.4	60		2.183			1.369	99.587	101.150	1.563	

해설

(1) 후시 − 전시 = ⊕승, ⊖강

(2) 지반고 계산

　① No.1　　　 = 100.000m

　② No.2　　　 = 100.000 + 2.154 = 102.154m

　③ No.2+15 = 100.000 + 1.094 = 101.094m

　④ No.3　　　 = 100.000 + 0.956 = 100.956m

⑤ No.3 + 5 $= 100.956 - 0.423 = 100.533$m

⑥ No.4 $= 100.956 - 1.369 = 99.587$m

(3) 계획고 계산

$$i(\%) = \frac{H}{D} \times 100 = \frac{2.7}{60} \times 100 = 4.5\%(\text{상향})$$

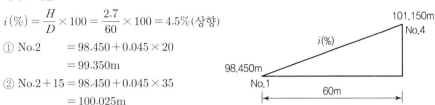

① No.2 $= 98.450 + 0.045 \times 20$
$= 99.350$m

② No.2 + 15 $= 98.450 + 0.045 \times 35$
$= 100.025$m

③ No.3 $= 98.450 + 0.045 \times 40 = 100.250$m

④ No.3 + 5 $= 98.450 + 0.045 \times 45 = 100.475$m

⑤ No.4 $= 98.450 + 0.045 \times 60 = 101.150$m

(4) 성토고, 절토고 계산

계획고－지반고＝⊕성토고, ⊖절토고

① No.1 $= 98.450 - 100.000 = -1.550$m

② No.2 $= 99.350 - 102.154 = -2.804$m

③ No.2 + 15 $= 100.025 - 101.094 = -1.069$m

④ No.3 $= 100.250 - 100.956 = -0.706$m

⑤ No.3 + 5 $= 100.475 - 100.533 = -0.058$m

⑥ No.4 $= 101.150 - 99.587 = 1.563$m

007

수준측량을 한 결과 다음과 같은 성과표를 얻었다. 이 성과표를 이용하여 지반고, 계획고, 절토고, 성토고를 계산하시오. (단, No.0점의 계획고는 105.550m이며, 구배는 4.5% 상향구배이고, 말뚝간격은 20m이다.)

[단위 : m]

측점	추가거리	B.S	F.S		I.H	G.H	F.H	B.H	C.H
			I.P	T.P					
No.0		3.241				105.450			
No.1			2.183						
No.2		2.981		1.514					
No.2 + 12			3.211						
No.3			2.748						
No.4		3.142		3.415					
No.4 + 8			2.435						
No.5				2.197					

정답

[단위 : m]

측점	추가거리	B.S	F.S		I.H	G.H	F.H	B.H	C.H
			I.P	T.P					
No.0	0	3.241			108.691	105.450	105.550	0.100	
No.1	20		2.183			106.508	106.450		0.058
No.2	40	2.981		1.514	110.158	107.177	107.350	0.173	
No.2+12	52		3.211			106.947	107.890	0.943	
No.3	60		2.748			107.410	108.250	0.840	
No.4	80	3.142		3.415	109.885	106.743	109.150	2.407	
No.4+8	88		2.435			107.450	109.510	2.060	
No.5	100			2.197		107.688	110.050	2.362	

해설

(1) 기계고(I.H) 계산[I.H = 지반고(G.H) + 후시(B.S)]

① No.0 = 105.450 + 3.241 = 108.691m

② No.2 = 107.177 + 2.981 = 110.158m

③ No.4 = 106.743 + 3.142 = 109.885m

(2) 지반고(G.H) 계산[G.H = 기계고(I.H) − 전시(F.S)]

① No.1　　 = 108.691 − 2.183 = 106.508m

② No.2　　 = 108.691 − 1.514 = 107.177m

③ No.2+12 = 110.158 − 3.211 = 106.947m

④ No.3　　 = 110.158 − 2.748 = 107.410m

⑤ No.4　　 = 110.158 − 3.415 = 106.743m

⑥ No.4+8 = 109.885 − 2.435 = 107.450m

⑦ No.5　　 = 109.885 − 2.197 = 107.688m

검산 $\sum B.S - \sum F.S(T.P) = $ 지반고차(ΔH)

　　9.364 − 7.126 = 2.238m → OK

(3) 계획고(F.H) 계산(임의 측점의 계획고 = 첫 측점의 계획고 $\frac{\oplus}{\ominus}$ 구배×추가거리)

① No.1　　 = 105.550 + 0.045 × 20 = 106.450m

② No.2　　 = 105.550 + 0.045 × 40 = 107.350m

③ No.2+12 = 105.550 + 0.045 × 52 = 107.890m

④ No.3　　 = 105.550 + 0.045 × 60 = 108.250m

⑤ No.4　　 = 105.550 + 0.045 × 80 = 109.150m

⑥ No.4+8 = 105.550 + 0.045 × 88 = 109.510m

⑦ No.5　　 = 105.550 + 0.045 × 100 = 110.050m

(4) 성토고(B.H), 절토고(C.H) 계산

계획고 − 지반고 = ⊕성토고, ⊖절토고

① No.0 = 105.550 − 105.450 = 0.100m

② No.1 = 106.450 − 106.508 = −0.058m

③ No.2 = 107.350 − 107.177 = 0.173m

④ No.2 + 12 $= 107.890 - 106.947 = 0.943$m
⑤ No.3 $= 108.250 - 107.410 = 0.840$m
⑥ No.4 $= 109.150 - 106.743 = 2.407$m
⑦ No.4 + 8 $= 109.510 - 107.450 = 2.060$m
⑧ No.5 $= 110.050 - 107.688 = 2.362$m

008

수준측량을 한 결과 다음 그림과 같았다. 성과표를 작성하고, 이 성과표를 이용하여 지반고, 계획고, 성토고, 절토고를 계산하시오. (단, No.0점의 계획고는 98.5m에서 4% 상향구배이고, 각 측점 간의 거리는 20m이다. 그리고, No.0점의 B.M은 100m이다.)

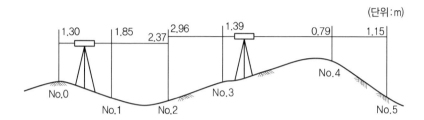

(단위:m)

[단위 : m]

측점	추가거리	후시	전시		기계고	지반고	계획고	성토고	절토고
			이기점	중간점					
No.0									
No.1									
No.2									
No.3									
No.4									
No.5									

정답

[단위 : m]

측점	추가거리	후시	전시		기계고	지반고	계획고	성토고	절토고
			이기점	중간점					
No.0	0	1.30			101.30	100.00	98.50		1.50
No.1	20			1.85		99.45	99.30		0.15
No.2	40	2.96	2.37		101.89	98.93	100.10	1.17	
No.3	60			1.39		100.50	100.90	0.40	
No.4	80			0.79		101.10	101.70	0.60	
No.5	100		1.15			100.74	102.50	1.76	

해설

(1) 기계고(I.H) = 지반고(G.H) + 후시(B.S)

(2) 지반고(G.H) = 기계고(I.H) - 전시(F.S)

(3) 계획고 계산

   ① No.0 $= 98.50$m

   ② No.1 $= 98.50 + 0.04 \times 20 = 99.30$m

   ③ No.2 $= 98.50 + 0.04 \times 40 = 100.10$m

   ④ No.3 $= 98.50 + 0.04 \times 60 = 100.90$m

   ⑤ No.4 $= 98.50 + 0.04 \times 80 = 101.70$m

   ⑥ No.5 $= 98.50 + 0.04 \times 100 = 102.50$m

(4) 성토고, 절토고 계산

$$계획고 - 지반고 = \oplus 성토고, \ominus 절토고$$

   ① No.0 $= 98.50 - 100.00 = -1.50$m

   ② No.1 $= 99.30 - 99.45 = -0.15$m

   ③ No.2 $= 100.10 - 98.93 = 1.17$m

   ④ No.3 $= 100.90 - 100.50 = 0.40$m

   ⑤ No.4 $= 101.70 - 101.10 = 0.60$m

   ⑥ No.5 $= 102.50 - 100.74 = 1.76$m

---

009 다음 종단수준측량의 결과도를 야장 정리하고 성토고와 절토고를 구하시오. (단, No.0의 지반고는 100.000m이며, 구배는 No.3을 기준으로 상향 1/100이며, No.3에서 지반고와 계획고가 일치한다.)

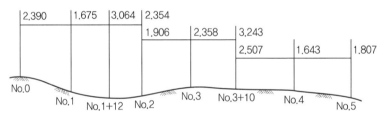

[단위 : m]

측점	추가거리	후시	전시 이기점	전시 중간점	기계고	지반고	계획고	성토고	절토고
No.0									
No.1									
No.1 + 12									
No.2									
No.3									
No.3 + 10									
No.4									
No.5									

[단위 : m]

측점	추가거리	후시	전시		기계고	지반고	계획고	성토고	절토고
			이기점	중간점					
No.0	0	2.390			102.390	100.000	98.984		1.016
No.1	20			1.675		100.715	99.184		1.531
No.1+12	32			3.064		99.326	99.304		0.022
No.2	40	1.906	2.354		101.942	100.036	99.384		0.652
No.3	60			2.358		99.584	99.584		
No.3+10	70	2.507	3.243		101.206	98.699	99.684	0.985	
No.4	80			1.643		99.563	99.784	0.221	
No.5	100		1.807			99.399	99.984	0.585	

해설

(1) 기계고(I.H) = 지반고(G.H) + 후시(B.S)

(2) 지반고(G.H) = 기계고(I.H) − 전시(F.S)

(3) 계획고 계산

① No.0 $= 99.584 - 0.01 \times 60 = 98.984$m

② No.1 $= 99.584 - 0.01 \times 40 = 99.184$m

③ No.1+12 $= 99.584 - 0.01 \times 28 = 99.304$m

④ No.2 $= 99.584 - 0.01 \times 20 = 99.384$m

⑤ No.3 $= 99.584$m

⑥ No.3+10 $= 99.584 + 0.01 \times 10 = 99.684$m

⑦ No.4 $= 99.584 + 0.01 \times 20 = 99.784$m

⑧ No.5 $= 99.584 + 0.01 \times 40 = 99.984$m

(4) 성토고, 절토고 계산

$$계획고 - 지반고 = \oplus 성토고, \ominus 절토고$$

① No.0 $= 98.984 - 100.000 = -1.016$m

② No.1 $= 99.184 - 100.715 = -1.531$m

③ No.1+12 $= 99.304 - 99.326 = -0.022$m

④ No.2 $= 99.384 - 100.036 = -0.652$m

⑤ No.3 $= 99.584 - 99.584 = 0.000$m

⑥ No.3+10 $= 99.684 - 98.699 = 0.985$m

⑦ No.4 $= 99.784 - 99.563 = 0.221$m

⑧ No.5 $= 99.984 - 99.399 = 0.585$m

010 종단측량을 실시한 결과 아래와 같은 성과표를 얻었다. 각 측점의 지반고를 구하고 성토고와 절토고를 구하시오. (단, No.0 측점의 지반고와 계획고는 100.500m이며, 종단구배는 없고, 소수 넷째 자리에서 반올림하시오.)

[단위 : m]

측점	추가거리	후시	전시		기계고	지반고	계획고	성토고	절토고
			이기점	중간점					
No.0	0	3.141				100.500	100.500		
No.1	20			1.547					
No.2	40			3.348					
No.3	60			1.584					
No.4	80	1.141	0.914						
No.5	100			3.245					
No.6	120		2.437						

정답

[단위 : m]

측점	추가거리	후시	전시		기계고	지반고	계획고	성토고	절토고
			이기점	중간점					
No.0	0	3.141			103.641	100.500	100.500		
No.1	20			1.547		102.094	100.500		1.594
No.2	40			3.348		100.293	100.500	0.207	
No.3	60			1.584		102.057	100.500		1.557
No.4	80	1.141	0.914		103.868	102.727	100.500		2.227
No.5	100			3.245		100.623	100.500		0.123
No.6	120		2.437			101.431	100.500		0.931

해설

(1) 기계고(I.H) = 지반고(G.H) + 후시(B.S)

(2) 지반고(G.H) = 기계고(I.H) − 전시(F.S)

(3) 성토고, 절토고 계산

$$계획고 - 지반고 = \oplus 성토고, \ominus 절토고$$

① No.0 = 100.500 − 100.500 = 0.000m

② No.1 = 100.500 − 102.094 = −1.594m

③ No.2 = 100.500 − 100.293 = 0.207m

④ No.3 = 100.500 − 102.057 = −1.557m

⑤ No.4 = 100.500 − 102.727 = −2.227m

⑥ No.5 = 100.500 − 100.623 = −0.123m

⑦ No.6 = 100.500 − 101.431 = −0.931m

(4) 검산

$$\sum B.S - \sum F.S(이기점) = 지반고차(\Delta H)$$

4.282 − 3.351 = 0.931m → OK

011 다음은 종단측량을 한 결과이다. 계획고, 성토고, 절토고를 구하시오. (단, No.0의 계획고는 135m, No.0~No.4 구간은 하향 2%, No.4~No.8 구간은 상향 4%, 측점 간 거리는 20m, 계산은 소수 셋째 자리까지 구하시오.)

[단위 : m]

측점	추가 거리	후시	전시		기계고	지반고	계획고	성토고	절토고
			이기점	중간점					
No.0	0.00	1.567				133.500	135.000		
No.1	20.00			1.214					
No.2	40.00			0.984					
No.3	60.00	1.051	0.865						
No.4	80.00			1.431					
No.5	100.00			1.083					
No.6	120.00	0.583	1.145						
No.7	140.00			1.001					
No.8	160.00		0.985						

해설 및 정답

[단위 : m]

측점	추가 거리	후시	전시		기계고	지반고	계획고	성토고	절토고
			이기점	중간점					
No.0	0.00	1.567			135.067	133.500	135.000	1.500	
No.1	20.00			1.214		133.853	134.600	0.747	
No.2	40.00			0.984		134.083	134.200	0.117	
No.3	60.00	1.051	0.865		135.253	134.202	133.800		0.402
No.4	80.00			1.431		133.822	133.400		0.422
No.5	100.00			1.083		134.170	134.200	0.030	
No.6	120.00	0.583	1.145		134.691	134.108	135.000	0.892	
No.7	140.00			1.001		133.690	135.800	2.110	
No.8	160.00		0.985			133.706	136.600	2.894	

(1) 기계고(I.H) = 지반고(G.H) + 후시(B.S)

(2) 지반고(G.H) = 기계고(I.H) − 전시(F.S)

(3) 계획고 계산(임의 측점의 계획고 = 첫 측점의 계획고 $\overset{(+)}{(-)}$ 구배 × 추가거리)

    ① No.0 = 135.000m

    ② No.1 = 135.000 − (0.02 × 20.00) = 134.600m

    ③ No.2 = 135.000 − (0.02 × 40.00) = 134.200m

    ④ No.3 = 135.000 − (0.02 × 60.00) = 133.800m

    ⑤ No.4 = 135.000 − (0.02 × 80.00) = 133.400m

    ⑥ No.5 = 133.400 + (0.04 × 20.00) = 134.200m

⑦ No.6 = 133.400 + (0.04 × 40.00) = 135.000m

⑧ No.7 = 133.400 + (0.04 × 60.00) = 135.800m

⑨ No.8 = 133.400 + (0.04 × 80.00) = 136.600m

(4) 성토고, 절토고 계산(계획고 – 지반고 = ⊕성토고, ⊖절토고)

① No.0 = 135.000 – 133.500 = 1.500m

② No.1 = 134.600 – 133.853 = 0.747m

③ No.2 = 134.200 – 134.083 = 0.117m

④ No.3 = 133.800 – 134.202 = –0.402m

⑤ No.4 = 133.400 – 133.822 = –0.422m

⑥ No.5 = 134.200 – 134.170 = 0.030m

⑦ No.6 = 135.000 – 134.108 = 0.892m

⑧ No.7 = 135.800 – 133.690 = 2.110m

⑨ No.8 = 136.600 – 133.706 = 2.894m

012 도로 중심선을 따라서 종단 측량을 하여 다음과 같은 결과를 얻었다. 거리 60m의 점을 기준으로 하여 상향구배 1%의 도로를 건설하고자 한다. 중심선상 각 점의 절토고 및 성토고를 계산하여 표에 기록하시오.

추가거리(m)	표고(m)	계획고(m)	절토고(m)	성토고(m)
0	76.84			
20	76.01			
40	76.06			
60	77.67	77.67	0	0
80	79.21			
100	79.73			
120	78.53			

해설 및 정답

추가거리(m)	표고(m)	계획고(m)	절토고(m)	성토고(m)
0	76.84	77.67 – 0.01 × 60 = 77.07		0.23
20	76.01	77.67 – 0.01 × 40 = 77.27		1.26
40	76.06	77.67 – 0.01 × 20 = 77.47		1.41
60	77.67	77.67	0	0
80	79.21	77.67 + 0.01 × 20 = 77.87	1.34	
100	79.73	77.67 + 0.01 × 40 = 78.07	1.66	
120	78.53	77.67 + 0.01 × 60 = 78.27	0.26	

절토고, 성토고 계산

계획고 – 지반고(표고) = ⊕성토고, ⊖절토고

013 다음 야장을 보고 지반고, 계획고, 성토고, 절토고를 계산하시오. (단, No.1점의 계획고는 101.500m이며, 구배는 하향 1.25%로 할 것)

[단위 : m]

측점	추가거리	후시	전시 이기점	전시 중간점	기계고	지반고	계획고	성토고	절토고
No.1		1.567				100.000	101.500		
No.2				1.214					
No.3				0.984					
No.4		1.051	0.865						
No.5				1.431					
No.6				1.083					
No.7		0.583	1.145						
No.8				1.001					
No.9			0.985						

정답

[단위 : m]

측점	추가거리	후시	전시 이기점	전시 중간점	기계고	지반고	계획고	성토고	절토고
No.1	0	1.567			101.567	100.000	101.500	1.500	
No.2	20			1.214		100.353	101.250	0.897	
No.3	40			0.984		100.583	101.000	0.417	
No.4	60	1.051	0.865		101.753	100.702	100.750	0.048	
No.5	80			1.431		100.322	100.500	0.178	
No.6	100			1.083		100.670	100.250		0.420
No.7	120	0.583	1.145		101.191	100.608	100.000		0.608
No.8	140			1.001		100.190	99.750		0.440
No.9	160		0.985			100.206	99.500		0.706

해설

(1) 기계고(I.H) = 지반고(G.H) + 후시(B.S)

(2) 지반고(G.H) = 기계고(I.H) − 전시(F.S)

(3) 계획고 계산

$$임의\ 측점의\ 계획고 = (첫\ 측점의\ 계획고 \overset{\oplus}{\underset{\ominus}{}}\ 구배) \times 추가거리$$

(4) 성토고, 절토고 계산

$$계획고 - 지반고 = \oplus 성토고, \quad \ominus 절토고$$

014 그림은 종단측량의 스케치도이다. 다음 조건에 의하여 기고식으로 야장을 정리하고 계획고, 성토고, 절토고를 구하시오.

[조건]
1. 각 측점 간의 거리는 20m
2. 계획선은 측점 No.0의 계획고를 100.000m로 하여 1%의 상향경사
3. 계산은 반올림하여 소수 셋째 자리까지 구할 것

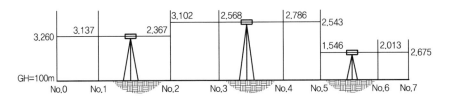

[단위 : m]

측점	추가거리	후시	전시 이기점	전시 중간점	기계고	지반고	계획고	성토고	절토고
No.0	0.00					100.000	100.000		
No.1	20.00								
No.2	40.00								
No.3	60.00								
No.4	80.00								
No.5	100.00								
No.6	120.00								
No.7	140.00								

해설 및 정답

[단위 : m]

측점	추가거리	후시	전시 이기점	전시 중간점	기계고	지반고	계획고	성토고	절토고
No.0	0.00	3.260			103.260	100.000	100.000		
No.1	20.00			3.137		100.123	100.200	0.077	
No.2	40.00	3.102	2.367		103.995	100.893	100.400		0.493
No.3	60.00			2.568		101.427	100.600		0.827
No.4	80.00			2.786		101.209	100.800		0.409
No.5	100.00	1.546	2.543		102.998	101.452	101.000		0.452
No.6	120.00			2.013		100.985	101.200	0.215	
No.7	140.00		2.675			100.323	101.400	1.077	

(1) 기계고 계산 = 지반고 + 후시

  ① No.0 = 100.000 + 3.260 = 103.260m

  ② No.2 = 100.893 + 3.102 = 103.995m

  ③ No.5 = 101.452 + 1.546 = 102.998m

(2) 지반고 계산 = 기계고 − 전시

  ① No.1 = 103.260 − 3.137 = 100.123m

  ② No.2 = 103.260 − 2.367 = 100.893m

  ③ No.3 = 103.995 − 2.568 = 101.427m

  ④ No.4 = 103.995 − 2.786 = 101.209m

  ⑤ No.5 = 103.995 − 2.543 = 101.452m

  ⑥ No.6 = 102.998 − 2.013 = 100.985m

  ⑦ No.7 = 102.998 − 2.675 = 100.323m

  검산 $\sum$B.S(후시) − $\sum$F.S(이기점) = No.7 지반고 − No.0 지반고

   7.908 − 7.585 = 100.323 − 100.000

   0.323m = 0.323m → OK

(3) 계획고 계산 = No.0 계획고 + $\left(\dfrac{1}{100} \times 추가거리 \right)$

  ① No.1 = 100.000 + (0.01 × 20) = 100.200m

  ② No.2 = 100.000 + (0.01 × 40) = 100.400m

  ③ No.3 = 100.000 + (0.01 × 60) = 100.600m

  ④ No.4 = 100.000 + (0.01 × 80) = 100.800m

  ⑤ No.5 = 100.000 + (0.01 × 100) = 101.000m

  ⑥ No.6 = 100.000 + (0.01 × 120) = 101.200m

  ⑦ No.7 = 100.000 + (0.01 × 140) = 101.400m

(4) 성토고, 절토고 계산

계획고 − 지반고 = ⊕성토고, ⊖절토고

  ① No.1 = 100.200 − 100.123 = ⊕0.077m

  ② No.2 = 100.400 − 100.893 = ⊖0.493m

  ③ No.3 = 100.600 − 101.427 = ⊖0.827m

  ④ No.4 = 100.800 − 101.209 = ⊖0.409m

  ⑤ No.5 = 101.000 − 101.452 = ⊖0.452m

  ⑥ No.6 = 101.200 − 100.985 = ⊕0.215m

  ⑦ No.7 = 101.400 − 100.323 = ⊕1.077m

그림과 같이 도로 중심선을 따라 BM – TBM 사이를 직접 수준측량하였다. 1번(BM) ~ 10번(TBM)은 표척의 위치이며, A, B, C는 기계 위치이다. 표척의 읽음값이 순서대로 다음과 같을 때 물음에 답하시오. (단, 모든 계산은 소수 셋째 자리까지 구하시오.)

[단위 : m]

1.143 1.756 2.566 3.820 1.390 2.262 0.664 0.433 3.722 2.866 1.618 0.616

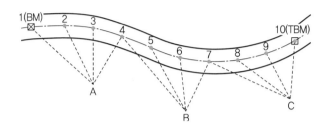

(1) BM의 지반고가 112.28m일 때 TBM의 지반고를 계산하시오.

(2) 측정 시 전시($F.S$)의 거리가 30m, 후시($B.S$)의 거리가 100m였는데 기계의 불완전 조정으로 인하여 모든 시준선이 상방향(윗쪽)으로 6′씩 기울어졌다고 한다. 이때, TBM의 지반고는?

(3) 모든 시준선은 수평이었으나 표척을 세울 때 수직으로 세우지 못하고 항상 앞쪽으로 5°씩 기울어졌다면 이때, TBM의 지반고는?(단, (2)항의 조건과는 무관함)

해설 및 정답

(1) BM의 지반고가 112.28m일 때 TBM의 지반고

$$H_{\mathrm{TBM}} = H_{\mathrm{BM}} + [\textstyle\sum B.S - \sum F.S(T.P)] = 112.28 + (6.255 - 4.869) = 113.666\mathrm{m}$$

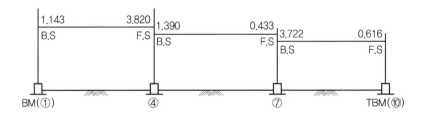

(2) 측정 시 전시($F.S$)의 거리가 30m, 후시($B.S$)의 거리가 100m였는데 기계의 불완전 조정으로 인하여 모든 시준선이 상방향(위쪽)으로 6′씩 기울어졌다고 할 때, TBM의 지반고

　　┌ 후시 : 측점 ①, ④, ⑦
　　└ 전시 : 측점 ④, ⑦, ⑩

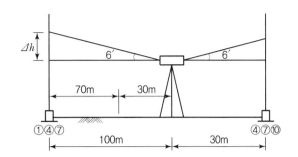

전시($F.S$), 후시($B.S$)의 거리가 같은 30m에서는 서로 오차가 소거되므로 후시($B.S$) 70m에 대해서만 오차를 계산한다.

주어진 문제에서는 A, B, C 측점에 기계를 3회 설치하였으므로 보정량($\Delta h = S\tan\theta$)에 3을 곱한다.

$$\therefore \ \mathrm{TBM} = 113.666 - (70 \times \tan 0°6' \times 3) = 113.299\mathrm{m}$$

(3) 모든 시준선은 수평이었으나 표척을 세울 때 수직으로 세우지 못하고 항상 앞쪽으로 5˝씩 기울어졌을 때, TBM의 지반고(단, (2)항의 조건과는 무관함)

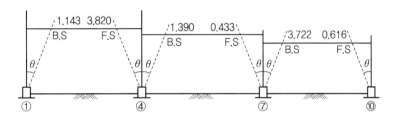

$D = L\cos\theta$

$$\therefore \ H_{\mathrm{TBM}} = H_{\mathrm{BM}} + \{\textstyle\sum B.S - \sum F.S(T.P)\}\cos\theta$$
$$= 112.28 + (6.255 - 4.869) \times \cos 5°$$
$$= 113.661\mathrm{m}$$

016 다음은 종단측량을 한 결과이다. No.0~No.2 사이는 상향구간으로 상향구배는 1/10, No.2~No.5까지는 하향구간으로 하향구배 1/20이며 노폭은 7m, 절취구배는 1 : 1, 성토구배는 1 : 1.5로 도로를 계획할 때 표를 완성하시오.(단, 지반은 수평하며, 계산은 소수 셋째 자리에서 반올림하여 소수 둘째 자리까지 구하고, 토공량 계산은 측점 간 평균 단면적을 이용한다.)

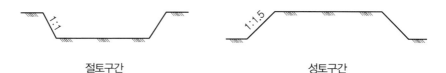

| 절토구간 | | | | | 성토구간 | | | | |

측점	거리 (m)	지반고 (m)	추가 거리 (m)	계획고 (m)	절토고 (m)	성토고 (m)	절토 단면적 (m²)	성토 단면적 (m²)	절토량 (m³)	성토량 (m³)
No.0	0.00	52.55	0.00	55.69						
No.1	20.00	54.86								
No.1+10	10.00	58.69								
No.2	10.00	61.67								
No.3	20.00	60.67								
No.4	20.00	61.42								
No.5	20.00	63.95								
계										

해설 및 정답

(1) 계획고 계산

① No.0 $= 55.69\text{m}$

② No.1 $= 55.69 + 0.1 \times 20 = 57.69\text{m}$

③ No.1+10 $= 55.69 + 0.1 \times 30 = 58.69\text{m}$

④ No.2 $= 55.69 + 0.1 \times 40 = 59.69\text{m}$

⑤ No.3 $= 59.69 - 0.05 \times 20 = 58.69\text{m}$

⑥ No.4 $= 59.69 - 0.05 \times 40 = 57.69\text{m}$

⑦ No.5 $= 59.69 - 0.05 \times 60 = 56.69\text{m}$

(2) 성토고, 절토고 계산

계획고－지반고＝⊕성토고, ⊖절토고

① No.0 $= 55.69 - 52.55 = 3.14\text{m}$ (성토고)

② No.1 $= 57.69 - 54.86 = 2.83\text{m}$ (성토고)

③ No.1+10 $= 58.69 - 58.69 = 0.00\text{m}$

④ No.2 $= 59.69 - 61.67 = -1.98\text{m}$ (절토고)

⑤ No.3 $= 58.69 - 60.67 = -1.98\text{m}$ (절토고)

⑥ No.4　　　$= 57.69 - 61.42 = -3.73\text{m (절토고)}$

⑦ No.5　　　$= 56.69 - 63.95 = -7.26\text{m (절토고)}$

(3) 절토단면적, 성토단면적 계산

① No.0　　　$= \left(\dfrac{7+16.42}{2}\right) \times 3.14 = 36.77\text{m}^2$

② No.1　　　$= \left(\dfrac{7+15.49}{2}\right) \times 2.83 = 31.82\text{m}^2$

③ No.1 + 10 = 계획고와 지반고가 일치하므로 단면적이 발생하지 않음

④ No.2　　　$= \left(\dfrac{7+10.96}{2}\right) \times 1.98 = 17.78\text{m}^2$

⑤ No.3　　　$= \left(\dfrac{7+10.96}{2}\right) \times 1.98 = 17.78\text{m}^2$

⑥ No.4　　　$= \left(\dfrac{7+14.46}{2}\right) \times 3.73 = 40.02\text{m}^2$

⑦ No.5　　　$= \left(\dfrac{7+21.52}{2}\right) \times 7.26 = 103.53\text{m}^2$

(4) 절토량, 성토량 계산

① No.0 ~ No.1　　　$= \left(\dfrac{36.77+31.82}{2}\right) \times 20 = 685.9\text{m}^3$

② No.1 ~ No.1 + 10 $= \left(\dfrac{31.82+0}{2}\right) \times 10 = 159.1\text{m}^3$

③ No.1 + 10 ~ No.2 $= \left(\dfrac{0+17.78}{2}\right) \times 10 = 88.9\text{m}^3$

④ No.2 ~ No.3　　　$= \left(\dfrac{17.78+17.78}{2}\right) \times 20 = 355.6\text{m}^3$

⑤ No.3 ~ No.4　　　$= \left(\dfrac{17.78+40.02}{2}\right) \times 20 = 578.0\text{m}^3$

⑥ No.4 ~ No.5　　　$= \left(\dfrac{40.02+103.53}{2}\right) \times 20 = 1,435.5\text{m}^3$

---

017 다음은 어느 도로계획의 종단면도와 계획선을 표시한 것이다. No.3, 4, 5, 6 구간의 측량성과가 다음 표와 같을 때 성과표를 완성하고, No.3~No.6 구간의 토공량을 구하시오. (단, 계획고는 No.0에서 105m이고 경사가 −1.25%이며, 횡단면의 노폭은 6m, 수평으로 간주하고, 횡단면 성토기울기는 1 : 1.5, 절토기울기는 1 : 1이다. 계산은 반올림하여 소수 둘째 자리까지 구하시오.)

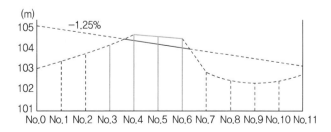

(1) 성과표

[단위 : m, m²]

측점	거리	추가거리	지반고	계획고	성토고	절토고	성토면적	절토면적
No.0	0	0	103.00	105.00	·	·		
⋮	⋮	⋮	⋮	⋮	⋮	⋮	⋮	⋮
No.3	20	60	104.13					
No.4	20	80	104.60					
No.5	20	100	104.49					
No.6	20	120	104.23					
⋮	⋮	⋮	⋮	⋮	⋮	⋮	⋮	⋮

(2) No.3~No.6 구간의 전체 토공량을 구하시오.

해설 및 정답

(1) 성과표

[단위 : m, m²]

측점	거리	추가거리	지반고	계획고	성토고	절토고	성토면적	절토면적
No.0	0	0	103.00	105.00	·	·		
⋮	⋮	⋮	⋮	⋮	⋮	⋮	⋮	⋮
No.3	20	60	104.13	104.25	0.12		0.74	
No.4	20	80	104.60	104.00		0.60		3.96
No.5	20	100	104.49	103.75		0.74		4.99
No.6	20	120	104.23	103.50		0.73		4.91
⋮	⋮	⋮	⋮	⋮	⋮	⋮	⋮	⋮

(2) No.3~No.6 구간의 전체 토공량 계산

- No.3 $= \left\{ \dfrac{6 + (6 + 0.12 \times 1.5 \times 2)}{2} \right\} \times 0.12 = 0.74 \mathrm{m}^2$

- No.4 $= \left\{ \dfrac{6 + (6 + 0.6 \times 1 \times 2)}{2} \right\} \times 0.6 = 3.96 \mathrm{m}^2$

- No.5 $= \left\{ \dfrac{6 + (6 + 0.74 \times 1 \times 2)}{2} \right\} \times 0.74 = 4.99 \mathrm{m}^2$

- No.6 $= \left\{ \dfrac{6 + (6 + 0.73 \times 1 \times 2)}{2} \right\} \times 0.73 = 4.91 \mathrm{m}^2$

- No.3 ~ No.4 성토량 $= \left(\dfrac{0.74 + 0}{2} \right) \times 20 = 7.40 \mathrm{m}^3$

- No.3 ~ No.4 절토량 $= \left(\dfrac{0 + 3.96}{2} \right) \times 20 = 39.60 \mathrm{m}^3$

- No.4 ~ No.5 절토량 $= \left(\dfrac{3.96 + 4.99}{2} \right) \times 20 = 89.50 \mathrm{m}^3$

- No.5 ~ No.6 절토량 $= \left(\dfrac{4.99 + 4.91}{2} \right) \times 20 = 99.00 \mathrm{m}^3$

∴ 토공량 $= (39.60 + 89.50 + 99.00) - 7.40 = 220.70 \mathrm{m}^3$

018

다음 그림과 같은 표고 137.536m의 BM₁에서 10km의 수준노선에 따라 간접고저측량을 하였더니, 다음 표와 같은 결과를 얻었다. 각 점의 표고를 구하시오.

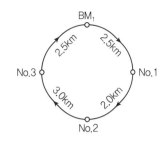

측점	측점 간 거리(km)	관측표고(m)
BM₁		137.536
No.1	2.5	111.617
No.2	2.0	89.744
No.3	3.0	125.263
BM₁	2.5	137.628

해설 및 정답

(1) 폐합오차 계산

$$E = 137.628 - 137.536 = 0.092\text{m} \ominus \text{보정}$$

(2) 각 측점 조정량 계산

$$\text{조정량} = \frac{\text{노선거리}}{\text{전체거리}} \times \text{폐합오차}$$

① $\text{No.1} = \dfrac{2.5}{10} \times 0.092 = -0.023\text{m}$

② $\text{No.2} = \dfrac{4.5}{10} \times 0.092 = -0.041\text{m}$

③ $\text{No.3} = \dfrac{7.5}{10} \times 0.092 = -0.069\text{m}$

④ $\text{BM}_1 = \dfrac{10}{10} \times 0.092 = -0.092\text{m}$

(3)

측점	측점 간 거리(km)	관측표고(m)	조정량(m)	조정표고(m)
BM₁		137.536		137.536
No.1	2.5	111.617	−0.023	111.594
No.2	2.0	89.744	−0.041	89.703
No.3	3.0	125.263	−0.069	125.194
BM₁	2.5	137.628	−0.092	137.536

019

그림과 같은 수준망의 관측을 행한 결과는 다음과 같다. 각각의 환의 폐합차를 구하시오. 또, 재측을 필요로 하는 경우에는 어느 구간에 대하여 행하는가를 노선구간의 번호에 표시하시오.(단, 이 수준측량의 폐합차의 제한은 $1.0\text{cm}\sqrt{S}$, S는 km 단위)

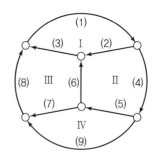

선번호	고저차(m)	거리(km)	선번호	고저차(m)	거리(km)
(1)	+2.474	4.1	(6)	−2.115	4.0
(2)	−1.250	2.2	(7)	−0.378	2.2
(3)	−1.241	2.4	(8)	−3.094	2.3
(4)	−2.233	6.0	(9)	+2.822	3.5
(5)	+3.117	3.6			

해설 및 정답

(1) 각 환의 폐합차 W 계산

① $W_{\text{I}} = (1) + (2) + (3)$
$= +2.474 - 1.250 - 1.241 = -0.017\text{m}$

② $W_{\text{II}} = -(2) + (4) + (5) + (6)$
$= +1.250 - 2.233 + 3.117 - 2.115 = +0.019\text{m}$

③ $W_{\text{III}} = -(3) - (6) + (7) + (8)$
$= +1.241 + 2.115 - 0.378 - 3.094 = -0.116\text{m}$

④ $W_{\text{IV}} = (5) + (7) - (9)$
$= +3.117 - 0.378 - 2.822 = -0.083\text{m}$

⑤ $W_{\text{V}} = (1) + (4) + (9) + (8)$
$= +2.474 - 2.233 + 2.822 - 3.094 = -0.031\text{m}$

(2) 재측이 필요한 구간 계산

각 환의 폐합차 제한을 구하면

① $S_1 = 4.1 + 2.2 + 2.4 = 8.7\text{km}$
$1.0\sqrt{8.7} ≒ 2.9\text{cm}$

② $S_2 = 2.2 + 6.0 + 3.6 + 4.0 = 15.8\text{km}$
$1.0\sqrt{15.8} ≒ 4.0\text{cm}$

③ $S_3 = 2.4 + 4.0 + 2.2 + 2.3 = 10.9\text{km}$
$1.0\sqrt{10.9} ≒ 3.3\text{cm}$

④ $S_4 = 3.6 + 2.2 + 3.5 = 9.3\text{km}$
$1.0\sqrt{9.3} ≒ 3.0\text{cm}$

⑤ $S_5 = 4.1 + 6.0 + 3.5 + 2.3 = 15.9\text{km}$
$1.0\sqrt{15.9} ≒ 4.0\text{cm}$

∴ 각 환의 폐합차와 폐합차 제한을 비교하면 Ⅲ, Ⅳ 구간에서 공통으로 존재하는 **(7) 노선**을 재측하여야 한다.

020

그림과 같은 고저측량망 또는 수준망에 있어서 고저측량을 행한 결과 다음 값을 얻었다. 재측을 필요로 하는 노선은?(단, 폐합오차는 $7.5\mathrm{mm}\sqrt{L}$로 한다.)

노선	거리(km)	고저차(m)
①	1	$+3.600$
②	2	$+1.385$
③	1	-5.023
④	1	$+1.105$
⑤	1	$+2.523$
⑥	0.4	-3.912

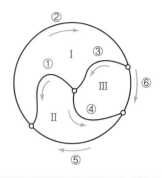

해설 및 정답

(1) 구간별 오차 계산
- $W_1 = 3.6 + 1.385 - 5.023 = -0.038\mathrm{m}$
- $W_2 = 3.6 - 2.523 - 1.105 = -0.028\mathrm{m}$
- $W_3 = 1.105 + 3.912 - 5.023 = -0.006\mathrm{m}$

(2) 구간별 폐합오차 계산
- Ⅰ $= 7.5\sqrt{4} = 15\mathrm{mm} = 0.015\mathrm{m}$
- Ⅱ $= 7.5\sqrt{3} = 13\mathrm{mm} = 0.013\mathrm{m}$
- Ⅲ $= 7.5\sqrt{2.4} = 12\mathrm{mm} = 0.012\mathrm{m}$

(3) 재측을 필요로 하는 노선
Ⅰ, Ⅱ 구간 오차가 허용범위를 초과하므로 Ⅰ, Ⅱ 구간의 공통 노선 ①을 재측하여야 한다.

021

다음 레벨의 조정에서 실제 표척값(d)은?(단, d는 C점의 기계점으로부터 B점의 표척을 시준하여 수평으로 읽을 때의 값임)

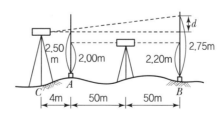

해설 및 정답

$(a_1 - b_1) = (a_2 - b_2)$이어야 한다.

$(2.00 - 2.20) - (2.50 - 2.75) = 0.05(e)$

$100 : e = 104 : d$

$d = \dfrac{104}{100} \times 0.05 = 0.052\text{m}$

$\therefore$ 실제 표척값 $= 2.75 - 0.052 = 2.698\text{m}$

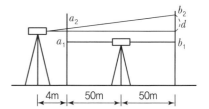

022 덤피 레벨의 조정에서 말뚝조정법으로 검사한 결과 그 조정량을 0.052m를 얻었다. A 점과 D점의 거리는 얼마인가?

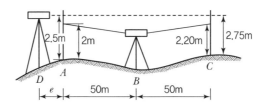

해설 및 정답

$d = \dfrac{D+e}{D}\{(a_1 - b_1) - (a_2 - b_2)\}$

$d = \dfrac{D+e}{D}\{(2.75 - 2.5) - (2.2 - 2.0)\}$

$0.052 = d = \dfrac{D+e}{D} \times (0.05)$

$\therefore A$점과 D점의 거리$(e) = \dfrac{0.2}{0.05} = 4\text{m}$

023 교호수준측량을 하여 다음과 같은 결과를 얻었다. A점의 표고가 120.564m이면 B점 의 표고는 얼마인가?

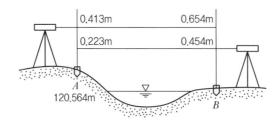

해설 및 정답

$H = \dfrac{(a_1 - b_1) + (a_2 - b_2)}{2} = \dfrac{(0.223 - 0.454) + (0.413 - 0.654)}{2} = -0.236\text{m}$

$\therefore H_B = H_A - H = 120.564 + (-0.236) = 120.328\text{m}$

024 폭 200m의 하천에서 교호수준측량을 한 결과이다. D점의 표고는 얼마인가?(단, A점의 표고는 2.545m이다.)

$$A \rightarrow B \quad h = -0.512\text{m}$$

레벨 P에서 $\quad B \rightarrow C \quad h = -0.229\text{m}$

레벨 Q에서 $\quad C \rightarrow B \quad h = +0.267\text{m}$

$$C \rightarrow D \quad h = +0.636\text{m}$$

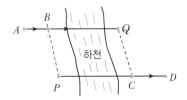

해설 및 정답

- $H_B = H_A + h = 2.545 - 0.512 = 2.033\text{m}$

- BC 간의 고저차 $= -\dfrac{1}{2}(0.229 + 0.267) = -0.248\text{m}$

- $H_C = H_B + h = 2.033 - 0.248 = 1.785\text{m}$

$\therefore \ H_D = H_C + h = 1.785 + 0.636 = 2.421\text{m}$

---

025 직사각형 $ABCD$가 있다. AD선상에 E점을 잡아서 A, B점의 표척의 읽음값이 1.598, 0.688이었다. 레벨을 D점으로 옮겨서 A, B, C점의 표척의 읽음값이 2.369, 1.525, 1.364이었다. 시준오차를 제거한 후 B, C점의 지반고를 구하시오. (A점의 표고는 100m이며, 소수 셋째 자리까지 구하시오.)

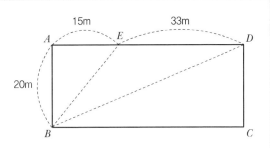

해설 및 정답

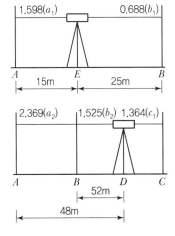

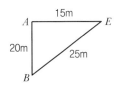

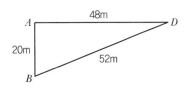

(1) 시준축 오차 계산

$$(1.598 - 15e) - (0.688 - 25e) = AB \text{ 고저차} \cdots\cdots\cdots\cdots\cdots ⓐ$$

$$(2.369 - 48e) - (1.525 - 52e) = AB \text{ 고저차} \cdots\cdots\cdots\cdots\cdots ⓑ$$

ⓐ와 ⓑ를 연립방정식을 이용하여 계산하면, $e = -0.011m$

(2) 시준축 오차 소거 후 A, B, C점의 시준값 계산
- $a_2 = 2.369 - (48 \times -0.011) = 2.897m$
- $b_2 = 1.525 - (52 \times -0.011) = 2.097m$
- $c_1 = 1.364 - (20 \times -0.011) = 1.584m$

(3) H_B, H_C 계산

① $H_B = H_A + a_2 - b_2 = 100 + 2.897 - 2.097 = 100.800m$

② $H_C = H_A + a_2 - c_1 = 100 + 2.897 - 1.584 = 101.313m$

---

026 삼각점 A에서 B의 표고를 구하기 위하여 그림과 같이 고도각 α_1, α_2를 쟀다. $\overline{AB}$의 거리가 1,700m, A의 표고가 $H_1 = 368.19m$일 때 B의 표고 H_2는 얼마인가?[단, 이 경우의 양차(기차 + 구차)는 0.2m로 한다.]

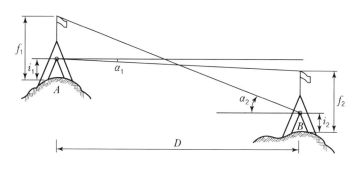

$$\alpha_1 = -2°14', \qquad \alpha_2 = +2°22'$$

$$i_1 = 1.39m, \qquad i_2 = 1.28m$$

$$f_1 = 4.20m, \qquad f_2 = 2.89m$$

해설 및 정답

(1) A점에서의 관측 시 계산

$$H_B = H_A + i_1 - D\tan\alpha_1 - f_2 - K$$
$$= 368.19 + 1.39 - 1,700 \times \tan 2°14' - 2.89 - 0.2$$
$$= 300.192m$$

(2) B점에서의 관측 시 계산

$$H_B = H_A + f_1 - D\tan\alpha_2 - i_2 + K$$
$$= 368.19 + 4.20 - 1,700 \times \tan 2°22' - 1.28 + 0.2$$
$$= 301.050m$$

(3) B점 평균 표고 계산

$$H_B = \frac{300.192 + 301.050}{2} = 300.621\text{m}$$

027 그림에서 삼각점 A의 표고가 650.00m이고, $\overline{AB}$ 의 수평거리는 $2,000$m이다. B점의 표고를 구하시오. (단, 양차 $K = 0.27$m이다.)

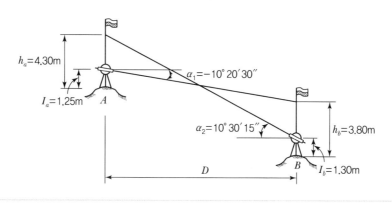

해설 및 정답

(1) A점에서 관측 시 계산

$$\begin{aligned} H_B &= H_A + I_a - D \tan \alpha_1 - h_b - K \\ &= 650.00 + 1.25 - 2,000 \times \tan 10°20'30'' - 3.8 - 0.27 \\ &= 282.216\text{m} \end{aligned}$$

(2) B점에서 관측 시 계산

$$\begin{aligned} H_B &= H_A + h_a - D \tan \alpha_2 - I_b + K \\ &= 650.00 + 4.30 - 2,000 \times \tan 10°30'15'' - 1.3 + 0.27 \\ &= 282.441\text{m} \end{aligned}$$

(3) B점 평균표고 계산

$$H_B = \frac{282.216 + 282.441}{2} = 282.329\text{m}$$

028

그림과 같이 두 삼각점에서 관측한 경우 $\alpha_A = 2°40'$, $\alpha_B = -2°35'$, $I_A = 1.24$m, $I_B = 1.34$m, $h_A = 2.85$m, $h_B = 2.90$m였다. A점의 표고가 242.14m, $D = 1,500$m 일 때 B점의 표고는 얼마인가?

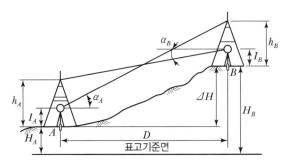

해설 및 정답

(1) A점에서의 관측 시 계산

$$H_B = H_A + I_A + D\tan\alpha_A - h_B$$
$$= 242.14 + 1.24 + 1,500 \times \tan 2°40' - 2.90$$
$$= 310.344\text{m}$$

(2) B점에서의 관측 시 계산

$$H_B = H_A + h_A + D\tan\alpha_B - I_B$$
$$= 242.14 + 2.85 + 1,500 \times \tan 2°35' - 1.34$$
$$= 311.327\text{m}$$

(3) B점 평균표고 계산

$$H_B = \frac{310.344 + 311.327}{2} = 310.836\text{m}$$

029

삼각수준측량을 실시한 결과이다. $\overline{AB}$ 의 고저차를 구하시오. (단, 소수 둘째 자리까지 계산하시오.)

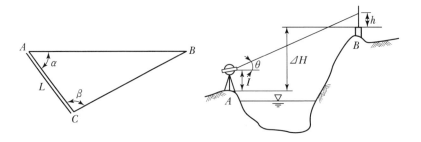

$I = 1.24$m,	$h = 0.85$m,	$L = 50.00$m
$\alpha = 54°$,	$\beta = 62°$,	$\theta = 45°$

해설 및 정답

(1) $\overline{AB}$ 거리 계산

$$\frac{50}{\sin 64°} = \frac{\overline{AB}}{\sin 62°}$$

$\therefore \overline{AB}$ 거리 $= 49.12\text{m}$

(2) 고저차 계산

$$\Delta H = H + I - h = D\tan\theta + I - h = 49.12 \times \tan 45° + 1.24 - 0.85 = 49.51\text{m}$$

030

굴뚝의 높이를 구하고자 굴뚝과 연결한 직선상의 2점 A, B에서 굴뚝 정상의 경사각을 측정한 바 A에서는 $30°$, B에서는 $45°$이고 A, B 간의 거리는 22m였다. 굴뚝의 높이는 얼마인가?(단, A, B와 굴뚝 밑은 같은 높이이고, A와 B에 설치한 기계고는 다 같이 1m라 한다.)

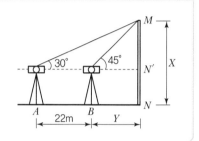

해설 및 정답

$\tan 45° = \dfrac{MN'}{Y}$, $MN' = Y$

$\tan 30° = \dfrac{MN'}{(22 + Y)}$

$MN'(1 - \tan 30°) = 22\tan 30°$

$MN' = 30.053\text{m}$

$\therefore$ 굴뚝의 높이 $= MN' + NN' = 30.053\text{m} + 1\text{m} = 31.053\text{m}$

031

굴뚝 상단(P)의 높이를 구하기 위하여 A점에서 굴뚝 상단의 경사각을 관측한 결과 $\alpha = 20°11'40''$이었으며 AP 선상 밖에 B점을 선정하여 수평각을 관측하였다. 굴뚝 상단의 표고를 구하시오.(단, 계산은 반올림하여 소수 셋째 자리까지 구하시오.)

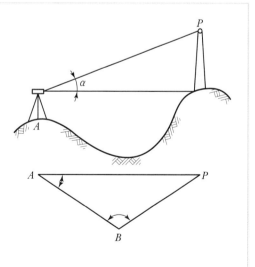

$\overline{AB} = 29.375\text{m}$

$\angle A = 56°22'30''$

$\angle B = 71°33'10''$

A점의 지반고 $= 110.000\text{m}$

A점의 기계고 $= 1.450\text{m}$

해설 및 정답

- $\angle P = 180° - (\angle A + \angle B) = 180° - (56°22'30'' + 71°33'10'') = 52°04'20''$
- $\overline{AP}$ 거리(sine 법칙)

$$\frac{\overline{AB}}{\sin\angle P} = \frac{\overline{AP}}{\sin\angle B} \rightarrow$$

$$\overline{AP} = \frac{\sin\angle B}{\sin\angle P} \times \overline{AB} = \frac{\sin 71°33'10''}{\sin 52°04'20''} \times 29.375 = 35.327\text{m}$$

$$\therefore\ H_P = H_A + i + (\overline{AP} \cdot \tan\alpha)$$
$$= 110.000 + 1.450 + (35.327 \times \tan 20°11'40'')$$
$$= 124.444\text{m}$$

---

032 그림과 같이 건물 상단 P의 표고를 측정하고자 A, B 두 점에서 트랜싯을 이용하여 간접수준측량을 실시하였다. A, B, P는 동일 직선상에 있고 $\overline{AB}$ 간의 거리가 14.38m일 때 P의 표고를 구하시오.(단, 기계고 $i_A = i_B = 1.60$m, 표고 $H_A = 47.50$m, $H_B = 42.50$m, 연직각 $\alpha_A = 20°$, $\alpha_B = 25°$이다. 계산은 소수 셋째 자리까지 구하시오.)

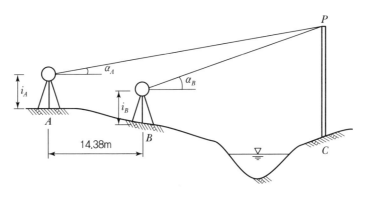

해설 및 정답

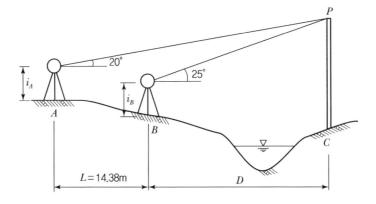

$$H_A + i_A + (14.38 + D)\tan 20° = H_P \quad\text{..}\ ⓐ$$
$$H_B + i_B + D\tan 25° = H_P \quad\text{..}\ ⓑ$$

ⓐ, ⓑ를 연립방정식을 이용하여 계산하면, $D = 100.001\text{m}$

$\therefore H_P = H_A + i_A + (L + D)\tan\alpha_A = 47.50 + 1.6 + (14.38 + 100.001) \times \tan 20°$

$\qquad = 90.731\text{m}$

$\quad H_P = H_B + i_B + D\tan\alpha_B = 42.5 + 1.6 + 100.001 \times \tan 25° = 90.731\text{m}$

---

033 그림과 같이 A, B 두 점에서 트랜싯을 이용하여 간접수준측량을 실시하였다. $\overline{AB}$ 의 거리가 15m일 때 건물의 높이 H를 구하시오. (단, 기계고 $i_A = i_B = 1.60\text{m}$, 연직각 $\alpha_A = 20°$, $\alpha_B = 25°$이다. 계산은 소수 셋째 자리까지 구하시오.)

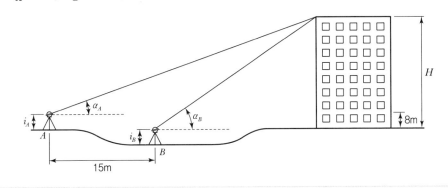

해설 및 정답

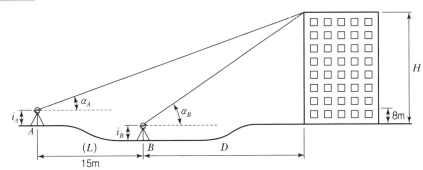

$i_A + (15.00 + D) \cdot \tan 20° + 8 = H$ ··· ①

$i_B + (D \cdot \tan 25°) = H$ ·· ②

①, ②를 연립방정식을 이용하여 계산하면,

$D = 131.521\text{m}$

• $H = i_A + (L + D) \cdot \tan\alpha_A + 8$

$\quad = 1.60 + (15.00 + 131.521) \times \tan 20° + 8 = 62.929\text{m}$

• $H = i_B + (D \cdot \tan\alpha_B)$

$\quad = 1.60 + (131.521 \times \tan 25°) = 62.929\text{m}$

$\therefore$ 건물의 높이$(H) = 62.929\text{m}$

034

전자파거리측정기(EDM)로 경사거리 165.360m(보정된 값)을 얻었다. 이때 두 점 A, B의 높이는 각각 447.401m, 445.389m이고 A점의 EDM 높이는 1.417m, B점의 반사경(Reflector) 높이는 1.615m이다. $\overline{AB}$ 의 수평거리는 몇 m인가?

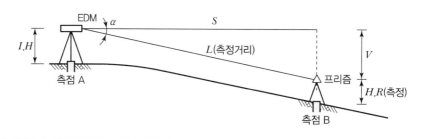

해설 및 정답

① A점의 기계고 $= H_A + I.H = 447.401 + 1.417 = 448.818\text{m}$

② B점의 기계고 $= H_B + H.R + L\sin\alpha = 445.389 + 1.615 + 165.36\sin\alpha$
$$= 447.004 + 165.36\sin\alpha$$

①=②이므로

$448.818 = 447.004 + 165.36\sin\alpha$

$\sin\alpha = \dfrac{448.818 - 447.004}{165.36}$

$\alpha = 0°37'43''$

$\therefore \ S = L \cdot \cos\alpha = 165.36 \times \cos 0°37'43'' = 165.350\text{m}$

035

그림에서와 같이 건물의 위치변화를 관측하기 위해 기선 $\overline{AB}$ 를 설정하고, 주기적으로 동일 지점인 P점을 관측한 결과 다음과 같은 성과를 획득하였다. 관측성과를 토대로 P점의 3차원 위치변화량을 계산하시오. (단, A와 B의 높이는 동일하며, 계산은 소수 다섯째 자리에서 반올림하시오.)

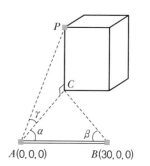

관측일시	수평각		고저각
	α	β	γ
00년 1월	45°50'50''	47°21'27''	60°12'37''
00년 2월	45°50'52''	47°21'21''	60°12'36''

위치 변화량 : _____ m

해설 및 정답

(1) 00년 1월 관측 시 계산

- $\overline{AC} = \dfrac{30 \times \sin 47°21'27''}{\sin 86°47'43''} = 22.1024\text{m}$

- $\overline{CP} = 22.1024 \times \tan 60°12'37'' = 38.6090\text{m}$

(2) 00년 2월 관측 시 계산

- $\overline{AC} = \dfrac{30 \times \sin 47°21'21''}{\sin 86°47'47''} = 22.1018\text{m}$

- $\overline{CP} = 22.1018 \times \tan 60°12'36'' = 38.6075\text{m}$

∴ 위치변화량 $= 38.6090 - 38.6075 = 0.0015\text{m}$

036

A, B, C 세 지점에서 P점까지 그림과 같이 수준측량을 하여 고저차 h를 얻었다. P점의 표고의 최확값 및 평균제곱근오차를 구하시오.

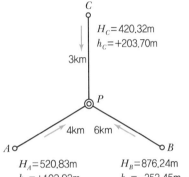

노선	P점의 표고(m)	경중률
$A \to P$		
$B \to P$		
$C \to P$		

(1) P점 표고의 최확값 = _____m

노선	측정값(m)	최확값(m)	v	vv	W	Wvv
$A \to P$						
$B \to P$						
$C \to P$						

(2) 평균제곱근오차 = _____m

해설 및 정답

(1) P점 표고 및 최확값

1) 표고 계산

① 노선 $A \to P = 520.83 + 102.92 = 623.75\text{m}$

② 노선 $B \to P = 876.24 - 252.45 = 623.79\text{m}$

③ 노선 $C \to P = 420.32 + 203.70 = 624.02\text{m}$

2) 경중률 계산

$$W_1 : W_2 : W_3 = \frac{1}{4} : \frac{1}{6} : \frac{1}{3} = 3 : 2 : 4$$

노선	P점의 표고(m)	경중률
$A \to P$	623.75	3
$B \to P$	623.79	2
$C \to P$	624.02	4

3) P점 표고 최확값 $= \dfrac{(623.75 \times 3) + (623.79 \times 2) + (624.02 \times 4)}{3+2+4} = 623.88\text{m}$

(2) 평균제곱근오차(m_0)

노선	측정값(m)	최확값(m)	v	vv	W	Wvv
$A \to P$	623.75		0.13	0.0169	3	0.0507
$B \to P$	623.79	623.88	0.09	0.0081	2	0.0162
$C \to P$	624.02		0.14	0.0196	4	0.0784
계					9	0.1453

$$\therefore m_0 = \pm \sqrt{\frac{[Wvv]}{[W](n-1)}} = \pm \sqrt{\frac{0.1453}{9(3-1)}} = 0.0898\text{m} = \pm 0.090\text{m}$$

037

그림과 같은 수준점 A, B, C로부터 P점의 표고를 구하기 위하여 수준측량을 실시한 결과가 표와 같다. P점의 표고에 대한 최확값과 표준오차를 구하시오. (단, 최확값은 m 단위의 소수 넷째 자리에서 반올림하고, 표준오차는 mm 단위의 소수 셋째 자리에서 반올림하여 구하시오.)

수준점	표고(m)	고저차 관측값(m)		노선거리(km)
A	19.332	$A \to P$	$+1.533$	2
B	20.933	$B \to P$	-0.074	4
C	18.852	$C \to P$	$+1.986$	3

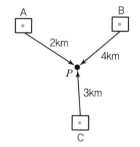

(1) P점 표고의 최확값 : _____m

(2) 최확값의 표준오차 : _____mm

해설 및 정답

(1) P점 표고 및 최확값

1) 표고 계산

① $A \to P = 19.332 + 1.533 = 20.865\text{m}$

② $B \to P = 20.933 - 0.074 = 20.859\text{m}$

③ $C \to P = 18.852 + 1.986 = 20.838\text{m}$

2) 경중률 계산

$$W_1 : W_2 : W_3 = \frac{1}{S_1} : \frac{1}{S_2} : \frac{1}{S_3} = \frac{1}{2} : \frac{1}{4} : \frac{1}{3} = 6 : 3 : 4$$

3) P점 표고 최확값

$$H_P = \frac{(6 \times 20.865) + (3 \times 20.859) + (4 \times 20.838)}{6+3+4} = 20.855\text{m}$$

(2) 최확값의 표준오차(δ)

노선	측정값(m)	최확값(m)	v	vv	W	Wvv
$A \to P$	20.865		0.01	0.000100	6	0.000600
$B \to P$	20.859	20.855	0.004	0.000016	3	0.000048
$C \to P$	20.838		0.017	0.000289	4	0.001156
계					13	0.001804

$$\therefore \text{표준오차}(\delta) = \pm \sqrt{\frac{[Wvv]}{[W](n-1)}}$$
$$= \pm \sqrt{\frac{0.001804}{13(3-1)}}$$
$$= \pm 8.33\text{mm}$$

038 고저점 A, B, C, D로부터 P점의 표고를 구하기 위하여 수준측량을 실시하였다. P점 표고의 최확값과 평균제곱근오차를 구하시오. (단, 경중률을 고려하여 소수 셋째 자리까지 구하시오.)

수준점	표고(m)	노선	고저차(m)	노선거리 (km)
A	28.462	$A \to P$	-3.451	4.0
B	17.654	$B \to P$	7.326	5.0
C	19.445	$C \to P$	5.586	2.5
D	23.396	$D \to P$	1.654	2.0

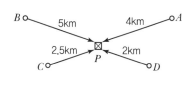

(1) P점 표고의 최확값

노선	경중률(W)	표고(m)
$A \to P$		
$B \to P$		
$C \to P$		
$D \to P$		

최확값(H_P) = _____ m

(2) 평균제곱근오차

$h(\text{m})$	W	v	vv	Wvv
$h_A =$				
$h_B =$				
$h_C =$				
$h_D =$				

평균제곱근오차(m_0) = _____ mm

해설 및 정답

(1) P점 표고의 최확값

노선	경중률(W)	표고(m)
$A \to P$	5	$28.462 - 3.451 = 25.011$
$B \to P$	4	$17.654 + 7.326 = 24.980$
$C \to P$	8	$19.445 + 5.586 = 25.031$
$D \to P$	10	$23.396 + 1.654 = 25.050$

1) 경중률 계산

$$W_1 : W_2 : W_3 : W_4 = \frac{1}{4} : \frac{1}{5} : \frac{1}{2.5} : \frac{1}{2} = 5 : 4 : 8 : 10$$

2) 최확값 계산

$$H_P = \frac{(5 \times 25.011) + (4 \times 24.980) + (8 \times 25.031) + (10 \times 25.050)}{5 + 4 + 8 + 10} = 25.027\text{m}$$

(2) 평균제곱근오차(m_0)

$h(\text{m})$	W	v	vv	Wvv
$h_A = 25.011$	5	16	256	1,280
$h_B = 24.980$	4	47	2,209	8,836
$h_C = 25.031$	8	-4	16	128
$h_D = 25.050$	10	-23	529	5,290
계	27			15,534

$$\therefore m_0 = \pm \sqrt{\frac{[Wvv]}{[W](n-1)}} = \pm \sqrt{\frac{15,534}{27(4-1)}} = \pm 13.848\text{mm}$$

039 A, B, C, D에서 P점까지 각각 왕복수준측량을 하여 다음과 같은 결과를 얻었다. P점 표고의 최확값과 평균제곱근오차를 구하시오.(단, 소수 셋째 자리까지 구하시오.)

노선	고저차(m)	거리(km)
$A \rightarrow P$	-7.124	1
$P \rightarrow C$	-8.012	1.5
$B \rightarrow P$	-1.931	3
$P \rightarrow D$	$+8.374$	4.5

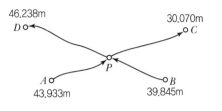

해설 및 정답

(1) P점 표고 및 최확값

1) 표고 계산

① $H_{AP} = 43.933 - 7.124 = 36.809\text{m}$

② $H_{BP} = 39.845 - 1.931 = 37.914\text{m}$

③ $H_{CP} = 30.070 + 8.012 = 38.082\text{m}$

④ $H_{DP} = 46.238 - 8.374 = 37.864\text{m}$

2) 경중률 계산

$$W_1 : W_2 : W_3 : W_4 = \frac{1}{1} : \frac{1}{3} : \frac{1}{1.5} : \frac{1}{4.5} = 9 : 3 : 6 : 2$$

3) 최확값 계산

$$H_P = \frac{(9 \times 36.809) + (3 \times 37.914) + (6 \times 38.082) + (2 \times 37.864)}{9 + 3 + 6 + 2} = 37.462\text{m}$$

(2) 평균제곱근오차(m_0)

노선	측정값(m)	최확값(m)	v	vv	W	Wvv
$A \rightarrow P$	36.809		0.653	0.426409	9	3.837681
$B \rightarrow P$	37.914	37.462	-0.452	0.204304	3	0.612912
$C \rightarrow P$	38.082		-0.620	0.384400	6	2.306400
$D \rightarrow P$	37.864		-0.402	0.161604	2	0.323208
계					20	7.080201

$$\therefore m_0 = \pm \sqrt{\frac{[Wvv]}{[W](n-1)}} = \pm \sqrt{\frac{7.080201}{20(4-1)}} = \pm 0.344\text{m}$$

040

그림에서와 같이 수준측량을 하였을 때 P, Q점의 표고를 구하시오. (단, 측정값과 각 점의 표고는 아래 표와 같다. 계산은 소수 넷째 자리에서 반올림하시오.)

수준점	표고(m)	고저차의 관측값(m)	거리(km)
$BM.A$	50.361	$A \rightarrow P$ +1.684	4.5
$BM.B$	54.843	$B \rightarrow P$ −2.793	4.0
$BM.C$	46.284	$C \rightarrow P$ +5.752	7.0
$BM.B$	54.843	$B \rightarrow Q$ −9.080	4.5
$BM.C$	46.284	$C \rightarrow Q$ −0.538	6.0
$BM.D$	44.500	$D \rightarrow Q$ +1.254	3.25

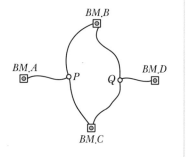

해설 및 정답

(1) P점 표고 계산

 1) $BM.A \rightarrow P = 50.361 + 1.684 = 52.045\text{m}$

 2) $BM.B \rightarrow P = 54.843 - 2.793 = 52.050\text{m}$

 3) $BM.C \rightarrow P = 46.284 + 5.752 = 52.036\text{m}$

(2) Q점 표고 계산

 1) $BM.B \rightarrow Q = 54.843 - 9.080 = 45.763\text{m}$

 2) $BM.C \rightarrow Q = 46.284 - 0.538 = 45.746\text{m}$

 3) $BM.D \rightarrow Q = 44.500 + 1.254 = 45.754\text{m}$

(3) 경중률 계산

$$W_1 : W_2 : W_3 = \frac{1}{4.5} : \frac{1}{4.0} : \frac{1}{7.0} = 14 : 15.75 : 9$$

$$W_4 : W_5 : W_6 = \frac{1}{4.5} : \frac{1}{6.0} : \frac{1}{3.25} = 19.5 : 14.625 : 27$$

(4) P점의 최확값 계산

$$H_P = \frac{W_1 h_1 + W_2 h_2 + W_3 h_3}{W_1 + W_2 + W_3}$$

$$= \frac{(14 \times 52.045) + (15.75 \times 52.05) + (9 \times 52.036)}{14 + 15.75 + 9}$$

$$= 52.045\text{m}$$

(5) Q점의 최확값 계산

$$H_Q = \frac{W_4 h_4 + W_5 h_5 + W_6 h_6}{W_4 + W_5 + W_6}$$

$$= \frac{(19.5 \times 45.763) + (14.625 \times 45.746) + (27 \times 45.754)}{19.5 + 14.625 + 27}$$

$$= 45.755\text{m}$$

041

D점의 표고를 정하기 위하여 3개의 수준점 A, B, C로부터 각각 왕복수준측량을 행하였다. 각 수준점의 표고와 D점의 관측표고는 다음과 같다. D점 표고의 최확값 및 최확값의 평균제곱근오차를 구하시오. (단, 관측자, 기계, 측량방법은 모두 동일하다. 계산은 반올림하여 mm 단위까지 계산한다.)

수준점	기지표고(m)	D점의 관측표고(m)	거리(km)
A	11.695	1.617	34.3
B	19.184	1.600	24.5
C	28.990	1.614	31.6

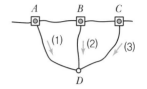

해설 및 정답

(1) 최확값

　1) 경중률 계산

$$W_1 : W_2 : W_3 = \frac{1}{34.3} : \frac{1}{24.5} : \frac{1}{31.6} = 774.2 : 1,083.88 : 840.35$$

　2) 최확값 계산

$$H_D = \frac{W_1 h_1 + W_2 h_2 + W_3 h_3}{W_1 + W_2 + W_3}$$

$$= \frac{(1.617 \times 774.2) + (1.600 \times 1,083.88) + (1.614 \times 840.35)}{774.2 + 1,083.88 + 840.35}$$

$$= 1.609\text{m}$$

(2) 평균제곱근오차(m_0)

수준점	관측값(m)	최확값(m)	v	vv	W	Wvv
A	1.617		0.008	0.000064	774.20	0.04954880
B	1.600	1.609	-0.009	0.000081	1,083.88	0.08779428
C	1.614		0.005	0.000025	840.35	0.02100875
계					2,698.43	0.15835183

$$\therefore m_0 = \pm\sqrt{\frac{[Wvv]}{[W](n-1)}} = \pm\sqrt{\frac{0.15835183}{2,698.43 \times (3-1)}} = \pm 0.005\text{m} = \pm 5\text{mm}$$

042 P점의 표고를 구하기 위해 그림과 같이 수준점 A, B, C, D에서 각각 왕복수준측량을 한 결과 다음 표와 같다. P점 표고의 최확값과 평균제곱근오차를 구하시오. (단, 최확값은 소수 셋째 자리까지, 평균제곱근오차는 소수 넷째 자리까지 구하시오.)

측선	표고 (m)	P와의 표고차(m)	거리 (km)	왕복 횟수
$P \to A$	32.043	−1.654	1.5	1
$B \to P$	38.821	−5.131	3.0	3
$P \to C$	35.626	+1.985	1.5	1
$D \to P$	36.802	−3.127	4.5	2

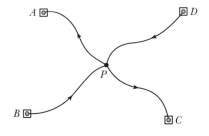

해설 및 정답

본 문제에서는 노선거리(S)와 관측횟수(N)가 동시에 주어졌으므로 각각의 조건으로 최확값과 평균제곱근오차를 구하여 평균값을 산정

1. 제1조건 : 노선거리(S)

(1) P점의 최확값

1) 표고 계산

① $A \to P = 32.043 + 1.654 = 33.697\text{m}$

② $B \to P = 38.821 - 5.131 = 33.690\text{m}$

③ $C \to P = 35.626 - 1.985 = 33.641\text{m}$

④ $D \to P = 36.802 - 3.127 = 33.675\text{m}$

2) 경중률 계산

$$W_1 : W_2 : W_3 : W_4 = \frac{1}{S_1} : \frac{1}{S_2} : \frac{1}{S_3} : \frac{1}{S_4} = \frac{1}{1.5} : \frac{1}{3} : \frac{1}{1.5} : \frac{1}{4.5}$$
$$= 3 : 1.5 : 3 : 1$$

3) 최확값 계산

$$H_P = \frac{W_1 h_1 + W_2 h_2 + W_3 h_3 + W_4 h_4}{W_1 + W_2 + W_3 + W_4}$$
$$= 33.600 + \frac{(3 \times 0.097) + (1.5 \times 0.090) + (3 \times 0.041) + (1 \times 0.075)}{(3 + 1.5 + 3 + 1)}$$
$$= 33.673\text{m}$$

(2) 평균제곱근오차(m_0)

노선	관측값(m)	최확값(m)	v	vv	W	Wvv
$A \to P$	33.697		0.024	0.000576	3	0.0017280
$B \to P$	33.690	33.673	0.017	0.000289	1.5	0.0004335
$C \to P$	33.641		−0.032	0.001024	3	0.0030720
$D \to P$	33.675		0.002	0.000004	1	0.0000040
계					8.5	0.0052375

$$\therefore \ m_0 = \pm \sqrt{\frac{[Wvv]}{[W](n-1)}} = \pm \sqrt{\frac{0.0052375}{8.5(4-1)}} = \pm 0.0143 \text{m}$$

2. 제2조건 : 관측횟수(N)

   (1) P점의 최확값

      1) 표고 계산

         ① $A \rightarrow P = 32.043 + 1.654 = 33.697$m

         ② $B \rightarrow P = 38.821 - 5.131 = 33.690$m

         ③ $C \rightarrow P = 35.626 - 1.985 = 33.641$m

         ④ $D \rightarrow P = 36.802 - 3.127 = 33.675$m

      2) 경중률 계산

$$W_1 : W_2 : W_3 : W_4 = N_1 : N_2 : N_3 : N_4 = 1 : 3 : 1 : 2$$

      3) 최확값 계산

$$H_P = \frac{W_1 h_1 + W_2 h_2 + W_3 h_3 + W_4 h_4}{W_1 + W_2 + W_3 + W_4}$$

$$= 33.600 + \frac{(1 \times 0.097) + (3 \times 0.090) + (1 \times 0.041) + (2 \times 0.075)}{(1 + 3 + 1 + 2)}$$

$$= 33.680 \text{m}$$

   (2) 평균제곱근오차(m_0)

노선	관측값(m)	최확값(m)	v	vv	W	Wvv
$A \rightarrow P$	33.697		0.017	0.000289	1	0.000289
$B \rightarrow P$	33.690	33.680	0.010	0.000100	3	0.000300
$C \rightarrow P$	33.641		-0.039	0.001521	1	0.001521
$D \rightarrow P$	33.675		-0.005	0.000025	2	0.000050
계					7	0.002160

$$\therefore \ m_0 = \pm \sqrt{\frac{[Wvv]}{[W](n-1)}} = \pm \sqrt{\frac{0.00216}{7(4-1)}} = \pm 0.0101 \text{m}$$

3. P점의 최확값 및 평균제곱근오차

   (1) P점의 최확값(H_P) 계산

$$H_P = \frac{33.673 + 33.680}{2} = 33.677 \text{m}$$

   (2) 평균제곱근오차(m_0) 계산

$$m_0 = \frac{0.0143 + 0.0101}{2} = \pm 0.0122 \text{m}$$

043 수준측량을 하여 다음과 같은 관측값을 얻었다. D점의 평균표고를 구하시오.(단, 각 측점 간의 고저차를 화살표 방향으로 측정하고 측점 간 거리는 1.5km이다.)

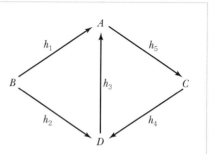

A점의 표고는 30.00m이며

$B \to A = -3.262$m

(A는 B보다 3.262m 낮은 것을 나타냄)

$B \to D = +3.280$m

$D \to A = -6.386$m

$C \to D = +2.206$m

$A \to C = +4.188$m

해설 및 정답

(1) D점 표고 계산

① $H_D = H_A - h_1 + h_2 = 30.000 - (-3.262) + 3.280 = 36.542$m

② $H_D = H_A - h_3 = 30.000 - (-6.386) = 36.386$m

③ $H_D = H_A + h_5 + h_4 = 30.000 + 2.206 + 4.188 = 36.394$m

(2) 경중률 계산

$$W_1 : W_2 : W_3 = \frac{1}{3} : \frac{1}{1.5} : \frac{1}{3} = 1 : 2 : 1$$

(3) 최확값 계산

$$H_D = \frac{W_1 h_1 + W_2 h_2 + W_3 h_3}{W_1 + W_2 + W_3}$$

$$= 36.000 + \frac{(0.542 \times 1) + (0.386 \times 2) + (0.394 \times 1)}{1 + 2 + 1}$$

$$= 36.427\text{m}$$

044

그림과 같이 지표면이 일정한 경사(1%)를 이루고 있는 지형에 도로($B = 6.0$m)를 계획하였다. 이 경우 P점의 표척고를 계산하시오.

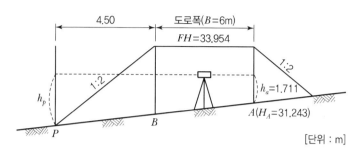

[단위 : m]

해설 및 정답

- $H_P = H_A - ($지표면 경사 $\times$ 거리$)$

$$= 31.243 - \left(\frac{1}{100} \times 10.50 \right)$$

$$= 31.138\text{m}$$

- $H_A + h_a = H_P + h_p \ \longrightarrow$

$h_p = (H_A + h_a) - H_P$

$$= (31.243 + 1.711) - 31.138$$

$$= 1.816\text{m}$$

$\therefore$ P점의 표척고$(h_p) = 1.816$m

045

다음 수준측량 스케치를 보고 승강식 야장을 작성하시오.

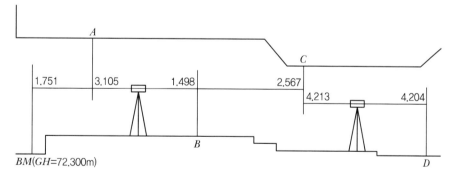

[단위 : m]

측점	B.S	F.S		승 (+)	강 (−)	G.H
		I.P	T.P			
BM	1.751					72.300
A		−3.105		4.856		77.156
B		1.498		0.253		72.553
C	−4.213		−2.567	4.318		76.618
D			4.204		8.417	68.201

해설 및 정답

[단위 : m]

측점	B.S	F.S		승 (+)	강 (−)	G.H
		I.P	T.P			
BM	1.751					72.300
A		−3.105		4.856		77.156
B		1.498		0.253		72.553
C	−4.213		−2.567	4.318		76.618
D			4.204		8.417	68.201

(1) 후시 − 전시 = ⊕승, ⊖강

(2) 지반고($G.H$) 계산

　① $BM = 72.300\text{m}$

　② $A = 72.300 + 4.856 = 77.156\text{m}$

　③ $B = 72.300 + 0.253 = 72.553\text{m}$

　④ $C = 72.300 + 4.318 = 76.618\text{m}$

　⑤ $D = 76.618 - 8.417 = 68.201\text{m}$

제 5 장

GNSS 측량

SECTION | 01 개요

GNSS(Global Navigation Satellite System)는 인공위성을 이용한 세계위치 결정체계로 정확한 위치를 알고 있는 위성에서 발사한 전파를 수신하여 관측점까지 소요시간을 관측함으로써 관측점의 위치를 구하는 체계이며, 위성체 연구, GNSS 전파의 정확도 향상, 위성궤도의 향상 및 수신기술 개발이 접목되어 측지 분야뿐만 아니라 다양한 분야에서 활용되고 있다.

SECTION | 02 Basic Frame

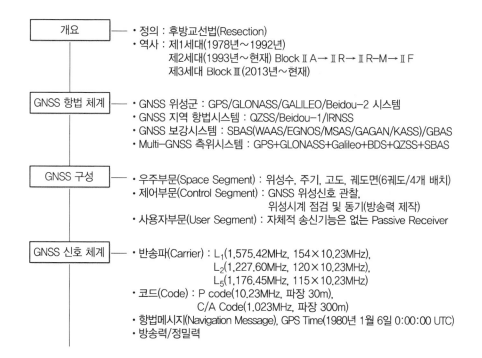

개요
- 정의 : 후방교선법(Resection)
- 역사 : 제1세대(1978년~1992년)
  제2세대(1993년~현재) Block ⅡA→ⅡR→ⅡR-M→ⅡF
  제3세대 Block Ⅲ(2013년~현재)

GNSS 항법 체계
- GNSS 위성군 : GPS/GLONASS/GALILEO/Beidou-2 시스템
- GNSS 지역 항법시스템 : QZSS/Beidou-1/IRNSS
- GNSS 보강시스템 : SBAS(WAAS/EGNOS/MSAS/GAGAN/KASS)/GBAS
- Multi-GNSS 측위시스템 : GPS+GLONASS+Galileo+BDS+QZSS+SBAS

GNSS 구성
- 우주부문(Space Segment) : 위성수, 주기, 고도, 궤도면(6궤도/4개 배치)
- 제어부문(Control Segment) : GNSS 위성신호 관찰,
  위성시계 점검 및 동기(방송력 제작)
- 사용자부문(User Segment) : 자체적 송신기능은 없는 Passive Receiver

GNSS 신호 체계
- 반송파(Carrier) : L_1(1,575.42MHz, 154×10.23MHz),
  L_2(1,227.60MHz, 120×10.23MHz),
  L_5(1,176.45MHz, 115×10.23MHz)
- 코드(Code) : P code(10.23MHz, 파장 30m),
  C/A Code(1.023MHz, 파장 300m)
- 항법메시지(Navigation Message), GPS Time(1980년 1월 6일 0:00:00 UTC)
- 방송력/정밀력

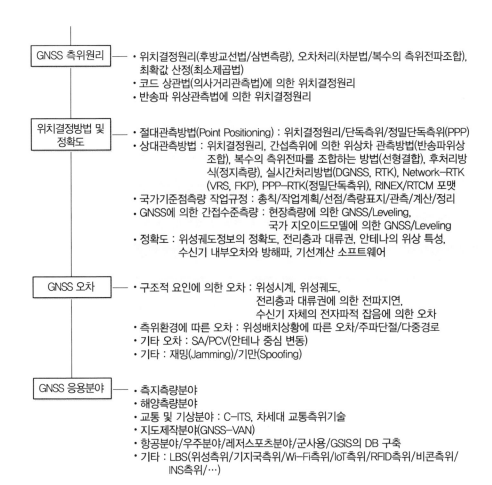

GNSS 측위원리	• 위치결정원리(후방교선법/삼변측량), 오차처리(차분법/복수의 측위전파조합), 최확값 산정(최소제곱법) • 코드 상관법(의사거리관측법)에 의한 위치결정원리 • 반송파 위상관측법에 의한 위치결정원리
위치결정방법 및 정확도	• 절대관측방법(Point Positioning) : 위치결정원리/단독측위/정밀단독측위(PPP) • 상대관측방법 : 위치결정원리, 간섭측위에 의한 위상차 관측방법(반송파위상조합), 복수의 측위전파를 조합하는 방법(선형결합), 후처리방식(정지측량), 실시간처리방법(DGNSS, RTK), Network-RTK (VRS, FKP), PPP-RTK(정밀단독측위), RINEX/RTCM 포맷 • 국가기준점측량 작업규정 : 총칙/작업계획/선점/측량표지/관측/계산/정리 • GNSS에 의한 간접수준측량 : 현장측량에 의한 GNSS/Leveling, 국가 지오이드모델에 의한 GNSS/Leveling • 정확도 : 위성궤도정보의 정확도, 전리층과 대류권, 안테나의 위상 특성, 수신기 내부오차와 방해파, 기선계산 소프트웨어
GNSS 오차	• 구조적 요인에 의한 오차 : 위성시계, 위성궤도, 전리층과 대류권에 의한 전파지연, 수신기 자체의 전자파적 잡음에 의한 오차 • 측위환경에 따른 오차 : 위성배치상황에 따른 오차/주파단절/다중경로 • 기타 오차 : SA/PCV(안테나 중심 변동) • 기타 : 재밍(Jamming)/기만(Spoofing)
GNSS 응용분야	• 측지측량분야 • 해양측량분야 • 교통 및 기상분야 : C-ITS, 차세대 교통측위기술 • 지도제작분야(GNSS-VAN) • 항공분야/우주분야/레저스포츠분야/군사용/GSIS의 DB 구축 • 기타 : LBS(위성측위/기지국측위/Wi-Fi측위/IoT측위/RFID측위/비콘측위/ INS측위/…)

SECTION | 03   핵심 이론

1. GNSS(Global Navigation Satellite System : 위성항법시스템)

지구상의 위치를 결정하기 위한 위성과 이를 보강하기 위한 시스템 및 지역 보정시스템을 통칭하여 GNSS(Global Navigation Satellite System)라고 한다.

(1) GNSS 위성군

전 세계를 대상으로 하는 위성항법시스템

① GPS : 미국의 측지위성

② GLONASS(GLObal NAvigation Satellite System) : 러시아의 측지위성

③ GALILEO 시스템 : 유럽연합에서 계획하고 수행 중인 위성항법시스템으로 순수 민간인 전용의 시스템

(2) GNSS 보강시스템

GNSS 위성측량의 정확도 향상을 위해 지원하고 있는 위성 및 지상기반의 보강시스템

① SBAS(Space or Satellite Based Augmentation : 위성기반의 위치보정시스템)

GNSS 위성의 위치정보에 대해 보강위성을 활용하여 보정한 정밀 위치정보를 GNSS 사용자에게 전송해주는 위성기반의 광역보정시스템으로 WAAS(미국), EGNOS(유럽연합), MSAS(일본) 등이 있다.

② GBAS(Ground Augmentation System : 지상기반의 위치보정시스템)

(3) GNSS 지역 항법시스템

GNSS 위성이 가지고 있는 단점인 고층빌딩 및 신호 음영지역 등을 보완하여 GNSS 정밀도를 향상하기 위한 항법시스템

① QZSS(Quasi – Zenith Satellite System) : 일본 위성항법시스템

② 북두항법시스템 : 중국 위성항법시스템

2. GPS 구성

GPS는 미국 로스앤젤레스 공군기지(AFB)에 설치된 종합통제소가 1973년 이래로 현재까지 다음과 같은 세 개의 부문을 관장하고 있다.

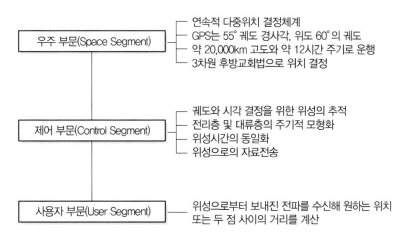

우주 부문(Space Segment)	─ 연속적 다중위치 결정체계 ─ GPS는 55° 궤도 경사각, 위도 60°의 궤도 ─ 약 20,000km 고도와 약 12시간 주기로 운행 ─ 3차원 후방교회법으로 위치 결정
제어 부문(Control Segment)	─ 궤도와 시각 결정을 위한 위성의 추적 ─ 전리층 및 대류층의 주기적 모형화 ─ 위성시간의 동일화 ─ 위성으로의 자료전송
사용자 부문(User Segment)	─ 위성으로부터 보내진 전파를 수신해 원하는 위치 또는 두 점 사이의 거리를 계산

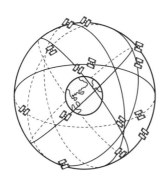

- 궤도 : 대략 원궤도
- 궤도수 : 6개
- 위성수 : 24개 + 보조위성
- 궤도경사각 : 55°
- 높이 : 20,183km
- 사용좌표계 : WGS − 84

[그림 5 − 1] GPS 위성궤도

3. GPS 신호체계

GPS신호는 측위계산용 정보를 코드값으로 변조한 형태의 코드신호와 이를 지상으로 운반하는 전파형태의 반송파신호로 구분된다.

(1) 반송파(Carrier)

반송파인 L_1, L_2 신호는 위성의 위치 계산을 위한 Keplerian요소와 형식화된 자료 신호를 포함

① L_1 : 1,575.42MHz(154×10.23MHz), C/A − code와 P − code 변조 가능

② L_2 : 1,227.60MHz(120×10.23MHz), P − code만 변조 가능

➡ Example 1

GPS 위성으로부터 전송되는 L_1 신호의 주파수는 1,575.42MHz이다.
광속 $c = 299,792,458$m/s일 때 L_1 신호 100,000파장의 거리는 얼마인가?

해설 및 정답 ✦

$\lambda = \dfrac{c}{f}$ (λ : 파장, c : 광속도, f : 주파수)에서 MHz를 Hz 단위로 환산하여 계산하면,

$\lambda = \dfrac{299,792,458}{1,575.42 \times 10^6} = 0.190293672$m

∴ L_1 신호 100,000파장거리 = 100,000 × 0.190293672 = 19,029.36728m

---

(2) 코드(Code)

1) P − code

① 반복주기 7일인 PRN Code(Pseudo Random Noise Code)

② 주파수 10.23MHz, 파장 30m

③ AS Mode로 동작하기 위해 Y−code로 암호화되어 PPS 사용자에게 제공

④ PPS(Precise Positioning Service : 정밀측위서비스) : 군사용

2) C/A code

① IMS(Milli−Second)인 PRN Code

② 주파수 1.023MHz, 파장 300m

③ L_1 반송파에 변조되어 SPS 사용자에게 제공

④ SPS(Standard Positioning Service : 표준측위서비스) : 민간용

(3) 항법 메시지(Navigation Message)

1) 측위 계산에 필요한 정보

① 위성 탑재 원자시계 및 전리층 보정을 위한 Parameter 값

② 위성 궤도 정보

③ 위성의 항법 메시지 등을 포함

2) 위성궤도 정보에는 평균 근점각, 이심률, 궤도 장반경, 승교점 적경, 궤도 경사각, 근지점 인수 등 기본적인 양 및 보정항(項)이 포함

4. 위치측정 원리

(1) 코드관측방식에 의한 위치 결정 원리(의사거리를 이용한 위치 결정)

위성과 수신기 간 신호의 도달시간을 관측하여 거리를 결정하며 이때 오차를 포함한 거리를 의사거리(Pseudo Range)라고 한다.

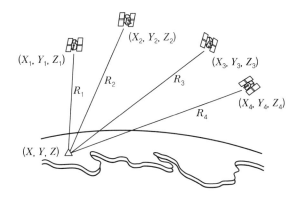

[그림 5−2] 코드관측방식에 의한 결정 원리

① 계산식

$$R = \left\{ (X_S - X_R)^2 + (Y_S - Y_R)^2 + (Z_S - Z_R)^2 \right\}^{\frac{1}{2}} + C \cdot dt$$

여기서, R : 위성(S)과 수신기(R) 사이의 거리

C : 신호의 전파속도

$X,\ Y,\ Z$: 위성(S) 또는 수신기(R)의 좌푯값

dt : 위성과 수신기 간의 시각동기오차

② 절대관측방법(1점 측위) 및 DGNSS(Differential GNSS) 측량에 사용한다.

(2) 반송파관측방식에 의한 위치 결정 원리

위성과 수신기 간 반송파의 파장 개수(위상차)에 의해 간섭법으로 거리를 결정한다. 이 방법은 코드 방식에 비해 정확도가 높지만 측정시간이 길다.

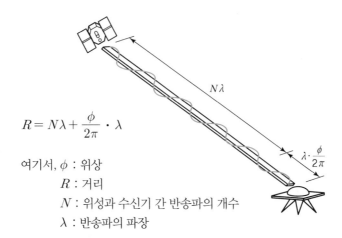

$$R = N\lambda + \frac{\phi}{2\pi} \cdot \lambda$$

여기서, ϕ : 위상

R : 거리

N : 위성과 수신기 간 반송파의 개수

λ : 반송파의 파장

[그림 5-3] 반송파관측방식에 의한 결정 원리

① 계산식

$$R = \left(N + \frac{\phi}{2\pi} \right) \cdot \lambda + C(dT + dt)$$

여기서, R : 위성과 수신기 사이의 거리

N : 위성과 수신기 간 반송파의 개수

ϕ : 위상각

λ : 반송파의 파장

C : 광속도

$dT + dt$: 위성과 수신기의 시계 오차

② 모호정수(Ambiguity)

수신기에 마지막으로 수신되는 파장의 소수 부분의 위상은 정확히 알 수 있으나 정수부

분의 위상은 정확히 알 수 없는 것으로 모호정수(Ambiguity) 또는 정수값의 편의(Bias)라고도 한다.

③ 위상차를 정확히 계산하기 위한 방법으로 일중차, 이중차, 삼중차의 위상차 차분기법을 이용한다.
- 일중차 : 한 개의 위성과 두 대의 수신기를 이용한 거리 측정
- 이중차 : 두 개의 위성과 두 대의 수신기를 이용한 각각의 위성에 대한 일중차끼리의 차이값
- 삼중차 : 한 개의 위성에 대하여 어떤 시각의 위상 측정치와 다음 시각의 위상 측정치와의 차이값

④ 키네매틱(Kinematic)측량 및 RTK(Real Time Kinematic)측량에 사용한다.

➡ Example 2

임의 시간에 GPS 관측을 실시한 결과 PRN7 위성으로부터 수신기로 들어온 L_1 신호 주파수의 부분주파수가 반파장인 경우, L_1 신호의 모호정수(Ambiguity) N은 얼마인가?(단, L_1 신호의 파장 $\lambda = 19.0$cm이며 PRN7 위성과 수신기 간의 정확한 거리는 19,000,000.095m이다.)

해설 및 정답 ✚

$L = N\lambda + \Delta\lambda$

$19,000,000.095 = (0.19)(N) + \left(\dfrac{0.19}{2}\right)$

$\therefore N = 100,000,000$

5. 위치 결정방법 및 정확도

GNSS의 관측방법에는 크게 1점 측위(Point Positioning) 혹은 절대관측과 간섭계 측위(상대관측)로 나누어지며 상대관측은 후처리방법과 실시간처리방법으로 구분된다.

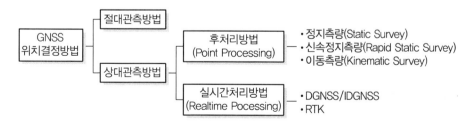

(1) 절대관측방법(1점 측위)

4개 이상의 위성으로부터 수신한 신호 가운데 C/A-code를 이용해 실시간 처리로 수신기의 위치를 결정하는 방법이다.

① 지구상에 있는 사용자의 위치를 관측하는 방법
② 위성신호 수신 즉시 수신기의 위치 계산
③ GNSS의 가장 일반적이고 기초적인 응용단계
④ 계산된 위치의 정확도가 낮음(15~25m의 오차)
⑤ 선박, 자동차, 항공기 등의 항법에 이용

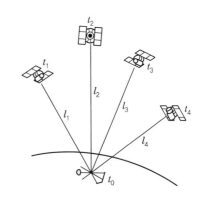

[그림 5-4] 절대관측방법

(2) 상대관측방법(간섭계 측위)

2점 간에 도달하는 전파의 시간적 지연을 측정하고, 2점 간의 거리를 정확히 측정하여 관측하는 방법으로 스태틱측량과 키네매틱측량으로 나누어진다.

1) 스태틱(Static)측량

2개 이상의 수신기를 각 측점에 고정하고 양 측점에서 동시에 4대 이상의 위성으로부터 신호를 30~60분 이상 수신하는 방식이다.

① VLBI의 보완 또는 대체 가능
② 수신완료 후 컴퓨터로 각 수신기의 위치, 거리 계산
③ 계산된 위치 및 거리 정확도가 높음
④ 측지측량에 이용(기준점 측량에 이용)
⑤ 정도는 수 cm 정도(1~0.01ppm)

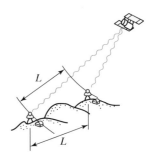

[그림 5-5] 스태틱관측방법

2) 키네매틱(Kinematic)측량

기지점의 1대 수신기를 고정국, 다른 수신기를 이동국으로 하여 4대 이상의 위성으로부터 신호를 수 초~수 분 정도 포맷하는 방식이다.

① 이동차량 위치 결정에 이용
② 공사측량 등에 응용
③ 정도는 10cm~10m 정도

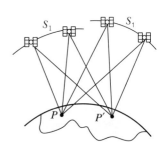

[그림 5-6] 키네매틱관측방법

3) DGNSS(또는 RTK 측량)

DGNSS는 이미 알고 있는 기지점좌표를 이용하여 오차를 최대한 줄여서 이용하기 위한 위치 결정방식으로 기지점에서 기준국용 GNSS수신기를 설치, 위성을 관측하여 각 위성의 의

사거리 보정값을 구하고 이 보정값을 이용하여 이동국용 GNSS수신기의 위치 결정 오차를 개선하는 위치 결정방식이다.

6. 간섭측위에 의한 위상차 관측방법(차분법)

이 방법은 정적 간섭측위(Static Positioning)를 통하여 기선해석을 하는 데 사용하는 방법으로서 두 개의 기지점에 GNSS 수신기를 설치하고 위상차를 측정하여 기선의 길이와 방향을 3차원 벡터량으로 결정한다. 이 방법은 다음과 같은 위상차 차분기법을 통하여 기선해석의 품질을 높이는 데 이용된다.

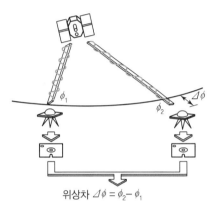

위상차 $\Delta\phi = \phi_2 - \phi_1$

[그림 5-7] 위상차 관측법

(1) 일중차(일중위상차 : Single Phase Difference)

① 간섭측위에 의한 기선해석의 1단계
② 한 개의 위성과 두 대의 수신기를 이용한 위성과 수신기 간의 거리 측정차(행로차)
③ 동일 위성에 대한 측정치이므로 위성의 궤도오차와 원자시계에 의한 오차가 소거된 상태
④ 수신기의 시계오차는 내재되어 있음

(2) 이중차(이중위상차 : Double Phase Difference)

① 두 개의 위성과 두 대의 수신기를 이용하여 각각의 위성에 대한 수신기 사이의 1중차끼리의 차이값
② 두 개의 위성에 대하여 두 대의 수신기로 관측함으로써 같은 양으로 존재하는 수신기의 시계오차를 소거한 상태
③ 일반적으로 최소 4개의 위성을 관측하여 3회의 이중차를 측정하여 기선해석을 하는 것이 통례

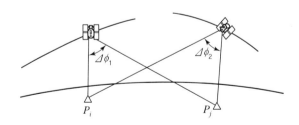

[그림 5-8] 이중차 관측법

이중차 : $\Delta\phi_{12} = \Delta\phi_2 - \Delta\phi_1 + 2n\pi$
시계오차가 소거된다.

(3) 삼중차(삼중위상차 : Triple Phase Difference)

① 한 개의 위성에 대한 어떤 시각의 위상 적산치(측정치)와 다음 시각의 위상 적산치와의 차이값(적분 위상차라고도 함)

② 반송파의 모호정수(Ambiguity)를 소거하기 위하여 일정 시간 간격으로 이중차의 차이 값을 측정하는 것

③ 즉, 일정 시간 동안의 위성거리 변화를 뜻하며 파장의 정수배의 불명확을 해결하는 방법 으로 이용

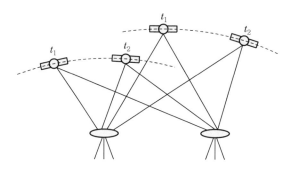

[그림 5-9] 삼중차 관측법

7. GNSS에 의한 통합기준점 및 삼각점측량

국가기준점측량 작업규정에 의한 통합기준점 및 삼각점에 대한 GNSS 관측은 다음과 같이 실시 한다.

(1) GNSS에 의한 통합기준점 및 삼각점측량의 일반적 순서

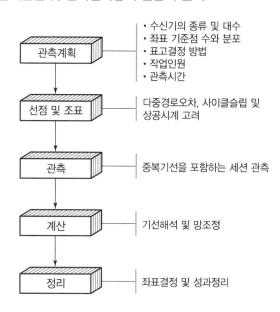

[그림 5-10] GNSS에 의한 기준점측량의 일반적 흐름도

(2) 통합기준점 및 삼각점에 대한 GNSS관측

1) GNSS관측은 관측망도 및 관측계획에 따라 실시한다.

2) GNSS위성의 최신 운행정보·위성배치 및 사용하는 위성기준점의 운용 상황을 수집·확인하는 등 적정한 관측조건을 갖춘 상태에서 관측을 실시한다.

3) 사용하고자 하는 위성기준점의 가동상황을 관측 전·후에 확인한다.

4) 국가기준점의 지반침하 등을 고려하여 설치완료 24시간이 경과한 후 침하량을 파악하여 지반침하가 없는 경우에 관측을 실시한다.

5) 장비의 이상 유무 등을 관측 전에 확인하고, 필요시 관측 중에도 수시로 확인한다.

6) GNSS관측은 정적간섭측위방식으로 실시한다.

7) GNSS측량기기를 설치할 때에는 GNSS안테나 등의 기계적 중심이 국가기준점의 수평면에서의 중심과 동일 연직선상에 위치하도록 치심에 세심한 주의를 기울이고, 이때 정준대를 설치하는 개소는 수평이 되게 하고 관측 전과 관측 후에 치심상황을 점검한다.

8) GNSS안테나의 높이는 강권척을 사용하여 통합기준점 표지의 중심에서 안테나 참조점(ARP)까지 연직방향으로 정확한 값이 되도록 관측 전과 관측 후에 각각 3회 측정하고 당해 측정값을 확인할 수 있도록 사진을 촬영한다.

9) GNSS관측은 단위다각형마다 또는 통합기준점마다 실시하고 관측시간 등은 다음을 표준으로 한다.

구분		비고
연속관측시간	4시간	KST 기준으로 09시 이후 관측을 시작하고 익일 09시 이전에 관측을 종료하여야 함
세션수	1	
데이터 취득 간격	30초	

10) GNSS관측에 사용하는 GNSS위성은 다음 각 호와 같은 조건으로 한다.

① 고도각 15도 이상의 GNSS위성 사용

② 작동상태(Health Status)가 정상인 GNSS위성 사용

③ 4개 이상의 위성을 동시에 사용

11) GNSS관측데이터는 기록매체에 저장하고, 다른 기록매체에 1부를 별도 작성한다.

12) GNSS관측 시 안테나 높이나 기타 필요하다고 인정되는 사항을 GNSS관측기록부에 기록한다.

13) GNSS관측 시 조정기를 사용하여 관측점에 대한 입력정보를 원시데이터에 기록하고, GNSS관측 사진을 촬영한다.

14) 제1방위표의 GNSS관측은 제1항부터 제13항까지의 규정을 준용하여 통합기준점과 2시간 이상 동시 관측을 통해 제1방위각을 결정하고, 이때 제1방위각을 기준으로 내각은 2대회 관측을 실시한다.

15) 표고점의 GNSS측량은 제1항부터 제9항까지의 규정을 준용하여 기지점과 2시간 이상 동시 관측한다.

16) 모든 GNSS관측데이터는 RINEX포맷으로 변환(이하 "관측RINEX데이터"라 한다.)하여 전산기록매체에 저장한다.

8. 네트워크 RTK(VRS)

네트워크 RTK측량은 3점 이상의 GNSS 상시관측소에서 취득한 위성데이터로부터 계통적 오차를 분리 모델링하여 생성한 보정데이터를 사용자에게 실시간으로 전송함으로써 수신기 1대만으로 높은 정확도의 측량을 가능하도록 한 기술로 최근 널리 사용되고 있는 측위방법이다.

(1) 네트워크 RTK의 종류

① VRS(Virtual Reference Station, 가상기준점) 방식 : 쌍방향통신
② FKP(Flächen-Korrektur Parameter, 면보정 파라미터) 방식 : 편방향통신

(2) VRS-RTK

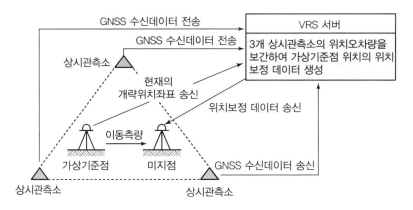

[그림 5-11] VRS 운영 체계

9. GNSS에 의한 간접수준측량

정표고는 평균해수면에 가장 근사한 중력 등포텐셜면으로 정의되는 지오이드를 기준으로 하여 측정되며, GNSS에 의하여 측정되는 타원체고는 지오이드에 대하여 수학적으로 가장 근사한 가상면의 지심타원체(WGS84 타원체)를 기준으로 측정된다. 그러므로 수준측량에 있어 GNSS를 실용화하기 위해서는 정확한 지오이드고가 산정되어야 하겠지만 현재로서는 다음과 같은 간접 방식에 의해 GNSS 수준측량이 가능하다.

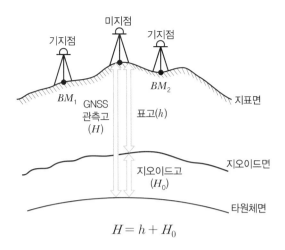

$$H = h + H_0$$

[그림 5 - 12] GNSS 기반의 높이측량 원리

(1) 레벨에 의해 직접수준측량으로 구해진 높이값은 표고이나 GNSS에 의해 관측된 높이값은 타원체고에 해당한다.

(2) 표고는 지오이드면으로부터 지표면까지의 높이값이므로 수준점에서 GNSS 관측을 실시하면 그 지점의 지오이드고를 알 수 있다.

(3) 2개의 기지점에서 GNSS 관측을 하여 두 점 간의 국소지오이드 경사도를 구한 후, 이를 미지점의 GNSS 관측높이에 보정함으로써 GNSS 수준측량이 가능하다.

➡ Example 3

그림과 같이 A지점에서 GPS로 관측한 타원체고(h)가 25.123m이고 지오이드고(N)는 10.235m를 얻었다. 이때 AB기선의 길이가 100m이고 A점에서 B점의 방향으로 10m당 높이가 -0.1m씩 낮아지고 있을 때 B점의 표고는?(단, 거리는 타원체면상의 거리이고 A, B점의 지오이드는 동일하다.)

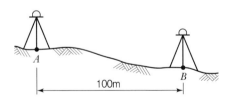

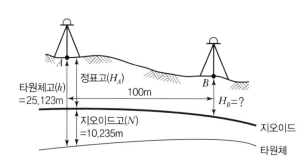

- h(타원체고) $= H$(정표고) $+ N$(지오이드고)
- A점을 정표고로 환산하면,
  $H = h - N = 25.123 - 10.235 = 14.888\text{m}$
- A점에서 B점까지 높이 감소량 $= \dfrac{100}{10} \times (-0.1) = -1\text{m}$

  $\therefore\ B$점의 표고(정표고) $= 14.888 - 1 = 13.888\text{m}$

10. GNSS오차

GNSS의 측위오차는 거리오차와 DOP(정밀도 저하율)의 곱으로 표시되며 크게 구조적 요인에 의한 거리오차, 위성의 배치상황에 따른 오차, SA, Cycle Slip 등으로 구분할 수 있다.

(1) 구조적 요인에 의한 거리오차

① 위성시계오차 : 차분법으로 소거
② 위성궤도오차 : 차분법으로 소거
③ 전리층과 대류권에 의한 전파 지연 : 이중주파수를 이용하여 감소(전리층)/수학적 모델링을 통하여 감소(대류권)
④ 수신기 자체의 전자파적 잡음에 따른 오차

(2) 측위 환경에 따른 오차

1) 위성의 배치상황에 따른 오차

후방교회법에 있어서 기준점의 배치가 정확도에 영향을 주는 것과 마찬가지로 GNSS의 오차는 수신기와 위성들 간의 기하학적 배치에 따라 영향을 받는데 이때 측위 정확도가 미치는 영향을 표시하는 계수로 DOP(정밀도 저하율)가 사용된다.

① DOP의 종류

- GDOP : 기하학적 정밀도 저하율
- PDOP : 위치정밀도 저하율(3차원 위치), 3~5 정도 적당
- HDOP : 수평정밀도 저하율(수평위치), 2.5 이하 적당
- VDOP : 수직정밀도 저하율(높이)
- RDOP : 상대정밀도 저하율
- TDOP : 시간정밀도 저하율

② DOP의 특징

- 수치가 작을수록 정확하다.
- 지표에서 가장 좋은 배치 상태일 때를 1로 한다.
- 5까지는 실용상 지장이 없으나 10 이상인 경우는 좋은 조건이 아니다.
- 수신기를 가운데 두고 4개의 위성이 정사면체를 이룰 때, 즉 최대체적일 때 GDOP, PDOP 등이 최소이다.

→ Example 4

위성의 기하학적 분포상태는 의사거리에 의한 단독측위의 선형화된 관측방정식을 구성하고 정규방정식의 역행렬을 활용하면 판단할 수 있다. 관측점 좌표 x, y, z 및 수신기시계 t에 대한 Cofactor 행렬(Q)의 대각선요소가 각각 $q_{xx} = 0.5$, $q_{yy} = 1.1$, $q_{zz} = 3.5$, $q_{tt} = 2.3$일 때 관측점에서의 GDOP(Geometric Dilution Of Percision)는?

해설 및 정답 ✚

$$\text{GDOP} = \sqrt{q_{xx} + q_{yy} + q_{zz} + q_{tt}}$$
$$= \sqrt{0.5 + 1.1 + 3.5 + 2.3} = 2.720$$

2) 주파 단절(Cycle Slip)

① 반송파의 위상치의 값을 순간적으로 놓침으로써 발생하는 오차로 이동측량에서 많이 발생한다.

② 사이클슬립의 원인
- GNSS안테나 주위의 지형·지물에 의한 신호 단절
- 높은 신호 잡음
- 낮은 신호 강도
- 낮은 위성의 고도각

③ 처리방법 : 3중 차분법을 이용

3) 다중경로(Multipath)에 의한 오차

GNSS 신호는 GNSS 수신기에 위성으로부터 직접파와 건물 등으로부터 반사되어오는 반사파가 동시에 도달하는데 이를 다중경로라고 하며 의사거리와 위상관측값에 영향을 주어 관측에 오차가 발생한다.

① 멀티패스의 원인 : 건물 벽면, 바닥면 등에 의한 반사파의 수신

② 오차소거방법
- 관측시간을 길게 설정한다.
- 오차요인을 가진 장소를 피해 안테나를 설치한다.
- 각 위성 신호에 대하여 칼만 필터를 적용한다.
- Choke Ring 안테나를 사용한다.
- 절대측위에 의한 위치계산 시 반송파와 코드를 조합하여 해석한다.

(3) 기타 오차

1) 선택적 가용성(SA ; Selective Availability)

미국방성의 정책적 판단에 의해 인위적으로 GPS 측량의 정확도를 고의로 저하시키기 위한 조치로 위성의 시각정보 및 궤도정보 등에 임의의 오차를 부여하거나 송신신호 형태를 임의로 변경하는 것을 말한다.
GPS 오차에 가장 큰 영향을 주던 SA는 2000년 5월 1일에 해제되었다.

2) PCV(Phase Center Variable)

위상중심(Phase Center) 변동이란 위성과 안테나 간의 거리를 관측하는 안테나의 기준점을 말하는데, 실제 안테나 패치가 설치된 물리적 위상중심의 위치와 위상 측정이 이루어지는 전기적 위상중심점의 위치는 위성의 고도와 수신신호의 방위각에 따라 변하게 되므로 이를 PCV(위상신호의 가변성)라 하며, 이로부터 얻은 안테나 오프셋값을 실측에 적용함으로써 고정밀 GNSS측량이 가능하다.

① 위상 중심의 변화

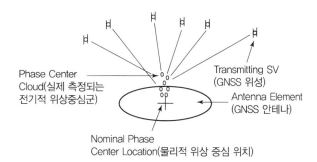

[그림 5 - 13] 위상 중심 변화

② 안테나 오프셋(Offset) 거리의 규정
- 안테나 오프셋 거리 : 안테나의 물리적 위상중심과 전기적 위상중심 간의 오프셋 거리
- 실험실 시험을 통해 생산되는 GNSS안테나의 기종별 안테나 오프셋 거리 규정
- 표준 안테나(Choke Ring 안테나)의 위상 관측 결과를 기준으로 각 기준별 안테나의 오프셋 거리 규정
- 모든 GNSS안테나 오프셋은 미국 NGS(National Geodetic Survey) 홈페이지에서 검색 가능

001

GPS 위성으로부터 전송되는 L_1 신호의 주파수는 $1,575.42$MHz이다.
광속 $c = 299,792,458$m/s일 때 L_1 신호 $100,000$파장의 거리는 얼마인가?

해설 및 정답

$\lambda = \dfrac{c}{f}$ (λ : 파장, c : 광속도, f : 주파수)에서 MHz를 Hz 단위로 환산하여 계산하면,

$\lambda = \dfrac{299,792,458}{1,575.42 \times 10^6} = 0.190293672$m

$\therefore L_1$ 신호 $100,000$파장거리 $= 100,000 \times 0.190293672 = 19,029.36728$m

002

GPS신호에서 C/A코드는 1.023Mbps로 이루어져 있다. GPS신호의 전파속도를
$300,000$km/sec로 가정했을 때 코드 1비트 사이의 간격은 약 몇 m인가?

해설 및 정답

$f = \dfrac{1}{T} = 1.023$MHz $= 1.023 \times 10^6$Hz $\rightarrow T = \dfrac{1}{1.023 \times 10^6}$

$V = 300,000$km/sec

$\therefore S = V \cdot T = 300,000,000 \times \dfrac{1}{1.023 \times 10^6}$

$\quad = 293.26$m

003

임의 시간에 GPS 관측을 실시한 결과 PRN7 위성으로부터 수신기로 들어온 L_1 신호 주
파수의 부분주파수가 반파장인 경우, L_1 신호의 모호정수(Ambiguity) N은 얼마인
가?(단, L_1 신호의 파장 $\lambda = 19.0$cm이며 PRN7 위성과 수신기 간의 정확한 거리는
$19,000,000.095$m이다.)

해설 및 정답

$L = N\lambda + \Delta\lambda$

$19,000,000.095 = (0.19)(N) + \left(\dfrac{0.19}{2} \right)$

$\therefore N = 100,000,000$

2차원 DGPS측량에서 두 개 위성의 2차원 좌표가 A(37,000km, 37,000km), B(37,500km, 37,500km)일 때 임의의 점 C의 측정 좌표가 (100m, 200m)였으며, 이 점의 정확한 좌표는 (150m, 250m)였다면 이때의 의사거리 보정량을 구하시오.(단, 계산은 반올림하여 소수 둘째 자리까지 구하시오.)

해설 및 정답

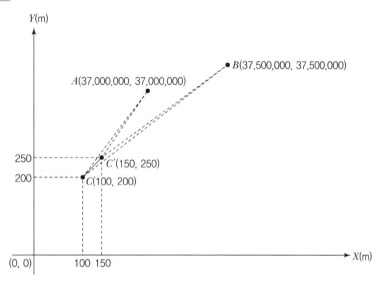

1) $\overline{CA} - \overline{C'A}$ 를 구하면,

$$\overline{CA} = \sqrt{(X_A - X_C)^2 + (Y_A - Y_C)^2}$$
$$= \sqrt{(37,000,000 - 100)^2 + (37,000,000 - 200)^2}$$
$$= 52,325,689.68\text{m}$$

$$\overline{C'A} = \sqrt{(X_A - X_{C'})^2 + (Y_A - Y_{C'})^2}$$
$$= \sqrt{(37,000,000 - 150)^2 + (37,000,000 - 250)^2}$$
$$= 52,325,618.97\text{m}$$

$$\therefore \ \overline{CA} - \overline{C'A} = 52,325,689.68 - 52,325,618.97 = 70.71\text{m}$$

2) $\overline{CB} - \overline{C'B}$ 를 구하면,

$$\overline{CB} = \sqrt{(X_B - X_C)^2 + (Y_B - Y_C)^2}$$
$$= \sqrt{(37,500,000 - 100)^2 + (37,500,000 - 200)^2}$$
$$= 53,032,796.46\text{m}$$

$$\overline{C'B} = \sqrt{(X_B - X_{C'})^2 + (Y_B - Y_{C'})^2}$$
$$= \sqrt{(37,500,000 - 150)^2 + (37,500,000 - 250)^2}$$
$$= 53,032,725.75\text{m}$$

$$\therefore \ \overline{CB} - \overline{C'B} = 53,032,796.46 - 53,032,725.75 = 70.71\text{m}$$

3) 의사거리 보정량 = 70.71m

005 다음은 간섭측위에 의한 위상차 관측방법에 대한 설명이다. 각각 무엇에 해당하는 설명인지 쓰시오.

(1) 간섭측위에 의한 기선해석의 1단계로 한 개의 위성과 두 대의 수신기를 이용한 위성과 수신기 간의 거리 측정차

(2) 두 개의 위성과 두 대의 수신기를 이용하여 각각의 위성에 대한 수신기 사이의 1중차끼리의 차이값

(3) 한 개의 위성에 대하여 어떤 시각의 위상 적산값과 다음 시각의 위상 적산값과의 차이값

해설 및 정답

(1) 일중차(Single Phase Difference) 관측법
(2) 이중차(Double Phase Difference) 관측법
(3) 삼중차(Triple Phase Difference) 관측법

006 다음은 GPS측량의 위치결정방법에 대한 설명이다. 각각 무엇에 해당하는 설명인지 쓰시오.

(1) 4개 이상의 위성으로부터 수신한 신호 가운데 C/A code를 이용해 실시간 처리로 수신기의 위치를 결정하는 방법

(2) 2개 이상의 수신기를 각 측점에 고정하고 양 측점에서 동시에 4개 이상의 위성으로부터 신호를 30분 이상 수신하는 방법

(3) 상대측위방법의 GPS 측량기법으로서 이미 알고 있는 기지점 좌표를 이용하여 오차를 최대한 줄여서 사용하기 위한 위치 결정방법

(4) 상대측위방식의 GPS 측량기법으로서 위성신호 중 L_1/L_2의 반송파를 처리하여 1~2cm 정도의 위치정확도를 얻는 방법

해설 및 정답

(1) 절대관측방법(1점 측위)
(2) 스태틱(Static) 측량
(3) DGPS(Differential GPS)
(4) RTK(Real Time Kinematic)

007 다음은 Network RTK측량 순서에 대한 설명이다. ⓐ, ⓑ에 알맞은 용어를 써넣으시오.

(ⓐ)은 GNSS수신기를 구동하고, 인터넷망을 통해 시스템에 접속한다. 사용자의 위치정보를 시스템으로 전송하면, 수신정보를 이용하여 사용자 근처에 GNSS관측데이터를 생성하여 인터넷망으로 전송한다. 시스템으로부터 전송된 데이터를 수신하여 RTK측량을 수행한다. (ⓑ)는 GNSS수신기를 구동하고, 인터넷망을 통해 시스템에 접속한다. 사용자의 위치정보를 시스템으로 전송하면, 수신정보를 이용하여 사용자가 속한 Cell의 보정데이터에 대한 오차보정 파라미터를 생성한다. 사용자에게 사용자 주변에 가장 가까운 관측소의 관측 데이터와 Cell을 보정하기 위한 파라미터를 인터넷으로 전송한다. 사용자는 가장 가까운 관측데이터와 면보정 파라미터를 이용하여 RTK측량을 수행한다.

해설 및 정답

ⓐ VRS측량 ⓑ FKP측량

008 다음 GPS 위치결정방법에서는 최소한 몇 개의 위성을 관측하는가?

(1) 절대관측방법(1점측위)
(2) 절대관측방법(높이가 필요하지 않을 경우)
(3) 실시간처리방법(DGPS/RTK)

해설 및 정답

(1) 4개
(2) 높이를 필요로 하지 않을 경우에는 3개의 위성으로 충분
(3) 4개

009 다음은 GPS측량에 대한 설명이다. 물음에 답하시오.

(1) 기종이 서로 다른 GPS수신기를 혼합하여 관측하였을 경우 어떤 종류의 후처리 소프트웨어를 사용하더라도 수집된 GPS데이터의 기선해석이 용이하도록 고안된 세계 표준의 GPS Data 포맷을 무엇이라 하는가?
(2) GPS반송파 위상추적회로에서 반송파 위상관측값을 순간적으로 손실하며 발생하는 오차를 무엇이라 하는가?
(3) 기준점측량과 같이 매우 높은 정밀도를 필요로 할 때 사용하는 방법으로서 두 개 또는 그 이상의 수신기를 사용하여 보통 1시간 이상 관측하는 GPS 현장 관측방법은?

해설 및 정답

(1) RINEX 파일
(2) Cycle Slip
(3) 정지측량(스태틱 관측방법)

---

010 다음 문장은 GPS측량에 의한 높이값과 수준측량에 의한 높이값과의 관계를 설명한 내용이다. ( ) 안에 알맞은 용어는?

> GPS측량에 의해 결정되는 좌표는 지구의 중심을 원점으로 하는 3차원 직교좌표이므로 이 좌표의 높이값은 (①)에 해당되며, 레벨에 의해 직접수준측량으로 구해진 높이값은 (②)가 된다.
> 이 (③)는 (④)로부터 측정되는 높이값이므로 GPS측량과 수준측량을 동일 관측점에서 실시하게 되면 그 지점의 (⑤)를 알 수 있게 된다.

해설 및 정답

① 타원체고　② 표고　③ 표고　④ 지오이드　⑤ 지오이드고

---

011 임의 지점에서 GPS 관측을 수행하여 WGS84 타원체고(h) 57.234m를 획득하였다. 그 지점의 지구중력장 모델로부터 산정한 지오이드고(N)가 25.578m라 한다면 정표고(H)는 얼마인가?

해설 및 정답

정표고(H) = 타원체고(h) − 지오이드고(N)
$$= 57.234 - 25.578$$
$$= 31.656m$$

---

012 다음 그림에서 A, B, C의 높이를 무엇이라 하는가?

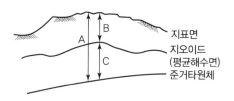

해설 및 정답

A : 타원체고, B : 정표고(표고), C : 지오이드고

013 GPS 측량을 실시하여 다음과 같이 RINEX파일을 취득하였다. 다음 물음에 답하시오.

```
 1      2.11           OBSERVATION DATA    G (GPS)        RINEX VERSION / TYPE
 2 DAT2RINW 3.10 001   grslab              17JAN11 14:34:43 PGM / RUN BY / DATE
 3 grslab              grslab                             OBSERVER / AGENCY
 4 4814150197          TRIMBLE R8 MODEL 2  Nav 4.12 Sig 4.12 REC # / TYPE / VERS
 5                     TRM60158.00                        ANT # / TYPE
 6 -------------------------------------------------------- COMMENT
 7 Offset from BOTTOM OF ANTENNA to PHASE CENTER is  64.9 mm COMMENT
 8 -------------------------------------------------------- COMMENT
 9 DEFAULT                                                MARKER NAME
10 ULT                                                    MARKER NUMBER
11  -3041878.1576   4046353.0908   3867115.5424          APPROX POSITION XYZ
12         1.4700         0.0000         0.0000           ANTENNA: DELTA H/E/N
13 *** Above antenna height is from mark to BOTTOM OF ANTENNA. COMMENT
14 -------------------------------------------------------- COMMENT
15 Note: The above offsets are CORRECTED.                 COMMENT
16 Raw Offsets: H=       1.5349 E=        0.0000 N=        0.0000 COMMENT
17 -------------------------------------------------------- COMMENT
18      1     1     0                                     WAVELENGTH FACT L1/2
19      5    L1    C1    L2    C2    P2                    # / TYPES OF OBSERV
20      1.000                                             INTERVAL
21   2011     1    14     5    44    9.0000000            TIME OF FIRST OBS
22   2011     1    14     7     4    6.0000000            TIME OF LAST OBS
23      0                                                 RCV CLOCK OFFS APPL
24      9                                                 # OF SATELLITES
25      2  4798  4798  4798     0  4798                   PRN / # OF OBS
26      4  3443  3556  2660     0  2662                   PRN / # OF OBS
27      5  4788  4788  4788  4788     0                   PRN / # OF OBS
28      7  2361  2378  2246  2250     0                   PRN / # OF OBS
29      8  4151  4158  4074     0  4077                   PRN / # OF OBS
30     10  4798  4798  4798     0  4798                   PRN / # OF OBS
31     15  3522  3528  3522  3528     0                   PRN / # OF OBS
32     26  4788  4788  4788     0  4788                   PRN / # OF OBS
33     29  4764  4764  4764  4764     0                   PRN / # OF OBS
34                                                        END OF HEADER
35 11  1 14  5 44  9.0000000  0  3   2  4 10
36 105815271.83617  20135977.28907  82453460.93459    0.00000  20135978.04749
37 116593535.20716  22187012.28106  90852123.91058    0.00000  22187016.45748
38 111627509.36517  21242008.53107  86982488.13658    0.00000  21242012.43848
39 11  1 14  5 44 10.0000000  0  3   2  4 10
40 105815518.50407  20136023.94507  82453653.14549    0.00000  20136024.82049
41 116595898.86406  22187462.10206  90853965.72548    0.00000  22187466.57048
42 111629392.08507  21242366.97707  86983955.18848    0.00000  21242370.63748
43 11  1 14  5 44 11.0000000  0  3   2  4 10
44 105815766.61607  20136071.12507  82453846.48049    0.00000  20136071.96949
45 116598263.72406  22187911.97706  90855808.47148    0.00000  22187916.36748
46 111631275.95307  21242725.17207  86985423.13648    0.00000  21242728.91448
47 11  1 14  5 44 12.0000000  0  3   2  4 10
48 105816016.15207  20136118.59407  82454040.92649    0.00000  20136119.42249
49 116600629.83406  22188362.53906  90857652.19248    0.00000  22188366.74648
```

(1) GPS 측량 관측 일자

(2) GPS 측량 시작시간, 종료시간

(3) GPS 수신 위성의 개수

(4) GPS 신호 수신 간격

(5) GPS 수신기 높이

해설 및 정답

(1) GPS 측량 관측일자 : 2011년 1월 14일

(2) GPS 측량 시작시간, 종료시간

시작시간 : 5시 44분 9초

종료시간 : 7시 04분 6초

(3) GPS 수신 위성의 개수 : 9개

(4) GPS 신호 수신 간격 : 1초

(5) GPS 수신기 높이 : 1.470m

```
 1      2.11              OBSERVATION DATA    G (GPS)          RINEX VERSION / TYPE
 2 DAT2RINW 3.10 001      grslab              17JAN11 14:34:43 PGM / RUN BY / DATE
 3 grslab                grslab                               OBSERVER / AGENCY
 4 4814150197            TRIMBLE R8 MODEL 2  Nav 4.12 Sig 4.12 REC # / TYPE / VERS
 5                        TRM60158.00                          ANT # / TYPE
 6 --------------------------------------------------------- COMMENT
 7 Offset from BOTTOM OF ANTENNA to PHASE CENTER is  64.9 mm  COMMENT
 8 --------------------------------------------------------- COMMENT
 9 DEFAULT                                                    MARKER NAME
10 ULT                                                        MARKER NUMBER
11  -3041878.1576  4046353.0908  3867115.5424                 APPROX POSITION XYZ
12        1.4700          0.0000         0.0000               ANTENNA: DELTA H/E/N
13 *** Above antenna height is from mark to BOTTOM OF ANTENNA. COMMENT
14 --------------------------------------------------------- COMMENT
15 Note: The above offsets are CORRECTED.                     COMMENT
16 Raw Offsets: H=      1.5349 E=      0.0000 N=      0.0000  COMMENT
17 --------------------------------------------------------- COMMENT
18     1     1     0                                          WAVELENGTH FACT L1/2
19     5   L1    C1    L2    C2    P2                         # / TYPES OF OBSERV
20    1.000                                                   INTERVAL
21  2011     1    14      5    44    9.0000000                TIME OF FIRST OBS
22  2011     1    14      7     4    6.0000000                TIME OF LAST OBS
23     0                                                      RCV CLOCK OFFS APPL
24     9                                                      # OF SATELLITES
25     2  4798  4798  4798     0  4798                        PRN / # OF OBS
26     4  3443  3556  2660     0  2662                        PRN / # OF OBS
27     5  4788  4788  4788  4788     0                        PRN / # OF OBS
28     7  2361  2378  2246  2250     0                        PRN / # OF OBS
29     8  4151  4158  4074     0  4077                        PRN / # OF OBS
30    10  4798  4798  4798     0  4798                        PRN / # OF OBS
31    15  3522  3528  3522  3528     0                        PRN / # OF OBS
32    26  4788  4788  4788     0  4788                        PRN / # OF OBS
33    29  4764  4764  4764  4764     0                        PRN / # OF OBS
34                                                            END OF HEADER
35 11  1 14  5 44  9.0000000  0  3    2  4 10
36 105815271.83617  20135977.28907  82453460.93459   0.00000  20135978.04749
37 116593535.20716  22187012.28106  90852123.91058   0.00000  22187016.45748
38 111627509.36517  21242008.53107  86982488.13658   0.00000  21242012.43848
39 11  1 14  5 44 10.0000000  0  3    2  4 10
40 105815518.50407  20136023.94507  82453653.14549   0.00000  20136024.82049
41 116595898.86406  22187462.10206  90853965.72548   0.00000  22187466.57048
42 111629392.08507  21242366.97707  86983955.18848   0.00000  21242370.63748
43 11  1 14  5 44 11.0000000  0  3    2  4 10
44 105815766.61607  20136071.12507  82453846.48049   0.00000  20136071.96949
45 116598263.72406  22187911.97706  90855808.47148   0.00000  22187916.36748
46 111631275.95307  21242725.91307  86985423.13648   0.00000  21242728.91448
47 11  1 14  5 44 12.0000000  0  3    2  4 10
48 105816016.15207  20136118.59407  82454040.92649   0.00000  20136119.42249
49 116600629.83406  22188362.53906  90857652.19248   0.00000  22188366.74648
```

014

다음은 GPS 상시관측소의 RINEX 파일이다. 이 파일을 보고 다음 질문에 답하시오.

```
3903M001                                                    MARKER NUMBER
GEODESY DIVISION.     NGII                           OBSERVER / AGENCY
4450241593          TRIMBLE NETRS      Version 1.15    REC #/TYPE /VERS
02201704            TRM29659.00        DOME            ANT # / TYPE
-3062022.7535       2055448.6181       4841819.3392   APPROX POSITION XYZ
0.0000              0.0000             0.0000          ANTENNA: DELTA H/E/N
1    1                                                 WAVELENGTH FACT L1/2
4    C1   L1   L2   P2                                  # / TYPES OF OBSERV
15.0000                                                INTERVAL
15                                                     LEAP SECONDS
2009       6      24      0      0  0.0000000   GPS.     TIME OF FIRST OBS
09  6 24  1  1          30.0000000      0 11G 9G12G14G15G18G21G22G24G26G27G30
19793388.016 8       -30815999.116 8       -23995266.01049      19793382.30149
23215237.391 6       -11178878.435 6       -8699635.09847       23215231.66447
24126938.414 11      -2236789.594 11
22977008.461 6       -12755638.562 6       -9931745.68747       22977002.83247
20477911.438 7       -21144979.799 7       -16957839.73449      20477904.94549
22229767.969 6       -10424695.194 6       -8297925.32747       22229761.38747
22260563.234 6       -9176841.719 6        -8144765.33448       22260556.22348
24530939.047 4        2954098.275 4        -47156.18846         24530935.77346
20342190.852 7       -24207284.412 7       -18842160.82749      20342185.77349
21525297.570 7       -17726376.946 7       -13763547.60548      21525292.07448
24903379.219 3       -3033469.311 3        -2295158.35746       24903374.46946
```

(1) 안테나의 X, Y, Z 좌표는 얼마인가?

(2) 데이터 저장간격은 얼마인가?

(3) 수신된 신호의 종류를 모두 쓰시오.

(4) 위성의 수는 몇 개인가?

(5) 9번 위성의 L_2파 위성좌표는 얼마인가?

3903M001			MARKER NUMBER
GEODESY DIVISION.	NGII		OBSERVER / AGENCY
4450241593	TRIMBLE NETRS	Version 1.15	REC #/TYPE /VERS
02201704	TRM29659.00	DOME	ANT # / TYPE
-3062022.7535	2055448.6181	4841819.3392	APPROX POSITION XYZ
0.0000	0.0000	0.0000	ANTENNA: DELTA H/E/N
1　　1			WAVELENGTH FACT L1/2
4　C1　L1　L2　P2			# / TYPES OF OBSERV
15.0000			INTERVAL
15			LEAP SECONDS
2009　　6　　24　　0　　0　0.0000000　GPS.			TIME OF FIRST OBS
09　6 24　1　1　　30.0000000　　0 11G 9G12G14G15G18G21G22G24G26G27G30			
19793388.016 8	-30815999.116 8	-23995266.01049	19793382.30149
23215237.391 6	-11178878.435 6	-8699635.09847	23215231.66447
24126938.414 11	-2236789.594 11		
22977008.461 6	-12755638.562 6	-9931745.68747	22977002.83247
20477911.438 7	-21144979.799 7	-16957839.73449	20477904.94549
22229767.969 6	-10424695.194 6	-8297925.32747	22229761.38747
22260563.234 6	-9176841.719 6	-8144765.33448	22260556.22348
24530939.047 4	2954098.275 4	-47156.18846	24530935.77346
20342190.852 7	-24207284.412 7	-18842160.82749	20342185.77349
21525297.570 7	-17726376.946 7	-13763547.60548	21525292.07448
24903379.219 3	-3033469.311 3	-2295158.35746	24903374.46946

(1) 안테나의 X, Y, Z 좌표

$X = -3062022.7535$, $Y = 2055448.6181$, $Z = 4841819.3392$

(2) 데이터 저장간격

15초

(3) 수신된 신호의 종류

4개(C1, L1, L2, P2)

(4) 위성의 수

11개

(5) 9번 위성의 L_2파 위성좌표

-23995266.01049

015

기준타원체면상에서 GPS로 측량하여 A, B 측지좌표를 얻었다. $A(\phi=38°,\ \lambda=127°,\ h=100\text{m})$, $B(\phi=37°,\ \lambda=128°,\ h=200\text{m})$ 두 지점의 측지좌표를 3차원 지심직각좌표로 변환하고, 두 지점의 3차원 지심직각좌표를 이용하여 $\overline{AB}$ 의 거리를 구하시오.(단, 장반경$(a)=6,378.137\text{km}$, 단반경$(b)=6,356.752\text{km}$이다.)

$$N=\frac{a}{\sqrt{(1-e^2\cdot\sin^2\phi)}}\ ,\ e^2=\frac{a^2-b^2}{a^2}$$

$$X=(N+h)\cdot\cos\phi\cdot\cos\lambda,\ Y=(N+h)\cdot\cos\phi\cdot\sin\lambda,$$
$$Z=\left[N(1-e^2)+h\right]\cdot\sin\phi$$

해설 및 정답

(1) A 점 좌표변환 계산

① $e^2=\dfrac{a^2-b^2}{a^2}=\dfrac{6,378.137^2-6,356.752^2}{6,378.137^2}=0.0066945$

② $N=\dfrac{a}{\sqrt{(1-e^2\times\sin^2\phi)}}=\dfrac{6,378.137}{\sqrt{(1-0.0066945\times\sin^238°)}}=6,386.245\text{km}$

③ $X=(N+h)\cdot\cos\phi\cdot\cos\lambda$
  $=(6,386.245+0.1)\times\cos38°\times\cos127°$
  $=-3,028.639\text{km}$

④ $Y=(N+h)\cdot\cos\phi\cdot\sin\lambda$
  $=(6,386.245+0.1)\times\cos38°\times\sin127°$
  $=4,019.140\text{km}$

⑤ $Z=\left[N(1-e^2)+h\right]\cdot\sin\phi$
  $=[6,386.245\times(1-0.0066945)+0.1]\times\sin38°$
  $=3,905.505\text{km}$

(2) B 점 좌표변환 계산

① $e^2=\dfrac{a^2-b^2}{a^2}=\dfrac{6,378.137^2-6,356.752^2}{6,378.137^2}=0.0066945$

② $N=\dfrac{a}{\sqrt{(1-e^2\times\sin^2\phi)}}=\dfrac{6,378.137}{\sqrt{(1-0.0066945\times\sin^237°)}}=6,385.883\text{km}$

③ $X=(N+h)\cdot\cos\phi\cdot\cos\lambda$
  $=(6,385.883+0.2)\times\cos37°\times\cos128°$
  $=-3,139.968\text{km}$

④ $Y=(N+h)\cdot\cos\phi\cdot\sin\lambda$
  $=(6,385.883+0.2)\times\cos37°\times\sin128°$
  $=4,018.975\text{km}$

⑤ $Z=\left[N(1-e^2)+h\right]\cdot\sin\phi$
  $=[6,385.883\times(1-0.0066945)+0.2]\times\sin37°$
  $=3,817.513\text{km}$

(3) $\overline{AB}$ 거리 계산

$$\overline{AB}\ \text{거리} = \sqrt{(X_B - X_A)^2 + (Y_B - Y_A)^2 + (Z_B - Z_A)^2}$$
$$= \sqrt{\{-3,139.968 - (-3,028.639)\}^2 + (4,018.975 - 4,019.140)^2}$$
$$\overline{\ \ \ \ + (3,817.513 - 3,905.505)^2}$$
$$= 141.904\text{km}$$

016

다음 문장은 GNSS에 의한 국가기준점측량 작업규정이다. 내용이 맞으면 ○, 틀리면 ×로 표시하시오.

(1) 관측세선도는 최소 도형이 삼각형이 되도록 구성하고, 인접세선과는 1변 이상을 중복하여야 한다. (   )

(2) 동시 수신 위성수는 3개 이상이어야 한다. (   )

(3) 안테나의 주위 10m 이내에는 자동차 등의 접근을 피하여야 한다. (   )

(4) 국가기준점 측량 시 연속 관측시간은 4시간 이상이어야 한다. (   )

(5) 관측 중에는 무전기, 기타 주파수 발진장치의 사용을 금한다. 다만, 부득이한 경우에는 안테나로부터 100m 이상의 거리에서 사용한다. (   )

해설 및 정답

(1) ○

(2) ×(4개 이상이어야 한다.)

(3) ○

(4) ○

(5) ○

017

GPS의 구조적인 오차의 종류에 대하여 답하시오.

해설 및 정답

① 대기층 및 전리층 지연오차

② 위성궤도오차

③ 위성시계오차

④ 전자파적 잡음 오차

018

다음은 위성배치에 따른 정확도의 영향을 수치로 나타내는 정밀도 저하율(DOP)에 관한 용어이다. 보기와 같이 설명하시오.

[보기]
GDOP : 기하학적 정밀도 저하율

(1) PDOP　　　(2) HDOP　　　(3) VDOP　　　(4) RDOP　　　(5) TDOP

해설 및 정답

(1) PDOP : 위치정밀도 저하율
(2) HDOP : 수평정밀도 저하율
(3) VDOP : 수직정밀도 저하율
(4) RDOP : 상대정밀도 저하율
(5) TDOP : 시간정밀도 저하율

019

위성의 기하학적 분포상태는 의사거리에 의한 단독측위의 선형화된 관측방정식을 구성하고 정규방정식의 역행렬을 활용하면 판단할 수 있다. 관측점 좌표 x, y, z 및 수신기 시계 t에 대한 Cofactor 행렬(Q)의 대각선요소가 각각 $q_{xx} = 0.5$, $q_{yy} = 1.1$, $q_{zz} = 3.5$, $q_{tt} = 2.3$일 때 관측점에서의 GDOP(Geometric Dilution Of Precision)는?

해설 및 정답

$$\text{GDOP} = \sqrt{q_{xx} + q_{yy} + q_{zz} + q_{tt}}$$
$$= \sqrt{0.5 + 1.1 + 3.5 + 2.3} = 2.720$$

020

위성의 기하학적 분포상태는 의사거리에 의한 단독측위의 선형화된 관측방정식을 구성하고 정규방정식의 역행렬을 활용하면 판단할 수 있다. 관측점 좌표 x, y, z 및 수신기시계 t에 대한 Cofactor 행렬(Q)의 대각선 요소가 각각 $q_{xx} = 0.5$, $q_{yy} = 1.1$, $q_{zz} = 3.5$, $q_{tt} = 2.3$일 때 관측점의 PDOP(위치정밀도 저하율)과 HDOP(수평정밀도 저하율)는?

해설 및 정답

(1) $\text{PDOP} = \sqrt{q_{xx} + q_{yy} + q_{zz}} = \sqrt{0.5 + 1.1 + 3.5} = 2.258$
(2) $\text{HDOP} = \sqrt{q_{xx} + q_{yy}} = \sqrt{0.5 + 1.1} = 1.265$

021

4대 위성의 배치상태에 따른 정규행렬의 역행렬($(A^TA)^{-1}$)이 다음과 같을 때 GDOP, PDOP, HDOP를 구하시오.(단, 계산은 반올림하여 소수 첫째 자리까지 구하시오.)

$$(A^TA)^{-1} = \begin{vmatrix} \dfrac{7}{12} & 0 & 0 & 0 \\ 0 & \dfrac{7}{12} & 0 & 0 \\ 0 & 0 & \dfrac{9}{4} & 0 \\ 0 & 0 & 0 & \dfrac{8}{3} \end{vmatrix}$$

해설 및 정답

(1) $\mathrm{GDOP} = \sqrt{q_{xx}+q_{yy}+q_{zz}+q_{tt}} = \sqrt{\dfrac{7}{12}+\dfrac{7}{12}+\dfrac{9}{4}+\dfrac{8}{3}} \fallingdotseq 2.5$

(2) $\mathrm{PDOP} = \sqrt{q_{xx}+q_{yy}+q_{zz}} = \sqrt{\dfrac{7}{12}+\dfrac{7}{12}+\dfrac{9}{4}} \fallingdotseq 1.8$

(3) $\mathrm{HDOP} = \sqrt{q_{xx}+q_{yy}} = \sqrt{\dfrac{7}{12}+\dfrac{7}{12}} \fallingdotseq 1.1$

022

위성의 위치오차는 지상측량 시의 기준점 오차와 같으므로 단독측위에서는 이것이 그대로 측위결과의 오차에 반영된다. 만약, 1개의 위성의 위치 정확도가 10m이고, 4개의 위성을 사용하여 관측한다면 위성의 위치오차는 얼마인가?(단, C/A코드 의사거리 측정오차, 전리층, 대류권의 영향은 없다고 본다.)

해설 및 정답

1개 위성의 위치 정확도가 10m이므로 위치오차는 오차전파법칙에 의해 10m$\sqrt{4}$ 이므로 20m의 오차가 발생한다.

023

PDOP(위치정밀도 저하율)를 3으로 가정하고 위성위치오차를 1m, 의사거리오차 5m, 좌표변환오차 5m로 가정하면 단독측위오차는 근사적으로 얼마인가?

해설 및 정답

단독측위오차(근사적)

$= \sqrt{\mathrm{PDOP}^2 \times \{\sqrt{4}\,(위성의\ 오차)^2 + \sqrt{4}\,(의사거리오차)^2\} + (좌표변환오차)^2}$

$= \sqrt{3^2 \times \{(\sqrt{4}\times1^2)+(\sqrt{4}\times5^2)\}+5^2} = 22.20\mathrm{m}$

024 다음은 인공위성을 이용한 위성측량에 대한 설명이다. ⓐ~ⓕ에 알맞은 용어를 써 넣으시오.

(ⓐ)란 미국방성에서 개발되어 현재까지 이용되는 항법 및 위치결정체계로서 약 20,000km 상공, 6개 궤도, 24개 이상의 위성으로 운영되며 범지구위치결정시스템이라고도 한다. (ⓑ)란 러시아에서 1976년 개발을 시작하여 약 19,000km 상공, 3개 궤도, 24개 이상의 위성으로 운영된다. (ⓒ)란 EU에서 개발하는 상업용 위성으로 약 23,000km 상공, 3개 궤도, 30개 이상의 위성으로 운영될 예정이다. (ⓓ)란 중국에서 운영계획 중인 위치결정시스템으로 5개의 정지궤도위성과 30개의 궤도위성을 배치한 독자적인 위성항법시스템이다. (ⓔ)란 일본에서 범지구위치결정시스템의 확장 위성으로 준천정위성 시스템을 개발하여 일본 전역에서 고정밀 위성 측위 서비스를 제공하는 위성이다. (ⓕ)란 인도에서 개발하는 지역항법위성 시스템으로 3개의 정지궤도위성, 4개의 궤도위성을 구성하여 인도지역을 서비스하는 위성이다.

해설 및 정답

ⓐ GPS
ⓑ GLONASS
ⓒ GALILEO
ⓓ 베이더우
ⓔ QZSS
ⓕ IRNSS

025 다음은 GPS측량에 관한 사항이다. 보기를 보고 다음 물음에 답하시오.

[보기]

반송파	전리층 오차	GALILEO	RTK
CA코드	Cycle Slip	RINEX	DOP
GLONASS	정지측량	Dual Code	AS

(1) GPS를 이용한 실시간 이동위치 관측으로 GPS 반송파를 사용한 정밀 이동위치 관측 방식은?

(2) 약 350km 고도상에 집중적으로 분포되어 있는 자유전자와 GPS 위성 신호와의 간섭현상에 의해 발생하는 것은?

(3) 유럽에서 개발하는 상업용 위성으로 약 23,000km 상공, 3개 궤도, 30개 이상의 위성으로 운영될 예정인 것은?

(4) GPS 수신기 기종에 따라 기록방식이 달라 이를 통일하기 위해 만든 표준파일형식은?

(5) 러시아에서 1976년 개발을 시작하여 약 19,000km 상공, 3개 궤도, 24개 이상의 위성으로 운영되는 것은?

(6) GPS 반송파 위상추적 회로에서 반송파 위상 관측값을 순간적으로 손실하며 발생하는 오차는?

해설 및 정답

(1) RTK
(2) 전리층 오차
(3) GALILEO
(4) RINEX
(5) GLONASS
(6) Cycle Slip

026

다음은 GPS측량의 오차에 관한 내용이다. 맞으면 ○, 틀리면 ×로 표시하시오.

(1) 전리층 지연오차는 주파수에 따라 달라진다. (   )

(2) 전리층 지연오차는 주야와 상관없다. (   )

(3) 전리층 지연오차는 태양과 상관있다. (   )

(4) 전리층 지연오차는 제거할 수 없는 오차이다. (   )

(5) 위성신호가 전리층을 통과할 때 위상은 광속보다 빨라진다. (   )

해설 및 정답

(1) ○
(2) ×(전리층 활동이 심한 낮에 오차가 크다.)
(3) ○
(4) ×(L_1, L_2 두 개의 주파수를 수신하는 2주파 수신기를 사용하면 제거할 수 있다.)
(5) ○

027

그림과 같이 A 지점에서 GPS로 관측한 타원체고(h)가 37.238m이고, 지오이드고(N)는 21.524m를 얻었다. A 점에서 취득한 높이 값을 이용하여 수준측량한 결과 B 점, C 점의 표고를 계산하시오.(단, 거리는 타원체면상의 거리이고 A, B, C 점의 지오이드는 동일하며 연직선편차는 0으로 가정한다.)

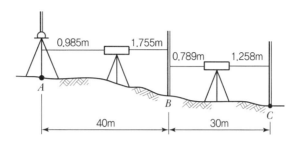

해설 및 정답

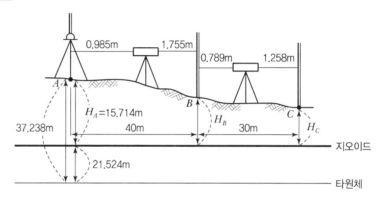

- $H_B = H_A + a_1 - b_1 = 15.714 + 0.985 - 1.755 = 14.944\text{m}$
- $H_C = H_B + a_2 - b_2 = 14.944 + 0.789 - 1.258 = 14.475\text{m}$

$\therefore \begin{cases} B\text{점의 표고} : 14.944\text{m} \\ C\text{점의 표고} : 14.475\text{m} \end{cases}$

028

GPS 측량을 통해 측정한 결과 A 점에서 타원체고가 121.0m이었고, A 점의 지오이드고가 100.0m이었다. A 점을 기지점으로 하여 B 점의 표고값을 구하기 위해 레벨측량을 한 결과 A 점에서 표척 관측값이 2.3m, B 점에서 표척 관측값이 1.2m이었을 때 다음 물음에 답하시오.(단, 기타 오차는 고려하지 않는다.)

(1) A 점의 표고를 구하시오.

(2) B 점의 표고를 구하시오.

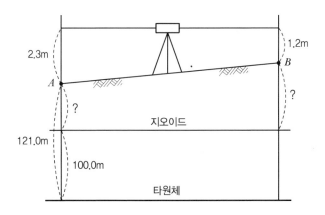

(1) A점의 표고 계산

타원체고(h) = 정표고(H) + 지오이드고(N)

→ 정표고(H) = 타원체고(h) − 지오이드고(N)

∴ A점의 정표고(H) = $121.0 - 100.0 = 21.0$m

(2) B점의 표고 계산

$H_B = H_A + B.S - F.S = 21.0 + 2.3 - 1.2 = 22.1$m

∴ B점의 정표고(H) = 22.1m

029

미지점 a, b, c를 측정하기 위하여 적합한 네트워크망을 그림으로 표현하시오.

위성 21 △   위성 13 △

a ●

b ●

△ : 기지점
● : 미지점

c ●

위성 22 △   위성 12 △

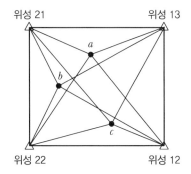

국가기준점측량 작업규정(관측계획망도 작성)

- 관측계획도는 지형도 또는 수치지형도(1/50,000 또는 1/25,000)상에 주변의 국가기준점(위성기준점, 통합기준점, 수준점 등) 배점밀도를 확인하여 작성한다.
- 관측계획도에서의 단위 다각형은 최소한 통합기준점 3점 이상으로 구성한다.
- 기지점으로 사용하는 위성기준점 및 통합기준점은 작업지역 내에 배치된 3점 이상으로 하고, 작업지역과 가장 가까운 위치에 있는 위성기준점 및 통합기준점과 결합하는 것을 원칙으로 한다.

030 GNSS 정지측위 방식에 의해 기준점 측량을 실시하였다. GNSS관측 전후에 측정한 측점에서 ARP(Antenna Reference Point)까지의 경사거리는 각각 145.2cm와 145.4cm이었다. 안테나 반경이 13cm이고, ARP를 기준으로 한 APC(Antenna Phase Center) 오프셋(Offset)이 높이 방향으로 2.5cm일 때 보정해야 할 안테나고(Antenna Height)는?

$$H = H' + h_0 = \sqrt{h^2 - R_0^2} + h_0$$
$$= \sqrt{145.3^2 - 13^2} + 2.5$$
$$= 147.217 \text{cm}$$

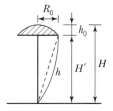

여기서, H : 안테나고

H' : 보정 전 높이

h : 측점에서 ARP까지의 경사거리

$\left(= \dfrac{145.2 + 145.4}{2} \right)$

R_0 : 안테나 반경

h_0 : APC 오프셋(Offset)

∴ 보정해야 할 안테나고(H) = 147.217cm

SECTION | 01 개요

- 사진측량(Photogrammetry)은 전자기파를 이용하여 대상물에 대한 위치, 형상 및 특성을 해석하는 측량방법이다. 대상물에 대한 위치와 형상의 해석은 길이, 방향, 면적 및 체적 등을 결정하는 정량적 해석을 뜻하며, 특성해석은 환경 및 자원문제를 조사 · 분석 · 처리하는 데 이용되는 정성적 해석을 의미한다.
- 원격탐측(Remote Sensing)이란 지상이나 항공기 및 인공위성 등의 탑재기에 설치된 탐측기를 이용하여 지표, 지상, 지하, 대기권 및 우주공간의 대상들에서 반사 혹은 방사되는 전자기파를 탐지하고 이들 자료로부터 토지, 환경 및 자원에 대한 정보를 얻어 이를 해석하는 기법이다.

SECTION | 02 Basic Frame

| 총론 | — 정의/의의/역사/특징/분류/정확도/활용분야 |

영상 취득 체계 —
- 전자기파 : 감마선, X선, 자외선, 가시광선, 적외선, 극초단파, 라디오파
- 센서(Sensor) : 수동적 센서/능동적 센서

영상의 기하학적 이론 및 해석 —
- 사진의 기하학적 특성 : 중심투영/정사투영, 사진의 특수 3점, 기복변위, 경사사진, 공선/공면 조건
- 사진의 입체시 : 입체시, 시차(시차차), 과고감/카메론 효과
- 좌표계 : 기계/지표/사진/사진기/모델/스트립/절대/측지 좌표계
- 좌표변환 : 2차원 좌표변환, 3차원 좌표변환
- 표정 : 기계적표정, 해석적표정, 수치적표정
- 조정 : 다항식법/독립모델법/광속법

사진측량의 공정	—	• 촬영계획 : 사진축척, 중복도 및 촬영기선길이, 촬영경로 및 촬영고도, 표정점 　　　　　　　배치, 촬영일시, 촬영카메라 선정, 촬영계획도 작성, 작업량 산정 • 촬영 : 고려해야 할 사항, 노출시간, 성과검사 • 기준점측량 : 사진측량에 필요한 점, 기준점 측량 • 항공삼각측량(사진기준점 측량) : 작업공정, 항공삼각측량의 계획, 　　　　　　　　　　　　　　　　　　　조정방법(다항식법/독립모델법/광속법) • 도화 : 도화기, 도화작업(방법/주의사항) • 사진지도 및 지형도 제작 : 편위수정, 지도제작 방법
수치사진측량	—	정의, 역사, 특징, 작업순서, 영상취득, 영상처리, 영상정합(표정의 자동화), 지상좌표화, 수치고도모형(DEM)생성, 수치편위수정, 정사투영사진지도 생성, 활용
응용측위 체계	—	• 지상사진측량 : 정의, 특징, 순서, 촬영, 기준점측량, 도화, 활용 • 무인항공사진측량(드론) : 정의, 종류, 구성, 순서, 정사영상제작, 활용 • LiDAR 측량 : 정의, 원리, 특징, 구성, 순서, 자료처리, 오차, 출력 및 표현, 활용 • 지상 LiDAR 측량 : 정의, 순서, 관측방법, 활용 • 차량기반 MMS 측량 : 정의, 필요성, 구성과 원리, 순서, 방법, 오차, 활용
사진측량 활용	—	토지, 환경, 자원, 시설물(토목/건축), 재난·재해분야, 고고학/문화재 보존과 복원, 의학 및 인체공학, 교통, 산업, 군사, 우주개발 등
사진판독	—	• 정의, 특징(장단점) • 요소 : 색조, 모양, 질감, 형상, 크기, 음영, 상호위치관계, 과고감 • 순서 : 계획, 촬영, 사진작성, 판독기준작성, 판독, 현지조사, 정리 • 활용 : 토지이용, 도시계획조사, 지형 및 지질 조사, 환경오염 및 재해, 　　　　농업 및 산림조사
원격탐측	—	정의, 역사, 특징, 분류, 순서, 자료수집, 영상처리(전처리, 보정, 강조, 융합, 분류), 영상해석, 위성의 지상좌표화, 활용(지형도, 주제도, 기타), 초분광 원격탐측, 레이 더 원격탐측

SECTION | 03 핵심 이론

1. 탐측기(Sensor)

탐측기는 전자기파를 수집하는 장비로서 수동적 탐측기와 능동적 탐측기로 구분된다.

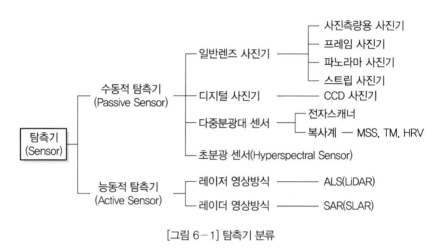

[그림 6-1] 탐측기 분류

2. 기복변위(Relief Displacement)

지표면에 기복이 있을 경우 연직으로 촬영하여도 축척은 동일하지 않으며, 사진면에서 연직점을 중심으로 방사상의 변위가 생기는데 이를 기복변위라 한다.

$$\Delta r = \frac{h}{H} r, \qquad \Delta r = \frac{f}{H} \Delta R,$$

$$\Delta r_{\max} = \frac{h}{H} r_{\max}$$

여기서, Δr : 변위량

r : 화면 연직점에서의 거리 (연직점에서 정상점까지 거리)

ΔR : 지상변위량

H : 비행고도

h : 비고

$r_{\max}$: 최대 화면 연직점에서의 거리$\left(\frac{\sqrt{2}}{2}a\right)$

f : 초점거리

a : 사진의 크기

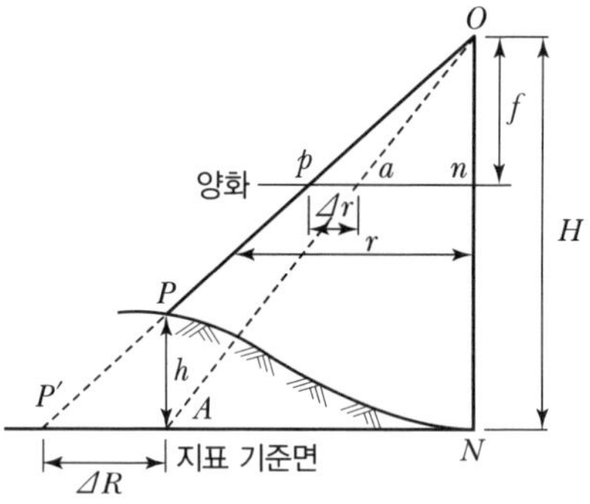

[그림 6-2] 기복변위

➡ Example 1

토지에서 비고가 있을 때 촬영고도가 3,000m, 비고 200m, 사진연직점에서 투영점까지 거리가 12cm인 지점에서 사진상의 기복변위는?

해설 및 정답 ✛

$$기복변위(\Delta r) = \frac{h}{H} \cdot r$$

$$= \frac{200}{3,000} \times 0.12 = 0.008\text{m} = 0.8\text{cm}$$

3. 공선 · 공면조건

(1) 공선조건

공간상의 임의의 점과 그에 대응하는 사진상의 점 및 사진기의 촬영 중심이 동일 직선상에 있어야 할 조건이 공선조건이다.

(2) 공면조건

두 개의 투영 중심과 공간상의 임의의 점 P의 두 상점이 동일 평면상에 있기 위한 조건이 공면조건이다.

4. 시차(Parallax)

한 쌍의 사진상에 있어서 동일점에 대한 상점이 연직하에서 만나야 되는 일점에서 생기는 종횡의 시각적인 오차를 시차라 한다.

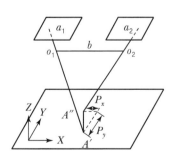

[그림 6-3] 시차

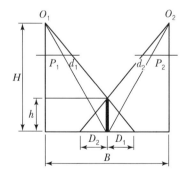

[그림 6-4] 수직사진의 기하학적 관계

(1) 봉의 높이(비고)를 구하면

$$h = \frac{H}{P_r + \Delta p} \Delta p$$

여기서,　H : 비행고도
　　　　　Δp : 시차차$(P_a - P_r)$
　　　　　P_a : 정상 시차
　　　　　P_r : 기준면 시차
　　　　　b_0 : 주점기선 길이

(2) 기준면의 시차 대신 주점기선 길이를 관측한 경우

$$h = \frac{H}{b_o + \Delta p} \Delta p$$

(3) 시차차가 기준면의 시차보다 무시할 정도로 작을 때

$$h = \frac{H}{b_0} \Delta p$$

➡ Example 2

촬영고도 3,000m 항공사진에 나타난 연통의 정상의 시차를 측정하니 17.32mm이고, 밑부분의 시차를 측정하니 15.85mm였다. 이 연통의 높이는 얼마인가?

해설 및 정답 ✛ -

$h = \dfrac{H}{P_r + \Delta p} \Delta p$

$= \dfrac{H \times (P_a - P_r)}{P_r + (P_a - P_r)} = \dfrac{3,000 \times 1,000 \times (17.32 - 15.85)}{15.85 + (17.32 - 15.85)}$

$= 254,618.9\text{mm} = 254.6\text{m}$

5. 사진측량에 이용되는 좌표계

(1) 사진측량의 단위

① 광속(Bundle)

각 사진의 광속을 처리 단위로 취급한다.

② 모델(Model)

다른 위치로부터 촬영되는 2매 1조의 입체사진으로부터 만들어지는 모델을 처리단위로 한다.

③ 복합모델(Strip)

서로 인접한 모델을 결합한 복합모델, 즉 Strip을 처리 단위로 한다.

④ 블록(Block)

사진이나 Model의 종횡으로 접합된 모형이거나 스트립이 횡으로 접합된 형태로 종·횡 접합 모형이라고도 한다.

(2) 사진측량 좌표계 규정

좌표계에 대한 정의는 1960년 열린 국제 사진측정학회(ISPRS)에서 통일하여 사용하고 있는 것을 원칙으로 하고 현재는 다음과 같은 규정을 택하고 있다.

① 오른손 좌표계(Right – Hand Coordinate System)를 사용한다.

② 좌표축의 회전각은 X, Y, Z축을 정방향으로 하여 시계방향을 (+)로 하며 각 축에 대해 각각 ω, ϕ, κ라는 기호를 사용한다.

③ X축은 비행방향으로 놓아 제1축으로, Y축은 X축의 직각방향인 제2축으로, Z축은 제3축으로 상방향으로 한다.

④ 원칙적으로 필름면은 양화면(Positive)으로 하나, 도화기의 구조에 따라 반드시 이에 따르지는 않는다.

(3) 사진측량에 이용되는 좌표계 종류

해석사진측량에서 이용되는 좌표계에는 기계, 지표, 사진, 사진기, 모델, 코스, 절대 및 측지 좌표계로 구분되며 이 좌표의 변환을 위해서는 다양한 변환방법이 활용된다.

1) 기계좌표계(x'', y'') ⇒ Comparator 좌표계

① 평면좌표를 측정하는 Comparator 등의 장치에 고정되어 있는 원점과 좌표축을 갖는 2차원 좌표계이다.

② 일반적으로 사진상의 모든 x'', y'' 좌표가 (+)값을 갖도록 좌표계가 설치된다.

2) 지표좌표계(x', y') ⇒ Helmert 변환, 내부표정

① 지표에 주어지는 고유의 좌푯값을 기준으로 하여 정해지는 2차원 좌표계이다.

② 원점의 위치는 일반적으로 사진의 네 모퉁이 또는 네 변에 있는 지표중심이 원점이 된다.

③ 지표중심(사진중심)으로부터 비행방향축의 변을 $x'(+)$로 한다.

3) 사진좌표계(x, y) ⇒ 대기굴절, 필름왜곡, 렌즈왜곡보정, 지구곡률

① 주점을 원점으로 하는 2차원 좌표계이다.

② x, y축은 지표좌표계의 x', y'축과 각각 평행을 이루며, 일반적으로 지표중심과 주점 사이에는 약간의 차이가 있다.

③ 지표중심과 주점 차이의 원인이 되는 왜곡은 렌즈왜곡, 필름왜곡, 대기굴절, 지구곡률 등이 영향을 미친다(10μm 이내).

4) 사진기좌표계(x', y', z') ⇒ 회전변환

① 렌즈중심(투영중심)을 원점으로 하는 x', y'축은 사진좌표계의 x, y축에 각각 평행하고 z'축은 좌표계에 의해 얻는다.

② 사진촬영시 기울기(경사)는 일반적으로 z'축, y'축, x'축의 좌표축을 각각 κ, ϕ, ω의 순으로 축차 회전하는 것을 말한다.

5) 모델좌표계(x, y, z) ⇒ 상호표정

① 2매 1조의 입체사진으로부터 형성되는 입체상을 정의하기 위한 3차원 좌표계로 원점은 좌사진의 투영중심을 취한다.

② 모델좌표계의 축척은 각 모델마다 임의로 구성된다.

6) 코스(Course) 좌표계(X', Y', Z') ⇒ 접합표정

복수모델좌표계를 인접한 모델에 접속할 때의 조건을 이용하여 하나의 좌표계로 통일할 때에 사용되는 3차원 직교좌표계이다.

7) 절대좌표계(X, Y, Z) ⇒ 절대표정

모델의 실공간을 정하는 3차원 직교좌표계이다.

8) 측지좌표계(E, N, H) ⇒ 곡률보정

지구상의 위치를 나타내기 위하여 통일적으로 설정되어 있는 좌표계로서 위도, 경도, 높이로 표시한다(3차원 직교좌표계가 아니다.).

(4) 좌표 변환

① 2차원 등각사상 변환(Conformal Transformation)

등각사상 변환은 직교기계 좌표에서 관측된 지표좌표계를 사진좌표계로 변환할 때 이용된다. 또한, 이 변환은 변환 후에도 좌표계의 모양이 변화하지 않으며 이 변환을 위해서는 최소한 2점 이상의 좌표를 알고 있어야 한다. 점의 선택 시 가능한 한 멀리 떨어져 있는 점이 변환의 정확도를 향상시키며, 2점 이상의 기준점을 이용하게 되고 최소제곱법을 적용하면 더욱 정확한 해를 얻을 수 있다. 2차원 등각사상 변환은 축척변환, 회전변환, 평행변위 세 단계로 이루어진다.

$$\begin{bmatrix} x \\ y \end{bmatrix} = SR_\theta \begin{bmatrix} x'' \\ y'' \end{bmatrix} + \begin{bmatrix} x_o \\ y_o \end{bmatrix}$$

여기서, S : 축척
R_θ : 회전각
x_o, y_o : 이동량(원점 미소 변위)

② 2차원 부등각사상 변환(Affine Transformation)

Affine 변환은 2차원 등각사상 변환에 대한 축척에서 x, y 방향에 대해 축척인자가 다른 미소한 차이를 갖는 변환으로 비록 실제 모양은 변화하지만 평행선은 Affine 변환 후에도 평행을 유지한다. Affine 변환은 비직교인 기계좌표계에서 관측된 지표좌표계를 사진좌표계로 변환할 때 이용된다. 또한, Helmert 변환과 자주 사용되어 선형왜곡보정에 이용된다.

$$\begin{bmatrix} x \\ y \end{bmatrix} = SR_\theta R_\delta \begin{bmatrix} x'' \\ y'' \end{bmatrix} + \begin{bmatrix} x_o \\ y_o \end{bmatrix}$$

여기서, S : 축척
R_θ : 회전각
R_δ : 비직교성에 의한 각
x_o, y_o : 이동량(원점 미소 변위)

③ 3차원 회전 변환

회전 변환은 사진기의 기울기를 표현하는 데 이용되며, 경사사진 사진기의 사진좌표계와 경사가 없는 사진기의 좌표계 사이의 관계를 구하는 데 이용된다. 즉, 기울어진 사진기 좌표계의 사진상의 점 $P(x, y, -f)$를 기울어지지 않은 사진기 좌표계로의 변환이며, 기울어지지 않은 사진기 좌표계(편의상 모델 좌표계)와 모델 좌표계는 평행이다.

$$\begin{bmatrix} x' \\ y' \\ z' \end{bmatrix} = R_{\kappa, \phi, \omega} \begin{bmatrix} x \\ y \\ z \end{bmatrix}$$

여기서, x', y', z' : 변환좌표계
x, y, z : 기울어진 좌표계
R : 회전변환계수

④ 항공사진측량에 의한 3차원 위치 결정

$$\begin{bmatrix} X_G \\ Y_G \\ Z_G \end{bmatrix} = SR_{\kappa,\ \phi,\ \omega} \begin{bmatrix} x_m \\ y_m \\ z_m \end{bmatrix} + \begin{bmatrix} x_o \\ y_o \\ z_o \end{bmatrix}$$

여기서, X_G, Y_G, Z_G : 지상좌표

x_m, y_m, z_m : 모델좌표

x_o, y_o, z_o : 원점이동량(원점 미소 변위)

→ Example 3

다음 항공사진좌표를 결정하기 위해 2차원 등각사상변환(Conformal Transformation)을 이용하여 다음과 같은 결과를 얻었다. 아래 식을 이용하여 사진좌푯값을 계산하시오.

원점(좌표)이동량	$x_0 = 0,\ y_0 = 0$
축척	$S = 1$
회전각(θ)	3°(반시계)
기계좌푯값	$x'' = 46.450\,\mathrm{mm},\ y'' = 38.680\,\mathrm{mm}$

$$\begin{bmatrix} x \\ y \end{bmatrix} = S \cdot \begin{bmatrix} \cos\theta & -\sin\theta \\ \sin\theta & \cos\theta \end{bmatrix} \begin{bmatrix} x'' \\ y'' \end{bmatrix} + \begin{bmatrix} x_0 \\ y_0 \end{bmatrix}$$

해설 및 정답 ⊕

$$\begin{bmatrix} x \\ y \end{bmatrix} = SR_\theta \begin{bmatrix} x'' \\ y'' \end{bmatrix} + \begin{bmatrix} x_0 \\ y_0 \end{bmatrix} = S \begin{bmatrix} a & -b \\ b & a \end{bmatrix} \begin{bmatrix} x'' \\ y'' \end{bmatrix} + \begin{bmatrix} x_0 \\ y_0 \end{bmatrix}$$

$$\begin{bmatrix} x \\ y \end{bmatrix} = S \cdot \begin{bmatrix} \cos\theta & -\sin\theta \\ \sin\theta & \cos\theta \end{bmatrix} \begin{bmatrix} x'' \\ y'' \end{bmatrix} + \begin{bmatrix} x_0 \\ y_0 \end{bmatrix}$$

$$= 1 \cdot \begin{bmatrix} \cos 3° & -\sin 3° \\ \sin 3° & \cos 3° \end{bmatrix} \begin{bmatrix} 46.450 \\ 38.680 \end{bmatrix} + \begin{bmatrix} 0 \\ 0 \end{bmatrix}$$

∴ 사진좌표($x,\ y$) 계산

$x = 44.362\,\mathrm{mm},\ y = 41.058\,\mathrm{mm}$

별해

$x = x'' \cdot \cos\theta + y'' \cdot (-\sin\theta)$

$= (46.450 \times \cos 3°) + \{38.680 \times (-\sin 3°)\}$

$= 44.362\,\mathrm{mm}$

$y = x'' \cdot \sin\theta + y'' \cdot \cos\theta$

$= 46.450 \times \sin 3° + 38.680 \times \cos 3°$

$= 41.058\,\mathrm{mm}$

6. 사진 및 모델의 매수, 기준점측량의 작업량 산정

(1) 사진의 면적(A) 및 유효면적(A_0) 계산

① 사진이 한 매인 경우

$$A = (m \cdot a)(m \cdot a) = m^2 \cdot a^2 = \frac{a^2 H^2}{f^2}$$

② 단코스(Strip)의 경우

$$A_0 = (ma)^2 \left(1 - \frac{p}{100}\right)$$

③ 복코스(Block)의 경우

$$A_0 = (ma)^2 \left(1 - \frac{p}{100}\right)\left(1 - \frac{q}{100}\right)$$

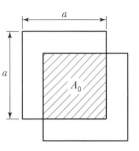

[그림 6 – 5] 유효면적(A_0)

여기서, m : 축척
a : 사진크기
p : 종중복도
q : 횡중복도

(2) 사진매수 및 총 모델수 계산

① 안전율을 고려한 경우

$$사진매수(N) = \frac{F}{A_0} \times (1 + 안전율)$$

여기서, F : 촬영대상 지역의 면적
A_0 : 유효면적

② 안전율을 고려하지 않았을 경우

• 종모델수(D) $= \dfrac{S_1}{B} = \dfrac{S_1}{ma\left(1 - \dfrac{p}{100}\right)}$

• 횡모델수(D') $= \dfrac{S_2}{C_0} = \dfrac{S_2}{ma\left(1 - \dfrac{q}{100}\right)}$

• 단코스의 사진매수(N) $= D + 1$

• 복코스의 사진매수(N) $= (D + 1) \times D'$

- 총모델수 $= D \times D'$

여기서, S_1 : 코스의 종방향 길이

S_2 : 코스의 횡방향 길이

B : 촬영 종기선 길이

C_0 : 촬영 횡기선 길이

③ 지상기준점측량의 작업량
- 삼각점수 = 총모델수 $\times 2$
- 수준측량 = {촬영횡기선 길이 $\times (2 +$ 코스의 수 $\times 2) +$ 촬영코스 종방향 길이 $\times 2$}km

---

→ Example **4**

초점거리가 150mm인 광각사진기로 촬영고도 3,000m에서 종중복도 60%, 횡중복도 30%로 가로 50km, 세로 30km인 지역을 촬영하려고 한다. 사진크기가 23cm $\times$ 23cm일 때 촬영계획을 수립하라.(단, 안전율 30%)

해설 및 정답 ✚ --

사진축척$(M) = \dfrac{1}{m} = \dfrac{f}{H} = \dfrac{0.15}{3,000} = \dfrac{1}{20,000}$

촬영 종기선길이$(B) = ma\left(1 - \dfrac{p}{100}\right) = 20,000 \times 0.23 \times \left(1 - \dfrac{60}{100}\right) = 1,840\text{m}$

촬영 횡기선길이$(C_o) = ma\left(1 - \dfrac{q}{100}\right) = 20,000 \times 0.23 \times \left(1 - \dfrac{30}{100}\right) = 3,220\text{m}$

① 안전율을 고려한 경우
- 유효면적$(A_o) = (ma)^2\left(1 - \dfrac{p}{100}\right) \cdot \left(1 - \dfrac{q}{100}\right) = 5.925\text{km}^2$

- 사진매수$(N) = \dfrac{F}{A_o} \times 1.3 = 329.11 \rightarrow 330$매

② 안전율을 고려하지 않은 경우
- 종모델수$(D) = \dfrac{S_1}{B} = \dfrac{50}{1.84} = 27.17 \rightarrow 28$모델

- 횡모델수$(D') = \dfrac{S_2}{C_o} = \dfrac{30}{3.22} = 9.32 \rightarrow 10$코스

- 총모델수 $= D \times D' = 280$모델
- 사진매수 $= (D+1) \times D' = 290$매
- 삼각점수 = 총모델수 $\times 2 = 280 \times 2 = 560$점
- 수준측량 거리 $= 3.22 \times (2 + 10 \times 2) + 50 \times 2 = 170.84\text{km}$

7. 표정(Orientation)

촬영시의 사진기와 지상좌표계와의 관계를 재현하는 것이 표정이다.

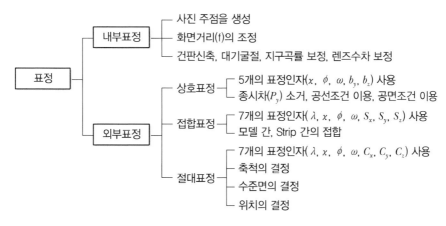

[그림 6-6] 표정의 종류

(1) 내부표정(Inner Orientation)

도화기의 투영기에 촬영 당시와 똑같은 상태로 양화건판을 정착시키는 작업이다. 즉, 화면 조정과 주점의 조정 작업이다.

(2) 상호표정(Relative Orientation)

양 투영기에서 나오는 광속이 촬영 당시 촬영면에 이루어 지는 종시차를 소거하여 목표 지형물의 상대위치를 맞추 는 작업이다.

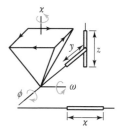

상호표정 인자 → κ, ϕ, ω, b_y, b_z

[그림 6-7] 표정요소운동

(3) 접합표정

한 쌍의 입체사진 내에서 한쪽의 표정인자는 전혀 움직이지 않고 다른 한쪽만 움직여 그 다 른 쪽에 접합시키는 표정법을 접합표정이라 한다.

접합표정 인자 → κ, ϕ, ω, S_x, S_y, S_z, λ

(4) 절대표정(Absolute Orientation)

절대표정(대지표정)은 축척의 결정, 수준면의 결정, 위치의 결정을 하며 시차가 생기면 다 시 상호표정으로 돌아가서 표정을 한다.

절대표정 인자 → κ, ϕ, ω, C_x, C_y, C_z, λ

(5) 불완전 모델의 결정

산악지역의 불완전 모델에는 ω, ϕ의 인자가 상호관계에 있다.

8. 항공삼각측량

입체도화기 및 정밀좌표 관측기에 의하여 사진상에 무수한 점들의 좌표(X, Y, Z)를 관측한 다음 소수의 지상기준점 성과를 이용하여 측정된 무수한 점들의 좌표를 전자계산기, 블록조정기 및 해석적 방법으로 절대좌표를 환산해 내는 기법을 항공삼각측량이라고 한다.

(1) 장점

① 시간, 경비 절감
② 표정점 감소
③ 높은 정도
④ 경제성 도모

(2) 항공삼각측량의 3차원 항공삼각측량법

1) 기계법(입체도화기)

① 에어로폴리곤법(Aeropolygon)
② 독립모델법(Independent Model)
③ 스트립 및 블록 조정(Strip 및 Block Adjustment)

2) 해석법(정밀좌표 관측기)

① 스트립 및 블록 조정(Strip 및 Block Adjustment)
② 독립모델법(Independent Model)
③ 광속법(Bundle Adjustment)

9. 수치사진측량(Digital Photogrammetry)

수치사진측량(Digital Photogrammetry)은 수치영상(Digital Image)을 이용하여 컴퓨터상에서 대상물에 대한 정보를 해석하고 취득한다는 점이 기존 항공사진이나 지상사진 등에 아날로그 형태의 자료를 이용하는 해석사진측량과 차이가 있고, 수치사진측량 자료는 다양하게 응용될 수있는 첨단 사진측량 방법이다. 특히, 사진측량의 일련의 과정에 대한 자동화를 목적으로 연구가진행되며 관측과정의 자동화와 실시간 3차원 측량기법 개발 등이 활발히 이루어지고 있다.

(1) 수치사진측량의 작업순서

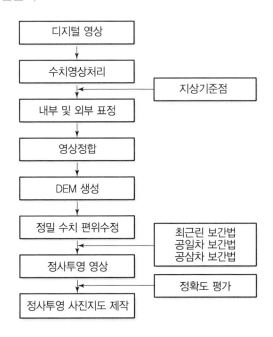

[그림 6-8] 수치사진측량의 작업 흐름도

(2) 수치영상처리

한 영상의 해상력을 증진시키기 위해 영상질의 저하원인이 되는 노이즈(Noise)를 제거하거나 최소화시키며, 영상의 왜곡을 보정하고, 영상을 강조하여 특징을 추출하고 분류하므로 영상을 해석할 수 있게 하는 작업의 전반적인 과정을 수치영상처리라 한다.

1) 수치영상과 영상좌표계

① 수치영상(Digital Image)

수치영상은 요소(Element) g_{ij}를 가지는 2차원 행렬 G로 구성된다. 수치영상은 픽셀번호와 라인번호의 행렬 형태로 나타내며, 하나의 작은 셀을 영상소(Pixel)라 한다. 영상소의 크기는 영상소의 해상도에 해당하고, 지상에 대응하는 거리를 지상해상도라 한다.

② 영상좌표계(Image Coordinate System)

디지털 영상을 사진측량에 이용하기 위해 영상소의 위치와 x, y좌표계 사이의 관계를 나타내기 위한 좌표계를 영상좌표계라 한다.

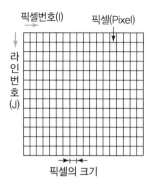

[그림 6-9] 수치영상

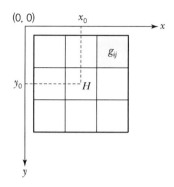

[그림 6-10] 영상좌표계

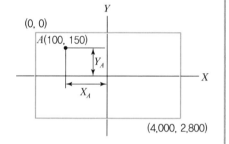

Example 5

수치사진측량을 수행하기 위해 모니터상의 영상좌표로 A점에 대해 (100pixels, 150pixels)을 획득하였다. A점의 좌표(X_A, Y_A)를 구하시오. (단, 한 pixel의 크기는 0.007mm이고 한 사진의 크기는 $4,000 \times 2,800$pixels이며 계산은 소수 셋째 자리에서 반올림하여 소수 둘째 자리까지 구하시오.)

※ 그림은 개략도이며 수치를 기준으로 계산하시오.

(1) X_A : _____ mm

(2) Y_A : _____ mm

해설 및 정답 ✚

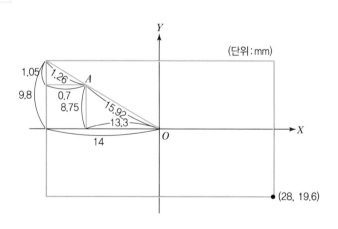

(1) 픽셀 크기 계산

   1) 전체 픽셀 크기 계산   2) A점 픽셀 크기 계산

     ① $4,000 \times 0.007 = 28\text{mm}$ ① $100 \times 0.007 = 0.7\text{mm}$

     ② $2,800 \times 0.007 = 19.6\text{mm}$ ② $150 \times 0.007 = 1.05\text{mm}$

(2) X_A, Y_A 계산

     $X_A = -13.3\text{mm}$

     $Y_A = +8.75\text{mm}$

2) 영상개선 및 복원(Image Enhancement And Restoration)

영상의 개선과 복원은 관측자를 위한 영상의 외향을 향상시키는 것으로서 주관적 처리이며, 전형적인 대화 형식으로 수행된다. 영상의 품질을 높이기 위해서는 적합한 방법과 매개변수를 선택해야 한다.

① 평활화(Smoothing)

   잡영이나 은폐된 부분을 제거함으로써 매끄러운 외양의 영상을 만들어 내는 기술

② 선명화(Sharpening)

   영상의 형상을 보다 뚜렷하게 함

③ 결점 보정화(Correcting Defect)

   영상의 결함을 고침(밝기값의 큰 착오를 제거)

3) 영상개선 및 복원기법(방법)

① 히스토그램 수정

  • 명암대비 확장(Contrast Stretching)기법

    영상을 디지털화할 때는 가능한 밝기값을 최대한 넓게 사용해야 좋은 품질의 영상을 얻을 수 있다. 영상 내 픽셀의 최솟값, 최댓값의 비율을 이용하여 고정된 비율로 영상을 낮은 밝기와 높은 밝기로 펼쳐 주는 기법을 말한다.

    − 선형대비 확장기법

    − 부분대비 확장기법

    − 정규분포 확장기법

  • 히스토그램 균등화(Equalization)

    히스토그램 균등화(평활화)는 영상 밝기값의 분포를 나타내는 히스토그램이 균일하게 되도록 변환하는 처리이다. 즉, 출력할 때의 영상이 각 밝기값에서 동일한 개수의 영상소를 가지도록 영상의 밝기값을 분포시키는 것을 말한다. 너무 밝거나, 어두운 영상 또는 편향된 영상의 개선에 이용된다.

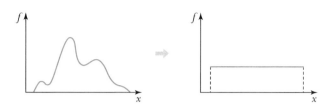

[그림 6 - 11] 히스토그램 균등화(평활화)

② 연산기법
  • 평활화 연산기법
    필터를 이용하여 잡영을 줄이거나(삭제하거나) 해상도를 줄이는 연산기법으로 주로
    가우스필터가 이용된다.
  • 선명화 연산기법
    경우에 따라 경계선을 강조하기 위하여 고주파 요소로 영상의 작은 세부항목까지 개
    선을 요구하는 경우가 있다. 선명화는 공간 영역이나 주파수 영역에서 수행된다.
  • 미분 연산기법
    작은 구역 안에서 발생되는 밝기값의 변화를 감지하는 데 이용된다.

③ 영상보정(Image Correction)
  영상보정은 사진기나 스캐너의 결함으로 발생한 가영상의 결함을 제거하기 위한 것으
  로 중앙값 필터에 의한 잘못된 영상소의 제거, 중앙값 필터에 의한 잘못된 행이나 열의
  제거, 이동평균법, 최댓값 필터법 등이 있다.
  • 중앙값 필터에 의한 잘못된 영상소의 제거(Median Method)
    이웃 영상소 그룹의 중앙값을 결정하여 영상소 변형을 제거하는 방법이다. 잡음만을
    소거할 수 있는 기법으로 가장 많이 사용되는 기법이며, 어떤 영상소 주변의 값을 작은
    값부터 재배열한 후 가장 중앙에 위치한 값을 새로운 값으로 설정한 후 치환하는 방법
    이다.

영상 입력

11	8	14	24	14	24
13	11	15	7	16	25
21	4	11	21	10	21
18	12	17	19	99	27
9	11	19	13	29	14
17	14	12	22	12	22

정렬된 영상

| 7 | 10 | 11 | 15 | 16 | 17 | 19 | 21 | 99 |

중
앙
값

영상 출력

11	8	14	24	14	24
13	11	15	7	16	25
21	4	11	16	10	21
18	12	17	19	99	27
9	11	19	13	29	14
17	14	12	22	12	22

[그림 6-12] 중앙값 연산의 예

- 중앙값 필터에 의한 잘못된 행이나 열의 제거

  실제 디지털 영상은 사진기나 스캐너의 기능 불량으로 가끔 행과 열을 손상시킬 수 있다. 이것을 파악하는 방법으로서 영상에서 주변의 행과 열은 비슷한 밝기값 분포를 갖는다는 가정하에 상관인자를 구하여 상관인자가 낮은 행이나 열을 잘못된 것으로 보고 제거하는 방법이다.

- 이동평균법(Moving Average Method)

  어떤 영상소의 값을 주변의 평균값을 이용하여 바꾸어 주는 방법으로 영상 전역에 대해서도 값을 변경하므로 노이즈뿐만 아니라 테두리도 뭉개지는 단점이 발생한다.

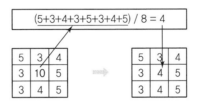

[그림 6-13] 이동평균법 연산의 예

- 최댓값 필터법(Maximum Filter)

  영상에서 한 화소의 주변들에 윈도를 씌워서 이웃 화소들 중에서 최댓값을 출력 영상에 출력하는 필터링 방법이다.

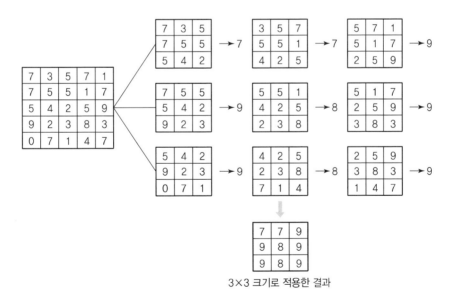

3×3 크기로 적용한 결과

[그림 6-14] 최댓값 필터법 연산의 예

4) 주파수 공간에 대한 필터링

수치영상처리에서 공간영역과 주파수영역 간에 기본적인 연결을 구성하는 방법에는 푸리에(Fourier), 호텔링(Hotelling), 발쉬(Walsh) 변환이 있다. 영상처리기술을 이해하는 데 중요한 내용이다.

① 기본식

주파수 공간에 대한 필터링은 푸리에 변환(Fourier Transformation)식으로 표현되며, G에 역변환을 실시하여 필터링 후의 영상을 얻을 수 있다.

$$G(\zeta, \eta) = F(\zeta, \eta) + H(\zeta, \eta)$$

여기서,　F : 원영상의 푸리에 변환
　　　　　H : 필터링 함수
　　　　　G : 출력영상의 푸리에 변환

② 필터링 함수의 종류

- Low Pass Filter

  낮은 주파수의 공간 주파수 성분만을 통과시켜서, 높은 주파수 성분을 제거하는 데 이용된다. 일반적으로 영상의 잡음 성분은 대부분 높은 주파수 성분에 포함되어 있으므로 잡음 제거의 목적에 이용할 수 있다.

- High Pass Filter

  고주파수 성분만을 통과시키는데 대상물의 윤곽 강조 등에 이용할 수 있다.

- Bend Pass Filter

  일정 주파수 대역의 성분만 보존하므로 일정 간격으로 출현하는 물결 모양의 잡음을 추출(제거)하는 데 이용된다.

5) 공간 필터의 종류와 특징(결과)

공간 필터	Sobel	Preneit	Laplacian	Smoothing	Median	High Pass	Sharpening
특징(결과)	Edge 추출	Edge 추출	Edge 추출	평활화	잡음 제거	Edge 강조	선명한 영상

6) 영상 재배열

영상의 재배열은 수치영상의 기하학적 변환을 위해 수행되고 원래의 수치영상과 변환된 수치영상 관계에 있어 영상소의 중심이 정확히 일치하지 않으므로 영상소를 일대일 대응관계로 재배열할 경우 영상의 왜곡이 발생한다. 일반적으로 원영상에 현존하는 밝기값을 할당하거나 인접 영상의 밝기값들을 이용하여 보간하는 것을 말한다.

−방법−

① Nearest Neighbor Interpolation(최근린 보간법)

- 가장 가까운 거리에 근접한 영상소의 값을 택하는 방법
- 장점 : 원영상의 데이터를 변질시키지 않음(계산이 가장 빠름)
- 단점 : 부드럽지 못한 영상을 획득

② Bilinear Interpolation(공1차 보간법)

- 인접한 4개 영상소까지의 거리에 대한 가중평균값을 택하는 방법
- 장점 : 여러 영상소로 구성되는 출력으로 부드러운 영상 획득
- 단점 : 새로운 영상소를 제작하므로 Data가 변질

③ Bicubic Interpolation(공3차 보간법)

- 인접한 16개 영상소를 이용하여 보정식에 의해 계산
- 장점 : 최근린 보간법보다 부드럽고 공1차 보간법보다 선명한 영상 취득
- 단점 : 보간하는 데 많은 시간 소요

④ Non−linear Interpolation(비선형 보간법)

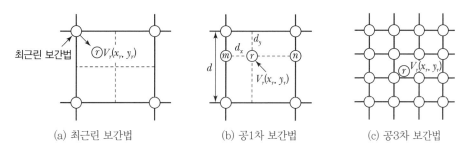

(a) 최근린 보간법   (b) 공1차 보간법   (c) 공3차 보간법

[그림 6−15] 영상 재배열 방법

(3) 에피폴라기하(Epipolar Geometry)

최근 수치사진측량 기술이 발달함에 따라 입체사진에서 공액점을 찾는 공정은 점차 자동화되어 가고 있으며, 공액요소 결정에 에피폴라기하를 이용한다.

(4) 영상정합(Image Matching)

사진 측정학에서 가장 기본적인 과정은 입체사진의 중복 영역에서 공액점을 찾는 것이라 할 수 있으며, 아날로그나 해석적 사진측정에서는 이러한 점을 수작업으로 식별하였으나 수치사진측정기술이 발달함에 따라 이러한 공정은 점차 자동화되고 있다. 영상정합은 영상 중 한 영상의 한 위치에 해당하는 실제의 객체가 다른 영상의 어느 위치에 형성되는가를 발견하는 작업으로서 상응하는 위치를 발견하기 위해서 유사성 측정을 이용한다.

1) 정합방법과 정합요소와의 관계

영상정합 방법	유사성 관측	영상정합 요소
영역기준정합	상관성, 최소제곱법	밝기값
형상기준정합	비용함수	경계
관계형 정합	비용함수	대상물의 점, 선, 면, 밝기값

2) 영역기준정합

오른쪽 사진의 일정한 구역을 기준영역으로 설정한 후, 이에 해당하는 왼쪽 사진의 동일 구역을 일정 범위 내에서 이동시키면서 찾아내는 원리를 이용하는 기법이다. 밝기값 상관법과 최소제곱법이 있다.

－특징－

① 주변 픽셀들의 밝기값 차이가 뚜렷한 경우 영상정합이 용이하다.
② 불연속 표면에 대한 처리가 어렵다.
③ 계산량이 많아서 시간도 많이 소요된다.
④ 선형 경계를 따라서 중복된 정합점들이 발견될 수 있다.

3) 형상기준정합

상응점을 발견하기 위한 기본자료로서 특징(Edge 정보)을 이용한다.

4) 관계형 정합

영상에 나타나는 특징들을 선이나 영역 등의 부호적 표현을 이용하여 묘사하고 이러한 객체들뿐만 아니라 객체들끼리의 관계까지도 포함하여 정합을 수행한다.

(5) 수치지형모형(Digital Terrain Model)

수치지형모형은 지표면상에서 규칙 및 불규칙적으로 관측된 3차원 좌푯값을 보간법 등의 자료처리 과정을 통하여 불규칙한 지형을 기하학적으로 재현하고 수치적으로 해석하는 기법이다.

1) 종류
① DEM
  • 수치표고모형(Digital Elevation Model)
  • 공간상에 나타난 지표의 연속적인 기복변화를 수치적으로 표현

② DSM
  • 수치표면모형(Digital Surface Model)
  • 공간상 표면의 형태를 수치적으로 표현(나무, 건물의 높이 등)

③ DTM
- 수치지형모형(Digital Terrain Model)
- 표고뿐 아니라 지표의 다른 속성까지 포함하여 표현한 것

2) 수치지형모형의 주요 요소

① 자료취득은 가장 효율적인 방법으로 하여야 한다.

② 가능한 한 최소의 자료로 지형을 근사화시켜야 한다.

③ 충분한 정확도를 유지하여야 한다.

④ 보간은 간단하고 단시간 내에 지형을 근사화시켜야 한다.

3) 자료취득방법

① 기존 지형도를 사용하는 방법

② 사진측량 및 원격탐측에 의한 방법

③ 음향측심기에 의한 방법

④ LiDAR/GNSS/관성측량에 의한 방법

4) 지형표현(추출)방법

① 격자방식 : 지형이 넓은 경우 효과적

② 등고선방식 : 기존 지형도를 사용하여 자료를 추출하는 경우 효과적

③ 단면방식 : 도로 개설시 효과적

④ 임의방식 : 지형의 주요점, 즉 산정, 계곡 등의 지성선을 빠뜨리지 않고 추출할 수 있음

⑤ 불규칙삼각망방식(TIN) : 자료량 조절이 용이(경사가 급한 지역, 선형 침식지의 표현에 효과적)

5) 격자법(Raster)

규칙적인 격자의 교차점에서 고도를 저장하며, 기준점들의 불규칙한 집합으로부터 보간기법을 거쳐야 한다.

① 고도만 저장하므로 자료구조가 간단하다.

② 배열처리를 적용함에 있어서 계산이 빠르다.

③ 표면을 보간하기 위해서는 계산해야 할 방정식 체계가 매우 크다.

④ 측정한 점의 값이 보존되지 않는다.

6) 불규칙삼각망(TIN)

불규칙삼각망은 수치모형이 갖는 자료 중복을 줄일 수 있으며, 지형공간정보체계와 수치지도 제작 및 등고선 처리 프로그램과 같은 여러 분야에 효과적으로 적용되는 방법이다.

① 기복의 변화가 적은 지역에서 절점 수를 적게 함

② 기복의 변화가 심한 지역에서 절점 수를 증가시킴

③ 자료량 조절이 용이

④ 중요한 위상 형태를 필요한 정확도에 따라 해석

⑤ 경사가 급한 지역에 적당

⑥ 선형 침식이 많은 하천 지형의 적용에 특히 유용

⑦ 격자형 자료의 단점인 해상력 저하, 해상력 조절, 중요한 정보의 상실 가능성 해소

⑧ 어떠한 연속적인 필드에서도 적용

7) 보간방법

① 선형보간법 : 지형이 직선적으로 변화하는 것으로 간주

② 곡선보간법 : 단면별로 수집된 점으로부터 지형변화에 상당하는 곡선식

③ 곡면보간법 : 지형을 수학적 곡면으로 간주

8) 활용

① 토공량 산정(절·성토량 추정)/쓰레기매립장 내 추정

② 지형의 경사와 곡률, 사면방향 결정

③ 등고선도와 3차원 투시도(지형기복 상태를 가시적으로 평가)

④ 노선의 자동설계(대체 노선 평가)

⑤ 유역면적 산정(최대경사선의 추적)

⑥ 지질학, 삼림, 기상 및 의학 등

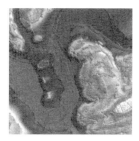
(a) DSM(Digital Surface Model)

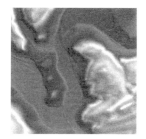
(b) DTM(Digital Terrain Model)

[그림 6-16] DSM과 DTM

(6) 정밀수치 편위수정

인공위성이나 항공사진에서 수집된 영상자료와 수치고도모형 자료를 이용하여 정사투영 사진을 생성하는 방법으로 수치고도모형 자료가 입력용으로 사용되는가 출력용으로 사용 되는가의 구분에 의해 직접법과 간접법으로 구분된다.

1) 직접법

주로 인공위성 영상을 기하보정할 때 사용되는 방법으로 지상좌표를 알고 있는 대상물의

영상좌표를 관측하여 각각의 출력영상소의 위치를 결정하는 방법이다.

2) 간접법

수치고도모형 자료에 의해 출력 영상소의 위치가 이미 결정되어 있으므로 입력 영상에서 밝기값을 찾아 출력 영상소 위치에 나타내는 방법으로 항공사진을 이용하여 정사투영영상을 생성할 때 주로 이용된다.

3) 정밀수치 편위수정 방법의 특징

방법 구분	직접법	간접법
단계	• 영상좌표(x, y)를 이용하여 수치고도모형 (X, Y) 좌표를 결정 • 영상의 밝기값을 가장 가까운 수치고도모형 자료의 격자에 할당	• 수치고도모형(X, Y) 좌표로부터 영상좌표(x, y)를 결정 • 보간법(최근린 보간, 공1차 보간, 공3차 보간)에 의해 영상의 밝기값을 추정 • 보간된 밝기값을 수치고도모형 자료의 각 격자에 할당
장점	영상의 밝기값은 변하지 않음	모든 수치고도모형 자료가 밝기값을 가짐
단점	수치고도모형 자료의 모든 격자가 영상의 밝기값을 가지는 것이 아니기 때문에 인접한 격자로부터 밝기값을 보간해야 됨	• 영상의 밝기값 보간에 시간이 소비됨 • 최종 편위수정된 영상은 밝기값의 보간에 의해 원영상과 동일하지 않음

10. 원격탐측

(1) 식생지수

식생지수(NDVI)는 위성영상을 이용하여 식생분포 및 활력도를 나타내는 지수이며, 현재 식생분석을 위해 가장 보편적으로 사용되고 있다.

1) 산출방법

NDVI는 가시광선 밴드와 근적외선 밴드의 반사값을 연산하는 것으로 다음과 같은 식에 의해 간단하게 구할 수 있다.

$$NDVI = \frac{NIR - RED}{NIR + RED}$$

여기서, NIR : 근적외선 밴드의 분광반사도
RED : 가시광선 밴드의 분광반사도

2) 특징

① 식생지수는 식생분포 및 활력도 분석을 위해 실시하는 것으로 단위가 없는 복사값으로서 녹색식물의 상대적 분포량과 활동성, 엽면적지수, 엽록소 함량 등과 관련된 지표이다.

② 식물은 적색광(RED) 파장대에서 낮은 값을 보이고 근적외 파장대에서 높은 값을 보인다.

③ NDVI는 −1에서 1 사이의 값을 가진다.

④ NDVI의 지수가 양수값으로 증가하면, 녹색식물의 증가를 의미한다.

⑤ NDVI의 지수가 반대로 음수값이 되면 물, 황무지, 얼음, 눈 혹은 구름과 같이 식생이 존재하지 않는 지역을 나타낸다.

⑥ 식생지수는 지형효과 및 토양변위 등이 영향을 줄 수 있는 내부효과를 정규화하여야 한다.

⑦ 식생지수는 일관된 비교를 위해 태양각, 촬영각, 대기상태와 같은 외부효과를 정규화하거나 모델링할 수 있어야 한다.

⑧ 식생지수는 유효성 및 품질관리를 위해 구체적인 생물학적 변수와 연관되어야 한다.

➡ Example 6

지역 1, 2, 3에 대해서 LANDSAT − 7의 3번(RED)과 4번(NIR) 밴드의 화솟값을 구한 결과가 아래와 같다. 각 지역의 정규화 식생지수(NDVI) 값을 구하시오.

화솟값 \ 지역	지역 1	지역 2	지역 3
밴드 3(가시광선, RED)	100	100	20
밴드 4(근적외선, NIR)	100	250	15

해설 및 정답 ⊕

식생지수(NDVI)는 위성영상을 이용하여 식생분포 및 활력도를 나타내는 지수이며, 현재 식생분석을 위해 가장 보편적으로 사용되고 있다.

NDVI는 가시광선 밴드와 근적외선 밴드의 반사값을 연산하는 것으로 다음과 같은 식에 의해 간단하게 구할 수 있다.

$$NDVI = \frac{NIR - RED}{NIR + RED}$$

여기서, NIR : 근적외선 밴드의 분광반사도
RED : 가시광선 밴드의 분광반사도

(1) $NDVI(\text{지역 } 1) = \dfrac{100 - 100}{100 + 100} = 0$

(2) $NDVI(\text{지역 } 2) = \dfrac{250 - 100}{250 + 100} = 0.43$

(3) $NDVI(\text{지역 } 3) = \dfrac{15 - 20}{15 + 20} = -0.14$

(2) 해상도(Resolution)

영상이나 사진에서 아주 가까운 별도의 물체를 구별하는 능력으로, 보통 구별될 수 있는 가장 가까운 공간상의 선과 단위거리로써 표현된다.

1) 공간해상도(Spatial Resolution)
① 영상 내의 개개 픽셀이 표현 가능한 지상의 면적을 표현
② 보통 1m급, 5m급, 30m급 등으로 표현
③ 숫자가 작아질수록 보다 작은 지상물체의 판독이 가능
④ 일반적으로 해상도라 하면 이 공간해상도를 의미

2) 분광해상도(Spectral Resolution)
① 센서가 얼마나 다양한 분광파장 영역을 수집할 수 있는가를 표현
② 분광해상도가 좋을수록 영상의 분석적 이용 가능성이 상승
③ 영상의 질적 성능을 판별하는 중요한 기준

3) 방사해상도(Radiometric Resolution)
① 센서에서 수집한 영상이 얼마나 다양한 값을 표현하는가를 표시
② 방사해상도가 높은 영상은 분석 정밀도가 높다는 의미 내포
③ 지상물질의 속성을 파악하는 데 주로 활용

4) 주기해상도(Temporal Resolution)
① 지구상의 특정 지역을 얼마만큼 자주 촬영 가능한지를 표현
② 위성체의 하드웨어적 성능에 좌우
③ 주기해상도가 짧을수록 지형 변이 양상을 주기적이고도 빠르게 파악
④ 데이터베이스 축적을 통해 향후의 예측을 위한 좋은 모델링 자료를 제공

(3) 디지털 영상자료의 포맷(기본사항)

1) 화소(Pixel)
① 디지털 데이터의 최소 구성단위
② Picture elements의 약어
③ 밴드 내에서 행번호와 열번호를 조합하여 위치 표시
④ 각 화소는 데이터의 방사해상력에 따라 표현 범위가 달라짐

　　📖 6비트 $= 64(2^6)$단계

　　　8비트 $= 256(2^8)$단계

　　　11비트 $= 2,048(2^{11})$단계

　　※ 영상자료 전체 자료량(byte) $=$ (라인수)$\times$(화소수)$\times$(채널수)$\times$(비트수/8)

2) 멀티밴드(Multi-Band 또는 Multi-Layer)

① 단일밴드로 이루어진 흑백영상과 달리 두 개 이상의 밴드로 이루어진 멀티밴드는 데이터의 저장 형태에 따라 3가지 방식으로 나누어진다.
- BIL(Band-Interleaved by Line) : 행(Line)별 순차 기록
  각 행(Line)의 화소값을 밴드순으로 저장하면서 마지막 행까지 영상에 기록함
- BSQ(Band-Sequential) : 밴드별 순차 기록
  첫 밴드의 전체 화소값을 기록하고 이후 순서대로 나머지 밴드를 저장하므로 밴드별로 영상출력 시 편리함
- BIP(Band-Interleaved by Pixel) : 픽셀별 순차 기록
  각 화소의 밴드별 값을 순서대로 기록하므로 다중분광 영상의 부분 입출력에 유리하지만 디지털 영상처리의 구현에 어려움이 따름
※ 위 세 가지 포맷이 원격탐사 센서의 일반적인 영상자료 저장방식이다.

② Raw 형식의 위성영상 데이터는 주로 BIL이나 BSQ가 사용되며 데이터 형식은 이진수 (Binary)이다.
※ • 항공영상이나 위성영상은 최적 해상도로 저장하고 저장포맷은 Tiff 또는 Geo Tiff 형식을 사용
  • 위성영상 구성요소에는 헤더정보, 메타데이터, 기하정보, 영상정보가 있으며, 메타데이터의 주요 정보에는 촬영 및 생산일자, 촬영각, 생산이력이 포함되어 있다.

➡ Example 7

그림과 같은 4×4 크기의 2밴드 영상이 BIL 포맷으로 저장된 데이터를 보기와 같이 표시하시오.

[영상]

밴드 '1'

행 \ 열	1	2	3	4
1	6	6	9	8
2	8	8	8	7
3	8	7	2	3
4	7	3	3	2

밴드 '2'

행 \ 열	1	2	3	4
1	5	6	8	8
2	8	8	8	7
3	8	7	1	0
4	7	0	0	0

[보기]

7	3	3	2
7	0	0	0
8	7	2	3
8	7	1	0
8	8	8	7
8	8	8	7
6	6	9	8
5	6	8	8

해설 및 정답 ✚

위성영상의 저장방식에는 BSQ, BIP, BIL 등이 있다.

① BSQ형식(Band Sequential) : 밴드별 영상. 밴드별로 이차원 영상 데이터를 나열한 것으로 밴드별로 출력할 때에는 편리하지만, 다중스펙트럼 해석을 할 때는 약간 불편하다는 단점을 지니고 있다.

② BIP형식(Band Interleaved by Pixel) : 픽셀별 영상. 픽셀별로 밴드의 값을 모아 라인번호 순으로 나열한 것으로 픽셀마다 다중스펙트럼 해석을 하거나 분류를 할 경우에 매우 편리하지만 파일이 지나치게 커지는 단점이 있다.

③ BIL형식(Band Interleaved by Line) : 라인별 영상. 라인별로 픽셀을 밴드순으로 나열한 것으로 BSQ와 BIP의 장점을 적절하게 조정한 방법으로서 중간적 특징을 가지고 있다.

정답

6	6	9	8
5	6	8	8
8	8	8	7
8	8	8	7
8	7	2	3
8	7	1	0
7	3	3	2
7	0	0	0

(4) 추출된 주제정보의 정확도 평가

1) 영상분류 오차행렬

오차행렬은 원격탐사에서 도출한 주제도에서 k개의 클래스로 구성된 원격탐사 분류 결과의 정확도를 평가하는 데 사용된다. 오차행렬은 $k \times k$(예 3×3)의 정방배열로 구성된다. 행렬에서 행은 지상 참조 검증 정보를 나타내고 열은 원격탐사 자료를 분석하여 만든 분류에 해당한다. 행과 열이 만나는 지점은 현장에서 증명된 실제 항목에 대한 특정 분류 항목의 표본단위수(즉 화소, 화소 군집, 혹은 폴리곤)를 요약하고 있다. 조사된 표본의 총수는 N이다.

→ **Example 8**

데이터 전체 정확도(예)

구분		참조 데이터				총계
		A	*B*	*C*	*D*	
표본 데이터	*A*	1	2	0	0	3
	B	0	5	0	2	7
	C	0	3	5	1	9
	D	0	0	4	4	8
총계		1	10	9	7	27

해설 및 정답 ✛

① 위성영상의 분류정확도는 주로 Error Matrix를 형성함으로써 평가

② 전체정확도 : 전체 화솟값에서 정확히 분류된 화소(오차행렬에서 대각선의 값의 합)의 비율

$$PCC = \frac{S_d}{n} \times 100 (\%)$$

여기서, PCC : 전체정확도(Percent Correctly Classified)

S_d : 대각선 값의 합

n : 표본의 총수

PCC(예)

$$PCC = \frac{S_d}{n} \times 100 (\%)$$

$$= \frac{1+5+5+4}{27} \times 100 (\%)$$

$$= 55.56 (\%)$$

2) KAPPA 분석

KAPPA 분석(계수)은 원격탐사의 데이터 처리분석 결과에서 많이 사용되는 방법으로 지상에서의 실제 Class와 원격탐사 자료를 분석한 자료의 전체 정확도를 나타내는 계수이다.

$$K = \frac{P_0 - P_C}{1 - P_C}$$

여기서, P_0 : 실제일치도(Relative Agreement of Among Raters)

P_C : 기회일치도(Hypothetical Probability of Chance Agreement

= Probability of Random Agreement)

KAPPA 분석(계수)은 원격탐사의 데이터 처리분석 결과에서 많이 사용되는 방법으로 지상에서의 실제 Class와 원격탐사 자료를 분석한 자료의 전체 정확도를 나타내는 계수이다. 다음의 표의 KAPPA 계수를 구하시오.

구분		실제자료			계
		A	B	C	
원 탐 자 료	A	100	10	40	150
	B	10	80	30	120
	C	10	10	70	90
계		120	100	140	360

$$K = \frac{P_0 - P_C}{1 - P_C}$$

(P_0 : 실제일치도, P_C : 기회일치도)

P_0 : Relative Agreement of Among Raters

P_C : Hypothetical Probability of Chance Agreement
　　　= Probability of Random Agreement

해설 및 정답 ✦

(1) P_0(실제일치도) 계산

$$P_0 = \frac{\text{대각선의 합}}{\text{총 데이터 수}} = \frac{100 + 80 + 70}{360} = 0.69$$

(2) P_C(기회일치도) 계산

A
  — 원탐자료가 A라고 분류힐 확률 $- \dfrac{100 + 10 + 40}{360} = 0.42$
  — 실제자료가 A라고 분류할 확률 $= \dfrac{100 + 10 + 10}{360} = 0.33$
  — 원탐자료와 실제자료가 동시에 A라고 분류할 확률 $= 0.42 \times 0.33 = 0.14$

B
  — 원탐자료가 B라고 분류할 확률 $= \dfrac{10 + 80 + 30}{360} = 0.33$
  — 실제자료가 B라고 분류할 확률 $= \dfrac{10 + 80 + 10}{360} = 0.28$
  — 원탐자료와 실제자료가 동시에 B라고 분류할 확률 $= 0.33 \times 0.28 = 0.09$

C
  — 원탐자료가 C라고 분류할 확률 $= \dfrac{10 + 10 + 70}{360} = 0.25$
  — 실제자료가 C라고 분류할 확률 $= \dfrac{40 + 30 + 70}{360} = 0.39$
  — 원탐자료와 실제자료가 동시에 C라고 분류할 확률 $= 0.25 \times 0.39 = 0.10$

$\therefore P_C$(기회일치도) $= 0.14 + 0.09 + 0.10 = 0.33$

(3) KAPPA 계수 계산

$$K = \frac{P_0 - P_C}{1 - P_C} = \frac{0.69 - 0.33}{1 - 0.33} = 0.54$$

001

항공기에 탑재된 사진기로 지상을 촬영하면 비행속도에 의해 영상이 선명하게 촬영되지 않으므로 이를 방지하기 위해 항공측량용 사진기에는 영상이동보정(Image Motion Compensation) 장치가 있다. 이 장치는 촬영시 사진면(필름)을 순간적으로 이동시켜 지상과 사진면 간의 상대속도를 상쇄시키는 원리를 이용한 것이다. 항공기의 비행속도가 250km/h, 촬영고도가 지표면으로부터 750m, 사진기의 초점거리가 150mm, 사진기의 노출시간을 1/500초로 수직 촬영한 경우 영상이동보정 장치가 움직인 거리를 구하시오.(단, 최종 답의 단위는 mm로 계산하고, 소수 셋째 자리에서 반올림하여 소수 둘째 자리까지 구하시오.)

해설 및 정답

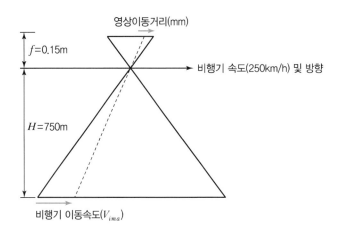

① 비행기의 비행속도(V_{Air}) = 250km/h = $\dfrac{250 \times 1,000}{3,600}$ = 69.444m/s

② 노출시간 동안 비행기가 이동한 속도(V_{ima}) = $V_{Air} \times \dfrac{f}{H}$

$$= 69.444 \times \dfrac{0.15}{750} = 0.01389\text{m/s} = 13.89\text{mm/s}$$

③ 영상이동거리(mm) = $V_{ima} \times$ 노출시간 = $13.89 \times \dfrac{1}{500}$ = 0.02778mm = 0.03mm

002 토지에서 비고가 있을 때 촬영고도가 3,000m, 비고 200m, 사진연직점에서 투영점까지 거리가 12cm인 지점에서 사진상의 기복변위는?

해설 및 정답

$$기복변위(\Delta r) = \frac{h}{H} \cdot r$$
$$= \frac{200}{3,000} \times 0.12 = 0.008\text{m} = 0.8\text{cm}$$

003 비고 70m의 구릉지에서 주점거리 210mm의 사진기로 촬영한 사진의 크기가 23×23cm 이고, 축척이 1/40,000이다. 이 사진의 비고에 의한 최대변위는?

해설 및 정답

$$\Delta r_{\max} = \frac{h}{H} \cdot r_{\max}$$
$$r_{\max} = \frac{\sqrt{2}}{2}a = \frac{0.23}{2} \times \sqrt{2} = 0.163\text{m}$$
$$H = m \cdot f = 40,000 \times 0.210 = 8,400\text{m}$$
$$\therefore \ \Delta r_{\max} = \frac{70}{8,400} \times 0.163 = 0.0014\text{m} = 1.4\text{mm}$$

004 어떤 수직사진을 평균해수면으로부터 533m의 고도에서 촬영하였다. 좌측 상단의 굴뚝 높이는 평균해수면으로부터 259m였다. 굴뚝의 기복변위량은 5.4cm이고, 사진중심으로부터 굴뚝 꼭대기까지의 방사거리는 12.2cm이다. 굴뚝의 높이를 계산하시오.

해설 및 정답

굴뚝을 기준면으로 한 비행고도$(H) = 533 - 259 = 274$m
$$\Delta r = \frac{h}{H} \times r, \ h = \frac{\Delta r}{r} \times H$$
$$\therefore \ h = \frac{\Delta r}{r} \times H = \frac{5.4}{12.2} \times 274 = 121.3\text{m}$$

005

항공사진측량에서 지표면에 기복이 있을 경우 연직으로 촬영하여도 축척은 동일하지 않으며 사진면에서 연직점을 중심으로 방사상의 변위가 생기는 것을 기복변위라 한다. 기복변위가 크게 나타나는 3가지 이유를 적으시오.

해설 및 정답

기복변위가 크게 나타나는 3가지 이유

$$\Delta r = \frac{h}{H} r$$

① 비고(h) 값이 높으면 기복변위는 크게 나타난다.
② 촬영고도(H) 값이 낮으면 기복변위는 크게 나타난다.
③ 연직점으로부터 상점까지의 거리(r)가 길면 기복변위는 크게 나타난다.

006

그림은 초점거리 152mm의 카메라를 이용하여 1,500m 상공에서 기념비를 수직 촬영하여 중첩한 것으로 기념비 정상부와 바닥부에 대해 그림에서와 같은 수치를 얻을 수 있었다. 기념비의 높이를 구하시오.(단, 주점 기선 길이는 8.32cm이다.)

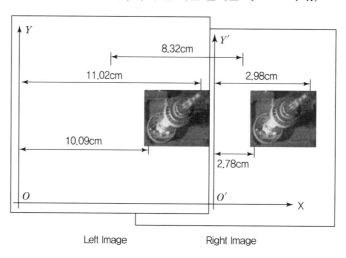

해설 및 정답

(1) • 기념비의 정상부 시차(P_a) = 11.02 − 2.98 = 8.04cm
 • 기념비의 바닥부 시차(P_r) = 10.09 − 2.78 = 7.31cm
 • 정상부와 바닥부의 시차차(Δp) = 8.04 − 7.31 = 0.73cm

(2) 기념비의 높이(h) = $\dfrac{H}{b_0} \cdot \Delta p = \dfrac{1,500}{8.32} \times 0.73 = 131.61$m

007 주점으로부터 건물 아래(A)와 위(B)까지의 시차를 측정한 결과가 그림과 같다. 오른쪽 사진의 주점을 왼쪽 사진에 옮긴 후, b_0를 측정한 결과가 8.35cm 건물 아래로부터 촬영 고도가 500m라고 할 때, 건물의 실제 높이를 구하시오.

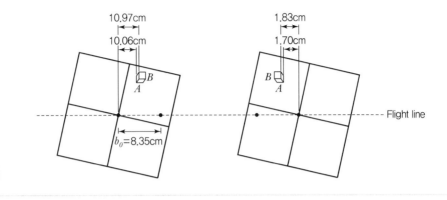

해설 및 정답

- 건물의 위(정상) 시차(P_a) $= 10.97 - (-1.83) = 12.80$cm
- 건물의 아래(바닥) 시차(P_r) $= 10.06 - (-1.70) = 11.76$cm
- 건물의 위와 아래의 시차차(Δp) $= 12.80 - 11.76 = 1.04$cm

$$\therefore h = \frac{H}{b_0} \cdot \Delta p = \frac{500}{8.35} \times 1.04 = 62.28\text{m}$$

008 촬영고도 $3,000$m 항공사진에 나타난 연통의 정상의 시차를 측정하니 17.32mm이고, 밑 부분의 시차를 측정하니 15.85mm였다. 이 연통의 높이는?

해설 및 정답

$$h = \frac{H}{P_r + \Delta p} \Delta p$$

$$= \frac{H \times (P_a - P_r)}{P_r + (P_a - P_r)}$$

$$= \frac{3,000 \times 1,000 \times (17.32 - 15.85)}{15.85 + (17.32 - 15.85)}$$

$$= 254,618.9\text{mm} = 254.6\text{m}$$

009 촬영고도 750m의 밀착 연직사진이 있다. 이 사진에서 비고 15m에 대한 시차차는 얼마인가?(단, 화면거리 $f = 15$cm, 화면크기 23cm×23cm, 종중복도 60%)

해설 및 정답

$$b_o = a(1-p) = 230 \times (1-0.6) = 92\text{mm}$$

$$\therefore \Delta p = \frac{b_o}{H}h = \frac{92 \times 15 \times 1,000}{750 \times 1,000} = 1.84\text{mm}$$

010 입체도화기에 의하여 등고선을 그리는 경우 등고선의 높이에 대한 오차를 등고선 간격의 1/2 이내라고 하면 측정하는 시차차의 오차는?(단, 도화축척 1/5,000, 초점거리 $f = 150$mm, 화면크기 23cm×23cm, 종중복도 60%, 등고선간격 2m, 사진축척 1/20,000)

해설 및 정답

(1) 촬영고도(H) 계산

$$H = m \cdot f$$
$$= 0.15 \times 20,000 = 3,000\text{m}$$

(2) 촬영기선거리(B) 계산

$$B = ma(1-p)$$
$$= 20,000 \times 0.23 \times 0.4$$
$$= 1,840\text{m}$$

(3) 비고의 오차($dh = \frac{2}{2} = 1\text{m}$) 계산

$$dp = \frac{Bf}{H^2}dh$$
$$= \frac{1,840 \times 0.15 \times 1}{3,000^2}$$
$$= 0.00003\text{m} = 0.03\text{mm}$$

011

초점거리 152mm의 카메라를 사용하여 종중복도 60%와 23cm × 23cm 크기의 사진포맷으로 수직촬영 하였다. 촬영기선길이에 대한 촬영고도의 기선고도비(B/H)와 과고감을 구하시오. (단, 입체시의 기선고도비(b_e/h)는 0.2이다.)

(1) 기선고도비(B/H) : _____

(2) 과고감(V) : _____

> **해설 및 정답**

(1) 기선고도비(B/H) 계산

$$기선고도비(B/H) = \frac{ma(1-p)}{H} = \frac{\frac{H}{f}a(1-p)}{H} = \frac{a(1-p)}{f}$$
$$= \frac{0.23 \times (1-0.6)}{0.152} = 0.61$$

(2) 과고감(V) 계산

$$과고감(V) = \left(\frac{B}{H}\right) \times \left(\frac{h}{b_e}\right) = 0.61 \times \frac{1}{0.2} = 3.05$$

012

항공사진측량에서 한 쌍의 사진을 입체시하면 실제기복이 과장되게 나타나는 현상을 과고감이라 한다. 과고감이 크게 나타나는 3가지 이유를 적으시오.

> **해설 및 정답**

① 촬영기선이 긴 경우가 촬영기선이 짧은 경우보다 더 높게 보인다.
② 렌즈의 초점거리가 짧은 쪽의 사진이 긴 쪽의 사진보다 더 높게 보인다.
③ 같은 촬영기선에서 촬영하였을 때 낮은 촬영고도로 촬영한 사진이 높은 고도로 촬영한 경우보다 더 높게 보인다.

013

지상에서 두 지점 A, B를 관측한 결과 수평거리가 800m로 측정되었고, 두 지점을 화면의 크기가 23cm×23cm인 사진기로 촬영한 연직 사진상에서 관측한 결과 8cm로 측정되었다. 이 연직 사진을 도화하기 위한 도화기의 C-계수가 1,000일 때 이 도화기로 도화할 수 있는 최소 등고선 간격이 1.5m였다면 기선고도비는 얼마인가?(단, 횡중복은 20%, 종중복은 60%이고, 계산은 소수 넷째 자리에서 반올림하여 소수 셋째 자리까지 구하시오.)

해설 및 정답

(1) 비행고도(H) 계산

$$H = C \times h = 1,500\text{m}$$

(2) 축척 계산

$$\frac{1}{m} = \frac{0.08}{800} = \frac{1}{10,000}$$

(3) 기선고도비 계산

$$\frac{B}{H} = \frac{ma(1-p)}{H} = \frac{10,000 \times 0.23 \times (1-0.60)}{1,500} = 0.613$$

014

촬영고도 1,500m, 초점거리 152mm의 카메라를 사용하여 수직사진을 획득하였다. 대상점 A, B에 상응하는 상점을 각각 a, b라고 하고 이들의 사진좌표는 $x_a = -52.35\text{mm}$, $y_a = -48.27\text{mm}$, $x_b = 40.64\text{mm}$, $y_b = 43.88\text{mm}$이다. A와 B의 표고가 204m와 166m라고 할 경우, $\overline{AB}$의 지상 수평거리를 계산하시오.(단, 소수 셋째 자리에서 반올림하여 소수 둘째 자리까지 구하시오.)

해설 및 정답

[수직사진을 이용한 지상좌표]

- $X_A = \dfrac{x_a(H-h_a)}{f} = \dfrac{(-52.35) \times (1,500-204)}{152} = -446.35\text{m}$

- $Y_A = \dfrac{y_a(H-h_a)}{f} = \dfrac{(-48.27) \times (1,500-204)}{152} = -411.57\text{m}$

- $X_B = \dfrac{x_b(H-h_b)}{f} = \dfrac{40.64 \times (1,500-166)}{152} = 356.67\text{m}$

- $Y_B = \dfrac{y_b(H-h_b)}{f} = \dfrac{43.88 \times (1,500-166)}{152} = 385.10\text{m}$

$\therefore \overline{AB}$의 지상수평거리 $= \sqrt{(X_B - X_A)^2 + (Y_B - Y_A)^2}$

$\qquad\qquad\qquad\qquad = \sqrt{(356.67-(-446.35))^2 + (385.10-(-411.57))^2}$

$\qquad\qquad\qquad\qquad = 1,131.16\text{m}$

015

지상 A점과 B점의 기준면으로부터의 표고가 275m인 두 지점 간의 수평거리가 510m이다. 초점거리 152mm의 카메라를 사용하여 수직 촬영한 사진 상의 A점과 B점의 사진좌표가 $x_a = 18.122$mm, $y_a = 57.361$mm, $x_b = 110.056$mm, $y_b = 19.987$mm일 경우에 기준면으로부터의 비행고도를 구하시오. (단, 계산은 반올림하여 소수 셋째 자리까지 구하시오.)

해설 및 정답

사진축척$(M) = \dfrac{1}{m} = \dfrac{f}{H-h} = \dfrac{l}{L}$ 이므로,

여기서, $H = \dfrac{(f \cdot L) + (l \cdot h)}{l}$, $l = \sqrt{(x_b - x_a)^2 + (y_b - y_a)^2}$

- $l = \sqrt{(x_b - x_a)^2 + (y_b - y_a)^2}$

  $= \sqrt{(110.056 - 18.122)^2 + (19.987 - 57.361)^2}$

  $= 99.240$mm

- $H = \dfrac{(f \cdot L) + (l \cdot h)}{l}$

  $= \dfrac{(0.152 \times 510) + (0.099 \times 275)}{0.099}$

  $\fallingdotseq 1,058$m

∴ 비행고도$(H) = 1,058$m

016

표고가 700m이고, 20km×40km인 장방형의 구역을 해발고도 3,700m에서 주점거리 210mm의 카메라로 촬영하였다. 이때 필요한 사진매수는?(단, 종중복도 60%, 횡중복도 30%, 사진 크기 23cm×23cm, 안전율 30%이다.)

해설 및 정답

사진매수 $= \dfrac{F}{A_o} \times (1 + 안전율)$

$= \dfrac{S_1 \times S_2}{(ma)^2 (1-p)(1-q)} \times (1 + 안전율)$

$= \dfrac{20 \times 40 \times 10^6}{(14,286 \times 0.23)^2 (1 - 0.60)(1 - 0.30)} \times (1 + 0.3)$

$= 344.03 \fallingdotseq 345$매

(여기서, $\dfrac{1}{m} = \dfrac{0.21}{3,700 - 700} = \dfrac{1}{14,286}$)

017

비고 300m이고 20km×40km인 장방형 지역을 해발고도 3,300m에서 화면거리 152mm의 카메라로 촬영했을 때 필요한 사진매수는?(단, 종중복도 60%, 횡중복도 30%, 사진크기 23cm×23cm일 때 입체모델의 면적으로 간이법에 의한 계산을 한다.)

해설 및 정답

- $M = \dfrac{1}{m} = \dfrac{1}{H-h}$

  $= \dfrac{0.152}{3,300-300} = \dfrac{1}{19,737}$

- $A_o = (ma)^2(1-p)(1-q)$

  $= (19,737 \times 0.23)^2(1-0.60)(1-0.30)$

  $= 5,770,002\text{m}^2 \fallingdotseq 5.77\text{km}^2$

안전율은 고려하지 않고 간이법으로 구하면,

$\therefore$ 사진매수 $= \dfrac{F}{A_o} = \dfrac{20 \times 40}{5.77} = 138.65 \fallingdotseq 139$매

018

동서 26km, 남북 8km인 지역을 축척 1/30,000의 항공사진을 촬영할 때 입체모델수는?(단, 23cm×23cm의 광각사진이고, 종중복도 60%, 횡중복도 30%이다. 엄밀법으로 계산하고 촬영은 동서 방향으로 한다.)

해설 및 정답

(1) 종모델수(D) 계산

$$D = \frac{S_1}{B} = \frac{S_1}{(ma)(1-p)}$$

$$= \frac{26 \times 1,000}{30,000 \times 0.23 \times 0.4}$$

$$= 9.42 \fallingdotseq 10\text{모델}$$

(2) 횡모델수(D') 계산

$$D' = \frac{S_2}{C_o} = \frac{S_2}{(ma)(1-q)}$$

$$= \frac{8 \times 1,000}{30,000 \times 0.23 \times 0.7}$$

$$= 1.66 \fallingdotseq 2\text{코스}$$

(3) 총모델수 계산

총모델수 $= D \times D' = 10 \times 2 = 20$모델

019

가로 30km, 세로 20km인 장방형의 지역을 초점거리 150mm, 화면크기 23cm×23cm의 엄밀 수직사진으로 찍은 항공사진 상에서 삼각점 a, b의 거리가 150.0mm이고, 이에 대응하는 삼각점의 평면좌표$(X,\ Y)$는 $A(24,763.48\text{m},\ 23,545.09\text{m})$, $B(22,763.48\text{m},\ 21,309.02\text{m})$이다. 비행코스 방향의 중복도를 60%로 하며, 비행코스 간의 중복도를 20%로 하였을 때 다음 사항을 구하시오.

(1) 사진축척

(2) 촬영기선장의 길이

(3) 촬영경로 간의 길이

(4) 사진 1매의 지상면적

(5) 사진의 매수

해설 및 정답

(1) 사진축척 계산

    ① $\overline{AB}$ 거리 $= \sqrt{(X_B - X_A)^2 + (Y_B - Y_A)^2}$

               $= \sqrt{(22,763.48 - 24,763.48)^2 + (21,309.02 - 23,545.09)^2}$

               $= 3,000.00\text{m}$

    ② $\dfrac{1}{m} = \dfrac{\text{도상거리}}{\text{실제거리}} = \dfrac{0.15}{3,000.00} = \dfrac{1}{20,000}$

(2) 촬영기선장의 길이 계산

    $B = m \cdot a(1-p)$

        $= 20,000 \times 0.23 \times (1 - 0.60) = 1,840.00\text{m}$

(3) 촬영경로 간의 길이 계산

    $C_o = m \cdot a(1-q)$

        $= 20,000 \times 0.23 \times (1 - 0.20) = 3,680.00\text{m}$

(4) 사진 1매의 지상면적 계산

    $A = (ma)^2$

        $= (20,000 \times 0.23)^2 = 21.16\text{km}^2$

(5) 사진의 매수 계산

    ① 종모델수$(D) = \dfrac{S_1}{B} = \dfrac{30 \times 1,000}{1,840} = 16.3 ≒ 17$모델

    ② 횡모델수$(D') = \dfrac{S_2}{C_o} = \dfrac{20 \times 1,000}{3,680} = 5.43 ≒ 6$코스

    ③ 사진매수 $= (D+1) \times D' = 108$매

020

> 초점거리 150mm인 광각사진기로 촬영고도 3,000m에서 종중복도 60%, 횡중복도 30%로 가로 50km, 세로 30km인 지역을 촬영하려고 한다. 사진크기가 $23\text{cm} \times 23\text{cm}$ 일 때 촬영계획을 수립하시오. (안전율 30%)

해설 및 정답

사진축척(M) $= \dfrac{1}{m} = \dfrac{f}{H} = \dfrac{0.15}{3,000} = \dfrac{1}{20,000}$

촬영종기선길이(B) $= ma(1-p) = 20,000 \times 0.23 \times (1-0.60) = 1,840\text{m}$

촬영횡기선길이(C_0) $= ma(1-q) = 20,000 \times 0.23 \times (1-0.30) = 3,220\text{m}$

(1) 안전율을 고려한 경우
- 유효면적(A_0) $= (ma)^2(1-p) \cdot (1-q) = 5.925\text{km}^2$
- 사진매수(N) $= \dfrac{F}{A_0} \times 1.3 = 329.11 \rightarrow 330$매

(2) 안전율을 고려하지 않은 경우
- 종모델수(D) $= \dfrac{S_1}{B} = \dfrac{50}{1.84} = 27.17 ≒ 28$모델
- 횡모델수(D') $= \dfrac{S_2}{C_0} = \dfrac{30}{3.22} = 9.32 ≒ 10$코스
- 총모델수 $= D \times D' = 280$모델
- 사진 매수 $= (D+1) \times D' = 290$매
- 삼각점수 $=$ 총모델수 $\times 2 = 280 \times 2 = 560$점
- 수준측량거리 $= \{3.22 \times (2+10 \times 2) + 50 \times 2\} = 171\text{km}$

021

> 항공사진측량에 관한 다음 사항에 답하시오.
>
> (1) 동서 26km, 남북 8km인 지역을 축척 1/30,000의 항공사진을 촬영할 때, 입체모델수를 구하시오. (단, $23\text{cm} \times 23\text{cm}$의 광각사진이고, 종중복도는 60%, 횡중복도는 30%이다. 엄밀법으로 계산하고 촬영은 동서 방향으로 한다. 계산은 반올림하여 소수 둘째 자리까지 구하시오.)
>
> (2) 촬영고도 5,000m에서 사진 1을 기준으로 입체모형을 구성한 주점기선의 길이가 80mm, 사진 2를 기준으로 입체모형을 구성한 주점기선의 길이가 81mm이었다면 시차차가 3mm인 건물의 높이를 구하시오.

해설 및 정답

(1) 입체모델수 계산

① 모델수
- 종모델수(D) $= \dfrac{S_1}{B} = \dfrac{26 \times 1,000}{30,000 \times 0.23 \times (1-0.60)} = 9.42 ≒ 10$모델

$$\bullet \text{ 횡모델수}(D') = \frac{S_2}{C_0} = \frac{8 \times 1,000}{30,000 \times 0.23 \times (1-0.30)} = 1.65 \fallingdotseq 2코스$$

② 총모델수

총모델수 $= D \times D' = 10 \times 2 = 20$모델

(2) 건물의 높이 계산

$$h = \frac{H}{b_o} \Delta p = \frac{5,000}{\left(\dfrac{0.08+0.081}{2}\right)} \times 0.003 = 186.34\text{m}$$

022

화면거리 150mm, 화면의 크기 23cm×23cm의 카메라를 사용하여 촬영고도 4,500m에서 촬영된 평지의 등고도 연직사진이 있다. 서로 이웃하는 2장의 사진에서 주점 간 거리를 1/25,000 지형도상에서 측정하니 96.6mm인 경우 이 두 사진의 종중복도는?

> 해설 및 정답

촬영고도(H) 지역의 사진축척은

$$\frac{1}{m} = \frac{f}{H} = \frac{0.15}{4,500} = \frac{1}{30,000}$$

이때 주점기선길이(b_o)를 계산하면,

$$\frac{1}{25,000} : 96.6 = \frac{1}{30,000} : b_o$$

$$\therefore b_o = 80.5\text{mm}$$

$$b_o = a(1-p) \rightarrow$$
$$80.5 = 230(1-p)$$
$$\therefore p = 0.65$$이므로 종중복도는 65%

023

화면거리 15cm, 화면크기 23cm×23cm, 촬영기준면(표고 0m)으로부터 촬영고도 3,000m, 종중복도(Over Lap) 60%인 공중사진에서 표고 500m 평탄지의 종중복도는 몇 %인가?

> 해설 및 정답

$$\bullet \frac{1}{m} = \frac{f}{H}$$

$$\therefore m = \frac{H}{f} = \frac{3,000}{0.15} = 20,000$$

$\bullet$ 촬영기선길이를 B, 주점기선길이를 b_o라 하면,

$$B = mb_o = ma(1-p)$$
$$= 20,000 \times 0.23 \times (1-0.6) = 1,840\text{m}$$

- 표고 500m의 평탄한 지역을 촬영한 항공사진의 한 변의 실제거리를 L, 비고를 h라 하면,

$$L = \frac{H-h}{f} \times a$$

$$= \frac{3,000 - 500}{0.15} \times 0.23 = 3,833\text{m}$$

- 종중복도

$$p = \frac{L-B}{L}$$

$$= \frac{3,833 - 1,840}{3,833} = 0.52$$

$$\therefore \text{종중복도}(p) = 52\%$$

024

화면거리 15cm, 화면의 크기 23cm×23cm의 광각카메라를 사용하여 축척 1/20,000, 촬영기준면(0m로 한다.)에 있어서 중복도 60%의 공중사진이 있다. 표고가 얼마 이상으로 되면 인접 사진과의 중복도가 55%가 되는가?

해설 및 정답

- 촬영기준면 0m에서의 촬영고도$(H) = m \cdot f = 20,000 \times 0.15 = 3,000\text{m}$
- $B = ma(1-p) = 20,000 \times 0.23 \times (1-0.6) = 1,840\text{m}$
- 임의 지역의 축척 분모수$(m) = \dfrac{B}{a(1-p)} = \dfrac{1,840}{0.23(1-0.55)} = 17,778$
- $M = \dfrac{1}{m} = \dfrac{f}{H-h}\ \rightarrow$

$$h = H - (m \cdot f) = 3,000 - (17,778 \times 0.15) = 333\text{m}$$

025

표정점 간의 실제길이가 1,800m이고, 모델축척이 1/5,000이다. 그러나 모델상에서 표정점 간의 거리가 371.8mm일 때 기선의 길이가 216.31mm라 한다. 기선의 길이에 관한 수정된 값은 얼마인가?

해설 및 정답

- 모델상의 표정점거리를 실제거리로 환산하면,

$$\frac{1}{5,000} = \frac{371.8}{\text{실제거리}}$$

$$\therefore \text{실제거리} = 1,859\text{m}$$

- 비례식에 의하여 기선길이의 수정된 값을 구하면,

$$1,859 : 216.31 = 1,800 : \text{수정 기선길이}$$

$$\therefore \text{수정 기선길이} = 209.44\text{mm}$$

026 입체영상을 해석하기 위한 기계식 도화에서는 내부표정, 상호표정, 절대표정을 수행하게 된다. 각 표정단계에 해당하는 내용만을 모두 선택하여 각각의 번호를 괄호 안에 써 넣으시오.

① 수준면(또는 경사조정)의 결정　　② 주점거리의 조정
③ 건판신축 보정　　④ 종시차 소거
⑤ 축척의 결정　　⑥ 사진주점을 투영기의 중심에 일치
⑦ 절대위치의 결정　　⑧ 대기굴절, 지구곡률 보정
⑨ 렌즈왜곡의 보정

(1) 내부표정(　　　　　　　　　　　　　　　　　)

(2) 상호표정(　　　　　　　　　　　　　　　　　)

(3) 절대표정(　　　　　　　　　　　　　　　　　)

해설 및 정답

⑴ 내부표정(②, ③, ⑥, ⑧, ⑨)
⑵ 상호표정(④)
⑶ 절대표정(①, ⑤, ⑦)

---

027 항공사진의 사진좌표를 결정하기 위해 선형등각사상변환식(Similarity Transformation 또는 Linear Conformal Transformation)을 이용하여 내부표정 요소를 계산하여 다음과 같은 결과를 얻었다.

원점 이동량	$x_0 = -20\text{cm}$, $y_0 = -30\text{cm}$
축척	$S = 0.95$
회전각	$\theta = 10°$(반시계 방향)

이 경우 좌표측정기(Comparator) 에서 측정한 어떤 점의 기계좌푯값이 $x'' = 15\text{cm}$, $y'' = 20\text{cm}$, 원점 이동량은 기계좌표에서 사진좌표로 이동량일 때 이 점의 사진좌푯값을 아래 식을 이용하여 계산하시오. (단, 단위는 cm로 계산하고, 반올림하여 소수 둘째 자리까지 구하시오.)

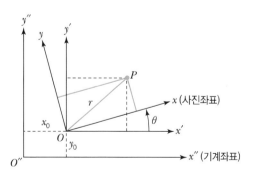

$$\begin{bmatrix} x \\ y \end{bmatrix} = S \cdot \begin{bmatrix} \cos\theta & -\sin\theta \\ \sin\theta & \cos\theta \end{bmatrix} \begin{bmatrix} x'' \\ y'' \end{bmatrix} + \begin{bmatrix} x_0 \\ y_0 \end{bmatrix}$$

해설 및 정답

축척, 회전, 원점이동량을 고려한 좌표변환을 2차원 등각사상 변환(2D Conformal Transformation)을 이용하여 계산하면 다음과 같다.

$$\begin{bmatrix} x \\ y \end{bmatrix}_{사진좌표} = S \cdot R \begin{bmatrix} x'' \\ y'' \end{bmatrix}_{기계좌표} + \begin{bmatrix} x_0 \\ y_0 \end{bmatrix}$$

$$= 0.95 \begin{bmatrix} \cos 10° & -\sin 10° \\ \sin 10° & \cos 10° \end{bmatrix} \begin{bmatrix} 15 \\ 20 \end{bmatrix} + \begin{bmatrix} -20 \\ -30 \end{bmatrix}$$

$$= \begin{bmatrix} -9.26 \\ -8.81 \end{bmatrix}$$

$$\therefore \begin{bmatrix} x_{사진좌표} = -9.26\text{cm} \\ y_{사진좌표} = -8.81\text{cm} \end{bmatrix}$$

별해

(1) 회전

$$x = x''\cos\theta + y''(-\sin\theta)$$
$$= 15 \times \cos 10° + \{20 \times (-\sin 10°)\} = 11.30\text{cm}$$
$$y = x''\sin\theta + y''\cos\theta$$
$$= 15 \times \sin 10° + 20 \times \cos 10° = 22.30\text{cm}$$

(2) 축척

$$x = 11.30 \times 0.95 = 10.74\text{cm}$$
$$y = 22.30 \times 0.95 = 21.19\text{cm}$$

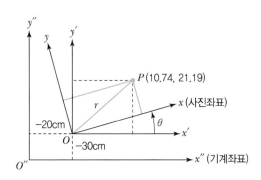

(3) 원점이동 및 최종 사진좌표(P_x, P_y) 계산

$$P_x = x - 20 = 10.74 - 20 = -9.26\text{cm}$$
$$P_y = y - 30 = 21.19 - 30 = -8.81\text{cm}$$

028 다음 물음에 답하시오.

(1) 항공사진측량의 모델좌표를 이용하여 지상좌표를 결정하기 위하여 다음과 같은 결과를 얻었다. 지상좌표(X_G, Y_G, Z_G)를 구하시오.

> **[보기]**
> 축척(S) = 1,000
> 회전량 : $x(\omega) = 0°$, $y(\phi) = 0°$, $z(\kappa) = 0°$
> 모델좌표 : $x_m = 5$cm, $y_m = -10$cm, $z_m = -20$cm
> 원점이동량(평행변위) : $X_0 = 200$m, $Y_0 = -150$m, $Z_0 = 100$m

(2) 촬영고도 3,000m의 밀착사진이 있다. 이 사진에서 주점거리 80mm, 81mm, 시차차 2mm일 때 건물의 높이를 구하시오.

해설 및 정답

(1) 지상좌표(X_G, Y_G, Z_G) 계산

지상좌표와 모델좌표의 관계는 다음의 식으로 표현할 수 있다.

$$\begin{bmatrix} X_G \\ Y_G \\ Z_G \end{bmatrix} = SR \begin{bmatrix} x_m \\ y_m \\ z_m \end{bmatrix} + \begin{bmatrix} X_0 \\ Y_0 \\ Z_0 \end{bmatrix} \rightarrow$$

$$\begin{bmatrix} X_G \\ Y_G \\ Z_G \end{bmatrix} = 1,000 \begin{bmatrix} 0.05 \\ -0.10 \\ -0.20 \end{bmatrix} + \begin{bmatrix} 200 \\ -150 \\ 100 \end{bmatrix}$$

- $X_G = (1,000 \times 0.05) + 200 = 250$m
- $Y_G = (1,000 \times (-0.1)) - 150 = -250$m
- $Z_G = (1,000 \times (-0.2)) + 100 = -100$m

∴ $X_G = 250$m, $Y_G = -250$m, $Z_G = -100$m

(2) 건물의 높이(h) 계산

$$h = \frac{H}{b_0} \Delta p = \frac{3,000}{\dfrac{80+81}{2}} \times 2 = 75\text{m}$$

029

아래 그림은 측량용 사진기의 방사왜곡(Radial Distortion) 곡선이다. 이 사진기의 투영 중심인 주점의 좌표는 $x_P = 0.10\mu m$, $y_P = -0.05\mu m$이고, 초점거리는 150mm이다. 사진좌표가 $x = 30mm$, $y = -40mm$인 점의 방사왜곡이 보정된 정확한 사진좌표 (x', y')를 구하시오. (단, 최종 답의 단위는 μm로 계산하고, 소수 셋째 자리에서 반올림하여 소수 둘째 자리까지 구하시오.)

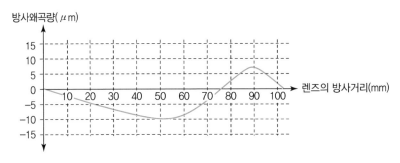

해설 및 정답

(1) 주점의 좌표에서 사진좌표까지 렌즈의 방사거리 계산

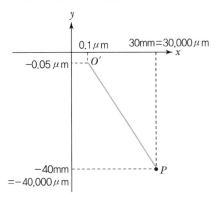

$$\overline{O'P} = \sqrt{(30,000-0.1)^2 + (40,000-0.05)^2} = 49,999.9\mu m \fallingdotseq 50mm$$

(2) 방사왜곡이 보정된 정확한 사진좌표(x', y') 계산

50mm일 때 왜곡량 $= -10\mu m$

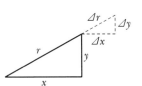

$$\frac{\Delta x}{x} = \frac{\Delta y}{y} = \frac{\Delta r}{r} \rightarrow$$

$$\Delta x = \frac{\Delta r}{r}x = \frac{-10}{50} \times 30 = -6\mu m$$

$$\Delta y = \frac{\Delta r}{r}y = \frac{-10}{50} \times (-40) = 8\mu m$$

$\therefore$ 정확한 사진좌표 $\begin{bmatrix} x' = x - \Delta x = 30,000 - (-6) = 30,006\mu m \\ y' = y - \Delta y = -40,000 - 8 = -40,008\mu m \end{bmatrix}$

030

아래 표에 제시된 3개의 지상기준점(A, B, C) 좌표와 이에 대응하는 사진좌표를 이용하여 다음 요구사항을 구하시오. 여기서, 사진기 초점길이$=150$mm, 수직으로 촬영하였으며, 비행방향은 지상좌표계의 X축과 평행하다.(단, 계산이 필요 없는 경우는 근거를 반드시 명시[예 사진기의 촬영축과 지표가 수직이므로 O는 90°가 된다.]하고, 계산은 반올림하여 좌표는 cm단위, 각은 도(°) 단위까지 구하시오.)

지상기준점	지상좌표(단위 : m)			사진좌표(단위 : cm)	
	X	Y	Z	x	y
A	1,000	1,000	0	-10	-10
B	1,000	2,000	100	-10	10
C	2,000	1,000	50	10	-10

(1) X 좌표와 Y 좌표의 초기 근사값

(2) 사진의 축척 및 Z 좌표의 초기 근사값

(3) 회전각(ω, ϕ, κ)의 초기 근사값

해설 및 정답

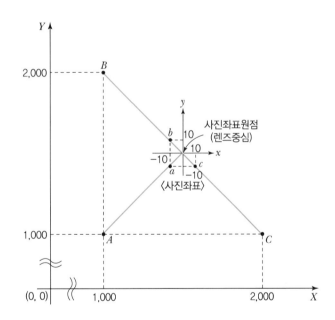

(1) X좌표와 Y좌표의 초기 근사값 계산

$$X_0 = X_A + \left(\frac{X_C - X_A}{2} \right) = 1,000 + \left(\frac{2,000 - 1,000}{2} \right) = 1,500\text{m}$$

$$Y_0 = Y_A + \left(\frac{Y_B - Y_A}{2} \right) = 1,000 + \left(\frac{2,000 - 1,000}{2} \right) = 1,500\text{m}$$

(2) 사진의 축척 및 Z좌표의 초기 근사값 계산

$$M = \frac{1}{m} = \frac{l}{L} = \frac{0.2}{1,000} = \frac{1}{5,000}$$

$$Z_0 = f \times m + h = 0.15 \times 5,000 + \left(\frac{0 + 100 + 50}{3} \right) = 800\text{m}$$

(3) 회전각(ω, ϕ, κ)

비행기의 고도에 비해 측점의 고도가 무시할 정도로 작으므로 지상점 $\triangle A$, B, C와 사진상 $\triangle a$, b, c는 닮은꼴로서 회전의 왜곡이 발생하지 않는다.

따라서, $\omega = 0°$, $\phi = 0°$, $\kappa = 0°$이다.

031

수치사진측량을 수행하기 위해 모니터상의 영상좌표로 A점에 대해 (100pixels, 150pixels)을 획득하였다. A점의 좌표(X_A, Y_A)를 구하시오.(단, 한 pixel의 크기는 0.007mm이고 한 사진의 크기는 4,000×2,800pixels이며 계산은 소수 셋째 자리에서 반올림하여 소수 둘째 자리까지 구하시오.)

※ 그림은 개략도이며 수치를 기준으로 계산하시오.

(1) X_A : _____ mm

(2) Y_A : _____ mm

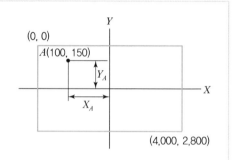

해설 및 정답

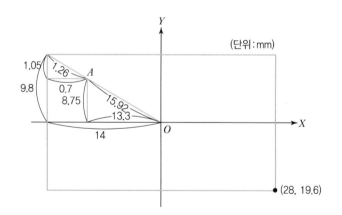

(1) 픽셀 크기 계산

　1) 전체 픽셀 크기

　　① $4,000 \times 0.007 = 28\text{mm}$

　　② $2,800 \times 0.007 = 19.6\text{mm}$

2) A점 픽셀 크기

    ① $100 \times 0.007 = 0.7 \text{mm}$

    ② $150 \times 0.007 = 1.05 \text{mm}$

(2) X_A, Y_A 계산

$$X_A = -13.3 \text{mm}$$

$$Y_A = +8.75 \text{mm}$$

032

8bit grey level(0~255)을 가진 수치영상의 최소 픽셀 값이 100, 최대 픽셀 값이 120이다. 이 수치영상에 선형대조비 확장(Linear Contrast Stretching)을 실시할 경우 픽셀 값 105의 변환된 값은 얼마인가? (단, 계산에서 소수점 이하 값은 무시(버림)한다.)

해설 및 정답

명암대비 확장(Contrast Stretching) 기법

영상을 디지털화할 때는 가능한 밝기값을 최대한 넓게 사용해야 좋은 품질의 영상을 얻을 수 있다. 영상 내 픽셀의 최솟값과 최댓값의 비율을 이용하여 고정된 비율로 낮은 밝기와 높은 밝기의 영상을 펼쳐주는 기법을 말한다.

$$g_2(x, y) = \left[g_1(x, y) + t_1 \right] t_2$$

여기서, $g_1(x, y)$: 원 영상의 밝기값

$g_2(x, y)$: 새로운 영상의 밝기값

t_1, t_2 : 변환 매개 변수

- $t_1 = g_2^{\min} - g_1^{\min} = 0 - 100 = -100$

- $t_2 = \dfrac{g_2^{\max} - g_2^{\min}}{g_1^{\max} - g_1^{\min}} = \dfrac{255 - 0}{120 - 100} = 12.75$

- 원 영상의 밝기값 105의 변환 밝기값 산정

$$g_2(x, y) = \left[g_1(x, y) + t_1 \right] t_2$$
$$= \left[(105 - 100) \times 12.75 \right]$$
$$= 63.75 ≒ 63$$

∴ 원 영상의 105의 밝기값은 63 **밝기값**으로 변환된다.

033

다음과 같은 영상에 3×3 중앙값 필터 및 평균 필터를 적용하면 영상에서 행렬(2, 2)의 위치에 생성되는 영상소 값을 계산하시오.

50	90	100
90	100	120
90	150	200

(1) 중앙값 필터 값

(2) 평균 필터 값

해설 및 정답

(1) 중앙값 필터 값

50	90	100
90	100	120
90	150	200

50	90	90	90	100	100	120	150	200

50	90	100
90	100	120
90	150	200

∴ 중앙값 필터 값 : 100

(2) 평균 필터 값

50	90	100
90	100	120
90	150	200

$$\frac{50+90+90+90+100+120+150+200}{8}=111.3$$

50	90	100
90	111	120
90	150	200

∴ 평균 필터 값 : 111

034

다음과 같은 3×3 크기의 수치영상에 중앙값 필터(Median Filter)를 적용할 경우 정중앙 픽셀에 할당될 값은?

204	212	234
201	100	198
167	200	210

해설 및 정답

영상보정은 사진기나 스캐너의 결함으로 발생한 가영상의 결함을 제거하는 게 목적이다. 중앙값 필터와 주파수 영역의 필터는 주로 영상결함을 제거하는 데 이용된다.

100	167	198	200	201	204	210	212	234

∴ 할당값 : 201

---

035 아래의 래스터 데이터에 최댓값 윈도우(Max Kernel)를 3×3 크기로 적용한 결과를 표시하시오.

7	3	5	7	1
7	5	5	1	7
5	4	2	5	9
9	2	3	8	3
0	7	1	4	7

해설 및 정답

최댓값 필터(Maximum Filter)

영상에서 한 화소의 주변 화소들에 윈도우를 씌워서 이웃 화소들 중에서 최댓값을 출력 영상에 출력하는 필터링

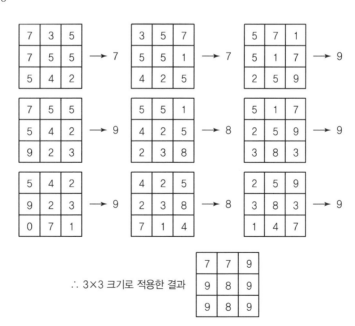

∴ 3×3 크기로 적용한 결과

7	7	9
9	8	9
9	8	9

디지털 편위수정의 방법을 간접법과 직접법으로 구분할 때 ①~⑥ 중 간접법에 대한 설명을 모두 고르시오. (단, 모두 맞아야 정답으로 인정)

수행과정	① • 영상좌표(x, y)를 이용하여 수치고도모형좌표(X, Y)를 결정 • 영상의 밝기값을 가장 가까운 수치고도모형자료의 격자에 할당	② • 수치고도모형좌표(X, Y)로부터 영상좌표(x, y)를 결정 • 보간법에 의해 영상의 밝기값 추정 • 보간된 밝기값을 DEM자료의 각 위치에 할당
장점	③ • 모든 수치고도모형자료가 밝기값을 갖음	④ • 영상의 밝기값은 변하지 않음
단점	⑤ • 영상의 밝기값 보간에 시간이 소비됨 • 최종 편위수정된 영상은 밝기값의 보간에 의해 원영상과 동일하지 않음	⑥ • 수치고도모형자료의 모든 격자가 영상의 밝기값을 가지는 것이 아니기 때문에 격자로부터 밝기값을 보간해야 함

해설 및 정답

간접법 : ②, ③, ⑤
직접법 : ①, ④, ⑥

• 보충설명 •

정밀수치 편위수정

정밀수치 편위수정은 인공위성이나 항공사진에서 수집된 영상자료와 수치고도모형자료를 이용하여 정사투영사진을 생성하는 방법으로 직접법과 간접법으로 구분된다.

(1) 직접법(Direct Rectification)

직접법은 주로 인공위성이나 항공사진에서 수집된 영상자료를 관측하여 각각의 출력영상소의 위치를 결정하는 방법이다.

(2) 간접법(Indirect Rectification)

간접법은 수치고도모형자료에 의해 출력영상소의 위치가 이미 결정되어 있으므로 입력 영상에서 밝기값을 찾아 출력영상소 위치에 나타내는 방법으로 항공사진을 이용하여 정사투영 영상을 생성할 때 주로 이용된다.

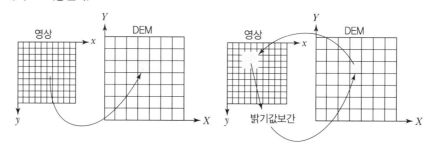

(3) 정밀수치 편위수정 방법의 특징

구분 \ 방법	직접법	간접법
단계	• 영상좌표$(x,\ y)$를 이용하여 수치고도모형좌표$(X,\ Y)$를 결정 • 영상의 밝기값을 가장 가까운 수치고도모형 자료의 격자에 할당	• 수치고도모형$(X,\ Y)$좌표로부터 영상좌표$(x,\ y)$를 결정 • 보간법(최근린보간, 공일차보간, 공삼차보간)에 의해 영상의 밝기값을 추정 • 보간된 밝기값을 수치고도모형자료의 각 격자에 할당
장점	• 영상의 밝기값은 변하지 않음	• 모든 수치고도모형자료가 밝기값을 가짐
단점	• 수치고도모형자료의 모든 격자가 영상의 밝기값을 가지는 것이 아니기 때문에 격자로부터 밝기값을 보간해야 함	• 영상의 밝기값 보간에 시간이 소비됨 • 최종 편위수정된 영상은 밝기값의 보간에 의해 원영상과 동일하지 않음

037 영상의 재배열(부영양소 보간방법)에 대한 설명이다. 다음 설명에 해당되는 방법은?

(1) 가장 가까운 거리에 근접한 영상소의 값을 선택하는 방법

(2) 인접한 4개 영상소까지의 거리에 대한 가중평균값을 택하는 방법

(3) 인접한 16개 영상소를 이용하여 보정식을 이용하여 계산하는 방법

해설 및 정답

(1) 최근린 보간법(Nearest Neighbor Interpolation)
(2) 공일차 보간법(Bilinear Interpolation)
(3) 공삼차 보간법(Bicubic Interpolation)

038 다음의 표를 보고 KAPPA 계수를 구하시오.

원탐 자료	실제자료		
	A	B	C
A	80	10	10
B	0	100	0
C	10	0	90

• $K = \dfrac{P_0 - P_C}{1 - P_C}$

• P_0 : 실제일치도

• P_C : 기회일치도

해설 및 정답

(1) P_0(실제일치도) 계산

$$P_0 = \frac{대각선의\ 합}{총\ 데이터의\ 수} = \frac{80 + 100 + 90}{300} = 0.90$$

(2) P_C(기회일치도) 계산

⒜
- 원탐자료가 ⒜라고 분류할 확률 $= \dfrac{80+10+10}{300} = 0.33$
- 실제자료가 ⒜라고 분류할 확률 $= \dfrac{80+0+10}{300} = 0.30$
- 원탐자료와 실제자료가 동시에 ⒜라고 분류할 확률 $= 0.33 \times 0.30 = 0.10$

⒝
- 원탐자료가 ⒝라고 분류할 확률 $= \dfrac{0+100+0}{300} = 0.33$
- 실제자료가 ⒝라고 분류할 확률 $= \dfrac{10+100+0}{300} = 0.37$
- 원탐자료와 실제자료가 동시에 ⒝라고 분류할 확률 $= 0.33 \times 0.37 = 0.12$

⒞
- 원탐자료가 ⒞라고 분류할 확률 $= \dfrac{10+0+90}{300} = 0.33$
- 실제자료가 ⒞라고 분류할 확률 $= \dfrac{10+0+90}{300} = 0.33$
- 원탐자료와 실제자료가 동시에 ⒞라고 분류할 확률 $= 0.33 \times 0.33 = 0.11$

$\therefore P_C$(기회일치도) $= 0.10 + 0.12 + 0.11 = 0.33$

(3) KAPPA 계수 계산

$$K = \frac{P_0 - P_C}{1 - P_C} = \frac{0.90 - 0.33}{1 - 0.33} = 0.85$$

039

그래프와 같은 라플라시안 경중률 함수 필터를 이용하여 영상을 처리하고자 한다.

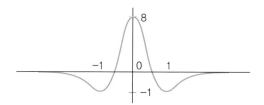

그래프를 참고하여 표 1에 주어진 3×3 영상 변환 윈도우를 완성하고, 표 2와 표 3에 나타난 밝기값에 대한 라플라시안 경중률 함수 필터에 의한 처리값(C_i)을 구하시오. (단, 영상은 8bit 영상이다.)

표 1

표 2

120	120	120
120	200	120
120	120	120

표 3

200	200	200
200	200	200
200	200	200

(1) 표 1을 완성하시오.

(2) 표 2의 처리값(C_i)

(3) 표 3의 처리값(C_i)

해설 및 정답

① Laplacian Filter는 미분영상을 구하는 필터로서, 경계선이 강조된다. 라플라시안 필터는 인간의 시각체계와 비슷하므로 다른 경계강조 기법보다 자연스러운 결과를 가져온다. 라플라시안 필터는 경계선 강조에 매우 유용한 필터이나 노이즈까지 강조시킬 수 있으므로 유의해야 한다.

② 라플라시안은 대표적인 2차 미분연산자로 방향을 타지 않기 때문에 모든 방향의 에지를 강조할 수 있는 특징을 가진다.

③ 라플라시안 방법은 이미지의 3×3 픽셀에 마스크(mask)를 씌워 계산 후 중앙 픽셀을 결정하여 윤곽선을 검출하는 방법이다.

④ 연산속도가 매우 빠르고 다른 연산자와 비교하여 날카로운 윤곽선을 검출해 낸다.

⑤ 아래와 같은 이미지의 3×3 픽셀을 3×3 마스크와 연산 수행하여 P_5를 구하면 다음과 같다.

P_1	P_2	P_3
P_4	P_5	P_6
P_7	P_8	P_9

$\Rightarrow$

-1	-1	-1
-1	8	-1
-1	-1	-1

$$P_5 = P_5 \times 8 + \{(P_1 \times (-1)) + (P_2 \times (-1)) + (P_3 \times (-1)) + (P_4 \times (-1)) + (P_6 \times (-1)) + \cdots + (P_9 \times (-1))\}$$

(1) 표 1을 완성하시오.

-1	-1	-1
-1	8	-1
-1	-1	-1

(2) 표 2의 처리값(C_i) 계산

$$C_i = 200 \times 8 + \{(120 \times (-1)) + \cdots + (120 \times (-1))\}$$
$$= (200 \times 8) - (120 \times 8) = 640$$

(3) 표 3의 처리값(C_i) 계산

$$C_i = 200 \times 8 + \{(200 \times (-1)) + \cdots + (200 \times (-1))\}$$
$$= (200 \times 8) - (200 \times 8) = 0$$

040

수치영상의 처리 기법 중 영역기준정합의 문제점 3가지를 쓰시오.

해설 및 정답

① 불연속 표면에 대한 처리가 어렵다.
② 계산량이 많아서 시간이 많이 소요된다.
③ 선형경계를 따라서 중복된 정합점들이 발견될 수 있다.

041

어느 지역의 영상으로부터 "밭"의 훈련지역(Training Field)을 선택하여 해당 영상소를 "F"로 표기하였다. 이때 산출되는 통계값에 대하여 다음 물음에 답하시오.

열

	1	2	3	4	5	6	7
1	9	9	9	3	4	5	3
2	8	8	7	7	5	3	4
3	8	7	8	9	7	5	6
행 4	7	8	9	9	7	4	5
5	8	7	9	8	3	4	2
6	7	9	9	4	1	1	0
7	9	9	6	0	1	0	2

열

	1	2	3	4	5	6	7
1							
2				F			
3			F				
행 4		F		F			
5			F				
6							
7							

(1) 평균(μ) : _____

(2) 표준편차(σ) : _____

해설 및 정답

(1) 평균(μ) 계산

$$평균(\mu) = \frac{7+8+8+9+9}{5} = 8.2$$

(2) 표준편차(σ) 계산

관측값	최확값(평균)	ν	$\nu\nu$
7		-1.2	1.44
8		-0.2	0.04
8	8.2	-0.2	0.04
9		0.8	0.64
9		0.8	0.64
계			2.8

$$\therefore 표준편차(\sigma) = \pm \sqrt{\frac{[\nu\nu]}{n-1}} = \pm \sqrt{\frac{2.8}{5-1}} = 0.84$$

042 KAPPA 분석(계수)는 원격탐사의 데이터 처리분석 결과에서 많이 사용되는 방법으로 지상에서의 실제 Class와 원격탐사 자료를 분석한 자료의 전체 정확도를 나타내는 계수이다. 다음 표의 KAPPA 계수를 구하시오.

구분		실제자료				계
		A	B	C	D	
원탐자료	A	100	30	50	126	306
	B	20	80	40	110	250
	C	20	10	80	86	196
	D	120	100	100	56	376
계		260	220	270	378	1,128

- $K = \dfrac{P_0 - P_C}{1 - P_C}$
- P_0 : 실제일치도, Relative Agreement of Among Raters
- P_C : 기회일치도, Hypothetical Probability of Chance Agreement = Probability of Random Agreement

해설 및 정답

(1) P_0(실제일치도) 계산

위 표(오차행렬)에서 지상에서 실제 A인데 원탐에서 A로 분석한 것이 100개, 실제 B인데 원탐자료에서 B라고 분석한 것이 80개, 마찬가지로 C는 80개, D는 56개라는 의미이다. 위의 표를 이용하여 KAPPA 계수를 구하면 다음과 같다.

P_0(실제일치도)는 원탐자료와 실제자료가 일치하는 경우의 확률이다. 즉, 데이터 전체 정확도이다.

$$\therefore P_0(\text{실제일치도}) = \frac{\text{대각선 값의 합}}{\text{총 데이터 수}} = \frac{100+80+80+56}{1,128} = 0.28$$

(2) P_C(기회일치도) 계산

- A
  - 원탐자료가 A라고 분류할 확률 $= \dfrac{100+30+50+126}{1,128} = 0.27$
  - 실제자료가 A라고 분류할 확률 $= \dfrac{100+20+20+120}{1,128} = 0.23$
  - 원탐자료와 실제자료가 동시에 A라고 분류할 확률 $= 0.27 \times 0.23 = 0.06$

- B
  - 원탐자료가 B라고 분류할 확률 $= \dfrac{20+80+40+110}{1,128} = 0.22$
  - 실제자료가 B라고 분류할 확률 $= \dfrac{30+80+10+100}{1,128} = 0.20$
  - 원탐자료와 실제자료가 동시에 B라고 분류할 확률 $= 0.22 \times 0.20 = 0.04$

- C
  - 원탐자료가 C라고 분류할 확률 $= \dfrac{20+10+80+86}{1,128} = 0.17$
  - 실제자료가 C라고 분류할 확률 $= \dfrac{50+40+80+100}{1,128} = 0.24$
  - 원탐자료와 실제자료가 동시에 C라고 분류할 확률 $= 0.17 \times 0.24 = 0.04$

- D
  - 원탐자료가 D라고 분류할 확률 $= \dfrac{120 + 100 + 100 + 56}{1,128} = 0.33$
  - 실제자료가 D라고 분류할 확률 $= \dfrac{126 + 110 + 86 + 56}{1,128} = 0.34$
  - 원탐자료와 실제자료가 동시에 D라고 분류할 확률 $= 0.33 \times 0.34 = 0.11$

- A, B, C, D 자료가 동시에 agree할 P_C(기회일치도) 계산

  P_C(기회일치도) $= 0.06 + 0.04 + 0.04 + 0.11 = 0.25$

(3) KAPPA 계수 계산

$$K = \frac{P_0 - P_C}{1 - P_C} = \frac{0.28 - 0.25}{1 - 0.25} = 0.04$$

043

다음은 사진측량 및 원격탐측에 관한 사항이다. 보기를 보고 다음 물음에 답하시오.

[보기]

연직점	기복변위	과고감	카메론효과
대공표지	식생지수(NDVI)	영상정합	에피폴라기하
불규칙삼각망	보간법	명암대비확장기법	무감독분류

(1) 지표면에 기복이 있을 경우 연직으로 촬영하여도 축척은 동일하지 않으며 사진면에서 연직점을 중심으로 방사상의 변위가 생기는 것은?

(2) 영상 내 픽셀의 최솟값, 최댓값의 비율을 이용하여 고정된 비율로 영상을 낮은 밝기와 높은 밝기로 펼쳐주는 기법은?

(3) 위성영상을 이용하여 식생분포 및 활력도를 나타내는 지수이며, 단위가 없는 복사값으로서 녹색식물의 상대적 분포량과 활동성, 엽면적지수, 엽록소 함량과 관련된 지표는?

해설 및 정답

(1) 기복변위

(2) 명암대비확장기법

(3) 식생지수(NDVI)

044 다음은 사진측량에 관한 사항이다. 보기를 보고 다음 물음에 답하시오.

[보기]

항공레이저측량	인접접합점	과고감	항공사진측량
대공표지	수치지면자료	보간	격자자료
불규칙삼각망자료	공일차보간법	수치표면자료	코스검사점
원시자료	수치표고모델	항공레이저측량시스템	기준점측량
항공삼각측량	점자료	기복변위	카메론효과

(1) 레이저 거리측정기, GPS 안테나와 수신기, INS(관성항법장치) 등으로 구성된 시스템은?

(2) 비행코스별 항공레이저측량 원시자료의 정확도를 점검하기 위하여 비행코스의 중복부분에서 선정한 점은?

(3) 미지점 주변의 자료를 이용하여 미지점의 값을 결정하는 방법은?

(4) 입체도화기 및 정밀좌표 관측기에 의하여 사진상에 무수한 점들의 좌표를 소수의 지상기준점성과를 이용하여 절대좌표를 환산해 내는 기법은?

(5) 작업지역과 인접하고 있는 지역에 항공레이저측량에 의해 제작된 기존 수치지면자료(또는 수치표고모델)가 존재하는 경우에 기존 수치지면자료(또는 수치표고모델)와 정확도를 점검하고 일치시키기 위하여 선정한 점은?

해설 및 정답

(1) 항공레이저측량시스템
(2) 코스검사점
(3) 보간
(4) 항공삼각측량
(5) 인접접합점

SECTION | 01 개요

각종 계획의 입안과 성공적인 수행을 위하여 컴퓨터를 기반으로 다양한 공간자료를 입력, 처리, 출력하여 합리적인 의사결정을 위한 종합적, 연계적으로 처리하는 방식을 지형공간정보체계 (Geo-Spatial Information System)라 한다.

SECTION | 02 Basic Frame

총론	—	• 용어, 정의, 역사, 특징, 필요성, 도입효과, 활용 • GSIS의 구성요소 : 하드웨어, 소프트웨어, 데이터베이스, 조직 및 인력 • 자료처리체계 : 자료입력, 자료처리, 출력
GSIS의 자료구조 및 생성	—	• GSIS의 정보(자료) : 위치정보(절대/상대), 특성정보(도형/영상/속성) • 도형 및 영상정보의 구조 : 벡터/격자자료 구조 • GSIS의 자료생성 : 기존지도/지상측량/항공사진측량/위성측량/레이저측량 /레이더측량/GNSS/근거리사진측량/비디오/스마트폰에 의하여 생성
GSIS의 자료관리	—	• 데이터베이스(DB) : 서로 연관성이 있는 자료의 모임, 장점/단점 • 파일방식(구성, 특징), DBMS 방식(필수기능, 설계, 장·단점, 종류) • 기타 : 질의어
GSIS의 자료운영 및 분석	—	• 자료의 입력 : 자료입력, 자료의 변환, 공간자료와 속성자료의 결합 • 공간분석 : 도형(공간)자료의 분석, 속성자료의 분석, 도형자료와 속성자료의 통합분석, 공간분석의 응용 • 자료의 오차 : 입력자료의 질에 따른 오차, 데이터베이스 구축 시 발생되는 오차
GSIS의 표준화 및 활용	—	• GSIS의 표준화 : 표준화의 필요성, SDTS, 메타데이터 • 수치지도 : 정의, 특징, 자료취득방법, 제작현황

1. 개요

국토계획, 지역계획, 자원개발계획, 공사계획 등 각종 계획의 입안과 추진을 성공적으로 수행하기 위해서는 토지, 자원, 환경 또는 이와 관련된 각종 정보 등을 컴퓨터에 의해 종합적, 연계적으로 처리하는 방식이 지형공간정보체계이다.

2. 분류

지형공간정보체계(GSIS)
- 토지정보체계(LIS)
- 도시정보체계(UIS)
- 지리정보체계(GIS)
- 도면자동화 및 시설물관리(AM/FM)
- 수치지도제작 및 지도정보체계(DM/MIS)
- 측량정보체계(SIS)
- 도형 및 영상정보체계(GIIS)
- 교통정보체계(TIS)
- 환경정보체계(EIS)
- 경관 및 조경정보체계(LIS/VIS)
- 재해정보체계(DIS)
- 해양정보체계(MIS)
- 기상정보체계(MIS)
- 국방정보체계(NDIS)
- 지하정보체계(UGIS)
- 자원정보체계(RIS)

3. 특징

(1) 대량의 정보를 저장하고 관리할 수 있음
(2) 원하는 정보를 쉽게 찾아볼 수 있고, 새로운 정보의 추가와 수정이 용이
(3) 표현방식이 다른 여러 가지 지도나 도형으로 표현이 가능
(4) 지도의 축소·확대가 자유롭고 계측이 용이
(5) 복잡한 정보의 분류나 분석에 유용

(6) 필요한 자료의 중첩을 통하여 종합적 정보의 획득이 용이

(7) 입지 선정의 적합성 판정이 용이

4. 구성요소

(1) 하드웨어(Hardware)

(2) 소프트웨어(Software)

(3) 데이터베이스(Database)

(4) 조직 및 인력(Organization and People)

5. 자료처리체계

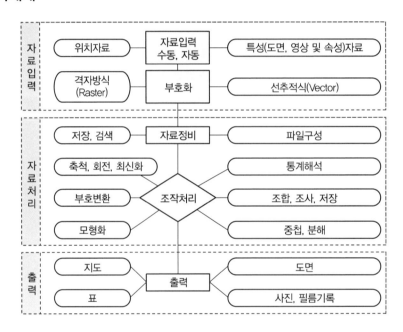

[그림 7 − 1] GSIS 자료처리체계

6. GSIS 일반

(1) GSIS의 정보

1) 위치정보(Positional Information)

점, 선, 면 또는 다각형과 같은 공간적 양들의 개개의 위치를 판별하는 것으로서 상대위치 정보와 절대위치정보로 구분된다.

2) 특성정보(Descriptive Information)

위치정보의 위치에 대한 정량적 자료(지형, 경사, 강수량, 인구밀도 등), 정성적 자료(지질, 토지이용, 소유권 등)

① 도형정보

도형정보는 지도형상의 수치적 설명이며 지도의 특정한 지도요소를 설명한다. 도형정보는 지도형상과 주석을 설명하기 위해 6가지 도형요소로 사용된다.

- 점(Point)
- 선(Line)
- 면(Polygon)
- 영상소(Pixel)
- 격자셀(Grid Cell)
- 기호(Symbol)

② 영상정보(Image Information)

인공위성에서 직접 얻어진 수치영상이나 항공기를 통하여 얻어진 항공사진을 수치화하여 입력한다. 인공위성에서 보내오는 영상은 영상소 단위로 형성되어 격자형으로 자료가 처리 · 조작된다.

③ 속성정보

지도상의 특성이나 질, 지형 · 지물의 관계 등을 나타낸다.

(2) 자료의 형태

① 서류
② 지도
③ 항공사진
④ 위성영상자료
⑤ 통계자료
⑥ 설문조사

(3) 도형 및 영상정보의 자료구조

1) 벡터자료구조

벡터자료구조는 가능한 한 정확하게 대상물을 표시하는 데 있으며, 분할된 것이 아니라 정밀하게 표현된 차원, 길이 등으로 모든 위치를 표현할 수 있는 연속적인 자료구조를 말한다.

① 벡터자료의 표현

기하학 정보는 점, 선, 면의 데이터를 구성하는 가장 기본적인 정보로서, 점일 경우 (x, y) 하나로 저장되며, 선의 경우는 연결된 점들의 집합, 즉 $(x_1, y_1), (x_2, y_2) \cdots\cdots (x_n, y_n)$으로 구성되며, 면의 경우는 면의 내부를 확인하는 참조점으로 구성된다.

② 벡터자료의 저장

- 스파게티(Spaghetti) 모형
  점, 선, 면들의 공간 형상들을 x, y 좌표로 저장하는 구조로, 단순하며 객체 간의 상호

연관성에 관한 정보는 기록되지 않는다.

- 위상(Topology) 모형

  점, 선, 면들의 공간형상들 간의 공간관계를 말하며, 즉 다양한 공간형상들 간의 공간
  관계 정보를 인접성, 연결성, 계급성 등으로 구성하고, 공간분석을 위해서는 필수적으
  로 위상구조가 정립되어야 한다.

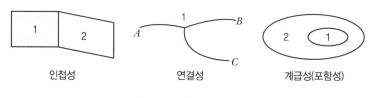

인접성   연결성   계급성(포함성)

[그림 7-2] 위상구조

· 보충설명 ·

① 연결성(Connectivity) : 라인 세그먼트 간의 연결성에 관한 것으로 하나의 지점에서 또 다른 지점
  으로 이동 시 경로 선정이나 자원의 배분 등에 활용된다.
② 계급성(Hierarchy 또는 Containment) : 폴리곤이나 객체들의 포함관계를 나타낸다. 이러한 계급
  성은 객체 간의 포함 여부를 가지고 다양한 분석이나 연산에 사용될 수 있다.
③ 인접성(Neighborhood 또는 Adjacency) : 서로 이웃하여 있는 폴리곤 간의 관계를 의미한다. 하
  나의 폴리곤의 정확한 인접성 파악을 위해서는 해당 폴리곤에 속하는 점이나 선을 공유하는 이웃
  의 폴리곤에 관한 사항이 세부적으로 파악되어야 한다. 또한 이웃하여 있는 경우에는 상하좌우와
  같은 상대적 위치성 또한 파악되어야 할 중요한 요소이다. 이러한 인접성은 공간 객체 간 상호 인
  접성에 기반을 둔 분석에 필수적이다.

2) 격자자료구조

격자자료구조는 동일한 크기의 격자로 이루어지며, 자료구조의 단순성 때문에 주제도를
간편하게 분할할 수 있는 장점이 있으나 정확한 위치를 표시하는 데는 많은 어려움이 따르
는 자료구조를 말한다.

① 각 셀(Cell)들의 크기에 따라 데이터의 해상도와 저장 크기가 다름
② 셀 크기가 작으면 작을수록 보다 정밀한 공간현상을 잘 표현할 수 있음
③ 격자형의 영역에서 x, y축을 따라 일련의 셀들이 존재
④ 각 셀들이 속성 값을 가지므로 이들 값에 따라 셀들을 분류하거나 다양하게 표현
⑤ 격자 데이터 유형 : 인공위성에 의한 이미지, 항공사진에 의한 이미지, 스캐닝을 통해 얻
  어진 이미지 등
⑥ 3차원 등과 같은 입체적인 지도 디스플레이 가능

– 벡터자료구조와 격자자료구조의 비교 –

벡터자료		격자자료	
장점	단점	장점	단점
• 격자자료구조보다 압축되어 간결 • 지형학적 자료가 필요한 망조직 분석에 효과적 • 지도와 거의 비슷한 도형제작에 적합	• 격자자료구조보다 훨씬 복잡한 자료구조 • 중첩 기능을 수행하기 어려움 • 공간적 편의를 나타내는 데 비효과적 • 조작과정과 영상질을 향상시키는 데 비효과적	• 간단한 자료구조 • 중첩에 대한 조작이 용이 • 다양한 공간적 편의가 격자형 형태로 나타남 • 자료의 조작과정에 효과적 • 수치형상의 질을 향상시키는 데 용이	• 압축되어 사용되는 경우가 거의 없음 • 지형관계를 나타내기가 훨씬 어려움 • 미관상 선이 매끄럽지 못함

→ Example 1

다음은 위상관계(Topology)에 대한 설명을 서술한 것으로 (a)~(e)에 알맞은 용어를 넣으시오.

"위상이란 자연상에 존재하는 각종 지형요소를 벡터구조로 표현하기 위해 각각의 요소를 점, (a), (b)의 3가지 단위요소로 분류하여 표현하고, 이들 요소들의 상호관계를 인접성, 연결성, 계급성으로 구분하여 요소 간의 관계를 효율적으로 정리한 것이다. 이 상호관계 중 (c)는 하나의 지점에서 또 다른 지점으로 이동할 때 경로선정에 활용되고, (d)는 폴리곤이나 객체들의 포함관계를 나타내고 (e)는 서로 이웃하는 폴리곤 간의 관계를 의미한다."

해설 및 정답 ⊕

(a) 선   (b) 면   (c) 연결성
(d) 계급성   (e) 인접성

(4) 데이터베이스(Database)

하나의 조직 안에서 다수의 사용자들이 공동으로 사용할 수 있도록 통합·저장되어 있는 운용 자료의 집합을 의미한다.

1) 데이터베이스의 정의

① 통합 데이터
② 저장 데이터
③ 운영 데이터
④ 공용 데이터

2) 데이터베이스의 개념적 구성요소
   ① 개체(Entity)
   ② 관계(Relationship)

(5) 파일처리 방식

파일(File)은 기본적으로 유사한 성질이나 관계를 가진 자료의 집합으로 자료를 특성별로 분류하여 저장하며 파일은 레코드(Record), 필드(Field), 키(Key)로 구성된다.

(6) DBMS(DataBase Management System) 방식

데이터베이스 관리시스템은 파일처리 방식의 단점을 보완하기 위해 도입되었으며 데이터베이스를 다루는 일반화된 체계로 표준형식의 데이터베이스 구조를 만들 수 있으며, 자료 입력과 검토·저장·조회·검색·조작할 수 있는 도구를 제공한다. 따라서 자료의 중복을 최소화하여 검색시간을 단축시키며, 결국에는 작업의 효율성을 향상시키게 된다.

1) 필수기능
   ① 정의기능
   ② 조작기능
   ③ 제어기능

2) 장단점

장점	단점
• 효율적인 자료 분리 가능 • 자료의 독립성 • 자료기반의 응용 용이 • 통제의 집중화 • 직접적인 사용자 접근 가능 • 자료 중복 방지	• 장비가 고가 • 시스템의 복잡성 • 집중된 통제에 따른 위험 존재

3) 종류
   ① 계층형 데이터베이스관리체계(Hierarchical DataBase Management System ; HDBMS)
   ② 관망형 데이터베이스관리체계(Network DataBase Management System ; NDBMS)
   ③ 관계형 데이터베이스관리체계(Relationship DataBase Management System ; RDBMS)
   ④ 객체지향형 데이터베이스관리체계(Object Oriented DataBase Management System ; OODBMS)
   ⑤ 객체관계형 데이터베이스관리체계(Object Relational DataBase Management System ; ORDBMS)

· 보충설명 ·

SQL(Structured Query Language)

① 미국 IBM사에서 개발한 표준질의어로 비과정질의어의 대표적인 언어이며, 관계형 데이터베이스를 위한 산업표준으로 사용되고 있다.

② 구문

SELECT 선택컬럼 FROM 테이블 Where 컬럼에 대한 조건값

예 지적도에서 면적이 100m²을 초과하는 대지의 소유자

구문 : Select owner From Parcels Where area＞100

테이블 : 지적도(Parcels)

고유번호(SN)	지번(jibun)	면적(area)	소유자(owner)		소유자(owner)
100530001	53−1	101	A	⇒	A
100530002	53−2	278	B		B
100530003	53−3	43	C		
⋮					

7. GSIS의 자료 생성

(1) 기존 지도를 이용하여 생성하는 방법

(2) 지상측량에 의하여 생성하는 방법

(3) 항공사진측량에 의하여 생성하는 방법

(4) 원격탐측에 의하여 생성하는 방법

8. GSIS의 자료운용

(1) 자료입력

① 자료입력체계

- 자판입력(Keyboard Entry)

- 기하학적 좌표(COordinate Geometry ; COGO)

- 디지타이징(Digitizing) : 디지타이저라는 테이블에 컴퓨터와 연결된 마우스를 이용하여 필요한 주제의 형태를 컴퓨터에 입력시키는 방법이며, 디지타이징 작업 시 발생할 수 있는 오차에는 오버슈트(Overshoot), 언더슈트(Undershoot), 스파이크(Spike), 슬리버(Sliver) 등이 있다.

- 스캐닝(Scanning) : 스캐너를 이용하여 지도, 사진 등의 아날로그 자료형식을 컴퓨터에 의해 수치형식으로 입력하는 방법이다.

- 기존 수치파일 입력(Input of Existing Digital Files)

(2) 자료변환

① 벡터화(Vectorization)

격자구조에서 벡터구조로 변환하는 것을 벡터화라 하며, 벡터화 과정은 전처리 단계, 벡터화 단계, 후처리 단계로 진행된다.

② 격자화(Rasterization)

벡터구조에서 격자구조로 변환하는 것을 격자화라 한다. 격자화에서는 전체의 벡터구조를 일정 크기의 격자로 나눈 다음, 동일한 폴리곤에 속성 값들을 격자에 저장하게 된다.

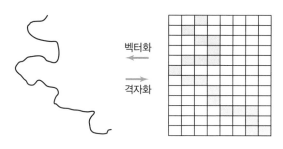

[그림 7-3] 격자화, 벡터화

(3) 자료저장

① 자료저장기기
- 종이 서류
- 마이크로 필름
- 테이프 드라이브
- 디스크 드라이브

② 영상자료저장 형식
- BIL : 파일 내의 기록은 단일 파장대에 대해 자료의 격자형 입력선을 포함
- BSQ : 단일 파장대가 쉽게 읽혀지고 보여질 수 있음
- BIQ : 구형이므로 거의 사용되지 않음

9. 공간분석

공간분석이란 의사결정을 도와주거나 복잡한 공간문제를 해결하는 데 있어 지리자료를 이용하여 수행되는 과정의 일부이며 공간분석과 관련되는 기능은 도형자료의 분석, 속성자료의 분석, 도형자료와 속성자료의 통합분석으로 분류될 수 있다.

(1) 공간분석의 분류

① 도형자료의 분석 : 포맷변환, 좌표변환, 동형화, 경계의 부합, 좌표삭감, 편집
② 속성자료의 분석 : 편집, 질의

③ 도형자료와 속성자료의 통합분석 : 분류, 일반화, 중첩분석, 근린분석, 연결성분석, 지형분석, 추출, 측정 등

(2) 중첩분석(Overlay Analysis)

동일한 지역에 대한 서로 다른 두 개 또는 다수의 레이어로부터 필요한 도형자료나 속성자료를 추출하기 위한 공간분석 기법이다.

① 벡터와 격자 자료구조의 중첩
② 격자자료구조의 중첩
③ 벡터자료구조의 중첩 : 면사상과 점사상의 중첩, 면사상과 선사상의 중첩, 면사상과 면사상의 중첩

· 보충설명 ·

중첩의 주요 유형 및 기능

① Union : 두 개 이상의 레이어를 합병하는 방법이며, 입력레이어와 중첩레이어의 모든 정보가 결과 레이어에 포함된다.

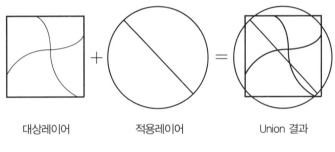

대상레이어　　　　적용레이어　　　　Union 결과

[그림 7-4] Union

② Intersect : 두 개 이상의 레이어를 교집합하는 방법이며, 입력레이어와 중첩레이어의 공통부분 정보가 결과 레이어에 포함된다.

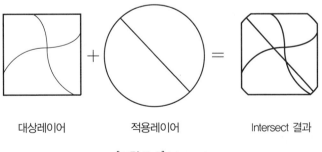

대상레이어　　　　적용레이어　　　　Intersect 결과

[그림 7-5] Intersect

③ Identity : 두 개 이상의 레이어를 합병하는 방법이며, 입력레이어의 범위에서 입력레이어와 중첩레이어의 정보가 결과 레이어에 포함된다.

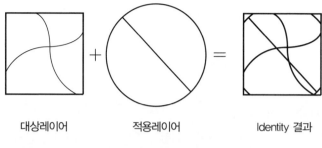

대상레이어   적용레이어   Identity 결과

[그림 7-6] Identity

④ Clip : 정해진 모양으로 레이어의 특정 영역의 데이터를 잘라내는 기능이다.

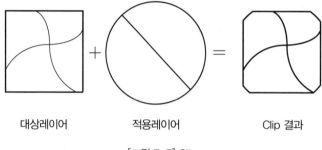

대상레이어   적용레이어   Clip 결과

[그림 7-7] Clip

⑤ Dissolve : 동일한 속성값을 가지는 개체 간 불필요한 경계를 지우고 하나의 개체로 생성하는 기능이다.

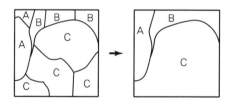

[그림 7-8] Dissolve

(3) 버퍼 분석(Buffer Analysis)

GIS 연산에 의해 점, 선 또는 면에서 일정거리 안의 지역을 둘러싸는 폴리곤 구역을 생성해주는 기법이다.

(4) 관망 분석(Network Analysis)

상호 연결된 선형의 객체가 형성하는 일정 패턴이나 프레임상의 위치 간 관련성을 고려하는 분석으로 최적 경로 계산, 자원 할당 분석 등이 있다.

(5) 수치지형모형(Digital Terrain Model)

지표면상에서 규칙 및 불규칙적으로 관측된 3차원 좌표값을 보간법 등의 자료처리 과정을 통하여 불규칙한 지형을 기하학적으로 재현하고 수치적으로 해석하는 기법이다.

1) 종류

① 수치표고모형(Digital Elevation Model ; DEM) : 공간상에 나타난 지표의 연속적인 기복 변화를 수치적으로 표현
② 수치표면모형(Digital Surface Model ; DSM) : 공간상 표면의 형태를 수치적으로 표현 (나무, 건물의 높이 등)
③ 수치지형모형(Digital Terrain Model ; DTM) : 표고뿐 아니라 지표의 다른 속성까지 포함하여 표현한 것

2) 자료추출 방법

① 격자방식

지형을 정사각형, 직사각형 또는 삼각형 격자로 구성하여 자료를 추출하는 방법이다.

② 등고선방식

등고선을 이용하여 지형을 대표할 수 있는 점을 추출하는 방법이다.

③ 임의 방식

지형을 대표할 수 있는 점을 무작위로 추출하는 방법이다.

④ 불규칙 삼각망(TIN)

삼각형으로 연결된 3차원 점을 연결한 점들로 구성되어 지형을 표현한 방법이다.

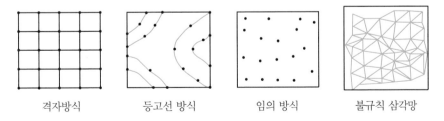

| 격자방식 | 등고선 방식 | 임의 방식 | 불규칙 삼각망 |

[그림 7-9] 자료추출방법

3) 보간법(Interpolation)

보간이란 구하고자 하는 점의 높이 좌푯값을 그 주변의 주어진 자료의 좌표로부터 보간함
수를 적용하여 추정 계산하는 것으로 점보간, 선보간, 면보간 등이 있다.

① 최근린(Nearest Neighbor) 보간법

최단 거리에 있는 관측값을 이용하여 보간하는 방법으로 주변에서 가장 가까운 점을 선
택하는 방법이다.

② 선형 보간법(Linear Interpolation)

두 개의 인접한 관측값을 직선으로 연결하는 방법으로 자료의 밀도가 매우 높은 경우에
효과적인 방법이다.

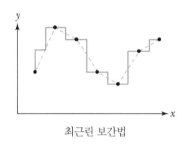
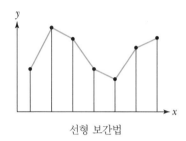

최근린 보간법   선형 보간법

[그림 7-10] 보간법(I)

③ 3차 곡선법(스플라인 보간법)

2개의 인접한 관측점에서 곡선의 1차 미분 및 2차 미분이 연속이라는 조건으로 3차 곡선
을 접합한다. 이러한 곡선을 스플라인(Spline)이라고 한다.

$$y = ax^3 + bx^2 + cx + d$$

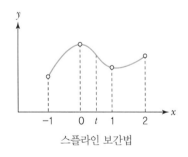
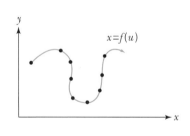

스플라인 보간법   보조변수를 사용한 스플라인 보간법

[그림 7-11] 보간법(II)

④ 격자 배열면 보간법

격자 배열면 보간법에는 일반적으로 공일차 보간법과 공삼차 보간법이 널리 이용된다.

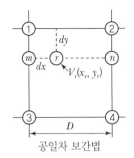
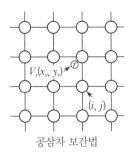

공일차 보간법   공삼차 보간법

[그림 7-12] 보간법(Ⅲ)

➡ Example 2

영상재배열은 디지털 영상의 기하학적 변환을 위한 방법이다. 다음에 열거하는 3가지 영상재배열 방법의 특징에 적합한 각각의 보간법은 무엇인가?

(1) (   )   (2) (   )   (3) (   )

(1) 입력 격자상에서 가장 가까운 영상소(Pixel)의 밝기값을 이용하여 출력격자로 변화시키는 보간법으로, 원래의 자료를 그대로 사용하기 때문에 자료가 손실되지 않는다.

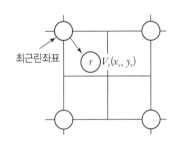

(2) 입력격자상에서 가까운 4개의 영상소의 밝기값을 이용하여 출력격자로 변환시키는 보간법이다.

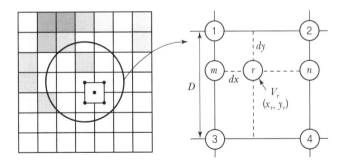

(3) 입력격자상에서 4×4배열에 해당하는 16개 영상소의 밝기값을 이용하여 출력격자로 변환시키는 보간법이다. 이는 (1)방법에 의해 나타날 수 있는 지표면의 불연속적인 현상을 줄일 수 있고 (2)방법보다 나은 영상을 얻을 수 있다. 그러나 이는 다른 보간방법에 비해 계산시간이 2~3배 정도 오래 걸린다.

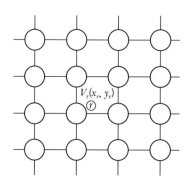

해설 및 정답 ⊕

(1) 최근린보간법
(2) 공일차보간법
(3) 공삼차보간법

⑤ 가중 평균보간법(Weight Average)

보간할 점을 중심으로 6~8점의 관측값이 반경 $d_{\max}$ 인 원 속으로 들어오도록 원을 그린다. 이때 보간값은 다음 가중평균으로 주어진다.

$$Z = \frac{\sum W_i Z_i}{\sum W_i}$$

여기서, W_i : 가중값, Z_i : 관측값, Z : 보간값

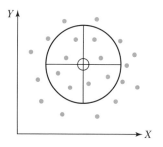

[그림 7-13] 가중 평균보간법

그림은 간격이 10m인 격자형 공간의 지점별 표고를 나타낸 것이다. 이때 A, B, C, D 지점의 표고를 이용하여 E점의 표고를 구할 때 다음 물음에 답하시오.(단, 계산은 소수 다섯째 자리에서 반올림하여 소수 넷째 자리까지 구하시오.)

지점	표고(m)
A	125
B	95
C	100
D	70

격자형 공간과 지점별 표고

(1) 기지점과 미지점 간의 거리를 계산하시오.(제곱근의 형태로 표현할 것. 예 $A\sqrt{B}$)

(단위 : m)

구분	$\overline{AE}$	$\overline{BE}$	$\overline{CE}$	$\overline{DE}$
점 간의 거리				

(2) E지점의 표고를 IWD(Inverse Weighted Distance) 방법으로 보간하시오.

E의 표고 : _____

해설 및 정답 ⊕

(1) 기지점과 미지점 간의 거리 계산

E점으로부터 거리 계산은 격자셀 크기가 10m × 10m이므로 다음과 같이 계산된다.

- $\overline{AE}$ 거리 $= \sqrt{20^2 + 10^2} = 10\sqrt{5}\,\mathrm{m}$
- $\overline{BE}$ 거리 $= \sqrt{20^2 + 10^2} = 10\sqrt{5}\,\mathrm{m}$
- $\overline{CE}$ 거리 $= \sqrt{20^2 + 30^2} = \sqrt{1,300} = 10\sqrt{13}\,\mathrm{m}$
- $\overline{DE}$ 거리 $= \sqrt{30^2 + 10^2} = \sqrt{1,000} = 10\sqrt{10}\,\mathrm{m}$

(단위 : m)

구분	$\overline{AE}$	$\overline{BE}$	$\overline{CE}$	$\overline{DE}$
점 간의 거리	$10\sqrt{5}$	$10\sqrt{5}$	$10\sqrt{13}$	$10\sqrt{10}$

(2) E지점의 표고를 IWD(Inverse Weighted Distance) 방법으로 보간하시오.

1) 역거리 경중률 합($\sum W_i$)

$$\sum W_i = \frac{1}{10\sqrt{5}} + \frac{1}{10\sqrt{5}} + \frac{1}{10\sqrt{13}} + \frac{1}{10\sqrt{10}} = 0.1488$$

2) 표고와 거리비의 합$(\sum W_i Z_i)$

$$\sum W_i Z_i = \frac{125}{10\sqrt{5}} + \frac{95}{10\sqrt{5}} + \frac{100}{10\sqrt{13}} + \frac{70}{10\sqrt{10}} = 14.8258$$

3) 미지점의 표고(Z_E)

$$Z_E = \frac{\sum W_i Z_i}{\sum W_i} = \frac{14.8258}{0.1488} = 99.6358\text{m}$$

∴ E의 표고 = 99.6358m

10. 자료의 출력

(1) 인쇄복사(Hard Copy)

반영구적인 표시방법으로 정보는 종이, 사진필름 등에 인쇄된다. 지도와 표는 이러한 형태의 출력이다.

(2) 영상복사(Soft Copy)

컴퓨터 모니터에 보이는 형태이다. 영상복사의 출력들은 조작자의 상호작용을 가능하게하기 위해 그리고 최종출력 전에 자료를 표현해 보이기 위해서 사용한다.

(3) 전기적 형태 출력

전기적 형태 출력은 컴퓨터에서 사용하는 파일들로 되어 있으며 부가적인 분석 또는 먼 거리에서도 인쇄복사 출력이 가능하도록 자료를 다른 컴퓨터로 옮기는 데 사용한다.

11. 오차

(1) 입력자료의 질에 따른 오차

① 위치정확도에 따른 오차
② 속성정확도에 따른 오차
③ 논리적 일관성에 따른 오차
④ 완결성에 따른 오차
⑤ 자료변천과정에 따른 오차

· 보충설명 ·

오차행렬

수치지도상 또는 영상분류결과의 임의의 위치에서 지도에 기입된 속성값을 확인하고, 현장검사에 의한 참값을 파악하여 오차행렬을 구성하는 것으로 정확도를 평가하는 방법의 하나이다.

구분		분류 클래스			계
		1	2	3	
실제 클래스	1	90	10	0	100
	2	10	80	10	100
	3	0	0	100	100
계		100	90	110	300

① 전체 정확도 $= \dfrac{\text{정확하게 분류된 클래스의 합}}{\text{클래스의 합}} \times 100$

예 $\dfrac{90+80+100}{300} \times 100 = 90\%$

② 제작자 정확도 $= \dfrac{\text{옳게 분류된 클래스}}{\text{분류 클래스의 합}} \times 100$

예 클래스 1 제작자 정확도 $= \dfrac{90}{100} \times 100 = 90\%$

클래스 2 제작자 정확도 $= \dfrac{80}{90} \times 100 = 88.89\%$

클래스 3 제작자 정확도 $= \dfrac{100}{110} \times 100 = 90.91\%$

③ 사용자 정확도 $= \dfrac{\text{옳게 분류된 클래스}}{\text{실제 클래스의 합}} \times 100$

예 클래스 1 사용자 정확도 $= \dfrac{90}{100} \times 100 = 90\%$

클래스 2 사용자 정확도 $= \dfrac{80}{100} \times 100 = 80\%$

클래스 3 사용자 정확도 $= \dfrac{100}{100} \times 100 = 100\%$

(2) 데이터베이스 구축 시 발생되는 오차

① 절대위치자료 생성 시 기준점의 오차

② 위치자료 생성 시 발생되는 항공사진 및 위성영상의 정확도에 따른 오차

③ 점의 조성 시 정확도 불균등에 따른 오차

④ 디지타이징 시 발생되는 점양식, 흐름양식에 발생되는 오차

⑤ 좌표변환 시 투영법에 따른 오차

⑥ 항공사진 판독 및 위성영상으로 분류되는 속성오차

⑦ 사회자료 부정확성에 따른 오차

⑧ 지형 분할을 수행하는 과정에서 발생되는 편집오차
⑨ 자료처리 시 발생되는 오차

12. GIS의 표준화

GIS 표준은 다양하게 변화하는 GIS 데이터를 정의하고 만들거나 응용하는 데 있어서 발생되는 문제점을 해결하기 위하여 정의되었다.

(1) 표준화의 필요성

① 기본 자료로 사용하기 위한 기반 확보
② 각종 응용시스템과의 연계활용을 위한 일관성 및 완전성 있는 데이터 구축
③ 데이터의 중복 구축 방지 및 비용 감소
④ 효율적인 관리 및 활용

(2) SDTS(Spatial Data Transfer Standard)

다른 하드웨어, 소프트웨어, 운영체제를 사용하는 응용시스템에서 지리공간에 관한 정보를 공유하고자 만들어진 공간자료교환표준이다.

(3) 메타데이터(Metadata)

메타데이터란 실제 데이터는 아니지만 데이터베이스, 레이어, 속성, 공간형상 등과 관련된 데이터의 내용, 품질, 조건 및 특징 등을 저장한 데이터로서 데이터에 관한 데이터의 이력을 말한다.

13. 수치지도(Digital Map ; DM)

(1) 정의

수치지도는 컴퓨터 그래픽기법을 이용하여 사전 규정에 따라 지도요소를 항목별로 구분하여 데이터베이스화하고 이동목적에 따라 지도를 자유로이 변경해서 사용할 수 있도록 전산화한 지도이다.

(2) 수치지도 특징 및 수록정보

1) 특징

① 특정 X, Y 좌표계에 기반을 두고 각종 지형·지물을 점, 선, 면으로 표현
② 최종적으로 상호변환이 가능하도록 구성
③ 도형정보는 사전 계획된 양식으로 기록함으로써 데이터베이스화가 가능

④ 일반 사용자의 요구에 따른 수치지도 대상 자료의 선정과 구축방법 및 표현방법에 대한 제약이 존재하므로 다양한 문제점을 포함

2) 수록정보

① 수치지도의 수록정보는 「수치지도 작성 작업규칙」에 근거하여 제작
② 표준코드는 수치지도를 구성하는 통합코드로 구분
③ 레이어는 8개로 분류되며, 교통(A)~주기(H)까지 순차 코드를 부여
④ 레이어코드는 수직구조로 대분류, 중분류, 소분류로 부여
⑤ 코드 구조는 「수치지도 작성 작업규칙」에 약 670여 개 코드로 정의

(3) 수치지도 자료취득방법

① 종래의 지형도 작성법으로 완성된 지도를 디지타이저 또는 스캐너 등을 이용하여 수치화하는 방법
② 항공사진의 도화작업 시 도화기를 이용하여 수치지도 데이터를 직접 취득하는 방법

(4) 수치지도 제작현황

우리나라는 1995년 5월 '국가지리정보체계 구축 기본계획'에 의거하여 수치지도작업에 착수하였으며 우선적으로 1/1,000, 1/5,000, 1/25,000 축척의 지형도를 수치지도로 제작하고 있다.

1) 1/5,000 축척 지형도

산악지역을 제외한 전국의 수치지도로 1998년에 완료

2) 1/1,000 축척 지형도

지방자치단체의 적극적인 참여로 원활하게 추진(78개 도시지역)

3) 주제도

① 지하시설물도 : 가스, 전력, 통신, 송유관, 상하수도, 지역난방
② 공통 주제도사업 : 국토이용계획도, 지형지번도, 토지이용현황도, 도시계획도, 행정구역도, 도로망도

001 GIS의 자료는 벡터 자료(Vector Data)와 래스터 자료(Raster Data)로 구분된다. 다음 물음에 답하시오.

(1) 벡터 자료와 래스터 자료의 위치를 나타내는 단위를 쓰시오.

(2) 두 자료 형태 중 대상에 대한 표현 정확도가 높은 것을 쓰시오.

(3) 두 자료 형태 중 중첩분석이 용이한 것을 쓰시오.

해설 및 정답

(1) • 벡터 자료 : 점, 선, 면
  • 래스터 자료 : 격자

(2) 벡터 자료(Vector Data)

(3) 격자 자료(Raster Data)

002 다음은 위상관계(Topology)에 대한 설명을 서술한 것으로 (a)~(e)에 알맞은 용어를 넣으시오.

"위상이란 자연상에 존재하는 각종 지형요소를 벡터구조로 표현하기 위해 각각의 요소를 점, (a), (b)의 3가지 단위요소로 분류하여 표현하고, 이들 요소들의 상호관계를 인접성, 연결성, 계급성으로 구분하여 요소 간의 관계를 효율적으로 정리한 것이다. 이 상호관계 중 (c)는 하나의 지점에서 또 다른 지점으로 이동할 때 경로선정에 활용되며, (d)는 폴리곤이나 객체들의 포함관계를 나타내고 (e)는 서로 이웃하는 폴리곤 간의 관계를 의미한다."

해설 및 정답

(a) 선 (b) 면 (c) 연결성
(d) 계급성 (e) 인접성

· 보충설명 ·

위상이란 전체의 벡터구조를 각각의 점, 선, 면의 단위 원소로 분류하여 각각의 원소에 대하여 형상 (Shape)과 인접성(Neighborhood), 연결성(Connectivity), 계급성(Hierarchy)에 관한 정보를 파악하고, 각종 도형 구조들의 관계를 정의함으로써, 각각의 원소간의 관계를 효율적으로 정리한 것이다.

① 연결성(Connectivity) : 라인 세그먼트 간의 연결성에 관한 것으로 하나의 지점에서 또 다른 지점으로 이동시 경로 선정이나 자원의 배분 등에 활용된다.

② 계급성(Hierarchy 또는 Containment) : 폴리곤이나 객체들의 포함관계를 나타낸다. 이러한 계급성은 객체 간의 포함 여부를 가지고 다양한 분석이나 연산에 사용될 수 있다.

③ 인접성(Neighborhood 또는 Adjacency) : 서로 이웃하여 있는 폴리곤 간의 관계를 의미한다. 하나의 폴리곤의 정확한 인접성 파악을 위해서는 해당 폴리곤에 속하는 점이나 선을 공유하는 이웃의 폴리곤에 관한 사항이 세부적으로 파악되어야 한다. 또한 이웃하여 있는 경우에는 상하좌우와 같은 상대적 위치성 또한 파악되어야 할 중요한 요소이다. 이러한 인접성은 공간 객체 간 상호 인접성에 기반을 둔 분석에 필수적이다.

003

공간자료의 위상관계(Topology)에 있어 인접성(Neighborhood 또는 Adjacency), 계급성(Hierarchy 또는 Containment), 연결성(Connectivity)에 대한 설명과 사례를 보기에서 골라 각각에 대하여 해당하는 번호를 모두 쓰시오.

① 선 객체 간의 접합에 관한 관계를 의미하는 것으로 각각의 선 객체를 구성하는 절점(Node)들의 집합들이 어떤 절점(Node)을 공유함으로써 선 객체들이 연결되어 있음을 표현하는 공간관계를 의미한다.

② 서로 이웃하는 공간 객체 간의 관계를 의미하는 것으로 공간객체가 서로 인접하고 있다는 것은 결과적으로 어떤 점이나 선을 공유하고 있다는 것을 의미한다. 그리고 이 때 공유하고 있는 객체를 기준으로 인접하고 있는 공간 객체 간 상하좌우의 공간관계를 의미한다.

③ 어떤 면 객체에 점, 선, 면 등의 다른 객체가 포함되어 있거나, 반대로 다른 면 객체에 포함될 때와 같은 객체 간 공간관계를 의미한다.

④ A시의 영역에 B구과 C구의 영역이 포함됨

⑤ 시 경계선 a를 중심으로 우측에는 A시, 좌측에는 B시가 위치

⑥ 두 도로선 a, b는 교차점 A에서 서로 교차

⑦ A시의 영역에 도로선 a와 교차로 b가 존재

⑧ 두 선분 a, b의 교차로 인하여 발생하는 면 A, B, C, D중 A와 C는 점 c를 중심으로 좌우(또는 상하)에 위치

(1) 인접성(Neighborhood 또는 Adjacency)에 대한 사항 : (   )

(2) 계급성(Hierarchy 또는 Containment)에 대한 사항 : (   )

(3) 연결성(Connectivity)에 대한 사항 : (   )

해설 및 정답

⑴ 인접성(Neighborhood 또는 Adjacency)에 대한 사항 : (②, ⑤, ⑧)

⑵ 계급성(Hierarchy 또는 Containment)에 대한 사항 : (③, ④, ⑦)

⑶ 연결성(Connectivity)에 대한 사항 : (①, ⑥)

004 공간자료의 위상(Topology)은 객체들 간의 공간관계를 정의하는 것으로, 객체들 간의 인접성, 연결성, 계급성에 대한 정보를 파악하기 쉽다. 다음 그림에 적합한 각각의 위상 정보를 쓰시오.

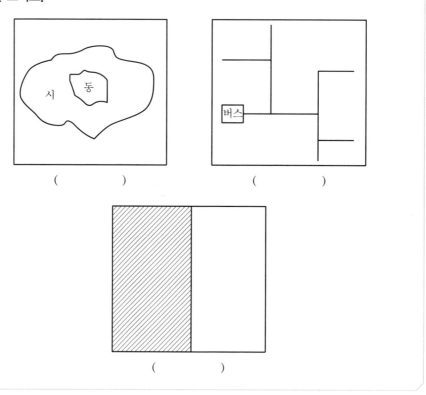

(   )   (   )

(   )

해설 및 정답

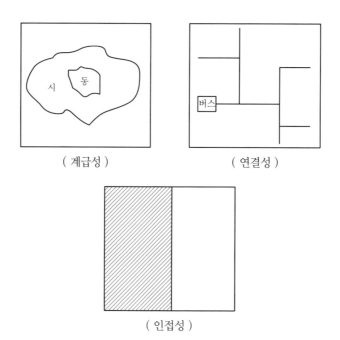

(계급성)   (연결성)

(인접성)

- 계급성은 객체 간의 포함 관계를 나타낸다.
- 연결성은 선 객체 간의 연결관계를 나타낸다.
- 인접성은 서로 이웃하고 있는 객체 간의 관계를 나타낸다.

005 주어진 아파트 테이블에 대해 다음 SQL 문에 의해 얻어지는 결과를 구하시오. (단, 답란의 주어진 셀은 필요한 부분만 사용하고 불필요한 셀은 공란으로 비워두시오.)

[Table : 아파트]

읍면동	아파트명	세대수	평형	매매가	전세가
자양동	SAMSUNG	375	27	37,500	16,000
자양동	HYUNDAI	178	25	34,125	16,750
자양동	KUMKANG	69	28	39,500	22,000
자양동	WOOBANG	406	21	34,000	13,750
자양동	JAYANG	464	21	35,500	14,750
노유동	HANGANGWOOSUNG	355	35	56,500	19,500
노유동	HANGANGHYUNDAI	204	36	53,500	19,000
노유동	HANGANGSUNGWON	140	25	31,750	15,500
광장동	GEUKDONG	896	28	56,000	20,500
광장동	DONGBUK	448	28	70,000	21,000

SQL > Select * from 아파트 where 아파트명 like '%B%' OR 평형 > 30

해설 및 정답

읍면동	아파트명	세대수	평형	매매가	전세가
자양동	WOOBANG	406	21	34,000	13,750
노유동	HANGANGWOOSUNG	355	35	56,500	19,500
노유동	HANGANGHYUNDAI	204	36	53,500	19,000
광장동	DONGBUK	448	28	70,000	21,000

SELECT 선택 컬럼 FROM 테이블 WHERE 컬럼에 대한 조건
Select * From 아파트 Where 아파트명 like '%B%' OR 평형 > 30
- 테이블 : 아파트
- 조건 : 아파트명에 B가 들어 있거나 평형 > 30
- 선택 컬럼 : * (모두)

※ Like 연산자
컬럼에 저장된 문자열 중 Like 연산자에서 저장한 문자패턴이 부분적으로 일치하면 참이 되는 연산자
- '%' : 임의의 길이의 문자열에 대한 와일드 문자
- '_' : 임의의 한 문자에 대한 와일드 문자

• 보충설명 •

SQL(Structured Query Language)
① 미국 IBM사에서 개발한 표준질의어로 비과정질의어의 대표적인 언어이며, 관계형 데이터베이스를 위한 산업표준으로 사용되고 있다.
② 구문

SELECT 선택컬럼 FROM 테이블 Where 컬럼에 대한 조건값

예 지적도에서 면적이 100m²을 초과하는 대지의 소유자

구문 : Select owner From Parcels Where area > 100

테이블 : 지적도(Parcels)

고유번호(SN)	지번(jibun)	면적(area)	소유자(owner)		소유자(owner)
100530001	53-1	101	A	⇒	A
100530002	53-2	278	B		B
100530003	53-3	43	C		
	⋮				

---

006 다음은 GIS의 용어에 관한 사항이다. 보기를 보고 다음 물음에 답하시오.

[보기]

언더슈트	메타데이터	폴리곤	점
스파이크	인공위성영상	수치항공사진영상	사지수형(Quadtree)
jpg	tiff	오버슈트	Pixel

(1) 돌출된 선으로서 주변 자료값들보다 월등히 크거나 작은 수치값을 갖는 잘못된 고도자료는?

(2) 두 개의 선이 교차점에 미치지 못하여 발생하는 디지타이징 오차는?

(3) 두 개의 선이 교차점을 지나서 발생하는 디지타이징 오차는?

(4) 래스터와 관련된 것을 보기에서 골라 모두 쓰시오.

해설 및 정답

(1) 스파이크
(2) 언더슈트
(3) 오버슈트
(4) 인공위성영상, 수치항공사진영상, 사지수형(Quadtree), jpg, tiff, Pixel

007 다음은 GIS의 용어에 대한 설명이다. 다음 설명에 해당하는 용어를 쓰시오.

(1) 실제 데이터는 아니지만 데이터베이스, 레이어, 속성, 공간형상 등과 관련된 데이터의
내용, 품질, 조건 및 특징 등을 저장한 데이터로서 데이터에 관한 데이터의 이력

(2) 두 개의 선이 교차점을 지나서 발생하는 디지타이징 오차

(3) 두 개의 선이 교차점에 미치지 못하여 발생하는 디지타이징
오차

해설 및 정답

(1) 메타데이터(Metadata)   (2) 오버슈트(Overshoot)
(3) 언더슈트(Undershoot)

008 다음 벡터구조의 행정구역 지도를 격자구조의 지도로 변환하려고 한다. 아래 조건에 따라 벡터구조의 속성값을 격자구조로 변환하여 작성하시오.

[조건]
(1) 격자의 중심에 해당하는 폴리곤의 속성값을 각각의 격자에 부여
(2) 벡터의 속성에 따른 격자번호 부여
   권선구 : 1, 장안구 : 2, 팔달구 : 3, 영통구 : 4, 나머지 : 0

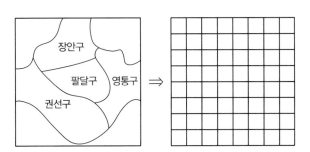

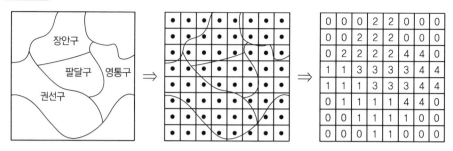

009 격자구조를 벡터구조로 변환할 때 경계표시 및 최종폴리곤의 속성값을 작성하시오.

래스터의 속성값 중 동일한 값을 갖는 것끼리 묶어 경계를 구축한다.

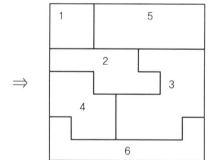

010

격자구조의 속성값을 다음 조건에 따라 재분류하여 최종성과물을 작성하시오.

[조건]

구간	재배열
1~3	3
4~8	1
9~12	2
13~16	4
17~20	5
21 이상	6

〈최종성과물〉

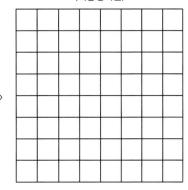

1	2	2	5	4	4	7	7
3	2	1	6	5	5	7	9
9	3	1	3	5	5	6	11
9	9	11	4	17	16	15	12
10	10	11	12	17	14	12	10
15	15	12	12	18	13	18	13
15	16	12	19	20	18	16	14
17	16	17	18	18	14	15	16

⇒

해설 및 정답

재분류는 속성 데이터의 범주의 수를 줄임으로써 데이터베이스를 간략화시키는 기능으로 속성 데이터를 중심으로 특정 값을 질의하여 선택한 후에 새로운 분류기준에 따라 새로운 속성값을 입력한다. 주어진 조건에 따라 재분류한다.

〈최종성과물〉

1	2	2	5	4	4	7	7
3	2	1	6	5	5	7	9
9	3	1	3	5	5	6	11
9	9	11	4	17	16	15	12
10	10	11	12	17	14	12	10
15	15	12	12	18	13	18	13
15	16	12	19	20	18	16	14
17	16	17	18	18	14	15	16

⇒

3	3	3	1	1	1	1	1
3	3	3	1	1	1	1	2
2	3	3	3	1	1	1	2
2	2	2	1	5	4	4	2
2	2	2	2	5	4	2	2
4	4	2	2	5	4	5	4
4	4	2	5	5	5	4	4
5	4	5	5	5	4	4	4

011

부울논리(Boolean Logic)를 이용하여 속성과 공간적 특성에 대한 자료를 채색(음영 부분)하는 방법이다. 보기와 같이 표시하시오.

[보기]

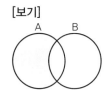

A NOT B

(1) 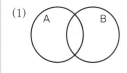　　　(2) 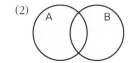　　　(3)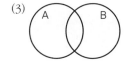

해설 및 정답

(1) A AND B　　　(2) A XOR B　　　(3) A OR B

012

두 격자자료의 입력값이 0과 1일 때, 각 논리연산자 AND, OR, NOT, XOR에 의한 결과를 각각 그림으로 표현하시오.(단, 참일 때 1, 거짓일 때 0)

1	1	0
1	1	0
0	0	0

0	1	0
1	1	0
1	0	0

해설

- AND 연산자의 결과는 두 연산항 중 어느 하나가 False이면 무조건 False 이고, 모두 True이면 True가 된다. 비트 연산인 경우는 두 비트가 1인 경우에만 1이며, 나머지 경우는 모두 0이 된다.
- OR 연산자의 결과는 두 연산항 중 어느 하나가 True이면 True가 되고, 나머지 경우 False가 된다. 비트 연산인 경우는 어느 한 비트 이상이 1이면 무조건 1이 되고, 그렇지 않으면 0이 된다.
- XOR 연산자의 결과는 한 연산항이 True이고, 다른 연산항이 False일 때만 True가 되며, 나머지 경우는 모두 False가 된다. 비트 연산인 경우는 한 비트가 0이고, 다른 비트가 1일 때만 1이 되며, 나머지 경우는 모두 0이 된다.
- NOT 연산자는 단항 논리 연산자로 그 결과는 True이면 False로, False이면 True로 된다. 비트 연산인 경우는 0은 1로, 1은 0으로 된다.

정답

(1) AND

0	1	0
1	1	0
0	0	0

(2) OR

1	1	0
1	1	0
1	0	0

(3) NOT

0	0	1
0	0	1
1	1	1

1	0	1
0	0	1
0	1	1

(4) XOR

1	0	0
0	0	0
1	0	0

013

GIS의 공간분석 중 중첩분석은 기본적이면서도 중요한 분석기능 중 하나이며 현실세계의 다양한 문제를 해결하기 위한 의사결정수단으로 사용되고 있다. 중첩분석방법에 대하여 입력레이어와 Union, Intersect, Identity 레이어를 각각 중첩하여 그 결과 레이어를 그림으로 표현하고 레이어의 폴리곤 수를 구하시오. (단, 1은 null 값으로, 폴리곤 수에 포함한다.)

입력 레이어

UNION,
INTERSECT,
IDENTITY 레이어

레이어 도형들의
크기 비교

(1) UNION 결과 레이어

　　　폴리곤 수 : (　　)개

(2) INTERSECT 결과 레이어

　　　폴리곤 수 : (　　)개

(3) IDENTITY 결과 레이어

폴리곤 수 : (　　)개

해설

(1) UNION

　Union 중첩은 두 개 또는 더 많은 레이어들에 대하여 OR 연산자를 적용하여 합병하는 방법이다. 기준이 되는 레이어와 Union 레이어의 모든 특징은 결과 레이어에 포함된다.

(2) INTERSECT

　Intersect 중첩은 Boolean의 AND 연산자를 적용한다. 두 개의 레이어가 처리될 때, 입력레이어의 부분 중 Intersect 레이어와 중첩되는 부분만 결과 레이어에 남아 있게 된다.

(3) IDENTITY

　Identity 중첩은 입력 레이어와의 범위에 위치한 모든 정보는 결과 레이어에 포함된다. 입력 레이어와 부분적으로 중복되는 Identity 레이어의 폴리곤만 결과 레이어에 포함된다.

정답

(1) UNION 결과 레이어

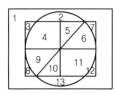

폴리곤 수 : (13)개

(2) INTERSECT 결과 레이어

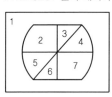

폴리곤 수 : (7)개

(3) IDENTITY 결과 레이어

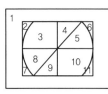

폴리곤 수 : (11)개

014 다음의 그림에서 행정구역 레이어와 토지이용 레이어를 Union한 결과가 그림과 같을 때, Intersect한 결과와 행정구역 레이어로 토지이용 레이어를 Clip한 결과를 그림으로 표현하시오.

토지이용

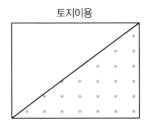

행정구역

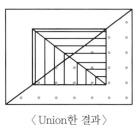

〈 Union한 결과 〉

Intersect한 결과	Clip한 결과

※ 결과에 각 레이어의 선의 개수, 점의 개수를 고려하여 표시하시오.

해설 및 정답

Intersect한 결과	Clip한 결과

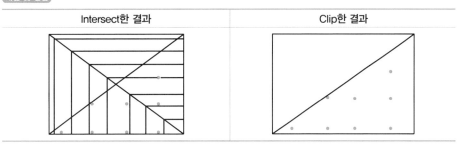

- Intersect : Boolean 연산의 AND 연산과 유사한 것으로 두 개의 레이어가 처리될 때, 두 개의 레이어가 중첩(중복)되는 부분만 결과 레이어에 남아 있게 된다.
- Clip : 정해진 모양으로 자료층 상의 특정 영역의 데이터를 잘라내는 기능이다.

015

다음 그림은 지적도의 필지를 지리정보로 구축한 셰이프(Shape) 파일로 도형정보와 각 필지의 속성정보를 이용하여 공간분석을 수행하고자 한다. 공간분석 과정 중 피처 디졸브(Feature Dissolve) 기능을 이용하여 다음 예와 같이 표시하시오.

Field	
FID	0
Shape	polygon
JIBUN	8−1대

Field	
FID	2
Shape	polygon
JIBUN	8−3대

↓　　　　　↓

↑　　　　　　　　↑

Field	
FID	1
Shape	polygon
JIBUN	8−2대

Field	
FID	3
Shape	polygon
JIBUN	8−3대

예

Field	
FID	0
Shape	polygon
JIBUN	8−1대

Field	
FID	2
Shape	polygon
JIBUN	8−3대

↓　　　　　↓

↑

Field	
FID	1
Shape	polygon
JIBUN	8−2대

JIBUN 필드로 디졸브 기능을 이용하면 '8-3대'의 속성을 가진 2개의 필지가 병합된다.

Field	
FID	0
Shape	polygon
JIBUN	8-1대

Field	
FID	2
Shape	polygon
JIBUN	8-3대

Field	
FID	1
Shape	polygon
JIBUN	8-2대

※ 디졸브(Dissolve)

　지도의 객체 간 불필요한 경계를 지우고자 할 때에 주로 사용되는 기능으로 동일한 속성값을 가지는 객체들을 동일한 객체로 인식하여 저장한다.

016

산사태 분석을 위해서 토양도 셰이프(Shape) 파일과 임상도 셰이프 파일을 이용하여 공간분석을 수행하고자 한다. 공간분석 기능 중 인터섹트(Intersect) 연산을 수행한 결과를 주어진 도형에 빗금으로 표현(Intersect에 해당되는 부분만 표시)하고, 토양도_임상도_Intersect 테이블을 완성하시오.

(1) 인터섹트(Intersect) 결과

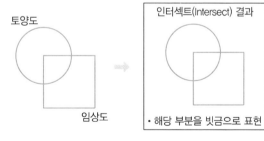

FID	Shape	토양명
0	Polygon	충적토

토양도 테이블

FID	Shape	경급	밀도
0	Polygon	중	소

임상도 테이블

(2) 토양도_임상도_Intersect 테이블

(단, 테이블에 필요한 부분만 채우고 필요 없는 부분은 빈칸으로 놓아두시오.)

FID	Shape	FID_토양도	토양명	FID_임상도	경급	밀도

해설 및 정답

(1) 인터섹트(Intersect) 결과

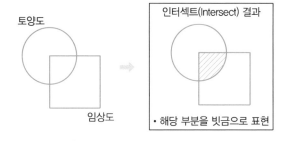

(2) 토양도_임상도_Intersect 테이블

FID	Shape	FID_토양도	토양명	FID_임상도	경급	밀도
0	Polygon	0	충적토	0	중	소

017

공간분석의 방법 중 중첩(Overlay) 분석을 이용하여 홍수로 인한 농경지의 피해액을 산출하고자 한다. [그림 1]은 홍수로 인한 피해가 없는 지역(A_1)과 홍수로 인한 피해지역(A_2)을 나타내며, 이때 폴리곤을 이루는 점의 좌표는 [표 1]과 같다. 그리고 [그림 2]는 농경지의 작물별 재배 공간을 보여주는 것으로 B_1 지역은 콩, B_2 지역은 상추, B_3 지역은 오이 재배지를 나타내며 이때 폴리곤을 이루는 점의 좌표는 [표 2]와 같다. 작물별 단위 면적당 예상 피해액은 각각 콩이 $100,000$원, 상추가 $150,000$원, 오이가 $200,000$원이라면 이때 콩 재배지의 피해액을 구하시오.(단, 아래 그림에서 좌하단의 좌표는(0, 0), 우상단의 좌표는(14, 14)이며, 이때, (X_i, Y_i)의 좌표를 꼭짓점으로 가지는 면의 면적은 다음과 같이 계산된다.

$$A = \frac{1}{2} \left| \sum_{i=0}^{n-1} (X_i Y_{i+1} - Y_i X_{i+1}) \right|$$

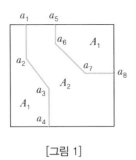

[그림 1]

점	좌표
a_1	(14, 2)
a_2	(9, 2)
a_3	(5, 5)
a_4	(0, 5)
a_5	(14, 6)
a_6	(11, 6)
a_7	(7, 10)
a_8	(7, 14)

[표 1]

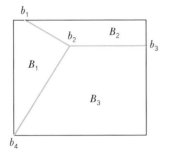

[그림 2]

지점	좌표
b_1	(14, 1)
b_2	(11, 6)
b_3	(11, 14)
b_4	(0, 0)

[표 2]

(1) 두 자료를 중첩하여 콩 재배지 중 홍수로 인한 피해구역을 빗금으로 표시하시오.

(2) 콩 재배지 중 홍수로 인한 피해구역의 면적을 구하시오.

(3) 홍수로 인한 콩 재배지의 예상 피해액을 구하시오.

(1) 두 자료를 중첩한 콩 재배지 중 홍수로 인한 피해구역 빗금 표시으로 표시하시오.

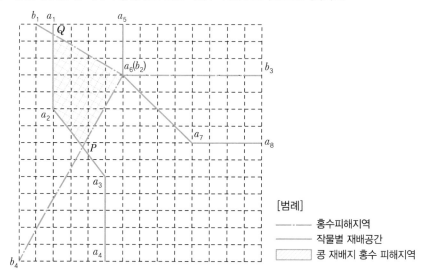

[범례]

—·—·— 홍수피해지역
———— 작물별 재배공간
▨ 콩 재배지 홍수 피해지역

(2) 콩 재배지 중 홍수로 인한 피해구역의 면적을 구하시오.

1) 교차점 P, Q 계산

① $\overline{a_2 a_1}$ 방위각

$$\tan\theta = \frac{Y_{a_1} - Y_{a_2}}{X_{a_1} - X_{a_2}} \longrightarrow$$

$$\theta = \tan^{-1} \frac{2-2}{14-9} = 0°00'00''$$

$$\therefore \overline{a_2 a_1} \text{ 방위각} = 0°00'00''$$

② $\overline{a_2 a_3}$ 방위각

$$\tan\theta = \frac{Y_{a_3} - Y_{a_2}}{X_{a_3} - X_{a_2}} \longrightarrow$$

$$\theta = \tan^{-1} \frac{5-2}{5-9} = 36°52'12'' (2상한)$$

$$\therefore \overline{a_2 a_3} \text{ 방위각} = 180° - 36°52'12'' = 143°07'48''$$

③ $\overline{b_2 b_1}$ 방위각

$$\tan\theta = \frac{Y_{b_1} - Y_{b_2}}{X_{b_1} - X_{b_2}} \longrightarrow$$

$$\theta = \tan^{-1} \frac{1-6}{14-11} = 59°02'10'' (4상한)$$

$$\therefore \overline{b_2 b_1} \text{ 방위각} = 360° - 59°02'10'' = 300°57'50''$$

④ $\overline{b_2 b_4}$ 방위각

$$\tan\theta = \frac{Y_{b_4} - Y_{b_2}}{X_{b_4} - X_{b_2}} \longrightarrow$$

$$\theta = \tan^{-1}\frac{0-6}{0-11} = 28°36'38''(3상한)$$

$$\therefore \overline{b_2 b_4} \ 방위각 = 180° + 28°36'38'' = 208°36'38''$$

⑤ Q점 좌표

> · 보충설명 ·
>
> 그림과 같이 A, B점의 좌표와 교차하는 α, β 방위각을 알 때 교차점까지의 거리
> S_1, S_2는 다음 식으로 구한다.

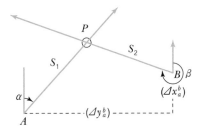

$$S_1 = \frac{\Delta y_a^b \cos\beta - \Delta x_a^b \sin\beta}{\sin(\alpha - \beta)}$$

$$S_2 = \frac{\Delta y_a^b \cos\alpha - \Delta x_a^b \sin\alpha}{\sin(\alpha - \beta)}$$

- $S_1 = \dfrac{(Y_{b_2} - Y_{a_2}) \times \cos\overline{b_2 b_1} \ 방위각 - (X_{b_2} - X_{a_2}) \times \sin\overline{b_2 b_1} \ 방위각}{\sin(\overline{a_2 a_1} \ 방위각 - \overline{b_2 b_1} \ 방위각)}$

  $= \dfrac{(6-2) \times \cos 300°57'50'' - (11-9) \times \sin 300°57'50''}{\sin(0°00'00'' - 300°57'50'')}$

  $= 4.4\text{m}$

- $X_Q = X_{a_2} + (S_1 \cdot \cos(\overline{a_2 a_1} \ 방위각))$

  $= 9 + (4.4 \times \cos 0°00'00'') = 13.4\text{m}$

- $Y_Q = Y_{a_2} + (S_1 \cdot \sin(\overline{a_2 a_1} \ 방위각))$

  $= 2 + (4.4 \times \sin 0°00'00'') = 2.0\text{m}$

⑥ P점 좌표

- $S_1 = \dfrac{(Y_{b_2} - Y_{a_2}) \times \cos\overline{b_2 b_4} \ 방위각 - (X_{b_2} - X_{a_2}) \times \sin\overline{b_2 b_4} \ 방위각}{\sin(\overline{a_2 a_3} \ 방위각 - \overline{b_2 b_4} \ 방위각)}$

  $= \dfrac{(6-2) \times \cos 208°36'38'' - (11-9) \times \sin 208°36'38''}{\sin(143°07'48'' - 208°36'38'')}$

  $= 2.8\text{m}$

$$\bullet\ X_P = X_{a_2} + (S_1 \cdot \cos(\overline{a_2a_3}\ \text{방위각}))$$
$$= 9 + (2.8 \times \cos 143°07'48'') = 6.8\text{m}$$
$$\bullet\ Y_P = Y_{a_2} + (S_1 \cdot \sin(\overline{a_2a_3}\ \text{방위각}))$$
$$= 2 + (2.8 \times \sin 143°07'48'') = 3.7\text{m}$$

2) 콩 재배지 홍수피해지역 면적

측점	X	Y	y_{n+1}	y_{n-1}	Δy	$X \cdot \Delta y$
a_2	9.0	2.0	2.0	3.7	-1.7	-15.3
Q	13.4	2.0	6.0	2.0	4.0	53.6
b_2	11.0	6.0	3.7	2.0	1.7	18.7
P	6.8	3.7	2.0	6.0	-4.0	-27.2
계						29.8

$$2A = 29.8\text{m}^2$$
$$\therefore\ A = 14.9\text{m}^2$$

(3) 홍수로 인한 콩 재배지의 예상 피해액을 구하시오.

피해액 $=$ 면적 $\times$ 단위면적당 피해액
$$= 14.9 \times 100,000$$
$$= 1,490,000원$$

018

그림의 두 래스터 데이터를 이용하여 적지를 찾고자 한다. 아래의 두 가지 조건을 모두 만족하는 적지분석에 가장 적합한 래스터 분석을 통한 중간산출물과 최종산출물을 구하시오.

• 조건 1 : 성남시   • 조건 2 : 경사도 10% 이하

1	1	1	3
1	1	3	3
2	2	3	3
2	2	2	3

〈행정구역〉

1 : 서울시
2 : 성남시
3 : 하남시

1	2	3	3
1	2	2	3
1	1	3	3
1	1	2	2

〈경사도〉

1 : 0% 초과 10% 이하
2 : 10% 초과 30% 이하
3 : 30% 초과

(1) 각 데이터의 Recode 결과(중간산출물)를 구하시오.

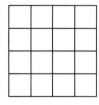

〈조건 1〉

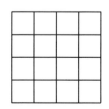

〈조건 2〉

(2) 최종 중첩분석 결과(최종산출물)를 구하시오.

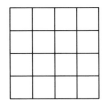

해설 및 정답

(1) 각 데이터의 Recode 결과(중간산출물)를 구하시오.

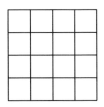

〈조건 1〉 2 : 성남시

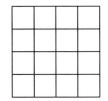

〈조건 2〉 1 : 0% 초과 10% 이하

(2) 최종 중첩분석 결과(최종산출물)를 구하시오.

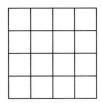

019

농경지 개발에 적합한 구역을 선정하기 위해 토양, 고도, 경사 속성값을 가진 커버리지가 있다. 다음 커버리지의 중첩연산을 수행하고 가장 높은 수치값이 보인 구역을 농경지 개발에 적합한 구역으로 선정하시오.

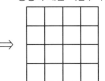

1=나쁨, 2=보통, 3=좋음

(1) 속성에 따른 가중치를 부여하여 중첩연산을 수행하시오.(단, 토양×2, 고도×1, 경사 ×1로 가중치를 부여하여 중첩연산을 수행하시오.)

(2) 가장 높은 수치 값이 보인 지역을 순서대로 3개 구역으로 나타내시오.(단, A = 가장
   적합, B = 두 번째 적합, C = 세 번째 적합으로 나타내시오.)

해설 및 정답

(1) 속성에 따른 가중치를 부여하여 중첩연산을 수행하시오.

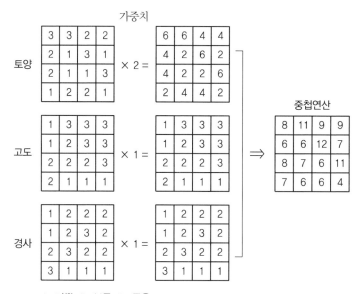

1=나쁨, 2=보통, 3=좋음

(2) 가장 높은 수치 값이 보인 지역을 순서대로 3개 구역으로 나타내시오.

농경지 개발 적합구역

	B	C	C
		A	
			B

A=12(가장 적합), B=11(두 번째 적합), C=9(세 번째 적합)

020

다음 그림의 두 래스터 데이터를 이용하여 도시개발구역의 최적 입지선정을 하려고 한다. 아래의 두 가지 조건을 만족하도록 지도대수 기법을 이용하여 최종산출물을 구하시오.

- 조건 1 : 용지확보가 좋은 도시
- 조건 2 : 교통망으로부터의 높은 접근성

3	2	3	2
3	2	2	1
1	1	1	3
1	3	3	2

〈도시평가〉
1 : 좋은 도시
2 : 중간 도시
3 : 나쁜 도시

2	3	1	2
3	1	2	1
3	3	1	3
1	2	2	2

〈접근성〉
1 : 접근도 우수
2 : 접근도 중간
3 : 접근도 불량

(1) 조건에 따라 좋으면 '3', 나쁘면 '1' 등 좋을수록 입지 적합도 점수를 높게 부여하여 표시하시오.

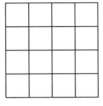

〈도시평가〉

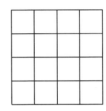

〈접근성〉

(2) 덧셈식을 이용하여 가장 높은 값을 갖는 최종 중첩분석 결과(최종산출물)를 구하시오.

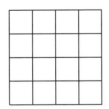

〈중첩분석결과〉

해설 및 정답

(1) 조건에 따라 좋으면 '3', 나쁘면 '1' 등 좋을수록 입지 적합도 점수를 높게 부여하여 표시하시오.

1	2	1	2
1	2	2	3
3	3	3	1
3	1	1	2

〈도시평가〉

2	1	3	2
1	3	2	3
1	1	3	1
3	2	2	2

〈접근성〉

(2) 덧셈식을 이용한 가장 높은 값을 갖는 최종 중첩분석 결과(최종산출물)를 구하시오.

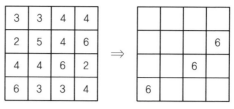

〈중첩분석결과〉

021

지형을 3차원으로 표시하기 위해 수치지형모형이 사용되어 오고 있다. 최근 지형을 3차원으로 단순히 표시하는 것을 벗어나 보다 다양한 정보를 함께 제공하기 위한 노력이 이뤄지고 있는데 이와 관련된 다음 물음에 답하시오.

(1) DEM(Digital Elevation Model), DTM(Digital Terrain Model), DTED(Digital Terrain Elevation Data)가 사용되고 있는데 각각이 제공하는 정보에 대한 차이점에 대하여 간단히 설명하고 있다. 각 설명에 가장 알맞은 모델을 1개씩만 쓰시오.

① 표고뿐만 아니라 강, 하천, 지성선 등과 지리학적 요소, 자연지물 등이 포함된 자료로서 보다 포괄적인 개념에서는 건물 등의 인공구조물을 포함한 지형기복을 표현하는 자료

② 표고값 이외에도 최대, 최소, 평균 표고값 등을 제공하여 표고, 경사, 표면의 거칠기 등의 정보를 제공하는 자료

③ X, Y 좌표로 표현된 2차원의 데이터구조에 각 격자에 대한 표고(Z) 값이 연결된 2.5차원의 자료

(2) 격자점을 이용한 3차원 지형분석 및 표현에 격자방식보다 TIN(Triangular Irregular Network)이 많이 사용되고 있는 이유를 쓰시오.

정답

(1) ① DTED　　② DTM　　③ DEM

(2) 불규칙 삼각망은 격자자료의 단점인 해상력 저하, 해상력 조절, 중요한 정보상실에 대한 가능성이 해소되고 자료량 조절이 용이하므로 3차원 지형분석 및 표현에 많이 이용된다.

해설

① 수치표고모형(Digital Elevation Model ; DEM) : 지형의 위치에 대한 표고를 일정한 간격으로 배열한 수치정보이다. 수치고도모형이라고도 한다.

② 수치지형모형(Digital Terrain Model ; DTM) : 적당한 밀도로 분포하는 지점들의 위치 및 표고의 수치정보이다.

③ 수치표면모형(Digital Surface Model ; DSM, DTED) : 인공지물과 식생이 있는 지구의 표면의 표고를 표현하기 위해 일정 간격의 격자점마다 수치로 기록한 표고 모형을 말한다.

④ 불규칙삼각망(Triangulated Irregular Network, TIN) : 공간을 불규칙한 삼각형으로 분할하여 모자이크 모형 형태로 생성된 일종의 공간자료 구조로서, 삼각형의 꼭짓점들은 불규칙적으로 벌어진 절점을 형성한다.

022

그림은 간격이 10m인 격자형 공간의 지점별 표고를 나타낸 것이다. 이때 A, B, C, D 지점의 표고를 이용하여 E점의 표고를 구할 때 다음 물음에 답하시오.(단, 계산은 소수 다섯째 자리에서 반올림하여 소수 넷째 자리까지 구하시오.)

지점	표고(m)
A	125
B	95
C	100
D	70

격자형 공간과 지점별 표고

(1) 기지점과 미지점 간의 거리를 계산하시오.(제곱근의 형태로 표현할 것. 예 $A\sqrt{B}$)

(단위 : m)

구분	$\overline{AE}$	$\overline{BE}$	$\overline{CE}$	$\overline{DE}$
점 간의 거리				

(2) E지점의 표고를 IWD(Inverse Weighted Distance) 방법으로 보간하시오.

E의 표고 : _____

해설 및 정답

(1) 기지점과 미지점 간의 거리를 계산하시오.

E점으로부터 거리 계산은 격자셀 크기가 10m × 10m 이므로 다음과 같이 계산된다.

- $\overline{AE}$ 거리 $= \sqrt{20^2 + 10^2} = 10\sqrt{5}$ m
- $\overline{BE}$ 거리 $= \sqrt{20^2 + 10^2} = 10\sqrt{5}$ m
- $\overline{CE}$ 거리 $= \sqrt{20^2 + 30^2} = \sqrt{1,300} = 10\sqrt{13}$ m
- $\overline{DE}$ 거리 $= \sqrt{30^2 + 10^2} = \sqrt{1,000} = 10\sqrt{10}$ m

(단위 : m)

구분	$\overline{AE}$	$\overline{BE}$	$\overline{CE}$	$\overline{DE}$
점 간의 거리	$10\sqrt{5}$	$10\sqrt{5}$	$10\sqrt{13}$	$10\sqrt{10}$

(2) E지점의 표고를 IWD(Inverse Weighted Distance) 방법으로 보간하시오.

1) 역거리 경중률 합($\sum W_i$)

$$\sum W_i = \frac{1}{10\sqrt{5}} + \frac{1}{10\sqrt{5}} + \frac{1}{10\sqrt{13}} + \frac{1}{10\sqrt{10}} = 0.1488$$

2) 표고와 거리비의 합($\sum W_i Z_i$)

$$\sum W_i Z_i = \frac{125}{10\sqrt{5}} + \frac{95}{10\sqrt{5}} + \frac{100}{10\sqrt{13}} + \frac{70}{10\sqrt{10}} = 14.8258$$

3) 미지점의 표고(Z_E)

$$Z_E = \frac{\sum W_i Z_i}{\sum W_i} = \frac{14.8258}{0.1488} = 99.6358\text{m}$$

$$\therefore E\text{의 표고} = 99.6358\text{m}$$

023

아래 그림과 같은 격자형 수치표고모델(DEM)에서 $A(X=280\text{m},\ Y=160\text{m})$점 주위의 가까운 4개의 점을 이용하여 A점의 표고(Z)를 계산하시오. (단, 거리에 반비례하게 경중률(또는 가중값)을 고려하여 가중평균보간법(Weighted Average Interpolation)을 사용하고, 계산은 반올림하여 소수 둘째 자리까지 구하시오.)

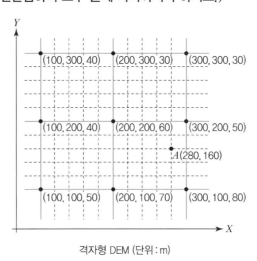

격자형 DEM (단위 : m)

[해설 및 정답]

가중평균보간법(역거리 경중률 보간법)을 사용하여 A점의 표고(Z)를 구하면,

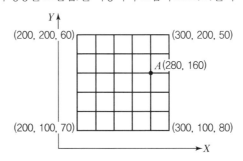

(1) 거리 계산(X_n, Y_n는 각 측점 좌표 예)

$$① \ \overline{A-좌측 \ 하단} = \sqrt{(X_B - X_A)^2 + (Y_B - Y_A)^2}$$
$$= \sqrt{(200-280)^2 + (100-160)^2}$$
$$= 100.00\text{m}$$

$$② \ \overline{A-좌측 \ 상단} = \sqrt{(X_B - X_A)^2 + (Y_B - Y_A)^2}$$
$$= \sqrt{(200-280)^2 + (200-160)^2}$$
$$= 89.44\text{m}$$

$$③ \ \overline{A-우측 \ 상단} = \sqrt{(X_B - X_A)^2 + (Y_B - Y_A)^2}$$
$$= \sqrt{(300-280)^2 + (200-160)^2}$$
$$= 44.72\text{m}$$

$$④ \ \overline{A-우측 \ 하단} = \sqrt{(X_B - X_A)^2 + (Y_B - Y_A)^2}$$
$$= \sqrt{(300-280)^2 + (100-160)^2}$$
$$= 63.25\text{m}$$

(2) 경중률 계산

$$W_1 : W_2 : W_3 : W_4 = \frac{1}{100} : \frac{1}{89.44} : \frac{1}{44.72} : \frac{1}{63.25}$$

(3) A점 표고(Z) 계산

$$Z_A = \frac{\sum W_i Z_i}{\sum W_i}$$

$$= \frac{\dfrac{70}{100} + \dfrac{60}{89.44} + \dfrac{50}{44.72} + \dfrac{80}{63.25}}{\dfrac{1}{100} + \dfrac{1}{89.44} + \dfrac{1}{44.72} + \dfrac{1}{63.25}} = 63.24\text{m}$$

---

024 다음과 같은 수치표고자료를 최단거리 보간법으로 보간하려고 한다. 보간 후 ①~③의 값을 구하시오.

		①		120		
	112				70	
	105		②	100		
	50	③			90	

① (   ), ② (   ), ③ (   )

		①		120
	112			70
	105		②	100
	50	③		90

① (112), ② (100), ③ (50)

※ 최단거리 보간법
- 입력격자상에서 가장 가까운 영상소의 밝기를 이용하여 출력격자로 변환시키는 방법이다.
- 원래의 자료값을 다른 방법들처럼 평균하지 않고 바꾸기 때문에 자료값의 최댓값과 최솟값이 손실되지 않는다.
- 다른 방법에 비해 빠르고 출력 영상으로 밝기값을 정확히 변화시키는 장점이 있는 반면 지표면에 대한 영상이 불연속적으로 나타날 수 있다.

025 아래 그림은 어느 지형의 격자형 수치지형모델(DTM)이다. 격자 모서리 점의 숫자는 기준면으로부터 측정한 표고를 나타낸 값이고, 이 표고 값들은 선형관계에 있다고 할 때 다음 요구사항을 구하시오.(단, 계산은 소수 넷째 자리에서 반올림하여 소수 셋째 자리까지 구하시오.)

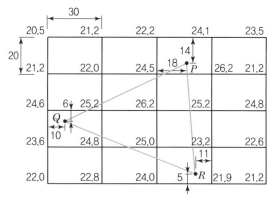

(단위 : m)

(1) 기준면에서의 각 측점 간 거리($\overline{PQ}$, $\overline{PR}$)

(2) 기준면에서 삼각형의 면적(A)

(3) 기준면으로부터 P, Q, R점의 표고

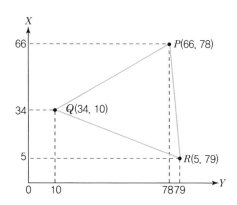

(1) 기준면에서의 각 측점 간 거리($\overline{PQ}$, $\overline{PR}$) 계산

① $\overline{PQ} = \sqrt{(66-34)^2 + (78-10)^2} = 75.153\text{m}$

② $\overline{PR} = \sqrt{(5-66)^2 + (79-78)^2} = 61.008\text{m}$

③ $\overline{RQ} = \sqrt{(5-34)^2 + (79-10)^2} = 74.847\text{m}$

(2) 기준면에서 삼각형의 면적(A) 계산

$$A = \sqrt{S(S-a)(S-b)(S-c)}$$
$$= \sqrt{105.504 \times (105.504-75.153) \times (105.504-61.008) \times (105.504-74.847)}$$
$$= 2,090.000\text{m}^2$$

$$\text{여기서, } S = \frac{1}{2}(a+b+c) = \frac{1}{2}(75.153+61.008+74.847)$$
$$= 105.504\text{m}$$

(3) 기준면으로부터 P, Q, R점의 표고 계산

공일차보간법 이용

1) P점 표고

① $\left(\dfrac{24.500-22.200}{20}\right) \times 14 + 22.200 = 23.810\text{m}$

② $\left(\dfrac{26.200-24.100}{20}\right) \times 14 + 24.100 = 25.570\text{m}$

③ $\left(\dfrac{25.570-23.810}{30}\right) \times 18 + 23.810 = 24.866\text{m}$

∴ P점의 표고 $= 24.866\text{m}$

2) Q점 표고

① $\left(\dfrac{23.600-24.600}{20}\right) \times 6 + 24.600 = 24.300\text{m}$

② $\left(\dfrac{24.800-25.200}{20}\right) \times 6 + 25.200 = 25.080\text{m}$

③ $\left(\dfrac{25.080-24.300}{30}\right) \times 10 + 24.300 = 24.560\text{m}$

∴ Q점의 표고 $= 24.560\text{m}$

3) R점 표고

$$① \left(\frac{24.000 - 25.000}{20} \right) \times 15 + 25.000 = 24.250\text{m}$$

$$② \left(\frac{21.900 - 23.200}{20} \right) \times 15 + 23.200 = 22.225\text{m}$$

$$③ \left(\frac{22.225 - 24.250}{30} \right) \times 19 + 24.250 = 22.968\text{m}$$

$$\therefore R점의 \; 표고 = 22.968\text{m}$$

• 보충설명 •

공일차보간법

편위수정된 영상소의 자료값은 재변환된 좌표위치(X_r, Y_r)와 입력영상 내의 가장 가까운 4개의 영상소 사이의 거리에 의하여 처리한다.

$$V_m = \left(\frac{V_3 - V_1}{D_1} \right) \times dy + V_1$$

$$V_n = \left(\frac{V_4 - V_2}{D_1} \right) \times dy + V_2$$

$$\therefore \; V_r = \left(\frac{V_n - V_m}{D_2} \right) \times dx + V_m$$

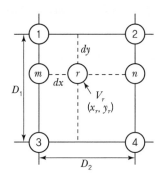

---

026 영상재배열은 디지털 영상의 기하학적 변환을 위한 방법이다. 다음에 열거하는 3가지 영상재배열 방법의 특징에 적합한 각각의 보간법은 무엇인가?

(1) (   ) (2) (   ) (3) (   )

(1) 입력 격자상에서 가장 가까운 영상소(Pixel)의 밝기값을 이용하여 출력격자로 변환시키는 보간법으로, 원래의 자료를 그대로 사용하기 때문에 자료가 손실되지 않는다.

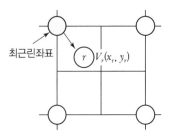

최근린좌표

(2) 입력격자상에서 가까운 4개의 영상소의 밝기값을 이용하여 출력격자로 변환시키는 보간법이다.

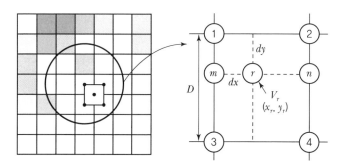

(3) 입력격자상에서 4 × 4배열에 해당하는 16개 영상소의 밝기값을 이용하여 출력격자로 변환시키는 보간법이다. 이는 (1)방법에 의해 나타날 수 있는 지표면의 불연속적인 현상을 줄일 수 있고 (2)방법보다 나은 영상을 얻을 수 있다. 그러나 이는 다른 보간방법에 비해 계산시간이 2~3배 정도 오래 걸린다.

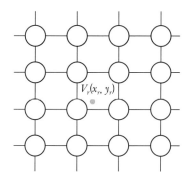

해설 및 정답

(1) 최근린보간법
(2) 공일차보간법
(3) 공삼차보간법

・ **보충설명** ・

(1) 최근린보간법
 ① 입력격자상에서 가장 가까운 영상소의 밝기를 이용하여 출력격자로 변환시키는 방법
 ② 원래의 자료값을 다른 방법들처럼 평균하지 않고 바꾸기 때문에 자료값의 최댓값과 최솟값이 손실되지 않는다.
 ③ 다른 방법에 비해 빠르고 출력영상으로 밝기값을 정확히 변화시키는 장점이 있는 반면 지표면에 대한 영상이 불연속적으로 나타날 수 있다.

(2) 공일차보간법
    ① 편위수정된 영상소의 자료값은 재변환된 좌표위치(X_r, Y_r)와 입력영상 내의 가장 가까운 4개의 영상소 사이의 거리에 의하여 처리한다.
    ② 출력영상에서 나타나는 지표면이 불연속적으로 나타내는 것을 줄일 수 있다.

(3) 공삼차보간법
    ① 출력 자료값을 결정하기 위해 4×4 배열의 16개 영상소들을 평균한다.
    ② 16개 입력값에는 선형함수보다 3차 함수의 근사값들이 적용된다.
    ③ 최근린방법에서 나타날 수 있는 지표면의 불연속 표현을 줄일 수 있다.
    ④ 공일차보간법보다 더 양질의 영상을 제공하나, 시간이 많이 소요된다.

027

다음 (a)와 같은 지형의 높이값을 이용하여 수문분석을 위한 물의 흐름방향을 파악하고자 한다. 이때 물의 흐름방향을 표시하고 8방향 유출모형을 이용하여 격자연산을 수행한 결과를 나타내시오. (단, 흐름방향의 표시는 (b)를 참고하여 표시하고, 유출모형을 위한 (b)에 대한 기본격자는 (c)와 같으며, (a)에서 가장 낮은 높이값을 갖는 '18'에서는 남동방향으로 흐른다고 가정한다.)

78	72	68	73	60
75	68	56	50	46
70	55	45	40	39
65	57	53	26	30
67	60	48	23	18

(a) 지형의 높이값

(b) 흐름방향 표시

32	64	128
16	0	1
8	4	2

(c) 8방향 기본격자

(1) 흐름방향을 표시하시오.

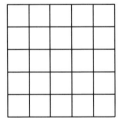

(2) 격자연산을 수행하시오.

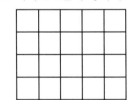

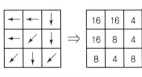

예 흐름방향 표시에 대한 격자연산

(1) 흐름방향을 표시하시오.

최대경사값 계산

① 1행

- 1행 1열 : $\dfrac{(78-68)}{\sqrt{2}} ≒ 7.07$ ∴ ↘

- 1행 2열 : $\dfrac{(72-56)}{\sqrt{2}} ≒ 11.31$ ∴ ↘

- 1행 3열 : $\dfrac{(68-50)}{\sqrt{2}} ≒ 12.73$ ∴ ↘

- 1행 4열 : $\dfrac{(73-46)}{\sqrt{2}} ≒ 19.09,\ \dfrac{(73-50)}{1} = 23$ 비교 후 방향 결정 ∴ ↓

  (※ 가장 낮은 표고값을 갖는 방향이 가장 큰 최대경사값을 갖지 않는 경우)

- 1행 5열 : $\dfrac{(60-46)}{1} = 14$ ∴ ↓

② 2행

- 2행 1열 : $\dfrac{(75-55)}{\sqrt{2}} ≒ 14.14$ ∴ ↘

- 2행 2열 : $\dfrac{(68-45)}{\sqrt{2}} ≒ 16.26$ ∴ ↘

- 2행 3열 : $\dfrac{(56-40)}{\sqrt{2}} ≒ 11.31$ ∴ ↘

- 2행 4열 : $\dfrac{(50-39)}{\sqrt{2}} ≒ 7.78,\ \dfrac{(50-40)}{1} = 10$ 비교 후 방향 결정 ∴ ↓

  (※ 가장 낮은 표고값을 갖는 방향이 가장 큰 최대경사값을 갖지 않는 경우)

- 2행 5열 : $\dfrac{(46-39)}{1} = 7$ ∴ ↓

③ 3행

- 3행 1열 : $\dfrac{(70-55)}{1} = 15$ ∴ →

- 3행 2열 : $\dfrac{(55-45)}{1} = 10$ ∴ →

- 3행 3열 : $\dfrac{(45-26)}{\sqrt{2}} ≒ 13.44$ ∴ ↘

- 3행 4열 : $\dfrac{(40-26)}{1} = 14$ ∴ ↓

- 3행 5열 : $\dfrac{(39-26)}{\sqrt{2}} ≒ 9.19$ ∴ ↗

④ 4행

- 4행 1열 : $\dfrac{(65-55)}{\sqrt{2}} ≒ 7.07,\ \dfrac{(65-57)}{1} = 8$ 비교 후 방향 결정 ∴ →

  (※ 가장 낮은 표고값을 갖는 방향이 가장 큰 최대경사값을 갖지 않는 경우)

- 4행 2열 : $\dfrac{(57-45)}{\sqrt{2}} ≒ 8.49$ ∴ ↗

- 4행 3열 : $\dfrac{(53-23)}{\sqrt{2}} ≒ 21.21,\ \dfrac{(53-26)}{1} = 27$ 비교 후 방향 결정 ∴ →

  (※ 가장 낮은 표고값을 갖는 방향이 가장 큰 최대경사값을 갖지 않는 경우)

- 4행 4열 : $\dfrac{(26-18)}{\sqrt{2}} \fallingdotseq 5.66$ ∴ ↘

- 4행 5열 : $\dfrac{(30-18)}{1} = 12$ ∴ ↓

⑤ 5행

- 5행 1열 : $\dfrac{(67-57)}{\sqrt{2}} \fallingdotseq 7.07$ ∴ ↗

- 5행 2열 : $\dfrac{(60-48)}{1} = 12$ ∴ →

- 5행 3열 : $\dfrac{(48-23)}{1} = 25$ ∴ →

- 5행 4열 : $\dfrac{(23-18)}{1} = 5$ ∴ →

- 5행 5열 : 문제에서 가장 낮은 높이값을 갖는 '18'에서는 남동방향으로 흐른다고 가정하였으므로 다음 방향으로 표시 ∴ ↘

· 보충설명 ·

흐름의 방향은 각 셀로부터 가장 경사가 급한 내리막의 방향으로 정의되며, 하나의 격자를 중심으로 주변의 8개 격자를 대상으로 각각의 최대경사값을 계산해 가장 큰 최대경사값을 갖는 방향을 흐름방향으로 결정한다.

$$최대경사값 = \dfrac{표고값의\ 차이}{거리}$$

여기서, 거리는 격자와의 간격으로 인접 격자(상하좌우 격자)의 경우 거리는 1, 대각선 인접 격자의 경우 거리는 $\sqrt{2}$ 로 한다.

※ 거리 값이 다르므로 주변 격자의 가장 낮은 표고값을 갖는 방향이 가장 큰 최대경사값을 갖지 않을 수도 있다.

(2) 격자연산을 수행하시오.

방향	방향지시 수치	방향	방향지시 수치
동쪽(E)	1	서쪽(W)	16
남동쪽(SE)	2	북서쪽(NW)	32
남쪽(S)	4	북쪽(N)	64
남서쪽(SW)	8	북동쪽(NE)	128

028 토지이용 피복도의 정확도를 검증하기 위하여 아래와 같은 오차행렬을 작성하였다. 분류정확도를 계산하시오. (단, 계산은 반올림하여 소수 첫째 자리까지 구하시오.)

구분		분류 클래스		
		1	2	3
실제 클래스	1	90	10	0
	2	10	80	10
	3	0	0	100

* 클래스 1 : 시가화 건조지역
* 클래스 2 : 농업지역
* 클래스 3 : 산림지역

(1) 클래스 1의 사용자 분류정확도(%)

(2) 클래스 2의 사용자 분류정확도(%)

(3) 클래스 3의 사용자 분류정확도(%)

해설 및 정답

구분		분류클래스			계
		1	2	3	
실제클래스	1	90	10	0	100
	2	10	80	10	100
	3	0	0	100	100
계		100	90	110	300

(1) 클래스 1의 사용자 분류정확도(%)

$$분류정확도 = \frac{90}{100} \times 100 = 90\%$$

(2) 클래스 2의 사용자 분류정확도(%)

$$분류정확도 = \frac{80}{100} \times 100 = 80\%$$

(3) 클래스 3의 사용자 분류정확도(%)

$$분류정확도 = \frac{100}{100} \times 100 = 100\%$$

- 오차행렬
  수치지도상 또는 영상분류결과의 임의의 위치에서 지도에 기입된 속성값을 확인하고, 현장검사에 의한 참값을 파악하여 행렬로 구성하는 것으로 정확도를 평가하는 방법의 하나이다.

- 사용자 정확도 $= \dfrac{실제\ 클래스가\ 옳게\ 분류된\ 클래스}{실제\ 클래스의\ 합} \times 100(\%)$

029

OGC(Open Geospatial Consortium)에서는 XML을 기반으로 지리정보의 저장 및 전송을 위한 인코딩 표준(표준 인터페이스)으로 GML을 제안하고 있다. 보기는 GML 웹서비스명이다. 용어를 설명하시오.

[보기]
CSW－카탈로그(Catalog) 웹서비스

(1) WMS   (2) WFS   (3) WCS   (4) WPS

해설 및 정답
(1) WMS : 지도 웹서비스(Web Map Service)
(2) WFS : 특징 웹서비스(Web Feature Service)
(3) WCS : 커버리지 웹서비스(Web Coverage Service)
(4) WPS : 처리 웹서비스(Web Processing Service)

030

우리나라의 수치지도에 표시되는 좌표계에 대한 다음의 질문 내용에 답하시오.

(1) 우리나라 평면직각 좌표계 원점의 위치(좌표)

   ① 서부원점 : 위도(   ), 경도(   )

   ② 중부원점 : 위도(   ), 경도(   )

   ③ 동부원점 : 위도(   ), 경도(   )

   ④ 동해원점 : 위도(   ), 경도(   )

(2) 평면직각 좌표계 원점의 좌푯값

   원점의 좌표 : (X, Y)＝(,   )

(3) 우리나라에서 사용하는 지도 투영법

(4) 수치지도에 표시되는 표고값의 기준

해설 및 정답
(1) 우리나라 평면직각 좌표계 원점의 위치(좌표)
   ① 서부원점 : 위도(38°N), 경도(125°E)
   ② 중부원점 : 위도(38°N), 경도(127°E)
   ③ 동부원점 : 위도(38°N), 경도(129°E)
   ④ 동해원점 : 위도(38°N), 경도(131°E)

(2) 평면직각 좌표계 원점의 좌푯값
   원점의 좌표 : (X, Y)＝(600,000m, 200,000m)

(3) 우리나라에서 사용하는 지도 투영법
   －TM(횡메르카토르) 도법

(4) 수치지도에 표시되는 표고값의 기준
　　－인천만 평균해수면

1 : 1,000 수치지도에서 도엽코드가 358081410인 도엽이 있다. 이 도엽의 경위도 좌표와 인덱스를 1 : 50,000, 1 : 10,000 그리고 1 : 1,000 축척에서 몇 번째에 있는지 예와 같이 해당 숫자와 원으로 표시하시오.

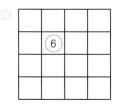

축척	색인도		
1 : 50,000			
1 : 10,000			
1 : 1,000			

축척	색인도
1 : 50,000	36° ⑧ / 35° / 128° 129°
1 : 10,000	⑭
1 : 1,000	⑩

(1) 1 : 50,000

　　도엽코드 : 경위도를 1° 간격으로 분할한 지역에 대하여 다시 15′씩 16등분하여 하단 위도 두 자리 숫자와 좌측 경도의 끝자리 숫자를 합성한 뒤 해당되는 두 자리 코드를 추가하여 구성한다.

(2) 1 : 10,000

　　도엽코드 : 1/50,000 도엽을 25등분하여 1/50,000 도엽코드 끝에 해당되는 두 자리 코드를 추가하여 구성한다.

(3) 1 : 1,000

　　도엽코드 : 1/10,000 도엽을 100등분하여 1/10,000 도엽코드 끝에 해당되는 두 자리 코드를 추가하여 구성한다.

제 8 장 면적 및 체적측량

SECTION | 01 개요

면적과 체적의 산정은 건설공사의 계획, 시공에 있어서 적정 계획면 설정, 토공량 산정, 수문량 조사를 위한 유역면적, 저수지의 담수량 산정 등에 널리 사용되며, 가옥 및 임야 면적 등과 같이 재산권이 개입된 실생활 문제와도 밀접한 관계가 있다.

SECTION | 02 Basic Frame

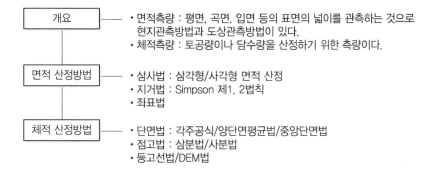

SECTION | 03 핵심 이론

1. 면적 산정

(1) 지거법에 의한 면적산정

복잡하게 굴곡진 경계 내의 면적을 구할 때는 일반적으로 도상에서 구적기를 사용하여 구하지만 수치계산법으로 구하려면 지거법으로 한다.

① 심프슨(Simpson) 제1법칙

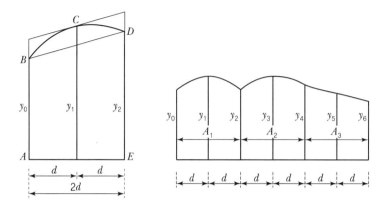

[그림 8-1] 심프슨 제1법칙

$$A = 사다리꼴(ABDE) + 포물선(BCD)$$

$$A = \frac{d}{3}\{y_0 + y_n + 4(y_1 + y_3 + \cdots + y_{n-1}) + 2(y_2 + y_4 + \cdots + y_{n-2})\}$$

$$= \frac{d}{3}(y_0 + y_n + 4\sum y_{홀수} + 2\sum y_{짝수})$$

② 심프슨(Simpson) 제2법칙

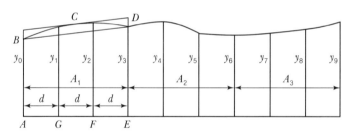

[그림 8-2] 심프슨 제2법칙

$$A = \frac{3}{8}d\{y_0 + y_n + 3(y_1 + y_2 + y_4 + y_5 + \cdots + y_{n-2} + y_{n-1})$$

$$+ 2(y_3 + y_6 + \cdots + y_{n-3})\}$$

$$= \frac{3}{8}d(y_0 + y_n + 2\sum y_{3의\ 배수} + 3\sum y_{나머지\ 수})$$

(2) 좌표법에 의한 면적 산정

직선 지역의 면적 산정에 많이 활용되며 배횡거법은 다각측량에서 다루었으므로 좌표법에 의한 면적 산정만 다루기로 한다.

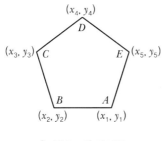

[그림 8-3] 좌표법

측점	x	y	y_{n+1}	y_{n-1}	Δy	$x \cdot \Delta y$
A	x_1	y_1	y_2	y_5	$y_2 - y_5$	$x_1 \cdot (y_2 - y_5)$
B	x_2	y_2	y_3	y_1	$y_3 - y_1$	$x_2 \cdot (y_3 - y_1)$
C	x_3	y_3	y_4	y_2	$y_4 - y_2$	$x_3 \cdot (y_4 - y_2)$
D	x_4	y_4	y_5	y_3	$y_5 - y_3$	$x_4 \cdot (y_5 - y_3)$
E	x_5	y_5	y_1	y_4	$y_1 - y_4$	$x_5 \cdot (y_1 - y_4)$
계						$\Sigma 2A$

$$\therefore \ 면적(A) = \frac{1}{2} \times 배면적(\Sigma 2A)$$

2. 체적 산정

토목공사에서 토공량을 산정하는 방법에는 단면법, 점고법, 등고선법 등이 있다.

(1) 단면에 의한 체적 계산

① 각주공식(Prismoidal Formula)

다각형인 양단면이 평행이고(A_1, A_2) 중앙의 면적(A_m)을 구하여 심프슨 제1법칙을 적용하여 구하면 된다.

$$V_0 = \frac{h}{3}(A_1 + 4A_m + A_2)$$

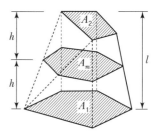

[그림 8-4] 단면법에 의한 체적 산정

② 양단면평균법(End Area Formula)

$$V_0 = \frac{A_1 + A_2}{2} \times l$$

여기서, A_1, A_2 : 양단면 면적

l : A_1에서 A_2까지의 거리

③ 중앙단면법(Middle Area Formula)

$$V_0 = A_m \times l$$

※ 단면법에 의해 구해진 토량은 일반적으로 양단면평균법(과다) > 각주공식(정확) > 중앙단면법(과소)을 갖는다.

(2) 점고법에 의한 체적 계산

장방형 지역의 토공량 계산에 널리 이용된다.

① 삼분법

$$체적 \ V_0 = \frac{1}{3} A \left(\sum h_1 + 2\sum h_2 + \cdots + 8\sum h_8 \right)$$

$$계획고 \ h = \frac{V_0}{nA}$$

여기서, A : 1개 삼각형의 면적$(\frac{1}{2}a \times b)$

n : 삼각형의 개수

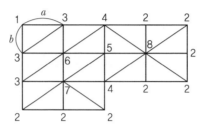

[그림 8-5] 삼분법

② 사분법

$$체적 \ V_0 = \frac{1}{4} A \left(\sum h_1 + 2\sum h_2 + 3\sum h_3 + 4\sum h_4 \right)$$

$$계획고 \ h = \frac{V_0}{nA}$$

여기서, A : 1개 사각형의 면적$(a \times b)$

n : 사각형의 수

$h_1 \cdots h_n$: 직사각형의 높이

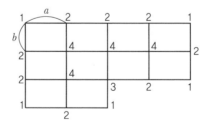

[그림 8-6] 사분법

(3) 등고선법에 의한 체적 계산

지형도에서 체적을 근사적으로 구하는 경우 대단히 편리한 방법이다.

$$체적 \ V_0 = \frac{h}{3}\left[A_0 + A_n + 4(A_1 + A_3 + A_5) + 2(A_2 + A_4)\right]$$

여기서, V_0 : 저수지의 용량

$A_0, \cdots, A_n$: 각 단면의 면적

h : 등고선의 간격

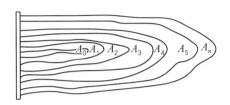

[그림 8-7] 등고선에 의한 체적 산정

3. 유토곡선(Mass Curve)

어느 절토가 어느 성토에 유용하고, 어느 절토에 사토하고, 어느 성토에 토취장에서 보급할 것인가를 결정하는 것을 토량 배분이라고 말한다. 토량 배분에는 토적도 또는 토적 곡선을 이용하는 것이 편리하며, 토적도를 작성하려면 먼저 토량 계산서를 작성하여야 하고, 토량 배분에 의해서 계획 토량과 운반거리를 명확히 알게 된다.

(1) 유토곡선의 작성

① 측량 결과에 의해 종·횡단면도를 그린다.
② 종단면도 아래에 토적 곡선을 그린다. 이때 누가 토량에 의해 토적 곡선을 작성한다.
③ 종축에 누가 토량을 취하고, 횡축에 거리를 취하여 종단면도의 각 측점에 대응하는 누가 토량을 도시하여 토적 곡선을 작도한다.

(2) 유토곡선을 작성하는 이유

① 토량 이동에 따른 공사 방법 및 순서 결정
② 평균 운반거리 산출
③ 운반거리에 의한 토공 기계 선정
④ 토량 배분

(3) 유토곡선의 성질

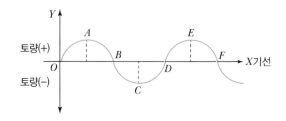

[그림 8–8] 유토곡선의 성질

① 유토곡선이 하향인 구간은 성토구간(AC, EF)이고, 상향인 구간은 절토구간(OA, CE)이다.
② 유토곡선의 극소점은 성토에서 절토로 옮기는 점이고, 극대점은 절토에서 성토로 옮기는 점이다.
③ 절토와 성토의 평균운반거리는 유토곡선토량의 1/2점 간의 거리로 한다.
④ 평균운반거리는 절토부분의 중심과 성토부분의 중심 간의 거리를 의미한다.
⑤ B, D, F는 토량 이동이 없는 평행부분이다.

001 심프슨 제2법칙을 이용하여 다음 그림의 면적을 구한 값은?

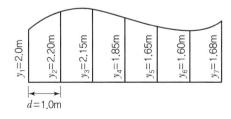

해설 및 정답

$$A = \frac{3d}{8}\left\{y_1 + y_7 + 3(y_2 + y_3 + y_5 + y_6) + 2(y_4)\right\}$$

$$= \frac{3 \times 1.0}{8}\left\{2.0 + 1.68 + 3(2.2 + 2.15 + 1.65 + 1.60) + 2(1.85)\right\}$$

$$= 11.32\text{m}^2$$

002 다음과 같은 토지의 면적을 심프슨 제1법칙으로 구하면 얼마인가?

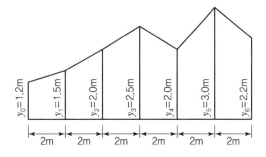

해설 및 정답

$$A = \frac{d}{3}\left\{y_0 + y_6 + 4(y_1 + y_3 + y_5) + 2(y_2 + y_4)\right\}$$

$$= \frac{2}{3}\left\{1.2 + 2.2 + 4(1.5 + 2.5 + 3.0) + 2(2.0 + 2.0)\right\} = 26.27\text{m}^2$$

003

아래 그림과 같은 면적을 심프슨 제1법칙에 의해 계산하시오.

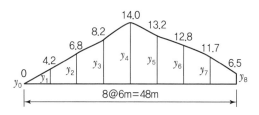

해설 및 정답

$$A = \frac{d}{3}\left\{y_0 + y_8 + 4(y_1 + y_3 + y_5 + y_7) + 2(y_2 + y_4 + y_6)\right\}$$

$$= \frac{6}{3}\left\{0 + 6.5 + 4(4.2 + 8.2 + 13.2 + 11.7) + 2(6.8 + 14.0 + 12.8)\right\}$$

$$= 445.8\text{m}^2$$

004

$ABCD$의 면적을 구하기 위하여 다음과 같이 측정
하였다. $ABCD$의 정확한 면적은?

(단, $\overline{AP} = 70\text{m}$, $\overline{BP} = 60\text{m}$,

$\overline{CP} = 65\text{m}$, $\overline{DP} = 64\text{m}$,

$\angle APB = 60°$, $\angle BPC = 90°$,

$\angle CPD = 120°$, $\angle DPA = 90°$)

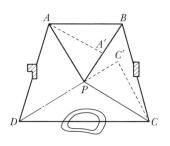

해설 및 정답

$$A = \left(\frac{1}{2} \times 70 \times 60 \times \sin 60°\right) + \left(\frac{1}{2} \times 60 \times 65 \times \sin 90°\right) + \left(\frac{1}{2} \times 64 \times 65 \times \sin 120°\right)$$

$$+ \left(\frac{1}{2} \times 64 \times 70 \times \sin 90°\right)$$

$$= 7,810\text{m}^2$$

005

토지분할측량에 있어서 그림과 같은 삼각형 ABC의 면적 30m²에서 20m²의 면적만 분
할하려 할 때, $\overline{BC} = 45\text{m}$이다. $\overline{BP}$의 길이는?

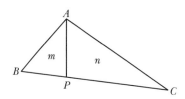

해설 및 정답

$$\overline{BC} : \overline{BP} = m+n : m$$

$$\therefore \overline{BP} = \frac{m}{m+n}\overline{BC} = \frac{20}{30} \times 45 = 30\mathrm{m}$$

006

그림과 같은 토지의 1변 $\overline{BC}$ 에 평행하게 $m : n = 1 : 3$의 비율로 분할하고자 한다. $\overline{AB} = 40\mathrm{m}$일 때 $\overline{AX}$ 는 얼마인가?

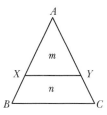

해설 및 정답

$$\frac{\triangle AXY}{\triangle ABC} = \frac{m}{m+n} = \frac{\overline{AX}^2}{\overline{AB}^2}$$

$$\therefore \overline{AX} = \overline{AB}\sqrt{\frac{m}{m+n}} = 40 \times \sqrt{\frac{1}{1+3}} = 20\mathrm{m}$$

007

그림과 같은 4변형의 토지를 $\overline{AD}$ 를 평행하게 $m : n = 2 : 3$으로 면적을 분할하고자 한다. $\overline{AB} = 50\mathrm{m}$, $\overline{AD} = 80\mathrm{m}$, $\overline{CD} = 80\mathrm{m}$일 때 $\overline{AX}$ 는 얼마인가?

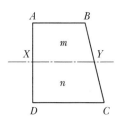

해설 및 정답

$$\overline{XY} = \sqrt{\frac{m\overline{CD}^2 + n\overline{AB}^2}{m+n}} = \sqrt{\frac{2 \times 80^2 + 3 \times 50^2}{2+3}} = 63.7\mathrm{m}$$

$$\therefore \overline{AX} = \frac{\overline{AD}(\overline{XY} - \overline{AB})}{\overline{CD} - \overline{AB}} = \frac{80(63.7-50)}{80-50} = 36.5\mathrm{m}$$

008 그림과 같은 3고도 단면에서 d_1과 d_2를 구하고, 단면적(A)을 계산하시오. (단, $n_1 = 5$, $n_2 = 2.5$, 계산은 소수 넷째 자리에서 반올림하여 소수 셋째 자리까지 계산하시오.)

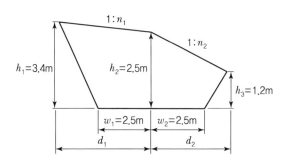

해설 및 정답

(1) 거리(d_1) 계산

$$1 : 5 = (3.4 - 2.5) : (w_1 + x)$$

$$x = 2 \qquad \therefore d_1 = 4.5\text{m}$$

(2) 거리(d_2) 계산

$$1 : 2.5 = (2.5 - 1.2) : (w_2 + y)$$

$$y = 0.75 \qquad \therefore d_2 = 3.25\text{m}$$

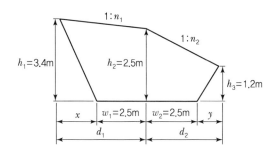

(3) 단면적(A) 계산

$$A = \left\{ \left(\frac{2.5 + 3.4}{2} \times 4.5 \right) - \left(\frac{3.4 \times 2}{2} \right) \right\} + \left\{ \left(\frac{1.2 + 2.5}{2} \times 3.25 \right) - \left(\frac{1.2 \times 0.75}{2} \right) \right\}$$

$$= 15.438\text{m}^2$$

009 다음 그림과 같이 노선중심선에 횡단측량을 실시하여 횡단면도를 작성하였다. 다음 표를 완성하시오. (단, 노선중심 간격은 20m이고, 토량계산은 양단면평균법으로 사용하시오.)

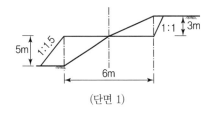

(단면 1)

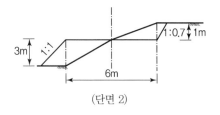

(단면 2)

	절토(m²)	성토(m²)	절토량(m³)	성토량(m³)
단면 1				
단면 2				

	절토(m²)	성토(m²)	절토량(m³)	성토량(m³)
단면 1	9.0	26.25		
			108.5	352.5
단면 2	1.85	9.0		

(1) 단면 1 계산

① 절토 $= (\frac{1}{2} \times 3 \times 3) + (\frac{1}{2} \times 3 \times 3) = 9.0 \text{m}^2$

② 성토 $= (\frac{1}{2} \times 3 \times 5) + (\frac{1}{2} \times 5 \times 7.5) = 26.25 \text{m}^2$

(2) 단면 2 계산

① 절토 $= (\frac{1}{2} \times 3 \times 1) + (\frac{1}{2} \times 1 \times 0.7) = 1.85 \text{m}^2$

② 성토 $= (\frac{1}{2} \times 3 \times 3) + (\frac{1}{2} \times 3 \times 3) = 9.0 \text{m}^2$

(3) 절토량 계산

$$V = (\frac{9.0 + 1.85}{2}) \times 20 = 108.5 \text{m}^3$$

(4) 성토량 계산

$$V = (\frac{26.25 + 9.0}{2}) \times 20 = 352.5 \text{m}^3$$

010 다음 그림에서 빗금친 부분의 넓이를 구하시오. (단, $\angle OCB = 90°$, 거리는 소수 셋째 자리까지, 각은 초 단위까지 구하시오.)

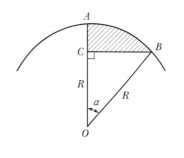

측점	X(m)	Y(m)
A	150.000	100.000
B	140.958	128.679
O	100.000	100.000

(1) $\overline{AO}$, $\overline{BO}$ 거리 계산

$$R = \sqrt{(X_O - X_A)^2 + (Y_O - Y_A)^2} = \sqrt{(100 - 150)^2 + (100 - 100)^2} = 50 \text{m}$$

(2) $\angle AOB$ 계산

① $\overline{OA}$ 방위각

$$\theta = \tan^{-1} \frac{Y_A - Y_O}{X_A - X_O} = \tan^{-1} \frac{100.000 - 100.000}{150.000 - 100.000} = 0°00'00''$$

② $\overline{OB}$ 방위각

$$\theta = \tan^{-1}\frac{Y_B - Y_O}{X_B - X_O} = \tan^{-1}\frac{128.679 - 100.000}{140.958 - 100.000} = 35°00'00''$$

③ $\angle AOB$

$$\angle AOB = \overline{OB} \text{ 방위각} - \overline{OA} \text{ 방위각} = 35°00'00'' - 0°00'00'' = 35°00'00''$$

(3) $\overline{OC}$ 거리 계산

$$\cos\alpha = \frac{\overline{OC}}{R} \ \rightarrow \ \overline{OC} = 40.958\text{m}$$

(4) $\overline{CB}$ 거리 계산

$$\overline{CB} = \sqrt{\overline{OB}^2 - \overline{OC}^2} = \sqrt{50^2 - 40.958^2} = 28.678\text{m}$$

(5) 면적 계산

① AOB 면적

$$A_1 = \pi r^2 \times \frac{\alpha}{360°} = \pi \times 50^2 \times \frac{35°}{360°} = 763.582\text{m}^2$$

② $\triangle BCO$ 면적

$$A_2 = \frac{1}{2}ab\sin\alpha = \frac{1}{2} \times 50 \times 40.958 \times \sin 35° = 587.314\text{m}^2$$

$$\therefore A = A_1 - A_2 = 763.582 - 587.314 = 176.268\text{m}^2$$

011

다음 그림과 같이 도로의 종단면도에서 각 측점의 단면적을 구하시오. (단, 도로폭 10m, 절토구배 1 : 1, 성토구배 1 : 1.5, 계산은 소수 셋째 자리까지 구하시오.)

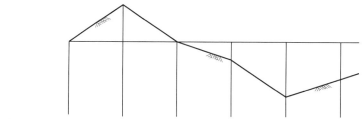

측점	0	1	2	3	4	5
거리	0	20	20	20	20	20
지반고	18	20	18	17	15	16
계획고	18	18	18	18	18	18

해설 및 정답

(1) 측점 1 단면적(m²) 계산

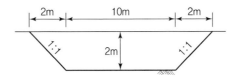

$$A_1 = \frac{14+10}{2} \times 2 = 24\text{m}^2$$

(2) 측점 3 단면적(m²) 계산

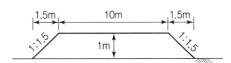

$$A_3 = \frac{10+13}{2} \times 1 = 11.5\text{m}^2$$

(3) 측점 4 단면적(m²) 계산

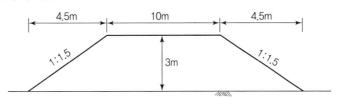

$$A_4 = \frac{10+19}{2} \times 3 = 43.5\text{m}^2$$

(4) 측점 5 단면적(m²) 계산

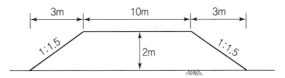

$$A_5 = \frac{10+16}{2} \times 2 = 26\text{m}^2$$

※ 측점 0번, 2번은 계획고와 지반고가 동일하므로 단면적이 0m²이다.

012

다음 도형에서 $\overline{AD} = 77.36$m, $\overline{BC} = 68.48$m, $\alpha = 55°30'15''$일 때, 사각형 $ABDC$의 면적을 계산하시오.

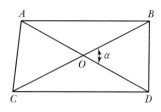

해설 및 정답

(1) 내각 계산

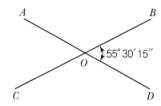

① $\angle AOC$

　$\angle AOC = \angle BOD$

　$\therefore \angle AOC = 55°30'15''$

② $\angle AOB$

　$\angle AOB = (360 - (55°30'15'' \times 2)) \div 2 = 124°29'45''$

③ $\angle COD$

　$\angle COD = \angle AOB$

　$\therefore \angle COD = 124°29'45''$

(2) 면적 계산

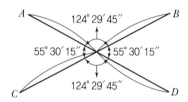

$A = \dfrac{1}{2}ab\sin\theta$

$= \left\{ \dfrac{1}{2} \times 34.24 \times 38.68 \times (\sin 55°30'15'' \times 2) \right\} + \left\{ \dfrac{1}{2} \times 34.24 \times 38.68 \times (\sin 124°29'45'' \times 2) \right\}$

$= 2,183.06\text{m}^2$

별해

$A = \dfrac{1}{2}ab\sin\theta$

$= \dfrac{1}{2} \times 77.36 \times 68.48 \times \sin 55°30'15''$

$= 2,183.06\text{m}^2$

013

다음 도형의 면적을 구하시오.

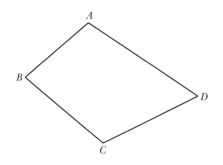

측점	합위거(X)	합경거(Y)
A	6,466.405	4,598.142
B	6,441.694	4,587.796
C	6,436.603	4,607.138
D	6,444.109	4,626.830

해설 및 정답

□ ABCD 면적(좌표법) 계산

측점	X	Y	y_{n+1}	y_{n-1}	Δy	$X \cdot \Delta y$
A	6,466.405	4,598.142	4,587.796	4,626.830	-39.034	$-252,409.653$
B	6,441.694	4,587.796	4,607.138	4,598.142	8.996	57,949.479
C	6,436.603	4,607.138	4,626.830	4,587.796	39.034	251,246.362
D	6,444.109	4,626.830	4,598.142	4,607.138	-8.996	$-57,971.205$
계						1,185.017

$$\therefore A = \frac{1}{2} \times 1,185.017 = 592.51 \mathrm{m}^2$$

014

각 점의 좌표가 다음과 같을 때 점 1, 2, 3, 4로 연결되는 (빗금부분) 도형의 면적을 구하시오. (단, 면적은 반올림하여 소수 둘째 자리까지 구하시오.)

점	X(m)	Y(m)
1	300.00	300.00
2	300.00	60.00
3	30.00	60.00
4	210.00	300.00

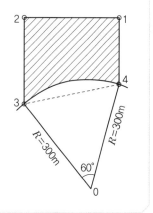

해설 및 정답

(1) □1234 면적(좌표법) 계산

측점	X	Y	y_{n+1}	y_{n-1}	Δy	$X \cdot \Delta y$
1	300	300	60	300	-240	$-72,000$
2	300	60	60	300	-240	$-72,000$

측점	X	Y	y_{n+1}	y_{n-1}	Δy	$X \cdot \Delta y$
3	30	60	300	60	240	7,200
4	210	300	300	60	240	50,400
계						86,400

$$\therefore A = \frac{1}{2} \times 배면적 = \frac{1}{2} \times 86,400 = 43,200 \text{m}^2$$

(2) △340 면적 계산

$$A = \frac{1}{2} ab \sin\theta = \frac{1}{2} \times 300 \times 300 \times \sin 60° = 38,971.14 \text{m}^2$$

(3) ♡340 면적 계산

$$A = \pi r^2 \frac{\theta}{360°} = \pi \times 300^2 \times \frac{60°}{360°} = 47,123.89 \text{m}^2$$

(4) 빗금 친 면적 계산

　① 전체면적 = □1234면적 + △340면적 = 43,200 + 38,971.14 = 82,171.14 \text{m}^2

　② 빗금친면적 = 전체면적 − ♡340면적 = 82,171.14 − 47,123.89 = 35,047.25 \text{m}^2

---

015 다음 그림과 같이 터널측량을 실시하여 내공단면을 관측하였다. 내공단면을 산출하시오. (단, 면적은 cm 단위까지 반올림하시오.)

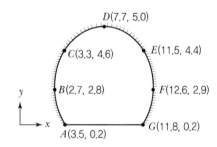

해설 및 정답

내공단면 산정

측점	X	Y	y_{n+1}	y_{n-1}	Δy	$X \cdot \Delta y$
A	3.5	0.2	2.8	0.2	2.6	9.1
B	2.7	2.8	4.6	0.2	4.4	11.88
C	3.3	4.6	5.0	2.8	2.2	7.26
D	7.7	5.0	4.4	4.6	−0.2	−1.54
E	11.5	4.4	2.9	5.0	−2.1	−24.15
F	12.6	2.9	0.2	4.4	−4.2	−52.92
G	11.8	0.2	0.2	2.9	−2.7	−31.86

$$\sum 2A = 82.23 \text{m}^2$$

$$\therefore A = \frac{1}{2} \times 배면적 = \frac{1}{2} \times 82.23 = 41.12 \text{m}^2$$

별해

$$\frac{3.5}{0.2} \times\!\!\!\!\nearrow \frac{2.7}{2.8} \times\!\!\!\!\nearrow \frac{3.3}{4.6} \times\!\!\!\!\nearrow \frac{7.7}{5.0} \times\!\!\!\!\nearrow \frac{11.5}{4.4} \times\!\!\!\!\nearrow \frac{12.6}{2.9} \times\!\!\!\!\nearrow \frac{11.8}{0.2} \times\!\!\!\!\nearrow \frac{3.5}{0.2}$$

$$\sum \nearrow - \sum \searrow = 2A$$

$$\sum \nearrow = 0.54 + 9.24 + 35.42 + 57.5 + 55.44 + 34.22 + 0.7 = 193.06 \text{m}^2$$

$$\sum \searrow = 9.8 + 12.42 + 16.5 + 33.88 + 33.35 + 2.52 + 2.36 = 110.83 \text{m}^2$$

$$193.06 - 110.83 = 82.23 \text{m}^2$$

$$\therefore A = \frac{1}{2} \times \text{배면적} = \frac{1}{2} \times 82.23 = 41.12 \text{m}^2$$

016

불규칙한 단면($A \sim H$)에 있어서 횡단측량을 하여 그림과 같은 결과를 얻었다. 이 단면의 면적을 구하시오.

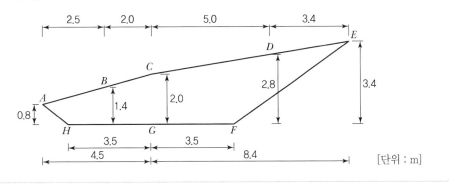

[단위 : m]

해설 및 정답

좌표법 적용

측점	X	Y	y_{n+1}	y_{n-1}	Δy	$X \cdot \Delta y$
A	-4.5	0.8	1.4	0	1.4	-6.3
B	-2.0	1.4	2.0	0.8	1.2	-2.4
C	0	2.0	2.8	1.4	1.4	0
D	5.0	2.8	3.4	2.0	1.4	7.0
E	8.4	3.4	0	2.8	-2.8	-23.52
F	3.5	0	0	3.4	-3.4	-11.9
G	0	0	0	0	0	0
H	-3.5	0	0.8	0	0.8	-2.8
계						39.92

$$\therefore A = \frac{1}{2} \times 39.92 = 19.96 \text{m}^2$$

017

다음 그림과 같이 노선중심선에서 횡단측량을 실시하여 절토단면을 결정하였다. 이때 단면 1과 단면 2의 면적(m^2)을 각각 구하고 전체 절토량(m^3)을 구하시오. (단, 노선중심 간격은 20m이고, 양단면평균법을 사용하시오.)

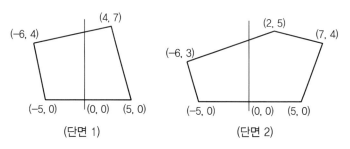

(단면 1)　　　　　　　(단면 2)

해설 및 정답

(1) 단면 1의 면적 계산

측점	X	Y	y_{n+1}	y_{n-1}	Δy	$X \cdot \Delta y$
A	−5	0	4	0	4	−20
B	−6	4	7	0	7	−42
C	4	7	0	4	−4	−16
D	5	0	0	7	−7	−35
계						113

$2A = 113\text{m}^2$

$\therefore A = \dfrac{1}{2} \times 배면적 = \dfrac{1}{2} \times 113 = 56.5\text{m}^2$

(2) 단면 2의 면적 계산

측점	X	Y	y_{n+1}	y_{n-1}	Δy	$X \cdot \Delta y$
A	−5	0	3	0	3	−15
B	−6	3	5	0	5	−30
C	2	5	4	3	1	2
D	7	4	0	5	−5	−35
E	5	0	0	4	−4	−20
계						98

$2A = 98\text{m}^2$

$\therefore A = \dfrac{1}{2} \times 배면적 = \dfrac{1}{2} \times 98 = 49\text{m}^2$

(3) 절토량 계산

$$V = \left(\dfrac{A_1 + A_2}{2} \right) \times l = \left(\dfrac{56.5 + 49}{2} \right) \times 20 = 1,055\text{m}^3$$

018

다음 그림과 같은 지역의 전체 토량을 계산하고, 절토량과 성토량이 같게 되는 계획고를 구하시오. (단, 계산은 반올림하여 소수 둘째 자리까지 구하시오.)

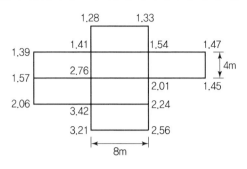

해설 및 정답

(1) 전체토량(V) 계산

$$V = \frac{A}{4}\left(\sum h_1 + 2\sum h_2 + 3\sum h_3 + 4\sum h_4\right)$$

- $\sum h_1 = 1.39 + 1.28 + 1.33 + 1.47 + 1.45 + 2.56 + 3.21 + 2.06 = 14.75\text{m}$
- $\sum h_2 = 1.57 + 2.24 = 3.81\text{m}$
- $\sum h_3 = 1.41 + 1.54 + 2.01 + 3.42 = 8.38\text{m}$
- $\sum h_4 = 2.76\text{m}$

$$\therefore \ V = \frac{8 \times 4}{4} \times \{14.75 + (2 \times 3.81) + (3 \times 8.38) + (4 \times 2.76)\} = 468.4\text{m}^3$$

(2) 계획고(h) 계산

$$h = \frac{V}{nA} = \frac{468.4}{7 \times 32} = 2.09\text{m}$$

019

다음 그림에서 각 점의 수치는 표고이다. 표고를 36m로 정지할 때 절토량은 얼마인가?

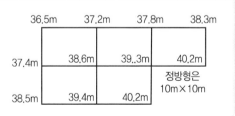

해설 및 정답

(1) 체적(V_1) 계산

$$V_1 = \frac{A}{4}\left(\sum h_1 + 2\sum h_2 + 3\sum h_3 + 4\sum h_4\right)$$

- $\sum h_1 = 36.5 + 38.3 + 40.2 + 40.2 + 38.5 = 193.7\text{m}$
- $\sum h_2 = 37.2 + 37.8 + 39.4 + 37.4 = 151.8\text{m}$
- $\sum h_3 = 39.3\text{m}$
- $\sum h_4 = 38.6\text{m}$

$$\therefore\ V_1 = \frac{10 \times 10}{4}\{193.7 + (2 \times 151.8) + (3 \times 39.3) + (4 \times 38.6)\} = 19,240\text{m}^3$$

(2) 표고 36m일 경우 체적(V_2) 계산

$$V_2 = n \cdot A \cdot h = 5 \times (10 \times 10) \times 36 = 18,000\text{m}^3$$

(3) 토공량(V) 계산

$$V = V_2 - V_1 = 18,000 - 19,240 = -1,240\text{m}^3$$

$$\therefore\ 절토량(V) = 1,240\text{m}^3$$

020 다음 그림과 같은 지역의 토공량은?

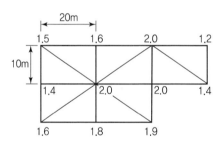

해설 및 정답

$$V = \frac{ab}{6}\left(\sum h_1 + 2\sum h_2 + 3\sum h_3 + \cdots + 7\sum h_7 + 8\sum h_8\right)$$

- $\sum h_1 = 1.2\text{m}$
- $\sum h_2 = 1.6 + 1.4 + 1.5 + 1.6 + 1.4 + 1.9 + 1.8 = 11.2\text{m}$
- $\sum h_3 = 2.0\text{m}$
- $\sum h_4 = 2.0\text{m}$
- $\sum h_8 = 2.0\text{m}$

$$\therefore\ V = \frac{20 \times 10}{6}\{1.2 + (2 \times 11.2) + (3 \times 2.0) + (4 \times 2.0) + (8 \times 2.0)\}$$
$$= 1,786.67\text{m}^3$$

021

그림과 같은 토지의 시공계획고를 1.5m로 할 때, 성토량 또는 절토량을 구하시오.(단, 표고의 단위는 m, 토량은 소수 첫째 자리까지 구하시오.)

30m				
1.0	1.5	2.0	1.8	1.2
1.2	1.6	2.0	1.7	1.0
1.1	1.4	1.7	1.6	1.1
		1.5	1.4	1.2

20m (세로)

해설 및 정답

(1) 체적(V_1) 계산

$$V_1 = \frac{A}{4}(\sum h_1 + 2\sum h_2 + 3\sum h_3 + 4\sum h_4)$$

- $\sum h_1 = 1.0 + 1.2 + 1.2 + 1.5 + 1.1 = 6\text{m}$
- $\sum h_2 = 1.5 + 2.0 + 1.8 + 1.0 + 1.1 + 1.4 + 1.4 + 1.2 = 11.4\text{m}$
- $\sum h_3 = 1.7\text{m}$
- $\sum h_4 = 1.6 + 2.0 + 1.7 + 1.6 = 6.9\text{m}$

$$\therefore V_1 = \frac{20 \times 30}{4}\{6 + (2 \times 11.4) + (3 \times 1.7) + (4 \times 6.9)\} = 9,225\text{m}^3$$

(2) 토지의 시공계획고를 1.5m로 할 때의 체적(V_2) 계산

$$V_2 = n \cdot A \cdot h = 10 \times (30 \times 20) \times 1.5 = 9,000\text{m}^3$$

(3) 토공량(V) 계산

$$V = V_2 - V_1 = 9,000 - 9,225 = -225\text{m}^3$$

$$\therefore 절토량(V) = 225\text{m}^3$$

022

각 꼭짓점의 표고가 그림과 같을 때 부피를 구하면 얼마인가?

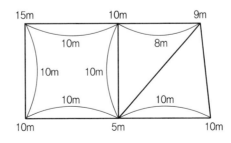

해설 및 정답

부피(V) = $V_1 + V_2 + V_3$

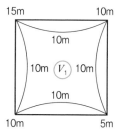

(1) 사각형 분할(V_1) 계산

$$V_1 = \frac{A}{4}\left(\sum h_1 + 2\sum h_2 + 3\sum h_3 + 4\sum h_4\right)$$

$$= \frac{10 \times 10}{4}\left(10 + 15 + 10 + 5\right)$$

$$= 1,000\,\text{m}^3$$

(2) 삼각형 분할(V_2) 계산

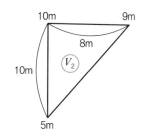

$$V_2 = \frac{A}{3}\left(\sum h_1 + 2\sum h_2 + \cdots + 8\sum h_8\right)$$

$$= \frac{\frac{1}{2} \times 8 \times 10}{3}\left(5 + 10 + 9\right)$$

$$= 320\,\text{m}^3$$

(3) 삼각형 분할(V_3) 계산

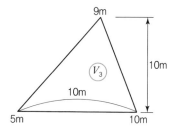

$$V_3 = \frac{\frac{1}{2} \times 10 \times 10}{3}\left(5 + 9 + 10\right) = 400\,\text{m}^3$$

(4) 부피(V) 계산

$$V = V_1 + V_2 + V_3 = 1,000 + 320 + 400$$

$$= 1,720\,\text{m}^3$$

---

023 각 직사각형 부지에서 꼭짓점의 표고는 다음 그림과 같다. 절토량과 성토량이 같도록 정지하려면 시공기준고는?

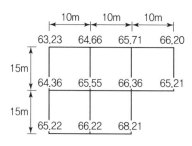

(1) 토공량(V) 계산

$$V = \frac{A}{4}\left(\sum h_1 + 2\sum h_2 + 3\sum h_3 + 4\sum h_4\right)$$

- $\sum h_1 = 63.23 + 66.20 + 65.21 + 68.21 + 65.22 = 328.07\text{m}$
- $\sum h_2 = 64.66 + 65.71 + 66.22 + 64.36 = 260.95\text{m}$
- $\sum h_3 = 66.36\text{m}$
- $\sum h_4 = 65.55\text{m}$

$$\therefore\ V = \frac{10 \times 15}{4}\{328.07 + (2 \times 260.95) + (3 \times 66.36) + (4 \times 65.55)\}$$
$$= 49,171.875\text{m}^3$$

(2) 시공 기준고(h) 계산

$$h = \frac{V}{nA} = \frac{49,171.875}{5 \times 150} = 65.56\text{m}$$

024 다음의 부지측량 결과를 이용하여 절·성토량이 같도록 지구의 계획고를 계산하면 얼마인가?

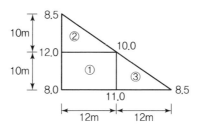

해설 및 정답

(1) 토공량(V) 계산

- $V_1 = \dfrac{10 \times 12}{4}(12 + 10 + 8 + 11) = 1,230\text{m}^3$
- $V_2 = \dfrac{10 \times 12}{6}(8.5 + 12 + 10) = 610\text{m}^3$
- $V_3 = \dfrac{10 \times 12}{6}(10 + 11 + 8.5) = 590\text{m}^3$

$$\therefore\ V = V_1 + V_2 + V_3 = 2,430\text{m}^3$$

(2) 계획고(h) 계산

$$계획고(h) = \frac{V}{nA} = \frac{2,430}{(10 \times 12) + \left(\dfrac{1}{2} \times 10 \times 12\right) + \left(\dfrac{1}{2} \times 10 \times 12\right)}$$
$$= 10.125\text{m}$$

그림과 같은 구역에 30m×30m의 방안을 짜 각 점의 표고를 구하였다. $ABJLDEF$의 토량을 구하시오.

```
     3.2    4.0    4.4    3.8
  A ┌──────┬──────┬──────┐ B
     4.2    5.1    6.6   4.4│J
    ├──────┼──────┼──────┤
     5.4    7.1    8.8   7.3│L 5.2
    ├──────┼──────┼──────┤K
     6.2    9.4    6.6   5.8│5.2  D
    ├──────┼──────┼──────┤C  M 4.6
     3.6    4.9    5.0   3.6  2.1
  F └──────┴──────┴──────┘ E
```

[해설 및 정답]

(1) 도형 $ABCDEF$의 체적(V_1) 계산

$$V_1 = \frac{A}{4}\left(\sum h_1 + 2\sum h_2 + 3\sum h_3 + 4\sum h_4\right)$$

- $\sum h_1 = 3.2 + 3.8 + 4.6 + 2.1 + 3.6 = 17.3\text{m}$
- $\sum h_2 = 4.0 + 4.4 + 4.4 + 7.3 + 3.6 + 5.0 + 4.9 + 6.2 + 5.4 + 4.2 = 49.4\text{m}$
- $\sum h_3 = 5.8\text{m}$
- $\sum h_4 = 5.1 + 6.6 + 7.1 + 8.8 + 9.4 + 6.6 = 43.6\text{m}$

$$\therefore \ V_1 = \frac{30 \times 30}{4}\left\{17.3 + (2 \times 49.4) + (3 \times 5.8) + (4 \times 43.6)\right\}$$
$$= 69,277.5\text{m}^3$$

(2) $\triangle JLK$의 체적(V_2) 계산

$$V_2 = \frac{30 \times 15}{6}(4.4 + 7.3 + 5.2) = 1,267.5\text{m}^3$$

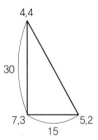

(3) $\square KLMC$의 체적(V_3) 계산

$$V_3 = \frac{30 \times 15}{4}(7.3 + 5.2 + 5.8 + 5.2) = 2,643.75\text{m}^3$$

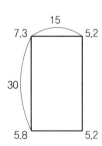

(4) $\triangle LMD$의 체적(V_1) 계산

$$V_4 = \frac{30 \times 15}{6}(5.2 + 5.2 + 4.6) = 1,125\text{m}^3$$

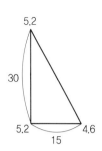

(5) $ABJLDEF$의 체적(V) 계산

$$V = V_1 + V_2 + V_3 + V_4 = 74,313.75\text{m}^3$$

---

026 다음 수준측량 성과를 보고 토량을 계산하시오.(단, 계산은 소수 둘째 자리까지 구하시오.)

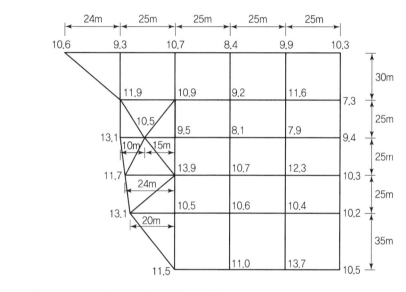

해설 및 정답

(1)

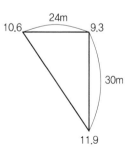

$$V_1 = \frac{24 \times 30}{6}(10.6 + 9.3 + 11.9)$$
$$= 3,816\text{m}^3$$

(2)

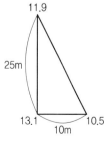

$$V_2 = \frac{25 \times 10}{6}(11.9 + 13.1 + 10.5)$$
$$= 1,479.17\text{m}^3$$

(3)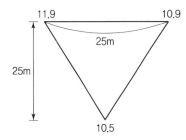

$$V_3 = \frac{25 \times 25}{6}\left(11.9 + 10.9 + 10.5\right)$$
$$= 3,468.75\text{m}^3$$

(4)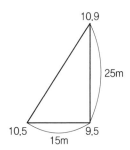

$$V_4 = \frac{25 \times 15}{6}\left(10.9 + 9.5 + 10.5)\right)$$
$$= 1,931.25\text{m}^3$$

(5)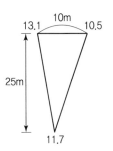

$$V_5 = \frac{25 \times 10}{6}\left(13.1 + 10.5 + 11.7\right)$$
$$= 1,470.83\text{m}^3$$

(6)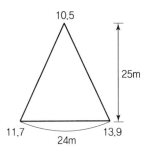

$$V_6 = \frac{24 \times 25}{6}\left(10.5 + 11.7 + 13.9\right)$$
$$= 3,610\text{m}^3$$

(7)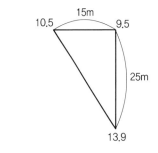

$$V_7 = \frac{15 \times 25}{6}\left(10.5 + 9.5 + 13.9\right)$$
$$= 2,118.75\text{m}^3$$

(8)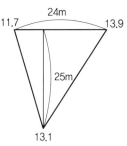

$$V_8 = \frac{24 \times 25}{6}\left(11.7 + 13.9 + 13.1\right)$$
$$= 3,870\text{m}^3$$

(9)

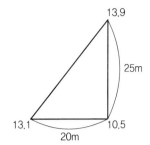

$$V_9 = \frac{25 \times 20}{6}(13.9 + 13.1 + 10.5)$$
$$= 3,125\text{m}^3$$

(10)

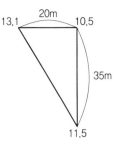

$$V_{10} = \frac{20 \times 35}{6}(13.1 + 10.5 + 11.5)$$
$$= 4,095\text{m}^3$$

(11)

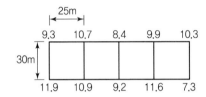

$$V_{11} = \frac{25 \times 30}{4}\{(9.3 + 10.3 + 7.3 + 11.9) + 2 \times (10.7 + 8.4 + 9.9 + 10.9 + 9.2 + 11.6)\}$$
$$= 30,037.5\text{m}^3$$

(12)

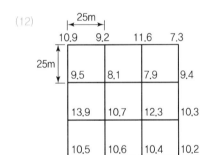

- $\sum h_1 = 10.9 + 7.3 + 10.2 + 10.5 = 38.9\text{m}$
- $\sum h_2 = 9.2 + 11.6 + 9.4 + 10.3 + 10.4 + 10.6$
  $\qquad + 13.9 + 9.5 = 84.9\text{m}$
- $\sum h_4 = 8.1 + 7.9 + 10.7 + 12.3 = 39.0\text{m}$

$$\therefore \ V_{12} = \frac{25 \times 25}{4}\{38.9 + (2 \times 84.9) + (4 \times 39.0)\}$$
$$= 56,984.38\text{m}^3$$

(13)

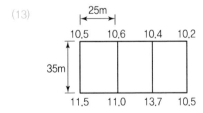

$$V_{13} = \frac{25 \times 35}{4}\{(10.5 + 10.2 + 10.5 + 11.5)$$
$$+ 2(10.6 + 10.4 + 11.0 + 13.7)\}$$
$$= 29,334.38\text{m}^3$$

(14) 총토량(V) 계산

$$V = V_1 + V_2 + V_3 + \cdots + V_{13} = 145,341.01\text{m}^3$$

027

다음은 어느 지형의 수준측량 성과표이다. 이를 이용하여 전토량을 구하시오.

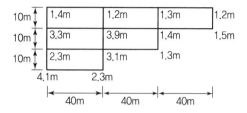

해설 및 정답

$$V = \frac{A}{4}\left\{\left(\sum h_1 + 2\sum h_2 + 3\sum h_3 + 4\sum h_4\right)\right\}$$

- $\sum h_1 = (1.4 + 1.2 + 1.5 + 1.3 + 2.3 + 4.1) = 11.80\text{m}$
- $2\sum h_2 = 2(1.2 + 1.3 + 2.3 + 3.3) = 16.20\text{m}$
- $3\sum h_3 = 3(1.4 + 3.1) = 13.50\text{m}$
- $4\sum h_4 = 4 \times 3.9 = 15.60\text{m}$

$$\therefore\ V = \frac{10 \times 40}{4}(11.80 + 16.20 + 13.50 + 15.60) = 5,710.00\text{m}^3$$

028

아래 지형을 $10\text{m} \times 20\text{m}$로 구분하여 각 점의 높이를 측정한 결과이다. 전체 구역을 계획고 10m로 땅고르기 작업을 하려고 할 때 토공량을 계산하시오. (단, 성토량인지 절토량인지 명시할 것)

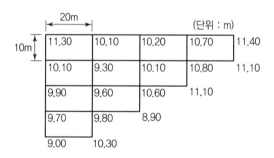

해설 및 정답

(1) 체적(V_1) 계산

$$V_1 = \frac{A}{4}\left(\sum h_1 + 2\sum h_2 + 3\sum h_3 + 4\sum h_4\right)$$

- $\sum h_1 = 11.3 + 11.4 + 11.1 + 11.1 + 8.9 + 10.3 + 9.0 = 73.10\text{m}$
- $\sum h_2 = 10.1 + 10.2 + 10.7 + 9.7 + 9.9 + 10.1 = 60.70\text{m}$
- $\sum h_3 = 10.8 + 10.6 + 9.8 = 31.20\text{m}$
- $\sum h_4 = 9.3 + 10.1 + 9.6 = 29.00\text{m}$

$$\therefore\ V_1 = \frac{10 \times 20}{4} \times \{73.10 + (2 \times 60.70) + (3 \times 31.20) + (4 \times 29.00)\} = 20,205\text{m}^3$$

(2) 표고 10m일 경우 체적(V_2) 계산

$$V_2 = A \times h \times n = (10 \times 20) \times 10 \times 10 = 20{,}000\text{m}^3$$

(3) 토공량(V) 계산

$$V = V_2 - V_1 = 20{,}000 - 20{,}205 = -205\text{m}^3$$

$$\therefore \text{절토량}(V) = 205\text{m}^3$$

---

029 수준측량을 한 결과가 그림과 같을 때 절·성토량이 균형을 이루는 지반고와 계획지반고를 10m로 할 경우의 토량을 구하시오. (단, 지반고는 소수 셋째 자리에서 반올림하여 소수 둘째 자리까지 구하고 토량은 성토, 절토를 반드시 명기할 것)

	10m					(단위 : m)
5m	6.6	7.2	3.2	6.8	4.0	1.5
	9.6	7.5	6.7	4.2	5.7	3.2
	10.8	12.7	8.4	7.6	4.3	
	16.8	14.2	10.5	10.8		
	20.2	16.3	11.0			

해설 및 정답

(1) 절·성토량이 균형을 이루는 지반고 계산

   1) 체적(V_1)

$$V_1 = \frac{A}{4}\left(\sum h_1 + 2\sum h_2 + 3\sum h_3 + 4\sum h_4\right)$$

- $\sum h_1 = 6.6 + 1.5 + 3.2 + 4.3 + 10.8 + 11.0 + 20.2 = 57.6\text{m}$
- $\sum h_2 = 7.2 + 3.2 + 6.8 + 4.0 + 16.3 + 16.8 + 10.8 + 9.6 = 74.70\text{m}$
- $\sum h_3 = 5.7 + 7.6 + 10.5 = 23.80\text{m}$
- $\sum h_4 = 7.5 + 6.7 + 4.2 + 12.7 + 8.4 + 14.2 = 53.7\text{m}$

$$\therefore V_1 = \frac{10 \times 5}{4}\{57.60 + (2 \times 74.70) + (3 \times 23.80) + (4 \times 53.70)\} = 6{,}165\text{m}^3$$

   2) 시공기준고(h)

$$h = \frac{V_1}{nA} = \frac{6{,}165.0}{14 \times 50} = 8.81\text{m}$$

(2) 계획지반고가 10m인 경우 토량 계산

   1) 10m 인 경우 토량(V_2)

$$V_2 = A \cdot h \cdot n = (5 \times 10) \times 10 \times 14 = 7{,}000\text{m}^3$$

   2) 토공량(V)

$$V = V_2 - V_1 = \oplus\text{성토}, \ominus\text{절토}$$

$$V = 7,000 - 6,165 = 835\text{m}^3$$
$$\therefore \text{성토량} = 835\text{m}^3$$

030 그림과 같은 지역을 20m×20m의 사각형으로 나누어 각 교점의 표고를 측정한 결과가 그림과 같다. 표고 15m로 계획할 때 남는 토량을 구하시오.(단, 빗금 친 부분은 공원으로 현 상태를 유지하려고 한다.)

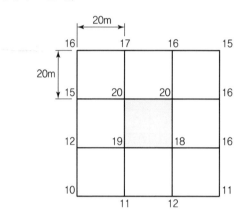

해설 및 정답

(1) 체적(V_1) 계산

$$V_1 = \frac{A}{4}(\sum h_1 + 2\sum h_2 + 3\sum h_3 + 4\sum h_4)$$

- $\sum h_1 = 16 + 10 + 11 + 15 = 52\text{m}$
- $\sum h_2 = 15 + 12 + 11 + 12 + 16 + 16 + 17 + 16 = 115\text{m}$
- $\sum h_3 = = 20 + 20 + 18 + 19 = 77\text{m}$

$$\therefore V_1 = \frac{20 \times 20}{4} \times \{52 + (2 \times 115) + (3 \times 77)\} = 51,300\text{m}^3$$

(2) 표고 15m일 경우 체적(V_2) 계산

$$V_2 = A \cdot h \cdot n = (20 \times 20) \times 15 \times 8 = 48,000\text{m}^3$$

(3) 토량(V) 계산

$$V = V_2 - V_1 = 48,000 - 51,300 = \ominus 3,300\text{m}^3$$
$$\therefore \text{절토량}(V) = 3,300\text{m}^3$$

031

댐의 저수면 높이를 110m로 할 경우 저수량은?(단, 80m 등고선 내의 면적 = 1,000m², 90m 등고선 내의 면적 = 1,500m², 100m 등고선 내의 면적 = 2,000m², 110m 등고선 내의 면적 = 2,500m², 120m 등고선 내의 면적 = 3,000m²)

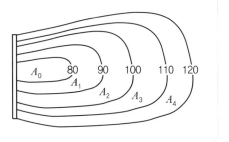

해설 및 정답

$$V = \frac{h}{3}\left\{A_0 + A_2 + 4 \times (A_1)\right\} + \left(\frac{A_2 + A_3}{2}\right) \times h$$

$$= \frac{10}{3}\left\{1,000 + 2,000 + (4 \times 1,500)\right\} + \left(\frac{2,000 + 2,500}{2}\right) \times 10$$

$$= 52,500 \text{m}^3$$

032

120m에서 만수위가 되는 저수지가 있으며, 각 등고선으로 둘러싸인 면적은 다음과 같다.

(1) 만수위 때의 저수용량을 구하시오.(단, 저수용량은 각주공식과 양단면평균법에 의하여 각각 구하시오.)

(2) 저수용량이 90,000m³가 될 때의 수면의 높이(표고)는 얼마인가?(양단면평균법을 사용하고, 소수 둘째 자리까지 구하시오. 또한 체적의 증감은 높이에 정비례한다고 가정한다.)

등고선(m)	면적(m²)
80	900
90	1,200
100	2,500
110	4,300
120	6,200

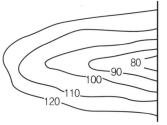

해설 및 정답

(1) 만수위 때의 저수 용량 계산

   1) 각주공식

$$V = \frac{h}{3}\left\{A_1 + A_5 + 4(A_2 + A_4) + 2(A_3)\right\}$$

$$= \frac{10}{3}\left\{900 + 6,200 + 4(1,200 + 4,300) + 2(2,500)\right\}$$

$$= 113,666.667 \text{m}^3$$

2) 양단면평균법

$$V = \left\{ \left(\frac{A_1 + A_n}{2} \right) + A_2 + A_3 + A_4 + A_{n-1} \right\} \cdot h$$

$$= \left\{ \left(\frac{900 + 6,200}{2} \right) + 1,200 + 2,500 + 4,300 \right\} \times 10 = 115,500 \text{M}^3$$

(2) 저수용량이 90,000m³이 될 때의 수면의 높이(표고) 계산

   1) 120m 일 경우

$$V = 115,500 \text{m}^3$$

   2) 110m 일 경우

$$V = \left\{ \left(\frac{900 + 4,300}{2} \right) + 1,200 + 2,500 \right\} \times 10 = 63,000 \text{m}^3$$

   3) 110~120m 사이의 저수용량(양단면평균법)

$$V = \left(\frac{4,300 + 6,200}{2} \right) \times 10 = 52,500 \text{m}^3$$

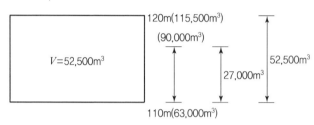

   4) $52,500 : 10 = 27,000 : x$

     $x = 5.14 \text{m}$

     ∴ 저수용량 $90,000 \text{m}^3$일 경우 표고 $= 110 + 5.14 = 115.14 \text{m}$

033

아래 그림은 댐 건설 예정지의 지형이다. 기준면으로부터 142m 선이 최고 만수위라고 한다. 최고 만수위 때의 저수량(m^3)과 저수지에 물이 반($\frac{1}{2}$)일 때의 수면의 높이를 구하시오. (각 등고선으로 둘러싸인 면적은 다음 표와 같으며 체적의 계산은 양단면평균법에 의하며, 이때 120m 이하의 체적은 무시한다. 또한 인접 등고선 산지 내에서의 체적의 증감은 높이에 정비례한다고 가정한다.)

등고선(m)	면적(m²)
120	25,000
125	73,000
130	105,000
135	132,000
140	180,000
145	220,000

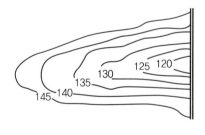

해설 및 정답

(1) 최고 만수위일 때의 저수량 계산

   1) 저수량(145m)

$$V = \left(\frac{A_1 + A_n}{2} + A_2 + A_3 + A_4 + A_{n-1} \right) \cdot h$$

$$= \left\{ \left(\frac{25,000 + 220,000}{2} \right) + 73,000 + 105,000 + 132,000 + 180,000 \right\} \times 5$$

$$= 3,062,500 \text{m}^3$$

   2) 저수량(140m)

$$V = \left\{ \left(\frac{25,000 + 180,000}{2} \right) + 73,000 + 105,000 + 132,000 \right\} \times 5$$

$$= 2,062,500 \text{m}^3$$

   3) 최고 만수위(142m) 저수량

$$(3,062,500 - 2,062,500) : 5 = x : 2$$

$$x = 400,000 \text{m}^3$$

$$\therefore \ 142 \text{m 일 때의 저수량}(V) = 2,062,500 + 400,000 = 2,462,500 \text{m}^3$$

(2) 저수위에 물이 반만($\frac{1}{2}$) 찼을 때의 수면의 높이 계산

   1) 만수위(142m)일 경우 저수량

$$V = 2,462,500 \text{m}^3$$

   2) 저수지에 물이 반만($\frac{1}{2}$) 찼을 때의 저수량

$$V = \frac{2,462,500}{2} = 1,231,250 \text{m}^3$$

   3) 135m일 경우 저수량

$$V = \left\{ \left(\frac{25,000 + 132,000}{2} \right) + 73,000 + 105,000 \right\} \times 5 = 1,282,500 \text{m}^3$$

   4) 130m일 경우 저수량

$$V = \left\{ \left(\frac{25,000 + 105,000}{2} \right) + 73,000 \right\} \times 5 = 690,000 \text{m}^3$$

   5) 저수지에 물이 반만($\frac{1}{2}$) 찼을 때의 수면의 높이

$$(1,282,500 - 690,000) : 5 = (1,231,250 - 690,000) : x$$

$$x = 4.568 \text{m}$$

$$\therefore \ \text{수면의 높이}(h) = 130 + 4.568 = 134.568 \text{m}$$

034 아래 그림은 댐 건설 예정지이다. 기준면으로부터 483m선이 최고만수위라고 한다. 빈칸을 채우고, 최고만수위 때의 저수량(m^3)을 구하시오. (단, 각 등고선으로 둘러싸인 면적은 다음 표와 같으며, 체적의 계산은 양단면평균법에 의하며, 이때 460m 이하의 체적은 무시한다.)

등고선(m)	면적(m^2)
460	900
465	1,200
470	2,500
475	4,300
480	6,200
485	8,500

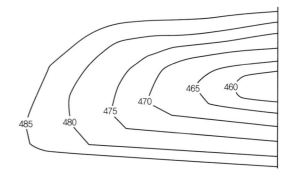

(1) 다음 빈칸을 채우시오.

구분	체적(m^3)	누가체적(m^3)
460~465		
465~470		
470~475		
475~480		
480~485		

(2) 최고만수위 483m일 때의 저수량을 구하시오.

해설 및 정답

(1) 다음 빈칸을 채우시오.

구분	체적(m^3)	누가체적(m^3)
460~465	5,250	5,250
465~470	9,250	14,500
470~475	17,000	31,500
475~480	26,250	57,750
480~485	36,750	94,500

1) 체적 계산(양단면평균법 적용)

① 460~465 체적 $= \dfrac{A_0 + A_1}{2} \times h = \dfrac{900 + 1,200}{2} \times 5 = 5,250 m^3$

② 465~470 체적 $= \dfrac{A_1 + A_2}{2} \times h = \dfrac{1,200 + 2,500}{2} \times 5 = 9,250 m^3$

③ 470~475 체적 $= \dfrac{A_2 + A_3}{2} \times h = \dfrac{2,500 + 4,300}{2} \times 5 = 17,000 m^3$

④ $475 \sim 480$ 체적 $= \dfrac{A_3 + A_4}{2} \times h = \dfrac{4{,}300 + 6{,}200}{2} \times 5 = 26{,}250\text{m}^3$

⑤ $480 \sim 485$ 체적 $= \dfrac{A_4 + A_5}{2} \times h = \dfrac{6{,}200 + 8{,}500}{2} \times 5 = 36{,}750\text{m}^3$

2) 누가체적 계산

① $460 \sim 465$ 누가체적 $= 5{,}250\text{m}^3$

② $465 \sim 470$ 누가체적 $= 5{,}250 + 9{,}250 = 14{,}500\text{m}^3$

③ $470 \sim 475$ 누가체적 $= 14{,}500 + 17{,}000 = 31{,}500\text{m}^3$

④ $475 \sim 480$ 누가체적 $= 31{,}500 + 26{,}250 = 57{,}750\text{m}^3$

⑤ $480 \sim 485$ 누가체적 $= 57{,}750 + 36{,}750 = 94{,}500\text{m}^3$

(2) 최고만수위 483m일 때의 저수량을 구하시오.

1) 485m일 때의 저수량(V_1)

$$V_1 = \left(\frac{A_0 + A_5}{2} + A_1 + A_2 + A_3 + A_4 \right) \times h$$

$$= \left(\frac{900 + 8{,}500}{2} + 1{,}200 + 2{,}500 + 4{,}300 + 6{,}200 \right) \times 5$$

$$= 94{,}500\text{m}^3$$

2) 480m일 때의 저수량(V_2)

$$V_2 = \left(\frac{A_0 + A_4}{2} + A_1 + A_2 + A_3 \right) \times h$$

$$= \left(\frac{900 + 6{,}200}{2} + 1{,}200 + 2{,}500 + 4{,}300 \right) \times 5$$

$$= 57{,}750\text{m}^3$$

3) 최고만수위 483m일 때의 저수량(V)

$(94{,}500 - 57{,}750) : 5 = x : 3$

$x = 22{,}050\text{m}^3$

$V = V_2 + x = 57{,}750 + 22{,}050 = 79{,}800\text{m}^3$

∴ 최고만수위 483m일 때의 저수량(V) $= 79{,}800\text{m}^3$

---

035 다음 그림과 같은 산의 표고 85m 이상의 체적을 등고선법으로 구하시오. 단, 구적기로 잰 등고선 내의 면적은 다음과 같다.

$85\text{m} : 1{,}500\text{m}^2$, $90\text{m} : 900\text{m}^2$

$95\text{m} : 550\text{m}^2$, $100\text{m} : 290\text{m}^2$

$105\text{m} : 150\text{m}^2$, $110\text{m} : 50\text{m}^2$

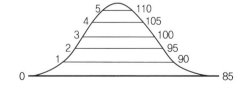

해설 및 정답

$$V = \frac{h}{3}\left\{A_0 + A_4 + 4(A_1 + A_3) + 2(A_2)\right\} + \left(\frac{A_4 + A_5}{2}\right) \times h$$

$$= \frac{5}{3}\left\{1,500 + 150 + 4 \times (900 + 290) + 2 \times 550\right\} + \left(\frac{150 + 50}{2}\right) \times 5$$

$$= 13,016.667\text{m}^3$$

036 노선측량의 성과가 다음 표와 같을 때 토량계산서를 완성하시오.(단, 토량환산계수 $f =$ 0.9, 토량은 소수 첫째 자리까지 계산하시오.)

측점	거리 (m)	절토			성토				차인토량 (m³)	누가토량 (m³)
		단면적 (m²)	평균 단면적 (m²)	토량 (m³)	단면적 (m²)	평균 단면적 (m²)	토량 (m³)	보정토량 (m³)		
No. 0	0	0	—	—	5	—	—	—	—	—
No. 1	20	20			10					
No. 2	20	50			20					
No. 3	20	30			10					
No. 4	20	10			10					
No. 5	20	20			30					
No. 6	20	10			40					
No. 7	20	0			10					
No. 8	20	10			0					
계										

해설 및 정답

측점	거리 (m)	절토			성토				차인토량 (m³)	누가토량 (m³)
		단면적 (m²)	평균 단면적 (m²)	토량 (m³)	단면적 (m²)	평균 단면적 (m²)	토량 (m³)	보정토량 (m³)		
No. 0	0	0	—	—	5	—	—	—	—	—
No. 1	20	20	10	200	10	7.5	150	166.7	33.3	33.3
No. 2	20	50	35	700	20	15	300	333.3	366.7	400.0
No. 3	20	30	40	800	10	15	300	333.3	466.7	866.7
No. 4	20	10	20	400	10	10	200	222.2	177.8	1,044.5
No. 5	20	20	15	300	30	20	400	444.4	−144.4	900.1
No. 6	20	10	15	300	40	35	700	777.8	−477.8	422.3
No. 7	20	0	5	100	10	25	500	555.6	−455.6	−33.3
No. 8	20	10	5	100	0	5	100	111.1	−11.1	−44.4
계				2,900				2,944.4		

토량계산서 작성 시 절토량 기준과 성토량 기준으로 작성할 수 있으나 일반적으로 절토량 기준으로 많이 작성된다.

① 평균단면적$(\text{m}^2) = \dfrac{\text{전 측점 단면적} + \text{그 측점 단면적}}{2}$

② 토량$(\text{m}^3) = \text{평균단면적} \times \text{거리}$

③ 보정토량$(\text{m}^3) = \dfrac{\text{토량}}{\text{토량환산계수}}$

④ 차인토량$(\text{m}^3) = \text{절토량} - \text{성토량}$

⑤ 누가토량$(\text{m}^3) = \text{차인토량의 합}$

037 다음과 같은 토적계산표를 완성하고 유토곡선을 작성하여 No.1~No.6 구간에서의 사토량을 구하시오.(단, 계산은 반올림하여 소수 첫째 자리까지 구하시오.)

(1) 토적계산표

측점	거리 (m)	절토		성토			차인토량 (m³)	누가토량 (m³)
		단면적 (m²)	토량 (m³)	단면적 (m²)	토량환산 계수	보정토량 (m³)		
No.0	0	0	—	0		—	0.0	0.0
No.1	20	2.0		5.3				
No.2	20	5.0		3.2				
No.3	20	6.2		1.1	0.95			
No.4	20	2.2		3.3				
No.5	20	4.8		5.6				
No.6	20	3.4		2.7				
계								

(2) 유토곡선

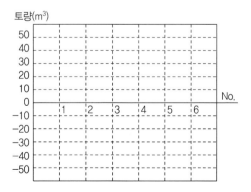

(1) 토적계산표

| 측점 | 거리 (m) | 절토 | | 성토 | | | 차인토량 (m³) | 누가토량 (m³) |
		단면적 (m²)	토량 (m³)	단면적 (m²)	토량환산 계수	보정토량 (m³)		
No.0	0	0	—	0		—	0.0	0.0
No.1	20	2.0	20.0	5.3		55.8	−35.8	−35.8
No.2	20	5.0	70.0	3.2		89.5	−19.5	−55.3
No.3	20	6.2	112.0	1.1	0.95	45.3	66.7	11.4
No.4	20	2.2	84.0	3.3		46.3	37.7	49.1
No.5	20	4.8	70.0	5.6		93.7	−23.7	25.4
No.6	20	3.4	82.0	2.7		87.4	−5.4	20.0
계			438.0			418.0		

(2) 유토곡선

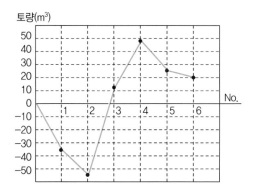

$$\therefore \ 사토량 = 20.0\text{m}^3$$

SECTION | 01 개요

노선측량(Route Surveying)은 도로, 철도, 수로, 관로 및 송전선로와 같이 폭이 좁고 길이가 긴 구역의 측량을 총칭하며 도로나 철도의 경우는 현지 지형에 조화를 이루는 선형계획과 경제성 및 안정성을 고려한 최적의 곡선설치가 이뤄져야 한다.

일반적으로 노선측량은 노선 선정, 지형도 작성, 중심선 측량, 종·횡단측량, 용지측량 및 공사량 산정의 순서로 진행된다.

SECTION | 02 Basic Frame

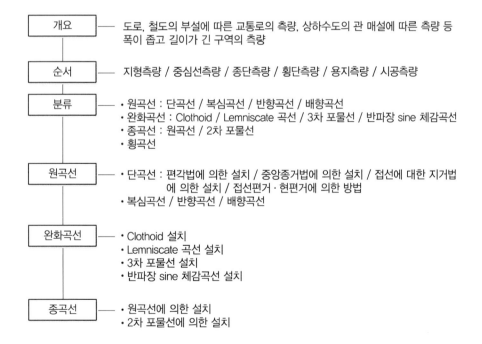

| 개요 | 도로, 철도의 부설에 따른 교통로의 측량, 상하수도의 관 매설에 따른 측량 등 폭이 좁고 길이가 긴 구역의 측량 |

| 순서 | 지형측량 / 중심선측량 / 종단측량 / 횡단측량 / 용지측량 / 시공측량 |

| 분류 | • 원곡선 : 단곡선 / 복심곡선 / 반향곡선 / 배향곡선
• 완화곡선 : Clothoid / Lemniscate 곡선 / 3차 포물선 / 반파장 sine 체감곡선
• 종곡선 : 원곡선 / 2차 포물선
• 횡곡선 |

| 원곡선 | • 단곡선 : 편각법에 의한 설치 / 중앙종거법에 의한 설치 / 접선에 대한 지거법에 의한 설치 / 접선편거 · 현편거에 의한 방법
• 복심곡선 / 반향곡선 / 배향곡선 |

| 완화곡선 | • Clothoid 설치
• Lemniscate 곡선 설치
• 3차 포물선 설치
• 반파장 sine 체감곡선 설치 |

| 종곡선 | • 원곡선에 의한 설치
• 2차 포물선에 의한 설치 |

1. 원곡선 설치

원곡선의 형태에는 여러 가지가 있으며, 몇 개의 단곡선이 조합되어 있다.

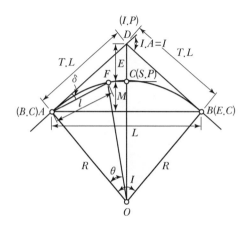

[그림 9-1] 원곡선의 명칭

(1) 원곡선 명칭

기호	명칭
B.C	곡선의 시점(Beginning of Curve)
E.C	곡선의 종점(End of Curve)
S.P	곡선의 중점(Point of Secant)
I.P	교점(Intersection Point)
I	교각(Intersection Angle)
T.L	접선 길이(Tangent Length)
R	곡선 반지름(Radius of Curvature)
C.L	곡선 길이(Curve Length)
E	외할(External Secant)
M	중앙종거(Middle Ordinate)
C	현장(Chord Length)
δ	편각(Deflection Angle)

(2) 공식

① 접선 길이($T.L$) $= R\tan\dfrac{I}{2}$

② 곡선 길이($C.L$) $= RI = \dfrac{\pi R I^\circ}{180} = 0.0174533RI^\circ$

③ 외할(E 또는 $S.L$) $= R\left(\sec\dfrac{I}{2} - 1\right)$

④ 중앙종거(M) $= R\left(1 - \cos\dfrac{I}{2}\right)$

⑤ 현의 길이(L) $= 2R\sin\dfrac{I}{2}$

⑥ 편각(δ) $= \dfrac{l}{2R}$(라디안) $= 1{,}718.87'\dfrac{l}{R}$(분)

⑦ 곡선의 시점($B.C$) $= I.P - T.L$
⑧ 곡선의 종점($E.C$) $= B.C + C.L$

(3) 단곡선의 설치

1) 작업순서

교점($I.P$) 설치 → 교점 결정 → 반경(R) 결정 → 곡선의 시점 및 종점 결정
→ 시단현 및 종단현 길이 계산

2) 편각법에 의한 방법

① 철도, 도로 등의 곡선 설치에 가장 일반적이다.

② 다른 방법에 비해 정확하다.

③ 반경이 작을 때 오차가 많이 발생한다.

④ 한 측점 사이를 20m로 하고 시단현 거리(l_1), 종단현 거리(l_n)에서 편각을 구하면,

- $\delta_1 = 1{,}718.87' \times \dfrac{l_1}{R}$

- $\delta_{20} = 1{,}718.87' \times \dfrac{20}{R}$

- $\delta_n = 1{,}718.87' \times \dfrac{l_n}{R}$

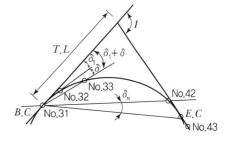

[그림 9-2] 편각에 의한 곡선 설치

$I.P$의 위치가 기점으로부터 325.18m이고, 곡선반경 200m, 교각 41°00′인 단곡선을 편각법에 의하여 측설하시오. (단, 중심말뚝 간의 거리는 20m이다.)

해설 및 정답 ✛ --

① $T.L = R\tan\dfrac{I}{2} = 200 \times \tan\dfrac{41°00′}{2} = 74.777\text{m}$

② $C.L = \dfrac{R}{\rho°} = 0.0174533RI° = 0.0174533 \times 200 \times 41° = 143.117\text{m}$

③ $E = R\left(\sec\dfrac{I}{2} - 1\right) = 200\left(\sec\dfrac{41°}{2} - 1\right) = 13.522\text{m}$

④ $B.C$ 위치 $=$ 총 연장 $-\ T.L = 325.18 - 74.777 = 250.403\text{m}\ (\text{No.}12 + 10.403\text{m})$

⑤ 시단현 길이$(l_1) = 20 - 10.403 = 9.597\text{m}$

⑥ $E.C$ 위치 $= B.C + C.L = 250.403 + 143.117 = 393.520\text{m}\ (\text{No.}19 + 13.520\text{m})$

⑦ 종단현 길이$(l_n) = 13.520\text{m}$

⑧ 편각 계산

　　㉠ 20m에 대한 편각

$$\delta_{20} = 1,718.87′ \times \dfrac{20}{200} = 2°51′53″$$

　　㉡ 시단현에 대한 편각

$$\delta_1 = 1,718.87′ \times \dfrac{9.597}{200} = 1°22′29″$$

　　㉢ 종단현에 대한 편각

$$\delta_n = 1,718.87′ \times \dfrac{13.52}{200} = 1°56′11″$$

3) 중앙종거법에 의한 방법(일명 1/4법)

곡선의 반경 또는 곡선의 길이가 작은 시가지의 곡선설치와 철도, 도로 등의 기설 곡선의 검사 또는 개정 시 편리하다.

$$M_1 = R\left(1 - \cos\dfrac{I}{2}\right), \qquad M_2 = R\left(1 - \cos\dfrac{I}{4}\right),$$

$$M_3 = R\left(1 - \cos\dfrac{I}{8}\right), \qquad M_4 = R\left(1 - \cos\dfrac{I}{16}\right)$$

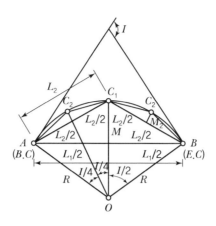

[그림 9-3] 중앙종거법

➡ **Example 2**

중앙종거법에 의하여 곡선을 설치하고자 한다.
다음 그림에서 M은 M'의 몇 배인가?

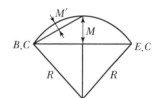

해설 및 정답 ⊕

$$M : M' = R\left(1 - \cos\frac{I}{2}\right) : R\left(1 - \cos\frac{I}{4}\right)$$

$$= \left(1 - \cos\frac{I}{2}\right) : \left(1 - \cos\frac{I}{4}\right)$$

$$= \left(1 - \cos\frac{60°}{2}\right) : \left(1 - \cos\frac{60°}{4}\right)$$

$$= 4 : 1$$

$\therefore$ M은 M'의 4배

➡ **Example 3**

교각 $I = 56°20'$이고 곡선반경 $R = 300$m일 때 단곡선을 중앙종거법에 의해 설치하시오.

해설 및 정답 ⊕

그림 9-3과 같이 설치할 때 중앙종거 M_1, M_2, …의 계산값은 다음과 같다.

$$M_1 = R\left(1 - \cos\frac{I}{2}\right) = 300\left(1 - \cos\frac{56°20'}{2}\right) = 35.527\text{m}$$

$$M_2 = R\left(1 - \cos\frac{I}{4}\right) = 300\left(1 - \cos\frac{56°20'}{4}\right) = 9.017\text{m}$$

$$M_3 = R\left(1 - \cos\frac{I}{8}\right) = 300\left(1 - \cos\frac{56°20'}{8}\right) = 2.263\text{m}$$

$$M_4 = R\left(1 - \cos\frac{I}{16}\right) = 300\left(1 - \cos\frac{56°20'}{16}\right) = 0.566\text{m}$$

2. 완화곡선

노선의 직선부와 원곡선부 사이에 반지름이 무한대에서 점차 작아져서 원곡선의 반지름 R이 되는 곡선을 넣고 동시에 이 곡선 중의 Cant와 Slack이 0에서 차차 원곡선부에 정해진 값이 되도록 설치하는 특수곡선을 말한다.

(1) 완화곡선의 종류

① Clothoid 곡선 : 고속도로에 많이 이용된다.
② Lemniscate 곡선 : 시가지 철도에 이용된다.
③ 3차 포물선 : 철도에 많이 사용된다.
④ 반파장 sine 체감곡선 : 고속철도에 많이 이용된다.

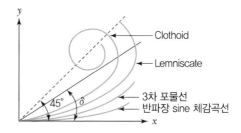

[그림 9-4] 완화곡선

(2) 클로소이드 곡선

곡률이 곡선장에 비례하는 곡선을 Clothoid 곡선이라 한다. 차 앞바퀴의 회전속도를 일정하게 유지할 경우 이 차가 그리는 운동 궤적이 Clothoid가 된다.

1) 기본식

$$A^2 = RL = \frac{L^2}{2\tau} = 2\tau R^2$$

여기서, A : Clothoid 매개변수
R : 곡률반경
L : 완화곡선의 길이
τ : 접선각

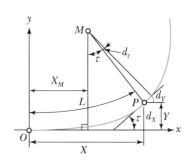

[그림 9-5] 클로소이드

2) 클로소이드(Clothoid) 설치법

① 주접선에서 직각 좌표에 의한 설치법
② 현에서 직각 좌표에 의한 설치법
③ 접선으로부터 직각 좌표에 의한 설치법

④ 극각 동경법에 의한 설치법

⑤ 극각 현장법에 의한 설치법

⑥ 현각 현장법에 의한 설치법

(3) 3차 포물선

$y = a^2 x^3$을 가진 방정식의 곡선을 말한다.

1) 완화곡선 길이(L)

$$L = \frac{NC}{1,000}$$

2) 이정(f)

$$f(\Delta R) = \frac{L^2}{24R}$$

여기서,　N : 완화곡선의 정수

　　　　R : 곡선반경

　　　　C : 캔트($\frac{V^2 S}{gR}$)

　　　　I : 교각

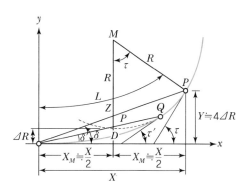

[그림 9 − 6] 3차 포물선

3) 완화곡선의 접선길이($T.L$)

$$T.L = \frac{L}{2} + (R + f)\tan\frac{I}{2}$$

 Example **4**

$R = 400\text{m}$, $x = 30\text{m}$인 3차 포물선을 설치하시오.

해설 및 정답 ⊕ --

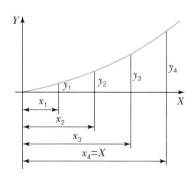

$$x_1 = \frac{1}{4}X = 7.5\text{m}, \quad x_2 = \frac{1}{2}X = 15\text{m}, \quad x_3 = \frac{3}{4}X = 22.5\text{m}, \quad x_4 = X = 30\text{m}$$

$$y_1 = \frac{x_1^3}{6RX} = \frac{7.5^3}{6 \times 400 \times 30} = 0.0059\text{m}$$

$$y_2 = \frac{x_2^3}{6RX} = \frac{15^3}{6 \times 400 \times 30} = 0.047\text{m}$$

$$y_3 = \frac{x_3^3}{6RX} = \frac{22.5^3}{6 \times 400 \times 30} = 0.158\text{m}$$

$$y_4 = \frac{x_4^3}{6RX} = \frac{30^3}{6 \times 400 \times 30} = 0.375\text{m}$$

3. 수직곡선

노선의 경사가 변하는 곳에서 차량이 원활하게 달릴 수 있고 운전자의 시야를 넓히기 위하여 종곡선을 설치한다. 종곡선은 일반적으로 원곡선 또는 2차 포물선이 이용된다.

(1) 원곡선에 의한 종단곡선

1) 종곡선의 길이

$$l_1 = \frac{R}{2}(m \pm n)$$

$$l = l_1 + l_2 = R(m \pm n)$$

여기서, l_1 : 교점에서 곡선의 시점까지의 거리
l : 종곡선의 길이

2) 곡선 시점에서 x만큼 떨어진 곳의 종거

$$y = \frac{x^2}{2R}$$

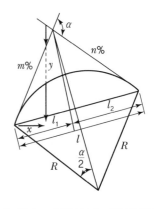

[그림 9-7] 원곡선에 의한 종곡선

(2) 2차 포물선에 의한 종단곡선

$$L = \frac{(m-n)}{360}V^2$$

여기서, V : 최고 제한속도

$$H_D = H_A + \frac{mx}{100}$$

$$H_D' = H_D - y_D$$

$$y_D = \frac{(m \pm n)}{2L}x^2$$

여기서, y : 종거

H_D : 계획고

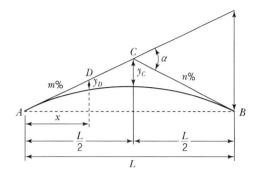

[그림 9-8] 2차 포물선에 의한 종곡선

➡ Example 5

반경(R) = 3,000m, I_1 = 2%, I_2 = 3%의 원곡선에 의한 종단곡선을 측설하시오. (단, 시점 · 종점 간의 중점 C의 추가거리는 365m로 한다.)

해설 및 정답 ✦ ┄┄┄

종곡선의 길이(l) = $R(m \pm n)$ = $3{,}000\left(\frac{3}{100} + \frac{2}{100}\right)$ = $3{,}000 \times \frac{5}{100}$ = 150m

종곡선의 시점(A) = $365 - 75 = 290\text{m} = \text{No.}14 + 10\text{m}$

시단현의 거리 = 10m

$y = \dfrac{x^2}{2R}$ 의 식에 의해 각 중심말뚝의 종거(y)를 구하면 다음과 같다.

No.	No.15	No.16	No.17	No.18	C	No.19	No.20	No.21	No.22
x	10m	30m	50m	70m	75m	60m	40m	20m	0m
y	0.017	0.150	0.417	0.817	0.938	0.600	0.267	0.067	0.000

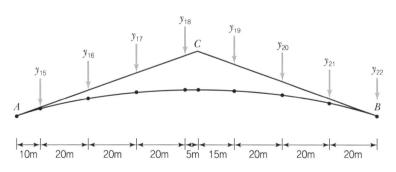

※ 일반적인 노선의 경사는 작으므로 접선 길이 $\overline{AC}$, $\overline{BC}$ 는 같은 것으로 간주하며, $\overline{AB}$ 와 $\overparen{AB}$ 의 거리도 같은 것으로 간주하여 계산한다.

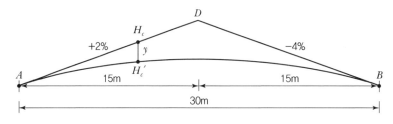

→ Example 6

다음과 같은 종곡선에서 A점으로부터 10m 되는 표고는 얼마인가?(단, 시점 A의 표고는 101.40m이며, 2차 포물선에 의한 방법으로 계산하시오.)

해설 및 정답 ⊕

$H_C = H_A + \dfrac{m}{100}x = 101.40 + \dfrac{2}{100} \times 10 = 101.60\text{m}$

$y = \dfrac{(m \pm n)}{2L}x^2 = \dfrac{0.06}{2 \times 30} \times 10^2 = 0.1\text{m}$

10m 되는 지점의 표고$(H_C') = 101.60 - 0.1 = 101.5\text{m}$

4. 하천측량(River Surveying)

하천의 형상, 수위, 수심, 경사 등을 관측하고 각종 도면을 작성하여 하천의 계획, 설계, 시공, 위치관리 등에 필요한 자료를 제공하기 위한 측량으로서 거리표 설치, 수준기표 측량, 종단측량, 횡단측량, 수심측량 등으로 나누어진다.

5. 유량관측(Discharge Measurement)

수로 내의 어떤 점의 횡단면을 단위시간 안에 흐르는 수량을 관측하는 것이며, 유량은 평균유속에 단면적을 곱한 것이므로 유량관측은 유속관측과 횡단면측량으로 분류된다.

6. 터널측량(Tunnel Surveying)

터널 외 기준점을 기준으로 터널 내 기준점을 설치하고 이를 기준으로 터널굴착 및 관통에 필요한 중심선측량, 내공단면측량 등을 실시하는 측량을 말한다.

001 다음 그림의 교점 V에서 $I=96°20'$, 반경 60m 기점으로부터 계산하여 곡선시점 A의 추가거리는 128.5m이다. 곡선은 A점부터 편각법에 의하여 설치하고 중심말뚝은 20m마다 설치할 때 20m에 대한 편각과 시단현 및 종단현에 대한 편각을 계산하시오.(단, 거리는 소수 둘째 자리에서 반올림하고 편각은 반올림하여 초($''$) 단위까지 계산하시오.)

(1) 20m에 대한 편각(δ_{20})

(2) 시단현에 대한 편각(δ_1)

(3) 종단현에 대한 편각(δ_2)

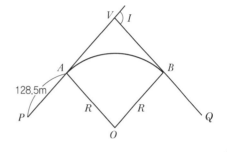

해설 및 정답

(1) 곡선장($C.L$) 계산

$$C.L = 0.0174533RI° = 0.0174533 \times 60 \times 96°20' = 100.9\text{m}$$

(2) 곡선의 시점($B.C$) 계산

$$B.C = 128.5\text{m}\,(\text{No.6}+8.5\text{m})$$

(3) 곡선의 종점($E.C$) 계산

$$E.C = B.C + C.L$$
$$= 128.5 + 100.9 = 229.4\text{m}\,(\text{No.11}+9.4\text{m})$$

(4) 시단현 길이(l_1) 계산

$$l_1 = 20\text{m} - B.C \text{ 추가거리} = 20-8.5 = 11.5\text{m}$$

(5) 종단현 길이(l_2) 계산

$$l_2 = E.C \text{ 추가거리} = 9.4\text{m}$$

(6) 20m에 대한 편각(δ_{20}) 계산

$$\delta_{20} = 1,718.87' \cdot \frac{l}{R} = 1,718.87' \times \frac{20}{60} = 9°32'57''$$

(7) 시단현에 대한 편각(δ_1) 계산

$$\delta_1 = 1,718.87' \cdot \frac{l_1}{R} = 1,718.87' \times \frac{11.5}{60} = 5°29'27''$$

(8) 종단현에 대한 편각(δ_2) 계산

$$\delta_2 = 1{,}718.87' \cdot \frac{l_2}{R} = 1{,}718.87' \times \frac{9.4}{60} = 4°29'17''$$

002

도로기점에서 교점($I.P$)까지의 거리가 423.250m, 교각(I) = 34°28', 곡선반지름 R = 100m일 때 다음 요소를 계산하시오. (단, 중심말뚝 간의 거리는 10m, 거리의 계산은 소수 셋째 자리까지, 각은 초 단위까지 구하시오.)

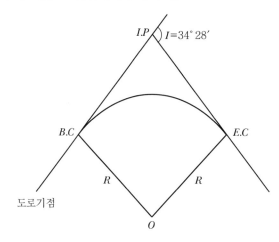

(1) 도로기점에서 $B.C$ 까지의 거리

(2) 도로기점에서 $E.C$ 까지의 거리

(3) 시단현 편각(δ_1)

(4) 종단현 편각(δ_2)

(5) 중심말뚝 간격 10m 에 대한 편각(δ_{10})

해설 및 정답

(1) 도로기점에서 $B.C$까지의 거리 계산

$$T.L(접선장) = R\tan\frac{I}{2} = 100 \times \tan\frac{34°28'}{2} = 31.019\text{m}$$

$\therefore$ 도로기점 $\sim B.C$ 거리 = 총거리 $- T.L = 423.250 - 31.019$
  $= 392.231\text{m}\,(\text{No.39} + 2.231\text{m})$

(2) 도로기점에서 $E.C$까지의 거리 계산

$$C.L(곡선장) = 0.0174533\,R\,I° = 0.0174533 \times 100 \times 34°28'$$
  $= 60.156\text{m}$

$\therefore$ 도로기점 $\sim E.C$ 거리 = $B.C + C.L = 392.231 + 60.156$
  $= 452.387\text{m}\,(\text{No.45} + 2.387\text{m})$

(3) 시단현 편각(δ_1) 계산

시단현 길이(l_1) $= 10\text{m} - B.C$ 추가거리 $= 10 - 2.231$

$$= 7.769\text{m}$$

$$\therefore \text{시단현 편각}(\delta_1) = 1{,}718.87' \cdot \frac{l_1}{R} = 1{,}718.87' \times \frac{7.769}{100}$$

$$= 2°13'32''$$

(4) 종단현 편각(δ_2) 계산

종단현 길이(l_2) $= E.C$ 추가거리 $= 2.387\text{m}$

$$\therefore \text{종단현 편각}(\delta_2) = 1{,}718.87' \cdot \frac{l_2}{R} = 1{,}718.87' \times \frac{2.387}{100}$$

$$= 0°41'02''$$

(5) 중심말뚝 간격 10m에 대한 편각(δ_{10}) 계산

$$\text{일반편각}(\delta_{10}) = 1{,}718.87' \cdot \frac{10}{R} = 1{,}718.87' \times \frac{10}{100}$$

$$= 2°51'53''$$

003

다음과 같은 단곡선의 곡률반경 $R = 50\text{m}$일 때 곡선을 설치하시오. (단, $\overline{AB}$ 방위 $=$ N 25°33′ E, $\overline{BC}$ 방위 $=$ S 28°22′ E, 거리는 소수 셋째 자리까지, 각도는 초 단위까지 구하시오.)

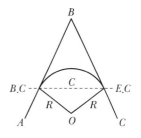

해설 및 정답

(1) 교각(I) 계산

• $\overline{AB}$ 방위각 $= 25°33'$

• $\overline{BC}$ 방위각 $= 180° - 28°22' = 151°38'$

$\therefore I = \overline{BC}$ 방위각 $- \overline{AB}$ 방위각 $= 126°05'$

(2) 접선장($T.L$) 계산

$$T.L = R\tan\frac{I}{2} = 50 \times \tan\frac{126°05'}{2}$$

$$= 98.307\text{m}$$

(3) 곡선장($C.L$) 계산

$$C.L = 0.0174533RI° = 0.0174533 \times 50 \times 126°05'$$

$$= 110.029\text{m}$$

(4) 중앙종거(M) 계산

$$M = R\left(1 - \cos\frac{I}{2}\right) = 50 \times \left(1 - \cos\frac{126°05'}{2}\right)$$
$$= 27.333\text{m}$$

(5) 외할(E) 계산

$$E = R\left(\sec\frac{I}{2} - 1\right) = 50 \times \left(\sec\frac{126°05'}{2} - 1\right)$$
$$= 60.292\text{m}$$

(6) 현장(C) 계산

$$C = 2R\sin\frac{I}{2} = 2 \times 50 \times \sin\frac{126°05'}{2}$$
$$= 89.134\text{m}$$

그림과 같이 곡선의 반지름이 400m, 편각(I)이 9°10′인 단곡선을 편각법에 의해 현장에 설치하려 한다. 기점으로부터 교점(P)까지의 거리가 76.68m, 중심말뚝 간 간격이 20m일 때 다음 물음에 답하시오. (단, 계산을 반올림하여 거리는 cm 단위까지, 각도는 0.1초 단위까지 구하시오.)

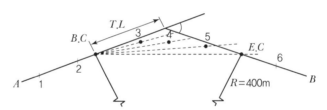

(1) 접선장($T.L$) : _____m

(2) 곡선장($C.L$) : _____m

(3) 시단현(l_1)과 종단현(l_2)

　　시단현(l_1) : _____m

　　종단현(l_2) : _____m

(4) 접선에 대한 편각

측점	추가거리(m)	편각(계산과정 및 답)
No.3		
No.4		
No.5		
E.C		

해설 및 정답

(1) 접선장($T.L$) 계산

$$T.L = R\tan\frac{I}{2} = 400 \times \tan\frac{9°10'}{2} = 32.07\text{m}$$

(2) 곡선장($C.L$) 계산

$$C.L = 0.0174533RI° = 0.0174533 \times 400 \times 9°10' = 64.00\text{m}$$

(3) 시단현, 종단현 계산

① 시단현(l_1)

$$B.C = 총거리 - T.L = 76.68 - 32.07 = 44.61\text{m}\,(\text{No.2}+4.61\text{m})$$

$$\therefore\ l_1 = 20\text{m} - B.C\ 추가거리 = 20 - 4.61 = 15.39\text{m}$$

② 종단현(l_2)

$$E.C = B.C + C.L = 44.61 + 64.00 = 108.61\text{m}\,(\text{No.5}+8.61\text{m})$$

$$\therefore\ l_2 = E.C\ 추가거리 = 8.61\text{m}$$

(4) 접선에 대한 편각 계산

① 시단현 편각(δ_1) $= 1,718.87' \cdot \dfrac{l_1}{R}$

$$= 1,718.87' \times \frac{15.39}{400}$$

$$= 1°06'08.0''$$

② 종단현 편각(δ_2) $= 1,718.87' \cdot \dfrac{l_2}{R}$

$$= 1,718.87' \times \frac{8.61}{400}$$

$$= 0°36'59.9''$$

③ 20m 편각(δ_{20}) $= 1,718.87' \cdot \dfrac{20}{R}$

$$= 1,718.87' \times \frac{20}{400}$$

$$= 1°25'56.6''$$

측점	추가거리(m)	편각(계산과정 및 답)
No.3	15.39	$1°06'08.0''$
No.4	35.39	$\delta_1 + \delta_{20} = 1°06'08'' + 1°25'56.6'' = 2°32'04.6''$
No.5	55.39	$\delta_1 + \delta_{20} \times 2 = 1°06'08'' + (1°25'56.6'' \times 2) = 3°58'01.2''$
E.C	64.00	$\delta_1 + \delta_{20} \times 2 + \delta_2 = 1°06'08'' + (1°25'56.6'' \times 2) + 0°36'59.9'' = 4°35'01.1''$

005

노선측량에서 다음과 같이 단곡선이고 곡률반경 $R = 80\text{m}$일 때 $\overline{PQ}$ 의 거리를 구하시오.(단, $\overline{AB}$ 방위 = N 22°25′ E, $\overline{CB}$ 방위 = N 25°22′ W, $X_P = 100$, $Y_P = 100$, 거리는 소수 셋째 자리까지 구하시오.)

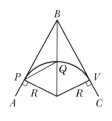

해설 및 정답

(1) 교각(I) 계산
- $\overline{AB}$ 방위각 = 22°25′
- $\overline{BC}$ 방위각 = $(360° - 25°22′) - 180° = 154°38′$
- $\therefore I = \overline{BC}$ 방위각 $- \overline{AB}$ 방위각 $= 154°38′ - 22°25′ = 132°13′$

(2) $\angle PBC$ 계산

$$\angle PBC = \frac{360° - (132°13′ \times 2)}{2} = 47°47′$$

(3) $\overline{BQ}$ 방위각 계산

$$\overline{BQ}\text{ 방위각} = \overline{AB}\text{ 방위각} + 180° - \left(\frac{\angle PBC}{2}\right)$$
$$= 22°25′ + 180° - \left(\frac{47°47′}{2}\right)$$
$$= 178°31′30″$$

(4) 접선장($T.L$) 계산

$$T.L = R\tan\frac{I}{2} = 80 \times \tan\frac{132°13′}{2}$$
$$= 180.601\text{m}$$

(5) 외할(E) 계산

$$E = R\left(\sec\frac{I}{2} - 1\right) = 80 \times \left(\sec\frac{132°13′}{2} - 1\right)$$
$$= 117.527\text{m}$$

(6) B점 좌표 계산
- $X_B = X_P + (l \cdot \cos\theta)$
  $$= 100 + (180.601 \times \cos 22°25′)$$
  $$= 266.954\text{m}$$
- $Y_B = Y_P + (l \cdot \sin\theta)$
  $$= 100 + (180.601 \times \sin 22°25′)$$
  $$= 168.870\text{m}$$

(7) Q점 좌표 계산
- $X_Q = X_B + (l \cdot \cos\theta)$
  $$= 266.954 + (117.527 \times \cos 178°31′30″)$$
  $$= 149.466\text{m}$$

- $Y_Q = Y_B + (l \cdot \sin\theta)$
  - $= 168.870 + (117.527 \times \sin 178°31'30'')$
  - $= 171.895 \text{m}$

(8) $\overline{PQ}$ 거리 계산

$$\overline{PQ} = \sqrt{(X_Q - X_P)^2 + (Y_Q - Y_P)^2}$$
$$= \sqrt{(149.466 - 100.000)^2 + (171.895 - 100.000)^2}$$
$$= 87.268 \text{m}$$

---

006 공사시점(출발점)에서 교점($I.P$)까지의 거리가 $2,350$m이고, 곡선반지름이 200m, 교각이 $90°$인 단곡선을 편각법으로 설치하려 할 때 다음 요구사항을 구하시오. (단, 중심말뚝 간의 거리는 20m, 계산은 반올림하여 거리는 소수 둘째 자리까지, 각은 초 단위까지 계산하시오.)

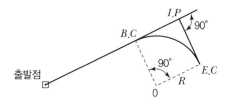

(1) 출발점에서 원곡선 시점까지의 거리($L_{B.C}$)

(2) 시단현 길이(l_1)

(3) 출발점에서 원곡선 종점까지의 거리($L_{E.C}$)

(4) 종단현 길이(l_2)

(5) 중심말뚝 간격 20m에 대한 편각(δ_{20})

해설 및 정답

(1) 출발점에서 원곡선 시점까지의 거리($L_{B.C}$) 계산

$$T.L = R\tan\frac{I}{2} = 200 \times \tan\frac{90°}{2} = 200.00 \text{m}$$
$$\therefore L_{B.C} = 총거리 - T.L = 2,350 - 200 = 2,150.00 \text{m} \,(\text{No.107} + 10.00 \text{m})$$

(2) 시단현 길이(l_1) 계산

$$l_1 = 20 \text{m} - B.C \text{ 추가거리} = 20 - 10 = 10 \text{m}$$

(3) 출발점에서 원곡선 종점까지의 거리($L_{E.C}$) 계산

$$C.L = 0.0174533RI° = 0.0174533 \times 200 \times 90° = 314.16 \text{m}$$
$$\therefore L_{EC} = L_{B.C} + C.L = 2,150.00 + 314.16 = 2,464.16 \text{m} \,(\text{No.123} + 4.16 \text{m})$$

(4) 종단현 길이(l_2) 계산

$$l_2 = E.C \text{ 추가거리} = 4.16\text{m}$$

(5) 중심말뚝 간격 20m에 대한 편각(δ_{20}) 계산

$$\delta_{20} = 1{,}718.87' \cdot \frac{20}{R} = 1{,}718.87' \times \frac{20}{200} = 2°51'53''$$

---

007 다음 그림에서 $\overline{AP}$, $\overline{PB}$ 사이에 단곡선을 설치할 때 $\angle APB$의 등분선상 Q점을 곡선의 중점으로 하고 도로 기점으로부터 P점까지의 거리가 483.392m일 때 곡선을 설치하시오. (단, $PQ = 20$m, 교각(I) = 40°20′, 중심말뚝 간격은 20m이고, 계산은 소수 넷째 자리에서 반올림하고, 각은 0.1″ 단위로 계산하시오.)

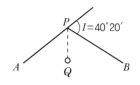

해설 및 정답

(1) 곡선반경(R) 계산

$$\text{외할}(E) = R\left(\sec\frac{I}{2} - 1\right) \rightarrow$$

$$20 = R\left(\sec\frac{40°20'}{2} - 1\right)$$

$$\therefore R = 306.231\text{m}$$

(2) 접선장($T.L$) 계산

$$T.L = R\tan\frac{I}{2} = 306.231 \times \tan\frac{40°20'}{2} = 112.469\text{m}$$

(3) 곡선장($C.L$) 계산

$$C.L = 0.0174533RI° = 0.0174533 \times 306.231 \times 40°20' = 215.571\text{m}$$

(4) 현의 길이(C) 계산

$$C = 2R\sin\frac{I}{2} = 2 \times 306.231 \times \sin\frac{40°20'}{2} = 211.148\text{m}$$

(5) 중앙종거(M) 계산

$$M = R\left(1 - \cos\frac{I}{2}\right) = 306.231 \times \left(1 - \cos\frac{40°20'}{2}\right) = 18.774\text{m}$$

(6) 곡선의 시점($B.C$) 계산

$$B.C = I.P - T.L = 483.392 - 112.469 = 370.923\text{m} \, (\text{No.18} + 10.923\text{m})$$

(7) 곡선의 종점($E.C$) 계산

$$E.C = B.C + C.L = 370.923 + 215.571 = 586.494\text{m} \, (\text{No.29} + 6.494\text{m})$$

(8) 시단현의 길이(l_1) 계산

$$l_1 = 20\text{m} - B.C \text{ 추가거리} = 20 - 10.923 = 9.077\text{m}$$

(9) 종단현의 길이(l_2) 계산

$$l_2 = E.C \ 추가거리 = 6.494\text{m}$$

(10) 시단현 편각(δ_1) 계산

$$\delta_1 = 1{,}718.87' \cdot \frac{l_1}{R} = 1{,}718.87' \times \frac{9.077}{306.231} = 0°50'57.0''$$

(11) 종단현 편각(δ_2) 계산

$$\delta_2 = 1{,}718.87' \cdot \frac{l_2}{R} = 1{,}718.87' \times \frac{6.494}{306.231} = 0°36'27.0''$$

(12) 20m에 대한 편각(δ_{20}) 계산

$$\delta_{20} = 1{,}718.87' \cdot \frac{l}{R} = 1{,}718.87' \times \frac{20}{306.231} = 1°52'15.60''$$

008

기점으로부터 546.42m 지점에 교점($I.P$)이 있고 곡선반지름 $R = 200$m 교각 $I = 38°16'40''$일 때 단곡선을 편각법으로 설치하시오.(단, 중심말뚝은 20m이며, 계산은 소수 둘째 자리까지 계산하고, 각은 초 단위로 계산하시오.)

해설 및 정답

(1) 접선장($T.L$) 계산

$$T.L = R\tan\frac{I}{2} = 200 \times \tan\frac{38°16'40''}{2} = 69.41\text{m}$$

(2) 곡선장($C.L$) 계산

$$C.L = 0.0174533RI° = 0.0174533 \times 200 \times 38°16'40'' = 133.61\text{m}$$

(3) 현의 길이(C) 계산

$$C = 2R\sin\frac{I}{2} = 2 \times 200 \times \sin\frac{38°16'40''}{2} = 131.14\text{m}$$

(4) 중앙종거(M) 계산

$$M = R\left(1 - \cos\frac{I}{2}\right) = 200 \times \left(1 - \cos\frac{38°16'40''}{2}\right) = 11.05\text{m}$$

(5) 곡선의 시점($B.C$) 계산

$$B.C = I.P - T.L = 546.42 - 69.41 = 477.01\text{m}\,(\text{No.23} + 17.01\text{m})$$

(6) 곡선의 종점($E.C$) 계산

$$E.C = B.C + C.L = 477.01 + 133.61 = 610.62\text{m}\,(\text{No.30} + 10.62\text{m})$$

(7) 시단현의 길이(l_1) 계산

$$l_1 = 20\text{m} - B.C \ 추가거리 = 20 - 17.01 = 2.99\text{m}$$

(8) 종단현의 길이(l_2) 계산

$$l_2 = E.C \ 추가거리 = 10.62\text{m}$$

(9) 시단현 편각(δ_1) 계산

$$\delta_1 = 1,718.87' \cdot \frac{l_1}{R} = 1,718.87' \times \frac{2.99}{200} = 0°25'42''$$

(10) 종단현 편각(δ_2) 계산

$$\delta_2 = 1,718.87' \cdot \frac{l_2}{R} = 1,718.87' \times \frac{10.62}{200} = 1°31'16''$$

(11) 20m에 대한 편각(δ_{20}) 계산

$$\delta_{20} = 1,718.87' \cdot \frac{l}{R} = 1,718.87' \times \frac{20}{200} = 2°51'53''$$

(12) 편기각 계산표

측점	거리(m)	편기각 계산
$B.C$	477.01	$0°00'00''$
No.24	480.00	$0°25'42''$
No.25	500.00	$0°25'42'' + 2°51'53'' = 3°17'35''$
No.26	520.00	$0°25'42'' + 2(2°51'53'') = 6°09'28''$
No.27	540.00	$0°25'42'' + 3(2°51'53'') = 9°01'21''$
No.28	560.00	$0°25'42'' + 4(2°51'53'') = 11°53'14''$
No.29	580.00	$0°25'42'' + 5(2°51'53'') = 14°45'07''$
No.30	600.00	$0°25'42'' + 6(2°51'53'') = 17°37'00''$
$E.C$	610.62	$0°25'42'' + 6(2°51'53'') + 1°31'16'' = 19°08'16''$

009

장애물이 있어 교점 P에 갈 수 없는 지역에서 $\overline{AC}$ 및 $\overline{BD}$ 의 사이에 원곡선을 설치하려고 한다. $\overline{AC}$, $\overline{CD}$ 및 $\overline{DB}$ 의 방위각과 $\overline{CD}$ 의 거리를 관측하여 $\alpha_{AC} = 30°$, $\alpha_{CD} = 60°$, $\alpha_{DB} = 120°$, $\overline{CD} = 200$m의 결과를 얻었다. 원곡선의 시점을 C라 할 때 곡선 반지름과 D점에서 곡선의 종점($E.C$)까지의 거리를 구하시오. (단, 계산은 반올림하여 소수 둘째 자리까지 구하시오.)

(1) 곡선 반지름

(2) D점에서 곡선의 종점($E.C$)까지의 거리

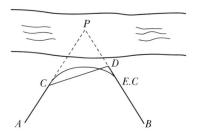

해설 및 정답

(1) 곡선 반지름 계산

$$T.L = \overline{CP} \text{ 이므로}$$

$$\overline{CP} = \frac{\sin 60°}{\sin 90°} \times 200 = 173.21 \text{m}$$

$$173.21 = R\tan\frac{90°}{2}$$

$$\therefore R = 173.21 \text{m}$$

(2) D점에서 곡선의 종점($E.C$)까지의 거리 계산

$$\overline{PD} = \frac{\sin 30°}{\sin 90°} \times 200 = 100 \text{m}$$

$$\therefore \overline{D \sim E.C} \text{ 거리} = T.L - \overline{PD} = 173.21 - 100 = 73.21 \text{m}$$

---

010 단곡선 설치에서 그림과 같이 교각 I를 측정할 수 없어 $\angle AA'B' = 141°40'$, $\angle BB'A' = 98°20'$의 두 각을 측정하였다. 기점에서 D점까지의 거리는 212.514m일 때 다음 요소를 구하시오. (단, 곡선반경은 50m이며 중심 말뚝 간격은 20m이다. 계산은 소수 넷째 자리에서 반올림하고, 각은 초 단위로 계산하시오.)

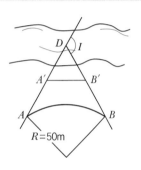

해설 및 정답

(1) 교각(I) 계산

- $\angle DA'B' = 180° - 141°40' = 38°20'$
- $\angle A'B'D = 180° - 98°20' = 81°40'$

$$\therefore I = 38°20' + 81°40' = 120°$$

(2) 접선장($T.L$) 계산

$$T.L = R\tan\frac{I}{2} = 50.000 \times \tan\frac{120°}{2} = 86.603 \text{m}$$

(3) 곡선장($C.L$) 계산

$$C.L = 0.0174533 RI° = 0.0174533 \times 50 \times 120° = 104.720 \text{m}$$

(4) 현의 길이(C) 계산

$$C = 2R\sin\frac{I}{2} = 2 \times 50.000 \times \sin\frac{120°}{2} = 86.603 \text{m}$$

(5) 중앙종거(M) 계산

$$M = R\left(1 - \cos\frac{I}{2}\right) = 50.000 \times \left(1 - \cos\frac{120°}{2}\right) = 25.000 \text{m}$$

(6) 곡선의 시점($B.C$) 계산

$$B.C = I.P - T.L = 212.514 - 86.603 = 125.911\text{m}\,(\text{No.6} + 5.911\text{m})$$

(7) 곡선의 종점($E.C$) 계산

$$E.C = B.C + C.L = 125.911 + 104.720 = 230.631\text{m}\,(\text{No.11} + 10.631\text{m})$$

(8) 시단현의 길이(l_1) 계산

$$l_1 = 20\text{m} - B.C \text{ 추가거리} = 20 - 5.911 = 14.089\text{m}$$

(9) 종단현의 길이(l_2) 계산

$$l_2 = E.C \text{ 추가거리} = 10.631\text{m}$$

(10) 시단현 편각(δ_1) 계산

$$\delta_1 = 1{,}718.87' \cdot \frac{l_1}{R} = 1{,}718.87' \times \frac{14.089}{50} = 8°4'21''$$

(11) 종단현 편각(δ_2) 계산

$$\delta_2 = 1{,}718.87' \cdot \frac{l_2}{R} = 1{,}718.87' \times \frac{10.631}{50} = 6°5'28''$$

(12) 20m에 대한 편각(δ_{20}) 계산

$$\delta_{20} = 1{,}718.87' \cdot \frac{l}{R} = 1{,}718.87' \times \frac{20}{50} = 11°27'33''$$

011

$\overline{AC}$와 $\overline{BD}$ 선 사이에 곡선을 설치할 때 교점에 장애물이 있어 교각을 측정하지 못하기 때문에 $\angle ACD$, $\angle CDB$ 및 $\overline{CD}$의 거리를 측정하여 다음과 같은 결과를 얻었다. 이때 기점에서 C점까지 거리가 1,245.175m일 때 곡선을 설치하시오.(단, $\overline{CD}$ 측선의 거리는 100m, 곡선반경 $R=500$m이다. 또한 중심말뚝 간격은 20m이며, 거리는 소수 셋째 자리까지, 각은 소수 첫째 자리까지 계산하시오.)

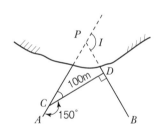

해설 및 정답

(1) 교각(I) 계산

- $\angle PCD = 180° - 150° = 30°$
- $\angle CDP = 180° - 90° = 90°$
- $\angle CPD = 180° - (30° + 90°) = 60°$

∴ 교각(I) $= 30° + 90° = 120°$

(2) 접선장($T.L$) 계산

$$T.L = R\tan\frac{I}{2} = 500 \times \tan\frac{120°}{2} = 866.025\text{m}$$

(3) 곡선장($C.L$) 계산

$$C.L = 0.0174533RI° = 0.0174533 \times 500.000 \times 120° = 1,047.198\text{m}$$

(4) 현의 길이(C) 계산

$$C = 2R\sin\frac{I}{2} = 2 \times 500.000 \times \sin\frac{120°}{2} = 866.025\text{m}$$

(5) 중앙종거(M) 계산

$$M = R\left(1 - \cos\frac{I}{2}\right) = 500.000 \times \left(1 - \cos\frac{120°}{2}\right) = 250.000\text{m}$$

(6) 곡선의 시점($B.C$) 계산

- $\overline{CP}$ 의 거리 $\rightarrow$ $\dfrac{100}{\sin 60°} = \dfrac{\overline{CP}}{\sin 90°}$

  $\overline{CP} = 115.470\text{m}$

- 기점에서 $I.P$까지의 거리 $= 1,245.175 + 115.470 = 1,360.645\text{m}$

  $\therefore B.C = I.P - T.L = 1,360.645 - 866.025 = 494.620\text{m}\,(\text{No.24} + 14.620\text{m})$

(7) 곡선의 종점($E.C$) 계산

$$E.C = B.C + C.L = 494.620 + 1,047.198 = 1,541.818\text{m}\,(\text{No.77} + 1.818\text{m})$$

(8) 시단현의 길이(l_1) 계산

$$l_1 = 20\text{m} - B.C \text{ 추가거리} = 20 - 14.620 = 5.380\text{m}$$

(9) 종단현의 길이(l_2) 계산

$$l_2 = E.C \text{ 추가거리} = 1.818\text{m}$$

(10) 시단현 편각(δ_1) 계산

$$\delta_1 = 1,718.87' \cdot \frac{l_1}{R} = 1,718.87' \times \frac{5.380}{500} = 0°18'29.7''$$

(11) 종단현 편각(δ_2) 계산

$$\delta_2 = 1,718.87' \cdot \frac{l_2}{R} = 1,718.87' \times \frac{1.818}{500} = 0°06'15.0''$$

(12) 20m에 대한 편각(δ_{20}) 계산

$$\delta_{20} = 1,718.87' \cdot \frac{l}{R} = 1,718.87' \times \frac{20}{500} = 1°08'45.3''$$

그림과 같이 A와 B 사이에 노선을 계획할 때 P점에 장애물이 있어 C점 및 D점에서 $\angle C$와 $\angle D$ 및 $\overline{CD}$ 의 거리를 측정하여 아래의 조건으로 단곡선을 설치하고자 한다. 다음의 요구사항을 구하시오. (단, 곡선반경 $R = 200\text{m}$, $\overline{CD} = 200\text{m}$, $\angle C = 30°$, $\angle D = 70°$, $\overline{AC}$ 의 거리 $= 473.021\text{m}$이고, 중심말뚝 간격 $= 20\text{m}$, 각은 초 단위까지, 거리는 0.1cm 단위까지 계산하시오.)

(1) 교각(I)

(2) 접선장($T.L$)

(3) 곡선장($C.L$)

(4) 곡선시점($B.C$)의 거리

(5) 곡선종점($E.C$)의 거리

(6) 시단현의 길이(l_1)

(7) 종단현의 길이(l_2)

(8) 시단현에 대한 편각(δ_1)

(9) 종단현에 대한 편각(δ_2)

(10) 20m에 대한 편각(δ_{20})

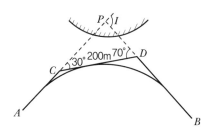

해설 및 정답

(1) 교각(I) 계산

$$I = \angle C + \angle D = 30° + 70° = 100°$$

(2) 접선장($T.L$) 계산

$$T.L = R\tan\frac{I}{2} = 200 \times \tan\frac{100°}{2} = 238.351\text{m}$$

(3) 곡선장($C.L$) 계산

$$C.L = 0.0174533RI° = 0.0174533 \times 200 \times 100° = 349.066\text{m}$$

(4) 곡선시점($B.C$) 계산

  1) $\overline{CP}$ 거리

$$\frac{200}{\sin\angle P} = \frac{\overline{CP}}{\sin\angle D}$$

$$\therefore \overline{CP} = 190.838\text{m}$$

  2) 곡선시점($B.C$)

$$B.C = 총거리 - T.L = (\overline{AC}\ 거리 + \overline{CP}\ 거리) - T.L$$
$$= (473.021 + 190.838) - 238.351 = 425.508\text{m}\ (\text{No.21} + 5.508\text{m})$$

(5) 곡선종점($E.C$) 계산

$$E.C = B.C + C.L = 425.508 + 349.066 = 774.574\text{m}\ (\text{No.38} + 14.574\text{m})$$

(6) 시단현(l_1) 계산

$$l_1 = 20\text{m} - B.C \text{ 추가거리} = 20 - 5.508 = 14.492\text{m}$$

(7) 종단현(l_2) 계산

$$l_2 = E.C \text{ 추가거리} = 14.574\text{m}$$

(8) 시단현에 대한 편각(δ_1) 계산

$$\delta_1 = 1{,}718.87' \cdot \frac{l_1}{R} = 1{,}718.87' \times \frac{14.492}{200} = 2°04'33''$$

(9) 종단현에 대한 편각(δ_2) 계산

$$\delta_2 = 1{,}718.87' \cdot \frac{l_2}{R} = 1{,}718.87' \times \frac{14.574}{200} = 2°05'15''$$

(10) 20m에 대한 편각(δ_{20}) 계산

$$\delta_{20} = 1{,}718.87' \cdot \frac{l}{R} = 1{,}718.87' \times \frac{20}{200} = 2°51'53''$$

013 반경 $R = 200$m인 원곡선을 설치하고자 한다. 도로의 시점으로부터 $1{,}243.27$m 거리에 있는 교점($I.P$)에 장애물이 있어 그림과 같이 $\angle A$와 $\angle B$를 관측하였을 때 다음 요소를 구하시오. (단, 계산은 소수 넷째 자리에서 반올림하고, 각은 $0.1''$까지 계산하시오.)

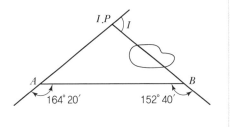

해설 및 정답

(1) 교각(I) 계산
- $\angle A = 180° - 164°20' = 15°40'$
- $\angle B = 180° - 152°40' = 27°20'$
- $\therefore$ 교각(I) $= 15°40' + 27°20' = 43°$

(2) 접선장($T.L$) 계산

$$T.L = R\tan\frac{I}{2} = 200 \times \tan\frac{43°}{2} = 78.782\text{m}$$

(3) 곡선장($C.L$) 계산

$$C.L = 0.0174533RI° = 0.0174533 \times 200 \times 43° = 150.098\text{m}$$

(4) 현의 길이(C) 계산

$$C = 2R\sin\frac{I}{2} = 2 \times 200 \times \sin\frac{43°}{2} = 146.600\text{m}$$

(5) 중앙종거(M) 계산
$$M = R\left(1 - \cos\frac{I}{2}\right) = 200 \times \left(1 - \cos\frac{43°}{2}\right) = 13.916\text{m}$$

(6) 곡선의 시점($B.C$) 계산
$$B.C = I.P - T.L = 1,243.270 - 78.782 = 1,164.488\text{m} \,(\text{No.58} + 4.488\text{m})$$

(7) 곡선의 종점($E.C$) 계산
$$E.C = B.C + C.L = 1164.488 + 150.098 = 1,314.586\text{m} \,(\text{No.65} + 14.586\text{m})$$

(8) 시단현의 길이(l_1) 계산
$$l_1 = 20\text{m} - B.C \text{ 추가거리} = 20 - 4.488 = 15.512\text{m}$$

(9) 종단현의 길이(l_2) 계산
$$l_2 = E.C \text{ 추가거리} = 14.586\text{m}$$

(10) 시단현 편각(δ_1) 계산
$$\delta_1 = 1,718.87' \cdot \frac{l_1}{R} = 1,718.87' \times \frac{15.512}{200} = 2°13'18.9''$$

(11) 종단현 편각(δ_2) 계산
$$\delta_2 = 1,718.87' \cdot \frac{l_2}{R} = 1,718.87' \times \frac{14.586}{200} = 2°05'21.4''$$

(12) 20m에 대한 편각(δ_{20}) 계산
$$\delta_{20} = 1,718.87' \cdot \frac{l}{R} = 1,718.87' \times \frac{20}{200} = 2°51'53.2''$$

014 그림의 단곡선에서 $I.P$점에 기계를 설치할 수 없어 P점과 Q점을 정하고 실측한 결과 $l = 250\text{m}$, $p = 40°$, $q = 70°$를 얻었다. 곡선의 시작점과 끝점의 위치를 구하고자 한다. $\overline{PA}$와 $\overline{QB}$의 거리를 각각 구하시오. ($R = 125\text{m}$)

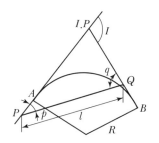

해설 및 정답

(1) 교각(I) 계산
$$\angle I.P = 180° - (40° + 70°) = 70°$$
$$\therefore \text{ 교각}(I) = 40° + 70° = 110°$$

(2) 접선장($T.L$) 계산
$$T.L = R\tan\frac{I}{2} = 125 \times \tan\frac{110°}{2} = 178.519\text{m}$$

(3) $\overline{PA}$, $\overline{QB}$ 거리 계산

    ① $\overline{P-IP} = \dfrac{\sin q}{\sin \angle IP} \times l = \dfrac{\sin 70°}{\sin 110°} \times 250 = 250\mathrm{m}$

    ② $\overline{Q-IP} = \dfrac{\sin q}{\sin \angle IP} \times l = \dfrac{\sin 40°}{\sin 110°} \times 250 = 171.010\mathrm{m}$

    ∴ $\overline{PA} = \overline{P-IP} - T.L = 250 - 178.519$

            $= 71.481\mathrm{m}$

    ∴ $\overline{QB} = T.L - \overline{Q-IP} = 178.519 - 171.010$

            $= 7.509\mathrm{m}$

015

교점 P가 장애물 안에 있을 경우, $\overline{AP}$, $\overline{BP}$ 선상의 점을 각각 a, b라 할 때 $\angle Aab = 145°$, $\angle Bba = 120°$와 $\overline{ab} = 35.5\mathrm{m}$를 관측하였을 때 $\overline{Aa}$, $\overline{Bb}$ 를 계산하시오.(단, $R = 500\mathrm{m}$)

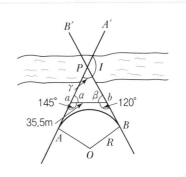

해설 및 정답

(1) 교각(I) 계산

    • $\alpha = 180° - 145° = 35°$

    • $\beta = 180° - 120° = 60°$

    • $\gamma = 180° - (35° + 60°) = 85°$

    ∴ 교각(I) $= 35° + 60° = 95°$

(2) 접선장($T.L$) 계산

    $T.L = R \tan \dfrac{I}{2} = 500 \times \tan \dfrac{95°}{2} = 545.654\mathrm{m}$

(3) $\overline{Aa}$, $\overline{Ba}$ 계산

    • $\overline{aP} = \dfrac{\sin \beta}{\sin \gamma} \times \overline{ab} = \dfrac{\sin 60°}{\sin 85°} \times 35.5 = 30.861\mathrm{m}$

    • $\overline{bP} = \dfrac{\sin \alpha}{\sin \gamma} \times \overline{ab} = \dfrac{\sin 35°}{\sin 85°} \times 35.5 = 20.440\mathrm{m}$

    ∴ $\overline{Aa} = T.L - \overline{aP} = 545.654 - 30.861$

            $= 514.793\mathrm{m}$

    ∴ $\overline{Bb} = T.L - \overline{bP} = 545.654 - 20.440$

            $= 525.214\mathrm{m}$

016 다음 단곡선에서 접선장($T.L$), 곡선장($C.L$), 외선장(E)을 구하고 중앙종거법에 의하여 M, M_1, M_2를 구하시오. (단, 계산은 소수 넷째 자리에서 반올림하여 소수 셋째 자리까지 구하시오.)

(1) 접선장

(2) 곡선장

(3) 외선장

(4) 중앙종거(M, M_1, M_2)

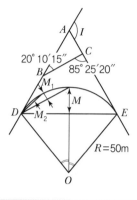

해설 및 정답

(1) 접선장($T.L$) 계산

• 교각(I) $= 20°10'15'' + (180° - 85°25'20'') = 114°44'55''$

∴ 접선장($T.L$) $= R\tan\dfrac{I}{2} = 50 \times \tan\dfrac{114°44'55''}{2} = 78.106\text{m}$

(2) 곡선장($C.L$) 계산

$C.L = 0.0174533RI°$

$\quad\quad = 0.0174533 \times 50 \times 114°44'55'' = 100.137\text{m}$

(3) 외선장(E) 계산

$$E = R\left(\sec\dfrac{I}{2} - 1\right) = 50\left(\sec\dfrac{114°44'55''}{2} - 1\right) = 42.739\text{m}$$

(4) 중앙종거(M, M_1, M_2) 계산

• $M = R\left(1 - \cos\dfrac{I}{2}\right) = 50\left(1 - \cos\dfrac{114°44'55''}{2}\right) = 23.043\text{m}$

• $M_1 = R\left(1 - \cos\dfrac{I}{4}\right) = 50\left(1 - \cos\dfrac{114°44'55''}{4}\right) = 6.137\text{m}$

• $M_2 = R\left(1 - \cos\dfrac{I}{8}\right) = 50\left(1 - \cos\dfrac{114°44'55''}{8}\right) = 1.559\text{m}$

017

A와 B 사이에 곡선을 설치하려고 하는데 $I.P$ 까지 장애물이 있어서 접근할 수 없기 때문에 $\overline{A'B'}$ 점을 적당히 정하여 곡선을 설치하려고 한다. 그러나 또 $\overline{A'B'}$ 를 장애물이 있기 때문에 시준할 수 없다. 그래서 다음과 같이 P, Q 점을 설정하여 다음과 같은 결과를 얻었다. $\overline{AA'}$ 의 거리와 $\overline{BB'}$ 의 거리를 구하시오. (단, $\overline{PB'} = 250\text{m}$, $\overline{A'P} = 200\text{m}$, $\alpha = 55°$, $\beta = 45°$, $\gamma = 33°$이다. 곡선반경은 350m로 하고 소수 넷째 자리에서 반올림하시오.)

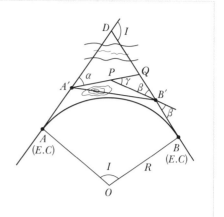

해설 및 정답

(1) 교각(I) 계산

$$I = \alpha + T = 55° + 78° = 133°$$

(2) $\overline{PQ}$, $\overline{B'Q}$ 계산

$$\frac{250}{\sin 102°} = \frac{\overline{PQ}}{\sin 45°} = \frac{\overline{B'Q}}{\sin 33°}$$

$$\therefore \overline{PQ} = 180.726\text{m}, \ \overline{B'Q} = 139.202\text{m}$$

(3) $\overline{A'Q}$ 계산

$$\overline{A'Q} = \overline{A'P} + \overline{PQ} = 200 + 180.726 = 380.726\text{m}$$

(4) $\overline{A'D}$, $\overline{QD}$ 계산

$$\frac{380.726}{\sin 47°} = \frac{\overline{A'D}}{\sin 78°} = \frac{\overline{DQ}}{\sin 55°}$$

$$\therefore \overline{A'D} = 509.201\text{m}, \ \overline{DQ} = 426.432\text{m}$$

(5) $\overline{AA'}$ 계산

$$\overline{AA'} = T.L - \overline{A'D} = 350 \times \tan\frac{133°}{2} - 509.201 = 295.744\text{m}$$

(6) $\overline{BB'}$ 계산

$$\overline{BB'} = T.L - (\overline{B'Q} + \overline{QD}) = 804.945 - (139.202 + 426.432) = 239.311\text{m}$$

교점 부근에 접근할 수 없어서 추가거리가 100m인 점 P에서 그림과 같이 트래버스 측량을 하여 $l = \overline{PQ} = 282.510$m, $\angle p = 20°21'20''$, $\angle q = 39°40'40''$를 얻었다. 아래 물음에 답하시오. (단, 단곡선의 반지름 $R = 300$m, 계산은 반올림하여 거리는 mm 단위까지, 각도는 초($''$) 단위까지 구하시오.)

(1) $\overline{PA}$, $\overline{QB}$

(2) 곡선길이($C.L$)

(3) 시단현(l_1), 종단현(l_2)

(4) δ_1, δ_2

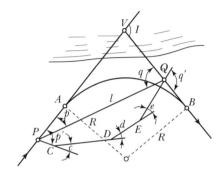

해설 및 정답

(1) $\overline{PA}$, $\overline{QB}$ 거리 계산

- $\angle V = 180° - (\angle P + \angle q) = 180° - (20°21'20'' + 39°40'40'') = 119°58'00''$

- $\dfrac{\overline{PV}}{\sin q} = \dfrac{\overline{PQ}}{\sin \angle V}$, $\overline{PV} = \dfrac{\sin q}{\sin \angle V} \times \overline{PQ} = \dfrac{\sin 39°40'40''}{\sin 119°58'00''} \times 282.510 = 208.208$m

- $\dfrac{\overline{VQ}}{\sin p} = \dfrac{\overline{PQ}}{\sin \angle V}$, $\overline{VQ} = \dfrac{\sin p}{\sin \angle V} \times \overline{PQ} = \dfrac{\sin 20°21'20''}{\sin 119°58'00''} \times 282.510 = 113.434$m

- $T.L = R \tan \dfrac{I}{2} = 300 \times \tan \dfrac{60°02'}{2} = 173.321$m

$\therefore \begin{cases} \overline{PA} = \overline{PV} - T.L = 208.208 - 173.321 = 34.887\text{m} \\ \overline{QB} = T.L - \overline{VQ} = 173.321 - 113.434 = 59.887\text{m} \end{cases}$

(2) 곡선길이($C.L$) 계산

$C.L = 0.0174533RI° = 0.0174533 \times 300 \times 60°02' = 314.334$m

(3) 시단현(l_1), 종단현(l_2) 계산

- $B.C =$ 총거리 $- T.L = (100 + 208.208) - 173.321 = 134.887$m (No.6 + 14.887m)
- $E.C = B.C + C.L = 134.887 + 314.334 = 449.221$m (No.22 + 9.221m)

$\therefore \begin{cases} l_1 = 20\text{m} - B.C \text{ 추가거리} = 20 - 14.887 = 5.113\text{m} \\ l_2 = E.C \text{ 추가거리} = 9.221\text{m} \end{cases}$

(4) 편각(δ_1, δ_2) 계산

- $\delta_1 = 1,718.87' \cdot \dfrac{l_1}{R} = 1,718.87' \times \dfrac{5.113}{300} = 0°29'18''$

- $\delta_2 = 1,718.87' \cdot \dfrac{l_2}{R} = 1,718.87' \times \dfrac{9.221}{300} = 0°52'50''$

019 그림과 같이 $\overline{AC}$ 및 $\overline{BD}$ 사이에 단곡선을 중심말뚝 간격 20m로 하여 편각법으로 설치하고자 한다. 그러나 교점에 장애물이 있어 $\overline{CD}$ 의 거리 및 α, β 를 측정하여 $\overline{CD}=$ 300m, $\alpha=60°$, $\beta=30°$ 를 얻었다. C점의 위치가 도로 시점으로부터 152.500m이고 C를 곡선의 시점으로 할 때 다음 요소들을 구하시오. (단, 거리는 소수 셋째 자리, 각은 1″ 단위까지 계산하시오.)

(1) 접선장($T.L$)

(2) 곡선반경(R)

(3) 곡선장($C.L$)

(4) 중앙종거(M)

(5) 외할(E)

(6) 도로시점에서 곡선종점까지의 추가거리

(7) 시단현, 종단현 길이

(8) 편각(δ_1, δ_2)

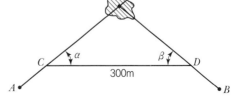

해설 및 정답

(1) 접선장($T.L$) 계산
$$\frac{T.L}{\sin 30°}=\frac{300}{\sin 90°}$$
$$\therefore T.L=150.000\text{m}$$

(2) 곡선반경(R) 계산
$$T.L=R\tan\frac{I}{2} \rightarrow$$
$$150=R\tan\frac{90°}{2}$$
$$\therefore R=150.000\text{m}$$

(3) 곡선장($C.L$) 계산
$$C.L=0.0174533RI°=0.0174533\times150\times90°=235.620\text{m}$$

(4) 중앙종거(M) 계산
$$M=R\left(1-\cos\frac{I}{2}\right)=150\left(1-\cos\frac{90°}{2}\right)=43.934\text{m}$$

(5) 외할(E) 계산
$$E=R\left(\sec\frac{I}{2}-1\right)=150\left(\sec\frac{90°}{2}-1\right)=62.132\text{m}$$

(6) 도로시점에서 곡선종점까지의 추가거리 계산
$$E.C=B.C+C.L=152.500+235.620=388.120\text{m}$$

(7) 시단현(l_1), 종단현(l_2) 길이 계산
- $l_1 = 160 - 152.500 = 7.500\text{m}$
- $l_2 = 388.120 - 380 = 8.120\text{m}$

(8) 편각(δ_1, δ_2) 계산
- $\delta_1 = 1{,}718.87' \cdot \dfrac{l_1}{R} = 1{,}718.87' \times \dfrac{7.500}{150} = 1°25'57''$
- $\delta_2 = 1{,}718.87' \cdot \dfrac{l_2}{R} = 1{,}718.87' \times \dfrac{8.120}{150} = 1°33'03''$

020

P에서 Q까지 단곡선을 설치하는데 그림과 같이 노선의 시점 부근에 장애물이 있어, P점으로부터 180m 되는 지점에 C를 설치하고 50m의 기선 $\overline{DC}$를 설치하였다. 다음 요소들을 구하시오. (단, $\alpha = 82°20'$, $\beta = 67°40'$, $I = 85°$, $R = 70\text{m}$, $\pi = 3.14159$ 거리는 소수 셋째 자리까지 구하시오.)

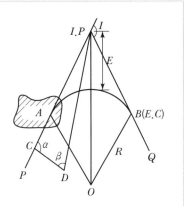

(1) 곡선길이($C.L$)

(2) 외할(E)

(3) C점과 곡선시점 A와의 거리 $\overline{CA}$

해설 및 정답

(1) 곡선길이($C.L$) 계산
$$C.L = 0.0174533RI° = 0.0174533 \times 70 \times 85° = 103.847\text{m}$$

(2) 외할(E) 계산
$$E = R\left(\sec\frac{I}{2} - 1\right) = 70\left(\sec\frac{85°}{2} - 1\right) = 24.944\text{m}$$

(3) 거리 $\overline{CA}$ 계산
- $C \sim I.P$ 거리
$$\frac{C \sim I.P}{\sin 67°40'} = \frac{50}{\sin 30°}$$
$$\therefore\ C \sim I.P\ \text{거리} = 92.499\text{m}$$

- 접선장($T.L$)
$$T.L = R\tan\frac{I}{2} = 70 \times \tan\frac{85°}{2} = 64.143\text{m}$$
$$\therefore\ \overline{CA} = C \sim I.P\ \text{거리} - T.L = 92.499 - 64.143 = 28.356\text{m}$$

021

단곡선 설치에서 교점(E)의 위치에 장애물이 있어 교각을 측정할 수 없어서 그림과 같이 관측을 수행하였다. C점은 도로의 기점으로부터 532.155m 떨어져 있고, 곡선 반지름(R)이 80m일 때 다음 요구사항에 답하시오.(단, 중심말뚝 간 거리는 20m이고, 계산은 반올림하여 소수 셋째 자리까지 구하시오.)

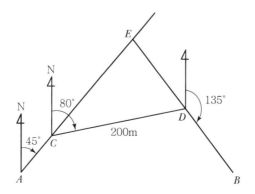

(1) 접선길이

(2) C점에서 곡선시점까지 거리

(3) D점에서 곡선종점까지 거리

(4) 시단현의 거리

(5) 종단현의 거리

해설 및 정답

(1) 접선길이 계산
- $\overline{DB}$ 방위각 $=\overline{EB}$ 방위각, $\overline{AC}$ 방위각 $=\overline{AE}$ 방위각
- 교각(I) $=\overline{EB}$ 방위각 $-\overline{AE}$ 방위각 $=135°-45°=90°$
- $\therefore$ 접선길이($T.L$) $=R\tan\dfrac{I}{2}=80.000\times\tan\dfrac{90°}{2}=80.000$m

(2) C점에서 곡선시점까지 거리 계산
- $\angle C=80°-45°=35°$, $\angle D=135°-80°=55°$, $\angle E=180°-(35°+55°)=90°$
- $\overline{CE}$ 거리(sine 법칙)

  $\dfrac{200.000}{\sin90°}=\dfrac{\overline{CE}}{\sin55°}\rightarrow\overline{CE}=\dfrac{\sin55°}{\sin90°}\times200.000=163.830$m

  $\therefore\overline{CE}$ 거리 $=163.830$m
- 시점에서 교점(E)까지 거리 $=\overline{AC}$ 거리 $+\overline{CE}$ 거리
  $=532.155+163.830=695.985$m
- 곡선시점($B.C$) $=$ 총거리 $-T.L=695.985-80.000$
  $=615.985$m (No.30 $+15.985$m)
- $\therefore$ C점에서 곡선시점까지 거리 $=B.C-\overline{AC}$ 거리
  $=615.985-532.155=83.830$m

(3) D점에서 곡선종점까지 거리 계산

$\overline{DE}$ 거리(sine 법칙)

$$\frac{200.000}{\sin 90°} = \frac{\overline{DE}}{\sin 35°} \rightarrow \overline{DE} = \frac{\sin 35°}{\sin 90°} \times 200.000 = 114.715\text{m}$$

∴ D점에서 곡선종점까지 거리 $= \overline{DE}$ 거리 $- T.L = 114.715 - 80.000 = 34.715\text{m}$

(4) 시단현의 거리 계산

시단현의 거리 $= 20\text{m} - B.C$ 추가거리 $= 20 - 15.985 = 4.015\text{m}$

(5) 종단현의 거리 계산
- 곡선장$(C.L) = 0.0174533\,RI° = 0.0174533 \times 80 \times 90° = 125.664\text{m}$
- 곡선종점$(E.C) = B.C + C.L = 615.985 + 125.664 = 741.649\text{m}$ (No.37 + 1.649m)

∴ 종단현의 거리 $= E.C$ 추가거리 $= 1.649\text{m}$

022

아래 그림과 같은 원곡선 교각$(I) = 60°$, 외할$(E_O) = 10\text{m}$인 기존의 원곡선에서 반지름(R_O), 접선장$(T.L)$, 중앙종거(M)를 구하고 외할을 e만큼 연장하여 E_N으로 변화시켰을 경우의 새로운 원곡선의 반지름(R_N)을 구하시오.(단, 소수 셋째 자리에서 반올림하여 소수 둘째 자리까지 구하시오.)

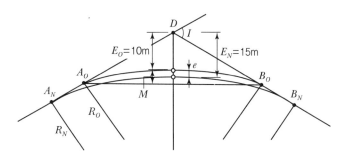

(1) 기존 원곡선의 반지름(R_O)

(2) 기존 원곡선의 접선장$(T.L)$

(3) 기존 원곡선의 중앙종거(M)

(4) 새로운 원곡선의 곡선 반지름(R_N)

해설 및 정답

(1) 기존 원곡선의 반지름(R_O) 계산

$$E = R_O\left(\sec\frac{I}{2} - 1\right)$$

$$10 = R_O\left(\sec\frac{60°}{2} - 1\right)$$

∴ $R_O = 64.64\text{m}$

(2) 기존 원곡선의 접선장($T.L$) 계산

$$T.L = R_O \tan\frac{I}{2} = 64.64 \times \tan\frac{60°}{2} = 37.32\text{m}$$

(3) 기존 원곡선의 중앙종거(M) 계산

$$M = R\left(1 - \cos\frac{I}{2}\right) = 64.64 \times \left(1 - \cos\frac{60°}{2}\right) = 8.66\text{m}$$

(4) 새로운 원곡선의 곡선 반지름(R_N) 계산

$$E_N = R_N\left(\sec\frac{I}{2} - 1\right)$$

$$15 = R_N\left(\sec\frac{60°}{2} - 1\right)$$

$$\therefore\ R_N = 96.96\text{m}$$

023

도로를 개수하여 구곡선의 중앙에 있어서 10m만큼 곡선을 내측으로 옮기고자 한다. 구곡선의 곡선 반경은 100m이고 교각은 60°로 하며 접선방향은 변하지 않는 것으로 할 때 신곡선을 설치하시오. (단, 기점에서 $I.P$까지의 거리는 225.574m이며, 계산은 소수 넷째 자리에서 반올림하고 각은 초 단위로 계산하시오.)

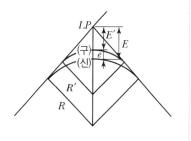

해설 및 정답

(1) 신곡선의 곡선반경(R) 계산

$$\text{외할}(E) = R\left(\sec\frac{I}{2} - 1\right) \rightarrow$$

신곡선의 외할(E) $= E' + e$

$$R\left(\sec\frac{I}{2} - 1\right) = R'\left(\sec\frac{I}{2} - 1\right) + e$$

$$\therefore\ R = R' + \frac{e}{\left(\sec\dfrac{I}{2} - 1\right)} = 164.641\text{m}$$

(2) 접선장($T.L$) 계산

$$T.L = R\tan\frac{I}{2} = 164.641 \times \tan\frac{60°}{2} = 95.056\text{m}$$

(3) 곡선장($C.L$) 계산

$$C.L = 0.0174533 R I° = 0.0174533 \times 164.641 \times 60° = 172.412\text{m}$$

(4) 현의 길이(C) 계산

$$C = 2R\sin\frac{I}{2} = 2 \times 164.641 \times \sin\frac{60°}{2} = 164.641\text{m}$$

(5) 중앙종거(M) 계산

$$M = R\left(1 - \cos\frac{I}{2}\right) = 164.641 \times \left(1 - \cos\frac{60°}{2}\right) = 22.058\text{m}$$

(6) 곡선의 시점($B.C$) 계산

$$B.C = I.P - T.L = 225.574 - 95.056 = 130.518\text{m} \,(\text{No.6} + 10.518\text{m})$$

(7) 곡선의 종점($E.C$) 계산

$$E.C = B.C + C.L = 130.518 + 172.412 = 302.930\text{m} \,(\text{No.15} + 2.930\text{m})$$

(8) 시단현의 길이(l_1) 계산

$$l_1 = 20\text{m} - B.C \text{ 추가거리} = 20 - 10.518 = 9.482\text{m}$$

(9) 종단현의 길이(l_2) 계산

$$l_2 = E.C \text{ 추가거리} = 2.930\text{m}$$

(10) 시단현 편각(δ_1) 계산

$$\delta_1 = 1{,}718.87' \cdot \frac{l_1}{R} = 1{,}718.87' \times \frac{9.482}{164.641} = 1°39'00''$$

(11) 종단현 편각(δ_2) 계산

$$\delta_2 = 1{,}718.87' \cdot \frac{l_2}{R} = 1{,}718.87' \times \frac{2.930}{164.641} = 0°30'35''$$

(12) 20m에 대한 편각(δ_{20}) 계산

$$\delta_{20} = 1{,}718.87' \cdot \frac{l}{R} = 1{,}718.87' \times \frac{20}{164.641} = 3°28'48''$$

(13) 편각 계산표

측점	거리(m)	편각계산
$B.C$	130.518	$0°00'00''$
7	140.000	$1°39'00''$
8	160.000	$1°39'00'' + 3°28'48'' = 5°07'48''$
9	180.000	$1°39'00'' + 2(3°28'48'') = 8°36'36''$
10	200.000	$1°39'00'' + 3(3°28'48'') = 12°05'24''$
11	220.000	$1°39'00'' + 4(3°28'48'') = 15°34'12''$
12	240.000	$1°39'00'' + 5(3°28'48'') = 19°03'00''$
13	260.000	$1°39'00'' + 6(3°28'48'') = 22°31'48''$
14	280.000	$1°39'00'' + 7(3°28'48'') = 26°00'36''$
15	300.000	$1°39'00'' + 8(3°28'48'') = 29°29'24''$
$E.C$	302.930	$1°39'00'' + 8(3°28'48'') + 0°30'35'' = 29°59'59''$

024

한쪽의 접선방향이 $I.P$를 기준으로 변화된 경우, 새로운 원곡선의 반경을 구하시오. (단, $R_O = 400$m, $I_O = 30°40'$일 때, 교각(I_O)이 $\Delta I = +5°$, $+10°$, $+15°$로 증가되었다.)

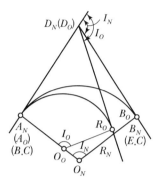

해설 및 정답

(1) 접선장($T.L$) 계산

$$T.L = R\tan\frac{I}{2} = 400 \times \tan\frac{30°40'}{2} = 109.678\text{m}$$

(2) 신곡선 반경(R_N) 계산

$$T.L = R_N\tan\frac{I}{2} \ \rightarrow$$

• $I = 35°40'$일 때 신곡선 반경(R_N)

$$109.678 = R_N\tan\frac{35°40'}{2}$$

$$\therefore \ R_N = 340.925\text{m}$$

• $I = 40°40'$일 때 신곡선 반경(R_N)

$$109.678 = R_N\tan\frac{40°40'}{2}$$

$$\therefore \ R_N = 295.969\text{m}$$

• $I = 45°40'$일 때 신곡선 반경(R_N)

$$109.678 = R_N\tan\frac{45°40'}{2}$$

$$\therefore \ R_N = 260.489\text{m}$$

025

도로를 개수하여 $B.C$(곡선시점)의 위치를 바꾸지 않고 한쪽의 접선방향인 구접선 DB 에서 수직거리 $e = 10$m만큼 내측으로 평행이동하여 $D'B'$가 되었다. 아래의 물음에 답하시오. (단, 구곡선의 반지름은 200m, 교각은 81°로 하여 A점의 접선방향은 변하지 않는 것으로 하고, 계산은 소수 넷째 자리에서 반올림하여 소수 셋째 자리까지 계산하시오.)

(1) 신곡선 접선장($T.L$)

(2) 신곡선 곡률반경(R')

(3) 신곡선 외할(E)

(4) 신곡선 중앙종거(M)

(5) 신곡선 곡선장($C.L$)

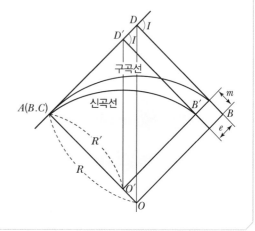

해설 및 정답

(1) 신곡선 접선장($T.L$) 계산

$$\text{구곡선 접선장}(\overline{AD}) = R\tan\frac{I}{2} = 200 \times \tan\frac{81°}{2} = 170.816\text{m}$$

$$\therefore \text{신곡선 접선장}(\overline{AD'}) = \text{구곡선 접선장} - e = 170.816 - 10 = 160.816\text{m}$$

(2) 신곡선 곡률반경(R') 계산

$$TL = R'\tan\frac{I}{2} \rightarrow 160.816 = R'\tan\frac{81°}{2}$$

$$\therefore R' = 188.291\text{m}$$

(3) 신곡선 외할(E) 계산

$$E = R\left(\sec\frac{I}{2} - 1\right) = 188.291 \times \left(\sec\frac{81°}{2} - 1\right) = 59.328\text{m}$$

(4) 신곡선 중앙종거(M) 계산

$$M = R\left(1 - \cos\frac{I}{2}\right) = 188.291 \times \left(1 - \cos\frac{81°}{2}\right) = 45.113\text{m}$$

(5) 신곡선 곡선장($C.L$) 계산

$$C.L = 0.0174533RI° = 0.0174533 \times 188.291 \times 81° = 266.190\text{m}$$

026

$I = 60°$, $R = 200$m의 구곡선이 있다. 도로의 기점에서 교점 $I.P$까지의 거리는 250.145m이다. 지금 제1점을 제1접선의 방향으로 30m 움직이고, 그에 따라 제2접선도 평행으로 이동한 경우 곡선의 시점($B.C$)의 위치를 이동하지 않고 곡선을 설치할 경우 신곡선을 설치할 때 다음 요소를 구하시오.(단, 계산은 소수 넷째 자리에서 반올림하고, 초는 0.1″ 단위로 계산하시오.)

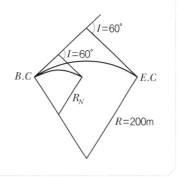

해설 및 정답

(1) 신곡선의 곡선반경(R_N) 계산

• 구곡선의 접선장($T.L_1$)

$$T.L_1 = R\tan\frac{I}{2} = 200 \times \tan\frac{60°}{2} = 115.470\text{m}$$

• 신곡선의 접선장($T.L$)

$$T.L = 115.470 - 30.000 = 85.470\text{m}$$

• 신곡선의 반경(R_N)

$$T.L = R_N\tan\frac{I}{2} \;\rightarrow\; 85.470 = R_N \times \tan\frac{60°}{2}$$

$$\therefore R_N = 148.038\text{m}$$

(2) 곡선장($C.L$) 계산

$$C.L = 0.0174533RI° = 0.0174533 \times 148.038 \times 60° = 155.025\text{m}$$

(3) 현의 길이(C) 계산

$$C = 2R\sin\frac{I}{2} = 2 \times 148.038 \times \sin\frac{60°}{2} = 148.038\text{m}$$

(4) 중앙종거(M) 계산

$$M = R\left(1 - \cos\frac{I}{2}\right) = 148.038 \times \left(1 - \cos\frac{60°}{2}\right) = 19.833\text{m}$$

(5) 곡선의 시점($B.C$) 계산

$$B.C = I.P - T.L = 250.145 - 85.470 = 164.675\text{m}\,(\text{No.8} + 4.675\text{m})$$

(6) 곡선의 종점($E.C$) 계산

$$E.C = B.C + C.L = 164.675 + 155.025 = 319.700\text{m}\,(\text{No.15} + 19.700\text{m})$$

(7) 시단현의 길이(l_1) 계산

$$l_1 = 20\text{m} - B.C \text{ 추가거리} = 20 - 4.675 = 15.325\text{m}$$

(8) 종단현의 길이(l_2) 계산

$$l_2 = E.C \text{ 추가거리} = 19.700\text{m}$$

(9) 시단현 편각(δ_1) 계산

$$\delta_1 = 1,718.87' \cdot \frac{l_1}{R} = 1,718.87' \times \frac{15.325}{148.038} = 2°57'56.3''$$

(10) 종단현 편각(δ_2) 계산

$$\delta_2 = 1,718.87' \cdot \frac{l_2}{R} = 1,718.87' \times \frac{19.700}{148.038} = 3°48'44.2''$$

(11) 20m에 대한 편각(δ_{20}) 계산

$$\delta_{20} = 1,718.87' \cdot \frac{l}{R} = 1,718.87' \times \frac{20}{148.038} = 3°52'13.2''$$

---

027 단곡선을 설치하고자 한다. 아래 단곡선의 성질들을 계산하시오. (단, 소수 첫째 자리에서 반올림하시오.)

측점	X(m)	Y(m)
A	0.00	0.00
B	200.00	1200.00
$P(I.P)$	500.00	500.00

※ 중심말뚝 간의 거리 = 20.00m

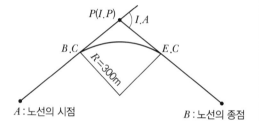

A : 노선의 시점 B : 노선의 종점

교각(I.A)	
중앙종거(M)	
외할(E)	
E.C까지의 추가거리	
시단현 편각	
종단현 편각	

해설 및 정답

(1) 교각($I.A$) 계산

- $\overline{AP}$ 방위각

$$\theta = \tan^{-1}\frac{Y_P - Y_A}{X_P - X_A} = \tan^{-1}\frac{500 - 0}{500 - 0} = 45°(1상한)$$

∴ $\overline{AP}$ 방위각 $= 45°00'00''$

- $\overline{PB}$ 방위각

$$\theta = \tan^{-1}\frac{Y_B - Y_P}{X_B - X_P} = \tan^{-1}\frac{1,200 - 500}{200 - 500} = 66°48'05''(2상한)$$

∴ $\overline{PB}$ 방위각 $= 180° - 66°48'05'' = 113°11'55''$

- 교각($I.A$) $= \overline{PB}$ 방위각 $- \overline{AP}$ 방위각 $= 113°11'55'' - 45° = 68°11'55''$

(2) 중앙종거(M) 계산

$$M = R\left(1 - \cos\frac{I}{2}\right) = 300\left(1 - \cos\frac{68°11'55''}{2}\right) = 52\text{m}$$

(3) 외할(E) 계산

$$E = R\left(\sec\frac{I}{2} - 1\right) = 300\left(\sec\frac{68°11'55''}{2} - 1\right) = 62\text{m}$$

(4) $E.C$까지의 추가거리 계산

- A점에서 $I.P$까지의 거리 $A \sim I.P = \sqrt{500^2 + 500^2} = 707\text{m}$
- $T.L = R\tan\frac{I}{2} = 300 \times \tan\frac{68°11'55''}{2} = 203\text{m}$
- $C.L = 0.0174533RI° = 0.0174533 \times 300 \times 68°11'55'' = 357\text{m}$
- $B.C = I.P - T.L = 707 - 203 = 504\text{m}$
- $\therefore E.C = B.C + C.L = 504 + 357 = 861\text{m}$

(5) 시단현 편각(δ_1) 계산

시단현 길이(l_1) $= 520 - 504 = 16\text{m}$

$$\therefore 시단현 편각(\delta_1) = 1,718.87' \cdot \frac{l_1}{R} = 1,718.87' \times \frac{16.0}{300} = 1°31'40''$$

(6) 종단현 편각(δ_2) 계산

종단현 길이(l_2) $= 861 - 860 = 1\text{m}$

$$\therefore 종단현 편각(\delta_2) = 1,718.87' \cdot \frac{l_2}{R} = 1,718.87' \times \frac{1.0}{300} = 0°05'44''$$

028 다음 그림과 같이 노선을 계획하였다. 두 곡선의 제원을 구하시오.(단, 거리 및 길이는 cm 단위까지, 각도는 초($''$) 단위까지 반올림하여 계산하시오.)

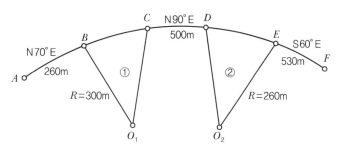

(1) 두 곡선 접선장($T.L$)

(2) 두 곡선 곡선장($C.L$)

(3) 전체 노선 길이

$\overline{AB}$ 방위각 $= 70°$, $\overline{CD}$ 방위각 $= 90°$, $\overline{EF}$ 방위각 $= 180° - 60° = 120°$

교각 $I_1 = \overline{CD}$ 방위각 $- \overline{AB}$ 방위각 $= 90° - 70° = 20°$

교각 $I_2 = \overline{EF}$ 방위각 $- \overline{CD}$ 방위각 $= 120° - 90° = 30°$

(1) 단곡선 1의 접선장($T.L_1$) 계산

$$T.L_1 = R\tan\frac{I_1}{2} = 300 \times \tan\frac{20°}{2} = 52.90\text{m}$$

(2) 단곡선 1의 곡선장($C.L_1$) 계산

$$C.L_1 = 0.0174533RI_1° = 0.0174533 \times 300 \times 20° = 104.72\text{m}$$

(3) 단곡선 2의 접선장($T.L_2$) 계산

$$T.L_2 = R\tan\frac{I_2}{2} = 260 \times \tan\frac{30°}{2} = 69.67\text{m}$$

(4) 단곡선 2의 곡선장($C.L_2$) 계산

$$C.L_2 = 0.0174533RI_2° = 0.0174533 \times 260 \times 30° = 136.14\text{m}$$

(5) 전체 노선 길이 계산
- $B.C_1 = 260\text{m}$
- $E.C_1 = B.C + C.L_1 = 260 + 104.72 = 364.72\text{m}$
- $B.C_2 = E.C_1 + 500 = 364.72 + 500 = 864.72\text{m}$
- $E.C_2 = B.C_2 + C.L_2 = 864.72 + 136.14 = 1,000.86\text{m}$
- $\therefore$ 전체 노선 길이 $= \overline{AB} + \overline{CD} + \overline{EF} + C.L_1 + C.L_2$
$$= 260 + 500 + 530 + 104.72 + 136.14$$
$$= 1,530.86\text{m}$$

029

도로 중심선의 말뚝을 20m 간격으로 설치하기 위한 선형 설계 제원이 아래와 같이 주어졌을 경우 요구사항을 구하시오. (단, 각은 1″ 단위까지, 거리는 0.001m 단위까지 계산하시오.)

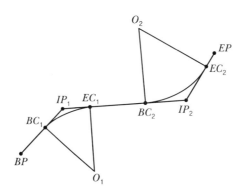

[선형 설계 제원표]

측점	$X(N)$[m]	$Y(E)$[m]	곡선반경(R)[m]
노선시점(BP)	408,297.936	151,237.667	
첫 번째 교점(IP_1)	408,335.748	151,267.670	50
두 번째 교점(IP_2)	408,341.148	151,357.150	60
노선종점(EP)	408,379.558	151,382.847	

(1) $\overline{BP\,IP_1}$ 의 방위각

(2) IP_1의 교각(IA_1)

(3) 첫 번째 원곡선의 접선장($T.L_1$)

(4) 첫 번째 원곡선의 시점의 좌표

　① X_{BC_1}

　② Y_{BC_1}

(5) $\overline{BP\,BC_1}$ 의 길이(D_2)

(6) 첫 번째 원곡선 시단현의 길이(l_1)

(7) 첫 번째 원곡선 종점의 좌표

　① X_{EC_1}

　② Y_{EC_1}

해설 및 정답

(1) $\overline{BP\,IP_1}$ 의 방위각 계산

$$\tan\theta = \frac{Y_{IP_1} - Y_{BP}}{X_{IP_1} - X_{BP}} \;\rightarrow$$

$$\theta = \tan^{-1}\frac{151,267.670 - 151,237.667}{408,335.748 - 408,297.936} = 38°25'52''(1상한)$$

$$\therefore \;\overline{BP\,IP_1}\;\text{방위각} = 38°25'52''$$

(2) 교각(IA_1) 계산

① $\overline{IP_1\,IP_2}$ 방위각

$$\tan\theta = \frac{Y_{IP_2} - Y_{IP_1}}{X_{IP_2} - X_{IP_1}} \;\rightarrow$$

$$\theta = \tan^{-1}\frac{151,357.150 - 151,267.670}{408,341.148 - 408,335.748} = 86°32'47''(1상한)$$

$$\therefore \;\overline{IP_1\,IP_2}\;\text{방위각} = 86°32'47''$$

② IP_1교각(IA_1)

$$\text{교각}(IA_1) = \overline{IP_1\,IP_2} \text{ 방위각} - \overline{BP\,IP_1} \text{ 방위각}$$
$$= 86°32'47'' - 38°25'52'' = 48°06'55''$$

(3) 접선장($T.L_1$) 계산

$$T.L_1 = R\tan\frac{IA_1}{2}$$
$$= 50 \times \tan\frac{48°06'55''}{2} = 22.322\text{m}$$

(4) 첫 번째 원곡선의 시점(BC_1) 좌표 계산

① $\overline{BP\,BC_1}$ 거리

$$\overline{BP\,IP_1} = \sqrt{(408,335.748 - 408,297.936)^2 + (151,267.670 - 151,237.667)^2}$$
$$= 48.269\text{m}$$
$$\therefore \overline{BP\,BC_1} = \overline{BP\,IP_1} \text{ 거리} - TL_1$$
$$= 48.269 - 22.322 = 25.947\text{m}$$

② BC_1 좌표 계산

- $X_{BC_1} = X_{BP} + (D \cdot \cos\theta)$
  $$= 408,297.936 + (25.947 \times \cos 38°25'52'')$$
  $$= 408,318.262\text{m}$$
- $Y_{BC_1} = Y_{BP} + (D \cdot \sin\theta)$
  $$= 151,237.667 + (25.947 \times \sin 38°25'52'')$$
  $$= 151,253.795\text{m}$$

(5) $\overline{BP\,BC_1}$ 길이(D_2) 계산

$$D_2 = \overline{BP\,IP_1} \text{ 거리} - TL_1$$
$$= 48.269 - 22.322 = 25.947\text{m}$$

(6) 첫 번째 원곡선 시단현의 길이(l_1) 계산

$$BC_1 = 25.947\text{m} = \text{No.1} + 5.947\text{m}$$
$$\therefore l_1 = 20\text{m} - BC_1 \text{ 추가거리} = 20 - 5.947 = 14.053\text{m}$$

(7) 첫 번째 원곡선 종점(EC_1)의 좌표 계산

- $X_{EC_1} = X_{IP_1} + (l \cdot \cos\theta)$
  $$= 408,335.748 + (22.322 \times \cos 86°32'47'')$$
  $$= 408,337.093\text{m}$$
- $Y_{EC_1} = Y_{IP_1} + (l \cdot \sin\theta)$
  $$= 151,267.670 + (22.322 \times \sin 86°32'47'')$$
  $$= 151,289.952\text{m}$$

030

복곡선에 있어서 교각 $I = 63°24'$, 접선길이 $T_1 = 150$m, $T_2 = 250$m, 곡선반경 $R_1 = 100$m인 경우 큰 원의 곡선반경 R_2와 I_1, I_2를 구하시오.

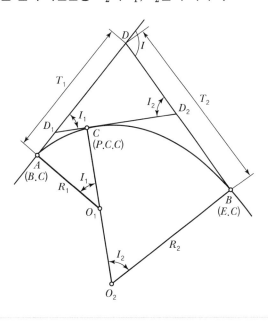

해설 및 정답

(1) I_1, I_2 계산

$$\tan\frac{I_2}{2} = \frac{T_1 \sin I - R_1 \text{vers } I}{T_2 + T_1 \cos I - R_1 \sin I}$$

$$= \frac{150 \times \sin 63°24' - 100 \times \text{vers } 63°24'}{250 + 150 \times \cos 63°24' - 100 \times \sin 63°24'}$$

$$= 0.346431$$

$$\therefore \begin{bmatrix} I_2 = 38°12'55'' \\ I_1 = I - I_2 = 63°24' - 38°12'55'' = 25°11'05'' \end{bmatrix}$$

(2) R_2 계산

$$R_2 = R_1 + \frac{T_1 \sin I - R_1 \text{vers } I}{\text{vers } I_2}$$

$$= 100 + \frac{150 \times \sin 63°24' - 100 \times \text{vers } 63°24'}{\text{vers } 38°12'55''}$$

$$= 468.157\text{m}$$

참고 복곡선의 공식

주어진 제원	구하는 제원	계산식
R_1 R_2 I_1 I_2	I T_1 T_2	$I = I_1 + I_2$ $T_1 = \dfrac{R_1 \text{vers } I + (R_2 - R_1)\text{vers } I_2}{\sin I}$ $T_2 = \dfrac{R_1 \text{vers } I + (R_2 - R_1)\text{vers } I_1}{\sin I}$

주어진 제원	구하는 제원	계산식
R_1 R_2 T_1 I	T_2 I_1 I_2	$\mathrm{vers}\,I_2 = \dfrac{T_1 \sin I - R_1\,\mathrm{vers}\,I}{R_2 - R_1}$ $I_1 = I - I_2$ $T_2 = \dfrac{R_2\,\mathrm{vers}\,I - (R_2 - R_1)\,\mathrm{vers}\,I_1}{\sin I}$
R_1 R_2 T_2 I	I_1 I_2 T_1	$\mathrm{vers}\,I_1 = \dfrac{R_2\,\mathrm{vers}\,I - T_2 \sin I}{R_2 - R_1}$ $I_2 = I - I_1$ $T_1 = \dfrac{R_1\,\mathrm{vers}\,I + (R_2 - R_1)\,\mathrm{vers}\,I_2}{\sin I}$
R_1 T_1 T_2 I	I_2 I_1 R_2	$\tan\dfrac{I_2}{2} = \dfrac{T_1 \sin I - R_1\,\mathrm{vers}\,I}{T_2 + T_1 \cos I - R_1 \sin I}$ $I_1 = I - I_2$ $R_2 = R_1 + \dfrac{T_1 \sin I - R_1\,\mathrm{vers}\,I}{\mathrm{vers}\,I_2}$
R_2 T_1 T_2 I	I_1 I_2 R_1	$\tan\dfrac{I_1}{2} = \dfrac{R_2\,\mathrm{vers}\,I - T_2 \sin I}{R_2 \sin I - T_2 \cos I - T_1}$ $I_2 = I - I_1$ $R_1 = R_2 - \dfrac{R_2\,\mathrm{vers}\,I - T_2 \sin I}{\mathrm{vers}\,I_1}$
R_1 T_1 I_1 I	I_2 R_2 T_2	$I_2 = I - I_1$ $R_2 = R_1 + \dfrac{T_1 \sin I - R_1\,\mathrm{vers}\,I}{\mathrm{vers}\,I_2}$ $T_2 = \dfrac{R_2\,\mathrm{vers}\,I - T_2 \sin I}{\sin I}$
R_2 T_2 I_2 I	I_1 R_1 T_1	$I_1 = I - I_2$ $R_1 = R_2 - \dfrac{R_2\,\mathrm{vers}\,I - t_2 \sin I}{\mathrm{vers}\,I_1}$ $T_1 = \dfrac{R_1\,\mathrm{vers}\,I + (R_2 - R_1)\,\mathrm{vers}\,I_2}{\sin I}$
T_1 T_2 I_1 I_2	I R_1 R_2	$I = I_1 + I_2$ $R_1 = \dfrac{T_1 \sin I\,(\mathrm{vers}\,I - \mathrm{vers}\,I_1) - T_2 \sin I \cdot \mathrm{vers}\,I_2}{\mathrm{vers}\,I\,(\mathrm{vers}\,I - \mathrm{vers}\,I_1 - \mathrm{vers}\,I_2)}$ $R_2 = \dfrac{T_2 \sin I\,(\mathrm{vers}\,I - \mathrm{vers}\,I_2) - T_1 \sin I \cdot \mathrm{vers}\,I_1}{\mathrm{vers}\,I\,(\mathrm{vers}\,I - \mathrm{vers}\,I_1 - \mathrm{vers}\,I_2)}$

여기서, R_1 : 작은 원의 반경 T_2 : 큰 원의 접선길이

T_1 : 작은 원의 접선길이 I_2 : 큰 원의 중심각

I_1 : 작은 원의 중심각 D_2 : 큰 원의 $I.P$

D_1 : 작은 원의 $I.P$ Q_2 : 큰 원의 중심

O_1 : 작은 원의 중심 I : 복곡선의 교각 $I = I_1 + I_2$

D : 복곡선의 $I.P$ B : $E.C$

A : $B.C$ C : $P.C.C$

R_2 : 큰 원의 반경 $\mathrm{vers}\,\alpha : 1 - \cos\alpha$

031 교각 $I = 60°35'$, 접선의 길이 $T_1 = 130$m, $T_2 = 240$m이고, 곡선반지름 $R_1 = 100$m 인 복심곡선을 그림과 같이 설치하려 한다. 이때 관계식을 참고하여 $\angle I_1(D_1)$과 $\angle I_2$ (D_2) 및 제2곡선의 반지름 R_2를 구하시오. (단, 계산은 반올림하여 각은 분 단위까지, 곡선반지름 R_2는 소수 둘째 자리까지 구하시오.)

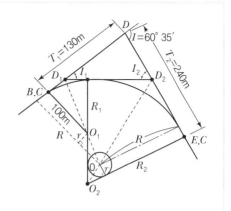

[관계식]

$$R = \frac{T_1 + T_2}{2} \tan \frac{180 - I}{2} , \ r = \frac{T_2 - T_1}{2}$$

해설 및 정답

$$R = \frac{T_1 + T_2}{2} \tan \frac{180° - I}{2} = \frac{130 + 240}{2} \times \tan \frac{180° - 60°35'}{2} = 316.70\text{m}$$

$$r = \frac{T_2 - T_1}{2} = \frac{240 - 130}{2} = 55.0\text{m}$$

$$R_1 = R - r \cot \frac{I_1}{2} \ \rightarrow$$

$$\cot \frac{I_1}{2} = \frac{1}{r}(R - R_1) = \frac{1}{55.0}(316.70 - 100) = 3.94$$

$$\therefore \begin{array}{l} I_1 = 28°29' \\ I_2 = I - I_1 = 60°35' - 28°29' = 32°06' \\ R_2 = R + r \cot \frac{I_2}{2} = 316.70 + 55 \times \cot\left(\frac{32°06'}{2}\right) = 507.88\text{m} \end{array}$$

032 $R = 80$m, $L = 20$m의 두 가지 값이 주어져 있는 경우에 있어서 Clothoid의 접선각(τ), 매개변수(A)를 구하시오.

해설 및 정답

(1) 접선각(τ) 계산

$$\tau = \frac{L}{2R} = \frac{20}{2 \times 80} = 0.125$$

(2) 매개변수(A) 계산

$$A = \sqrt{R \cdot L} = \sqrt{80 \times 20} = 40\text{m}$$

033 반경 $R=600$m이 원곡선에 접속하는 매개변수 $A=300$의 클로소이드를 설치하고자 한다. 완화곡선의 시점 KA의 추가거리가 126.764m일 때 주접선으로부터 직교좌표법에 의해 20m 간격으로 중간점을 설치하는 클로소이드 곡선표를 완성하시오. (단, l는 소수 여덟째 자리에서, X, Y는 소수 넷째 자리에서 반올림하여 구하시오.)

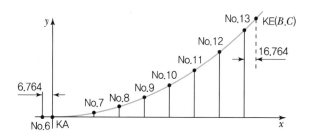

(단위 : m)

측점 No.	추가거리	L	l	x	y	X	Y
KA=No.6 +6.764	126.764	0	0	0	0	0	0
No.7				0.044120	0.000014		
No.8				0.110787	0.000227		
No.9				0.177449	0.000931		
No.10				0.244098	0.002425		
No.11				0.310714	0.005003		
No.12				0.377262	0.008959		
No.13				0.443688	0.014590		
KE($B.C$)				0.499219	0.020810		

정답

(단위 : m)

측점 No.	추가거리	L	l	x	y	X	Y
KA=No.6 +6.764	126.764	0	0	0	0	0	0
No.7	140.000	13.236	0.0441200	0.044120	0.000014	13.236	0.004
No.8	160.000	33.236	0.1107867	0.110787	0.000227	33.236	0.068
No.9	180.000	53.236	0.1774533	0.177449	0.000931	53.235	0.279
No.10	200.000	73.236	0.2441200	0.244098	0.002425	73.229	0.728
No.11	220.000	93.236	0.3107867	0.310714	0.005003	93.214	1.501
No.12	240.000	113.236	0.3774533	0.377262	0.008959	113.179	2.688
No.13	260.000	133.236	0.4441200	0.443688	0.014590	133.106	4.377
KE($B.C$)	276.764	150.000	0.5000000	0.499219	0.020810	149.766	6.243

(1) 추가거리 계산

20m 간격으로 중심선을 설치한다.

① No.7 = $20 \times 7 = 140$m

② No.8 = $20 \times 8 = 160$m

③ No.9 = $20 \times 9 = 180$m

④ No.10 = $20 \times 10 = 200$m

⑤ No.11 = $20 \times 11 = 220$m

⑥ No.12 = $20 \times 12 = 240$m

⑦ No.13 = $20 \times 13 = 260$m

⑧ KE($B.C$) = No.13 + 16.764 = 276.764m

(2) 곡선길이(L) 계산

$$A^2 = R \cdot L$$

$300^2 = 600 \cdot L$

$L = 150.0$m

① No.7 = 140.0 − 126.764 = 13.236m

② No.8 = 160 − 126.764 = 33.236m

③ No.9 = 180 − 126.764 = 53.236m

④ No.10 = 200 − 126.764 = 73.236m

⑤ No.11 = 220 − 126.764 = 93.236m

⑥ No.12 = 240 − 126.764 = 113.236m

⑦ No.13 = 260 − 126.764 = 133.236m

⑧ KE($B.C$) = 276.764 − 126.764 = 150.000m

(3) 단위클로소이드(l) 계산

$$l = \frac{L}{A}$$

① No.7 = 13.236/300 = 0.0441200

② No.8 = 33.236/300 = 0.1107867

③ No.9 = 53.236/300 = 0.1774533

④ No.10 = 73.236/300 = 0.2441200

⑤ No.11 = 93.236/300 = 0.3107867

⑥ No.12 = 113.236/300 = 0.3774533

⑦ No.13 = 133.236/300 = 0.4441200

⑧ KE($B.C$) = 150.000/300 = 0.5000000

(4) 좌표(X, Y) 계산

측점 No.	$X = A \cdot x$	$Y = A \cdot y$
KA	0.000	0.000
No.7	300×0.044120 = 13.236	300×0.000014 = 0.004
No.8	300×0.110787 = 33.236	300×0.000227 = 0.068

측점 No.	$X = A \cdot x$	$Y = A \cdot y$
No.9	$300 \times 0.177449 = 53.235$	$300 \times 0.000931 = 0.279$
No.10	$300 \times 0.244098 = 73.229$	$300 \times 0.002425 = 0.728$
No.11	$300 \times 0.310714 = 93.214$	$300 \times 0.005003 = 1.501$
No.12	$300 \times 0.377262 = 113.179$	$300 \times 0.008959 = 2.688$
No.13	$300 \times 0.443688 = 133.106$	$300 \times 0.014590 = 4.377$
KE($B.C$)	$300 \times 0.499219 = 149.766$	$300 \times 0.020810 = 6.243$

034 교각(I) = 70°40′, 곡선반경(R) = 400m, 완화곡선장(L) = 100m, 그리고 교점($I.P$) 까지의 추가거리가 399.077m일 때 지거측량으로 대칭형 클로소이드 곡선을 설치하고자 한다. 다음 물음에 답하시오.(단, 접선각 :

$$\tau = \frac{L}{2R}, \ X = L\left(1 - \frac{L^2}{40R^2} + \frac{L^4}{3,456R^4}\right), \ Y = \frac{L^2}{6R}\left(1 - \frac{L^2}{56R^2} + \frac{L^4}{7,040R^4}\right)$$

이고, 중심말뚝 간격은 20m, 계산은 반올림하여 소수 셋째 자리까지 구하시오.)

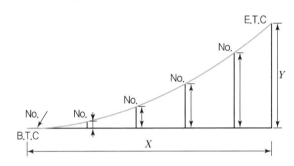

(1) 이정량(Shift : ΔR)을 구하시오.

(2) 클로소이드 곡선의 종점에 대한 곡률 중심(M)의 X좌표(X_M)를 구하시오.

(3) 완화곡선 종점($E.T.C$)의 추가거리를 구하시오.

(4) 완화곡선 시점 이후의 측점에 대하여 측점번호(예 No.12)를 부여하고, 그 측점의 완화 곡선장 완화곡선 시점($B.T.C$)으로부터의 X, Y의 길이를 구하시오.

측점 번호	완화곡선장(m)	X(m)	Y(m)
No.			
No.			
No.			
No.			
No.			
$E.T.C$	100.000		

해설 및 정답

(1) 이정량(ΔR) 계산

$$A^2 = R \cdot L \rightarrow A = \sqrt{RL} = \sqrt{40,000} = 200$$

$$l = \frac{L}{A} = \frac{100}{200} = 0.5$$

이 l 값을 인수로 하여 단위 클로소이드 표를 유도한다.

(실장으로 하기 위해서 $A = 200$을 사용)

$$\therefore \Delta R = 0.005205 \times 200 = 1.041$$

(2) 클로소이드 곡선의 종점에 대한 곡률중심(M)의 X좌표(X_M) 계산

$$X_M = 0.249870 \times 200 = 49.974\text{m}$$

(3) 완화곡선 종점($E.T.C$)의 추가거리 계산

- 교점과 이정점까지의 거리 $= (R + \Delta R) \tan\left(\dfrac{I}{2}\right)$

$$= (400 + 1.041) \times \tan 35°20'$$
$$= 284.304\text{m}$$

- 교점에서 $B.T.C$까지의 거리 $= X_M + 284.304$

$$= 49.974 + 284.303 = 334.277\text{m}$$

- 원곡선의 중심각 $\theta = I - 2\tau$

$$= 70°40' - 14°19'26'' = 56°20'34'' = 56.3428°$$

- 원곡선의 길이 $R\theta(\text{rad}) = 0.0174533R\theta$

$$= 400 \times 0.0174533 \times 56.3428° = 393.347\text{m}$$

- $B.T.C = 399.077 - 334.277 = 64.80\text{m} = \text{No.3} + 4.80\text{m}$

$$\therefore E.T.C = B.T.C + L = 64.800 + 100 = 164.850\text{m} = \text{No.8} + 4.80\text{m}$$

(4) 완화곡선 시점 이후의 측점에 대하여 측점번호(예 : No.12) 부여, 그 측점의 완화곡선장 완화곡선 시점 ($B.T.C'$)으로부터의 X, Y의 길이 계산

측점 번호	완화곡선장(m)	X(m)	Y(m)
No.4	15.200	15.200	0.015
No.5	35.200	35.200	0.182
No.6	55.200	55.200	0.701
No.7	75.200	75.200	1.771
No.8	95.200	95.200	3.591
E.T.C	100.000	100.000	4.162

035 교각(I) = 52°50′, 곡선반경(R) = 300m, 매개변수(A) = 150m에 대하여 클로소이드 표로부터 클로소이드 요소들(X = 74.883m, Y = 3.122m, τ = 7°9′43″, X_M = 37.481m, 이동량 ΔR = 0.781m)의 값을 얻었다. 이를 토대로 그림에서 주어진 요소 W, D, L_C, L, $C.L$($A \sim B$의 거리)의 크기를 계산하시오. (단, 거리는 소수 셋째 자리까지, 각은 1초 단위까지 구하시오.)

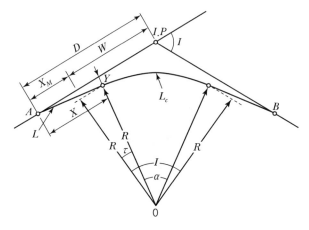

요소	계산과정	답
W		
D		
L_C		
L		
$C.L$		

해설 및 정답

요소	계산과정	답
W	$W = (R + \Delta R)\tan\dfrac{I}{2} = (300 + 0.781)\tan 26°25' = 300.781 \times 0.46677 = 149.419\text{m}$	149.419m
D	$D = W + X_M = 149.419 + 37.480 = 186.899\text{m}$	186.899m
L_C	$L_C = 0.0174533 R\alpha = 0.0174533 \times 300 \times 38.509 = 201.633\text{m}$	201.633m
L	$L = \dfrac{A^2}{R} = \dfrac{150^2}{300} = 75\text{m}$	75.000m
$C.L$	$C.L = 2L + L_C = (2 \times 75) + 201.633 = 351.633\text{m}$	351.633m

036 다음 그림에서 교각(I)이 $63°15'$이고 최소반경(R)이 500m일 때 Lemniscate 곡선의 동경(z), 접선장($\overline{OD}$), 접선장($\overline{DK}$)를 구하시오.

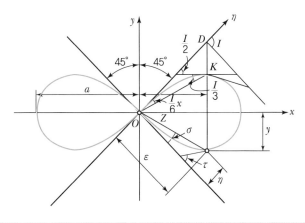

해설 및 정답

(1) 동경(z) 계산

$$z = \sqrt{3RZ\sin 2\sigma} = 3R\sin\frac{I}{3}$$

$$= 3 \times 500 \times \sin\left(\frac{63°15'}{3}\right) = 539.588\text{m}$$

(2) 접선장($\overline{OD}$), 접선장($\overline{DK}$) 계산

$$\frac{\overline{OK}}{\sin\left(90°-\dfrac{I}{2}\right)} = \frac{\overline{OD}}{\sin\left(90°+\dfrac{I}{3}\right)}$$

$$\overline{OD} = \frac{\sin\left(90°+\dfrac{I}{3}\right)}{\sin\left(90°-\dfrac{I}{2}\right)}Z = \frac{\sin\left(90°+\dfrac{63°15'}{3}\right)}{\sin\left(90°-\dfrac{63°15'}{2}\right)} \times 539.588$$

$$= 591.272\text{m}$$

$$\overline{DK} = \frac{\sin\left(\dfrac{I}{6}\right)}{\sin\left(90°-\dfrac{I}{2}\right)}Z = \frac{\sin\left(\dfrac{63°15'}{6}\right)}{\sin\left(90°-\dfrac{63°15'}{2}\right)} \times 539.588$$

$$= 115.934\text{m}$$

참고 Lemniscate 공식

사항	공식
매개변수	$a^2 = Rs_0 \qquad a = \sqrt{3RZ}$
접선각	$\tau = 3\sigma$
곡선길이	$L = a\displaystyle\int_0^{\sigma} \frac{d\sigma}{\sqrt{\sin 2\sigma}}$
X좌표	$X = 3R\sin 2\sigma \cdot \cos\sigma$
Y좌표	$Y = 3R\sin 2\sigma \cdot \sin\sigma$

사항	공식
shift	$\Delta R = R(3\cos\sigma - 2\cos^3\sigma - 1)$
M의 X좌표	$X_M = R(3\sin\sigma - 2\sin^3\sigma)$
곡률반경	$R = \dfrac{a}{3}\sqrt{\sin 2\sigma}$
법선 길이	$N = 6R \cdot \dfrac{\sin^2\sigma}{4\cos^2\sigma - 3}$
동경	$Z = \sqrt{3RZ\sin 2\sigma}$

037 제2종 평지도로가 있다. 종단구배가 $+3.4\%$에서 -3.2%로 변화되는 구간에서의 종단 곡선을 설치하시오. (단, 종곡선장 $L = 18.18(i_1 - i_2)$, 시점 $B.C$의 지반고 $= 110.25\text{m}$, 구간거리 $= 20\text{m}$, 두 종단구배의 교차점까지 추가거리 $= 60.00\text{m}$, 종곡선장은 소수 첫째 자리에서 반올림하고, 종거, 계획고는 소수 둘째 자리까지 구하시오.)

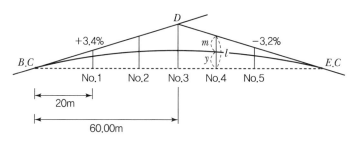

해설 및 정답

측점 번호	$B.C$로부터 수평거리(m)	접선고(l)(m)	종거(m)(m)	계획고(y)(m)
$B.C$	0	110.25	0	110.25
No.1	20	110.93	0.11	110.82
No.2	40	111.61	0.44	111.17
No.3	60	112.29	0.99	111.30
No.4	80	111.65	0.44	111.21
No.5	100	111.01	0.11	110.90
$E.C$	120	110.37	0	110.37

(1) 접선고(l) 계산

- No.1 $= 110.25 + \dfrac{m}{100}x = 110.25 + \dfrac{3.4}{100} \times 20 = 110.93\text{m}$

- No.2 $= 110.25 + \dfrac{3.4}{100} \times 40 = 111.61\text{m}$

- No.3 $= 110.25 + \dfrac{3.4}{100} \times 60 = 112.29\text{m}$

- No.4 $= 112.29 - \dfrac{3.2}{100} \times 20 = 111.65\text{m}$

- No.5 $= 112.29 - \dfrac{3.2}{100} \times 40 = 111.01\mathrm{m}$

- $E.C = 112.29 - \dfrac{3.2}{100} \times 60 = 110.37\mathrm{m}$

(2) 종거(m) 계산

$$m = \frac{|m-n|}{200L}x^2$$

- No.1$(m_1) = \dfrac{|3.4+3.2|}{200 \times 120} \times 20^2 = 0.11\mathrm{m}$

- No.2$(m_2) = \dfrac{|3.4+3.2|}{200 \times 120} \times 40^2 = 0.44\mathrm{m}$

- No.3$(m_3) = \dfrac{|3.4+3.2|}{200 \times 120} \times 60^2 = 0.99\mathrm{m}$

- No.4$(m_4) = \dfrac{|3.4+3.2|}{200 \times 120} \times 40^2 = 0.44\mathrm{m}$

- No.5$(m_5) = \dfrac{|3.4+3.2|}{200 \times 120} \times 20^2 = 0.11\mathrm{m}$

(3) 계획고(y) 계산
- No.1$(y_1) = 110.93 - 0.11 = 110.82\mathrm{m}$
- No.2$(y_2) = 111.61 - 0.44 = 111.17\mathrm{m}$
- No.3$(y_3) = 112.29 - 0.99 = 111.30\mathrm{m}$
- No.4$(y_4) = 111.65 - 0.44 = 111.21\mathrm{m}$
- No.5$(y_5) = 111.01 - 0.11 = 110.90\mathrm{m}$

038

2차 포물선에 대한 종단곡선 설치에서 $i_1 = 0\%$ 이고, $i_2 = 6.0\%$ 이며 경사도의 변환점은 No.$36 + 8.5$m에 위치할 때 각 측점의 표고를 구하시오. (단, $l = 40$m, A점의 표고 $= 100.00$m, 거리는 소수 셋째 자리까지 구하시오.)

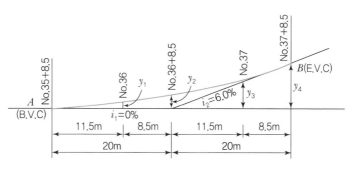

해설 및 정답

(1) 종거 y 계산

$$① \; y_1 = \frac{(m \pm n)}{2L}x_1^2 = \frac{0.06}{2 \times 40} \times 11.5^2 = 0.099\mathrm{m}$$

② $y_2 = \dfrac{(m \pm n)}{2L} x_2^2 = \dfrac{0.06}{2 \times 40} \times 20.0^2 = 0.300\text{m}$

③ $y_3 = \dfrac{(m \pm n)}{2L} x_3^2 = \dfrac{0.06}{2 \times 40} \times 31.5^2 = 0.744\text{m}$

④ $y_4 = \dfrac{(m \pm n)}{2L} x_4^2 = \dfrac{0.06}{2 \times 40} \times 40.0^2 = 1.200\text{m}$

(2) 표고 계산

① A점 표고 $= 100.00\text{m}$

② No.36 표고 $=$ 곡선시점표고 $+ y_1 = 100.00 + 0.099 = 100.099\text{m}$

③ No.36 $+ 8.5$ 표고 $=$ 곡선시점표고 $+ y_2 = 100.00 + 0.300 = 100.300\text{m}$

④ No.37 표고 $=$ 곡선시점표고 $+ y_3 = 100.00 + 0.744 = 100.744\text{m}$

⑤ No.37 $+ 8.5$ 표고 $=$ 곡선시점표고 $+ y_4 = 100.000 + 1.200 = 101.200\text{m}$

---

039 노폭 32m 되는 도로의 횡단구배를 포물선 구배로 하려 한다. 이때 구배가 4%이면 이 도로의 폭원 좌측으로부터 1/4 되는 곳의 높이는?

해설 및 정답

$4\% = \dfrac{y}{16} 100$

$y = 0.04 \times 16 = 0.64\text{m}$

$y = ax^2$ 식에 의해

$0.64 = a \times 16^2 \; \rightarrow$

$a = 0.0025\text{m}$

$\therefore \; y_0 = ax^2 = 0.0025 \times 8^2 = 0.16\text{m}$

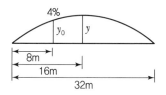

---

040 경사면의 연직각을 관측하기 위하여 정위망원경으로 부각 32°56′을 관측하였다. 측점까지의 사거리가 85m, 주망원경과의 수직거리를 10cm로 하면 실제의 부각은 얼마인가?

해설 및 정답

$V' - V = x \; \rightarrow \; V = V' - x$

$\dfrac{\overline{BC}}{\sin x} = \dfrac{\overline{AB}}{\sin 90°} \; \rightarrow$

$x = \sin^{-1} \dfrac{\sin 90° \times \overline{BC}}{\overline{AB}} = 0°04′03″$

$\therefore \; V = 32°56′ - 0°04′03″ = 32°51′57″$

041 측위 망원경에 의하여 수평각을 관측하여 $68°30'$을 얻었다. 주망원경과 측위망원경과의 시준선 간의 거리는 10cm, 시준점까지의 거리를 $\overline{AO} = 33.56\text{m}$, $\overline{BO} = 26.00\text{m}$이다. 실제 수평각은 얼마인가?

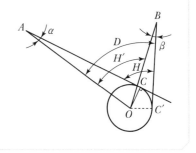

해설 및 정답

(1) α, β 계산

주망원경으로 수평각을 관측하면 그림과 같이 H가 얻어지지만 측위망원경으로는 H'가 얻어진다. 그러므로 H'에서 H를 구하면 다음과 같다.

• $\alpha = \sin^{-1}\dfrac{\overline{OC}}{\overline{AO}} = \tan^{-1}\dfrac{\overline{OC}}{\overline{AC}} = \sin^{-1}\dfrac{0.1}{33.56} = 0°10'15''$

• $\beta = \sin^{-1}\dfrac{\overline{OC'}}{\overline{OB}} = \tan^{-1}\dfrac{\overline{OC'}}{\overline{BC'}} = \sin^{-1}\dfrac{0.1}{26.0} = 0°13'13''$

(2) 수평각 H 계산

$D = H' + \beta = H + \alpha$

$\therefore H = H' + (\beta - \alpha) = 68°30' + (0°13'13'' - 0°10'15'') = 68°32'58''$

---

042 그림에서 A는 광맥의 노두상의 점이고 광맥의 경사는 $50°$이다. B는 주향선과 $60°$의 방향으로 수평거리 300m 떨어진 지점이다. B점의 입갱에서 광상까지의 깊이를 구하면?(단, 표고의 단위는 m임)

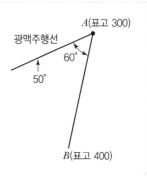

해설 및 정답

보링의 깊이 $L = H + h$

$h = d\sin\theta\tan\delta$

$\therefore L = H + (d\sin\theta\tan\delta)$

$\quad = 100 + (300 \times \sin 60° \times \tan 50°)$

$\quad = 409.63\text{m}$

043

그림과 같이 두 추선 1, 2에 의하여 방위를 지하에 연결한다. 두 추선의 간격은 2.0m이다. 이때 추선의 하나가 추선의 면에 대하여 직각방향으로 0.001m 차가 있었다면 지하에서 관측한 다각형의 방위각에 얼마의 차가 생기는가? 또한 지하 다각형의 계산을 해본 결과 측점 8의 위치는 그림과 같다. 추선에 위의 오차가 있었다고 하면 측점 8에 얼마의 위치오차가 생겼는가?

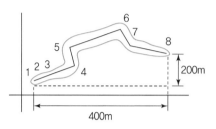

해설 및 정답

(1) 각오차 계산

$$\frac{\Delta l}{D} = \frac{\theta''}{\rho''} \rightarrow$$

$$\theta'' = \frac{\Delta l \cdot \rho''}{D} = \frac{0.001 \times 206,265''}{2.0} = 0°01'43''$$

(2) 위치오차 계산

$\overline{1-8}$ 거리 $= \sqrt{200^2 + 400^2} = 447.214\text{m}$

2.0m에 대하여 0.001m 오차이므로

위치오차 $= \dfrac{0.001}{2.0} \times 447.214 = 0.224\text{m}$

044

하천의 횡단측량을 실시하여 다음 그림과 같은 하천의 유량을 계산한 값은?(단, 각 구간의 평균유속은 다음 표와 같다.)

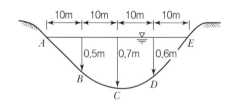

단면	$A-B$	$B-C$	$C-D$	$D-E$
평균유속	0.05m/sec	0.30m/sec	0.35m/sec	0.06m/sec

해설 및 정답

$Q = A \cdot V_m$

$= 2.5 \times 0.05 + 6 \times 0.30 + 6.5 \times 0.35 + 3 \times 0.06 = 4.38\text{m}^3/\text{sec}$

045

하천의 유량을 구하기 위하여 수심과 유속을 측정한 결과 다음과 같다. 제2구간의 유량은 얼마인가?

(단위 : m/sec)

좌안으로부터의 거리(m)	0	5	10	15
수심	0	2.4	2.8	0

구간	1	2	3
$V_{0.2}$	1.8	2.6	1.9
$V_{0.6}$		2.1	
$V_{0.8}$	0.9	1.2	1.0

해설 및 정답

(1) 제2구간의 평균유속(V_m) 계산

$$V_m = \frac{(V_{0.2} + 2V_{0.6} + V_{0.8})}{4}$$

$$= 2\text{m/sec}$$

(2) 제2구간의 유량(Q) 계산

$$Q = A \cdot V_m = 13 \times 2$$

$$= 26\text{m}^3/\text{sec}$$

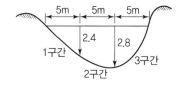

02 편

작업형(외업)

제 1 장

작업형(외업) 시험대비요령

SECTION | 01   작업형(외업) 시험과제(40점)

(1) 레벨(Level) 측량(20점)

(2) 토털스테이션(Total Station) 측량(20점)

SECTION | 02   시험시간(1시간 10분)

(1) **작업형(외업)시간** : 70분

　① 레벨(Level) 측량 : 35분

　② 토털스테이션(Total Station) 측량 : 35분

(2) 연장시간 : 없음

SECTION | 03   수험자 유의사항

(1) 측량기계는 안전에 유의하여 조심스럽게 다루고 측량이 끝나면 제자리에 놓는다.

(2) 측점에는 충격이 없도록 기계를 세운다.

(3) 작업에 적합한 복장을 착용한다.

(4) 모든 답안 작성은 흑색 필기구만 사용해야 하며, 정정 시에는 두 줄을 긋고 다시 작성한다.

(5) 토털스테이션 측량, 레벨 측량 2개의 과제 중 1개의 과제라도 0점인 경우에는 실격 처리된다.

(6) 레벨 측량에서 왕복 2회(총 4회) 이상 세우지 않은 경우에는 실격 처리된다.

(7) 작업형(외업) 시험시간은 각 과제별로 35분(연장 없음)을 초과할 수 없으며, 시험시간이 경과하면 작성된 상태까지를 제출하여야 하며, 제출하지 않은 경우 기권 처리된다.

SURVEYING GEO - SPATIAL INFORMATION SYSTEM

SECTION | 01   개요

수준측량은 지구 및 우주공간상의 높이를 결정하는 측량으로서 단순한 높이 결정에서부터 공사현황 측량 및 종·횡단면도 작성에 이르기까지 다양하게 응용되고 있다. 측량 및 지형공간정보기사 실기(작업형)시험에서는 레벨을 이용한 직접수준측량 방식으로 왕복측량 하여 최확값을 결정하는 방식으로 시험을 실시하고 있다.

SECTION | 02   요구사항

시험장에 설치된 No.0~No.8 측점을 왕복측량 하여 각 측점의 지반고를 계산하고 답안지를 완성하시오. 단, No.0 측점의 지반고는 시험장에서 주어지며, 기계는 왕복 각 2회(총 4회) 이상 세우고(No.8에서 왕복 전환할 때 반드시 기계를 재설치한다.), 각 측점 간의 거리는 동일한 것으로 가정한다.

SECTION | 03   기기(機器) 및 보조 기구(器具)

수준측량 작업형(외업) 시험에 이용되는 기기는 레벨이며, 보조 기구는 삼각대, 표척으로 구성되고, 기타 시험 준비물로 계산기, 연필, 지우개 및 볼펜을 준비하여 시험에 응시하여야 한다. (단, 답안 작성은 흑색 필기구만 사용해야 한다.)

(1) 레벨 구조 및 주요 명칭

레벨은 직접수준측량에 사용하는 기기로, 망원경과 기포관이 주된 본체를 구성하고 있다. 레벨의 종류에는 와이레벨, 덤피레벨, 자동레벨 및 정확도가 높은 미동레벨 등이 있으나, 가장 대중적으로 사용하는 레벨은 원형수준기로 대략 수평을 맞추면 시준선이 자동으로 수평이 되는 자동레벨이다. 최근에는 사용이 편리하고 정확도가 높은 디지털레벨이 등장하였다.

임의 방향 지시계
(핍 사이트)
대물렌즈
반사경
원형기포관

[그림 2-1] 레벨의 주요 명칭(앞면부)

초점나사
접안렌즈
미동나사
정준나사

[그림 2-2] 레벨의 주요 명칭(뒷면부)

[그림 2-3] 보조 기구

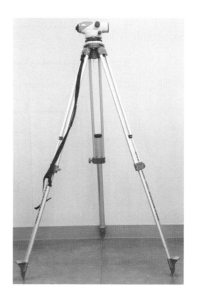

[그림 2-4] 레벨 설치

• NOTICE • 본 사진은 수험자의 실기시험에 도움이 되도록 모의 제작한 것으로 실제 시험장 기계와는 차이가 있을 수도 있음을 알려드립니다.

SECTION | 04 **작업순서**

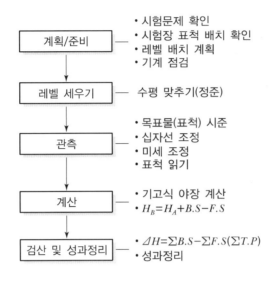

[그림 2-5] 레벨 측량의 일반적 작업흐름도

SECTION | 05 **세부 작업 요령**

(1) 계획 및 준비

레벨 측량 실기시험 시 대기석에서 시험장 표척배치상태를 확인하고 시험문제 배부 즉시 레벨 배치계획을 수립한 후 삼각대와 정준나사를 작업에 용이하도록 조정한다.

현황 사진	세부 설명
① 레벨 측량 시험장 전체 현황 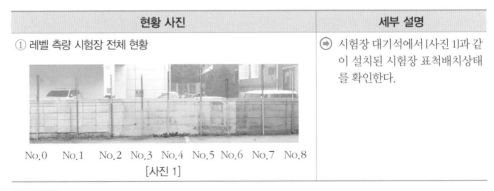 No.0 No.1 No.2 No.3 No.4 No.5 No.6 No.7 No.8 [사진 1]	➡ 시험장 대기석에서 [사진 1]과 같이 설치된 시험장 표척배치상태를 확인한다.

• NOTICE • 본 사진은 수험자의 실기시험에 도움이 되도록 모의 제작한 것으로 실제 시험장 현황과는 차이가 있을 수도 있음을 알려드립니다.

현황 사진	세부 설명

② 레벨 배치계획 수립

[사진 2]

[사진 2]와 같이 시험장을 확인하고 표척배치계획을 수립하는데, 보통 3, 6번 또는 4, 7번에 역표척이 배치되어 있다.

이기점(T.P)은 역표척을 피하여 관측하는 것이 계산의 실수를 줄이는 방법의 하나임을 알아야 한다.

레벨 배치계획은 시험장 상황에 따라 다르므로 시험장에서 다양하게 구상하여 측량을 실시하는 것이 좋다.

－ 레벨 배치계획(예) －

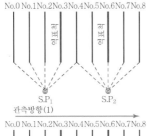

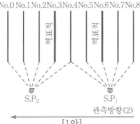

[1안]

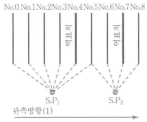

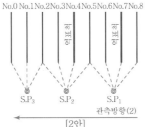

[2안]

※ S.P(Station Point) : 기계설치점

현황 사진	세부 설명

③ 기계점검

[사진 3]　　　　　[사진 4]

[사진 5]

[사진 6]

⬅ 레벨기계가 지급되면 기계를 점검한다. 점검방법은 [사진 3, 4]와 같이 삼각대 신축조정나사를 이용하여 레벨의 높이를 자신의 눈높이에 맞춰 삼각대를 조절한다. [사진 5]와 같이 삼각대기반 위에 편심이 있는 경우 중앙에 위치시켜야 하며, [사진 6]과 같이 정준나사를 이용하여 중앙에 위치하도록 조정한다.

(2) 레벨 세우기

레벨 세우기는 레벨 측량에서 많은 시간을 요하는 부분이므로 반복 연습하여 시간을 단축하는 것이 전체 공정에 매우 중요한 사항이 된다. 레벨을 세우는 일반적인 방법은 삼각대를 견고하게 지지한 후, 개략적인 수평 맞추기는 삼각대를 이용하고 미세 수평 맞추기는 정준나사를 활용하는 것이다.

현황 사진	세부 설명
① 삼각대 고정  [사진 7]	⮕ 관측계획이 수립되면 첫 관측점으로 이동하여 [사진 7]과 같이 삼각대를 지반에 단단히 고정한다. 삼각대가 지반에 고정되지 않을 경우 측량 중에 수평이 흐트러지는 상황이 발생할 수도 있으므로 각별히 주의하여야 한다. 또한 관측표척과 등거리 지점에 레벨을 위치시켜야 기계오차 및 기타 오차를 줄일 수 있다.
② 정준나사 조정  [사진 8] 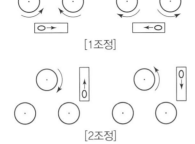 [1조정] [2조정]	⮕ 삼각대 고정 후 [사진 8]과 같이 반사경을 보면서 정준나사를 이용하여 레벨의 수평을 맞춘다. 레벨의 기포조정은 그림과 같이 정준나사 두 개를 동시 조정하여 1조정을 실시한 후 나머지 정준나사로 2조정을 한다.

(3) 관측

레벨 측량은 시험장에 설치된 No.0~No.8 측점을 왕복관측 하며, 일반적으로 기계는 각 2
회(총 4회) 이상 세워야 하므로 표척 읽기, 역표척 읽기, 다른 표척 시준 및 야장 기입에 주
의하여 관측을 실시하여야 한다.

현황 사진	세부 설명
① 표척시준방법  [사진 9]  [사진 10]	◉ 정준이 완료되면[사진 9, 10]과 같이 망원경 위의 방향지시계를 이용하여 표척을 시준한다. 시험장의 표척은 간격이 좁아 방향지시계를 이용하지 않으면 표척을 잘못 시준하는 과실이 발생할 수도 있다.
② 십자선 선명도 조정  [사진 11]	◉ 접안렌즈 초점나사를 이용하여[사진 11]과 같이 십자선의 선명도를 조정한다.

현황 사진	세부 설명
③ 렌즈의 초점 조정  [사진 12]	➡ 십자선 조정이 완료되면 [사진 12]와 같이 대물렌즈 초점나사를 이용하여 렌즈의 초점을 맞춘다.
④ 표척 시준  [사진 13] 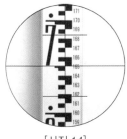　 [사진 14]　　　　[사진 15]	➡ 표척방향, 십자선 선명도, 렌즈의 초점 조정이 완료되면 [사진 13]과 같이 미동나사를 이용하여 표척이 십자선 중앙에 오도록 조정하여 관측을 실시한다. [사진 14]는 잘된 시준상태를, [사진 15]는 잘못된 시준상태를 보여주고 있다.

현황 사진	세부 설명
⑤ 표척 읽기 －정표척 읽기－ 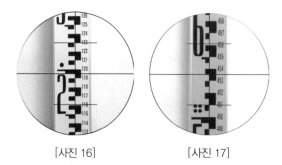 [사진 16]　　　　　[사진 17] －역표척 읽기－ 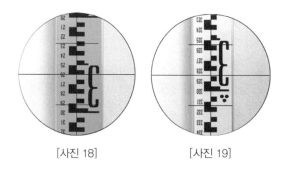 [사진 18]　　　　　[사진 19]	➡ 표척 읽기는 크게 정표척 읽기와 역표척 읽기로 구분되며 표척 읽기는 다음과 같다. • 정표척 읽기 　[사진 16] : 1.195m 　[사진 17] : 4.535m • 역표척 읽기 　[사진 18] : －0.260m 　[사진 19] : －3.284m

| | 현황 사진 | 세부 설명 |

⑥ 야장 정리(거리는 소수 3자리까지 기입, No.0 지반고는 시험장에서 주어짐)

| 레벨 측량 [1] |

(단위 : m)

측점	후시	전시		기계고	지반고	비고
		이기점	중간점			
No.0	1.567				10.500	No.0의 지반고 = 10.500
No.1			1.214			
No.2			0.984			
No.3			−2.410			
No.4	3.684	3.865				
No.5			2.314			
No.6			−3.243			
No.7			2.507			
No.8		1.643				
계						

| 레벨 측량 [2] |

(단위 : m)

측점	후시	전시		기계고	지반고	비고
		이기점	중간점			
No.8	1.637					
No.7			2.556			
No.6			−3.212			
No.5	2.312	2.214				
No.4			3.750			
No.3			−2.314			
No.2			0.881			
No.1			1.351			
No.0		1.478				
계						

야장 정리 시 주의사항
- 기계 세우는 횟수와 후시(BS), 전시(FS) 횟수는 동일하다.
- 역표척 지점에서는 계산이 복잡하므로 이기점(TP)을 설치하지 않는 것이 좋다.
- 마지막 측점은 항상 이기점(TP)에 기록한다.

※ 본 야장의 후시, 전시 및 지반고 값은 임의로 기입한 수치임을 알려드립니다.

• NOTICE • 본 성과표는 수험자의 실기시험에 도움이 되도록 모의 작성한 것으로 실제 성과표와 차이가 있을 수도 있음을 알려드립니다.

(4) 계산 및 검산

수준측량의 계산은 기고식 야장기입법을 이용하며(No.0 측점의 지반고는 시험장에서 주어짐), 일반적인 계산방법은 '미지지반고(G.H) = 기계고(I.H) − 전시(F.S)'이나, 역표척인 경우에는 부호가 반대이므로 세심한 주의가 필요하다. 최종 성과가 계산되면 검산을 실시하여 결과값을 확인한다. 그러나 검산 결과값이 일치되어도 중간의 모든 결과값이 정확하게 측량되었다고 보기는 어려우므로 관측 시 세심한 주의가 필요하다.

1) 최종성과표(거리는 소수 3자리까지 기입, No.0 지반고는 시험장에서 주어짐)

| 레벨 측량 [1] | (단위 : m)

측점	후시	전시		기계고	지반고
		이기점	중간점		
No.0	1.567			12.067	10.500
No.1			1.214		10.853
No.2			0.984		11.083
No.3			−2.410		14.477
No.4	3.684	3.865		11.886	8.202
No.5			2.314		9.572
No.6			−3.243		15.129
No.7			2.507		9.379
No.8		1.643			10.243
계	5.251	5.508			

| 레벨 측량 [2] | (단위 : m)

측점	후시	전시		기계고	지반고
		이기점	중간점		
No.8	1.637			11.880	10.243
No.7			2.556		9.324
No.6			−3.212		15.092
No.5	2.312	2.214		11.978	9.666
No.4			3.750		8.228
No.3			−2.314		14.292
No.2			0.881		11.097
No.1			1.351		10.627
No.0		1.478			10.500
계	3.949	3.692			

| 레벨 측량 최종 결과 | (단위 : m)

측점	No.1	No.2	No.3	No.4	No.5	No.6	No.7	No.8
최확값	10.740	11.090	14.385	8.215	9.619	15.111	9.352	10.243

※ 본 야장의 후시, 전시 및 지반고 값은 임의로 기입한 수치임

2) 해설

$$\bullet \text{ 기계고(I.H)} = \text{지반고(G.H)} + \text{후시(B.S)}$$
$$\bullet \text{ 지반고(G.H)} = \text{기계고(I.H)} - \text{전시(F.S)}$$

① 레벨 측량 [1]

- No.0 지반고 = **10.500m**
- No.0 기계고 = 10.500 + 1.567 = 12.067m
- No.1 지반고 = 12.067 − 1.214 = 10.853m
- No.2 지반고 = 12.067 − 0.984 = 11.083m
- No.3 지반고 = 12.067 − (−2.410) = 14.477m
- No.4 지반고 = 12.067 − 3.865 = 8.202m

- No.4 기계고 = 8.202 + 3.684 = 11.886m
- No.5 지반고 = 11.886 − 2.314 = 9.572m
- No.6 지반고 = 11.886 − (−3.243) = 15.129m
- No.7 지반고 = 11.886 − 2.507 = 9.379m
- No.8 지반고 = 11.886 − 1.643 = **10.243m**

검산

- $\sum$ 후시 = No.0 + No.4 = 1.567 + 3.684 = 5.251m
- $\sum$ 전시(이기점) = No.4 + No.8 = 3.865 + 1.643 = 5.508m
- ΔH = 5.251 − 5.508 = −0.257m
- 지반고 차 = No.8 지반고 − No.0 지반고 = 10.243 − 10.500 = −0.257m (O.K)

② 레벨 측량 [2]

- No.8 지반고 = **10.243m**
- No.8 기계고 = 10.243 + 1.637 = 11.880m
- No.7 지반고 = 11.880 − 2.556 = 9.324m
- No.6 지반고 = 11.880 − (−3.212) = 15.092m
- No.5 지반고 = 11.880 − 2.214 = 9.666m

- No.5 기계고 = 9.666 + 2.312 = 11.978m
- No.4 지반고 = 11.978 − 3.750 = 8.228m
- No.3 지반고 = 11.978 − (−2.314) = 14.292m
- No.2 지반고 = 11.978 − 0.881 = 11.097m
- No.1 지반고 = 11.978 − 1.351 = 10.627m
- No.0 지반고 = 11.978 − 1.478 = 10.500m

- $\sum 후시 = \text{No.}8 + \text{No.}5 = 1.637 + 2.312 = 3.949\text{m}$
- $\sum 전시(이기점) = \text{No.}5 + \text{No.}0 = 2.214 + 1.478 = 3.692\text{m}$
- $\Delta H = 3.949 - 3.692 = \mathbf{0.257m}$
- 지반고 차 = No.0 지반고 − No.8 지반고
$$= 10.500 - 10.243 = \mathbf{0.257m\ (O.K)}$$

3) 최종 검산

$\Delta H = \sum B.S$(레벨 측량 1 + 레벨 측량 2) − $\sum F.S$(레벨 측량 1 이기점 + 레벨 측량 2 이기점)

　　= No.0 지반고(레벨 측량 1) − No.0 지반고(레벨 측량 2)

$9.200 - 9.200 = 10.500 - 10.500$

$0.000\text{m} = \mathbf{0.000m\ (O.K)}$

※ $\sum B.S$(레벨 측량 1 + 레벨 측량 2) − $\sum F.S$(레벨 측량 1 이기점 + 레벨 측량 2 이기점)의 값과 No.0(레벨 측량 1) 지반고와 No.0(레벨 측량 2) 지반고의 차가 일치하므로, 야장계산은 정확하게 계산되었다고 할 수 있다.

4) 최확값

각각의 (레벨 측량 1 지반고 + 레벨 측량 2 지반고) ÷ 2

- No.1 최확값 $= (10.853 + 10.627) \times \dfrac{1}{2} = 10.740\text{m}$

- No.2 최확값 $= (11.083 + 11.097) \times \dfrac{1}{2} = 11.090\text{m}$

- No.3 최확값 $= (14.477 + 14.292) \times \dfrac{1}{2} = 14.385\text{m}$

- No.4 최확값 $= (8.202 + 8.228) \times \dfrac{1}{2} = 8.215\text{m}$

- No.5 최확값 $= (9.572 + 9.666) \times \dfrac{1}{2} = 9.619\text{m}$

- No.6 최확값 $= (15.129 + 15.092) \times \dfrac{1}{2} = 15.111\text{m}$

- No.7 최확값 $= (9.379 + 9.324) \times \dfrac{1}{2} = 9.352\text{m}$

- No.8 최확값 $= (10.243 + 10.243) \times \dfrac{1}{2} = 10.243\text{m}$

SURVEYING GEO - SPATIAL INFORMATION SYSTEM

SECTION | 01   개요

최근 전자기술 및 컴퓨터의 발달로 GNSS, 관성측량시스템 및 각과 거리를 자동으로 관측하는 토털스테이션 기계를 개발하였다. 토털스테이션 기계는 관측된 데이터를 직접 저장하고 처리할 수 있으므로 3차원 지형정보 획득으로부터 데이터베이스의 구축 및 지형도 제작까지 일괄적으로 처리할 수 있는 최신 측량기계이다. 측량 및 지형공간정보기사 실기(작업형)시험에서는 2개의 측점에서 각, 거리, 좌표 등을 관측하고, 1개의 측점에서 프리즘을 직접 설치하여 거리를 직접 관측하는 방식으로 실시하고 있다.

SECTION | 02   요구사항

측점 A의 좌표(X_A, Y_A)와 $\overline{AP}$의 방위각 α를 이용하여 답안지를 완성하시오.(단, A점의 좌표는 m 단위로 소수 3자리까지, 각은 초 단위, 프리즘 상수는 감독위원의 지시에 따른다.)
① 측점 A에 기계를 설치하고, 측점 B에 프리즘을 세워 관측하시오.
② 측점 B에 기계를 설치하여 관측하시오.

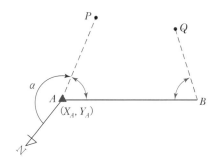

여기서, A : 기지점
　　　　B, P, Q : 미지점
　　　　(X_A, Y_A) : 기지점 좌표
　　　　α : $\overline{AP}$의 방위각
※ A점의 좌표와 $\overline{AP}$방위각은 주어짐

기기(機器) 및 보조 기구(器具)

토털스테이션 측량 작업형(외업) 시험에 이용되는 기기는 토털스테이션이며, 보조 기구는 삼각대, 프리즘으로 구성되고, 기타 시험 준비물로 계산기, 연필, 지우개 및 볼펜을 준비하여 시험에 응시하여야 한다.(단, 답안 작성은 흑색 필기구만 사용해야 한다.)

(1) 토털스테이션의 구조 및 주요 명칭

토털스테이션은 각과 거리를 동시에 관측할 수 있는 대표적인 측량기기를 말한다. 토털스테이션의 등장으로 그동안 직접관측으로는 획득하기 어려웠던 수평거리와 높이차는 물론이고 좌표획득까지 가능하게 되었다.

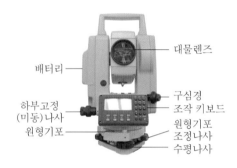

[그림 3-1] 토털스테이션(앞면부)

[그림 3-2] 토털스테이션(뒷면부)

[그림 3-3] 보조 기구

[그림 3-4] 토털스테이션 설치

• NOTICE • 본 사진은 수험자의 실기시험에 도움이 되도록 모의 제작한 것으로 실제 시험장 기계와는 차이가 있을 수도 있음을 알려드립니다.

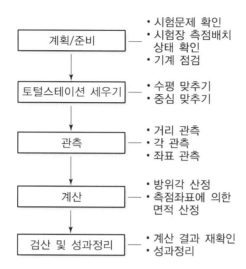

[그림 3-5] 토털스테이션 측량의 일반적 작업흐름도

SECTION | 05   세부 작업 요령

(1) 계획 및 준비

토털스테이션 측량 실기시험 시 대기석에서 시험장 현황을 확인하고 시험문제 배부 즉시
토털스테이션 설치계획을 수립한 후 삼각대와 정준나사를 작업에 용이하도록 조정한다.

현황 사진	세부 설명
① 토털스테이션 측량 시험장 전체 현황  [사진 1]	➡ 시험장 대기석에서 [사진 1]과 같이 설치된 시험장 현황을 확인한다.

• NOTICE • 본 사진은 수험자의 실기시험에 도움이 되도록 모의 제작한 것으로 실제 시험장 현황과는 차이가 있을 수도 있음을 알려드립니다.

현황 사진	세부 설명
② 토털스테이션 배치계획 수립  [사진 2]	➡ [사진 2]와 같이 시험장을 확인하고 토털스테이션 배치계획을 수립한다.
– 토털스테이션 배치계획 – 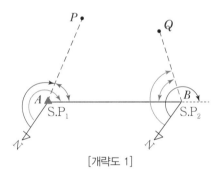 [개략도 1]	➡ 토털스테이션은 [개략도 1]과 같이 기지점($S.P_1$), 미지점($S.P_2$)에 세우며, $S.P_1$에서는 A점의 교각, $\overline{AB}$, $\overline{AP}$ 거리를 관측하고, $S.P_2$에서는 B점의 교각, $\overline{BQ}$ 거리를 관측한다. ※ S.P(Station Point) : 기계설치점

현황 사진	세부 설명
③ 기계 점검   [사진 3]　　　　　　[사진 4]  [사진 5]  [사진 6]	➡ 토털스테이션 기계가 지급되면 기계를 점검한다. 점검방법은 [사진 3, 4]와 같이 삼각대 신축 조정나사를 이용하여 토털스테이션의 망원경 중심을 자신의 눈높이에 맞춰 삼각대를 조절하는 것으로 한다. [사진 5]와 같이 삼각대기반 위에 편심이 있는 경우, 중앙에 위치시켜야 하며, [사진 6]과 같이 정준나사를 이용하여 중앙에 위치하도록 조정한다.

(2) 토털스테이션 세우기

토털스테이션 세우기는 토털스테이션 측량에서 많은 시간을 요하는 부분이므로 반복 연습하여 시간을 단축하는 것이 전체 공정에 매우 중요한 사항이 된다. 토털스테이션을 세우는 일반적인 방법은 삼각대를 견고하게 지지한 후, 개략적인 수평 및 중심 맞추기는 삼각대를 이용하고, 미세 수평 맞추기는 정준나사를 활용하며, 미세 중심 맞추기는 본체를 이동시켜 맞추는 것이다.

현황 사진	세부 설명
① 삼각대 고정  [사진 7]	➡ 관측계획이 수립되면 첫 관측점으로 이동하여 [사진 7]과 같이 삼각대를 이용하여 중심 맞추기를 완료하고 지반에 단단히 고정한다. 삼각대가 지반에 고정되지 않을 경우 측량 중에 수평과 중심이 흐트러지는 상황이 발생할 수도 있으므로 각별히 주의하여야 한다. 또한 토털스테이션의 위치는 측점의 중앙에 정확히 위치시켜야 기계오차 및 기타 오차를 줄일 수 있다.
② 정준나사 조정(수평 맞추기)  [사진 8] 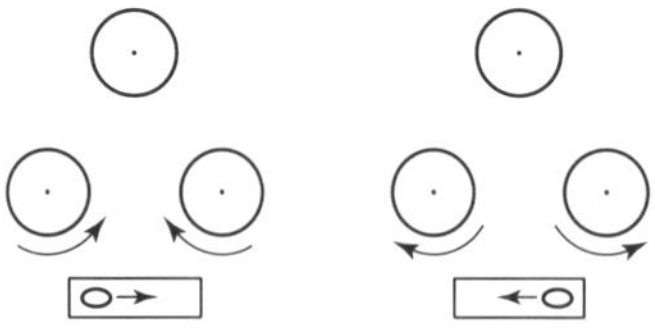 [1조정] 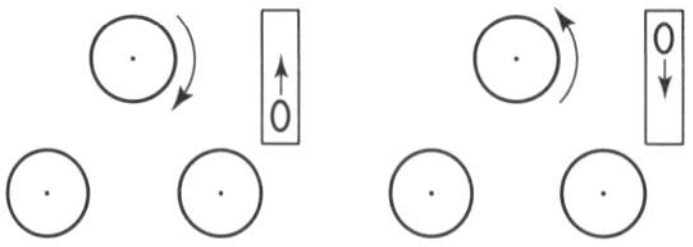 [2조정]	➡ 삼각대 고정 후 [사진 8]과 같이 삼각대의 신축나사를 이용하여 원형기포를 맞춘 후 정준나사를 이용하여 막대기포를 맞춘다. 토털스테이션의 막대기포 조정은 그림과 같이 정준나사 두 개를 동시 조정하여 1조정을 실시한 후 나머지 정준나사로 2조정을 한다.

현황 사진	세부 설명
③ 중심 맞추기  [사진 9]  [사진 10]	➡ 중심 맞추기는 토털스테이션 측량에서 가장 중요한 과정 중 하나로, 먼저 [사진 9]와 같이 삼각대를 이용하고, 미세 중심 맞추기는 [사진 10]과 같이 본체를 이동시켜 정확하게 맞춘다.

(3) 관측

토털스테이션 측량은 시험장에서 요구하는 사항을 관측하며, 일반적으로 측점 A와 B에 기계를 설치하여 각과 거리를 관측하므로 올바른 프리즘 시준 및 야장 기입에 주의하여 관측을 실시하여야 한다.

현황 사진	세부 설명
① 프리즘 시준방법  [사진 11]  [사진 12]	● 정준과 중심 맞추기가 완료되면 [사진 11, 12]와 같이 망원경 위의 방향 지시계를 이용하여 프리즘을 시준한다. 시험장에 설치된 프리즘은 독립적으로 설치되어 있으므로 방향지시계를 이용하는 것이 바람직하다.
② 십자선 선명도 조정  [사진 13]	● 접안렌즈 초점나사를 이용하여 [사진 13]과 같이 십자선의 선명도를 조정한다.

현황 사진	세부 설명
③ 렌즈의 초점 조정  [사진 14]	⇒ 십자선 조정이 완료되면 [사진 14] 와 같이 대물렌즈 초점나사를 이용 하여 렌즈의 초점을 맞춘다.
④ 프리즘 시준  [사진 15]   [사진 16] [사진 17]	⇒ 프리즘 방향, 십자선 선명도, 렌즈 의 초점 조정이 완료되면 [사진 15] 와 같이 미동나사를 이용하여 프리 즘이 십자선 중앙에 오도록 조정하 여 관측을 실시한다. [사진 16]은 잘된 시준상태이며, [사 진 17]은 잘못된 시준상태를 보여주 고 있다.

현황 사진	세부 설명

⑤ 관측방법

– 관측방법 (1) –

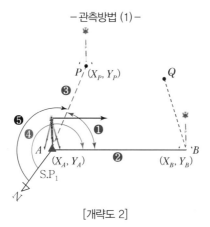

[개략도 2]

➡ • [개략도 2]와 같이 기지점 A에 기계를 세우고 B점에 프리즘을 설치한다.
• A점에서 교각(❶), $\overline{AB}$ 거리(❷), $\overline{AP}$ 거리(❸)를 관측하고, $\overline{AB}$ 방위각(❹)은 계산에 의한다.($\overline{AP}$ 방위각(❺)은 시험장에서 주어짐)
  ※ $\overline{AB}$ 방위각＝$\overline{AP}$ 방위각＋$\angle A$
• A점의 좌표(X_A, Y_A), $\overline{AP}$ 방위각, $\overline{AP}$ 거리를 이용하여 P점의 좌표를 구한다.

– 관측방법 (2) –

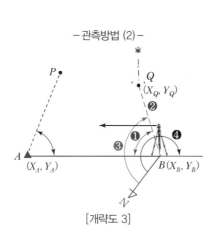

[개략도 3]

➡ • [개략도 3]과 같이 B점에 기계를 세우고 기지 A점과 방향을 맞춘다.
• B점에서 교각(❶), $\overline{BQ}$ 거리(❷)를 관측하고, $\overline{BQ}$ 방위각(❸)은 계산에 의한다.
  ※ $\overline{BQ}$ 방위각＝
  ($\overline{AB}$ 방위각＋$180°$＋$\angle B$)$-360°$
  또는
  $\overline{AB}$방위각$-180°$＋$\angle B$
• B점의 좌표(X_B, Y_B), $\overline{BQ}$ 방위각, $\overline{BQ}$ 거리를 이용하여 Q점의 좌표를 구한다.
  ※ $\overline{AB}$ 방위각(❹)은 A점에서 구함

	현황 사진				세부 설명

현황 사진	세부 설명

⑥ 야장 정리

－토털스테이션 측량－

$\overline{AP}$의 방위각 $= 123°45'50''$

측점	교각	측선	수평거리(m)	방위각
A	69°27′35″	AB	15.514	193°13′25″
B	72°32′47″	BQ	19.375	85°46′12″

측점	좌표(m)	
	X	Y
P	186.106	170.783
A	200.000	150.000
B	184.897	146.451
Q	186.326	165.773

□ $PABQ$의 면적(m²)
• 계산과정 :

• 답 :

세부 설명

➡ 야장 정리 시 주의사항
• 기계는 A, B 측점에 세워서 교각, 수평거리, 좌표값을 관측하고, 관측값을 관측수부(관측기록부)에 옮겨 적을 때 오기가 없도록 주의해서 작성한다.
• $\overline{AP}$ 방위각과 관측한 교각을 이용하여 별도로 $\overline{AB}$, $\overline{BQ}$ 방위각을 계산한다.
• 면적은 좌표법을 이용하여 계산한다.

※ 본 야장의 방위각, 교각, 수평거리 및 측점 좌표값은 임의로 기입한 수치임을 알려드립니다.

※ $\overline{AB}$, $\overline{BQ}$의 방위각은 계산에 의한 값임

• NOTICE • 본 성과표는 수험자의 실기시험에 도움이 되도록 모의 작성한 것으로 실제 성과표와는 차이가 있을 수도 있음을 알려드립니다.

(4) 계산 및 검산

토털스테이션 측량의 계산은 크게 방위각과 면적산정이므로 관측한 교각, 거리 및 각 측점의 좌표값을 이용하여 거리와 좌표는 m 단위로 소수 3자리까지, 각은 초단위까지 정확하게 계산한다. 또한 면적은 좌표법으로 산정하므로 계산과정을 충실하게 기록하는 등의 세심한 주의가 필요하다.

1) 답안지(성과표) 작성

$\overline{AP}$의 방위각 $=123°45'50''$

측점	교각	측선	수평거리(m)	방위각
A	$69°27'35''$	AB	15.514	$193°13'25''$
B	$72°32'47''$	BQ	19.375	$85°46'12''$

측점	좌표(m)	
	X	Y
P	186.106	170.783
A	200.000	150.000
B	184.897	146.451
Q	186.326	165.773

□ $PABQ$의 면적(m²)
• 계산과정 :

측점	X	Y	Y_{n+1}	Y_{n-1}	ΔY	$X \cdot \Delta Y$
P	186.106	170.783	150.000	165.773	-15.773	$-2,935.450$
A	200.000	150.000	146.451	170.783	-24.332	$-4,866.400$
B	184.897	146.451	165.773	150.000	15.773	2,916.380
Q	186.326	165.773	170.783	146.451	24.332	4,533.684
계						351.786

배면적$(2A) = 351.786\text{m}^2$

$\therefore A = 배면적 \times \dfrac{1}{2} = 351.786 \times \dfrac{1}{2} = 175.893\text{m}^2$

• 답 : 175.893m²

2) 해설

① 방위각 산정

• $\overline{AP}$ 방위각 $=123°45'50''$(시험장에서 주어짐)
• $\overline{AB}$ 방위각 $= \overline{AP}$ 방위각 $+ \angle A$
$\quad\quad = 123°45'50'' + 69°27'35'' = 193°13'25''$

- $\overline{BQ}$ 방위각 $= (\overline{AB}$ 방위각 $+ 180° + \angle B) - 360°$

$\qquad = (193°13'25'' + 180° + 72°32'47'') - 360°$

$\qquad = 85°46'12''$

※ 또는 $\overline{BQ}$ 방위각 $= \overline{AB}$ 방위각 $- 180° + \angle B$

$\qquad = 193°13'25'' - 180° + 72°32'47''$

$\qquad = 85°46'12''$

② 좌표 산정($X_A = 200.000$m, $Y_A = 150.000$m $\Rightarrow$ 시험장에서 주어짐)

㉠ P점 좌표

- $X_P = X_A + (\overline{AP}$ 거리 $\times \cos \overline{AP}$ 방위각$)$

$\qquad = 200.000 + (25.000 \times \cos 123°45'50'')$

$\qquad = 186.106$m

- $Y_P = Y_A + (\overline{AP}$ 거리 $\times \sin \overline{AP}$ 방위각$)$

$\qquad = 150.000 + (25.000 \times \sin 123°45'50'')$

$\qquad = 170.783$m

㉡ B점 좌표

- $X_B = X_A + (\overline{AB}$ 거리 $\times \cos \overline{AB}$ 방위각$)$

$\qquad = 200.000 + (15.514 \times \cos 193°13'25'')$

$\qquad = 184.897$m

- $Y_B = Y_A + (\overline{AB}$ 거리 $\times \sin \overline{AB}$ 방위각$)$

$\qquad = 150.000 + (15.514 \times \sin 193°13'25'')$

$\qquad = 146.451$m

㉢ Q점 좌표

- $X_Q = X_B + (\overline{BQ}$ 거리 $\times \cos \overline{BQ}$ 방위각$)$

$\qquad = 184.897 + (19.375 \times \cos 85°46'12'')$

$\qquad = 186.326$m

- $Y_Q = Y_B + (\overline{BQ}$ 거리 $\times \sin \overline{BQ}$ 방위각$)$

$\qquad = 146.451 + (19.375 \times \sin 85°46'12'')$

$\qquad = 165.773$m

③ 면적 산정

〈좌표법 적용〉

측점	X	Y	Y_{n+1}	Y_{n-1}	ΔY	$X \cdot \Delta Y$
P	186.106	170.783	150.000	165.773	-15.773	$-2,935.450$
A	200.000	150.000	146.451	170.783	-24.332	$-4,866.400$
B	184.897	146.451	165.773	150.000	15.773	2,916.380
Q	186.326	165.773	170.783	146.451	24.332	4,533.684
계						351.786

$$배면적(2A) = 351.786\text{m}^2$$

$$\therefore A = 배면적 \times \frac{1}{2} = 351.786 \times \frac{1}{2} = 175.893\text{m}^2$$

※ 본 모의시험 문제 및 해설은 수험생의 수험대비를 위해 모의로 작성한 것임을 알려드립니다.

자격 종목	측량 및 지형공간정보기사	과제명	레벨 측량, 토털스테이션 측량

- 시험 시간 : 1시간 10분
  1) 레벨 측량 : 35분
  2) 토털스테이션 측량 : 35분

- 연장 시간 : 없음

1. 모의시험 문제

(1) 레벨 측량

시험장에 설치된 No.0~No.8 측점을 왕복측량 하여 답안지를 완성하시오.(단, No.0 측점의 지반고는 10m이며, 기계는 왕복 각 2회(총 4회) 이상 세우고, 각 측점 간의 거리는 동일한 것으로 가정하며, 단위는 m로 소수 3자리까지 구하시오.)

(2) 토털스테이션 측량

측점 A의 좌표(140.000m, 120.000m)와 $\overline{AP}$의 방위각 145°40′30″를 이용하여 답안지를 완성하시오.(단, A점의 좌표는 m 단위로 소수 3자리까지, 각은 초 단위, 프리즘 상수는 감독위원의 지시에 따른다.)

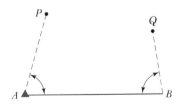

2. 국가기술자격 실기 모의시험 답안지

(1) 레벨 측량(야장)

자격 종목	측량 및 지형공간정보기사	비번호	

※ 거리는 소수 3자리까지 기입하시오.(단위 : m)
※ 답안 작성은 흑색 필기구만 사용하시오.

레벨 측량 [1]

(단위 : m)

측점	후시	전시		기계고	지반고
		이기점	중간점		
No.0	1.567				10.000
No.1			1.214		
No.2			2.351		
No.3			−1.223		
No.4	1.015	0.978			
No.5			1.431		
No.6			−1.083		
No.7			1.145		
No.8		0.985			
계					

[연습란]

• NOTICE • 본 야장의 후시, 전시 및 지반고 값은 임의로 기입한 수치임을 알려드립니다.

자격 종목	측량 및 지형공간정보기사	비번호	

※ 거리는 소수 3자리까지 기입하시오.(단위 : m)
※ 답안작성은 흑색 필기구만 사용하시오.

레벨 측량 [2]

(단위 : m)

측점	후시	전시		기계고	지반고
		이기점	중간점		
No.8	0.876				
No.7			1.154		
No.6			−1.051		
No.5	1.335	1.403			
No.4			0.989		
No.3			−1.153		
No.2			2.254		
No.1			1.245		
No.0		1.427			
계					

레벨 측량 최종 결과

(단위 : m)

측점	No.1	No.2	No.3	No.4	No.5	No.6	No.7	No.8
최확값								

• NOTICE • 본 야장의 후시, 전시 및 지반고 값은 임의로 기입한 수치임을 알려드립니다.

(2) 토털스테이션 측량(야장)

자격 종목	측량 및 지형공간정보기사	비번호	

※ 거리는 소수 3자리까지 기입하시오.(단위 : m)
※ 답안작성은 흑색 필기구만 사용하시오.

토털스테이션 측량

$\overline{AP}$의 방위각 $= 145°40'30''$

측점	교각	측선	수평거리(m)	방위각
A	52°25'12''	AB	14.257	198°05'42''
B	63°41'27''	BQ	23.413	81°47'09''

측점	좌표(m)	
	X	Y
P	119.354	134.097
A	140.000	120.000
B	126.448	115.572
Q	129.793	138.745

□ $PABQ$의 면적(m²)
• 계산과정 :

• 답 :

• NOTICE • 본 야장의 방위각, 교각, 수평거리 및 측점 좌표값은 임의로 기입한 수치임을 알려드립니다.

3. 최종 성과표 및 해설

(1) 레벨 측량

1) 최종 성과표

| 레벨 측량 [1] |　(단위 : m)

측점	후시	전시		기계고	지반고
		이기점	중간점		
No.0	1.567			11.567	10.000
No.1			1.214		10.353
No.2			2.351		9.216
No.3			−1.223		12.790
No.4	1.015	0.978		11.604	10.589
No.5			1.431		10.173
No.6			−1.083		12.687
No.7			1.145		10.459
No.8		0.985			10.619
계	2.582	1.963			

| 레벨 측량 [2] |　(단위 : m)

측점	후시	전시		기계고	지반고
		이기점	중간점		
No.8	0.876			11.495	10.619
No.7			1.154		10.341
No.6			−1.051		12.546
No.5	1.335	1.403		11.427	10.092
No.4			0.989		10.438
No.3			−1.153		12.580
No.2			2.254		9.173
No.1			1.245		10.182
No.0		1.427			10.000
계	2.211	2.830			

| 레벨 측량 최종 결과 |　(단위 : m)

측점	No.1	No.2	No.3	No.4	No.5	No.6	No.7	No.8
최확값	10.268	9.195	12.685	10.514	10.133	12.617	10.400	10.619

2) 해설

$$\bullet \text{ 기계고(I.H)} = \text{지반고(G.H)} + \text{후시(B.S)}$$
$$\bullet \text{ 지반고(G.H)} = \text{기계고(I.H)} - \text{전시(F.S)}$$

① 레벨 측량 [1]

- No.0 지반고 = **10.000m**
- No.0 기계고 = 10.000 + 1.567 = 11.567m
- No.1 지반고 = 11.567 − 1.214 = 10.353m
- No.2 지반고 = 11.567 − 2.351 = 9.216m
- No.3 지반고 = 11.567 − (−1.223) = 12.790m
- No.4 지반고 = 11.567 − 0.978 = 10.589m

- No.4 기계고 = 10.589 + 1.015 = 11.604m
- No.5 지반고 = 11.604 − 1.431 = 10.173m
- No.6 지반고 = 11.604 − (−1.083) = 12.687m
- No.7 지반고 = 11.604 − 1.145 = 10.459m
- No.8 지반고 = 11.604 − 0.985 = **10.619m**

검산

- $\sum$ 후시 = No.0 + No.4 = 1.567 + 1.015 = 2.582m
- $\sum$ 전시(이기점) = No.4 + No.8 = 0.978 + 0.985 = 1.963m
- ΔH = 2.582 − 1.963 = **0.619m**
- 지반고 차 = No.8 지반고 − No.0 지반고 = 10.619 − 10.000 = **0.619m (O.K)**

② 레벨 측량 [2]

- No.8 지반고 = **10.619m**
- No.8 기계고 = 10.619 + 0.876 = 11.495m
- No.7 지반고 = 11.495 − 1.154 = 10.341m
- No.6 지반고 = 11.495 − (−1.051) = 12.546m
- No.5 지반고 = 11.495 − 1.403 = 10.092m

- No.5 기계고 = 10.092 + 1.335 = 11.427m
- No.4 지반고 = 11.427 − 0.989 = 10.438m
- No.3 지반고 = 11.427 − (−1.153) = 12.580m
- No.2 지반고 = 11.427 − 2.254 = 9.173m
- No.1 지반고 = 11.427 − 1.245 = 10.182m
- No.0 지반고 = 11.427 − 1.427 = 10.000m

검산

- $\sum$ 후시 $=$ No.8 $+$ No.5 $= 0.876 + 1.335 = 2.211$m
- $\sum$ 전시(이기점) $=$ No.5 $+$ No.0 $= 1.403 + 1.427 = 2.830$m
- $\Delta H = 2.211 - 2.830 = -0.619$m
- 지반고 차 $=$ No.0 지반고 $-$ No.8 지반고 $= 10.000 - 10.619 = -0.619$m (O.K)

3) 최종 검산

$\Delta H = \sum B.S$(레벨 측량 1 $+$ 레벨 측량 2) $- \sum F.S$(레벨 측량 1 이기점 $+$ 레벨 측량 2 이기점)

$\quad =$ No.0 지반고(레벨 측량 1) $-$ No.0 지반고(레벨 측량 2)

$4.793 - 4.793 = 10.000 - 10.000$

0.000m $= 0.000$m (O.K)

※ $\sum B.S$(레벨 측량 1 $+$ 레벨 측량 2) $- \sum F.S$(레벨 측량 1 이기점 $+$ 레벨 측량 2 이기점)의 값과 No.0(레벨 측량 1) 지반고와 No.0(레벨 측량 2) 지반고의 차가 일치하므로, 야장계산은 정확하게 계산되었다고 할 수 있다.

4) 최확값

각각의 (레벨 측량 1 지반고 $+$ 레벨 측량 2 지반고) $\div 2$

- No.1 최확값 $= (10.353 + 10.182) \times \dfrac{1}{2} = 10.268$m

- No.2 최확값 $= (9.216 + 9.173) \times \dfrac{1}{2} = 9.195$m

- No.3 최확값 $= (12.790 + 12.580) \times \dfrac{1}{2} = 12.685$m

- No.4 최확값 $= (10.589 + 10.438) \times \dfrac{1}{2} = 10.514$m

- No.5 최확값 $= (10.173 + 10.092) \times \dfrac{1}{2} = 10.133$m

- No.6 최확값 $= (12.687 + 12.546) \times \dfrac{1}{2} = 12.617$m

- No.7 최확값 $= (10.459 + 10.341) \times \dfrac{1}{2} = 10.400$m

- No.8 최확값 $= (10.619 + 10.619) \times \dfrac{1}{2} = 10.619$m

(2) 토털스테이션 측량

1) 최종 성과표

$\overline{AP}$의 방위각 $= 145°40'30''$

측점	교각	측선	수평거리(m)	방위각
A	$52°25'12''$	AB	14.257	$198°05'42''$
B	$63°41'27''$	BQ	23.413	$81°47'09''$

측점	좌표(m)	
	X	Y
P	119.354	134.097
A	140.000	120.000
B	126.448	115.572
Q	129.793	138.745

□ $PABQ$의 면적(m²)

• 계산과정 :

측점	X	Y	Y_{n+1}	Y_{n-1}	ΔY	$X \cdot \Delta Y$
P	119.354	134.097	120.000	138.745	-18.745	$-2,237.291$
A	140.000	120.000	115.572	134.097	-18.525	$-2,593.500$
B	126.448	115.572	138.745	120.000	18.745	2,370.268
Q	129.793	138.745	134.097	115.572	18.525	2,404.415
계						56.108

배면적$(2A) = 56.108\text{m}^2$

$\therefore A = $ 배면적 $\times \dfrac{1}{2} = 56.108 \times \dfrac{1}{2} = 28.054\text{m}^2$

• 답 : 28.054m²

2) 해설

① 방위각 산정

• $\overline{AP}$ 방위각 $= 145°40'30''$(시험장에서 주어짐)

• $\overline{AB}$ 방위각 $= \overline{AP}$ 방위각 $+ \angle A$
  $= 145°40'30'' + 52°25'12'' = 198°05'42''$

• $\overline{BQ}$ 방위각 $= (\overline{AB}$ 방위각 $+ 180° + \angle B) - 360°$
  $= (198°05'42'' + 180° + 63°41'27'') - 360°$
  $= 81°47'09''$

※ 또는 $\overline{BQ}$ 방위각 $= \overline{AB}$ 방위각 $- 180° + \angle B$
  $= 198°05'42'' - 180° + 63°41'27''$
  $= 81°47'09''$

② 좌표 산정($X_A = 140.000$m, $Y_A = 120.000$m ⇒ 시험장에서 주어짐)

　㉠ P점 좌표

- $X_P = X_A + (\overline{AP}\,거리 \times \cos \overline{AP}\,방위각)$

　　　$= 140.000 + (25.000 \times \cos 145°40'30'')$

　　　$= 119.354$m

- $Y_P = Y_A + (\overline{AP}\,거리 \times \sin \overline{AP}\,방위각)$

　　　$= 120.000 + (25.000 \times \sin 145°40'30'')$

　　　$= 134.097$m

　㉡ B점 좌표

- $X_B = X_A + (\overline{AB}\,거리 \times \cos \overline{AB}\,방위각)$

　　　$= 140.000 + (14.257 \times \cos 198°05'42'')$

　　　$= 126.448$m

- $Y_B = Y_A + (\overline{AB}\,거리 \times \sin \overline{AB}\,방위각)$

　　　$= 120.000 + (14.257 \times \sin 198°05'42'')$

　　　$= 115.572$m

　㉢ Q점 좌표

- $X_Q = X_B + (\overline{BQ}\,거리 \times \cos \overline{BQ}\,방위각)$

　　　$= 126.448 + (23.413 \times \cos 81°47'09'')$

　　　$= 129.793$m

- $Y_Q = Y_B + (\overline{BQ}\,거리 \times \sin \overline{BQ}\,방위각)$

　　　$= 115.572 + (23.413 \times \sin 81°47'09'')$

　　　$= 138.745$m

③ 면적 산정

〈좌표법 적용〉

측점	X	Y	Y_{n+1}	Y_{n-1}	ΔY	$X \cdot \Delta Y$
P	119.354	134.097	120.000	138.745	-18.745	$-2,237.291$
A	140.000	120.000	115.572	134.097	-18.525	$-2,593.500$
B	126.448	115.572	138.745	120.000	18.745	2,370.268
Q	129.793	138.745	134.097	115.572	18.525	2,404.415
계						56.108

배면적$(2A) = 56.108$m^2

∴ $A = 배면적 \times \dfrac{1}{2} = 56.108 \times \dfrac{1}{2} = 28.054$m^2

※ 본 모의시험 문제 및 해설은 수험생의 수험대비를 위해 모의로 작성한 것임을 알려드립니다.

자격 종목	측량 및 지형공간정보기사	과제명	레벨 측량, 토털스테이션 측량

• 시험 시간 : 1시간 10분

  1) 레벨 측량 : 35분

  2) 토털스테이션 측량 : 35분

• 연장 시간 : 없음

1. 모의시험 문제

(1) 레벨 측량

시험장에 설치된 No.0~No.8 측점을 왕복측량 하여 답안지를 완성하시오(단, No.0 측점의 지반고는 30m이며, 기계는 왕복 각 2회(총 4회) 이상 세우고, 각 측점 간의 거리는 동일한 것으로 가정하며, 단위는 m로 소수 3자리까지 구하시오).

(2) 토털스테이션 측량

측점 A의 좌표(150.000m, 130.000m)와 $\overline{AP}$의 방위각 150°30'40''를 이용하여 답안지를 완성하시오(단, A점의 좌표는 m 단위로 소수 3자리까지, 각은 초 단위, 프리즘 상수는 감독위원의 지시에 따른다).

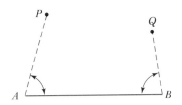

2. 국가기술자격 실기 모의시험 답안지

(1) 레벨 측량(야장)

자격 종목	측량 및 지형공간정보기사	비번호	

※ 거리는 소수 3자리까지 기입하시오.(단위 : m)
※ 답안 작성은 흑색 필기구만 사용하시오.

레벨 측량 [1]

(단위 : m)

측점	후시	전시		기계고	지반고
		이기점	중간점		
No.0	2.367				30.000
No.1			2.923		
No.2			2.709		
No.3	2.015	1.923			
No.4			−3.033		
No.5			2.458		
No.6			2.251		
No.7			−2.832		
No.8		1.713			
계					

[연습란]

• NOTICE • 본 야장의 후시, 전시 및 지반고 값은 임의로 기입한 수치임을 알려드립니다.

자격 종목	측량 및 지형공간정보기사	비번호	

※ 거리는 소수 3자리까지 기입하시오.(단위 : m)
※ 답안작성은 흑색 필기구만 사용하시오.

레벨 측량 [2]

(단위 : m)

측점	후시	전시		기계고	지반고
		이기점	중간점		
No.8	2.051				
No.7			−3.011		
No.6	2.192	2.413			
No.5			2.287		
No.4			−2.997		
No.3			2.009		
No.2			2.732		
No.1			2.531		
No.0		2.576			
계					

레벨 측량 최종 결과

(단위 : m)

측점	No.1	No.2	No.3	No.4	No.5	No.6	No.7	No.8
최확값								

• NOTICE • 본 야장의 후시, 전시 및 지반고 값은 임의로 기입한 수치임을 알려드립니다.

(2) 토털스테이션 측량(야장)

자격 종목	측량 및 지형공간정보기사	비번호	

※ 거리는 소수 3자리까지 기입하시오.(단위 : m)
※ 답안작성은 흑색 필기구만 사용하시오.

토털스테이션 측량

$\overline{AP}$의 방위각$=150°30'40''$

측점	교각	측선	수평거리(m)	방위각
A	72°36'24''	AB	18.156	223°07'04''
B	56°36'06''	BQ	22.101	99°43'10''

측점	좌표(m)	
	X	Y
P	128.239	142.306
A	150.000	130.000
B	136.747	117.590
Q	133.016	139.374

□ $PABQ$의 면적(m²)
• 계산과정 :

• 답 :

• NOTICE • 본 야장의 방위각, 교각, 수평거리 및 측점 좌표값은 임의로 기입한 수치임을 알려드립니다.

3. 최종 성과표 및 해설

(1) 레벨 측량

1) 최종 성과표

| 레벨 측량 [1] | (단위 : m)

측점	후시	전시		기계고	지반고
		이기점	중간점		
No.0	2.367			32.367	30.000
No.1			2.923		29.444
No.2			2.709		29.658
No.3	2.015	1.923		32.459	30.444
No.4			−3.033		35.492
No.5			2.458		30.001
No.6			2.251		30.208
No.7			−2.832		35.291
No.8		1.713			30.746
계	4.382	3.636			

| 레벨 측량 [2] | (단위 : m)

측점	후시	전시		기계고	지반고
		이기점	중간점		
No.8	2.051			32.797	30.746
No.7			−3.011		35.808
No.6	2.192	2.413		32.576	30.384
No.5			2.287		30.289
No.4			−2.997		35.573
No.3			2.009		30.567
No.2			2.732		29.844
No.1			2.531		30.045
No.0		2.576			30.000
계	4.243	4.989			

| 레벨 측량 최종 결과 | (단위 : m)

측점	No.1	No.2	No.3	No.4	No.5	No.6	No.7	No.8
최확값	29.745	29.751	30.506	35.533	30.145	30.296	35.550	30.746

2) 해설

$$\bullet \ 기계고(I.H) = 지반고(G.H) + 후시(B.S)$$
$$\bullet \ 지반고(G.H) = 기계고(I.H) - 전시(F.S)$$

① 레벨 측량 [1]
- No.0 지반고 = **30.000m**
- No.0 기계고 = 30.000 + 2.367 = 32.367m
- No.1 지반고 = 32.367 − 2.923 = 29.444m
- No.2 지반고 = 32.367 − 2.709 = 29.658m
- No.3 지반고 = 32.367 − 1.923 = **30.444m**

- No.3 기계고 = 30.444 + 2.015 = 32.459m
- No.4 지반고 = 32.459 − (−3.033) = 35.492m
- No.5 지반고 = 32.459 − 2.458 = 30.001m
- No.6 지반고 = 32.459 − 2.251 = 30.208m
- No.7 지반고 = 32.459 − (−2.832) = 35.291m
- No.8 지반고 = 32.459 − 1.713 = **30.746m**

검산
- $\sum$ 후시 = No.0 + No.3 = 2.367 + 2.015 = 4.382m
- $\sum$ 전시(이기점) = No.3 + No.8 = 1.923 + 1.713 = 3.636m
- ΔH = 4.382 − 3.636 = **0.746m**
- 지반고 차 = No.8 지반고 − No.0 지반고 = 30.746 − 30.000 = **0.746m (O.K)**

② 레벨 측량 [2]
- No.8 지반고 = **30.746m**
- No.8 기계고 = 30.746 + 2.051 = 32.797m
- No.7 지반고 = 32.797 − (−3.011) = 35.808m
- No.6 지반고 = 32.797 − 2.413 = 30.384m

- No.6 기계고 = 30.384 + 2.192 = 32.576m
- No.5 지반고 = 32.576 − 2.287 = 30.289m
- No.4 지반고 = 32.576 − (−2.997) = 35.573m
- No.3 지반고 = 32.576 − 2.009 = 30.567m
- No.2 지반고 = 32.576 − 2.732 = 29.844m
- No.1 지반고 = 32.576 − 2.531 = 30.045m
- No.0 지반고 = 32.576 − 2.576 = 30.000m

- $\sum$ 후시 $=$ No.8 $+$ No.6 $=2.051+2.192=4.243$m
- $\sum$ 전시(이기점) $=$ No.6 $+$ No.0 $=2.413+2.576=4.989$m
- $\Delta H = 4.243-4.989 = -0.746$m
- 지반고 차 $=$ No.0 지반고 $-$ No.8 지반고 $=30.000-30.746=-0.746$m (O.K)

3) 최종 검산

$$\Delta H = \sum B.S(\text{레벨 측량 1}+\text{레벨 측량 2}) - \sum F.S(\text{레벨 측량 1 이기점}+\text{레벨 측량 2 이기점})$$
$$= \text{No.0 지반고(레벨 측량 1)} - \text{No.0 지반고(레벨 측량 2)}$$

$8.625-8.625=30.000-30.000$

$0.000\text{m}=0.000\text{m (O.K)}$

※ $\sum B.S$(레벨 측량 1 + 레벨 측량 2) $- \sum F.S$(레벨 측량 1 이기점 + 레벨 측량 2 이기점)의 값과 No.0(레벨 측량 1) 지반고와 No.0(레벨 측량 2) 지반고의 차가 일치하므로, 야장계 산은 정확하게 계산되었다고 할 수 있다.

4) 최확값

각각의 (레벨 측량 1 지반고 $+$ 레벨 측량 2 지반고) $\div 2$

- No.1 최확값 $=(29.444+30.045)\times\dfrac{1}{2}=29.745$m
- No.2 최확값 $=(29.658+29.844)\times\dfrac{1}{2}=29.751$m
- No.3 최확값 $=(30.444+30.567)\times\dfrac{1}{2}=30.506$m
- No.4 최확값 $=(35.492+35.573)\times\dfrac{1}{2}=35.533$m
- No.5 최확값 $=(30.001+30.289)\times\dfrac{1}{2}=30.145$m
- No.6 최확값 $=(30.208+30.384)\times\dfrac{1}{2}=30.296$m
- No.7 최확값 $=(35.291+35.808)\times\dfrac{1}{2}=35.550$m
- No.8 최확값 $=(30.746+30.746)\times\dfrac{1}{2}=30.746$m

1) 최종 성과표

$\overline{AP}$의 방위각 $=150°30'40''$

측점	교각	측선	수평거리(m)	방위각
A	$72°36'24''$	AB	18.156	$223°07'04''$
B	$56°36'06''$	BQ	22.101	$99°43'10''$

측점	좌표(m)	
	X	Y
P	128.239	142.306
A	150.000	130.000
B	136.747	117.590
Q	133.016	139.374

□ $PABQ$의 면적(m²)
• 계산과정 :

측점	X	Y	Y_{n+1}	Y_{n-1}	ΔY	$X \cdot \Delta Y$
P	128.239	142.306	130.000	139.374	-9.374	$-1,202.112$
A	150.000	130.000	117.590	142.306	-24.716	$-3,707.400$
B	136.747	117.590	139.374	130.000	9.374	1,281.866
Q	133.016	139.374	142.306	117.590	24.716	3,287.623
계						340.023

배면적$(2A) = 340.023\text{m}^2$

$\therefore A =$ 배면적 $\times \dfrac{1}{2} = 340.023 \times \dfrac{1}{2} = 170.012\text{m}^2$

• 답 : 170.012m²

2) 해설
① 방위각 산정
• $\overline{AP}$ 방위각 $=150°30'40''$(시험장에서 주어짐)
• $\overline{AB}$ 방위각 $= \overline{AP}$ 방위각 $+ \angle A$
$= 150°30'40'' + 72°36'24'' = 223°07'04''$
• $\overline{BQ}$ 방위각 $= (\overline{AB}$ 방위각 $+180° + \angle B) - 360°$
$= (223°07'04'' + 180° + 56°36'06'') - 360°$
$= 99°43'10''$
※ 또는 $\overline{BQ}$ 방위각 $= \overline{AB}$ 방위각 $- 180° + \angle B$
$= 223°07'04'' - 180° + 56°36'06''$
$= 99°43'10''$

② 좌표 산정($X_A = 150.000$m, $Y_A = 130.000$m ⇒ 시험장에서 주어짐)

    ㉠ P점 좌표

- $X_P = X_A + (\overline{AP}$거리$\times \cos \overline{AP}$방위각$)$

      $= 150.000 + (25.000 \times \cos 150°30'40'')$

      $= 128.239$m

- $Y_P = Y_A + (\overline{AP}$거리$\times \sin \overline{AP}$방위각$)$

      $= 130.000 + (25.000 \times \sin 150°30'40'')$

      $= 142.306$m

    ㉡ B점 좌표

- $X_B = X_A + (\overline{AB}$거리$\times \cos \overline{AB}$방위각$)$

      $= 150.000 + (18.156 \times \cos 223°07'04'')$

      $= 136.747$m

- $Y_B = Y_A + (\overline{AB}$거리$\times \sin \overline{AB}$방위각$)$

      $= 130.000 + (18.156 \times \sin 223°07'04'')$

      $= 117.590$m

    ㉢ Q점 좌표

- $X_Q = X_B + (\overline{BQ}$거리$\times \cos \overline{BQ}$방위각$)$

      $= 136.747 + (22.101 \times \cos 99°43'10'')$

      $= 133.016$m

- $Y_Q = Y_B + (\overline{BQ}$거리$\times \sin \overline{BQ}$방위각$)$

      $= 117.590 + (22.101 \times \sin 99°43'10'')$

      $= 139.374$m

③ 면적 산정

    〈좌표법 적용〉

측점	X	Y	Y_{n+1}	Y_{n-1}	ΔY	$X \cdot \Delta Y$
P	128.239	142.306	130.000	139.374	-9.374	$-1,202.112$
A	150.000	130.000	117.590	142.306	-24.716	$-3,707.400$
B	136.747	117.590	139.374	130.000	9.374	1,281.866
Q	133.016	139.374	142.306	117.590	24.716	3,287.623
계						340.023

배면적$(2A) = 340.023$m^2

∴ $A = $ 배면적 $\times \dfrac{1}{2} = 340.023 \times \dfrac{1}{2} = 170.012$m^2

03 편

필답형
과년도 기출(복원)
문제 및 해설

• NOTICE • 본 기출(복원)문제는 서초수도건축토목학원 수강생들의 기억을 토대로 작성되었으며, 문제 및 해설에 일부 오탈자가 있을 수 있음을 알려드립니다. 또한, 수험자의 기억이 불확실할 경우에는 유사문제로 대체하였음을 알려드립니다. 본서의 문제해설은 출제 당시 법령을 기준으로 작성하였습니다.

01 P점의 표고를 구하기 위해 그림과 같이 수준점 A, B, C, D에서 각각 왕복수준측량을 한 결과 다음 표와 같다. P점 표고의 최확값과 평균제곱근오차를 구하시오.(단, 최확값은 소수 셋째 자리까지, 평균제곱근오차는 소수 넷째 자리까지 구하시오.) (10점)

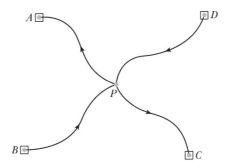

측선	표고(m)	P와의 고저차(m)	거리(km)	왕복횟수
$P \to A$	32.043	-1.654	1.5	1
$B \to P$	38.821	-5.131	3.0	3
$P \to C$	35.626	$+1.985$	1.5	1
$D \to P$	36.802	-3.127	4.5	2

(1) P점 표고의 최확값

(2) 평균제곱근오차(m_0)

※ 본 문제에서는 노선거리(S)와 관측횟수(N)가 동시에 주어졌으므로 각각의 조건으로 최확값과 평균 제곱근오차를 구하여 평균값을 산정한다.

1. 제1조건 : 노선거리(S)

(1) P점 표고의 최확값

1) 경중률 계산

$$W_1 : W_2 : W_3 : W_4 = \frac{1}{S_1} : \frac{1}{S_2} : \frac{1}{S_3} : \frac{1}{S_4} = \frac{1}{1.5} : \frac{1}{3} : \frac{1}{1.5} : \frac{1}{4.5} = 3 : 1.5 : 3 : 1$$

2) 표고 계산

① $A \rightarrow P = 32.043 + 1.654 = 33.697\text{m}$

② $B \rightarrow P = 38.821 - 5.131 = 33.690\text{m}$

③ $C \rightarrow P = 35.626 - 1.985 = 33.641\text{m}$

④ $D \rightarrow P = 36.802 - 3.127 = 33.675\text{m}$

3) 최확값 계산

$$H_P = \frac{W_1 h_1 + W_2 h_2 + W_3 h_3 + W_4 h_4}{W_1 + W_2 + W_3 + W_4}$$

$$= 33.600 + \frac{(3 \times 0.097) + (1.5 \times 0.090) + (3 \times 0.041) + (1 \times 0.075)}{3 + 1.5 + 3 + 1}$$

$$= 33.673\text{m}$$

(2) 평균제곱근오차(m_0)

노선	관측값(m)	최확값(m)	v	vv	W	W_{vv}
$A \rightarrow P$	33.697		0.024	0.000576	3	0.0017280
$B \rightarrow P$	33.690	33.673	0.017	0.000289	1.5	0.0004335
$C \rightarrow P$	33.641		-0.032	0.001024	3	0.0030720
$D \rightarrow P$	33.675		0.002	0.000004	1	0.0000040
계					8.5	0.0052375

$$m_0 = \pm \sqrt{\frac{[W_{vv}]}{[W](n-1)}} = \pm \sqrt{\frac{0.0052375}{8.5 \times (4-1)}} = \pm 0.0143\text{m}$$

2. 제2조건 : 관측횟수(N)

(1) P점 표고의 최확값

1) 경중률 계산

$$W_1 : W_2 : W_3 : W_4 = N_1 : N_2 : N_3 : N_4 = 1 : 3 : 1 : 2$$

2) 표고 계산

① $A \rightarrow P = 32.043 + 1.654 = 33.697\text{m}$

② $B \rightarrow P = 38.821 - 5.131 = 33.690\text{m}$

③ $C \rightarrow P = 35.626 - 1.985 = 33.641\text{m}$

④ $D \rightarrow P = 36.802 - 3.127 = 33.675\text{m}$

3) 최확값 계산

$$H_P = \frac{W_1 h_1 + W_2 h_2 + W_3 h_3 + W_4 h_4}{W_1 + W_2 + W_3 + W_4}$$

$$= 33.600 + \frac{(1 \times 0.097) + (3 \times 0.090) + (1 \times 0.041) + (2 \times 0.075)}{1 + 3 + 1 + 2}$$

$$= 33.680 \text{m}$$

(2) 평균제곱근오차(m_0)

노선	관측값(m)	최확값(m)	v	vv	W	W_{vv}
$A \to P$	33.697		0.017	0.000289	1	0.000289
$B \to P$	33.690	33.680	0.010	0.000100	3	0.000300
$C \to P$	33.641		-0.039	0.001521	1	0.001521
$D \to P$	33.675		-0.005	0.000025	2	0.000050
계					7	0.002160

$$m_0 = \pm \sqrt{\frac{[W_{vv}]}{[W](n-1)}} = \pm \sqrt{\frac{0.002160}{7 \times (4-1)}} = \pm 0.0101 \text{m}$$

3. 평균

(1) P점 표고의 최확값(H_P) 계산

$$H_P = \frac{33.673 + 33.680}{2} = 33.677 \text{m}$$

(2) 평균제곱근오차(m_0) 계산

$$m_0 = \frac{0.0143 + 0.0101}{2} = \pm 0.0122 \text{m}$$

02 그림과 같은 결합트래버스를 측정한 결과 아래와 같은 관측각을 얻었다. 이 관측각을 이용하여 다음 성과표를 완성하시오.(단, 계산은 소수 셋째 자리까지, 조정은 컴퍼스법칙으로 적용하시오.)

(10점)

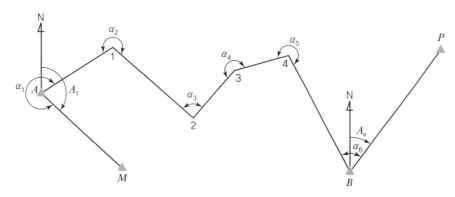

측점	좌표(m)		각명	방위각
	X	Y		
A	200.000	50.000	A_1	153°05′44″
B	190.000	530.000	A_n	41°45′34″

측점	측정내각	조정량	조정각	측선	방위각	방위
A	252°31′32″			$\overline{A-1}$		
1	269°49′23″			$\overline{1-2}$		
2	87°55′52″			$\overline{2-3}$		
3	222°16′33″			$\overline{3-4}$		
4	237°22′22″			$\overline{4-B}$		
B	78°44′02″			$\overline{B-P}$		
계						

측선	거리 (m)	방위각	위거 (m)	경거 (m)	조정위거 (m)	조정경거 (m)	측점	합위거 (m)	합경거 (m)
$\overline{A-1}$	124.300						A		
$\overline{1-2}$	150.700						1		
$\overline{2-3}$	118.700						2		
$\overline{3-4}$	139.300						3		
$\overline{4-B}$	108.100						4		
계							B		

측점	관측각	조정량	조정각	측선	방위각	방위
A	252°31′32″	+1″	252°31′33″	$\overline{A-1}$	45°37′17″	N 45°37′17″E
1	269°49′23″	+1″	269°49′24″	$\overline{1-2}$	135°26′41″	S 44°33′19″E
2	87°55′52″	+1″	87°55′53″	$\overline{2-3}$	43°22′34″	N 43°22′34″E
3	222°16′33″	+1″	222°16′34″	$\overline{3-4}$	85°39′08″	N 85°39′08″E
4	237°22′22″	+1″	237°22′23″	$\overline{4-B}$	143°01′31″	S 36°58′29″E
B	78°44′02″	+1″	78°44′03″	$\overline{B-P}$	41°45′34″	N 41°45′34″E
계		+6″				

측선	거리 (m)	방위각	위거 (m)	경거 (m)	조정위거 (m)	조정경거 (m)	측점	합위거 (m)	합경거 (m)
$\overline{A-1}$	124.300	45°37′17″	86.935	88.841	86.930	88.839	A	200.000	50.000
$\overline{1-2}$	150.700	135°26′41″	−107.385	105.731	−107.391	105.729	1	286.930	138.839
$\overline{2-3}$	118.700	43°22′34″	86.278	81.521	86.273	81.519	2	179.539	244.568
$\overline{3-4}$	139.300	85°39′08″	10.560	138.899	10.554	138.897	3	265.812	326.087
$\overline{4-B}$	108.100	143°01′31″	−86.361	65.018	−86.366	65.016	4	276.366	464.984
계	641.100		−9.973	480.010			B	190.000	530.000

(1) 측각오차(E_α) 계산

$$E_\alpha = A_1 + [\alpha] - 180°(n+1) - A_n$$
$$= 153°05′44″ + 1,148°39′44″ - 180°(6+1) - 41°45′34″$$
$$= -6″$$

$$\therefore \text{조정량} = \frac{6″}{6} = 1″(\oplus \text{조정})$$

(2) 방위각 및 방위 계산

　1) 방위각

　　① $\overline{A-1}$ 방위각 $= (A_1 + \angle\alpha_1) - 360°$
　　　　　　　　　　　$= (153°05′44″ + 252°31′33″) - 360°$
　　　　　　　　　　　$= 45°37′17″$

　　② $\overline{1-2}$ 방위각 $= \overline{A-1}$ 방위각 $- 180° + \angle\alpha_2$
　　　　　　　　　　　$= 45°37′17″ - 180° + 269°49′24″$
　　　　　　　　　　　$= 135°26′41″$

　　③ $\overline{2-3}$ 방위각 $= \overline{1-2}$ 방위각 $- 180° + \angle\alpha_3$
　　　　　　　　　　　$= 135°26′41″ - 180° + 87°55′53″$
　　　　　　　　　　　$= 43°22′34″$

　　④ $\overline{3-4}$ 방위각 $= \overline{2-3}$ 방위각 $- 180° + \angle\alpha_4$
　　　　　　　　　　　$= 43°22′34″ - 180° + 222°16′34″$
　　　　　　　　　　　$= 85°39′08″$

　　⑤ $\overline{4-B}$ 방위각 $= \overline{3-4}$ 방위각 $- 180° + \angle\alpha_5$
　　　　　　　　　　　$= 85°39′08″ - 180° + 237°22′23″$
　　　　　　　　　　　$= 143°01′31″$

　　⑥ $\overline{B-P}$ 방위각(A_n) $= \overline{4-B}$ 방위각 $- 180° + \angle\alpha_6$
　　　　　　　　　　　　$= 143°01′31″ - 180° + 78°44′03″$
　　　　　　　　　　　　$= 41°45′34″$

2) 방위

① $\overline{A-1}$ 방위 : N 45°37′17″E

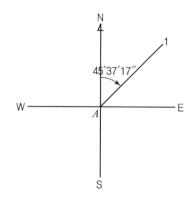

② $\overline{1-2}$ 방위 : S 44°33′19″E

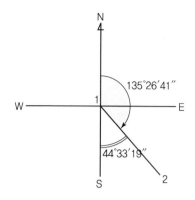

③ $\overline{2-3}$ 방위 : N 43°22′34″E

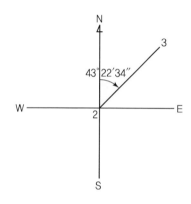

④ $\overline{3-4}$ 방위 : N 85°39′08″E

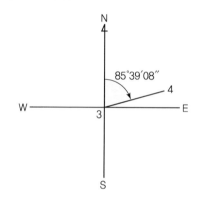

⑤ $\overline{4-B}$ 방위 : S 36°58′29″E

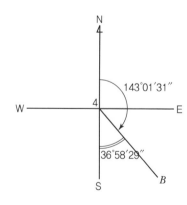

⑥ $\overline{B-P}$ 방위 : N 41°45′34″E

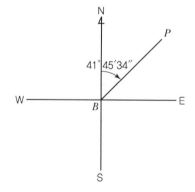

(3) 위거 및 경거 계산

1) 위거($l \cdot \cos\theta$)

① $\overline{A-1}$ 위거 $= 124.300 \times \cos 45°37'17'' = 86.935\text{m}$

② $\overline{1-2}$ 위거 $= 150.700 \times \cos 135°26'41'' = -107.385\text{m}$

③ $\overline{2-3}$ 위거 $= 118.700 \times \cos 43°22'34'' = 86.278\text{m}$

④ $\overline{3-4}$ 위거 $= 139.300 \times \cos 85°39'08'' = 10.560\text{m}$

⑤ $\overline{4-B}$ 위거 $= 108.100 \times \cos 143°01'31'' = -86.361\text{m}$

2) 경거($l \cdot \sin\theta$)

① $\overline{A-1}$ 경거 $= 124.300 \times \sin 45°37'17'' = 88.841\text{m}$

② $\overline{1-2}$ 경거 $= 150.700 \times \sin 135°26'41'' = 105.731\text{m}$

③ $\overline{2-3}$ 경거 $= 118.700 \times \sin 43°22'34'' = 81.521\text{m}$

④ $\overline{3-4}$ 경거 $= 139.300 \times \sin 85°39'08'' = 138.899\text{m}$

⑤ $\overline{4-B}$ 경거 $= 108.100 \times \sin 143°01'31'' = 65.018\text{m}$

(4) 위거조정량 및 경거조정량 계산

1) 위거오차

위거오차 $= (X_A + \textstyle\sum 위거) - X_B = (200.000 + (-9.973)) - 190.000 = 0.027\text{m}\,(\ominus조정)$

2) 위거조정량(컴퍼스법칙)

$$위거조정량 = \frac{위거오차}{총\ 길이} \times 조정할\ 측선의\ 길이$$

① $\overline{A-1}$ 위거조정량 $= \dfrac{0.027}{641.100} \times 124.300 = -0.005\text{m}$

② $\overline{1-2}$ 위거조정량 $= \dfrac{0.027}{641.100} \times 150.700 = -0.006\text{m}$

③ $\overline{2-3}$ 위거조정량 $= \dfrac{0.027}{641.100} \times 118.700 = -0.005\text{m}$

④ $\overline{3-4}$ 위거조정량 $= \dfrac{0.027}{641.100} \times 139.300 = -0.006\text{m}$

⑤ $\overline{4-B}$ 위거조정량 $= \dfrac{0.027}{641.100} \times 108.100 = -0.005\text{m}$

3) 경거오차

경거오차 $= (Y_A + \textstyle\sum 경거) - Y_B = (50.000 + 480.010) - 530.000 = 0.010\text{m}\,(\ominus조정)$

4) 경거조정량(컴퍼스법칙)

$$경거조정량 = \frac{경거오차}{총\ 길이} \times 조정할\ 측선의\ 길이$$

① $\overline{A-1}$ 경거조정량 $= \dfrac{0.010}{641.100} \times 124.300 = -0.002\text{m}$

② $\overline{1-2}$ 경거조정량 $= \dfrac{0.010}{641.100} \times 150.700 = -0.002\text{m}$

③ $\overline{2-3}$ 경거조정량 $= \dfrac{0.010}{641.100} \times 118.700 = -0.002\text{m}$

④ $\overline{3-4}$ 경거조정량 $= \dfrac{0.010}{641.100} \times 139.300 = -0.002\text{m}$

⑤ $\overline{4-B}$ 경거조정량 $= \dfrac{0.010}{641.100} \times 108.100 = -0.002\text{m}$

(5) 합위거 및 합경거 계산

측점	합위거(m)	합경거(m)
A	200.000	50.000
1	$200.000 + 86.930 = 286.930$	$50.000 + 88.839 = 138.839$
2	$286.930 - 107.391 = 179.539$	$138.839 + 105.729 = 244.568$
3	$179.539 + 86.273 = 265.812$	$244.568 + 81.519 = 326.087$
4	$265.812 + 10.554 = 276.366$	$326.087 + 138.897 = 464.984$
B	$276.366 - 86.366 = 190.000$	$464.984 + 65.016 = 530.000$

03 장애물이 있어 교점 P에 갈 수 없는 지역에서 $\overline{AC}$ 및 $\overline{BD}$의 사이에 원곡선을 설치하려고 한다. $\overline{AC}$, $\overline{CD}$ 및 $\overline{DB}$의 방위각과 $\overline{CD}$의 거리를 관측하여 $\alpha_{\overline{AC}} = 30°$, $\alpha_{\overline{CD}} = 60°$, $\alpha_{\overline{DB}} = 120°$, $\overline{CD} = 200\text{m}$의 결과를 얻었다. 원곡선의 시점을 C라 할 때 곡선반지름과 D점에서 곡선종점($E.C$)까지의 거리를 구하시오.(단, 계산은 반올림하여 소수 둘째 자리까지 구하시오.) (10점)

(1) 곡선반지름
(2) D점에서 곡선종점($E.C$)까지의 거리

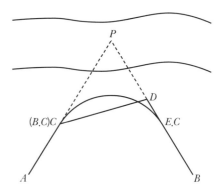

해설 및 정답 ◐

(1) 곡선반지름 계산

$$T.L = \overline{CP} = \frac{\sin 60°}{\sin 90°} \times 200 = 173.21\text{m}$$

$$173.21 = R\tan\frac{90°}{2}$$

$$\therefore \ R = 173.21\text{m}$$

(2) D점에서 곡선종점($E.C$)까지의 거리 계산

$$\overline{PD} = \frac{\sin 30°}{\sin 90°} \times 200 = 100.00\text{m}$$

$$\therefore \overline{D-E.C} \ \text{거리} = T.L - \overline{PD} = 173.21 - 100.00 = 73.21\text{m}$$

04 그림은 종단측량의 스케치도이다. 기고식 야장을 작성하시오. (5점)

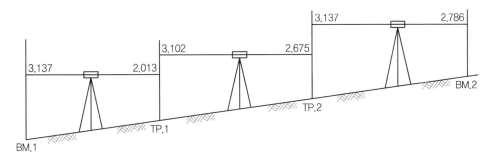

[단위 : m]

측점	후시	전시	기계고	지반고
BM.1				100.000
TP.1				
TP.2				
BM.2				

해설 및 정답 ✦

[단위 : m]

측점	후시	전시	기계고	지반고
BM.1	3.137		103.137	100.000
TP.1	3.102	2.013	104.226	101.124
TP.2	3.137	2.675	104.688	101.551
BM.2		2.786		101.902

(1) 기계고 계산(지반고＋후시)

① BM.1 ＝ BM.1 지반고 ＋ BM.1 후시 ＝ 100.000 ＋ 3.137 ＝ 103.137m

② TP.1 ＝ TP.1 지반고 ＋ TP.1 후시 ＝ 101.124 ＋ 3.102 ＝ 104.226m

③ TP.2 ＝ TP.2 지반고 ＋ TP.2 후시 ＝ 101.551 ＋ 3.137 ＝ 104.688m

(2) 지반고 계산(기계고－전시)

① BM.1 ＝ 100.000m

② TP.1 ＝ BM.1 기계고 － TP.1 전시 ＝ 103.137 － 2.013 ＝ 101.124m

③ TP.2 ＝ TP.1 기계고 － TP.2 전시 ＝ 104.226 － 2.675 ＝ 101.551m

④ BM.2 ＝ TP.2 기계고 － BM.2 전시 ＝ 104.688 － 2.786 ＝ 101.902m

05 다음 그림과 같은 표고 137.536m의 BM_1에서 10km의 수준노선에 따라 간접고저측량을 하였더니 다음 표와 같은 결과를 얻었다. 각 점의 표고를 구하시오. (5점)

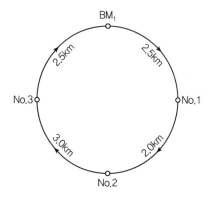

측점	측점 간 거리(km)	관측표고(m)
BM_1		137.536
No.1	2.5	111.617
No.2	2.0	89.744
No.3	3.0	125.263
BM_1	2.5	137.628

해설 및 정답 ✥ --

(1) 폐합오차(E) 계산

$E = 137.628 - 137.536 = 0.092m(\ominus$보정$)$

(2) 각 측점 조정량 계산

$$조정량 = \frac{노선거리}{전체거리} \times 폐합오차$$

① $No.1 = \dfrac{2.5}{10.0} \times 0.092 = -0.023m$

② $No.2 = \dfrac{4.5}{10.0} \times 0.092 = -0.041m$

③ $No.3 = \dfrac{7.5}{10.0} \times 0.092 = -0.069m$

④ $BM_1 = \dfrac{10.0}{10.0} \times 0.092 = -0.092m$

(3)

측점	노선거리(km)	관측표고(m)	조정량(m)	조정표고(m)
BM_1		137.536		137.536
No.1	2.5	111.617	-0.023	111.594
No.2	2.0	89.744	-0.041	89.703
No.3	3.0	125.263	-0.069	125.194
BM_1	2.5	137.628	-0.092	137.536

06 미지점 a, b, c를 측정하기 위하여 적합한 네트워크망을 그림으로 표현하시오. (5점)

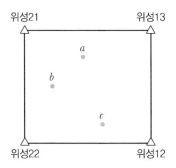

해설 및 정답

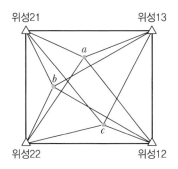

07 다음 사항에 답하시오. (5점)

(1) 촬영고도 5,000m에서 사진 1을 기준으로 입체모형을 구성한 주점기선의 길이가 80mm, 사진 2를 기준으로 입체모형을 구성한 주점기선의 길이가 81mm이었다면 시차차가 3mm인 건물의 높이를 구하시오.

(2) 항공사진촬영에서 촬영고도(H) 3,000m, 초점거리(f) 150mm, CCD 해상도가 10μm일 때 지상해상도(GSD)를 구하시오.

해설 및 정답

(1) 건물의 높이

$$h = \frac{H}{b_0} \times \Delta p = \frac{5,000}{\left(\frac{0.08 + 0.081}{2} \right)} \times 0.003 = 186.34\text{m}$$

$$지상해상도(GSD) = \frac{H}{f} \times CCD\ 해상도 = \frac{3,000}{0.15} \times 0.01 = 200\text{mm} = 20\text{cm}$$

$$또는\ \frac{3,000}{0.15} \times 10\mu m = 200,000\mu m = 200\text{mm} = 20\text{cm}$$

여기서, H : 촬영고도, f : 초점거리, CCD 해상도 : $10\mu m = \frac{10}{1,000}\text{mm} = 0.01\text{mm}$

08 지형을 3차원으로 표시하기 위해 수치지형모형이 사용되어 오고 있다. 최근 지형을 3차원으로 단순히 표시하는 것을 벗어나 보다 다양한 정보를 함께 제공하기 위한 노력이 이뤄지고 있는데 이와 관련된 다음 물음에 답하시오. (5점)

(1) DEM(Digital Elevation Model), DTM(Digital Terrain Model), DTED(Digital Terrain Elevation Data)가 사용되고 있는데 각각이 제공하는 정보에 대한 차이점에 대하여 간단히 설명하고 있다. 각 설명에 맞는 모델을 1개씩만 쓰시오.
　① 표고뿐만 아니라 강, 하천, 지성선 등과 지리학적 요소, 자연지물 등이 포함된 자료로서 보다 포괄적인 개념에서는 건물 등의 인공구조물을 포함한 지형기복을 표현하는 자료
　② 표고값 이외에도 최대, 최소, 평균 표고값 등을 제공하여 표고, 경사, 표면의 거칠기 등의 정보를 제공하는 자료
　③ XY 좌표로 표현된 2차원의 데이터구조에 각 격자에 대한 표고값(Z)이 연결된 2, 3차원의 자료
(2) 격자점을 이용한 3차원 지형분석 및 표현에 격자방식보다 TIN(Triangular Irregular Network)이 많이 사용되고 있는 이유를 쓰시오.

해설 및 정답 ❸

(1) ① DTED(Digital Terrain Elevation Data)
　　인공지물과 식생이 있는 지구 표면의 표고를 표현하기 위해 일정 간격의 격자점마다 수치로 기록한 표고모형을 말한다.
　② DTM(Digital Terrain Model)
　　적당한 밀도로 분포하는 지점들의 위치 및 표고의 수치정보이다.
　③ DEM(Digital Elevation Model)
　　수치고도모형이라고 하며, 지형의 위치에 대한 표고를 일정한 간격으로 배열한 수치정보이다.

(2) 불규칙삼각망은 격자자료의 단점인 해상력 저하, 해상력 조절, 중요한 정보 상실에 대한 가능성이 해소되고 자료량 조절이 용이하므로 3차원 지형분석 및 표현에 많이 이용된다.

09 공간자료의 위상(Topology)은 객체들 간의 공간관계를 정의하는 것으로 객체들 간의 인접성, 연결성, 계급성에 대한 정보를 파악하기 쉽다. 다음 그림에 적합한 각각의 위상 정보를 쓰시오. (5점)

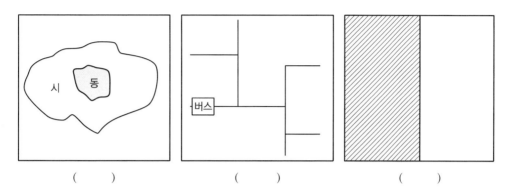

(   )   (   )   (   )

해설 및 정답 ◈

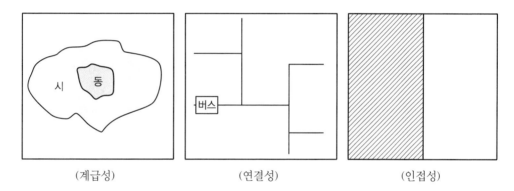

(계급성)   (연결성)   (인접성)

- 계급성은 객체 간의 포함 관계를 나타낸다.
- 연결성은 선 객체 간의 연결 관계를 나타낸다.
- 인접성은 서로 이웃하고 있는 객체 간의 관계를 나타낸다.

• NOTICE • 본 기출(복원)문제는 서초수도건축토목학원 수강생들의 기억을 토대로 작성되었으며, 문제 및 해설에 일부 오탈자가 있을 수 있음을 알려드립니다. 또한, 수험자의 기억이 불확실할 경우에는 유사문제로 대체하였음을 알려드립니다. 본서의 문제해설은 출제 당시 법령을 기준으로 작성하였습니다.

01 그림과 같은 결합트래버스를 측정한 결과 아래와 같은 관측각을 얻었다. 이 관측각을 이용하여 다음 성과표를 완성하라. (단, 계산은 소수 셋째 자리까지, 조정은 컴퍼스법칙으로 적용하시오.) (10점)

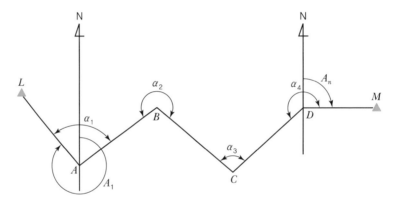

측점	좌표(m)	
	X	Y
L	516.516	419.419
M	529.981	786.691

각명	방위각
A_1	$300°27'27''$
A_n	$52°21'01''$

(1) 관측각 조정표

각명	관측각	조정량	조정각
α_1	$135°25'20''$		
α_2	$210°30'30''$		
α_3	$150°32'20''$		
α_4	$155°25'40''$		

(2) 성과표

측선	거리 (m)	방위각	위거 (m)	경거 (m)	조정위거 (m)	조정경거 (m)	측점	합위거 (m)	합경거 (m)
$\overline{L-A}$	90.000	120°27′27″					L	516.516	419.419
$\overline{A-B}$	80.000						A		
$\overline{B-C}$	70.000						B		
$\overline{C-D}$	100.000						C		
$\overline{D-M}$	60.000	52°21′01″					D		
계							M	529.981	786.691

해설 및 정답

(1) 관측각 조정표

각명	관측각	조정량	조정각
α_1	135°25′20″	$-4″$	135°25′16″
α_2	210°30′30″	$-4″$	210°30′26″
α_3	150°32′20″	$-4″$	150°32′16″
α_4	155°25′40″	$-4″$	155°25′36″

$$측각오차(E_\alpha) = A_1 + \sum\alpha - 180°(n+1) - A_n$$
$$= 300°27′27″ + 651°53′50″ - 180°(4+1) - 52°21′01″$$
$$= 16″$$

$$\therefore 조정량 = \frac{16″}{4} = 4″(\ominus 조정)$$

(2) 성과표

측선	거리 (m)	방위각	위거 (m)	경거 (m)	조정위거 (m)	조정경거 (m)	측점	합위거 (m)	합경거 (m)
$\overline{L-A}$	90.000	120°27′27″	-45.621	77.580	-45.612	77.589	L	516.516	419.419
$\overline{A-B}$	80.000	75°52′43″	19.518	77.582	19.526	77.590	A	470.904	497.008
$\overline{B-C}$	70.000	106°23′09″	-19.747	67.157	-19.740	67.164	B	490.430	574.598
$\overline{C-D}$	100.000	76°55′25″	22.625	97.407	22.635	97.417	C	470.690	641.762
$\overline{D-M}$	60.000	52°21′01″	36.650	47.506	36.656	47.512	D	493.325	739.179
계	400.000		13.425	367.232			M	529.981	786.691

1) 방위각 계산

① $\overline{L-A}$ 방위각 $= A_1 - 180° = 300°27′27″ - 180° = 120°27′27″$

② $\overline{A-B}$ 방위각 $= \overline{L-A}$ 방위각 $- 180° + \angle\alpha_1 = 120°27′27″ - 180° + 135°25′16″ = 75°52′43″$

③ $\overline{B-C}$ 방위각 $= \overline{A-B}$ 방위각 $- 180° + \angle\alpha_2 = 75°52′43″ - 180° + 210°30′26″ = 106°23′09″$

④ $\overline{C-D}$ 방위각 $= \overline{B-C}$ 방위각 $- 180° + \angle\alpha_3 = 106°23′09″ - 180° + 150°32′16″ = 76°55′25″$

⑤ $\overline{D-M}$ 방위각$(A_n) = \overline{C-D}$ 방위각 $- 180° + \angle\alpha_4 = 76°55′25″ - 180° + 155°25′36″ = 52°21′01″$

2) 위거 및 경거 계산

① 위거($l \cdot \cos\theta$)
- $\overline{L-A}$ 위거 $= 90.000 \times \cos 120°27'27'' = -45.621\mathrm{m}$
- $\overline{A-B}$ 위거 $= 80.000 \times \cos 75°52'43'' = 19.518\mathrm{m}$
- $\overline{B-C}$ 위거 $= 70.000 \times \cos 106°23'09'' = -19.747\mathrm{m}$
- $\overline{C-D}$ 위거 $= 100.000 \times \cos 76°55'25'' = 22.625\mathrm{m}$
- $\overline{D-M}$ 위거 $= 60.000 \times \cos 52°21'01'' = 36.650\mathrm{m}$

② 경거($l \cdot \sin\theta$)
- $\overline{L-A}$ 경거 $= 90.000 \times \sin 120°27'27'' = 77.580\mathrm{m}$
- $\overline{A-B}$ 경거 $= 80.000 \times \sin 75°52'43'' = 77.582\mathrm{m}$
- $\overline{B-C}$ 경거 $= 70.000 \times \sin 106°23'09'' = 67.157\mathrm{m}$
- $\overline{C-D}$ 경거 $= 100.000 \times \sin 76°55'25'' = 97.407\mathrm{m}$
- $\overline{D-M}$ 경거 $= 60.000 \times \sin 52°21'01'' = 47.506\mathrm{m}$

3) 위거조정량 및 경거조정량 계산

① 위거오차

위거오차 $= (X_L + \sum 위거) - X_M = (516.516 + 13.425) - 529.981 = -0.040\mathrm{m}\,(\oplus 조정)$

② 위거조정량(컴퍼스법칙)

$$위거조정량 = \frac{위거오차}{총\ 길이} \times 조정할\ 측선의\ 길이$$

- $\overline{L-A}$ 위거조정량 $= \dfrac{0.040}{400.000} \times 90.000 = 0.009\mathrm{m}$
- $\overline{A-B}$ 위거조정량 $= \dfrac{0.040}{400.000} \times 80.000 = 0.008\mathrm{m}$
- $\overline{B-C}$ 위거조정량 $= \dfrac{0.040}{400.000} \times 70.000 = 0.007\mathrm{m}$
- $\overline{C-D}$ 위거조정량 $= \dfrac{0.040}{400.000} \times 100.000 = 0.010\mathrm{m}$
- $\overline{D-M}$ 위거조정량 $= \dfrac{0.040}{400.000} \times 60.000 = 0.006\mathrm{m}$

③ 경거오차

경거오차 $= (Y_L + \sum 경거) - Y_M = (419.419 + 367.232) - 786.691 = -0.040\mathrm{m}\,(\oplus 조정)$

④ 경거조정량(컴퍼스법칙)

$$경거조정량 = \frac{경거오차}{총\ 길이} \times 조정할\ 측선의\ 길이$$

- $\overline{L-A}$ 경거조정량 $= \dfrac{0.040}{400.000} \times 90.000 = 0.009\mathrm{m}$
- $\overline{A-B}$ 경거조정량 $= \dfrac{0.040}{400.000} \times 80.000 = 0.008\mathrm{m}$
- $\overline{B-C}$ 경거조정량 $= \dfrac{0.040}{400.000} \times 70.000 = 0.007\mathrm{m}$
- $\overline{C-D}$ 경거조정량 $= \dfrac{0.040}{400.000} \times 100.000 = 0.010\mathrm{m}$
- $\overline{D-M}$ 경거조정량 $= \dfrac{0.040}{400.000} \times 60.000 = 0.006\mathrm{m}$

측점	합위거(m)	합경거(m)
L	516.516	419.419
A	$516.516 - 45.612 = 470.904$	$419.419 + 77.589 = 497.008$
B	$470.904 + 19.526 = 490.430$	$497.008 + 77.590 = 574.598$
C	$490.430 - 19.740 = 470.690$	$574.598 + 67.164 = 641.762$
D	$470.690 + 22.635 = 493.325$	$641.762 + 97.417 = 739.179$
M	$493.325 + 36.656 = 529.981$	$739.179 + 47.512 = 786.691$

02 P에서 Q까지의 노선 사이에 단곡선을 설치하고자 한다. 그림과 같이 노선의 시점 부근에 장애물이 있어 PA상에서 P로부터 180m 되는 지점에 C를 설치하고 50m의 기선 $\overline{CD}$ 를 설치하였다. 다음 요구사항을 구하시오.(단, $\alpha = 82°20'$, $\beta = 67°40'$, $I = 85°$, $R = 70\text{m}$, 중심말뚝거리 20m이며, 거리는 반올림하여 소수 셋째 자리까지, 각도는 초($''$) 단위까지 구하시오.)

(10점)

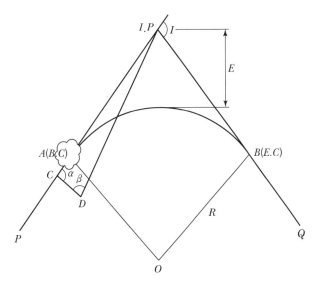

(1) 곡선길이($C.L$)를 구하시오.

(2) 외할(E)을 구하시오.

(3) C와 A(곡선시점)의 거리를 구하시오.

(4) 시단현에 대한 편각(δ_1)을 구하시오.

(5) 종단현에 대한 편각(δ_2)을 구하시오.

(1) 곡선길이($C.L$)를 구하시오.

곡선길이($C.L$) $= 0.0174533\,R\,I° = 0.0174533 \times 70 \times 85° = 103.847\text{m}$

(2) 외할(E)을 구하시오.

외할(E) $= R\left(\sec\dfrac{I}{2} - 1\right) = 70 \times \left(\sec\dfrac{85°}{2} - 1\right) = 24.944\text{m}$

(3) C와 A(곡선시점)의 거리를 구하시오.

① $C \sim I.P$ 거리

$\dfrac{C \sim I.P}{\sin 67°40'} = \dfrac{50}{\sin 30°} \rightarrow C \sim I.P = \dfrac{\sin 67°40'}{\sin 30°} \times 50 = 92.499\text{m}$

∴ $C \sim I.P$ 거리 $= 92.499\text{m}$

② 접선길이($T.L$)

접선길이($T.L$) $= R\tan\dfrac{I°}{2} = 70 \times \tan\dfrac{85°}{2} = 64.143\text{m}$

③ $\overline{CA}$ 거리

$\overline{CA}$ 거리 $= C \sim I.P - T.L = 92.499 - 64.143 = 28.356\text{m}$

(4) 시단현에 대한 편각(δ_1)을 구하시오.

① 곡선시점($B.C$)

곡선시점($B.C$) $= P \sim I.P$ 거리 $- T.L = 272.499 - 64.143 = 208.356\text{m}(\text{No.}10 + 8.356\text{m})$

② 시단현(l_1) 길이

시단현(l_1) 길이 $= 20\text{m} - B.C$ 추가거리 $= 20 - 8.356 = 11.644\text{m}$

③ 시단현 편각(δ_1)

시단현 편각(δ_1) $= 1,718.87' \cdot \dfrac{l_1}{R} = 1,718.87' \times \dfrac{11.644}{70} = 4°45'55''$

(5) 종단현에 대한 편각(δ_2)을 구하시오.

① 곡선종점($E.C$)

곡선종점($E.C$) $= B.C + C.L = 208.356 + 103.847 = 312.203\text{m}(\text{No.}15 + 12.203\text{m})$

② 종단현(l_2) 길이

종단현(l_2) 길이 $= E.C$ 추가거리 $= 12.203\text{m}$

③ 종단현 편각(δ_2)

종단현 편각(δ_2) $= 1,718.87' \cdot \dfrac{l_2}{R} = 1,718.87' \times \dfrac{12.203}{70} = 4°59'39''$

03 그림과 같은 수준망의 관측을 행한 결과는 다음과 같다. 각각의 환의 폐합차를 구하시오. 또, 재측을 필요로 하는 경우에는 어느 구간에 대하여 행하는가를 노선구간의 번호 및 필요성을 설명하시오.(단, 이 수준측량의 폐합차의 제한은 1.0cm, $\sqrt{S}$는 km 단위이다.) (10점)

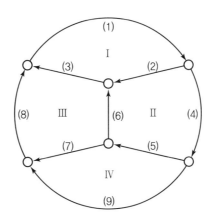

선 번호	고저차(m)	거리(km)	선 번호	고저차(m)	거리(km)
(1)	$+2.474$	4.1	(6)	-2.115	4.0
(2)	-1.250	2.2	(7)	-0.378	2.2
(3)	-1.241	2.4	(8)	-3.094	2.3
(4)	-2.233	6.0	(9)	$+2.822$	3.5
(5)	$+3.117$	3.6			

해설 및 정답 ◆ -

(1) 각 환의 폐합차 W를 구하면

   ① $W_{\mathrm{I}} = (1)+(2)+(3) = +2.474-1.250-1.241 = -0.017$m

   ② $W_{\mathrm{II}} = -(2)+(4)+(5)+(6) = +1.250-2.233+3.117-2.115 = +0.019$m

   ③ $W_{\mathrm{III}} = -(3)-(6)+(7)+(8) = +1.241+2.115-0.378-3.094 = -0.116$m

   ④ $W_{\mathrm{IV}} = (5)+(7)-(9) = +3.117-0.378-2.822 = -0.083$m

   ⑤ $W_{\mathrm{V}} = (1)+(4)+(9)+(8) = +2.474-2.233+2.822-3.094 = -0.031$m

(2) 재측이 필요한 구간

   각 환의 폐합차 제한을 구하면

   ① $S_{\mathrm{I}} = 4.1+2.2+2.4 = 8.7$km

      $1.0\sqrt{8.7} ≒ 2.9$cm

   ② $S_{\mathrm{II}} = 2.2+6.0+3.6+4.0 = 15.8$km

      $1.0\sqrt{15.8} ≒ 4.0$cm

   ③ $S_{\mathrm{III}} = 2.4+4.0+2.2+2.3 = 10.9$km

      $1.0\sqrt{10.9} ≒ 3.3$cm

④ $S_{IV} = 3.6 + 2.2 + 3.5 = 9.3 km$

　　$1.0 \sqrt{9.3} \fallingdotseq 3.0 cm$

⑤ $S_V = 4.1 + 6.0 + 3.5 + 2.3 = 15.9 km$

　　$1.0 \sqrt{15.9} \fallingdotseq 4.0 cm$

∴ 각 환의 폐합차와 폐합차 제한을 비교하면 Ⅲ, Ⅳ 구간에서 공통으로 존재하는 (7)노선을 재측하여야 한다.

04 그림에서와 같이 건물의 위치변화를 관측하기 위해 기선 $\overline{AB}$를 설정하고, 주기적으로 동일 지점인 P점을 관측한 결과 다음과 같은 성과를 획득하였다. 관측성과를 토대로 P점의 3차원 위치변화량을 계산하시오.(단, A와 B의 높이는 동일하며, 계산은 소수 다섯째 자리에서 반올림할 것)

(5점)

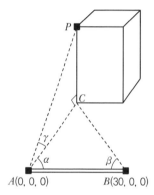

관측일시	수평각		고저각
	α	β	γ
00년 1월	45°50′50″	47°21′27″	60°12′37″
00년 2월	45°50′52″	47°21′21″	60°12′36″

위치변화량 : _____ m

해설 및 정답 ✪

(1) 00년 1월 관측

　　$\overline{AC} = \dfrac{30 \times \sin 47°21′27″}{\sin 86°47′43″} = 22.1024 m$

　　$\overline{CP} = 22.1024 \times \tan 60°12′37″ = 38.6090 m$

(2) 00년 2월 관측

　　$\overline{AC} = \dfrac{30 \times \sin 47°21′21″}{\sin 86°47′47″} = 22.1018 m$

　　$\overline{CP} = 22.1018 \times \tan 60°12′36″ = 38.6075 m$

∴ 위치변화량 $= 38.6090 - 38.6075 = 0.0015 m$

05 다음 레벨의 조정에서 실제 표척값(d)은?(단, d는 C점의 기계점으로부터 B점의 표척을 시준하여 수평으로 읽을 때의 값임) (5점)

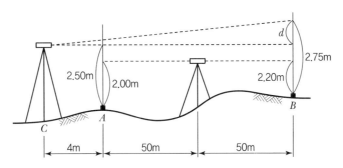

해설 및 정답 ◆

$(a_1 - b_1) = (a_2 - b_2)$이어야 한다.

$(2.00 - 2.20) - (2.50 - 2.75) = 0.05(e)$

$100 : e = 104 : d$

$d = \dfrac{104}{100} \times 0.05 = 0.052\text{m}$

$\therefore$ 실제 표척값 $= 2.75 - 0.052 = 2.698\text{m}$

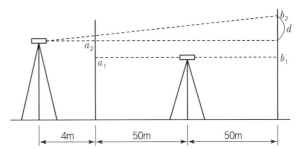

06 4대 위성의 배치상태에 따른 정규행렬의 역행렬($(A^T A)^{-1}$)이 다음과 같을 때 GDOP, PDOP, HDOP를 구하시오.(단, 계산은 반올림하여 소수 첫째 자리까지 구하시오.) (5점)

$$(A^T A)^{-1} = \begin{vmatrix} \dfrac{7}{12} & 0 & 0 & 0 \\ 0 & \dfrac{7}{12} & 0 & 0 \\ 0 & 0 & \dfrac{9}{4} & 0 \\ 0 & 0 & 0 & \dfrac{8}{3} \end{vmatrix}$$

해설 및 정답 ◆

(1) $GDOP = \sqrt{q_{xx} + q_{yy} + q_{zz} + q_{tt}} = \sqrt{\dfrac{7}{12} + \dfrac{7}{12} + \dfrac{9}{4} + \dfrac{8}{3}} \fallingdotseq 2.5$

(2) $PDOP = \sqrt{q_{xx} + q_{yy} + q_{zz}} = \sqrt{\dfrac{7}{12} + \dfrac{7}{12} + \dfrac{9}{4}} \fallingdotseq 1.8$

(3) $HDOP = \sqrt{q_{xx} + q_{yy}} = \sqrt{\dfrac{7}{12} + \dfrac{7}{12}} \fallingdotseq 1.1$

07 수치영상의 처리기법 중 영역기준정합의 문제점 3가지를 쓰시오. (5점)

해설 및 정답 ✛

영역기준정합의 문제점 3가지

① 불연속 표면에 대한 처리가 어렵다.
② 계산량이 많아서 시간이 많이 소요된다.
③ 선형경계를 따라서 중복된 정합점들이 발견될 수 있다.

08 항공사진측량에서 지표면에 기복이 있을 경우 연직으로 촬영하여도 축척은 동일하지 않으며 사진면에서 연직점을 중심으로 방사상의 변위가 생기는 것을 기복변위라 한다. 기복변위가 크게 나타나는 3가지 이유를 적으시오. (5점)

해설 및 정답 ✛

기복변위가 크게 나타나는 3가지 이유

$$\Delta r = \frac{h}{H} r$$

① 비고(h) 값이 높으면 기복변위는 크게 나타난다.
② 촬영고도(H) 값이 낮으면 기복변위는 크게 나타난다.
③ 연직점으로부터 상점까지의 거리(r)가 길면 기복변위는 크게 나타난다.

09 다음 그림은 지적도의 필지를 지리정보로 구축한 셰이프(Shape) 파일로 도형정보와 각 필지의 속성정보를 이용하여 공간분석을 수행하고자 한다. 공간분석 과정 중 피처 디졸브 (Feature Dissolve) 기능을 이용하여 다음 예와 같이 표시하시오. (5점)

Field				Field	
FID	0			FID	2
Shape	polygon			Shape	polygon
JIBUN	8−1대			JIBUN	8−3대

Field				Field	
FID	1			FID	3
Shape	polygon			Shape	polygon
JIBUN	8−2대			JIBUN	8−3대

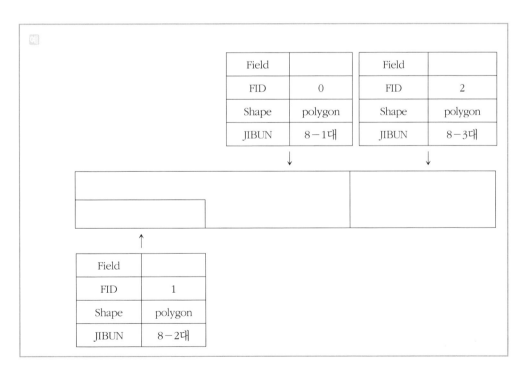

JIBUN 필드로 디졸브 기능을 이용하면 '8 – 3대'의 속성을 가진 2개의 필지가 병합된다.

Field	
FID	0
Shape	polygon
JIBUN	8 – 1대

Field	
FID	2
Shape	polygon
JIBUN	8 – 3대

↓　　　　　　↓

↑

Field	
FID	1
Shape	polygon
JIBUN	8 – 2대

※ 디졸브(Dissolve)

　지도의 객체 간 불필요한 경계를 지우고자 할 때에 주로 사용되는 기능으로 동일한 속성값을 가지는 객체들을 동일한 객체로 인식하여 저장한다.

• NOTICE • 본 기출(복원)문제는 서초수도건축토목학원 수강생들의 기억을 토대로 작성되었으며, 문제 및 해설에 일부 오탈자가 있을 수 있음을 알려드립니다. 또한, 수험자의 기억이 불확실할 경우에는 유사문제로 대체하였음을 알려드립니다. 본서의 문제해설은 출제 당시 법령을 기준으로 작성하였습니다.

01 A, B, C, D에서 P점까지 수준측량을 하여 다음과 같은 결과를 얻었다. P점 표고의 최확값과 평균제곱근오차를 구하시오. (단, 계산은 소수 셋째 자리까지 구하시오.) (10점)

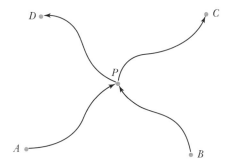

수준점의 표고	고저차의 관측결과	거리
A : 43.933m	$A \rightarrow P$: -7.124m	1km
B : 39.845m	$B \rightarrow P$: -1.931m	3km
C : 30.070m	$P \rightarrow C$: -8.012m	1.5km
D : 46.238m	$P \rightarrow D$: $+8.374$m	4.5km

(1) P점 표고의 최확값

(2) 평균제곱근오차(m_0)

(1) P점 표고의 최확값

1) 표고 계산

① $H_{AP} = 43.933 - 7.124 = 36.809\text{m}$

② $H_{BP} = 39.845 - 1.931 = 37.914\text{m}$

③ $H_{CP} = 30.070 + 8.012 = 38.082\text{m}$

④ $H_{DP} = 46.238 - 8.374 = 37.864\text{m}$

2) 경중률 계산

$$W_1 : W_2 : W_3 : W_4 = \frac{1}{S_1} : \frac{1}{S_2} : \frac{1}{S_3} : \frac{1}{S_4} = \frac{1}{1} : \frac{1}{3} : \frac{1}{1.5} : \frac{1}{4.5} = 9 : 3 : 6 : 2$$

3) 최확값 계산

$$H_P = \frac{W_1 h_1 + W_2 h_2 + W_3 h_3 + W_4 h_4}{W_1 + W_2 + W_3 + W_4}$$

$$= \frac{(9 \times 36.809) + (3 \times 37.914) + (6 \times 38.082) + (2 \times 37.864)}{9 + 3 + 6 + 2}$$

$$= 37.462\text{m}$$

(2) 평균제곱근오차(m_0)

노선	관측값(m)	최확값(m)	v	vv	W	Wvv
$A \to P$	36.809		-0.653	0.426409	9	3.837681
$B \to P$	37.914	37.462	0.452	0.204304	3	0.612912
$C \to P$	38.082		0.620	0.384400	6	2.306400
$D \to P$	37.864		0.402	0.161604	2	0.323208
계					20	7.080201

$$m_0 = \pm \sqrt{\frac{[W_{vv}]}{[W](n-1)}} = \pm \sqrt{\frac{7.080201}{20(4-1)}} = \pm 0.344\text{m}$$

02 그림과 같은 결합트래버스를 관측한 결과 다음과 같은 성과를 얻었다. 이 성과를 이용하여 아래 요소를 계산하시오.(단, 계산은 소수 셋째 자리까지, 조정은 컴퍼스법칙으로 적용하시오.)

(10점)

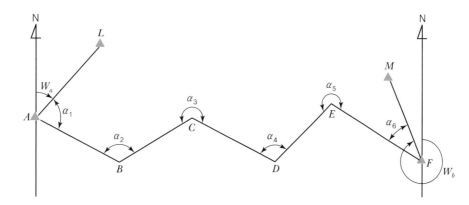

측점	좌표(m)		각명	방위각
	X	Y		
A	500.000	500.000	W_a	40°25′16″
F	508.008	776.212	W_b	337°33′08″

(1) 방위각

측점	측선	관측각	조정량	조정각	방위각
	$\overline{A-L}$				40°25′16″
A	$\overline{A-B}$	72°16′31″			
B	$\overline{B-C}$	128°36′16″			
C	$\overline{C-D}$	241°17′38″			
D	$\overline{D-E}$	72°43′25″			
E	$\overline{E-F}$	289°42′10″			
F	$\overline{F-M}$	32°31′40″			

(2) 경·위거 조정

측선	거리 (m)	방위각	위거 (m)	경거 (m)	조정위거 (m)	조정경거 (m)	측점	합위거 (m)	합경거 (m)
$\overline{A-L}$									
$\overline{A-B}$	57.469						A		
$\overline{B-C}$	79.534						B		
$\overline{C-D}$	60.123						C		

측선	거리 (m)	방위각	위거 (m)	경거 (m)	조정위거 (m)	조정경거 (m)	측점	합위거 (m)	합경거 (m)
$\overline{D-E}$	84.329						D		
$\overline{E-F}$	98.434						E		
$\overline{F-M}$							F		

(1) 방위각 계산

측점	측선	관측각	조정량	조정각	방위각
	$\overline{A-L}$				$40°25'16''$
A	$\overline{A-B}$	$72°16'31''$	$+2''$	$72°16'33''$	$112°41'49''$
B	$\overline{B-C}$	$128°36'16''$	$+2''$	$128°36'18''$	$61°18'07''$
C	$\overline{C-D}$	$241°17'38''$	$+2''$	$241°17'40''$	$122°35'47''$
D	$\overline{D-E}$	$72°43'25''$	$+2''$	$72°43'27''$	$15°19'14''$
E	$\overline{E-F}$	$289°42'10''$	$+2''$	$289°42'12''$	$125°01'26''$
F	$\overline{F-M}$	$32°31'40''$	$+2''$	$32°31'42''$	$337°33'08''$

1) 측각오차(E_α)

$$E_\alpha = W_a + \sum\alpha - 180°(n-3) - W_b$$
$$= 40°25'16'' + 837°07'40'' - 180°(6-3) - 337°33'08''$$
$$= -12''$$

$$\therefore \text{조정량} = \frac{12''}{6} = 2''(\oplus\text{조정})$$

2) 방위각

① $\overline{A-L}$ 방위각(W_a)$= 40°25'16''$

② $\overline{A-B}$ 방위각 $= \overline{A-L}$ 방위각 $+ \angle\alpha_1 = 40°25'16'' + 72°16'33'' = 112°41'49''$

③ $\overline{B-C}$ 방위각 $= \overline{A-B}$ 측선의 방위각 $-180° + \angle\alpha_2$
$$= 112°41'49'' - 180° + 128°36'18'' = 61°18'07''$$

④ $\overline{C-D}$ 방위각 $= \overline{B-C}$ 측선의 방위각 $-180° + \angle\alpha_3$
$$= 61°18'07'' - 180° + 241°17'40'' = 122°35'47''$$

⑤ $\overline{D-E}$ 방위각 $= \overline{C-D}$ 측선의 방위각 $-180° + \angle\alpha_4$
$$= 122°35'47'' - 180° + 72°43'27'' = 15°19'14''$$

⑥ $\overline{E-F}$ 방위각 $= \overline{D-E}$ 측선의 방위각 $-180° + \angle\alpha_5$
$$= 15°19'14'' - 180° + 289°42'12'' = 125°01'26''$$

⑦ $\overline{F-M}$ 방위각(W_b)$= (\overline{E-F}$ 측선의 방위각 $-180° + \angle\alpha_6) + 360°$
$$= (125°01'26'' - 180° + 32°31'42'') + 360° = 337°33'08''$$

(2) 경·위거 조정 계산

측선	거리 (m)	방위각	위거 (m)	경거 (m)	조정 위거(m)	조정 경거(m)	측점	합위거 (m)	합경거 (m)
$\overline{A-L}$		40°25′16″							
$\overline{A-B}$	57.469	112°41′49″	−22.175	53.019	−22.244	53.002	A	500.000	500.000
$\overline{B-C}$	79.534	61°18′07″	38.192	69.764	38.096	69.740	B	477.756	553.002
$\overline{C-D}$	60.123	122°35′47″	−32.389	50.653	−32.462	50.635	C	515.852	622.742
$\overline{D-E}$	84.329	15°19′14″	81.332	22.281	81.230	22.256	D	483.390	673.377
$\overline{E-F}$	98.434	125°01′26″	−56.493	80.609	−56.612	80.579	E	564.620	695.633
$\overline{F-M}$		337°33′08″					F	508.008	776.212

1) 위거($l \cdot \cos\theta$)

① $\overline{A-B}$ 위거 $= 57.469 \times \cos112°41′49″ = -22.175\text{m}$

② $\overline{B-C}$ 위거 $= 79.534 \times \cos61°18′07″ = 38.192\text{m}$

③ $\overline{C-D}$ 위거 $= 60.123 \times \cos122°35′47″ = -32.389m$

④ $\overline{D-E}$ 위거 $= 84.329 \times \cos15°19′14″ = 81.332\text{m}$

⑤ $\overline{E-F}$ 위거 $= 98.434 \times \cos125°01′26″ = -56.493\text{m}$

2) 경거($l \cdot \sin\theta$)

① $\overline{A-B}$ 경거 $= 57.469 \times \sin112°41′49″ = 53.019\text{m}$

② $\overline{B-C}$ 경거 $= 79.534 \times \sin61°18′07″ = 69.764\text{m}$

③ $\overline{C-D}$ 경거 $= 60.123 \times \sin122°35′47″ = 50.653\text{m}$

④ $\overline{D-E}$ 경거 $= 84.329 \times \sin15°19′14″ = 22.281\text{m}$

⑤ $\overline{E-F}$ 경거 $= 98.434 \times \sin125°01′26″ = 80.609\text{m}$

3) 위거조정량 및 경거조정량

① 위거오차

위거오차 $= (X_A + \sum 위거) - X_F = (500.000 + 8.467) - 508.008 = 0.459\text{m} \,(\ominus조정)$

② 위거조정량(컴퍼스법칙)

$$위거조정량 = \frac{위거오차}{총\ 길이} \times 조정할\ 측선의\ 길이$$

• $\overline{A-B}$ 위거조정량 $= \dfrac{0.459}{379.889} \times 57.469 = -0.069\text{m}$

• $\overline{B-C}$ 위거조정량 $= \dfrac{0.459}{379.889} \times 79.534 = -0.096\text{m}$

• $\overline{C-D}$ 위거조정량 $= \dfrac{0.459}{379.889} \times 60.123 = -0.073\text{m}$

• $\overline{D-E}$ 위거조정량 $= \dfrac{0.459}{379.889} \times 84.329 = -0.102\text{m}$

• $\overline{E-F}$ 위거조정량 $= \dfrac{0.459}{379.889} \times 98.434 = -0.119\text{m}$

③ 경거오차

경거오차 $= (Y_A + \sum 경거) - Y_F = (500.000 + 276.326) - 776.212 = 0.114\text{m} \,(\ominus조정)$

④ 경거조정량(컴퍼스법칙)

$$경거조정량 = \frac{경거오차}{총\ 길이} \times 조정할\ 측선의\ 길이$$

- $\overline{A-B}$ 경거조정량 $= \dfrac{0.114}{379.889} \times 57.469 = -0.017\text{m}$

- $\overline{B-C}$ 경거조정량 $= \dfrac{0.114}{379.889} \times 79.534 = -0.024\text{m}$

- $\overline{C-D}$ 경거조정량 $= \dfrac{0.114}{379.889} \times 60.123 = -0.018\text{m}$

- $\overline{D-E}$ 경거조정량 $= \dfrac{0.114}{379.889} \times 84.329 = -0.025\text{m}$

- $\overline{E-F}$ 경거조정량 $= \dfrac{0.114}{379.889} \times 98.434 = -0.030\text{m}$

4) 합위거 및 합경거

측점	합위거(m)	합경거(m)
A	500.000	500.000
B	$500.000 - 22.244 = 477.756$	$500.000 + 53.002 = 553.002$
C	$477.756 + 38.096 = 515.852$	$553.002 + 69.740 = 622.742$
D	$515.852 - 32.462 = 483.390$	$622.742 + 50.635 = 673.377$
E	$483.390 + 81.230 = 564.620$	$673.377 + 22.256 = 695.633$
F	$564.620 - 56.612 = 508.008$	$695.633 + 80.579 = 776.212$

03 도로기점에서 교점($I.P$)까지의 거리가 423.250m이고, 곡선반지름(R)이 100m, 교각(I)이 $96°20'$일 때 다음 요소를 구하시오.(단, 중심말뚝거리 20m이며, 거리의 계산은 소수 셋째 자리까지, 각은 초 단위까지 구하시오.) (10점)

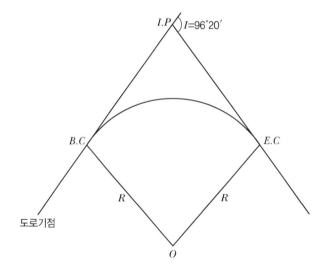

(1) 시단현 길이(l_1)를 구하시오.

(2) 시단현 편각(δ_1)을 구하시오.

(3) 종단현 편각(δ_2)을 구하시오.

(1) 시단현 길이(l_1)를 구하시오.

① 접선길이($T.L$)

$$접선길이(T.L) = R\tan\frac{I°}{2} = 100 \times \tan\frac{96°20'}{2} = 111.713\text{m}$$

② 도로기점 ~ $B.C$까지의 거리

도로기점 ~ $B.C$까지의 거리 = 도로기점 ~ 교점($I.P$)까지의 거리 − 접선길이($T.L$)

$$= 423.250 - 111.713$$
$$= 311.537\text{m}(\text{No}.15 + 11.537\text{m})$$

③ 시단현 길이(l_1)

$$시단현 길이(l_1) = 20\text{m} - B.C\,추가거리 = 20 - 11.537 = 8.463\text{m}$$

(2) 시단현 편각(δ_1)을 구하시오.

$$시단현 편각(\delta_1) = 1,718.87' \cdot \frac{l_1}{R} = 1,718.87' \times \frac{8.463}{100} = 2°25'28''$$

(3) 종단현 편각(δ_2)을 구하시오.

① 곡선길이($C.L$)

$$곡선길이(C.L) = 0.0174533\,R\,I° = 0.0174533 \times 100 \times 96°20' = 168.133\text{m}$$

② 곡선종점($E.C$)

$$곡선종점(E.C) = B.C + C.L = 311.537 + 168.133 = 479.670\text{m}(\text{No}.23 + 19.670\text{m})$$

③ 종단현 길이(l_2)

$$종단현 길이(l_2) = E.C\,추가거리 = 19.670\text{m}$$

④ 종단현 편각(δ_2)

$$종단현 편각(\delta_2) = 1,718.87' \cdot \frac{l_2}{R} = 1,718.87' \times \frac{19.670}{100} = 5°38'06''$$

04 다음은 종단측량을 한 결과이다. No.0~No.4 사이는 상향 2%, No.4~No.8 구간은 하향 3%이며, 노폭은 5m, 절토구배는 1 : 1, 성토구배는 1 : 1.5로 도로를 계획할 때 표를 완성하시오.(단, 지반은 수평하며, 계산은 소수 셋째 자리까지 구하시오.) (5점)

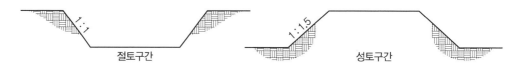

절토구간   성토구간

측점	추가거리(m)	지반고(m)	계획고(m)	성토량(m³)	절토량(m³)
No.0	0.00	133.500			
No.1	20.00	133.853			
No.2	40.00	134.083			
No.3	60.00	134.202			
No.4	80.00	133.400	133.400		
No.5	100.00	130.170			
No.6	120.00	131.108			
No.7	140.00	129.690			
No.8	160.00	128.706			

해설 및 정답 ✚

측점	추가거리(m)	지반고(m)	계획고(m)	성토량(m³)	절토량(m³)
No.0	0.00	133.500	131.800		
No.1	20.00	133.853	132.200		223.870
No.2	40.00	134.083	132.600		206.110
No.3	60.00	134.202	133.000		170.690
No.4	80.00	133.400	133.400		74.550
No.5	100.00	130.170	132.800	235.250	
No.6	120.00	131.108	132.200	307.740	
No.7	140.00	129.690	131.600	222.710	
No.8	160.00	128.706	131.000	343.860	

(1) 계획고 계산

① No.0 계획고 = No.4 계획고 − (0.02×80.00) = 131.800m

② No.1 계획고 = No.4 계획고 − (0.02×60.00) = 132.200m

③ No.2 계획고 = No.4 계획고 − (0.02×40.00) = 132.600m

④ No.3 계획고 = No.4 계획고 − (0.02×20.00) = 133.000m

⑤ No.4 계획고 = 133.400m

⑥ No.5 계획고 = No.4 계획고 − (0.03×20.00) = 132.800m

⑦ No.6 계획고 = No.4 계획고 − (0.03×40.00) = 132.200m

⑧ No.7 계획고＝No.4 계획고−(0.03×60.00)＝131.600m

⑨ No.8 계획고＝No.4 계획고−(0.03×80.00)＝131.000m

(2) 성토고 및 절토고 계산

지반고−계획고＝⊕절토고, ⊖성토고

① No.0＝133.500−131.800＝1.700m

② No.1＝133.853−132.200＝1.653m

③ No.2＝134.083−132.600＝1.483m

④ No.3＝134.202−133.000＝1.202m

⑤ No.4＝133.400−133.400＝0.000m

⑥ No.5＝130.170−132.800＝−2.630m

⑦ No.6＝131.108−132.200＝−1.092m

⑧ No.7＝129.690−131.600＝−1.910m

⑨ No.8＝128.706−131.000＝−2.294m

(3) 성토단면적 및 절토단면적 계산

① $No.0＝\left(\dfrac{5.000＋8.400}{2}\right)×1.700＝11.390m^2$

② $No.1＝\left(\dfrac{5.000＋8.306}{2}\right)×1.653＝10.997m^2$

③ $No.2＝\left(\dfrac{5.000＋7.966}{2}\right)×1.483＝9.614m^2$

④ $No.3＝\left(\dfrac{5.000＋7.404}{2}\right)×1.202＝7.455m^2$

⑤ No.4＝계획고와 지반고가 일치하므로 단면적이 발생하지 않음

⑥ $No.5＝\left(\dfrac{5.000＋12.890}{2}\right)×2.630＝23.525m^2$

⑦ $No.6＝\left(\dfrac{5.000＋8.276}{2}\right)×1.092＝7.249m^2$

⑧ $No.7＝\left(\dfrac{5.000＋10.730}{2}\right)×1.910＝15.022m^2$

⑨ $No.8＝\left(\dfrac{5.000＋11.882}{2}\right)×2.294＝19.364m^2$

(4) 성토량 및 절토량 계산

① $No.0～No.1＝\left(\dfrac{11.390＋10.997}{2}\right)×20.00＝223.870m^3$

② $No.1～No.2＝\left(\dfrac{10.997＋9.614}{2}\right)×20.00＝206.110m^3$

③ $No.2～No.3＝\left(\dfrac{9.614＋7.455}{2}\right)×20.00＝170.690m^3$

④ $No.3～No.4＝\left(\dfrac{7.455＋0.000}{2}\right)×20.00＝74.550m^3$

⑤ $No.4～No.5＝\left(\dfrac{0.000＋23.525}{2}\right)×20.00＝235.250m^3$

$$\text{⑥ No.5} \sim \text{No.6} = \left(\frac{23.525 + 7.249}{2}\right) \times 20.00 = 307.740\text{m}^3$$

$$\text{⑦ No.6} \sim \text{No.7} = \left(\frac{7.249 + 15.022}{2}\right) \times 20.00 = 222.710\text{m}^3$$

$$\text{⑧ No.7} \sim \text{No.8} = \left(\frac{15.022 + 19.364}{2}\right) \times 20.00 = 343.860\text{m}^3$$

05 그림과 같은 3고도 단면에서 d_1과 d_2를 구하고, 단면적(A)을 구하시오. (단, $n_1 = 5$, $n_2 =$ 2.5, 계산은 소수 넷째 자리에서 반올림하여 소수 셋째 자리까지 계산하시오.) (5점)

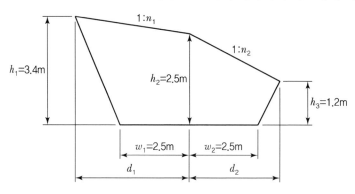

해설 및 정답 ⊕ -

(1) 거리(d_1) 계산

　　$1 : 5 = (3.4 - 2.5) : (w_1 + x)$

　　$x = 2.0$　　∴ $d_1 = 4.5\text{m}$

(2) 거리(d_2) 계산

　　$1 : 2.5 = (2.5 - 1.2) : (w_2 + y)$

　　$y = 0.75$　　∴ $d_2 = 3.25\text{m}$

(3) 단면적(A) 계산

$$A = \left[\left(\frac{2.5 + 3.4}{2} \times 4.5\right) - \left(\frac{3.4 \times 2}{2}\right)\right] + \left[\left(\frac{1.2 + 2.5}{2} \times 3.25\right) - \left(\frac{1.2 \times 0.75}{2}\right)\right]$$

$$= 15.438\text{m}^2$$

06 다음은 GNSS측량에 관한 사항이다. 보기를 보고 다음 물음에 답하시오. (5점)

[보기]

반송파	전리층 지연오차	GALILEO	RTK
CA코드	Cycle Slip	RINEX	DOP
GLONASS	정지측량	대류권 지연오차	멀티패스(Multipath)

(1) 약 350km 고도상에 집중적으로 분포되어 있는 자유전자와 GPS 위성신호와의 간섭현상에 의해 발생되는 것은?
(2) 약 50km 고도에서 GPS 위성신호 굴절현상으로 인해 발생하며 코드 측정치 및 반송파 위상 측정치 모두에서 지연 형태로 나타나는 것은?
(3) 직접 수신된 전파 이외에 부가적으로 지형·지물에 의해 반사된 전파로 인해 발생하는 오차이며, 차분기법에 의해 상쇄되지 않는 오차는?

해설 및 정답 ✛

(1) 전리층 지연오차
(2) 대류권 지연오차
(3) 멀티패스(Multipath)

07 항공사진측량용 카메라 검정자료 해석 (5점)

➡ 본 문제는 수험자 기억이 정확하지 못하여 복원하지 못함을 알려드립니다.

08 KAPPA 분석(계수)은 원격탐사의 데이터 처리분석 결과에서 많이 사용되는 방법으로 지상에서의 실제 자료와 원격탐사 자료를 분석한 자료의 전체 정확도를 나타내는 계수이다. 다음의 표의 KAPPA 계수를 구하시오. (5점)

구분		실제 자료			계
		A	B	C	
원탐 자료	A	100	10	40	150
	B	10	80	30	120
	C	10	10	70	90
계		120	100	140	360

$$K = \frac{P_0 - P_C}{1 - P_C} \ (P_0 : \text{실제일치도}, \ P_C : \text{기회일치도})$$

P_0 : Relative Agreement of Among Raters

P_C : Hypothetical Probability of Chance Agreement

= Probability of Random Agreement

해설 및 정답 ⊕ --

(1) P_0(실제일치도) 계산

$$P_0 = \frac{\text{대각선의 합}}{\text{총 데이터의 수}} = \frac{100 + 80 + 70}{360} = 0.69$$

(2) P_C(기회일치도) 계산

Ⓐ ┬ 원탐자료가 Ⓐ라고 분류할 확률 $= \dfrac{100 + 10 + 40}{360} = 0.42$

　├ 실제자료가 Ⓐ라고 분류할 확률 $= \dfrac{100 + 10 + 10}{360} = 0.33$

　└ 원탐자료와 실제자료가 동시에 Ⓐ라고 분류할 확률 $= 0.42 \times 0.33 = 0.14$

Ⓑ ┬ 원탐자료가 Ⓑ라고 분류할 확률 $= \dfrac{10 + 80 + 30}{360} = 0.33$

　├ 실제자료가 Ⓑ라고 분류할 확률 $= \dfrac{10 + 80 + 10}{360} = 0.28$

　└ 원탐자료와 실제자료가 동시에 Ⓑ라고 분류할 확률 $= 0.33 \times 0.28 = 0.09$

Ⓒ ┬ 원탐자료가 Ⓒ라고 분류할 확률 $= \dfrac{10 + 10 + 70}{360} = 0.25$

　├ 실제자료가 Ⓒ라고 분류할 확률 $= \dfrac{40 + 30 + 70}{360} = 0.39$

　└ 원탐자료와 실제자료가 동시에 Ⓒ라고 분류할 확률 $= 0.25 \times 0.39 = 0.10$

P_C(기회일치도) $= 0.14 + 0.09 + 0.10 = 0.33$

(3) KAPPA 계수 계산

$$K = \frac{P_0 - P_C}{1 - P_C} = \frac{0.69 - 0.33}{1 - 0.33} = 0.54$$

09 격자구조를 벡터구조로 변환할 때 경계표시 및 최종폴리곤 속성값을 작성하시오. (5점)

1	1	5	5	5	5	5
1	1	5	5	5	5	5
2	2	2	2	3	3	3
4	4	2	2	2	3	3
4	4	4	3	3	3	3
6	4	4	3	3	3	6
6	6	6	6	6	6	6

⇒

해설 및 정답 ⊕ -

래스터의 속성값 중 동일한 값을 갖는 것끼리 묶어 경계를 구축한다.

1	1	5	5	5	5	5
1	1	5	5	5	5	5
2	2	2	2	3	3	3
4	4	2	2	2	3	3
4	4	4	3	3	3	3
6	4	4	3	3	3	6
6	6	6	6	6	6	6

⇒

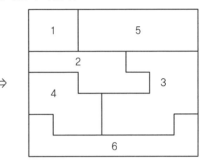

• NOTICE • 본 기출(복원)문제는 서초수도건축토목학원 수강생들의 기억을 토대로 작성되었으며, 문제 및 해설에 일부 오탈자가 있을 수 있음을 알려드립니다. 또한, 수험자의 기억이 불확실할 경우에는 유사문제로 대체하였음을 알려드립니다. 본서의 문제해설은 출제 당시 법령을 기준으로 작성하였습니다.

01 A, B, C, D에서 P점까지 수준측량을 하여 다음과 같은 결과를 얻었다. P점 표고의 최확값과 평균제곱근오차를 구하시오.(단, 계산은 소수 셋째 자리까지 구하시오.) (10점)

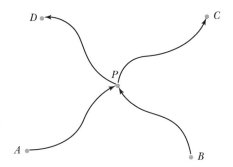

수준점의 표고	고저차의 관측결과	거리
A : 43.933m	$A \rightarrow P$: -7.124m	1km
B : 39.845m	$B \rightarrow P$: -1.931m	3km
C : 30.070m	$P \rightarrow C$: -8.012m	1.5km
D : 46.238m	$P \rightarrow D$: $+8.374$m	4.5km

(1) P점 표고의 최확값

(2) 평균제곱근오차(m_0)

(1) P점 표고의 최확값

    1) 표고 계산

        ① $H_{AP} = 43.933 - 7.124 = 36.809$m

        ② $H_{BP} = 39.845 - 1.931 = 37.914$m

        ③ $H_{CP} = 30.070 + 8.012 = 38.082$m

        ④ $H_{DP} = 46.238 - 8.374 = 37.864$m

    2) 경중률 계산

$$W_1 : W_2 : W_3 : W_4 = \frac{1}{S_1} : \frac{1}{S_2} : \frac{1}{S_3} : \frac{1}{S_4} = \frac{1}{1} : \frac{1}{3} : \frac{1}{1.5} : \frac{1}{4.5} = 9 : 3 : 6 : 2$$

    3) 최확값 계산

$$H_P = \frac{W_1 h_1 + W_2 h_2 + W_3 h_3 + W_4 h_4}{W_1 + W_2 + W_3 + W_4}$$

$$= \frac{(9 \times 36.809) + (3 \times 37.914) + (6 \times 38.082) + (2 \times 37.864)}{9 + 3 + 6 + 2}$$

$$= 37.462\text{m}$$

(2) 평균제곱근오차 (m_0)

노선	관측값(m)	최확값(m)	v	vv	W	Wvv
$A \to P$	36.809		-0.653	0.426409	9	3.837681
$B \to P$	37.914	37.462	0.452	0.204304	3	0.612912
$C \to P$	38.082		0.620	0.384400	6	2.306400
$D \to P$	37.864		0.402	0.161604	2	0.323208
계					20	7.080201

$$m_0 = \pm \sqrt{\frac{[W_{vv}]}{[W](n-1)}} = \pm \sqrt{\frac{7.080201}{20(4-1)}} = \pm 0.344\text{m}$$

02 다음 그림과 같은 개방트래버스에 대한 각 문항에 답하시오.(단, 측선 $\overline{AB}$의 방위각은 110°24′20″이며, 거리의 계산은 반올림하여 소수 셋째 자리까지, 각은 초 단위까지 구하시오.) (10점)

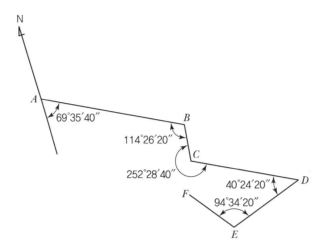

(1) 성과표를 계산하시오.

측점	측선	거리(m)	방위각	위거(m)	경거(m)	합위거(m)	합경거(m)
A						50.000	50.000
B	$\overline{AB}$	18.364					
C	$\overline{BC}$	22.759					
D	$\overline{CD}$	9.674					
E	$\overline{DE}$	25.364					
F	$\overline{EF}$	25.765					

(2) 측선 $\overline{AF}$의 거리와 방위각을 구하시오.

해설 및 정답 ✛ --

(1) 성과표 계산

측점	측선	거리(m)	방위각	위거(m)	경거(m)	합위거(m)	합경거(m)
A						50.000	50.000
B	$\overline{AB}$	18.364	110°24′20″	−6.403	17.212	43.597	67.212
C	$\overline{BC}$	22.759	175°58′00″	−22.703	1.601	20.894	68.813
D	$\overline{CD}$	9.674	103°29′20″	−2.257	9.407	18.637	78.220
E	$\overline{DE}$	25.364	243°05′00″	−11.482	−22.616	7.155	55.604
F	$\overline{EF}$	25.765	328°30′40″	21.971	−13.458	29.126	42.146

1) 방위각

 ① $\overline{AB}$ 방위각 $= 110°24'20''$

 ② $\overline{BC}$ 방위각 $= \overline{AB}$ 방위각 $+ 180° - \angle B$

        $= 110°24'20'' + 180° - 114°26'20'' = 175°58'00''$

 ③ $\overline{CD}$ 방위각 $= \overline{BC}$ 방위각 $+ 180° - \angle C$

        $= 175°58'00'' + 180° - 252°28'40'' = 103°29'20''$

 ④ $\overline{DE}$ 방위각 $= \overline{CD}$ 방위각 $+ 180° - \angle D$

        $= 103°29'20'' + 180° - 40°24'20'' = 243°05'00''$

 ⑤ $\overline{EF}$ 방위각 $= \overline{DE}$ 방위각 $+ 180° - \angle E$

        $= 243°05'00'' + 180° - 94°34'20'' = 328°30'40''$

2) 위거($l \cdot \cos\theta$)

 ① $\overline{AB}$ 위거 $= 18.364 \times \cos 110°24'20'' = -6.403\text{m}$

 ② $\overline{BC}$ 위거 $= 22.759 \times \cos 175°58'00'' = -22.703\text{m}$

 ③ $\overline{CD}$ 위거 $= 9.674 \times \cos 103°29'20'' = -2.257\text{m}$

 ④ $\overline{DE}$ 위거 $= 25.364 \times \cos 243°05'00'' = -11.482\text{m}$

 ⑤ $\overline{EF}$ 위거 $= 25.765 \times \cos 328°30'40'' = 21.971\text{m}$

3) 경거($l \cdot \sin\theta$)

 ① $\overline{AB}$ 경거 $= 18.364 \times \sin 110°24'20'' = 17.212\text{m}$

 ② $\overline{BC}$ 경거 $= 22.759 \times \sin 175°58'00'' = 1.601\text{m}$

 ③ $\overline{CD}$ 경거 $= 9.674 \times \sin 103°29'20'' = 9.407\text{m}$

 ④ $\overline{DE}$ 경거 $= 25.364 \times \sin 243°05'00'' = -22.616\text{m}$

 ⑤ $\overline{EF}$ 경거 $= 25.765 \times \sin 328°30'40'' = -13.458\text{m}$

4) 합위거 및 합경거

측점	합위거(m)	합경거(m)
A	50.000	50.000
B	$50.000 - 6.403 = 43.597$	$50.000 + 17.212 = 67.212$
C	$43.597 - 22.703 = 20.894$	$67.212 + 1.601 = 68.813$
D	$20.894 - 2.257 = 18.637$	$68.813 + 9.407 = 78.220$
E	$18.637 - 11.482 = 7.155$	$78.220 - 22.616 = 55.604$
F	$7.155 + 21.971 = 29.126$	$55.604 - 13.458 = 42.146$

(2) $\overline{AF}$ 거리 및 방위각 계산

 • $\overline{AF}$ 거리 $= \sqrt{(X_F - X_A)^2 + (Y_F - Y_A)^2}$

       $= \sqrt{(29.126 - 50.000)^2 + (42.146 - 50.000)^2}$

       $= 22.303\text{m}$

 • $\tan\theta = \dfrac{Y_F - Y_A}{X_F - X_A} \rightarrow$

   $\theta = \tan^{-1}\dfrac{Y_F - Y_A}{X_F - X_A} = \tan^{-1}\dfrac{42.146 - 50.000}{29.126 - 50.000} = 20°37'09''(\text{3상한})$

 ∴ $\overline{AF}$ 방위각 $= 180° + 20°37'09'' = 200°37'09''$

03 그림과 같이 도로기점에서 a까지의 거리가 852.55m, $\angle Dab = 60°45'20''$, $\angle Dba = 69°54'40''$를 얻었다. 아래 물음에 답하시오.(단, 단곡선의 반지름 $R = 300$m, 계산은 소수 셋째 자리에서 반올림하여 소수 둘째 자리까지 구하시오.) (10점)

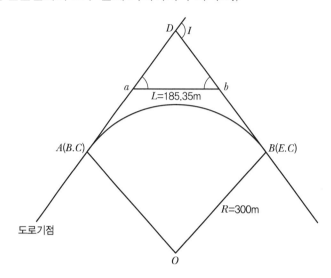

(1) $\overline{aD}$ 거리

(2) $\overline{bD}$ 거리

(3) 시단현 편각(δ_1)

(4) 종단현 편각(δ_2)

해설 및 정답 ✛ --

(1) $\overline{aD}$ 거리 계산

$$\frac{185.35}{\sin 49°20'00''} = \frac{\overline{aD}}{\sin 69°54'40''} \rightarrow$$

$$\overline{aD} = \frac{\sin 69°54'40''}{\sin 49°20'00''} \times 185.35 = 229.49\text{m}$$

(2) $\overline{bD}$ 거리 계산

$$\frac{185.35}{\sin 49°20'00''} = \frac{\overline{bD}}{\sin 60°45'20''} \rightarrow$$

$$\overline{bD} = \frac{\sin 60°45'20''}{\sin 49°20'00''} \times 185.35 = 213.21\text{m}$$

(3) 시단현 편각(δ_1) 계산

- 교각(I) $= \angle Dab + \angle Dba = 60°45'20'' + 69°54'40'' = 130°40'00''$

- 접선장($T.L$) $= R \tan \dfrac{I}{2} = 300 \times \tan \dfrac{130°40'00''}{2} = 653.25\text{m}$

- 곡선시점($B.C$) = 도로기점 ~ D점까지의 거리 - $T.L$
$$= (852.55 + 229.49) - 653.25$$
$$= 428.79\text{m}(\text{No}.21 + 8.79\text{m})$$
- 시단현 길이(l_1) = 20m - $B.C$ 추가거리 = 20 - 8.79 = 11.21m

$$\therefore \text{시단현 편각}(\delta_1) = 1{,}718.87' \cdot \frac{l_1}{R} = 1{,}718.87' \times \frac{11.21}{300} = 1°04'13.71''$$

(4) 종단현 편각(δ_2) 계산

- 곡선장($C.L$) = 0.0174533 $R\,I°$ = 0.0174533 × 300 × 130°40'00'' = 684.17m
- 곡선종점($E.C$) = $B.C$ + $C.L$ = 428.79 + 684.17 = 1,112.96m(No.55 + 12.96m)
- 종단현 길이(l_2) = $E.C$ 추가거리 = 12.96m

$$\therefore \text{종단현 편각}(\delta_2) = 1{,}718.87' \cdot \frac{l_2}{R} = 1{,}718.87' \times \frac{12.96}{300} = 1°14'15.31''$$

04 다음은 GNSS측량에 관한 사항이다. 보기를 보고 다음 물음에 답하시오. (5점)

[보기]

반송파	전리층 지연오차	GALILEO	RTK
CA코드	Cycle Slip	RINEX	DOP
GLONASS	정지측량	대류권 지연오차	멀티패스(Multipath)

(1) GPS를 이용한 실시간 이동 위치관측으로 GPS 반송파를 사용한 정밀이동 위치 관측 방식은?

(2) 약 350km 고도상에 집중적으로 분포되어 있는 자유전자와 GPS 위성신호와의 간섭현상에 의해 발생되는 것은?

(3) GPS 수신기 기종에 따라 기록방식이 달라 이를 통일하기 위해 만든 표준파일 형식은?

(4) GPS 반송파 위상추적 회로에서 반송파 위상 관측값을 순간적으로 손실하며 발생하는 오차는?

(5) 약 50km 고도에서 GPS 위성신호 굴절현상으로 인해 발생하며 코드 측정치 및 반송파 위상 측정치 모두에서 지연 형태로 나타나는 것은?

해설 및 정답 ◈

(1) RTK(Real Time Kinematic)
(2) 전리층 지연오차
(3) 라이넥스(RINEX)
(4) 사이클슬립(Cycle Slip)
(5) 대류권 지연오차

05 아래 그림은 댐 건설 예정지이다. 기준면으로부터 483m선이 최고만수위라고 한다. 빈칸을 채우고, 최고만수위 때의 저수량(m^3)을 구하시오. (단, 각 등고선으로 둘러싸인 면적은 다음 표와 같으며, 체적의 계산은 양단면평균법에 의하며, 이때 460m 이하의 체적은 무시한다.)

(5점)

등고선(m)	면적(m^2)
460	900
465	1,200
470	2,500
475	4,300
480	6,200
485	8,500

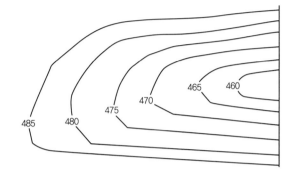

(1) 다음 빈칸을 채우시오.

구분	체적(m^3)	누가체적(m^3)
460~465		
465~470		
470~475		
475~480		
480~485		

(2) 최고만수위 483m일 때의 저수량을 구하시오.

해설 및 정답

(1) 다음 빈칸을 채우시오.

구분	체적(m^3)	누가체적(m^3)
460~465	5,250	5,250
465~470	9,250	14,500
470~475	17,000	31,500
475~480	26,250	57,750
480~485	36,750	94,500

1) 체적 계산(양단면평균법 적용)

① 460~465 체적 $= \dfrac{A_0 + A_1}{2} \times h = \dfrac{900 + 1,200}{2} \times 5 = 5,250 m^3$

② 465~470 체적 $= \dfrac{A_1 + A_2}{2} \times h = \dfrac{1,200 + 2,500}{2} \times 5 = 9,250 m^3$

③ $470 \sim 475$ 체적 $= \dfrac{A_2 + A_3}{2} \times h = \dfrac{2,500 + 4,300}{2} \times 5 = 17,000 \text{m}^3$

④ $475 \sim 480$ 체적 $= \dfrac{A_3 + A_4}{2} \times h = \dfrac{4,300 + 6,200}{2} \times 5 = 26,250 \text{m}^3$

⑤ $480 \sim 485$ 체적 $= \dfrac{A_4 + A_5}{2} \times h = \dfrac{6,200 + 8,500}{2} \times 5 = 36,750 \text{m}^3$

2) 누가체적 계산

① $460 \sim 465$ 누가체적 $= 5,250 \text{m}^3$

② $465 \sim 470$ 누가체적 $= 5,250 + 9,250 = 14,500 \text{m}^3$

③ $470 \sim 475$ 누가체적 $= 14,500 + 17,000 = 31,500 \text{m}^3$

④ $475 \sim 480$ 누가체적 $= 31,500 + 26,250 = 57,750 \text{m}^3$

⑤ $480 \sim 485$ 누가체적 $= 57,750 + 36,750 = 94,500 \text{m}^3$

(2) 최고만수위 483m일 때의 저수량을 구하시오.

1) 485m일 때의 저수량(V_1)

$$V_1 = \left(\dfrac{A_0 + A_5}{2} + A_1 + A_2 + A_3 + A_4 \right) \times h$$

$$= \left(\dfrac{900 + 8,500}{2} + 1,200 + 2,500 + 4,300 + 6,200 \right) \times 5$$

$$= 94,500 \text{m}^3$$

2) 480m일 때의 저수량(V_2)

$$V_2 = \left(\dfrac{A_0 + A_4}{2} + A_1 + A_2 + A_3 \right) \times h$$

$$= \left(\dfrac{900 + 6,200}{2} + 1,200 + 2,500 + 4,300 \right) \times 5$$

$$= 57,750 \text{m}^3$$

3) 최고만수위 483m일 때의 저수량(V)

$(94,500 - 57,750) : 5 = x : 3$

$x = 22,050 \text{m}^3$

$V = V_2 + x = 57,750 + 22,050 = 79,800 \text{m}^3$

∴ 최고만수위 483m일 때의 저수량(V) $= 79,800 \text{m}^3$

06 동서 26km, 남북 8km인 지역을 축척 1/30,000의 항공사진을 촬영할 때 입체모델 수는? (단, 23cm×23cm의 광각사진이고, 종중복도 60%, 횡중복도 30%이다. 엄밀법으로 계산하고 촬영은 동서 방향으로 한다.) (5점)

해설 및 정답 ✚

(1) 종모델 수(D) 계산

$$D = \frac{S_1}{B} = \frac{S_1}{(ma)(1-p)} = \frac{26 \times 1,000}{30,000 \times 0.23 \times 0.40} = 9.42 \fallingdotseq 10모델$$

(2) 횡모델 수(D') 계산

$$D' = \frac{S_2}{C_0} = \frac{S_2}{(ma)(1-q)} = \frac{8 \times 1,000}{30,000 \times 0.23 \times 0.70} = 1.66 \fallingdotseq 2코스$$

(3) 총모델 수 계산

총모델 수 $= D \times D' = 10 \times 2 = 20$모델

07 그래프와 같은 라플라시안 경중률 함수 필터를 이용하여 영상을 처리하고자 한다.

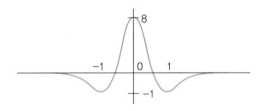

그래프를 참고하여 표 1에 주어진 3×3 영상변환 윈도를 완성하고, 표 2와 표 3에 나타난 밝기값에 대한 라플라시안 경중률 함수 필터에 의한 처리값(C_i)을 구하시오.(단, 영상은 8bit 영상이다.) (5점)

표 1

표 2

120	120	120
120	200	120
120	120	120

표 3

200	200	200
200	200	200
200	200	200

(1) 표 1을 완성하시오.

(2) 표 2의 처리값(C_i)

(3) 표 3의 처리값(C_i)

① Laplacian Filter는 미분영상을 구하는 필터로서, 경계선이 강조된다. 라플라시안 필터는 인간의 시각체계와 비슷하므로 다른 경계강조 기법보다 자연스러운 결과를 가져온다. 라플라시안 필터는 경계선 강조에 매우 유용한 필터이나 노이즈까지 강조시킬 수 있으므로 유의해야 한다.

② 라플라시안은 대표적인 2차 미분연산자로 방향을 타지 않기 때문에 모든 방향의 에지를 강조할 수 있는 특징을 가진다.

③ 라플라시안 방법은 이미지의 3×3 픽셀에 마스크(Mask)를 씌워 계산 후 중앙 픽셀을 결정하여 윤곽선을 검출하는 방법이다.

④ 연산속도가 매우 빠르고 다른 연산자와 비교하여 날카로운 윤곽선을 검출해 낸다.

⑤ 아래와 같은 이미지의 3×3 픽셀을 3×3 마스크와 연산 수행하여 P_5를 구하면 다음과 같다.

P_1	P_2	P_3
P_4	P_5	P_6
P_7	P_8	P_9

$\Rightarrow$

−1	−1	−1
−1	8	−1
−1	−1	−1

$$P_5 = P_5 \times 8 + \{(P_1 \times (-1)) + (P_2 \times (-1)) + (P_3 \times (-1)) + (P_4 \times (-1)) + (P_6 \times (-1)) + \cdots + (P_9 \times (-1))\}$$

(1) 표 1을 완성하시오.

−1	−1	−1
−1	8	−1
−1	−1	−1

(2) 표 2의 처리값(C_i) 계산

$$C_i = 200 \times 8 + \{(120 \times (-1)) + \cdots + (120 \times (-1))\}$$
$$= (200 \times 8) - (120 \times 8)$$
$$= 640$$

(3) 표 3의 처리값(C_i) 계산

$$C_i = 200 \times 8 + \{(200 \times (-1)) + \cdots + (200 \times (-1))\}$$
$$= (200 \times 8) - (200 \times 8)$$
$$= 0$$

08 다음과 같은 수치표고자료를 최단거리보간법으로 보간하려고 한다. 보간 후 ①~③의 값을 구하시오. (5점)

		①		120		
	112				70	
	105		②	100		
	50	③			90	

① (　　　), ② (　　　), ③ (　　　)

해설 및 정답 ✦

		①		120		
	112				70	
	105		②	100		
	50	③			90	

① (112), ② (100), ③ (50)

※ 최단거리 보간법
- 입력격자상에서 가장 가까운 영상소의 밝기를 이용하여 출력격자로 변환시키는 방법이다.
- 원래의 자료값을 다른 방법들처럼 평균하지 않고 바꾸기 때문에 자료값의 최댓값과 최솟값이 손실되지 않는다.
- 다른 방법에 비해 빠르고 출력 영상으로 밝기값을 정확히 변환시키는 장점이 있는 반면 지표면에 대한 영상이 불연속적으로 나타날 수 있다.

09 다음 벡터구조의 행정구역 지도를 격자구조의 지도로 변환하려고 한다. 아래 조건에 따라 벡터구조의 속성값을 격자구조로 변환하여 작성하시오. (5점)

[조건]
(1) 격자의 중심에 해당하는 폴리곤의 속성값을 각각의 격자에 부여
(2) 벡터의 속성에 따른 격자번호 부여
    권선구 : 1, 장안구 : 2, 팔달구 : 3, 영통구 : 4, 나머지 : 0

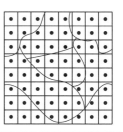

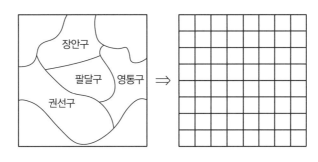

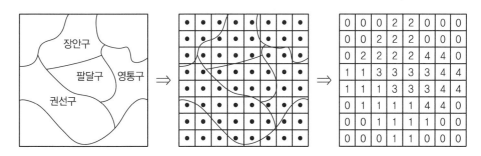

• NOTICE • 본 기출(복원)문제는 서초수도건축토목학원 수강생들의 기억을 토대로 작성되었으며, 문제 및 해설에 일부 오탈자가 있을 수 있음을 알려드립니다. 또한, 수험자의 기억이 불확실할 경우에는 유사문제로 대체하였음을 알려드립니다. 본서의 문제해설은 출제 당시 법령을 기준으로 작성하였습니다.

01 A, B, C, D에서 P점까지 수준측량을 하여 다음과 같은 결과를 얻었다. P점 표고의 최확값과 평균제곱근오차를 구하시오.(단, 최확값은 소수 셋째 자리까지, 평균제곱근오차는 mm 단위로 소수 첫째 자리까지 구하시오.) (10점)

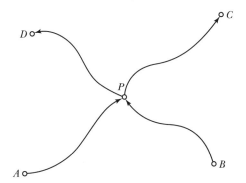

수준점의 표고	고저차의 관측결과	거리
A : 40.718m	$A \rightarrow P$: -6.208m	4.0km
B : 36.276m	$B \rightarrow P$: -1.764m	5.0km
C : 26.845m	$P \rightarrow C$: -7.680m	2.5km
D : 42.333m	$P \rightarrow D$: $+7.808$m	2.0km

(1) P점 표고의 최확값
(2) 평균제곱근오차(m_0)

해설 및 정답 ◆

(1) P점 표고의 최확값

　1) 표고 계산

　　① $H_{AP} = 40.718 - 6.208 = 34.510$m

　　② $H_{BP} = 36.276 - 1.764 = 34.512$m

　　③ $H_{CP} = 26.845 + 7.680 = 34.525$m

　　④ $H_{DP} = 42.333 - 7.808 = 34.525$m

　2) 경중률 계산

$$W_1 : W_2 : W_3 : W_4 = \frac{1}{S_1} : \frac{1}{S_2} : \frac{1}{S_3} : \frac{1}{S_4} = \frac{1}{4} : \frac{1}{5} : \frac{1}{2.5} : \frac{1}{2} = 5 : 4 : 8 : 10$$

3) 최확값 계산

$$H_P = \frac{W_1 h_1 + W_2 h_2 + W_3 h_3 + W_4 h_4}{W_1 + W_2 + W_3 + W_4}$$

$$= 34.500 + \frac{(5 \times 0.010) + (4 \times 0.012) + (8 \times 0.025) + (10 \times 0.025)}{5 + 4 + 8 + 10}$$

$$= 34.520\text{m}$$

(2) 평균제곱근오차(m_0)

노선	관측값(m)	최확값(m)	v	vv	W	Wvv
$A \to P$	34.510		-0.010	0.000100	5	0.000500
$B \to P$	34.512	34.520	-0.008	0.000064	4	0.000256
$C \to P$	34.525		0.005	0.000025	8	0.000200
$D \to P$	34.525		0.005	0.000025	10	0.000250
계					27	0.001206

$$m_0 = \pm \sqrt{\frac{[W_{vv}]}{[W](n-1)}} = \pm \sqrt{\frac{0.001206}{27(4-1)}} = \pm 3.9\text{mm}$$

02 그림과 같은 결합트래버스를 관측한 결과 다음과 같은 성과를 얻었다. 이 성과를 이용하여 아래 요소를 계산하시오.(단, 계산은 소수 셋째 자리까지, 조정은 컴퍼스법칙으로 적용하시오.)

(10점)

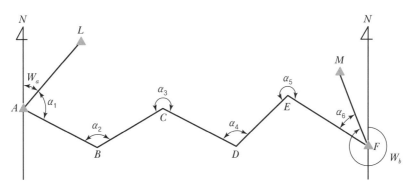

측점	좌표(m)		각명	방위각
	X	Y		
A	500.000	500.000	W_a	$40°25'16''$
F	508.008	776.212	W_b	$337°33'08''$

(1) 방위각

측점	측선	관측각	조정량	조정각	방위각
	$\overline{A-L}$				40°25′16″
A	$\overline{A-B}$	72°16′31″			
B	$\overline{B-C}$	128°36′16″			
C	$\overline{C-D}$	241°17′38″			
D	$\overline{D-E}$	72°43′25″			
E	$\overline{E-F}$	289°42′10″			
F	$\overline{F-M}$	32°31′40″			

(2) 경·위거 조정

측선	거리 (m)	방위각	위거 (m)	경거 (m)	조정위거 (m)	조정경거 (m)	측점	합위거 (m)	합경거 (m)
$\overline{A-L}$							A		
$\overline{A-B}$	57.469						B		
$\overline{B-C}$	79.534						C		
$\overline{C-D}$	60.123						D		
$\overline{D-E}$	84.329						E		
$\overline{E-F}$	98.434						F		
$\overline{F-M}$									

(1) 방위각 계산

측점	측선	관측각	조정량	조정각	방위각
	$\overline{A-L}$				40°25′16″
A	$\overline{A-B}$	72°16′31″	+2″	72°16′33″	112°41′49″
B	$\overline{B-C}$	128°36′16″	+2″	128°36′18″	61°18′07″
C	$\overline{C-D}$	241°17′38″	+2″	241°17′40″	122°35′47″
D	$\overline{D-E}$	72°43′25″	+2″	72°43′27″	15°19′14″
E	$\overline{E-F}$	289°42′10″	+2″	289°42′12″	125°01′26″
F	$\overline{F-M}$	32°31′40″	+2″	32°31′42″	337°33′08″

1) 측각오차(E_α)

$$E_\alpha = W_a + \sum\alpha - 180°(n-3) - W_b$$
$$= 40°25'16'' + 837°07'40'' - 180°(6-3) - 337°33'08''$$
$$= -12''$$

$$\therefore 조정량 = \frac{12''}{6} = 2''(\oplus조정)$$

2) 방위각

① $\overline{A-L}$ 방위각(W_a) $= 40°25'16''$

② $\overline{A-B}$ 방위각 $= \overline{A-L}$ 방위각 $+ \angle\alpha_1 = 40°25'16'' + 72°16'33'' = 112°41'49''$

③ $\overline{B-C}$ 방위각 $= \overline{A-B}$ 방위각 $- 180° + \angle\alpha_2$
$$= 112°41'49'' - 180° + 128°36'18'' = 61°18'07''$$

④ $\overline{C-D}$ 방위각 $= \overline{B-C}$ 방위각 $- 180° + \angle\alpha_3$
$$= 61°18'07'' - 180° + 241°17'40'' = 122°35'47''$$

⑤ $\overline{D-E}$ 방위각 $= \overline{C-D}$ 방위각 $- 180° + \angle\alpha_4$
$$= 122°35'47'' - 180° + 72°43'27'' = 15°19'14''$$

⑥ $\overline{E-F}$ 방위각 $= \overline{D-E}$ 방위각 $- 180° + \angle\alpha_5$
$$= 15°19'14'' - 180° + 289°42'12'' = 125°01'26''$$

⑦ $\overline{F-M}$ 방위각(W_b) $= (\overline{E-F}$ 방위각 $- 180° + \angle\alpha_6) + 360°$
$$= (125°01'26'' - 180° + 32°31'42'') + 360° = 337°33'08''$$

(2) 경·위거 조정 계산

측선	거리 (m)	방위각	위거 (m)	경거 (m)	조정 위거(m)	조정 경거(m)	측점	합위거 (m)	합경거 (m)
$\overline{A-L}$		40°25'16''						500.000	500.000
$\overline{A-B}$	57.469	112°41'49''	−22.175	53.019	−22.244	53.002	A	477.756	553.002
$\overline{B-C}$	79.534	61°18'07''	38.192	69.764	38.096	69.740	B	515.852	622.742
$\overline{C-D}$	60.123	122°35'47''	−32.389	50.653	−32.462	50.635	C	483.390	673.377
$\overline{D-E}$	84.329	15°19'14''	81.332	22.281	81.230	22.256	D	564.620	695.633
$\overline{E-F}$	98.434	125°01'26''	−56.493	80.609	−56.612	80.579	E	508.008	776.212
$\overline{F-M}$		337°33'08''					F		

1) 위거($l \cdot \cos\theta$)

① $\overline{A-B}$ 위거 $= 57.469 \times \cos 112°41'49'' = -22.175\text{m}$

② $\overline{B-C}$ 위거 $= 79.534 \times \cos 61°18'07'' = 38.192\text{m}$

③ $\overline{C-D}$ 위거 $= 60.123 \times \cos 122°35'47'' = -32.389m$

④ $\overline{D-E}$ 위거 $= 84.329 \times \cos 15°19'14'' = 81.332\text{m}$

⑤ $\overline{E-F}$ 위거 $= 98.434 \times \cos 125°01'26'' = -56.493\text{m}$

2) 경거($l \cdot \sin\theta$)

① $\overline{A-B}$ 경거 $= 57.469 \times \sin 112°41'49'' = 53.019\text{m}$

② $\overline{B-C}$ 경거 $= 79.534 \times \sin 61°18'07'' = 69.764\text{m}$

③ $\overline{C-D}$ 경거 $= 60.123 \times \sin122°35'47'' = 50.653\text{m}$

④ $\overline{D-E}$ 경거 $= 84.329 \times \sin15°19'14'' = 22.281\text{m}$

⑤ $\overline{E-F}$ 경거 $= 98.434 \times \sin125°01'26'' = 80.609\text{m}$

3) 위거조정량 및 경거조정량

① 위거오차

위거오차 $= (X_A + \sum 위거) - X_F = (500.000 + 8.467) - 508.008 = 0.459\text{m} \, (\ominus 조정)$

② 위거조정량(컴퍼스법칙)

$$위거조정량 = \frac{위거오차}{총 \ 길이} \times 조정할 \ 측선의 \ 길이$$

• $\overline{A-B}$ 위거조정량 $= \dfrac{0.459}{379.889} \times 57.469 = -0.069\text{m}$

• $\overline{B-C}$ 위거조정량 $= \dfrac{0.459}{379.889} \times 79.534 = -0.096\text{m}$

• $\overline{C-D}$ 위거조정량 $= \dfrac{0.459}{379.889} \times 60.123 = -0.073\text{m}$

• $\overline{D-E}$ 위거조정량 $= \dfrac{0.459}{379.889} \times 84.329 = -0.102\text{m}$

• $\overline{E-F}$ 위거조정량 $= \dfrac{0.459}{379.889} \times 98.434 = -0.119\text{m}$

③ 경거오차

경거오차 $= (Y_A + \sum 경거) - Y_F = (500.000 + 276.326) - 776.212 = 0.114\text{m} \, (\ominus 조정)$

④ 경거조정량(컴퍼스법칙)

$$경거조정량 = \frac{경거오차}{총 \ 길이} \times 조정할 \ 측선의 \ 길이$$

• $\overline{A-B}$ 경거조정량 $= \dfrac{0.114}{379.889} \times 57.469 = -0.017\text{m}$

• $\overline{B-C}$ 경거조정량 $= \dfrac{0.114}{379.889} \times 79.534 = -0.024\text{m}$

• $\overline{C-D}$ 경거조정량 $= \dfrac{0.114}{379.889} \times 60.123 = -0.018\text{m}$

• $\overline{D-E}$ 경거조정량 $= \dfrac{0.114}{379.889} \times 84.329 = -0.025\text{m}$

• $\overline{E-F}$ 경거조정량 $= \dfrac{0.114}{379.889} \times 98.434 = -0.030\text{m}$

4) 합위거 및 합경거

측점	합위거(m)	합경거(m)
A	500.000	500.000
B	$500.000 - 22.244 = 477.756$	$500.000 + 53.002 = 553.002$
C	$477.756 + 38.096 = 515.852$	$553.002 + 69.740 = 622.742$
D	$515.852 - 32.462 = 483.390$	$622.742 + 50.635 = 673.377$
E	$483.390 + 81.230 = 564.620$	$673.377 + 22.256 = 695.633$
F	$564.620 - 56.612 = 508.008$	$695.633 + 80.579 = 776.212$

03 종단측량을 실시한 결과 아래와 같은 성과표를 얻었다. 각 측점의 지반고를 구하고 성토고와 절토고를 구하시오.(단, 측점 No.0의 지반고와 계획고는 100.000m이며, 종단구배는 4%의 하향경사이고, 계산은 소수 셋째 자리까지 구하시오.) (5점)

[단위 : m]

측점	추가거리	후시	전시		기계고	지반고	계획고	성토고	절토고
			이기점	중간점					
No.0	0.00	3.141				100.000	100.000		
No.1	20.00			1.547					
No.2	40.00			3.348					
No.3	60.00	1.141	0.914						
No.4	80.00			1.584					
No.5	100.00			3.245					
No.6	120.00		2.437						

해설 및 정답 ●

[단위 : m]

측점	추가거리	후시	전시		기계고	지반고	계획고	성토고	절토고
			이기점	중간점					
No.0	0.00	3.141			103.141	100.000	100.000		
No.1	20.00			1.547		101.594	99.200		2.394
No.2	40.00			3.348		99.793	98.400		1.393
No.3	60.00	1.141	0.914		103.368	102.227	97.600		4.627
No.4	80.00			1.584		101.784	96.800		4.984
No.5	100.00			3.245		100.123	96.000		4.123
No.6	120.00		2.437			100.931	95.200		5.731

(1) 기계고 계산(지반고＋후시)

① No.0＝100.000＋3.141＝103.141m

② No.3＝102.227＋1.141＝103.368m

(2) 지반고 계산(기계고－전시)

① No.1＝103.141－1.547＝101.594m

② No.2＝103.141－3.348＝99.793m

③ No.3＝103.141－0.914＝102.227m

④ No.4＝103.368－1.584＝101.784m

⑤ No.5＝103.368－3.245＝100.123m

⑥ No.6＝103.368－2.437＝100.931m

(3) 계획고 계산(No.0 계획고 $-(\frac{4}{100}\times$추가거리))

① No.1 $= 100.000 - (\frac{4}{100}\times20.00)=99.200$m

② No.2 $= 100.000 - (\frac{4}{100}\times40.00)=98.400$m

③ No.3 $= 100.000 - (\frac{4}{100}\times60.00)=97.600$m

④ No.4 $= 100.000 - (\frac{4}{100}\times80.00)=96.800$m

⑤ No.5 $= 100.000 - (\frac{4}{100}\times100.00)=96.000$m

⑥ No.6 $= 100.000 - (\frac{4}{100}\times120.00)=95.200$m

(4) 성토고, 절토고 계산

지반고 $-$ 계획고 $= \oplus$ 절토고, $\ominus$ 성토고

① No.1 $= 101.594 - 99.200 = 2.394$m
② No.2 $= 99.793 - 98.400 = 1.393$m
③ No.3 $= 102.227 - 97.600 = 4.627$m
④ No.4 $= 101.784 - 96.800 = 4.984$m
⑤ No.5 $= 100.123 - 96.000 = 4.123$m
⑥ No.6 $= 100.931 - 95.200 = 5.731$m

04 다음 문장은 GNSS에 의한 국가기준점측량 작업규정이다. 내용이 맞으면 ○, 틀리면 ×로 표시하시오. (5점)

(1) GNSS 관측은 정적간섭측위방식으로 실시한다. ( )
(2) 동시 수신 위성수는 3개 이상이어야 한다. ( )
(3) 고도각 15도 이상의 위성을 사용한다. ( )
(4) GNSS 관측 시 사용하고자 하는 위성기준점의 가동상황을 관측 전에만 확인한다. ( )
(5) 국가기준점의 지반침하 등을 고려하여 설치완료 12시간이 경과한 후 침하량을 파악하여 지반침하가 없는 경우에 관측을 실시한다. ( )

해설 및 정답 ⊕ -

(1) ○
(2) ×(4개 이상이어야 한다.)
(3) ○
(4) ×(관측 전후에 확인한다.)
(5) ×(24시간)

05 $ABCD$의 면적을 구하기 위하여 다음과 같이 측정하였다. $ABCD$의 정확한 면적을 구하시오.

(5점)

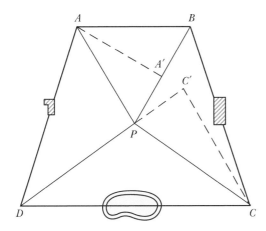

$\overline{AP}= 70\text{m}$, $\overline{BP}= 60\text{m}$
$\overline{CP}= 65\text{m}$, $\overline{DP}= 64\text{m}$

$\angle\,APB = 60°$, $\angle\,BPC = 90°$
$\angle\,CPD = 120°$, $\angle\,DPA = 90°$

해설 및 정답 ⊕ -

$$A = \left(\frac{1}{2}\times70\times60\times\sin60°\right)+\left(\frac{1}{2}\times60\times65\times\sin90°\right)+\left(\frac{1}{2}\times65\times64\times\sin120°\right)$$
$$+\left(\frac{1}{2}\times64\times70\times\sin90°\right)=7{,}810\text{m}^2$$

06 도로기점에서 교점($I.P$)까지의 거리가 838.25m이고, 곡선반지름(R)이 300m, 교각(I)이 $58°14'04''$인 단곡선을 편각법으로 설치하려 할 때 다음 요구사항을 구하시오.(단, 중심말뚝거리 20m이며, 거리는 반올림하여 소수 둘째 자리까지, 각도는 초($''$) 단위까지 구하시오.)

(10점)

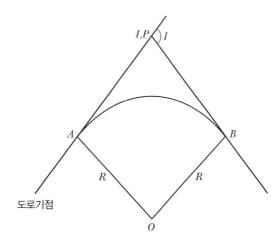

(1) 접선길이($T.L$)를 구하시오.

(2) 곡선길이($C.L$)를 구하시오.

(3) 시단현에 대한 편각(δ_1)을 구하시오.

(4) 종단현에 대한 편각(δ_n)을 구하시오.

(5) 20m에 대한 편각(δ_{20})을 구하시오.

해설 및 정답 ✚

(1) 접선길이($T.L$)를 구하시오.

$$\text{접선길이}(T.L) = R\tan\frac{I}{2} = 300 \times \tan\frac{58°14'04''}{2} = 167.10\text{m}$$

(2) 곡선길이($C.L$)를 구하시오.

$$\text{곡선길이}(C.L) = 0.0174533\,R\,I° = 0.0174533 \times 300 \times 58°14'04'' = 304.91\text{m}$$

(3) 시단현에 대한 편각(δ_1)을 구하시오.

- 곡선시점($B.C$) = 도로기점～교점($I.P$)까지의 거리 $- T.L$
$$= 838.25 - 167.10$$
$$= 671.15\text{m(No.33} + 11.15\text{m)}$$
- 시단현 길이(l_1) = 20m $- B.C$ 추가거리 $= 20 - 11.15 = 8.85$m

$$\therefore \text{시단현 편각}(\delta_1) = 1,718.87' \cdot \frac{l_1}{R} = 1,718.87' \times \frac{8.85}{300} = 0°50'42''$$

(4) 종단현에 대한 편각(δ_n)을 구하시오.

- 곡선종점($E.C$) = $B.C + C.L = 671.15 + 304.91 = 976.06$m(No.48 + 16.06m)
- 종단현 길이(l_n) = $E.C$ 추가거리 $= 16.06$m

$$\therefore \text{종단현 편각}(\delta_n) = 1,718.87' \cdot \frac{l_n}{R} = 1,718.87' \times \frac{16.06}{300} = 1°32'01''$$

(5) 20m에 대한 편각(δ_{20})을 구하시오.

$$\text{20m 편각}(\delta_{20}) = 1,718.87' \cdot \frac{20}{R} = 1,718.87' \times \frac{20}{300} = 1°54'35''$$

07 다음은 사진측량 및 원격탐측에 관한 사항이다. 보기를 보고 다음 물음에 답하시오. (5점)

[보기]

연직점	기복변위	과고감	카메론효과
대공표지	식생지수(NDVI)	영상정합	에피폴라기하
불규칙삼각망	보간법	명암대비확장기법	무감독분류

(1) 지표면에 기복이 있을 경우 연직으로 촬영하여도 축척은 동일하지 않으며 사진면에서 연직점을 중심으로 방사상의 변위가 생기는 것은?

(2) 영상 내 픽셀의 최솟값, 최댓값의 비율을 이용하여 고정된 비율로 영상을 낮은 밝기와 높은 밝기로 펼쳐주는 기법은?

(3) 위성영상을 이용하여 식생분포 및 활력도를 나타내는 지수이며, 단위가 없는 복사값으로서 녹색식물의 상대적 분포량과 활동성, 엽면적지수, 엽록소 함량과 관련된 지표는?

해설 및 정답 ◑

(1) 기복변위
(2) 명암대비확장기법
(3) 식생지수(NDVI)

---

08 다음 그림은 지적도의 필지를 지리정보로 구축한 셰이프(Shape) 파일로 도형정보와 각 필지의 속성정보를 이용하여 공간분석을 수행하고자 한다. 공간분석 과정 중 피처 디졸브(Feature Dissolve) 기능을 이용하여 다음 예와 같이 표시하시오. (5점)

Field	
FID	0
Shape	polygon
JIBUN	8-1대

Field	
FID	2
Shape	polygon
JIBUN	8-3대

↓   ↓

↑   ↑

Field	
FID	1
Shape	polygon
JIBUN	8-2대

Field	
FID	3
Shape	polygon
JIBUN	8-3대

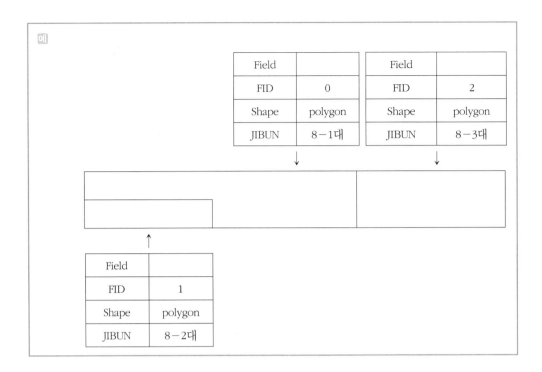

해설 및 정답 ◆

JIBUN 필드로 디졸브 기능을 이용하면 '8-3대'의 속성을 가진 2개의 필지가 병합된다.

Field		Field	
FID	0	FID	2
Shape	polygon	Shape	polygon
JIBUN	8-1대	JIBUN	8-3대

↓ ↓

↑

Field	
FID	1
Shape	polygon
JIBUN	8-2대

※ 디졸브(Dissolve)

　지도의 객체 간 불필요한 경계를 지우고자 할 때에 주로 사용되는 기능으로 동일한 속성값을 가지는 객체들을 동일한 객체로 인식하여 저장한다.

주어진 아파트 테이블에 대해 다음 SQL 문에 의해 얻어지는 결과를 구하시오.(단, 답란의 주어진 셀은 필요한 부분만 사용하고 불필요한 셀은 공란으로 비워두시오.) (5점)

[Table : 아파트]

읍면동	아파트명	세대주	평형	매매가	전세가
바다동	SAMSUNG	375	27	37,500	16,000
바다동	HYUNDAI	178	25	34,125	16,750
바다동	KUMKANG	69	38	39,500	22,000
양지동	WOOBANG	406	21	34,000	13,750
양지동	JAYANG	464	31	35,500	14,750
햇살동	HANGANGWOOSUNG	355	35	56,500	19,500

SQL > Select * from 아파트 where 평형 > 30 AND 읍면동 = 햇살동

해설 및 정답

읍면동	아파트명	세대수	평형	매매가	전세가
햇살동	HANGANGWOOSUNG	355	35	56,500	19,500

SELECT 선택 컬럼 FROM 테이블 WHERE 컬럼에 대한 조건

Select * from 아파트 where 평형 > 30 AND 읍면동 = 햇살동

• 테이블 : 아파트
• 조건 : 읍면동이 햇살동이고 평형 > 30
• 선택 컬럼 : * (모두)

※ AND 연산자
   두 개 이상의 조건을 줄 때 사용하는 연산자로서 특정 테이블로부터 특정한 조건들을 모두 만족하는 데이터를 추출하여 나타내는 연산자

• NOTICE • 본 기출(복원)문제는 서초수도건축토목학원 수강생들의 기억을 토대로 작성되었으며, 문제 및 해설에 일부 오탈자가 있을 수 있음을 알려드립니다. 또한, 수험자의 기억이 불확실할 경우에는 유사문제로 대체하였음을 알려드립니다. 본서의 문제해설은 출제 당시 법령을 기준으로 작성하였습니다.

01 그림과 같은 수준점 A, B, C로부터 P점의 표고를 구하기 위하여 수준측량을 실시한 결과가 표와 같다. P점의 표고에 대한 최확값과 표준오차를 구하시오.(단, 최확값은 소수 셋째 자리까지, 표준오차는 mm 단위의 소수 셋째 자리에서 반올림하여 구하시오.) (10점)

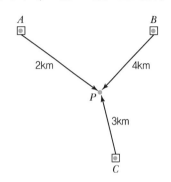

수준점의 표고	고저차의 관측결과	거리
A : 19.332m	$A \to P$: +1.533m	2km
B : 20.933m	$B \to P$: −0.074m	4km
C : 18.852m	$C \to P$: +1.986m	3km

(1) P점 표고의 최확값
(2) 최확값의 표준오차(δ)

해설 및 정답 ◑

(1) P점 표고의 최확값

    1) 표고 계산

        ① $A \to P = 19.332 + 1.533 = 20.865$m

        ② $B \to P = 20.933 - 0.074 = 20.859$m

        ③ $C \to P = 18.852 + 1.986 = 20.838$m

    2) 경중률 계산

$$W_1 : W_2 : W_3 = \frac{1}{S_1} : \frac{1}{S_2} : \frac{1}{S_3} = \frac{1}{2} : \frac{1}{4} : \frac{1}{3} = 6 : 3 : 4$$

    3) 최확값 계산

$$H_P = \frac{W_1 h_1 + W_2 h_2 + W_3 h_3}{W_1 + W_2 + W_3} = 20.800 + \frac{(6 \times 0.065) + (3 \times 0.059) + (4 \times 0.038)}{6 + 3 + 4} = 20.855\text{m}$$

노선	관측값(m)	최확값(m)	ν	$\nu\nu$	W	$W_{\nu\nu}$
$A \to P$	20.865		0.010	0.000100	6	0.000600
$B \to P$	20.859	20.855	0.004	0.000016	3	0.000048
$C \to P$	20.838		−0.017	0.000289	4	0.001156
계					13	0.001804

$$\therefore \text{표준오차}(\delta) = \pm \sqrt{\frac{[W_{\nu\nu}]}{[W](n-1)}} = \pm \sqrt{\frac{0.001804}{13(3-1)}} = \pm 8.33 \text{mm}$$

02 다음 그림과 같은 개방트래버스에 대한 각 문항에 답하시오.(단, 측선 $\overline{AB}$의 방위각은 110°24′20″이며, 거리의 계산은 반올림하여 소수 셋째 자리까지, 각은 초 단위까지 구하시오.)

(10점)

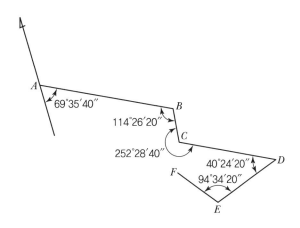

(1) 성과표를 계산하시오.

측점	측선	거리(m)	방위각	위거(m)	경거(m)	합위거(m)	합경거(m)
A						50.000	50.000
B	$\overline{AB}$	18.364					
C	$\overline{BC}$	22.759					
D	$\overline{CD}$	9.674					
E	$\overline{DE}$	25.364					
F	$\overline{EF}$	25.765					

(2) 측선 $\overline{AF}$의 거리와 방위각을 구하시오.

(1) 성과표 계산

측점	측선	거리(m)	방위각	위거(m)	경거(m)	합위거(m)	합경거(m)
A						50.000	50.000
B	$\overline{AB}$	18.364	110°24′20″	−6.403	17.212	43.597	67.212
C	$\overline{BC}$	22.759	175°58′00″	−22.703	1.601	20.894	68.813
D	$\overline{CD}$	9.674	103°29′20″	−2.257	9.407	18.637	78.220
E	$\overline{DE}$	25.364	243°05′00″	−11.482	−22.616	7.155	55.604
F	$\overline{EF}$	25.765	328°30′40″	21.971	−13.458	29.126	42.146

1) 방위각

　① $\overline{AB}$ 방위각 $= 110°24′20″$

　② $\overline{BC}$ 방위각 $= \overline{AB}$ 방위각 $+ 180° - \angle B$
　　　　　　 $= 110°24′20″ + 180° - 114°26′20″ = 175°58′00″$

　③ $\overline{CD}$ 방위각 $= \overline{BC}$ 방위각 $+ 180° - \angle C$
　　　　　　 $= 175°58′00″ + 180° - 252°28′40″ = 103°29′20″$

　④ $\overline{DE}$ 방위각 $= \overline{CD}$ 방위각 $+ 180° - \angle D$
　　　　　　 $= 103°29′20″ + 180° - 40°24′20″ = 243°05′00″$

　⑤ $\overline{EF}$ 방위각 $= \overline{DE}$ 방위각 $+ 180° - \angle E$
　　　　　　 $= 243°05′00″ + 180° - 94°34′20″ = 328°30′40″$

2) 위거($l \cdot \cos\theta$)

　① $\overline{AB}$ 위거 $= 18.364 \times \cos 110°24′20″ = -6.403\text{m}$

　② $\overline{BC}$ 위거 $= 22.759 \times \cos 175°58′00″ = -22.703\text{m}$

　③ $\overline{CD}$ 위거 $= 9.674 \times \cos 103°29′20″ = -2.257\text{m}$

　④ $\overline{DE}$ 위거 $= 25.364 \times \cos 243°05′00″ = -11.482\text{m}$

　⑤ $\overline{EF}$ 위거 $= 25.765 \times \cos 328°30′40″ = 21.971\text{m}$

3) 경거($l \cdot \sin\theta$)

　① $\overline{AB}$ 경거 $= 18.364 \times \sin 110°24′20″ = 17.212\text{m}$

　② $\overline{BC}$ 경거 $= 22.759 \times \sin 175°58′00″ = 1.601\text{m}$

　③ $\overline{CD}$ 경거 $= 9.674 \times \sin 103°29′20″ = 9.407\text{m}$

　④ $\overline{DE}$ 경거 $= 25.364 \times \sin 243°05′00″ = -22.616\text{m}$

　⑤ $\overline{EF}$ 경거 $= 25.765 \times \sin 328°30′40″ = -13.458\text{m}$

4) 합위거 및 합경거

측점	합위거(m)	합경거(m)
A	50.000	50.000
B	$50.000 - 6.403 = 43.597$	$50.000 + 17.212 = 67.212$
C	$43.597 - 22.703 = 20.894$	$67.212 + 1.601 = 68.813$
D	$20.894 - 2.257 = 18.637$	$68.813 + 9.407 = 78.220$
E	$18.637 - 11.482 = 7.155$	$78.220 - 22.616 = 55.604$
F	$7.155 + 21.971 = 29.126$	$55.604 - 13.458 = 42.146$

(2) $\overline{AF}$ 거리 및 방위각 계산

- $\overline{AF}$ 거리 $= \sqrt{(X_F - X_A)^2 + (Y_F - Y_A)^2}$
  $$= \sqrt{(29.126 - 50.000)^2 + (42.146 - 50.000)^2}$$
  $$= 22.303\text{m}$$

- $\tan\theta = \dfrac{Y_F - Y_A}{X_F - X_A} \longrightarrow$

  $\theta = \tan^{-1}\dfrac{Y_F - Y_A}{X_F - X_A} = \tan^{-1}\dfrac{42.146 - 50.000}{29.126 - 50.000} = 20°37'09''(3상한)$

  $\therefore \overline{AF}$ 방위각 $= 180° + 20°37'09'' = 200°37'09''$

03 단곡선 설치에서 교점(E)의 위치에 장애물이 있어 교각을 측정할 수 없어서 그림과 같이 관측을 수행하였다. C점은 도로의 기점으로부터 532.155m 떨어져 있고, 곡선반지름(R)이 80m일 때 다음 요구사항에 답하시오.(단, 중심말뚝 간 거리는 20m이고, 계산은 반올림하여 소수 셋째 자리까지 구하시오.) (10점)

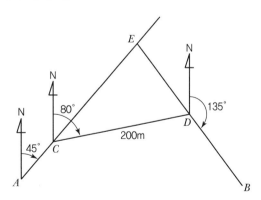

(1) 접선길이
(2) C점에서 곡선시점까지 거리
(3) D점에서 곡선종점까지 거리
(4) 시단현의 길이
(5) 종단현의 길이

(1) 접선길이 계산

- $\overline{DB}$ 방위각 $=\overline{EB}$ 방위각, $\overline{AC}$ 방위각 $=\overline{AE}$ 방위각
- 교각$(I)=\overline{EB}$ 방위각 $-\overline{AE}$ 방위각 $=135°-45°=90°$
- 접선길이$(T.L)=R\tan\dfrac{I}{2}=80\times\tan\dfrac{90°}{2}=80.000\mathrm{m}$

(2) C점에서 곡선시점까지 거리 계산

- $\angle C=80°-45°=35°,\ \angle D=135°-80°=55°,\ \angle E=180°-(35°+55°)=90°$
- $\overline{CE}$ 거리(sine 법칙)

  $\dfrac{200.000}{\sin90°}=\dfrac{\overline{CE}}{\sin55°}\to\overline{CE}=\dfrac{\sin55°}{\sin90°}\times200.000=163.830\mathrm{m}$

  $\therefore\ \overline{CE}$ 거리 $=163.830\mathrm{m}$
- 도로기점에서 교점(E)까지 거리 $=\overline{AC}$ 거리 $+\overline{CE}$ 거리 $=532.155+163.830=695.985\mathrm{m}$
- 곡선시점$(B.C)=$총거리 $-T.L=695.985-80.000=615.985\mathrm{m}\,(\mathrm{No}.30+15.985\mathrm{m})$

  $\therefore\ C$점에서 곡선시점까지 거리 $=B.C-\overline{AC}$ 거리 $=615.985-532.155=83.830\mathrm{m}$

(3) D점에서 곡선종점까지 거리 계산

- $\overline{DE}$ 거리(sine 법칙)

  $\dfrac{200.000}{\sin90°}=\dfrac{\overline{DE}}{\sin35°}\to\overline{DE}=\dfrac{\sin35°}{\sin90°}\times200.000=114.715\mathrm{m}$

  $\therefore\ D$점에서 곡선종점까지 거리 $=\overline{DE}$ 거리 $-T.L=114.715-80.000=34.715\mathrm{m}$

(4) 시단현의 길이 계산

시단현 길이 $=20\mathrm{m}-B.C$ 추가거리 $=20-15.985=4.015\mathrm{m}$

(5) 종단현의 길이 계산

- 곡선장$(C.L)=0.0174533\,RI°=0.0174533\times80\times90°=125.664\mathrm{m}$
- 곡선종점$(E.C)=B.C+C.L=615.985+125.664=741.649\mathrm{m}\,(\mathrm{No}.37+1.649\mathrm{m})$

  $\therefore\ $종단현 길이 $=E.C$ 추가거리 $=1.649\mathrm{m}$

04 다음 수준측량 스케치를 보고 승강식 야장을 작성하시오. (5점)

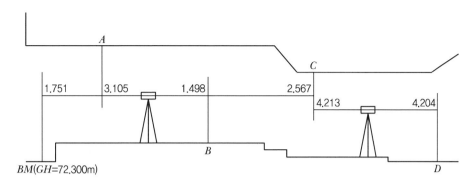

[단위 : m]

측점	B.S	F.S		승 (+)	강 (−)	G.H
		I.P	T.P			
BM	1.751					72.300
A		−3.105		4.856		77.156
B		1.498		0.253		72.553
C	−4.213		−2.567	4.318		76.618
D			4.204		8.417	68.201

[단위 : m]

측점	B.S	F.S		승 (+)	강 (−)	G.H
		I.P	T.P			
BM	1.751					72.300
A		−3.105		4.856		77.156
B		1.498		0.253		72.553
C	−4.213		−2.567	4.318		76.618
D			4.204		8.417	68.201

(1) $B.S - F.S = \oplus$ 승, $\ominus$ 강

(2) 지반고($G.H$) 계산

    ① $BM = 72.300\text{m}$

    ② $A = 72.300 + 4.856 = 77.156\text{m}$

    ③ $B = 72.300 + 0.253 = 72.553\text{m}$

    ④ $C = 72.300 + 4.318 = 76.618\text{m}$

    ⑤ $D = 76.618 - 8.417 = 68.201\text{m}$

05 그림과 같은 지역을 20m×20m의 사각형으로 나누어 각 교점의 표고를 측정한 결과가 그림과 같다. 표고 15m로 계획할 때 남는 토량을 구하시오.(단, 빗금 친 부분은 공원으로 현 상태를 유지하려고 한다.)

(5점)

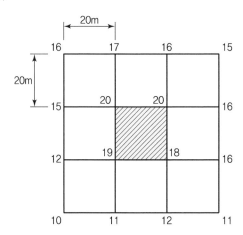

해설 및 정답 ✚

(1) 체적(V_1) 계산

$$V_1 = \frac{A}{4}\left(\sum h_1 + 2\sum h_2 + 3\sum h_3 + 4\sum h_4\right)$$

- $\sum h_1 = 16 + 10 + 11 + 15 = 52\text{m}$
- $\sum h_2 = 15 + 12 + 11 + 12 + 16 + 16 + 17 + 16 = 115\text{m}$
- $\sum h_3 = 20 + 20 + 18 + 19 = 77\text{m}$

$$\therefore \ V_1 = \frac{20 \times 20}{4} \times \{52 + (2 \times 115) + (3 \times 77)\} = 51{,}300\text{m}^3$$

(2) 표고 15m일 경우 체적(V_2) 계산

$$V_2 = A \cdot h \cdot n = (20 \times 20) \times 15 \times 8 = 48{,}000\text{m}^3$$

(3) 토량(V) 계산

$$V = V_2 - V_1 = \oplus\text{성토량}, \ominus\text{절토량}$$

$$V = V_2 - V_1 = 48{,}000 - 51{,}300 = \ominus 3{,}300\text{m}^3$$

$$\therefore \ \text{절토량}(V) = 3{,}300\text{m}^3$$

06 기준타원체면상에서 GPS로 측량하여 A점의 측지좌표를 얻었다. $A(\Phi = 38°,\ \lambda = 127°,$ $h = 100m)$일 때, A점의 측지좌표를 3차원 지심직각좌표로 변환하시오.(단, 장반경(a) = $6,378.137km$, 단반경(b) = $6,356.752km$이다.) (5점)

$$N = \frac{a}{\sqrt{(1 - e^2 \cdot \sin^2\Phi)}},\ e^2 = \frac{a^2 - b^2}{a^2}$$

$$X = (N + h) \cdot \cos\Phi \cdot \cos\lambda,\ Y = (N + h) \cdot \cos\Phi \cdot \sin\lambda,\ Z = [N(1 - e^2) + h] \cdot \sin\Phi$$

해설 및 정답 ⊕

(1) A점 좌표변환 계산

① $e^2 = \dfrac{a^2 - b^2}{a^2} = \dfrac{6,378.137^2 - 6,356.752^2}{6,378.137^2} = 0.0066945$

② $N = \dfrac{a}{\sqrt{(1 - e^2 \cdot \sin^2\Phi)}} = \dfrac{6,378.137}{\sqrt{(1 - 0.0066945 \times \sin^2 38°)}} = 6,386.245km$

③ $X = (N + h) \cdot \cos\Phi \cdot \cos\lambda = (6,386.245 + 0.1) \times \cos 38° \times \cos 127° = -3,028.639km$

④ $Y = (N + h) \cdot \cos\Phi \cdot \sin\lambda = (6,386.245 + 0.1) \times \cos 38° \times \sin 127° = 4,019.140km$

⑤ $Z = [N(1 - e^2) + h] \cdot \sin\Phi = [6,386.245 \times (1 - 0.0066945) + 0.1] \times \sin 38° = 3,905.505km$

07 다음은 사진측량에 관한 사항이다. 보기를 보고 다음 물음에 답하시오. (5점)

[보기]

항공레이저측량	인접접합점	과고감	항공사진측량
대공표지	수치지면자료	보간	격자자료
불규칙삼각망자료	공일차보간법	수치표면자료	코스검사점
원시자료	수치표고모델	항공레이저측량시스템	기준점측량
항공삼각측량	점자료	기복변위	카메론효과

(1) 레이저 거리측정기, GPS 안테나와 수신기, INS(관성항법장치) 등으로 구성된 시스템은?

(2) 비행코스별 항공레이저측량 원시자료의 정확도를 점검하기 위하여 비행코스의 중복부분에서 선정한 점은?

(3) 미지점 주변의 자료를 이용하여 미지점의 값을 결정하는 방법은?

(4) 입체도화기 및 정밀좌표 관측기에 의하여 사진상에 무수한 점들의 좌표를 소수의 지상기준점성과를 이용하여 절대좌표를 환산해 내는 기법은?

(5) 작업지역과 인접하고 있는 지역에 항공레이저측량에 의해 제작된 기존 수치지면자료(또는 수치표고모델)가 존재하는 경우에 기존 수치지면자료(또는 수치표고모델)와 정확도를 점검하고 일치시키기 위하여 선정한 점은?

(1) 항공레이저측량시스템
(2) 코스검사점
(3) 보간
(4) 항공삼각측량
(5) 인접접합점

08 그림의 두 래스터 데이터를 이용하여 적지를 찾고자 한다. 아래의 두 가지 조건을 모두 만족하는 적지분석에 가장 적합한 래스터 분석을 통한 중간산출물과 최종산출물을 구하시오.

(5점)

• 조건 1 : 성남시	• 조건 2 : 경사도 10% 이하

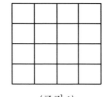

〈행정구역〉
1 : 서울시
2 : 성남시
3 : 하남시

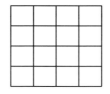

〈경사도〉
1 : 0% 초과 10% 이하
2 : 10% 초과 30% 이하
3 : 30% 초과

(1) 각 데이터의 Recode 결과(중간산출물)를 구하시오.

〈조건 1〉　　　　　　　　　　　〈조건 2〉

(2) 최종 중첩분석 결과(최종산출물)를 구하시오.

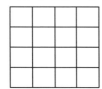

(1) 각 데이터의 Recode 결과(중간산출물)를 구하시오.

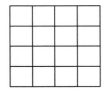

〈조건 1〉
2 : 성남시

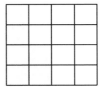

〈조건 2〉
1 : 0% 초과 10% 이하

(2) 최종 중첩분석 결과(최종산출물)를 구하시오.

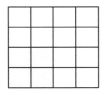

09 주어진 아파트 테이블에 대해 다음 SQL 문에 의해 얻어지는 결과를 구하시오.(단, 답란의 주어진 셀은 필요한 부분만 사용하고 불필요한 셀은 공란으로 비워두시오.) (5점)

[Table : 아파트]

읍면동	아파트명	세대수	평형	매매가	전세가
자양동	SAMSUNG	375	27	37,500	16,000
자양동	HYUNDAI	178	25	34,125	16,750
자양동	KUMKANG	69	28	39,500	22,000
자양동	WOOBANG	406	21	34,000	13,750
자양동	JAYANG	464	21	35,500	14,750
노유동	HANGANGWOOSUNG	355	35	56,500	19,500
노유동	HANGANGHYUNDAI	204	36	53,500	19,000
노유동	HANGANGSUNGWON	140	25	31,750	15,500
광장동	GEUKDONG	896	28	56,000	20,500
광장동	DONGBUK	448	28	70,000	21,000

SQL > Select * from 아파트 where 아파트명 like '%B%' OR 평형 > 30

읍면동	아파트명	세대수	평형	매매가	전세가
자양동	WOOBANG	406	21	34,000	13,750
노유동	HANGANGWOOSUNG	355	35	56,500	19,500
노유동	HANGANGHYUNDAI	204	36	53,500	19,000
광장동	DONGBUK	448	28	70,000	21,000

SELECT 선택 컬럼 FROM 테이블 WHERE 컬럼에 대한 조건

Select * From 아파트 Where 아파트명 like '%B%' OR 평형 > 30

* 테이블 : 아파트

* 조건 : 아파트명에 B가 들어 있거나 평형 > 30

* 선택 컬럼 : *(모두)

※ Like 연산자

컬럼에 저장된 문자열 중에서 Like 연산자에서 저장된 문자패턴이 부분적으로 일치하면 참이 되는 연산자

• '%' : 임의의 길이의 문자열에 대한 와일드 문자

• '_' : 임의의 한 문자에 대한 와일드 문자

• NOTICE • 본 기출(복원)문제는 서초수도건축토목학원 수강생들의 기억을 토대로 작성되었으며, 문제 및 해설에 일부 오탈자가 있을 수 있음을 알려드립니다. 또한, 수험자의 기억이 불확실할 경우에는 유사문제로 대체하였음을 알려드립니다. 본서의 문제해설은 출제 당시 법령을 기준으로 작성하였습니다.

01 1 : 1,000 수치지도에서 도엽코드가 366101119인 도엽이 있다. 이 도엽의 경 · 위도 좌표와 인덱스를 1 : 50,000, 1 : 10,000, 그리고 1 : 1,000 축척에서 몇 번째에 있는지 예와 같이 해당 숫자와 원으로 표시하시오. (5점)

예

축척	색인도
1 : 50,000	
1 : 10,000	
1 : 1,000	

축척	색인도
1 : 50,000	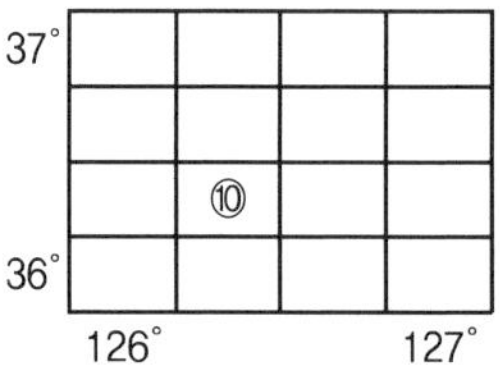 37° (표, ⑩) 36° / 126° 127°
1 : 10,000	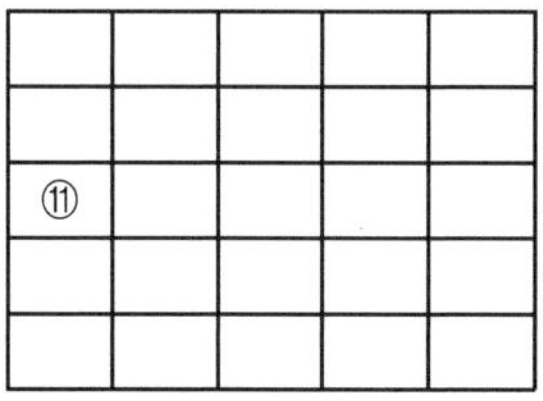 ⑪
1 : 1,000	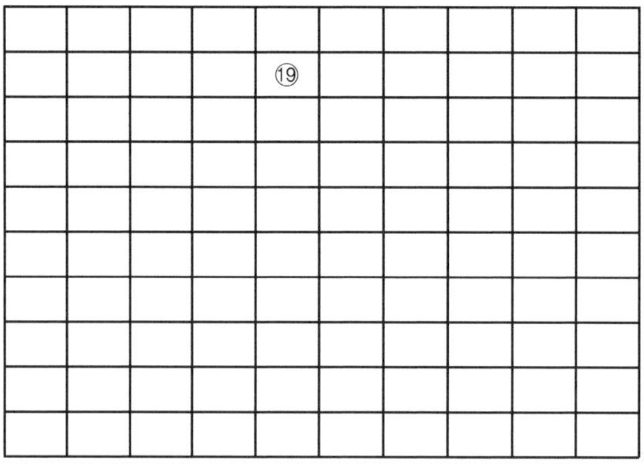 ⑲

(1) 1 : 50,000

도엽코드 : 경위도를 1° 간격으로 분할한 지역에 대하여 다시 15′씩 16등분하여 하단 위도 두 자리 숫자와 좌측 경도의 끝자리 숫자를 합성한 뒤 해당되는 두 자리 코드를 추가하여 구성한다.

(2) 1 : 10,000

도엽코드 : 1/50,000 도엽을 25등분하여 1/50,000 도엽코드 끝에 해당되는 두 자리 코드를 추가하여 구성한다.

(3) 1 : 1,000

도엽코드 : 1/10,000 도엽을 100등분하여 1/10,000 도엽코드 끝에 해당되는 두 자리 코드를 추가하여 구성한다.

02 그림에서와 같이 수준측량을 하였을 때 P, Q점의 표고를 구하시오.(단, 측정값과 각 점의 표고는 아래 표와 같다. 계산은 소수 넷째 자리에서 반올림하시오.) (5점)

수준점	표고(m)	고저차의 관측값(m)	거리(km)
$BM.A$	50.361	$A \rightarrow P$: $+1.684$	4.5
$BM.B$	54.843	$B \rightarrow P$: -2.793	4.0
$BM.C$	46.284	$C \rightarrow P$: $+5.752$	7.0
$BM.B$	54.843	$B \rightarrow Q$: -9.080	4.5
$BM.C$	46.284	$C \rightarrow Q$: -0.538	6.0
$BM.D$	44.500	$D \rightarrow Q$: $+1.254$	3.25

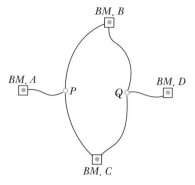

해설 및 정답 ⊕ --

(1) P점 표고 계산

① $BM.A \rightarrow P = 50.361 + 1.684 = 52.045\text{m}$

② $BM.B \rightarrow P = 54.843 - 2.793 = 52.050\text{m}$

③ $BM.C \rightarrow P = 46.284 + 5.752 = 52.036\text{m}$

(2) Q점 표고 계산

① $BM.B \rightarrow Q = 54.843 - 9.080 = 45.763\text{m}$

② $BM.C \rightarrow Q = 46.284 - 0.538 = 45.746\text{m}$

③ $BM.D \rightarrow Q = 44.500 + 1.254 = 45.754\text{m}$

(3) 경중률 계산

$$W_1 : W_2 : W_3 = \frac{1}{S_1} : \frac{1}{S_2} : \frac{1}{S_3} = \frac{1}{4.5} : \frac{1}{4.0} : \frac{1}{7.0} = 14 : 15.75 : 9$$

$$W_4 : W_5 : W_6 = \frac{1}{S_4} : \frac{1}{S_5} : \frac{1}{S_6} = \frac{1}{4.5} : \frac{1}{6.0} : \frac{1}{3.25} = 19.5 : 14.625 : 27$$

(4) P점의 최확값 계산

$$H_P = \frac{W_1 h_1 + W_2 h_2 + W_3 h_3}{W_1 + W_2 + W_3}$$

$$= \frac{(14 \times 52.045) + (15.75 \times 52.050) + (9 \times 52.036)}{14 + 15.75 + 9}$$

$$= 52.045\text{m}$$

(5) Q점의 최확값 계산

$$H_Q = \frac{W_4 h_4 + W_5 h_5 + W_6 h_6}{W_4 + W_5 + W_6}$$

$$= \frac{(19.5 \times 45.763) + (14.625 \times 45.746) + (27 \times 45.754)}{19.5 + 14.625 + 27}$$

$$= 45.755\text{m}$$

03 다각측량을 한 성과가 다음과 같을 때 아래 성과표를 완성하시오.(단, 경·위거 조정은 컴퍼스법칙을 이용하고, 계산은 소수 넷째 자리에서 반올림하시오.) (10점)

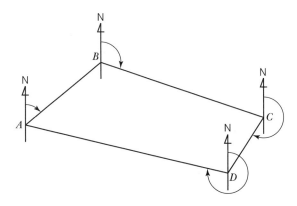

측선	거리(m)	방위각	방위	위거(m)	경거(m)	위거조정량(m)	경거조정량(m)
$\overline{AB}$	63.102	35°15′10″					
$\overline{BC}$	55.605	129°14′43″					
$\overline{CD}$	36.820	195°10′28″					
$\overline{DA}$	72.498	285°29′15″					
계	228.025						

측점	조정위거(m)	조정경거(m)	합위거(m)	합경거(m)
A			100.000	50.000
B				
C				
D				
계				

해설 및 정답 ⊕

측선	거리(m)	방위각	방위	위거(m)	경거(m)
$\overline{AB}$	63.102	35°15′10″	N35°15′10″ E	51.530	36.422
$\overline{BC}$	55.605	129°14′43″	S50°45′17″ E	−35.178	43.063
$\overline{CD}$	36.820	195°10′28″	S15°10′28″ W	−35.536	−9.638
$\overline{DA}$	72.498	285°29′15″	N74°30′45″ W	19.359	−69.866
계	228.025			0.175	−0.019

(1) 방위 계산

1) $\overline{AB}$ 방위 : N35°15′10″E

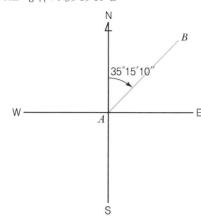

2) $\overline{BC}$ 방위 : S50°45′17″E

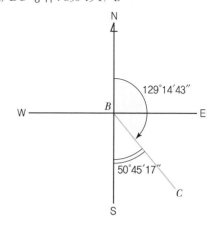

3) $\overline{CD}$ 방위 : S15°10′28″W

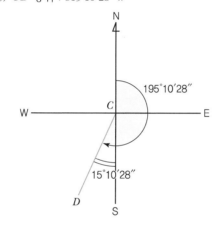

4) $\overline{DA}$ 방위 : N74°30′45″W

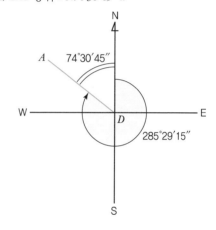

(2) 위거 및 경거 계산

1) 위거($l \cdot \cos\theta$)

① $\overline{AB}$ 위거 $=63.102 \times \cos35°15′10″ = 51.530$m

② $\overline{BC}$ 위거 $=55.605 \times \cos129°14′43″ = -35.178$m

③ $\overline{CD}$ 위거 $=36.820 \times \cos195°10′28″ = -35.536$m

④ $\overline{DA}$ 위거 $=72.498 \times \cos285°29′15″ = 19.359$m

2) 경거($l \cdot \sin\theta$)

① $\overline{AB}$ 경거 $=63.102 \times \sin35°15′10″ = 36.422$m

② $\overline{BC}$ 경거 $=55.605 \times \sin129°14′43″ = 43.063$m

③ $\overline{CD}$ 경거 $=36.820 \times \sin195°10′28″ = -9.638$m

④ $\overline{DA}$ 경거 $=72.498 \times \sin285°29′15″ = -69.866$m

측선	위거조정량(m)	경거조정량(m)	조정위거(m)	조정경거(m)	측점	합위거(m)	합경거(m)
$\overline{AB}$	−0.048	0.005	51.482	36.427	A	100.000	50.000
$\overline{BC}$	−0.043	0.005	−35.221	43.068	B	151.482	86.427
$\overline{CD}$	−0.028	0.003	−35.564	−9.635	C	116.261	129.495
$\overline{DA}$	−0.056	0.006	19.303	−69.860	D	80.697	119.860
계			0.000	0.000	A	100.000	50.000

(3) 위거조정량 및 경거조정량 계산

1) 위거오차

위거오차＝0.175m(⊖ 조정)

2) 위거조정량(컴퍼스법칙)

$$위거조정량＝\frac{위거오차}{총\ 길이}\times 조정할\ 측선의\ 길이$$

① $\overline{AB}$ 위거조정량＝$\dfrac{0.175}{228.025}\times 63.102＝-0.048$m

② $\overline{BC}$ 위거조정량＝$\dfrac{0.175}{228.025}\times 55.605＝-0.043$m

③ $\overline{CD}$ 위거조정량＝$\dfrac{0.175}{228.025}\times 36.820＝-0.028$m

④ $\overline{DA}$ 위거조정량＝$\dfrac{0.175}{228.025}\times 72.498＝-0.056$m

3) 경거오차

경거오차＝−0.019m(⊕ 조정)

4) 경거조정량(컴퍼스법칙)

$$경거조정량＝\frac{경거오차}{총\ 길이}\times 조정할\ 측선의\ 길이$$

① $\overline{AB}$ 경거조정량＝$\dfrac{0.019}{228.025}\times 63.102＝0.005$m

② $\overline{BC}$ 경거조정량＝$\dfrac{0.019}{228.025}\times 55.605＝0.005$m

③ $\overline{CD}$ 경거조정량＝$\dfrac{0.019}{228.025}\times 36.820＝0.003$m

④ $\overline{DA}$ 경거조정량＝$\dfrac{0.019}{228.025}\times 72.498＝0.006$m

(4) 합위거 및 합경거 계산

측점	합위거(m)	합경거(m)
A	100.000	50.000
B	100.000＋51.482＝151.482	50.000＋36.427＝86.427
C	151.482−35.221＝116.261	86.427＋43.068＝129.495
D	116.261−35.564＝80.697	129.495−9.635＝119.860
A	80.697＋19.303＝100.000	119.860−69.860＝50.000

04 굴뚝 상단(P)의 높이를 구하기 위하여 A점에서 굴뚝 상단의 경사각을 관측한 결과 $\alpha = 20°11'40''$이었으며 $\overline{AP}$ 선상 밖에 B점을 선정하여 수평각을 관측하였다. 굴뚝 상단의 표고를 구하시오.(단, 계산은 소수 셋째 자리까지 구하시오.) (5점)

$\overline{AB} = 29.375\text{m}$
$\angle A = 56°22'30''$
$\angle B = 71°33'10''$
A점의 지반고 $= 110.000\text{m}$
A점의 기계고 $= 1.450\text{m}$

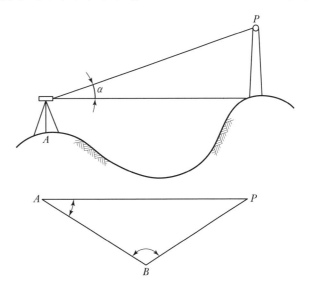

해설 및 정답 ⊕ -

- $\angle P = 180° - (\angle A + \angle B) = 180° - (56°22'30'' + 71°33'10'') = 52°04'20''$
- $\overline{AP}$ 거리(sine법칙)

$$\frac{\overline{AB}}{\sin \angle P} = \frac{\overline{AP}}{\sin \angle B} \;\rightarrow$$

$$\overline{AP} = \frac{\sin \angle B}{\sin \angle P} \times \overline{AB} = \frac{\sin 71°33'10''}{\sin 52°04'20''} \times 29.375 = 35.327\text{m}$$

$\therefore H_P = H_A + i + (\overline{AP} \cdot \tan\alpha)$

$\qquad = 110.000 + 1.450 + (35.327 \times \tan 20°11'40'')$

$\qquad = 124.444\text{m}$

05 그림과 같은 삼각형(ABC)에서 A점을 공사의 시점 및 곡선시점($B.C$), C점을 $I.P$점으로 하는 단곡선을 설치하려고 한다. 아래 물음에 답하시오. (단, 중심 말뚝거리는 20m이며, 거리는 소수 셋째 자리까지, 각도는 초 단위까지 계산하시오.) (10점)

점	X	Y
A	300.000	200.000
B	300.000	430.000
C	393.000	315.000

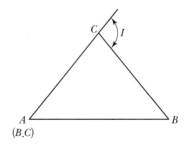

(1) 교각(I)

(2) 곡선 반지름(R)

(3) 외할(E)

(4) 종단현의 길이(l_n)

(5) 종단현의 편각(δ_n)

해설 및 정답 ◈

(1) 교각(I) 계산

1) $\overline{AC}$ 방위각

$$\tan\theta = \frac{Y_C - Y_A}{X_C - X_A} \rightarrow \theta = \tan^{-1}\frac{Y_C - Y_A}{X_C - X_A} = \tan^{-1}\frac{315.000 - 200.000}{393.000 - 300.000} = 51°02'16''(1상한)$$

$\therefore \overline{AC}$ 방위각 $= 51°02'16''$

2) $\overline{CB}$ 방위각

$$\tan\theta = \frac{Y_B - Y_C}{X_B - X_C} \rightarrow \theta = \tan^{-1}\frac{Y_B - Y_C}{X_B - X_C} = \tan^{-1}\frac{430.000 - 315.000}{300.000 - 393.000} = 51°02'16''(2상한)$$

$\therefore \overline{CB}$ 방위각 $= 180° - 51°02'16'' = 128°57'44''$

3) 교각(I)

교각(I) $= \overline{CB}$ 방위각 $- \overline{AC}$ 방위각 $= 128°57'44'' - 51°02'16'' = 77°55'28''$

(2) 곡선 반지름(R) 계산

- $\overline{AC}$ 거리($T.L$) $= \sqrt{(X_C - X_A)^2 + (Y_C - Y_A)^2}$

$$= \sqrt{(393.000 - 300.000)^2 + (315.000 - 200.000)^2}$$

$$= 147.899\text{m}$$

- $T.L = R\tan\dfrac{I}{2} \rightarrow$

$$R = \frac{T.L}{\tan\dfrac{I}{2}} = \frac{147.899}{\tan\dfrac{77°55'28''}{2}} = 182.886\text{m}$$

$\therefore$ 곡선 반지름(R) $= 182.886$m

(3) 외할(E) 계산

$$E = R\left(\sec\frac{I}{2}-1\right) = 182.886 \times \left(\sec\frac{77°55'28''}{2}-1\right) = 52.319\text{m}$$

(4) 종단현의 길이(l_n) 계산

- $C.L(곡선길이) = 0.0174533\,R\,I° = 0.0174533 \times 182.886 \times 77°55'28'' = 248.732\text{m}$
- $E.C(곡선종점) = B.C(곡선시점) + C.L(곡선길이)$
  $$= 0.000 + 248.732 = 248.732\text{m}\,(\text{NO}.12 + 8.732\text{m})$$
- ∴ 종단현의 길이(l_n) = $E.C$추가거리 = 8.732m

(5) 종단현의 편각(δ_n) 계산

$$종단현의 편각(\delta_n) = 1{,}718.87' \cdot \frac{l_n}{R} = 1{,}718.87' \times \frac{8.732}{182.886} = 1°22'04''$$

---

06 각 직사각형 부지에서 꼭짓점의 표고는 다음과 같다. 절토량과 성토량이 같도록 정지하려면 시공기준고는 얼마여야 하는가?

(5점)

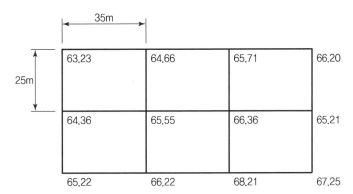

해설 및 정답 ⊕ --

(1) 토공량(V) 계산

$$V = \frac{A}{4}\left(\sum h_1 + 2\sum h_2 + 3\sum h_3 + 4\sum h_4\right)$$

- $\sum h_1 = 63.23 + 66.20 + 65.22 + 67.25 = 261.90\text{m}$
- $\sum h_2 = 64.66 + 65.71 + 64.36 + 65.21 + 66.22 + 68.21 = 394.37\text{m}$
- $\sum h_4 = 65.55 + 66.36 = 131.91\text{m}$
- ∴ $V = \dfrac{30 \times 25}{4}\{(261.90 + (2 \times 394.37) + (4 \times 131.91)\} = 295{,}927.5\text{m}^3$

(2) 시공기준고(h) 계산

$$h = \frac{V}{nA} = \frac{295{,}927.5}{6 \times (35 \times 25)} = 56.37\text{m}$$

07 다음은 GNSS 국가기준점측량 작업규정에 관한 사항이다. 빈칸을 채우시오. (5점)

(1) GNSS 관측에 사용하는 위성의 고도각은 (　　) 이상의 위성을 사용한다.
(2) GNSS 관측은 단위다각형마다 또는 통합기준점마다 실시하고 데이터 취득간격은 (　　)로 한다.
(3) GNSS 관측 방식은 (　　)으로 실시한다.
(4) GNSS 측량 시 관측 또는 기계고를 측정하는 경우 안테나의 높이는 (　　)까지 구한다.
(5) GNSS 관측은 단위다각형마다 또는 통합기준점마다 실시하고 연속관측시간은 (　　)이다.

해설 및 정답 ✦ -

(1) 15도
(2) 30초
(3) 정적간섭측위방식
(4) 0.001m
(5) 4시간

08 다음은 사진측량의 표정에 대한 내용이다. 빈칸을 채우시오. (5점)

(1) 기준점 또는 지상기준점을 이용하여 피사체 좌표계 또는 지상 좌표계와 일치하도록 하는 작업으로 축척의 결정, 수준면의 결정, 위치결정을 하는 것을 (　　)이라 한다.
(2) 세부도화 시 한 모델을 이루는 좌우 사진에서 나오는 광속이 촬영면상에 이루는 종시차를 소거하여 목표 지형지물의 상대적 위치를 맞추는 작업을 (　　)이라 한다.
(3) 촬영 당시 광속의 기하상태를 재현하는 작업으로 기준점의 위치, 렌즈왜곡, 사진의 초점거리와 사진의 주점을 결정하는 것을 (　　)이라 한다.

해설 및 정답 ✦ -

(1) 절대표정
(2) 상호표정
(3) 내부표정

09 공간분석의 방법 중 중첩(Overlay) 분석을 이용하여 홍수로 인한 농경지의 피해액을 산출하고자 한다. [그림 1]은 홍수로 인한 피해가 없는 지역(A_1)과 홍수로 인한 피해지역(A_2)을 나타내며, 이때 폴리곤을 이루는 점의 좌표는 [표 1]과 같다. [그림 2]는 농경지의 작물별 재배공간을 보여주는 것으로 B_1 지역은 콩, B_2 지역은 상추, B_3 지역은 오이 재배지를 나타내며 이때 폴리곤을 이루는 점의 좌표는 [표 2]와 같다. 작물별 단위 면적당 예상 피해액은 각각 콩이 100,000원, 상추가 150,000원, 오이가 200,000원이라면 이때 콩 재배지의 피해액을 구하시오.(단, 아래 그림에서 좌하단의 좌표는(0, 0), 우상단의 좌표는 (14, 14)이며, 이때, (X_i, Y_i)의 좌표를 꼭짓점으로 가지는 면의 면적은 다음과 같이 계산된다. (10점)

$$A = \frac{1}{2}\left| \sum_{i=0}^{n-1}(X_i Y_{i+1} - Y_i X_{i+1}) \right|$$

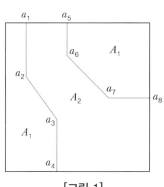

[그림 1]

점	좌표
a_1	(14, 2)
a_2	(9, 2)
a_3	(5, 5)
a_4	(0, 5)
a_5	(14, 6)
a_6	(11, 6)
a_7	(7, 10)
a_8	(7, 14)

[표 1]

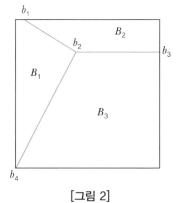

[그림 2]

점	좌표
b_1	(14, 1)
b_2	(11, 6)
b_3	(11, 14)
b_4	(0, 0)

[표 2]

(1) 두 자료를 중첩하여 콩 재배지 중 홍수로 인한 피해구역을 빗금으로 표시하시오.

(2) 콩 재배지 중 홍수로 인한 피해구역의 면적을 구하시오.
(3) 홍수로 인한 콩 재배지의 예상 피해액을 구하시오.

해설 및 정답 ◈

(1) 두 자료를 중첩하여 콩 재배지 중 홍수로 인한 피해구역을 빗금으로 표시하시오.

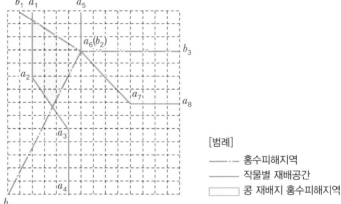

[범례]
——·— 홍수피해지역
———— 작물별 재배공간
▭ 콩 재배지 홍수피해지역

(2) 콩 재배지 중 홍수로 인한 피해구역의 면적을 구하시오.

  1) 교차점 P, Q 계산

    ① $\overline{a_2\,a_1}$ 방위각

$$\tan\theta = \frac{Y_{a_1} - Y_{a_2}}{X_{a_1} - X_{a_2}} \rightarrow \theta = \tan^{-1}\frac{2-2}{14-9} = 0°00'00''$$

    ∴ $\overline{a_2\,a_1}$ 방위각 $= 0°00'00''$

    ② $\overline{a_2\,a_3}$ 방위각

$$\tan\theta = \frac{Y_{a_3} - Y_{a_2}}{X_{a_3} - X_{a_2}} \rightarrow \theta = \tan^{-1}\frac{5-2}{5-9} = 36°52'12''(2상한)$$

    ∴ $\overline{a_2\,a_3}$ 방위각 $= 180° - 36°52'12'' = 143°07'48''$

③ $\overline{b_2 b_1}$ 방위각

$$\tan\theta = \frac{Y_{b_1} - Y_{b_2}}{X_{b_1} - X_{b_2}} \rightarrow \theta = \tan^{-1}\frac{1-6}{14-11} = 59°02'10''(\text{4상한})$$

$$\therefore \overline{b_2 b_1} \text{ 방위각} = 360° - 59°02'10'' = 300°57'50''$$

④ $\overline{b_2 b_4}$ 방위각

$$\tan\theta = \frac{Y_{b_4} - Y_{b_2}}{X_{b_4} - X_{b_2}} \rightarrow \theta = \tan^{-1}\frac{0-6}{0-11} = 28°36'38''(\text{3상한})$$

$$\therefore \overline{b_2 b_4} \text{ 방위각} = 180° + 28°36'38'' = 208°36'38''$$

⑤ Q점 좌표

- $$S_1 = \frac{(Y_{b_2} - Y_{a_2})\times\cos\overline{b_2 b_1}\text{ 방위각} - (X_{b_2} - X_{a_2})\times\sin\overline{b_2 b_1}\text{ 방위각}}{\sin(\overline{a_2 a_1}\text{ 방위각} - \overline{b_2 b_1}\text{ 방위각})}$$
$$= \frac{(6-2)\times\cos 300°57'50'' - (11-9)\times\sin 300°57'50''}{\sin(0°00'00'' - 300°57'50'')} = 4.4\text{m}$$

- $X_Q = X_{a_2} + (S_1\times\cos\overline{a_2 a_1}\text{ 방위각})$
$$= 9 + (4.4\times\cos 0°00'00'') = 13.4\text{m}$$

- $Y_Q = Y_{a_2} + (S_1\times\sin\overline{a_2 a_1}\text{ 방위각})$
$$= 2 + (4.4\times\sin 0°00'00'') = 2.0\text{m}$$

⑥ P점 좌표

- $$S_1 = \frac{(Y_{b_2} - Y_{a_2})\times\cos\overline{b_2 b_4}\text{ 방위각} - (X_{b_2} - X_{a_2})\times\sin\overline{b_2 b_4}\text{ 방위각}}{\sin(\overline{a_2 a_3}\text{ 방위각} - \overline{b_2 b_4}\text{ 방위각})}$$
$$= \frac{(6-2)\times\cos 208°36'38'' - (11-9)\times\sin 208°36'38''}{\sin(143°07'48'' - 208°36'38'')} = 2.8\text{m}$$

- $X_P = X_{a_2} + (S_1\times\cos\overline{a_2 a_3}\text{ 방위각})$
$$= 9 + (2.8\times\cos 143°07'48'') = 6.8\text{m}$$

- $Y_P = Y_{a_2} + (S_1\times\sin\overline{a_2 a_3}\text{ 방위각})$
$$= 2 + (2.8\times\sin 143°07'48'') = 3.7\text{m}$$

2) 콩 재배지 홍수피해지역 면적

측점	X	Y	y_{n+1}	y_{n-1}	Δy	$X \cdot \Delta y$
a_2	9.0	2.0	2.0	3.7	-1.7	-15.3
Q	13.4	2.0	6.0	2.0	4.0	53.6
b_2	11.0	6.0	3.7	2.0	1.7	18.7
P	6.8	3.7	2.0	6.0	-4.0	-27.2
계						29.8

$$\therefore A = \frac{1}{2}\times\text{배면적} = \frac{1}{2}\times 29.8 = 14.9\text{m}^2$$

(3) 홍수로 인한 콩 재배지의 예상 피해액을 구하시오.

피해액 = 면적 × 단위면적당 피해액
$$= 14.9\times100,000 = 1,490,000\text{원}$$

• NOTICE • 본 기출(복원)문제는 서초수도건축토목학원 수강생들의 기억을 토대로 작성되었으며, 문제 및 해설에 일부 오탈자가 있을 수 있음을 알려드립니다. 또한, 수험자의 기억이 불확실할 경우에는 유사문제로 대체하였음을 알려드립니다. 본서의 문제해설은 출제 당시 법령을 기준으로 작성하였습니다.

01 고저점 A, B, C, D로부터 P점의 표고를 구하기 위하여 수준측량을 실시하였다. P점 표고의 최확값과 평균제곱근오차를 구하시오.(단, 경중률을 고려하여 소수 셋째 자리까지 구하시오.)

(10점)

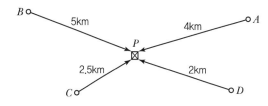

수준점의 표고	고저차의 관측결과	거리
A : 28.462m	$A \rightarrow P$: -3.451m	4.0km
B : 17.654m	$B \rightarrow P$: 7.326m	5.0km
C : 19.445m	$C \rightarrow P$: 5.586m	2.5km
D : 23.396m	$D \rightarrow P$: 1.654m	2.0km

(1) P점 표고의 최확값(H_P)

노선	경중률(W)	표고(m)
$A \rightarrow P$		
$B \rightarrow P$		
$C \rightarrow P$		
$D \rightarrow P$		

(2) 평균제곱근오차(m_0)

h(m)	W	v	vv	Wvv
$h_A=$				
$h_B=$				
$h_C=$				
$h_D=$				

(1) P점 표고의 최확값(H_P)

노선	경중률(W)	표고(m)
$A \rightarrow P$	5	$28.462 - 3.451 = 25.011$
$B \rightarrow P$	4	$17.654 + 7.326 = 24.980$
$C \rightarrow P$	8	$19.445 + 5.586 = 25.031$
$D \rightarrow P$	10	$23.396 + 1.654 = 25.050$

1) 경중률 계산

$$W_1 : W_2 : W_3 : W_4 = \frac{1}{S_1} : \frac{1}{S_2} : \frac{1}{S_3} : \frac{1}{S_4} = \frac{1}{4} : \frac{1}{5} : \frac{1}{2.5} : \frac{1}{2} = 5 : 4 : 8 : 10$$

2) 최확값 계산

$$H_P = \frac{W_1 h_1 + W_2 h_2 + W_3 h_3 + W_4 h_4}{W_1 + W_2 + W_3 + W_4}$$

$$= 24.000 + \frac{(5 \times 1.011) + (4 \times 0.980) + (8 \times 1.031) + (10 \times 1.050)}{5 + 4 + 8 + 10}$$

$$= 25.027 \text{m}$$

(2) 평균제곱근오차(m_0)

h(m)	W	v	vv	Wvv
$h_A = 25.011$	5	0.016	0.000256	0.001280
$h_B = 24.980$	4	0.047	0.002209	0.008836
$h_C = 25.031$	8	-0.004	0.000016	0.000128
$h_D = 25.050$	10	-0.023	0.000529	0.005290
계	27			0.015534

$$\therefore \ m_0 = \pm \sqrt{\frac{[W_{vv}]}{[W](n-1)}} = \pm \sqrt{\frac{0.015534}{27(4-1)}} = \pm 13.848 \text{mm}$$

02 다음 그림과 같은 터널측량을 실시한 결과 다음과 같은 결과를 얻었다. 다음 물음에 답하시오.(단, 각도는 조정된 내각이고, 점 A의 좌표는 $(0.00, 0.00)$이다. 계산은 반올림하여 거리는 cm 단위까지, 방위각은 $0.1''$ 단위까지 구하시오.) (10점)

측점	측정각
B	$170°12'50''$
C	$113°57'20''$
D	$111°30'40''$
E	$143°22'10''$

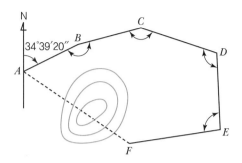

(1) 표를 완성하시오.

측선	거리(m)	방위각	위거(m)	경거(m)
$\overline{AB}$	50.25	$34°39'20''$		
$\overline{BC}$	57.40			
$\overline{CD}$	71.04			
$\overline{DE}$	55.84			
$\overline{EF}$	65.68			
계				

(2) 터널의 길이($\overline{FA}$)와 터널의 방위각($\overline{FA}$)을 구하시오.

해설 및 정답 ◐

(1) 표 계산

측선	거리(m)	방위각	위거(m)	경거(m)
$\overline{AB}$	50.25	$34°39'20''$	41.33	28.57
$\overline{BC}$	57.40	$44°26'30''$	40.98	40.19
$\overline{CD}$	71.04	$110°29'10''$	-24.86	66.55
$\overline{DE}$	55.84	$178°58'30''$	-55.83	1.00
$\overline{EF}$	65.68	$215°36'20''$	-53.40	-38.24
계	300.21		-51.78	98.07

1) 방위각

① $\overline{AB}$ 방위각$=34°39'20''$

② $\overline{BC}$ 방위각$=\overline{AB}$ 방위각$+180°-\angle B=34°39'20''+180°-170°12'50''=44°26'30''$

③ $\overline{CD}$ 방위각$=\overline{BC}$ 방위각$+180°-\angle C=44°26'30''+180°-113°57'20''=110°29'10''$

④ $\overline{DE}$ 방위각$=\overline{CD}$ 방위각$+180°-\angle D=110°29'10''+180°-111°30'40''=178°58'30''$

⑤ $\overline{EF}$ 방위각 $= \overline{DE}$ 방위각 $+180° - \angle E = 178°58'30'' + 180° - 143°22'10'' = 215°36'20''$

2) 위거($l \cdot \cos\theta$)

　① $\overline{AB}$ 위거 $= 50.25 \times \cos 34°39'20'' = 41.33$m

　② $\overline{BC}$ 위거 $= 57.40 \times \cos 44°26'30'' = 40.98$m

　③ $\overline{CD}$ 위거 $= 71.04 \times \cos 110°29'10'' = -24.86$m

　④ $\overline{DE}$ 위거 $= 55.84 \times \cos 178°58'30'' = -55.83$m

　⑤ $\overline{EF}$ 위거 $= 65.68 \times \cos 215°36'20'' = -53.40$m

3) 경거($l \cdot \sin\theta$)

　① $\overline{AB}$ 경거 $= 50.25 \times \sin 34°39'20'' = 28.57$m

　② $\overline{BC}$ 경거 $= 57.40 \times \sin 44°26'30'' = 40.19$m

　③ $\overline{CD}$ 경거 $= 71.04 \times \sin 110°29'10'' = 66.55$m

　④ $\overline{DE}$ 경거 $= 55.84 \times \sin 178°58'30'' = 1.00$m

　⑤ $\overline{EF}$ 경거 $= 65.68 \times \sin 215°36'20'' = -38.24$m

(2) 터널의 길이($\overline{FA}$)와 방위각($\overline{FA}$) 계산

1) 터널의 길이($\overline{FA}$)

$\overline{FA}$ 거리 $= \sqrt{(X_A - X_F)^2 + (Y_A - Y_F)^2} = \sqrt{(0.00-(-51.78))^2 + (0.00-98.07)^2} = 110.90$m

2) 터널의 방위각($\overline{FA}$)

$\tan\theta = \dfrac{Y_A - Y_F}{X_A - X_F} \rightarrow$

$\theta = \tan^{-1}\dfrac{Y_A - Y_F}{X_A - X_F} = \tan^{-1}\dfrac{0.00-98.07}{0.00-(-51.78)} = 62°09'59.0''$(4상한)

$\therefore \overline{FA}$ 방위각 $= 360° - 62°09'59.0'' = 297°50'01.0''$

03 그림과 같이 도로기점에서 a까지의 거리가 852.55m, $\angle Dab = 60°45'20''$, $\angle Dba = 69°54'40''$를 얻었다. 아래 물음에 답하시오. (단, 단곡선의 반지름 $R = 300$m, 계산은 소수 셋째 자리에서 반올림하여 소수 둘째 자리까지 구하시오.) (10점)

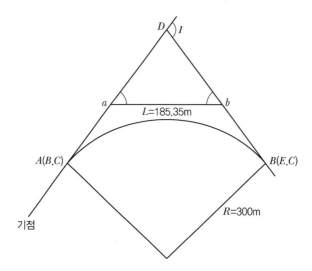

(1) $\overline{aD}$ 거리

(2) $\overline{bD}$ 거리

(3) 시단현 편각(δ_1)

(4) 종단현 편각(δ_2)

해설 및 정답 ⊕ -

(1) $\overline{aD}$ 거리 계산

$$\frac{185.35}{\sin 49°20'00''} = \frac{\overline{aD}}{\sin 69°54'40''} \;\rightarrow$$

$$\overline{aD} = \frac{\sin 69°54'40''}{\sin 49°20'00''} \times 185.35 = 229.49\text{m}$$

(2) $\overline{bD}$ 거리 계산

$$\frac{185.35}{\sin 49°20'00''} = \frac{\overline{bD}}{\sin 60°45'20''} \;\rightarrow$$

$$\overline{bD} = \frac{\sin 60°45'20''}{\sin 49°20'00''} \times 185.35 = 213.21\text{m}$$

(3) 시단현 편각(δ_1) 계산

- 교각(I) $= \angle Dab + \angle Dba = 60°45'20'' + 69°54'40'' = 130°40'00''$

- 접선장($T.L$) $= R\tan\dfrac{I}{2} = 300 \times \tan\dfrac{130°40'00''}{2} = 653.25\text{m}$

- 곡선시점($B.C$) = 도로기점 ~ D점까지의 거리 $- T.L$

$$= (852.55 + 229.49) - 653.25$$

$$= 428.79\text{m}(\text{No}.21 + 8.79\text{m})$$

- 시단현 길이(l_1) = 20m $- B.C$추가거리 $= 20 - 8.79 = 11.21\text{m}$

$$\therefore \text{시단현 편각}(\delta_1) = 1{,}718.87' \cdot \frac{l_1}{R} = 1{,}718.87' \times \frac{11.21}{300} = 1°04'13.71''$$

(4) 종단현 편각(δ_2) 계산

- 곡선장($C.L$) = $0.0174533\,R\,I° = 0.0174533 \times 300 \times 130°40'00'' = 684.17m$
- 곡선종점($E.C$) = $B.C + C.L = 428.79 + 684.17 = 1{,}112.96\text{m}(\text{No}.55 + 12.96\text{m})$
- 종단현 길이(l_2) = $E.C$ 추가거리 $= 12.96\text{m}$

$$\therefore \text{종단현 편각}(\delta_2) = 1{,}718.87' \cdot \frac{l_2}{R} = 1{,}718.87' \times \frac{12.96}{300} = 1°14'15.31''$$

04 각 점의 좌표가 다음과 같을 때 점 A, B, C, D로 연결되는(빗금부분) 도형의 면적을 구하시오.(단, 면적은 반올림하여 소수 둘째 자리까지 구하시오.) (5점)

점	X(m)	Y(m)
A	300.00	300.00
B	300.00	60.00
C	30.00	60.00
D	210.00	300.00

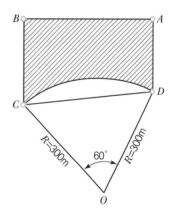

해설 및 정답 ✚

(1) □$ABCD$ 면적(좌표법) 계산

측점	X	Y	y_{n+1}	y_{n-1}	Δy	$X \cdot \Delta y$
A	300	300	60	300	-240	$-72{,}000$
B	300	60	60	300	-240	$-72{,}000$
C	30	60	300	60	240	7,200
D	210	300	300	60	240	50,400
계						86,400

$$\therefore A = \frac{1}{2} \times \text{배면적} = \frac{1}{2} \times 86{,}400 = 43{,}200\text{m}^2$$

(2) $\triangle\,CDO$ 면적 계산

$$A = \frac{1}{2}ab\sin\theta = \frac{1}{2}\times300\times300\times\sin60° = 38{,}971.14\text{m}^2$$

(3) $\triangledown\,CDO$ 면적 계산

$$A = \pi r^2\frac{\theta}{360°} = \pi\times300^2\times\frac{60°}{360°} = 47{,}123.89\text{m}^2$$

(4) 빗금친 면적 계산

① 전체 면적 $=\square\,ABCD$ 면적 $+\triangle\,CDO$ 면적 $=43{,}200+38{,}971.14=82{,}171.14\text{m}^2$
② 빗금친 면적 $=$ 전체 면적 $-\triangledown\,CDO$ 면적 $=82{,}171.14-47{,}123.89=35{,}047.25\text{m}^2$

05 GPS 측량을 통해 A 점에서 타원체고가 121.0m이었고, A 점의 지오이드고가 100.0m이었다. A 점을 기지점으로 하여 B 점의 표고값을 구하기 위해 레벨측량을 한 결과 A 점에서 표척 관측값이 2.3m, B 점에서 표척 관측값이 1.2m이었을 때 다음 물음에 답하시오.(단, 기타 오차는 고려하지 않는다.) (5점)

(1) A 점의 표고를 구하시오.
(2) B 점의 표고를 구하시오.

해설 및 정답 ❶

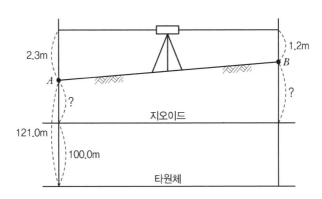

(1) A 점의 표고 계산

타원체고$(h)=$ 정표고$(H)+$ 지오이드고(N)
$\rightarrow$ 정표고$(H)=$ 타원체고$(h)-$ 지오이드고(N)
$\therefore A$ 점의 정표고$(H)=121.0-100.0=21.0\text{m}$

(2) B 점의 표고 계산

$$H_B = H_A + B.S - F.S = 21.0 + 2.3 - 1.2 = 22.1\text{m}$$
$\therefore B$ 점의 정표고$(H)=22.1\text{m}$

06 사진측량에 대한 다음 요구사항을 구하시오. (5점)

(1) 사진 좌표계와 지상 좌표계상에서 취득한 좌푯값이 다음과 같다고 할 때, 사진의 축척을 구하시오.(단, 축척 분모수는 소수 첫째 자리까지 구하시오.)

측점	사진 좌표계		지상 좌표계	
	x(mm)	y(mm)	x(m)	y(m)
A	632.17	121.45	1,100.64	1,431.09
B	355.20	−642.07	1,678.39	245.15

(2) 광각사진기를 이용하여 수직 촬영한 경우, 그림의 건물 높이를 구하시오.(단, 촬영고도(H) =1,000m, r=80mm, Δr=4mm)

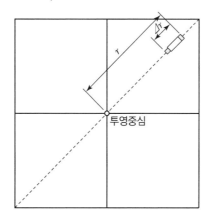

해설 및 정답 ●

(1) 사진의 축척(M)

$M = \dfrac{1}{m} = \dfrac{l}{L}$ 이므로,

$M = \dfrac{\sqrt{(x_b - x_a)^2 + (y_b - y_a)^2}}{\sqrt{(X_B - X_A)^2 + (Y_B - Y_A)^2}}$

$= \dfrac{\sqrt{(0.35520 - 0.63217)^2 + (-0.64207 - 0.12145)^2}}{\sqrt{(1,678.39 - 1,100.64)^2 + (245.15 - 1,431.09)^2}} = \dfrac{1}{1,624.2}$

(2) 건물의 높이(h)

$\Delta r = \dfrac{h}{H} \cdot r \rightarrow$

$h = \dfrac{\Delta r \cdot H}{r} = \dfrac{4 \times 1,000}{80} = 50\text{m}$

07 그림은 간격이 10m인 격자형 공간의 지점별 표고를 나타낸 것이다. 이때 A, B, C, D 지점의 표고를 이용하여 E점의 표고를 구할 때 다음 물음에 답하시오.(단, 계산은 반올림하여 소수 넷째 자리까지 구하시오.) (5점)

지점	표고(m)
A	125
B	95
C	100
D	70

격자형 공간과 지점별 표고

(1) 기지점과 미지점 간의 거리를 계산하시오.(제곱근의 형태로 표현할 것 📌 $A\sqrt{B}$)

(단위 : m)

구분	$\overline{AE}$	$\overline{BE}$	$\overline{CE}$	$\overline{DE}$
점 간의 거리				

(2) E지점의 표고를 IWD(Inverse Weighted Distance) 방법으로 보간하시오.

해설 및 정답 ✚

(1) 기지점과 미지점 간의 거리를 계산하시오.

E점으로부터 거리 계산은 격자셀 크기가 10m×10m이므로 다음과 같이 계산된다.

- $\overline{AE}$ 거리 $= \sqrt{20^2 + 10^2} = 10\sqrt{5}$ m
- $\overline{BE}$ 거리 $= \sqrt{20^2 + 10^2} = 10\sqrt{5}$ m
- $\overline{CE}$ 거리 $= \sqrt{20^2 + 30^2} = \sqrt{1,300} = 10\sqrt{13}$ m
- $\overline{DE}$ 거리 $= \sqrt{30^2 + 10^2} = \sqrt{1,000} = 10\sqrt{10}$ m

(단위 : m)

구분	$\overline{AE}$	$\overline{BE}$	$\overline{CE}$	$\overline{DE}$
점 간의 거리	$10\sqrt{5}$	$10\sqrt{5}$	$10\sqrt{13}$	$10\sqrt{10}$

(2) E지점의 표고를 IWD(Inverse Weighted Distance) 방법으로 보간하시오.

1) 역거리 경중률 합($\sum W_i$)

$$\sum W_i = \frac{1}{10\sqrt{5}} + \frac{1}{10\sqrt{5}} + \frac{1}{10\sqrt{13}} + \frac{1}{10\sqrt{10}} = 0.1488$$

2) 표고와 거리비의 합($\sum W_i Z_i$)

$$\sum W_i Z_i = \frac{125}{10\sqrt{5}} + \frac{95}{10\sqrt{5}} + \frac{100}{10\sqrt{13}} + \frac{70}{10\sqrt{10}} = 14.8258$$

3) 미지점의 표고(Z_E)

$$Z_E = \frac{\sum W_i Z_i}{\sum W_i} = \frac{14.8258}{0.1488} = 99.6358\text{m}$$

$$\therefore\ E\text{의 표고} = 99.6358\text{m}$$

08 GIS의 공간분석 중 중첩분석은 기본적이면서도 중요한 분석기능 중 하나이며 현실세계의 다양한 문제를 해결하기 위한 의사결정 수단으로 사용되고 있다. 중첩분석 방법에 대하여 입력 레이어, UNION, INTERSECT, IDENTITY 레이어를 각각 중첩하여 그 결과 레이어를 그림으로 표현하고 레이어의 폴리곤 수를 구하시오.(단, 1은 null값으로, 폴리곤 수에 포함한다.)   (5점)

입력 레이어

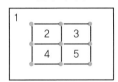

UNION, INTERSECT, IDENTITY 레이어

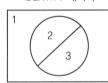

레이어 도형들의 크기 비교

(1) UNION 결과 레이어

폴리곤 수 : (   )개

(2) INTERSECT 결과 레이어

폴리곤 수 : (   )개

(3) IDENTITY 결과 레이어

폴리곤 수 : (   )개

(1) UNION 결과 레이어

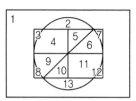

폴리곤 수 : (13)개

Union 중첩은 두 개 또는 더 많은 레이어들에 대하여 OR 연산자를 적용하여 합병하는 방법이다. 기준이 되는 레이어와 Union 레이어의 모든 특징은 결과 레이어에 포함된다.

(2) INTERSECT 결과 레이어

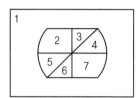

폴리곤 수 : (7)개

Intersect 중첩은 Boolean의 AND 연산자를 적용한다. 두 개의 레이어가 처리될 때, 입력 레이어의 부분 중 Intersect 레이어와 중첩되는 부분만 결과 레이어에 남아 있게 된다.

(3) IDENTITY 결과 레이어

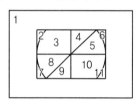

폴리곤 수 : (11)개

Identity 중첩은 입력 레이어와의 범위에 위치한 모든 정보는 결과 레이어에 포함된다. 입력 레이어와 부분적으로 중복되는 Identity 레이어의 폴리곤만 결과 레이어에 포함된다.

09 다음 (a)와 같은 지형의 높이값을 이용하여 수문분석을 위한 물의 흐름방향을 파악하고자 한다. 이때, 물의 흐름방향을 표시하고 8방향 유출모형을 이용하여 격자연산을 수행한 결과를 나타내시오.(단, 흐름방향의 표시는 (b)를 참고하여 표시하고, 유출모형을 위한 (b)에 대한 기본격자는 (c)와 같다.) (5점)

78	72	68	73	60
75	68	56	50	46
70	55	45	40	39
65	57	53	26	30
67	60	48	23	18

(a) 지형의 높이값

↖	↑	↗
←	•	→
↙	↓	↘

(b) 흐름방향 표시

32	64	128
16	0	1
8	4	2

(c) 8방향 기본격자

(1) 흐름방향을 표시하시오.

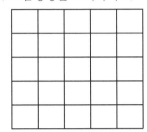

(2) 격자연산을 수행하시오.

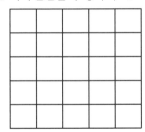

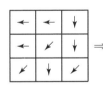 ⇒

16	16	4
16	8	4
8	4	8

예 흐름방향 표시에 대한 격자연산

해설 및 정답 ◆ -

(1) 흐름방향을 표시하시오.

최대경사값 계산

① 1행

- 1행 1열 : $\dfrac{(78-68)}{\sqrt{2}} \fallingdotseq 7.07$ ∴ ↘

- 1행 2열 : $\dfrac{(72-56)}{\sqrt{2}} \fallingdotseq 11.31$ ∴ ↘

- 1행 3열 : $\dfrac{(68-50)}{\sqrt{2}} \fallingdotseq 12.73$ ∴ ↘

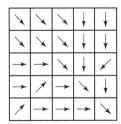

- 1행 4열 : $\dfrac{(73-46)}{\sqrt{2}} \fallingdotseq 19.09$, $\dfrac{(73-50)}{1} = 23$ 비교 후 방향 결정 ∴　↓

(※ 가장 낮은 표고값을 갖는 방향이 가장 큰 최대경사값을 갖지 않는 경우)

- 1행 5열 : $\dfrac{(60-46)}{1} = 14$ ∴　↓

② 2행

- 2행 1열 : $\dfrac{(75-55)}{\sqrt{2}} \fallingdotseq 14.14$ ∴　↘

- 2행 2열 : $\dfrac{(68-45)}{\sqrt{2}} \fallingdotseq 16.26$ ∴　↘

- 2행 3열 : $\dfrac{(56-40)}{\sqrt{2}} \fallingdotseq 11.31$ ∴　↘

- 2행 4열 : $\dfrac{(50-39)}{\sqrt{2}} \fallingdotseq 7.78$, $\dfrac{(50-40)}{1} = 10$ 비교 후 방향 결정 ∴　↓

(※ 가장 낮은 표고값을 갖는 방향이 가장 큰 최대경사값을 갖지 않는 경우)

- 2행 5열 : $\dfrac{(46-39)}{1} = 7$ ∴　↓

③ 3행

- 3행 1열 : $\dfrac{(70-55)}{1} = 15$ ∴　→

- 3행 2열 : $\dfrac{(55-45)}{1} = 10$ ∴　→

- 3행 3열 : $\dfrac{(45-26)}{\sqrt{2}} \fallingdotseq 13.44$ ∴　↘

- 3행 4열 : $\dfrac{(40-26)}{1} = 14$ ∴　↓

- 3행 5열 : $\dfrac{(39-26)}{\sqrt{2}} \fallingdotseq 9.19$ ∴　↗

④ 4행

- 4행 1열 : $\dfrac{(65-55)}{\sqrt{2}} \fallingdotseq 7.07$, $\dfrac{(65-57)}{1} = 8$ 비교 후 방향 결정 ∴　→

(※ 가장 낮은 표고값을 갖는 방향이 가장 큰 최대경사값을 갖지 않는 경우)

- 4행 2열 : $\dfrac{(57-45)}{\sqrt{2}} \fallingdotseq 8.49$ ∴　↗

- 4행 3열 : $\dfrac{(53-23)}{\sqrt{2}} \fallingdotseq 21.21$, $\dfrac{(53-26)}{1} = 27$ 비교 후 방향 결정 ∴　→

(※ 가장 낮은 표고값을 갖는 방향이 가장 큰 최대경사값을 갖지 않는 경우)

- 4행 4열 : $\dfrac{(26-18)}{\sqrt{2}} \fallingdotseq 5.66$ ∴　↘

- 4행 5열 : $\dfrac{(30-18)}{1} = 12$ ∴　↓

⑤ 5행

- 5행 1열 : $\dfrac{(67-57)}{\sqrt{2}} \fallingdotseq 7.07$ ∴　↗

- 5행 2열 : $\dfrac{(60-48)}{1} = 12$ ∴ →

- 5행 3열 : $\dfrac{(48-23)}{1} = 25$ ∴ →

- 5행 4열 : $\dfrac{(23-18)}{1} = 5$ ∴ →

- 5행 5열 : 문제에서 가장 낮은 높이값을 갖는 '18'에서는 남동방향으로 흐른다고 가정하였으므로 다음 방향으로 표시 ∴ ↘

(2) 격자연산을 수행하시오.

방향	방향지시 수치	방향	방향지시 수치
동쪽(E)	1	서쪽(W)	16
남동쪽(SE)	2	북서쪽(NW)	32
남쪽(S)	4	북쪽(N)	64
남서쪽(SW)	8	북동쪽(NE)	128

16	16	4
16	8	4
8	4	8

2	2	2	4	4
2	2	2	4	4
1	1	2	4	8
1	128	1	2	4
128	1	1	1	2

• NOTICE • 본 기출(복원)문제는 서초수도건축토목학원 수강생들의 기억을 토대로 작성되었으며, 문제 및 해설에 일부 오탈자가 있을 수 있음을 알려드립니다. 또한, 수험자의 기억이 불확실할 경우에는 유사문제로 대체하였음을 알려드립니다. 본서의 문제해설은 출제 당시 법령을 기준으로 작성하였습니다.

01 우리나라의 평면측량에서 사용하는 좌표계에 대한 다음의 물음에 답하시오. (5점)

(1) 우리나라 평면직각좌표계 원점의 위치(측지좌표)

    ① 서부좌표계 : 위도(   ), 경도(   )

    ② 중부좌표계 : 위도(   ), 경도(   )

    ③ 동부좌표계 : 위도(   ), 경도(   )

    ④ 동해좌표계 : 위도(   ), 경도(   )

(2) 평면직각좌표계 투영원점의 가산값(측지좌표)

    ① 투영원점의 좌표 : (X, Y)

    ② 제주도지역의 좌표 : (X, Y)

(3) 우리나라에서 사용되는 지형도 투영법 및 원점 축척계수

    ① 투영법

    ② 원점 축척계수

해설 및 정답 ⊕

(1) 우리나라 평면직각좌표계 원점의 위치(측지좌표)

    ① 서부좌표계 : 위도($38°$), 경도($125°$)

    ② 중부좌표계 : 위도($38°$), 경도($127°$)

    ③ 동부좌표계 : 위도($38°$), 경도($129°$)

    ④ 동해좌표계 : 위도($38°$), 경도($131°$)

(2) 평면직각좌표계 투영원점의 가산값(측지좌표)

    ① 투영원점의 좌표 : (X, Y) = (600,000, 200,000)

    ② 제주도지역의 좌표 : (X, Y) = (600,000, 200,000)

(3) 우리나라에서 사용되는 지형도 투영법 및 원점 축척계수

    ① 투영법 : TM(횡메르카토르)도법

    ② 원점 축척계수 : 1.0000

02 그림과 같은 폐합트래버스를 관측한 결과 다음과 같은 성과를 얻었다. 이 성과를 이용하여 성과표를 완성하고 폐합오차와 폐합비를 계산하시오.(단, 계산은 반올림하여 소수 둘째 자리까지, 각은 초 단위까지 계산하시오.) (10점)

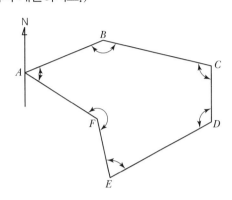

[성과표]

측점	관측각	조정량	조정각	측선	방위각	거리(m)	위거(m)	경거(m)
A	52°02′12″			$\overline{AB}$	68°28′10″	71.47		
B	146°14′28″			$\overline{BC}$		102.59		
C	102°31′08″			$\overline{CD}$		53.45		
D	117°11′28″			$\overline{DE}$		104.72		
E	75°31′12″			$\overline{EF}$		63.72		
F	226°28′32″			$\overline{FA}$		69.27		
계								

해설 및 정답 ◑

[성과표]

측점	관측각	조정량	조정각	측선	방위각	거리(m)	위거(m)	경거(m)
A	52°02′12″	10″	52°02′22″	$\overline{AB}$	68°28′10″	71.47	26.23	66.48
B	146°14′28″	10″	146°14′38″	$\overline{BC}$	102°13′32″	102.59	−21.72	100.26
C	102°31′08″	10″	102°31′18″	$\overline{CD}$	179°42′14″	53.45	−53.45	0.28
D	117°11′28″	10″	117°11′38″	$\overline{DE}$	242°30′36″	104.72	−48.34	−92.90
E	75°31′12″	10″	75°31′22″	$\overline{EF}$	346°59′14″	63.72	62.08	−14.35
F	226°28′32″	10″	226°28′42″	$\overline{FA}$	300°30′32″	69.27	35.17	−59.68
계	719°59′00″	1′	720°00′00″			465.22	−0.03	0.09

(1) 측각오차(E_α) 계산

$$E_\alpha = [\alpha] - 180°(n-2)$$
$$= 719°59′00″ - 180°(6-2) = -1′$$

$$\therefore \text{조정량} = \frac{1'}{6} = 10''(\oplus \text{조정})$$

(2) 방위각 계산

1) $\overline{AB}$ 방위각 $= 68°28'10''$

2) $\overline{BC}$ 방위각 $= \overline{AB}$ 방위각 $+ 180° - \angle B$
$$= 68°28'10'' + 180° - 146°14'38'' = 102°13'32''$$

3) $\overline{CD}$ 방위각 $= \overline{BC}$ 방위각 $+ 180° - \angle C$
$$= 102°13'32'' + 180° - 102°31'18'' = 179°42'14''$$

4) $\overline{DE}$ 방위각 $= \overline{CD}$ 방위각 $+ 180° - \angle D$
$$= 179°42'14'' + 180° - 117°11'38'' = 242°30'36''$$

5) $\overline{EF}$ 방위각 $= \overline{DE}$ 방위각 $+ 180° - \angle E$
$$= 242°30'36'' + 180° - 75°31'22'' = 346°59'14''$$

6) $\overline{FA}$ 방위각 $= \overline{EF}$ 방위각 $+ 180° - \angle F$
$$= 346°59'14'' + 180° - 226°28'42'' = 300°30'32''$$

7) $\overline{AB}$ 방위각 $= (\overline{FA}$ 방위각 $+ 180° - \angle A) - 360°$
$$= (300°30'32'' + 180° - 52°02'22'') - 360° = 68°28'10''$$

(3) 위거 및 경거 계산

1) 위거($l \cdot \cos\theta$)

① $\overline{AB}$ 위거 $= 71.47 \times \cos 68°28'10'' = 26.23\text{m}$

② $\overline{BC}$ 위거 $= 102.59 \times \cos 102°13'32'' = -21.72\text{m}$

③ $\overline{CD}$ 위거 $= 53.45 \times \cos 179°42'14'' = -53.45\text{m}$

④ $\overline{DE}$ 위거 $= 104.72 \times \cos 242°30'36'' = -48.34\text{m}$

⑤ $\overline{EF}$ 위거 $= 63.72 \times \cos 346°59'14'' = 62.08\text{m}$

⑥ $\overline{FA}$ 위거 $= 69.27 \times \cos 300°30'32'' = 35.17\text{m}$

2) 경거($l \cdot \sin\theta$)

① $\overline{AB}$ 경거 $= 71.47 \times \sin 68°28'10'' = 66.48\text{m}$

② $\overline{BC}$ 경거 $= 102.59 \times \sin 102°13'32'' = 100.26\text{m}$

③ $\overline{CD}$ 경거 $= 53.45 \times \sin 179°42'14'' = 0.28\text{m}$

④ $\overline{DE}$ 경거 $= 104.72 \times \sin 242°30'36'' = -92.90\text{m}$

⑤ $\overline{EF}$ 경거 $= 63.72 \times \sin 346°59'14'' = -14.35\text{m}$

⑥ $\overline{FA}$ 경거 $= 69.27 \times \sin 300°30'32'' = -59.68\text{m}$

(4) 폐합오차 및 폐합비 계산

1) 폐합오차(E)
$$E = \sqrt{(\text{위거오차})^2 + (\text{경거오차})^2} = \sqrt{(-0.03)^2 + (0.09)^2} = 0.09\text{m}$$

2) 폐합비
$$\text{폐합비} = \frac{\text{폐합오차}}{\text{총 길이}} = \frac{0.09}{465.22} = \frac{1}{5,169.11}$$

03 그림과 같은 수준망의 관측을 행한 결과는 다음과 같다. 각각의 폐합차를 구하시오. 또, 재측을 필요로 하는 경우에는 어느 구간에 대하여 행하는가를 노선구간의 번호 및 필요성을 설명하시오.(단, 이 수준측량의 폐합차의 제한은 1.0cm, $\sqrt{S}$ 는 km 단위이다.) (10점)

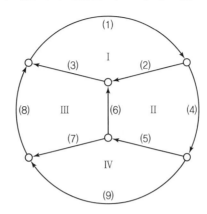

선번호	고저차(m)	거리(km)	선번호	고저차(m)	거리(km)
(1)	+2.474	4.1	(6)	−2.115	4.0
(2)	−1.250	2.2	(7)	−0.378	2.2
(3)	−1.241	2.4	(8)	−3.094	2.3
(4)	−2.233	6.0	(9)	+2.822	3.5
(5)	+3.117	3.6			

해설 및 정답 ⊕ -

(1) 각 환의 폐합차 W를 구하면

① $W_{\mathrm{I}} = (1) + (2) + (3) = +2.474 - 1.250 - 1.241 = -0.017\mathrm{m}$

② $W_{\mathrm{II}} = -(2) + (4) + (5) + (6) = +1.250 - 2.233 + 3.117 - 2.115 = +0.019\mathrm{m}$

③ $W_{\mathrm{III}} = -(3) - (6) + (7) + (8) = +1.241 + 2.115 - 0.378 - 3.094 = -0.116\mathrm{m}$

④ $W_{\mathrm{IV}} = (5) + (7) - (9) = +3.117 - 0.378 - 2.822 = -0.083\mathrm{m}$

⑤ $W_{\mathrm{V}} = (1) + (2) + (9) + (8) = +2.474 - 2.233 + 2.822 - 3.094 = -0.031\mathrm{m}$

(2) 재측이 필요한 구간

각 환의 폐합차 제한을 구하면

① $S_{\mathrm{I}} = 4.1 + 2.2 + 2.4 = 8.7\mathrm{km}$

　$1.0\sqrt{8.7} ≒ 2.9\mathrm{cm}$

② $S_{\mathrm{II}} = 2.2 + 6.0 + 3.6 + 4.0 = 15.8\mathrm{km}$

　$1.0\sqrt{15.8} ≒ 4.0\mathrm{cm}$

③ $S_{\mathrm{III}} = 2.4 + 4.0 + 2.2 + 2.3 = 10.9\mathrm{km}$

　$1.0\sqrt{10.9} ≒ 3.3\mathrm{cm}$

④ $S_{\mathrm{IV}} = 3.6 + 2.2 + 3.5 = 9.3\mathrm{km}$

　$1.0\sqrt{9.3} ≒ 3.0\mathrm{cm}$

⑤ $S_V = 4.1 + 6.0 + 3.5 + 2.3 = 15.9\text{km}$

$1.0 \sqrt{15.9} \fallingdotseq 4.0\text{cm}$

∴ 각 환의 폐합차와 폐합차 제한을 비교하면 Ⅲ, Ⅳ 구간에서 공통으로 존재하는 (7)노선을 재측하여야 한다.

04 그림과 같이 P점에 장애물이 있어 C점 및 D점에서 $\angle C$와 $\angle D$ 및 $\overline{CD}$의 거리를 측정하여 아래의 조건으로 단곡선을 설치하고자 한다. 다음의 요구사항을 구하시오.(단, 각은 초 단위까지, 거리는 0.1cm 단위까지 계산하시오.) (10점)

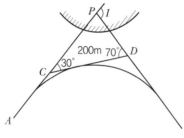

- $\overline{CD}$의 거리 = 200m
- $\overline{AC}$의 거리 = 482.6m
- 곡선반경(R) = 250m
- $\angle C = 30°$
- $\angle D = 70°$
- 중심말뚝 간격 = 20m

(1) 접선길이($T.L$)
(2) 곡선길이($C.L$)
(3) $\overline{CP}$의 거리
(4) 곡선시점($B.C$)의 거리
(5) 종단현에 대한 편각(δ_n)

해설 및 정답 ◐

(1) 접선길이($T.L$) 계산
- 교각(I) = $\angle C + \angle D = 30° + 70° = 100°$
- 접선길이($T.L$) = $R \tan \dfrac{I}{2} = 250 \times \tan \dfrac{100°}{2} = 297.9\text{m}$

(2) 곡선길이($C.L$) 계산
- 곡선길이($C.L$) = $0.0174533\,R\,I° = 0.0174533 \times 250 \times 100° = 436.3\text{m}$

(3) $\overline{CP}$의 거리 계산

$$\frac{\overline{CD}}{\sin \angle P} = \frac{\overline{CP}}{\sin \angle D} \rightarrow$$

$$\overline{CP} = \frac{\sin \angle D}{\sin \angle P} \times \overline{CD} = \frac{\sin 70°}{\sin 80°} \times 200 = 190.8\text{m}$$

∴ $\overline{CP}$거리 = 190.8m

(4) 곡선시점($B.C$)의 거리 계산

- 곡선시점($B.C$) = 총거리 $-$ $T.L$ = ($\overline{AC}$ 거리 $+$ $\overline{CP}$ 거리) $-$ $T.L$
  $= (482.6 + 190.8) - 297.9 = 375.5\text{m}\,(\text{No.}18 + 15.5\text{m})$

(5) 종단현에 대한 편각(δ_n) 계산

- 곡선종점($E.C$) = $B.C + C.L = 375.5 + 436.3 = 811.8\text{m}\,(\text{No.}40 + 11.8\text{m})$
- 종단현의 거리(l_n) = $E.C$ 추가거리 $= 11.8\text{m}$
- 종단현에 대한 편각(δ_n) = $1{,}718.87' \cdot \dfrac{l_n}{R} = 1{,}718.87' \times \dfrac{11.8}{250} = 1°21'08''$

05 불규칙한 단면($A \sim H$)에 있어서 횡단측량을 하여 그림과 같은 결과를 얻었다. 이 단면의 면적을 구하시오.

(5점)

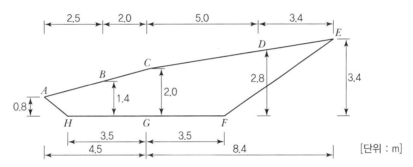

[단위 : m]

해설 및 정답 ✚

좌표법 적용

측점	X	Y	y_{n+1}	y_{n-1}	Δy	$X \cdot \Delta y$
A	-4.5	0.8	1.4	0	1.4	-6.3
B	-2.0	1.4	2.0	0.8	1.2	-2.4
C	0	2.0	2.8	1.4	1.4	0
D	5.0	2.8	3.4	2.0	1.4	7.0
E	8.4	3.4	0	2.8	-2.8	-23.52
F	3.5	0	0	3.4	-3.4	-11.9
G	0	0	0	0	0	0
H	-3.5	0	0.8	0	0.8	-2.8
계						39.92

$\therefore A = \dfrac{1}{2} \times$ 배면적 $= \dfrac{1}{2} \times 39.92 = 19.96\text{m}^2$

06 다음은 위성항법체계에 대한 설명이다. 괄호 안에 알맞은 용어를 각각 쓰시오.　(5점)

(①)는 현재 완전하게 운용되고 있는 범지구적 위성항법체계이다. 미국방성에서 개발되었으며, 무기 유도, 항법, 지도제작, 측지, 시각동기 등의 군용 및 민간용 목적으로 사용되고 있다. (②)는 미국의 범지구적 위성항법체계 서비스 중단으로 인한 피해를 방지하고자 유럽연합의 주도로 개발되어, 총 30기의 위성을 목표로 하고 있다.

해설 및 정답 ⊕

① GPS
② GALILEO

07 항공사진측량에서 초점거리 150mm인 사진기로 촬영고도 4,500m에서 종중복도 65%, 횡중복도 25%로 가로 30km, 세로 25km인 지역을 촬영하려고 한다. 사진의 크기가 18cm×18cm일 때 다음 요구사항을 구하시오.　(5점)

(1) 촬영속도가 180km/h일 때 허용흔들림을 사진상에서 0.01mm로 할 경우 최장노출시간(T_l)

(2) 안전율을 고려하지 않은 경우 입체모형 수

해설 및 정답 ⊕

(1) 촬영속도가 180km/h일 때 허용흔들림을 사진상에서 0.01mm로 할 경우 최장노출시간(T_l)

- 사진축척(M)$= \dfrac{1}{m} = \dfrac{f}{H} = \dfrac{0.15}{4,500} = \dfrac{1}{30,000}$

- 최장노출시간(T_l)$= \dfrac{\Delta s \cdot m}{V} = \dfrac{0.01 \times 30,000}{180 \times 1,000,000 \times 1/3,600} = \dfrac{300}{50,000} = \dfrac{1}{167}$ 초

(2) 안전율을 고려하지 않은 경우 입체모형 수
- 촬영종기선길이(B)$= ma(1-p) = 30,000 \times 0.18 \times (1-0.65) = 1,890$m
- 촬영횡기선길이(C_0)$= ma(1-q) = 30,000 \times 0.18 \times (1-0.25) = 4,050$m

- 종모델수(D)$= \dfrac{S_1}{B} = \dfrac{30 \times 1,000}{1,890} = 15.9 = 16$모델

- 횡모델수(D')$= \dfrac{S_2}{C_0} = \dfrac{25 \times 1,000}{4,050} = 6.2 = 7$코스

- 입체모형 수$= D \times D' = 16 \times 7 = 112$모델

08 다음의 자료를 래스터 형식으로 변환할 때 필요한 픽셀의 개수를 구하시오. (5점)

(1) 가로, 세로의 길이가 각 384inch인 지도를 200dpi로 스캔하는 경우

(2) 가로, 세로의 길이가 각 9inch인 항공사진을 1,200dpi로 스캔하는 경우

해설 및 정답 ● -

* 해상력(dot per inch : dpi) : 1inch당 점의 개수

$$\text{dpi} = \frac{1\text{inch}}{\text{픽셀의 크기}} = \frac{2.54\text{cm}}{\text{픽셀의 크기}}$$

(1) 가로, 세로의 길이가 각 384inch인 지도를 200dpi로 스캔하는 경우

　① 가로, 세로 : 384(inch)×200(1inch당 픽셀의 개수) = 76,800픽셀

　② 픽셀의 개수 : 76,800×76,800 = 5,898,240,000픽셀

　∴ 가로, 세로의 길이가 각 384inch인 지도를 200dpi로 스캔하여 래스터 형식으로 변환하면 5,898,240,000
　　픽셀이 필요하다.

(2) 가로, 세로의 길이가 각 9inch인 항공사진을 1,200dpi로 스캔하는 경우

　① 가로, 세로 : 9(inch)×1,200(1inch당 픽셀의 개수) = 10,800픽셀

　② 픽셀의 개수 : 10,800×10,800 = 116,640,000픽셀

　∴ 가로, 세로의 길이가 각 9inch인 항공사진을 1,200dpi로 스캔하여 래스터 형식으로 변환하면
　　116,640,000픽셀이 필요하다.

09 아래 그림은 어느 지형의 격자형 수치지형모델(DTM)이다. 격자 모서리 점의 숫자는 기준면
으로부터 측정한 표고를 나타낸 값이고, 이 표고값들은 선형관계에 있다고 할 때 다음 요구사
항을 구하시오. (단, 계산은 소수 셋째 자리에서 반올림하여 소수 둘째 자리까지 구하시오.)

(5점)

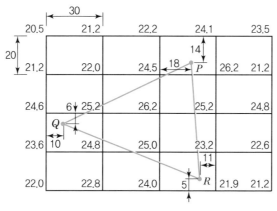

[단위 : m]

(1) 기준면에서의 측점 $\overline{PQ}$의 거리

(2) 기준면으로부터 Q점의 표고

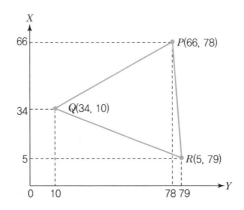

(1) 기준면에서의 측점 $\overline{PQ}$의 거리 계산

$$\overline{PQ} = \sqrt{(66-34)^2 + (78-10)^2} = 75.153\text{m}$$

$$\therefore \ \overline{PQ} = 75.15\text{m}$$

(2) 기준면으로부터 Q점의 표고 계산

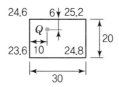

① $\left(\dfrac{23.60 - 24.60}{20}\right) \times 6 + 24.60 = 24.30\text{m}$

② $\left(\dfrac{24.80 - 25.20}{20}\right) \times 6 + 25.20 = 25.08\text{m}$

③ $\left(\dfrac{25.08 - 24.30}{30}\right) \times 10 + 24.30 = 24.56\text{m}$

$\therefore \ Q$점의 표고 $= 24.56\text{m}$

1. 「측량공학」, 유복모, 박영사, 1996

2. 「측량학 원론(Ⅰ)」, 유복모, 박영사, 1995

3. 「측량학 원론(Ⅱ)」, 유복모, 박영사, 1995

4. 「측량학」, 유복모, 동명사, 1998

5. 「디지털측량공학」, 유복모, 박영사, 2005

6. 「일반 측량학」, 안철수, 최재화, 문운당, 1998

7. 「사진 측정학」, 유복모, 문운당, 1998

8. 「측량학 해설」, 정영동, 오창수, 조기성, 박성규, 예문사, 1993

9. 「측량학」, 이계학, 기문당, 1995

10. 「측량학」, 백은기, 청문각, 1993

11. 「표준 측량학」, 조규전, 이석, 보성문화사, 1997

12. 「디지털사진측정학」, 유복모, 문운당, 1999. 5

13. 「GIS 용어해설집」, 이강원, 황창학, 구미서관, 1999. 3

14. 「지형공간정보론」, 유복모, 동명사, 1994. 9

15. 「측량 및 지형공간정보 특론」, 박성규, 임수봉, 이선우, 정철주, 예문사, 2001

16. 「측량 및 지형공간정보실기」, 김용인, 조준호, 예문사, 2005

17. 「GIS개론」, 김계현, 대영사, 1998

18. 「지리정보시스템」, June Delaney, 동화기술, 2004

19. 「지리정보시스템의 원리」, 대한측량협회번역본, 2004

20. 「공간자료 입력 및 변환」, 이강원, 정보통신교육원 GIS전문인력 교육자료, 2000

21. 「GIS : A Visual Approach」, Bruce E. Davis, Onword, 1996

22. 「알기 쉬운 사진측량학 개론」, 한승희, 배연성, 배상호, 보문당, 2003

23. 「공간분석」, 김계현, 문운당, 2010

24. 「공간정보공학」, 한승희, 구미서관, 2010

25. 「측량 및 지형공간정보 용어해설」, 정영동, 오창수, 박정남, 고제웅, 조규장
    박성규, 임수봉, 강상구, 예문사, 2012

26. 「포인트 측량 및 지형공간정보기술사」, 박성규, 임수봉, 강상구, 송용희, 이혜진, 예문사, 2019

저자소개
AUTHOR INTRODUCTION

이혜진

■ 약력
- 공학석사
- 측량 및 지형공간정보기술사
- (전) 인하공업전문대학, 송원대학교, 인덕대학교 강사
- (현) 신안산대학교 겸임교수
- (현) 대진대학교 강사

■ 저서
도서출판 예문사
「측량 및 지형공간정보기술사」
「측량 및 지형공간정보기술사 실전문제 및 해설」
「측량 및 지형공간정보기술사 기출문제 및 해설」
「측량 및 지형공간정보기사 필기」
「측량 및 지형공간정보기사 필기 과년도 문제해설」
「측량 및 지형공간정보산업기사 필기/실기」
「측량 및 지형공간정보산업기사 필기 과년도 문제해설」

김민승

■ 약력
- 측량 및 지형공간정보기사
- 서초수도건축토목학원 측량 전임강사

■ 저서
도서출판 예문사
「측량 및 지형공간정보기사 필기」
「측량 및 지형공간정보기사 필기 과년도 문제해설」
「측량 및 지형공간정보산업기사 필기/실기」
「측량 및 지형공간정보산업기사 필기 과년도 문제해설」
「측량기능사 필기＋실기」

송용희

■ 약력
- 공학석사
- 측량 및 지형공간정보기술사

■ 저서
도서출판 예문사
「측량 및 지형공간정보기술사」
「측량 및 지형공간정보기사 필기」
「측량 및 지형공간정보기사 필기 과년도 문제해설」
「측량 및 지형공간정보산업기사 필기/실기」
「측량 및 지형공간정보산업기사 필기 과년도 문제해설」

온정국

■ 약력
- 측량 및 지형공간정보기술사
- (현) ㈜하상공 부장

■ 저서
도서출판 예문사
「측량 및 지형공간정보기술사 실전문제 및 해설」
「측량 및 지형공간정보기술사 기출문제 및 해설」
「지적기사 · 산업기사 필기」
「지적기사 · 산업기사 실기(필답형＋작업형)」

박동규

■ 약력
- 측량 및 지형공간정보기사
- (전) 순천제일대학교 강사
- (현) 서초수도건축토목학원 대전 원장

■ 저서
도서출판 예문사
「토목기사 실기」
「측량 및 지형공간정보기사 필기」
「측량 및 지형공간정보기사 필기 과년도 문제해설」
「측량 및 지형공간정보산업기사 필기/실기」
「측량 및 지형공간정보산업기사 필기 과년도 문제해설」
「측량기능사 필기＋실기」
「지적기사 · 산업기사 실기(필답형＋작업형)」

PASS 측량 및 지형공간정보
기사 실기

발행일 | 2006. 2. 25 초판 발행
2008. 9. 10 개정 6판1쇄
2009. 1. 15 개정 7판1쇄
2010. 1. 25 개정 8판1쇄
2011. 3. 5 개정 9판1쇄
2012. 3. 15 개정10판1쇄
2013. 3. 15 개정11판1쇄
2014. 3. 15 개정12판1쇄
2015. 3. 10 개정13판1쇄
2016. 3. 10 개정14판1쇄
2017. 4. 10 개정15판1쇄
2018. 4. 10 개정16판1쇄
2019. 3. 10 개정17판1쇄
2020. 3. 20 개정18판1쇄
2021. 4. 1 개정19판1쇄
2022. 4. 1 개정20판1쇄
2023. 4. 1 개정21판1쇄
2024. 2. 1 개정22판1쇄

저 자 | 이혜진, 김민승, 송용희, 온정국, 박동규
발행인 | 정용수
발행처 | 예문사

주 소 | 경기도 파주시 직지길 460(출판도시) 도서출판 예문사
T E L | 031) 955 - 0550
F A X | 031) 955 - 0660
등록번호 | 11 - 76호

• 이 책의 어느 부분도 저작권자나 발행인의 승인 없이 무단 복제하여 이용할 수 없습니다.
• 파본 및 낙장은 구입하신 서점에서 교환하여 드립니다.
• 예문사 홈페이지 http : //www.yeamoonsa.com

정가 : 32,000원

ISBN 978-89-274-5359-8 13530